책장을 넘기며 느껴지는 몰입의 기쁨
노력한 만큼 빛이 나는 내일의 반짝임

새로운 배움, 더 큰 즐거움

미래엔이 응원합니다!

1등급 만들기

지구과학 I 634제

WRITERS

이진우 (전)노원고 교사 | 서울대 지구과학교육과, 서울대 대학원 지질학과
김연귀 혜원여고 교사 | 서울대 지구과학교육과
문무현 장충고 교감 | 연세대 지구시스템과학과
김기권 경희고 교사 | 서울대 지구과학교육과
최성원 진명여고 교사 | 고려대 지구환경과학과

COPYRIGHT

인쇄일 2023년 11월 1일(2판6쇄)
발행일 2021년 9월 30일

펴낸이 신광수
펴낸곳 (주)미래엔
등록번호 제16-67호

교육개발1실장 하남규
개발책임 오진경 **개발** 정지영, 하희수

디자인실장 손현지
디자인책임 김병석 **디자인** 진선영, 송혜란

CS본부장 강윤구
제작책임 강승훈

ISBN 979-11-6413-887-6

머리말
Introduction

에베레스트산, 너는 성장하지 못한다.

그러나 나는 성장할 것이다.

그리고 나는 성장해서 반드시 돌아올 것이다.

_에드먼드 힐러리

에드먼드 힐러리가 세계 최초로 에베레스트산을 정복하는 그 순간,
그의 곁에는 텐징 노르가이라는 베테랑 셰르파가 있었습니다.
셰르파는 히말라야 등반에서 안내인 역할을 하는 고산족입니다.
정상을 정복하기 위한 힐러리의 도전에는 여러 어려움이 있었지만
텐징과 함께한 여정은 결국 그를 정상에 우뚝 서게 했습니다.
깊은 크레바스에 빠져 위험에 처했을 때 그를 구한 것도 텐징이었습니다.

1등급을 향한 길은 멀고도 힘들지도 모릅니다.
하지만 절대로 다다를 수 없는 무모한 목표가 아닙니다.
까마득히 멀고 높아 불가능해 보이는 목표일지라도
끊임없이 나를 성장시키고 도전하다 보면
어느덧 정상에 서 있는 나를 발견할 것입니다.

1등급 만들기 지구과학 Ⅰ은 여러분을 위한 베테랑 셰르파입니다.

여러분이 마침내 정상에 서는 그 순간은 멀지 않습니다.

구성과 특징

Structure&Features

핵심 개념 정리

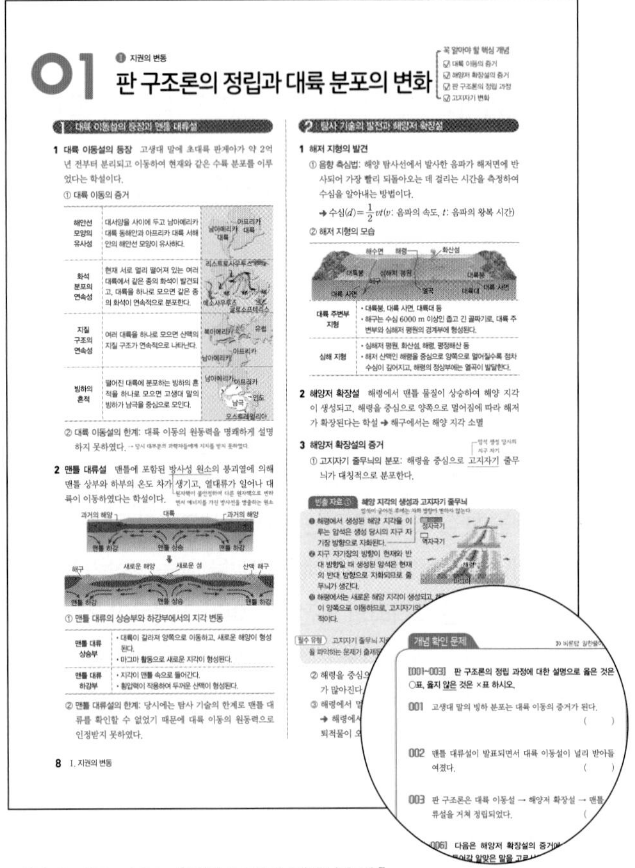

시험에 자주 나오는 [핵심 개념 파악하기]

시험에 나올 내용들만 일목요연하게 정리했습니다. 빈출 자료 를 단계별로 설명하여 내용을 완벽하게 분석하고, 기출 분석 문제 및 바른답·알찬풀이와 연계했습니다. 또 개념 확인 문제 를 통해 중요한 개념을 완벽히 이해했는지 문제를 풀며 바로 파악할 수 있습니다.

1등급 만들기 3단계 문제 코스

1등급 만들기 내신 완성 3단계 문제를 풀면 1등급이 이뤄집니다.

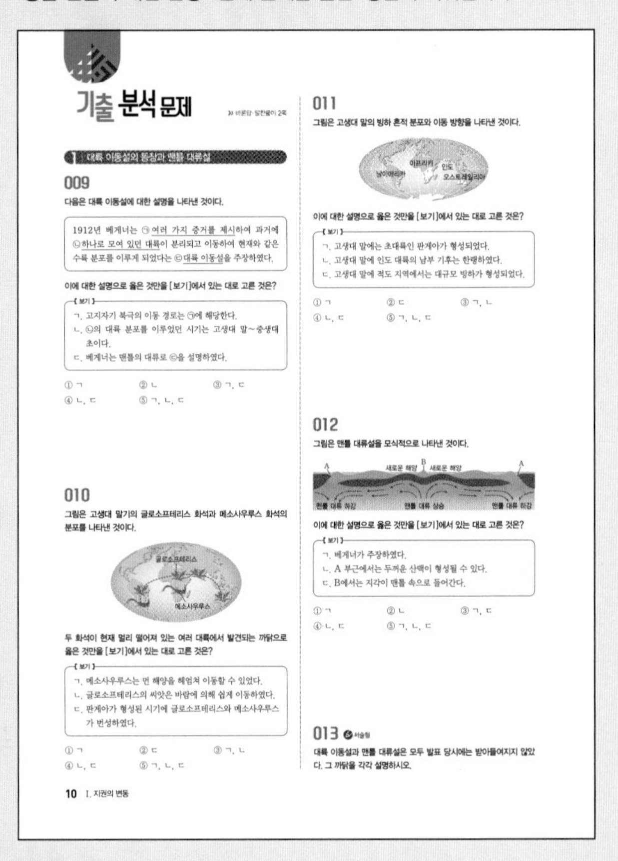

Step 1 내신 문제 실전 감각 키우기

기출 분석 문제

출제율이 70% 이상으로 시험에 꼭 출제될 수 있는 문제를 다양한 유형별로 엄선하여 시험 문제처럼 그대로 실었습니다.

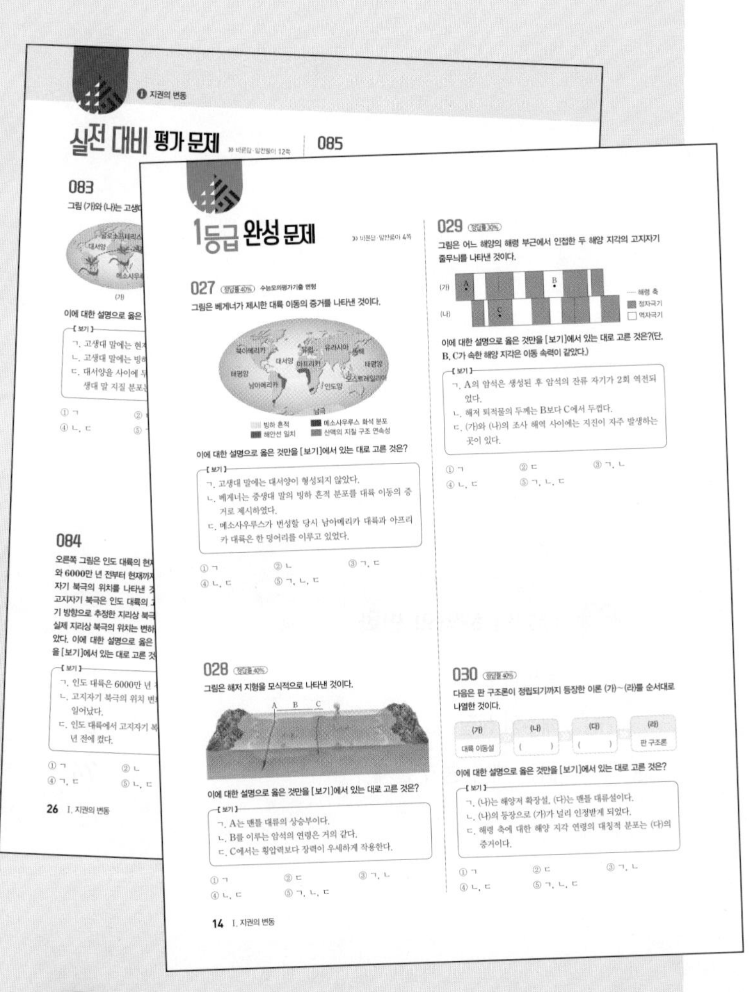

바른답·알찬풀이

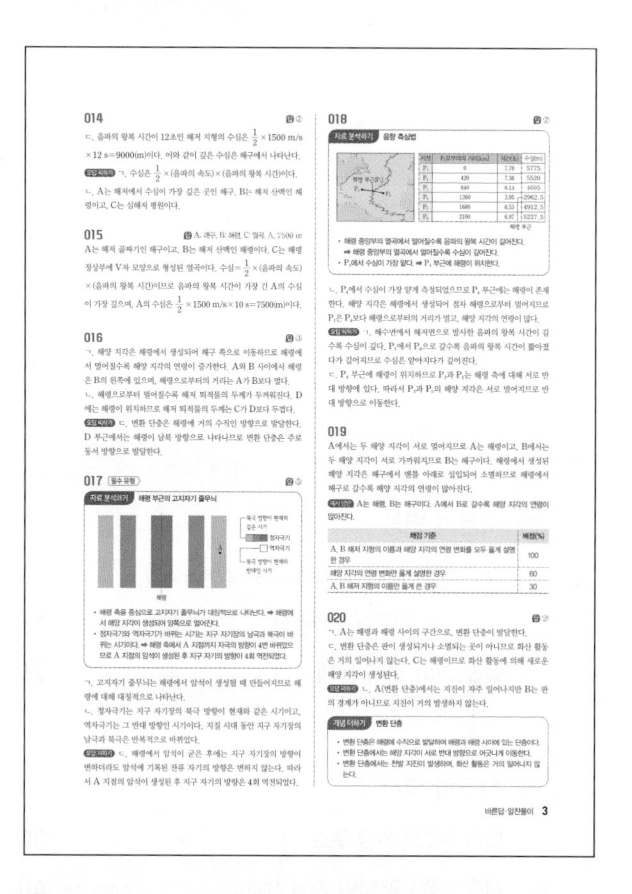

Step 2 고난도 문제 풀어보기

1등급 완성 문제

응용력을 요구하거나 통합적으로 출제된 어렵고 낯선 문제들을 선별하여 수록하였습니다. 특히 1등급을 결정짓는 서술형 문제를 집중 학습할 수 있도록 구성하였습니다.

Step 3 시험 직전 최종 점검하기

실전 대비 평가 문제

대단원별로 시험에 출제 빈도가 높은 문제를 수록하여 실제 학교 시험에 대비할 수 있습니다.

자세한 해설로 문제별 [핵심 다시 파악하기]

문제별 자세한 풀이와 오답 피하기를 통해 문제 풀이 과정을 쉽게 이해할 수 있습니다. 자료 분석하기, 개념 더하기 등의 1등급만의 노하우와 서술형 해결 전략으로 문제 해결 능력을 강화할 수 있습니다.

차례

Contents

Ⅰ 지권의 변동

01 판 구조론의 정립과 대륙 분포의 변화 8

02 판 이동의 원동력과 화성암 16

실전 대비 평가 문제 26

Ⅱ 지구의 역사

03 퇴적 구조와 지질 구조 30

04 지층의 생성과 나이, 지질 시대 40

실전 대비 평가 문제 50

Ⅲ 대기와 해양의 변화

05 날씨의 변화 54

06 해수의 성질 64

실전 대비 평가 문제 74

Ⅳ 대기와 해양의 상호 작용

07 해수의 순환 78
08 대기와 해양의 상호 작용 86
09 기후 변화 92
실전 대비 평가 문제 98

Ⅴ 별과 외계 행성계

10 별의 물리량과 H-R도 102
11 별의 진화와 별의 내부 구조 110
12 외계 행성계와 생명체 탐사 116
실전 대비 평가 문제 122

Ⅵ 외부 은하와 우주 팽창

13 외부 은하와 허블 법칙 126
14 빅뱅 우주론과 암흑 에너지 134
실전 대비 평가 문제 142

교과서 단원 찾기

단원	강	1등급 만들기
Ⅰ 지권의 변동	01 판 구조론의 정립과 대륙 분포의 변화	8~15
	02 판 이동의 원동력과 화성암	16~29
Ⅱ 지구의 역사	03 퇴적 구조와 지질 구조	30~39
	04 지층의 생성과 나이, 지질 시대	40~53
Ⅲ 대기와 해양의 변화	05 날씨의 변화	54~63
	06 해수의 성질	64~77
Ⅳ 대기와 해양의 상호 작용	07 해수의 순환	78~85
	08 대기와 해양의 상호 작용	86~91
	09 기후 변화	92~101
Ⅴ 별과 외계 행성계	10 별의 물리량과 H-R도	102~109
	11 별의 진화와 별의 내부 구조	110~115
	12 외계 행성계와 생명체 탐사	116~125
Ⅵ 외부 은하와 우주 팽창	13 외부 은하와 허블 법칙	126~133
	14 빅뱅 우주론과 암흑 에너지	134~143

미래엔	비상교육	천재교육	금성	와이비엠
10~27	10~25	10~21	12~25	12~28
28~41	26~37	22~43	26~41	29~41
44~53	38~49	46~57	44~51	44~54
54~77	50~73	58~77	52~75	55~77
80~97	76~95	80~95	78~97	80~101
98~109	96~107	96~107	98~109	102~113
112~121	108~117	110~117	112~119	116~127
122~129	118~123	118~123	120~125	128~134
130~143	124~139	124~143	126~141	135~149
146~155	142~153	146~155	144~152	152~163
156~163	154~165	156~165	153~163	164~172
164~177	166~181	166~177	164~177	173~187
180~190	182~193	180~189	180~187	190~201
191~203	194~207	190~201	188~199	202~219

01 판 구조론의 정립과 대륙 분포의 변화

Ⅰ 지권의 변동

꼭 알아야 할 핵심 개념
- ☑ 대륙 이동의 증거
- ☑ 해양저 확장설의 증거
- ☑ 판 구조론의 정립 과정
- ☑ 고지자기 변화

1 | 대륙 이동설의 등장과 맨틀 대류설

1 대륙 이동설의 등장 고생대 말에 초대륙 판게아가 약 2억 년 전부터 분리되고 이동하여 현재와 같은 수륙 분포를 이루었다는 학설이다.

① 대륙 이동의 증거

해안선 모양의 유사성	대서양을 사이에 두고 남아메리카 대륙 동해안과 아프리카 대륙 서해안의 해안선 모양이 유사하다.	남아메리카 대륙 / 아프리카 대륙
화석 분포의 연속성	현재 서로 멀리 떨어져 있는 여러 대륙에서 같은 종의 화석이 발견되고, 대륙을 하나로 모으면 같은 종의 화석이 연속적으로 분포한다.	리스트로사우루스 / 메소사우루스 / 글로소프테리스
지질 구조의 연속성	여러 대륙을 하나로 모으면 산맥의 지질 구조가 연속적으로 나타난다.	북아메리카 / 유럽 / 아프리카 / 남아메리카
빙하의 흔적	떨어진 대륙에 분포하는 빙하의 흔적을 하나로 모으면 고생대 말의 빙하가 남극을 중심으로 모인다.	남아메리카 / 아프리카 / 인도 / 남극 / 오스트레일리아

② 대륙 이동설의 한계: 대륙 이동의 원동력을 명쾌하게 설명하지 못하였다. ⟶ 당시 대부분의 과학자들에게 지지를 받지 못하였다.

2 맨틀 대류설 맨틀에 포함된 방사성 원소의 붕괴열에 의해 맨틀 상부와 하부의 온도 차가 생기고, 열대류가 일어나 대륙이 이동하였다는 학설이다.

└ 방사성 원소: 원자핵이 불안정하여 다른 원자핵으로 변하면서 에너지를 가진 방사선을 방출하는 원소

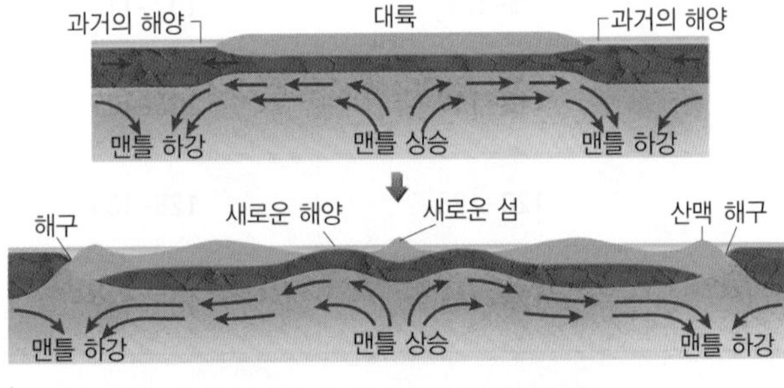

① 맨틀 대류의 상승부와 하강부에서의 지각 변동

맨틀 대류 상승부	• 대륙이 갈라져 양쪽으로 이동하고, 새로운 해양이 형성된다. • 마그마 활동으로 새로운 지각이 형성된다.
맨틀 대류 하강부	• 지각이 맨틀 속으로 들어간다. • 횡압력이 작용하여 두꺼운 산맥이 형성된다.

② 맨틀 대류설의 한계: 당시에는 탐사 기술의 한계로 맨틀 대류를 확인할 수 없었기 때문에 대륙 이동의 원동력으로 인정받지 못하였다.

2 | 탐사 기술의 발전과 해양저 확장설

1 해저 지형의 발견

① 음향 측심법: 해양 탐사선에서 발사한 음파가 해저면에 반사되어 가장 빨리 되돌아오는 데 걸리는 시간을 측정하여 수심을 알아내는 방법이다.

➜ 수심$(d)=\frac{1}{2}vt$(v: 음파의 속도, t: 음파의 왕복 시간)

② 해저 지형의 모습

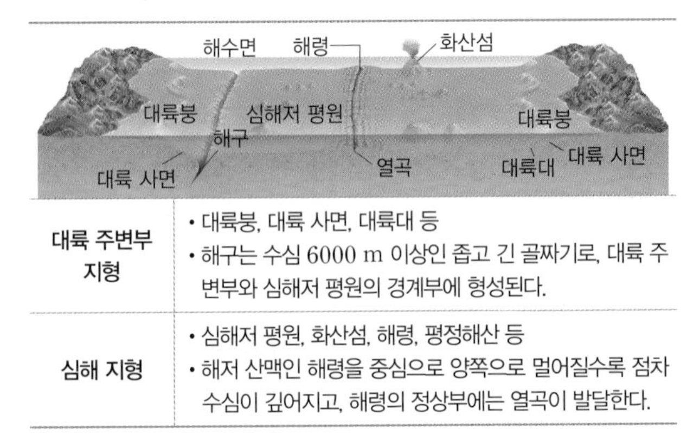

대륙 주변부 지형	• 대륙붕, 대륙 사면, 대륙대 등 • 해구는 수심 6000 m 이상인 좁고 긴 골짜기로, 대륙 주변부와 심해저 평원의 경계부에 형성된다.
심해 지형	• 심해저 평원, 화산섬, 해령, 평정해산 등 • 해저 산맥인 해령을 중심으로 양쪽으로 멀어질수록 점차 수심이 깊어지고, 해령의 정상부에는 열곡이 발달한다.

2 해양저 확장설 해령에서 맨틀 물질이 상승하여 해양 지각이 생성되고, 해령을 중심으로 양쪽으로 멀어짐에 따라 해저가 확장된다는 학설 ➜ 해구에서는 해양 지각 소멸

3 해양저 확장설의 증거

① 고지자기 줄무늬의 분포: 해령을 중심으로 고지자기 줄무늬가 대칭적으로 분포한다.

└ 고지자기: 암석 생성 당시의 지구 자기

빈출 자료 ① 해양 지각의 생성과 고지자기 줄무늬

암석이 굳어진 후에는 자화 방향이 변하지 않는다.

❶ 해령에서 생성된 해양 지각을 이루는 암석은 생성 당시의 지구 자기장 방향으로 자화된다.
❷ 지구 자기장의 방향이 현재와 반대 방향일 때 생성된 암석은 현재의 반대 방향으로 자화되므로 줄무늬가 생긴다.
❸ 해령에서는 새로운 해양 지각이 생성되고, 해령을 중심으로 해양 지각이 양쪽으로 이동하므로, 고지자기의 줄무늬가 해령을 중심으로 대칭적이다.

정자극기 / 역자극기 / 해령 / 마그마

필수 유형 〉 고지자기 줄무늬 자료를 통해 지자기 역전의 횟수, 해령의 위치 등을 파악하는 문제가 출제된다.

11쪽 017번

② 해령을 중심으로 해령에서 멀어질수록 해양 지각의 나이가 많아진다.

③ 해령에서 멀어질수록 해저 퇴적물의 두께가 두꺼워진다.

➜ 해령에서 멀어질수록 해양 지각의 나이가 많아 해저 퇴적물이 오랫동안 퇴적되었기 때문이다.

④ 변환 단층의 발견과 섭입대 주변의 진원 깊이 분포

변환 단층의 발견	섭입대 주변의 진원 깊이 분포
변환 단층: 해령에 수직으로 발달하여 해령과 해령 사이에 있는 단층 ··· 변환 단층에서는 해양 지각이 서로 반대 방향으로 어긋나게 이동한다.	해구에서 대륙 쪽으로 갈수록 진원의 깊이가 깊어진다. ··· 해구에서 한쪽 판이 다른 판 아래로 섭입하여 소멸한다는 증거이다. 습곡 산맥이나 호상 열도가 형성된다.
단열대 변환 단층 단열대 천발 지진이 자주 발생하고, 화산 활동은 거의 일어나지 않는다.	해구 대륙 섭입대 진원 해구 부근의 지진은 섭입대를 따라 발생한다.

3 | 판 구조론의 정립

1 판 구조론 지구의 가장 겉 부분을 덮고 있는 10여 개의 판들이 움직이면서 지각 변동이 일어난다는 이론

암석권(판)	지각과 상부 맨틀을 포함하는 부분	해양 지각 대륙 지각 암석권(판) 깊이(km) 100 맨틀 연약권
연약권	암석권 아래 맨틀 물질이 부분 용융 되어 맨틀 대류가 일어나는 부분	

2 판 구조론의 정립 과정 대륙 이동설(└베게너) → 맨틀 대류설(└홈스) → 해양저 확장설(└헤스와 디츠) → 판 구조론(└윌슨 등)

4 | 고지자기 변화와 대륙 이동 복원

1 고지자기 변화 지구 자기의 복각은 나침반의 자침이 수평면과 이루는 각으로, 위도에 따라 다르다. ➜ 고위도로 갈수록 복각의 크기가 커진다. ··· 자북극에서 +90°, 자기 적도에서 0°, 자남극에서 −90°이다.

빈출 자료 ② 자북극의 이동 경로 추적

❶ 암석에 기록된 복각을 연구하면 암석이 생성된 당시의 위도를 알 수 있다.
❷ 자북극은 하나이므로 자북극의 겉보기 이동 경로를 겹쳐 보면 과거에 두 대륙이 하나로 모여 있었음을 알 수 있다.

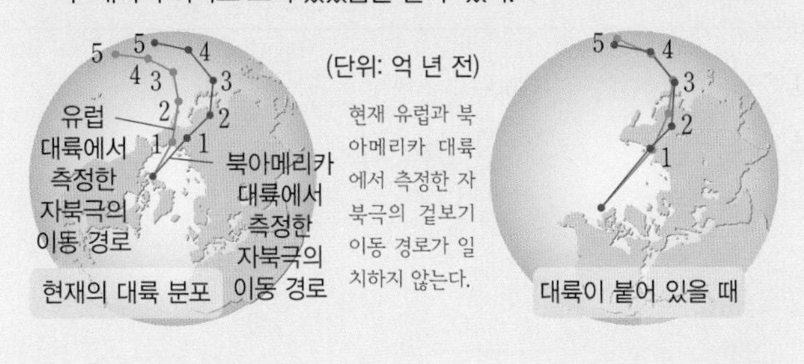

필수 유형 〉 자북극의 이동 경로를 제시하고 자북극이 일치하지 않는 까닭을 묻는 문제가 출제된다. 13쪽 025번

2 대륙 이동의 복원 약 11억 년 전에 로디니아 초대륙이 존재하였고, 이후 대륙이 분리되어 이동하였다가 약 2억7천만 년 전에 다시 모여 판게아가 형성되었다.

개념 확인 문제

» 바른답·알찬풀이 2쪽

[001~003] 판 구조론의 정립 과정에 대한 설명으로 옳은 것은 ○표, 옳지 않은 것은 ×표 하시오.

001 고생대 말의 빙하 분포는 대륙 이동의 증거가 된다. (　　)

002 맨틀 대류설이 발표되면서 대륙 이동설이 널리 받아들여졌다. (　　)

003 판 구조론은 대륙 이동설 → 해양저 확장설 → 맨틀 대류설을 거쳐 정립되었다. (　　)

[004~006] 다음은 해양저 확장설의 증거에 대한 설명이다. (　　) 안에 들어갈 알맞은 말을 고르시오.

004 고지자기 줄무늬가 (해령, 해구)을/를 축으로 대칭적으로 분포한다.

005 해령으로부터 멀어질수록 해양 지각의 나이가 (적어, 많아)진다.

006 해구 부근에서 섭입대를 따라 발생하는 지진의 발생 깊이가 (대륙, 해양) 쪽으로 갈수록 깊어진다.

007 그림은 판의 구조를 나타낸 것이다.

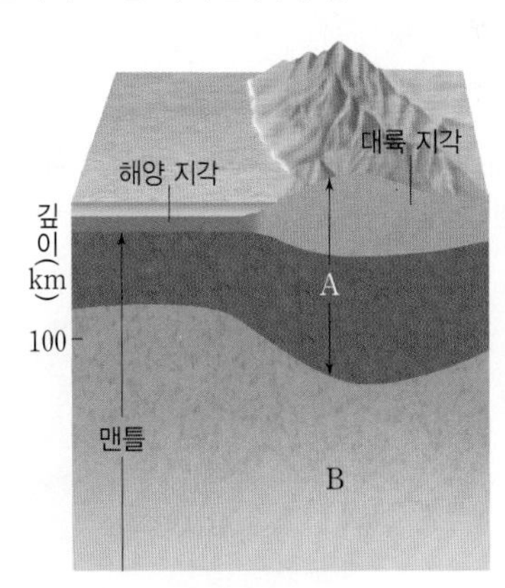

A와 B의 이름을 각각 쓰시오.

008 다음은 자북극의 이동 경로에 대한 설명이다. (　　) 안에 들어갈 알맞은 말을 쓰시오.

> 현재 유럽과 북아메리카 대륙에서 측정한 자북극의 겉보기 이동 경로가 일치하지 않는 것은 고생대 말 (　　)이/가 분리되어 이동하였기 때문이다.

기출 분석 문제

» 바른답·알찬풀이 2쪽

1 | 대륙 이동설의 등장과 맨틀 대류설

009

다음은 대륙 이동설에 대한 설명을 나타낸 것이다.

> 1912년 베게너는 ㉠ 여러 가지 증거를 제시하여 과거에 ㉡ 하나로 모여 있던 대륙이 분리되고 이동하여 현재와 같은 수륙 분포를 이루게 되었다는 ㉢ 대륙 이동설을 주장하였다.

이에 대한 설명으로 옳은 것만을 [보기]에서 있는 대로 고른 것은?

[보기]
ㄱ. 고지자기 북극의 이동 경로는 ㉠에 해당한다.
ㄴ. ㉡의 대륙 분포를 이루었던 시기는 고생대 말~중생대 초이다.
ㄷ. 베게너는 맨틀의 대류로 ㉢을 설명하였다.

① ㄱ ② ㄴ ③ ㄱ, ㄷ ④ ㄴ, ㄷ ⑤ ㄱ, ㄴ, ㄷ

010

그림은 고생대 말기의 글로소프테리스 화석과 메소사우루스 화석의 분포를 나타낸 것이다.

두 화석이 현재 멀리 떨어져 있는 여러 대륙에서 발견되는 까닭으로 옳은 것만을 [보기]에서 있는 대로 고른 것은?

[보기]
ㄱ. 메소사우루스는 먼 해양을 헤엄쳐 이동할 수 있었다.
ㄴ. 글로소프테리스의 씨앗은 바람에 의해 쉽게 이동하였다.
ㄷ. 판게아가 형성된 시기에 글로소프테리스와 메소사우루스가 번성하였다.

① ㄱ ② ㄷ ③ ㄱ, ㄴ ④ ㄴ, ㄷ ⑤ ㄱ, ㄴ, ㄷ

011

그림은 고생대 말의 빙하 흔적 분포와 이동 방향을 나타낸 것이다.

이에 대한 설명으로 옳은 것만을 [보기]에서 있는 대로 고른 것은?

[보기]
ㄱ. 고생대 말에는 초대륙인 판게아가 형성되었다.
ㄴ. 고생대 말에 인도 대륙의 남부 기후는 한랭하였다.
ㄷ. 고생대 말에 적도 지역에서는 대규모 빙하가 형성되었다.

① ㄱ ② ㄷ ③ ㄱ, ㄴ ④ ㄴ, ㄷ ⑤ ㄱ, ㄴ, ㄷ

012

그림은 맨틀 대류설을 모식적으로 나타낸 것이다.

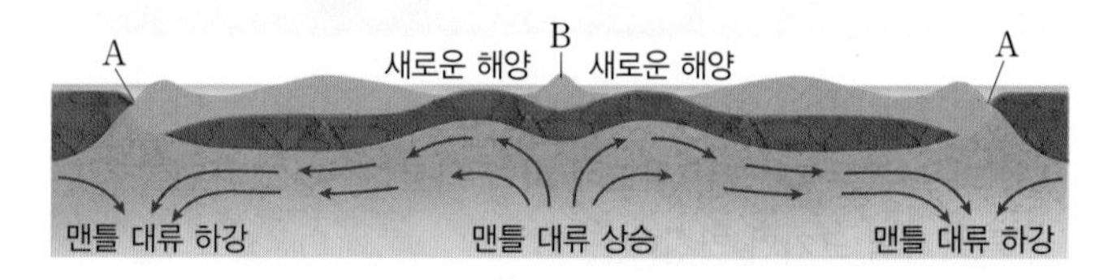

이에 대한 설명으로 옳은 것만을 [보기]에서 있는 대로 고른 것은?

[보기]
ㄱ. 베게너가 주장하였다.
ㄴ. A 부근에서는 두꺼운 산맥이 형성될 수 있다.
ㄷ. B에서는 지각이 맨틀 속으로 들어간다.

① ㄱ ② ㄴ ③ ㄱ, ㄷ ④ ㄴ, ㄷ ⑤ ㄱ, ㄴ, ㄷ

013 서술형

대륙 이동설과 맨틀 대류설은 모두 발표 당시에는 받아들여지지 않았다. 그 까닭을 각각 설명하시오.

2 | 탐사 기술의 발전과 해양저 확장설

014

그림은 음향 측심법을 통해 알아낸 해저 지형을 모식적으로 나타낸 것이다.

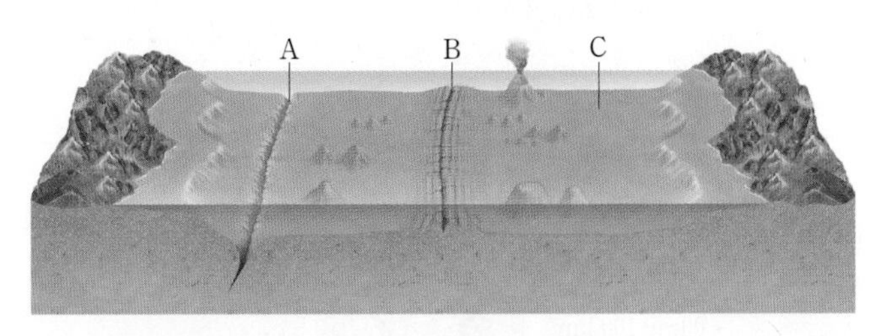

이에 대한 설명으로 옳은 것만을 [보기]에서 있는 대로 고른 것은?(단, 해수에서 음파의 속도는 1500 m/s이다.)

[보기]
ㄱ. 수심은 음파의 속도×음파의 왕복 시간으로 구한다.
ㄴ. A는 해령이고, B는 해구이다.
ㄷ. A~C 중 음파의 왕복 시간이 12초인 해저 지형은 A에 해당한다.

① ㄱ ② ㄷ ③ ㄱ, ㄴ
④ ㄴ, ㄷ ⑤ ㄱ, ㄴ, ㄷ

015

그림은 해양 탐사선이 이동하면서 해저면으로 발사한 음파가 반사되어 되돌아온 시간을 나타낸 것이다. 해수에서 음파의 속도는 1500 m/s 이다.

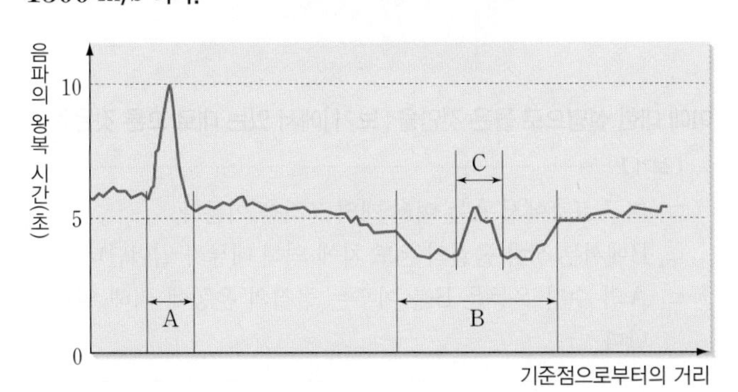

A~C에 해당하는 지형을 각각 쓰고, 수심이 가장 깊은 곳을 찾아 수심을 구하시오.

016 수능모의평가기출 변형

그림은 해양 지각의 연령 분포를 나타낸 것이다.

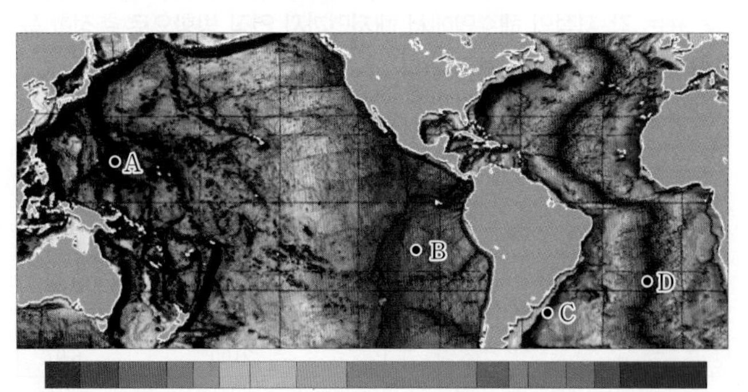

이에 대한 설명으로 옳은 것만을 [보기]에서 있는 대로 고른 것은?

[보기]
ㄱ. 해령으로부터의 거리는 A가 B보다 멀다.
ㄴ. 해저 퇴적물의 두께는 C가 D보다 두껍다.
ㄷ. D 부근의 변환 단층은 주로 남북 방향으로 발달한다.

① ㄱ ② ㄷ ③ ㄱ, ㄴ
④ ㄴ, ㄷ ⑤ ㄱ, ㄴ, ㄷ

017

필수 유형 8쪽 빈출 자료 ①

그림은 해령 부근의 고지자기 줄무늬를 모식적으로 나타낸 것이다.

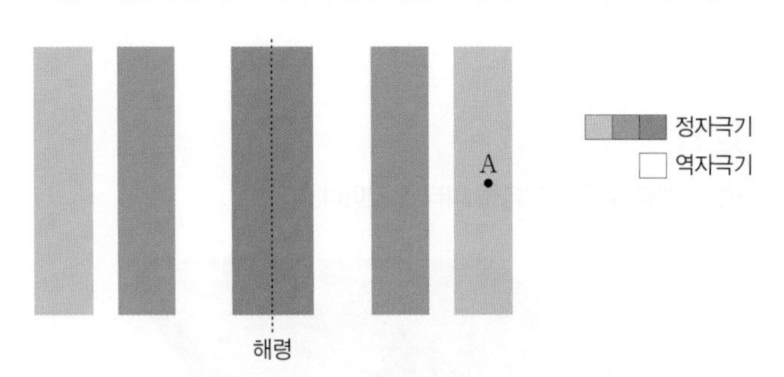

이에 대한 설명으로 옳은 것만을 [보기]에서 있는 대로 고른 것은?

[보기]
ㄱ. 고지자기 줄무늬는 해령에 대해 대칭적으로 나타난다.
ㄴ. 지질 시대 동안 지구 자기장의 남극과 북극은 반복적으로 바뀌었다.
ㄷ. A 지점의 암석이 생성된 후 지구 자기의 방향이 2회 역전되었다.

① ㄱ ② ㄷ ③ ㄱ, ㄴ
④ ㄴ, ㄷ ⑤ ㄱ, ㄴ, ㄷ

018 수능모의평가기출 변형

그림은 대서양의 해저면에서 판의 경계를 가로지르는 P_1-P_6 구간을, 표는 각 지점의 해수면에서 해저면까지 연직 방향으로 측정한 음파의 왕복 시간을 나타낸 것이다.

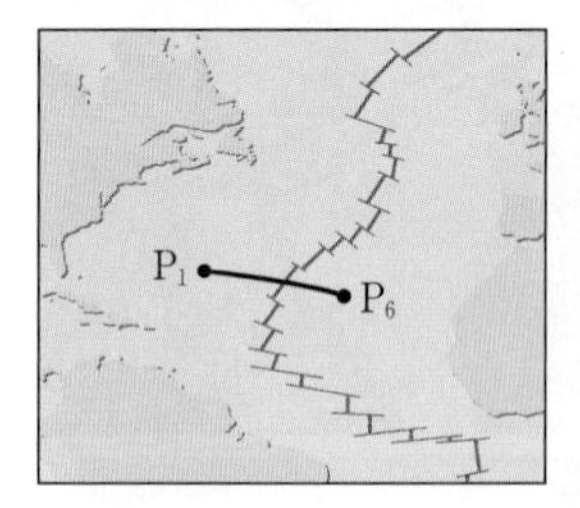

지점	P_1로부터의 거리(km)	시간(초)
P_1	0	7.70
P_2	420	7.36
P_3	840	6.14
P_4	1260	3.95
P_5	1680	6.55
P_6	2100	6.97

이에 대한 설명으로 옳은 것만을 [보기]에서 있는 대로 고른 것은?

[보기]
ㄱ. P_1에서 P_6으로 갈수록 수심은 깊어지다가 얕아진다.
ㄴ. 해양 지각의 연령은 P_1이 P_4보다 많다.
ㄷ. P_3과 P_5의 해양 지각은 같은 방향으로 이동한다.

① ㄱ ② ㄴ ③ ㄱ, ㄷ
④ ㄴ, ㄷ ⑤ ㄱ, ㄴ, ㄷ

019 서술형

오른쪽 그림은 해양 지각 (가)~(다)가 이동하는 방향을 모식적으로 나타낸 것이다. A, B는 각각 어떤 해저 지형인지 쓰고, A에서 B로 가면서 해양 지각의 연령은 어떻게 변하는지 설명하시오.

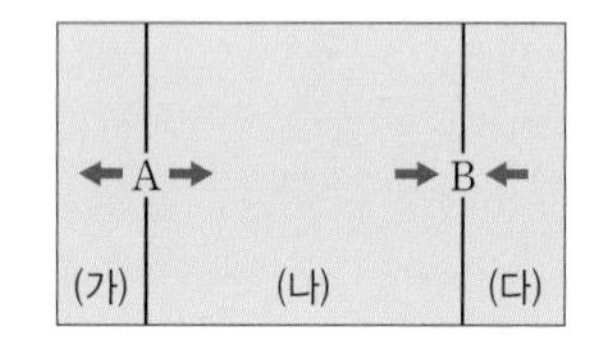

020

그림은 해령 부근의 모습을 나타낸 것이다.

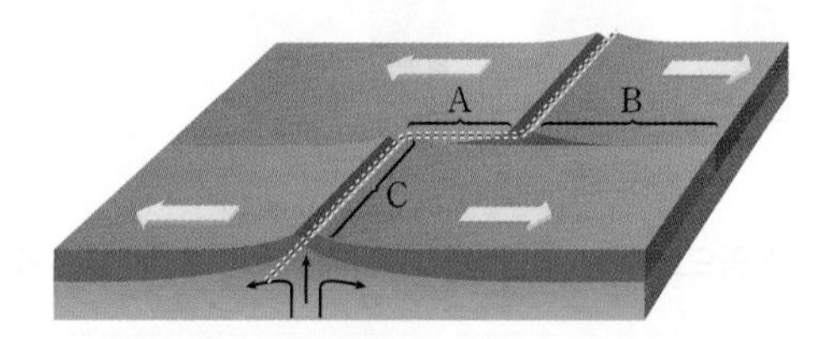

이에 대한 설명으로 옳은 것만을 [보기]에서 있는 대로 고른 것은?

[보기]
ㄱ. A는 변환 단층이다.
ㄴ. 지진은 A보다 B에서 자주 일어난다.
ㄷ. 화산 활동은 A보다 C에서 활발하게 일어난다.

① ㄱ ② ㄴ ③ ㄱ, ㄷ
④ ㄴ, ㄷ ⑤ ㄱ, ㄴ, ㄷ

021

그림은 서로 다른 두 지각 A와 B의 경계 부근에서 발생한 지진의 진앙 분포를 진원의 깊이에 따라 구분하여 나타낸 것이다. A와 B는 각각 대륙 지각과 해양 지각 중 하나이다.

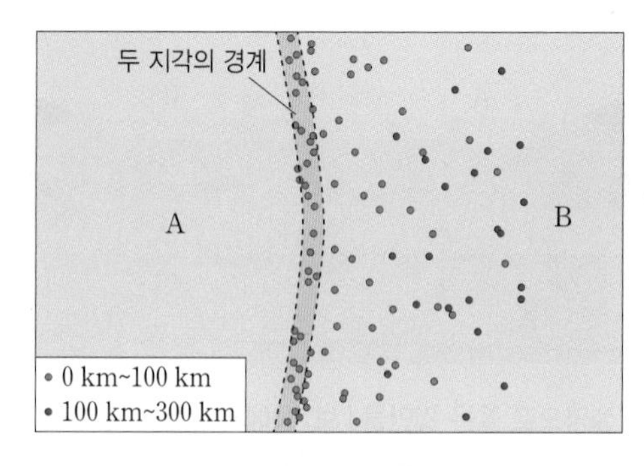

이에 대한 설명으로 옳은 것만을 [보기]에서 있는 대로 고른 것은?

[보기]
ㄱ. A는 대륙 지각, B는 해양 지각이다.
ㄴ. 화산 활동은 지각 A보다 지각 B에서 활발하게 일어난다.
ㄷ. 이 지역에서 발생한 지진의 진앙 분포는 해양저 확장설의 증거가 된다.

① ㄱ ② ㄴ ③ ㄱ, ㄷ
④ ㄴ, ㄷ ⑤ ㄱ, ㄴ, ㄷ

3 판 구조론의 정립

022

그림은 판의 구조를 나타낸 것이다.

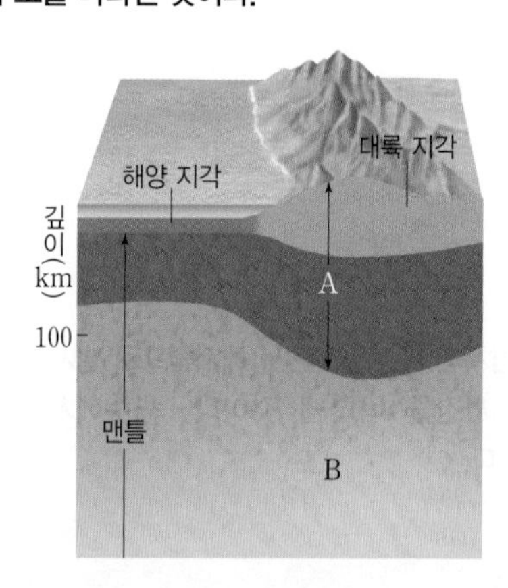

이에 대한 설명으로 옳은 것만을 [보기]에서 있는 대로 고른 것은?

[보기]
ㄱ. 지구 표층에서 A는 여러 개의 조각을 이룬다.
ㄴ. B에서는 상하 물질의 온도 차에 의해 대류가 일어난다.
ㄷ. A의 수평 운동은 B를 이루는 물질의 운동에 의해 일어난다.

① ㄱ ② ㄴ ③ ㄱ, ㄷ
④ ㄴ, ㄷ ⑤ ㄱ, ㄴ, ㄷ

023

다음 (가)~(다)는 판 구조론이 정립되기까지 등장한 이론을 순서 없이 나타낸 것이다.

> (가) 홈스는 맨틀 내에서 일어나는 대류에 의해 대륙이 이동한다고 주장하였다.
> (나) 베게너는 판게아가 분리되고 이동하여 현재의 수륙 분포를 이루게 되었다고 주장하였다.
> (다) 헤스와 디츠는 해령에서 새로운 지각이 생성되고, 생성된 지각이 해령을 중심으로 양쪽으로 이동하여 해저가 확장된다고 주장하였다.

이에 대한 설명으로 옳은 것만을 [보기]에서 있는 대로 고른 것은?

[보기]
ㄱ. 이론이 등장한 순서는 (가) → (나) → (다)이다.
ㄴ. (가)의 이론이 등장하면서 (나)의 이론이 지지를 받기 시작했다.
ㄷ. 정밀한 지진계와 자력계의 개발은 (다)의 이론을 정립하는데 도움이 되었다.

① ㄱ　② ㄷ　③ ㄱ, ㄴ　④ ㄴ, ㄷ　⑤ ㄱ, ㄴ, ㄷ

4 | 고지자기 변화와 대륙 이동 복원

024 신유형

그림 (가)~(다)는 위도가 다른 세 지역에서 나침반의 자침이 지표면과 이루는 각도를 나타낸 것이다. 화살표는 자침의 N극이 향하는 방향이다.

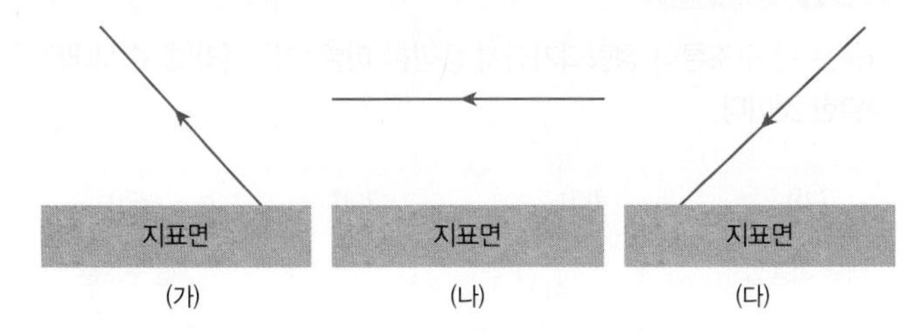

(가)　(나)　(다)

이에 대한 설명으로 옳은 것만을 [보기]에서 있는 대로 고른 것은?

[보기]
ㄱ. 우리나라에서 자침의 N극 방향은 (가)와 같다.
ㄴ. 자북극에서 자침의 N극 방향은 (나)와 같다.
ㄷ. 자남극에서 자기 적도로 갈수록 자침의 N극 방향이 지표면과 이루는 각도는 작아진다.

① ㄱ　② ㄷ　③ ㄱ, ㄴ　④ ㄴ, ㄷ　⑤ ㄱ, ㄴ, ㄷ

025

필수 유형 9쪽 빈출 자료 ②

그림 (가)는 현재 유럽 대륙과 북아메리카 대륙에서 각각 측정한 약 5억 년 동안의 자북극 이동 경로를, (나)는 두 대륙을 한 덩어리로 붙였을 때의 자북극 이동 경로를 나타낸 것이다.

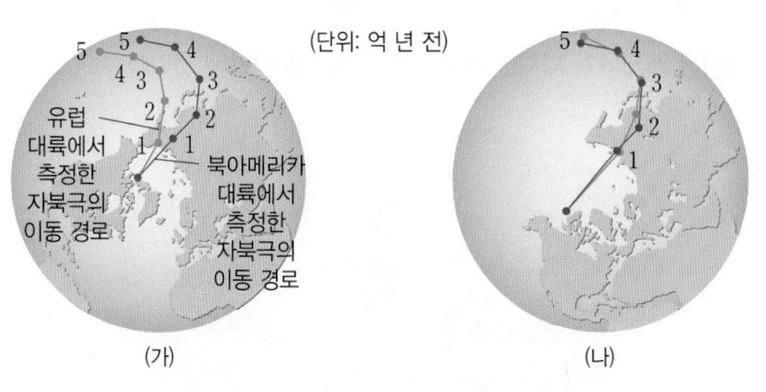

(가)　(나)

이에 대한 설명으로 옳은 것만을 [보기]에서 있는 대로 고른 것은?

[보기]
ㄱ. 자북극이 2개였던 시기가 있다.
ㄴ. (가)에서 자북극 이동 경로가 일치하지 않는 것은 지구의 자전축이 변하기 때문이다.
ㄷ. 고지자기 연구를 통해 과거 대륙 이동의 모습을 알아낼 수 있다.

① ㄱ　② ㄷ　③ ㄱ, ㄴ　④ ㄴ, ㄷ　⑤ ㄱ, ㄴ, ㄷ

026

그림 (가)와 (나)는 서로 다른 지질 시대의 수륙 분포를 나타낸 것이다.

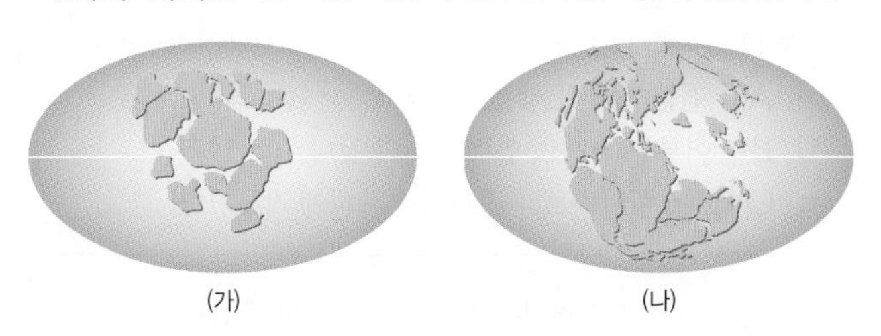
(가)　(나)

(가)와 (나) 시기의 초대륙 이름을 각각 쓰고, 형성되었던 순서를 쓰시오.

1등급 완성 문제

» 바른답·알찬풀이 4쪽

027 (정답률 40%) 수능모의평가기출 변형

그림은 베게너가 제시한 대륙 이동의 증거를 나타낸 것이다.

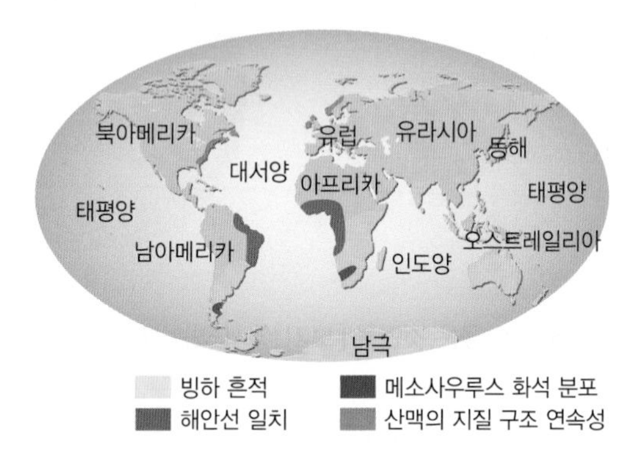

이에 대한 설명으로 옳은 것만을 [보기]에서 있는 대로 고른 것은?

[보기]

ㄱ. 고생대 말에는 대서양이 형성되지 않았다.
ㄴ. 베게너는 중생대 말의 빙하 흔적 분포를 대륙 이동의 증거로 제시하였다.
ㄷ. 메소사우루스가 번성할 당시 남아메리카 대륙과 아프리카 대륙은 한 덩어리를 이루고 있었다.

① ㄱ ② ㄴ ③ ㄱ, ㄷ ④ ㄴ, ㄷ ⑤ ㄱ, ㄴ, ㄷ

028 (정답률 40%)

그림은 해저 지형을 모식적으로 나타낸 것이다.

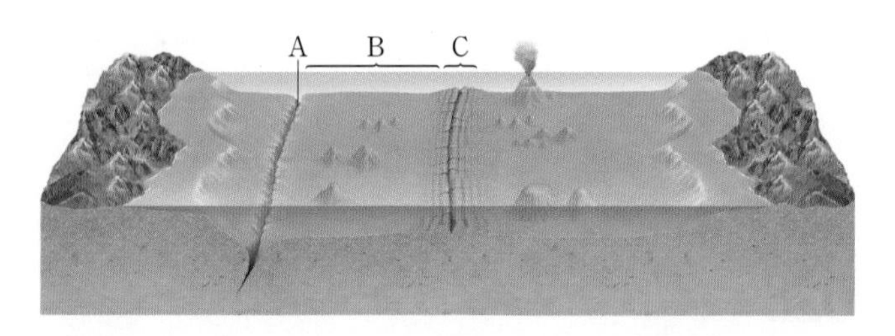

이에 대한 설명으로 옳은 것만을 [보기]에서 있는 대로 고른 것은?

[보기]

ㄱ. A는 맨틀 대류의 상승부이다.
ㄴ. B를 이루는 암석의 연령은 거의 같다.
ㄷ. C에서는 횡압력보다 장력이 우세하게 작용한다.

① ㄱ ② ㄷ ③ ㄱ, ㄴ ④ ㄴ, ㄷ ⑤ ㄱ, ㄴ, ㄷ

029 (정답률 30%)

그림은 어느 해양의 해령 부근에서 인접한 두 해양 지각의 고지자기 줄무늬를 나타낸 것이다.

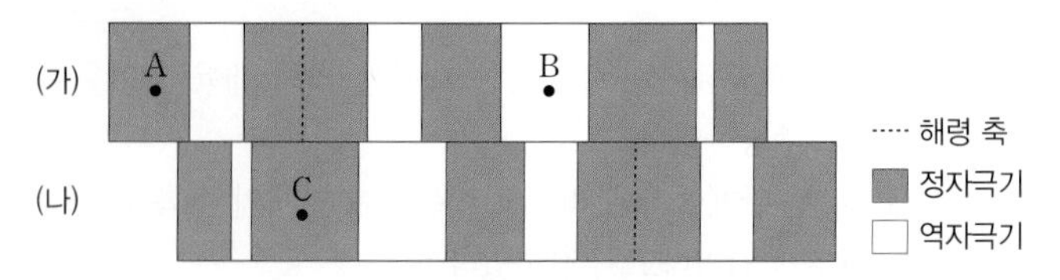

이에 대한 설명으로 옳은 것만을 [보기]에서 있는 대로 고른 것은?(단, B, C가 속한 해양 지각은 이동 속력이 같았다.)

[보기]

ㄱ. A의 암석은 생성된 후 암석의 잔류 자기가 2회 역전되었다.
ㄴ. 해저 퇴적물의 두께는 B보다 C에서 두껍다.
ㄷ. (가)와 (나)의 조사 해역 사이에는 지진이 자주 발생하는 곳이 있다.

① ㄱ ② ㄷ ③ ㄱ, ㄴ ④ ㄴ, ㄷ ⑤ ㄱ, ㄴ, ㄷ

030 (정답률 40%)

다음은 판 구조론이 정립되기까지 등장한 이론 (가)~(라)를 순서대로 나열한 것이다.

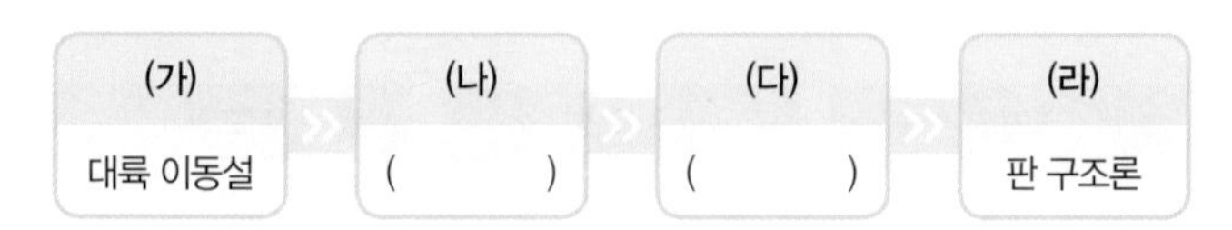

이에 대한 설명으로 옳은 것만을 [보기]에서 있는 대로 고른 것은?

[보기]

ㄱ. (나)는 해양저 확장설, (다)는 맨틀 대류설이다.
ㄴ. (나)의 등장으로 (가)가 널리 인정받게 되었다.
ㄷ. 해령 축에 대한 해양 지각 연령의 대칭적 분포는 (다)의 증거이다.

① ㄱ ② ㄷ ③ ㄱ, ㄴ ④ ㄴ, ㄷ ⑤ ㄱ, ㄴ, ㄷ

031 (정답률 25%)

그림 (가)는 일본 부근에서, (나)는 칠레 부근에서 발생한 지진의 진앙과 진원의 깊이를 나타낸 것이다.

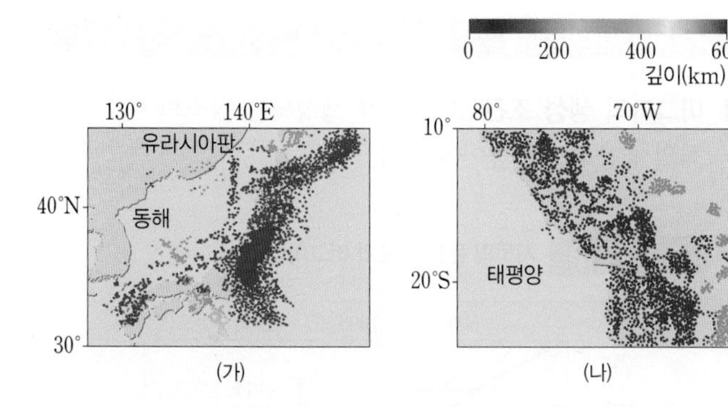

이에 대한 설명으로 옳은 것만을 [보기]에서 있는 대로 고른 것은?

[보기]
ㄱ. (가)의 해저에는 해령이 발달한다.
ㄴ. (가)와 (나)에서 판이 섭입하는 방향은 같다.
ㄷ. (가)와 (나) 모두 진앙 부근에서 화산 활동이 일어난다.

① ㄱ ② ㄷ ③ ㄱ, ㄴ
④ ㄴ, ㄷ ⑤ ㄱ, ㄴ, ㄷ

032 (정답률 30%)

오른쪽 그림은 약 **7100**만 년 전부터 현재까지 인도 대륙의 위치 변화를 나타낸 것이다. 이에 대한 설명으로 옳은 것만을 [보기]에서 있는 대로 고른 것은?

[보기]
ㄱ. 인도 대륙의 기후는 현재보다 온난한 적이 있다.
ㄴ. 7100만 년 전에 히말라야산맥은 남반구에 있었다.
ㄷ. 복각의 최대 크기는 인도 대륙이 남반구에 있었을 때 나타났다.

① ㄱ ② ㄴ ③ ㄱ, ㄷ
④ ㄴ, ㄷ ⑤ ㄱ, ㄴ, ㄷ

서술형 문제

033 (정답률 35%)

표는 대륙 이동설과 해양저 확장설에 대한 주요 논쟁점과 판 구조론에서 적용한 해결 방안을 나타낸 것이다.

구분	주요 논쟁점	해결 방안
대륙 이동설	대륙을 이동시키는 원동력은 무엇인가?	(가)
해양저 확장설	해령에서 끊임없이 해양 지각이 생성된다면 해저는 무한히 확장되는가?	(나)

(가)와 (나)에 들어갈 적절한 내용을 각각 설명하시오.

034 (정답률 30%)

표는 어느 해역에서 직선 구간을 따라 일정한 간격으로 해저를 향해 발사한 음파가 반사되어 온 시간을 나타낸 것이다.

탐사 지점	1	2	3	4
음파 왕복 시간(초)	6.0	9.4	8.2	6.8

수심이 가장 깊은 탐사 지점과 그곳에서 나타나는 지형을 쓰고, 그렇게 생각한 까닭을 설명하시오.(단, 해수에서 음파의 속도는 **1500 m/s** 이다.)

035 (정답률 30%)

그림은 대서양 중앙 해령을 사이에 둔 두 대륙의 분포와 해양 지각 A, B, C의 위치를 나타낸 것이다.

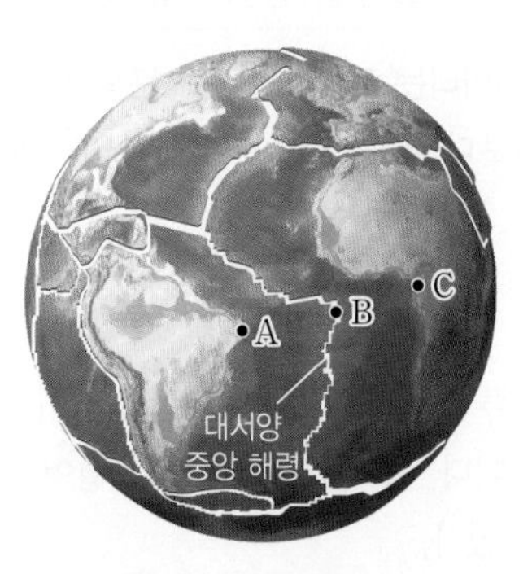

A와 B, A와 C의 연령 차를 각각 비교할 때, 암석의 연령 차가 더 작은 것을 쓰고, 그렇게 판단한 까닭을 설명하시오.

Ⅰ 지권의 변동

02 판 이동의 원동력과 화성암

꼭 알아야 할 핵심 개념
- ☑ 판의 운동과 플룸 구조론
- ☑ 마그마의 생성 과정
- ☑ 화성암의 분류와 특징

1 | 판의 운동과 플룸 구조론

1 맨틀 대류와 판의 운동 맨틀 대류는 판 이동의 원동력으로, 연약권 위에 놓인 판이 맨틀 대류에 의해 이동한다.

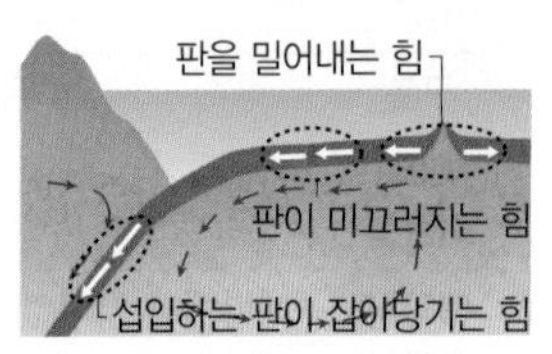

맨틀 대류의 상승부	• 맨틀 대류가 상승한다. ⋯→ 해령, 열곡대 형성 • 마그마가 분출하여 새로운 해양 지각이 생성된다.
맨틀 대류의 하강부	• 맨틀 대류가 하강한다. ⋯→ 해구 형성 • 오래된 해양 지각이 맨틀 속으로 섭입되어 소멸한다.

2 판의 운동과 지각 변동 맨틀 대류와 판에 작용하는 힘에 의해 판이 이동하고, 판의 상호 작용에 의해 판의 경계에서 지각 변동이 일어난다.

판의 경계		지진	화산 활동	발달 지형
수렴형 경계	섭입형	천발~심발 지진	있음.	해구, 습곡 산맥, 호상 열도
	충돌형	천발~중발 지진	거의 없음.	습곡 산맥
발산형 경계		천발 지진	있음.	해령, 열곡
보존형 경계		천발 지진	거의 없음.	변환 단층

3 플룸과 플룸 구조론

① 플룸: 지구 내부에서 상승하거나 하강하는 맨틀 물질 덩어리 지진파의 속도 분포로 존재를 확인한다.

② 플룸 구조론: 플룸의 상승과 하강에 의해 지구 내부의 변동이 일어난다는 이론

차가운 플룸 (플룸 하강류)	수렴형 경계에서 섭입된 판의 물질이 상부 맨틀과 하부 맨틀의 경계에서 쌓여 있다가 가라앉아 형성된다.
뜨거운 플룸 (플룸 상승류)	차가운 플룸이 맨틀과 외핵의 경계에 도달하면 그 영향으로 맨틀 물질이 상승하여 형성된다.

③ 플룸에서 나타나는 지진파의 속도 분포: 플룸 상승류가 있는 곳은 주변보다 온도가 높아 지진파의 속도가 느리게 나타난다.

4 열점

① 플룸 상승류가 지표면과 만나는 지점 아래에 마그마가 생성되는 곳이다. ➜ 판의 내부에서 일어나는 화산 활동을 설명할 수 있다.

② 판이 이동해도 열점의 위치는 변하지 않는다. ➜ 판이 이동하는 방향에 따라 화산 열도가 생성된다. 예 하와이 열도

2 | 마그마의 생성

1 마그마의 생성 조건 마그마가 생성되는 장소의 온도가 암석의 용융점보다 높아야 한다. 일반적으로 지하의 온도가 암석의 용융점보다 낮다. ⋯→ 마그마가 생성되기 어렵다.(고체 상태 유지)

빈출 자료 ① 지하의 온도 분포와 마그마의 생성

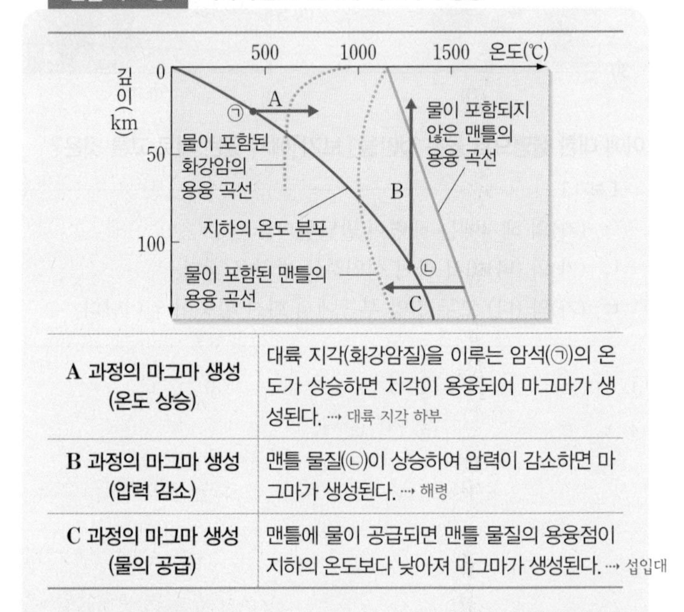

A 과정의 마그마 생성 (온도 상승)	대륙 지각(화강암질)을 이루는 암석(㉠)의 온도가 상승하면 지각이 용융되어 마그마가 생성된다. ⋯→ 대륙 지각 하부
B 과정의 마그마 생성 (압력 감소)	맨틀 물질(㉡)이 상승하여 압력이 감소하면 마그마가 생성된다. ⋯→ 해령
C 과정의 마그마 생성 (물의 공급)	맨틀에 물이 공급되면 맨틀 물질의 용융점이 지하의 온도보다 낮아져 마그마가 생성된다. ⋯→ 섭입대

필수 유형 온도와 압력 변화, 물의 포함 유무에 따른 마그마의 생성 조건을 묻는 문제가 출제된다.

20쪽 056번

2 변동대와 마그마의 생성 암석 속 광물 중 용융점이 낮은 광물이 먼저 녹아 마그마가 만들어지는 것

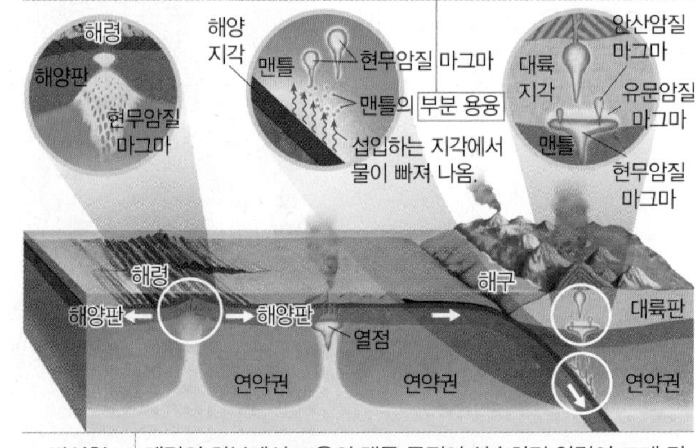

발산형 경계	해령의 하부에서 고온의 맨틀 물질이 상승하면 압력이 크게 감소하므로 맨틀 물질이 용융되어 현무암질 마그마가 생성된다.
수렴형 경계 (섭입대)	• 해양 지각이 섭입할 때 함수 광물(물을 포함한 광물)에서 빠져나온 물에 의해 맨틀 물질의 용융점이 낮아져 현무암질 마그마가 생성된다. • 현무암질 마그마가 상승하여 지각 하부를 가열하면 유문암질 마그마가 생성된다. • 유문암질 마그마와 현무암질 마그마가 혼합되어 안산암질 마그마가 생성된다.
열점	맨틀 물질이 상승하여 압력이 감소하므로 암석이 용융되어 현무암질 마그마가 생성된다.

3 | 화성암의 분류

1 마그마의 종류 SiO_2 함량에 따라 현무암질 마그마(52 % 이하), 안산암질 마그마(52 %~63 %), 유문암질 마그마(63 % 이상)로 구분한다.

2 화성암의 산출 상태와 조직

화산암 (세립질)	• 마그마가 지표로 분출하거나 지표 가까운 곳에서 비교적 빠르게 냉각되어 생성된다. • 용암이 흘러 용암 대지나 경사가 완만한 화산체를 형성하고, 급격한 냉각으로 주상 절리가 형성되기도 한다. • 현무암, 안산암, 유문암 등이 있다.
심성암 (조립질)	• 마그마가 지하 깊은 곳에서 천천히 냉각되어 생성된다. • 심성암이 융기하는 과정에서 표면이 양파 껍질처럼 벗겨져 나가기도 한다. – 판상 절리 • 반려암, 섬록암, 화강암 등이 있다.

화성암의 산출 상태와 조직

3 화성암의 분류 SiO_2 함량에 따라 염기성암(52 % 이하), 중성암(52 %~63 %), 산성암(63 % 이상)으로 구분한다.

빈출 자료 ② 화성암의 분류

화학 조성에 의한 분류 / 조직에 의한 분류			염기성암	중성암	산성암
성질		SiO_2 함량	적음. ← 52 %	63 %	→ 많음.
		색	어두운색 ←	중간	→ 밝은색
		많은 원소	Ca, Fe, Mg		Na, K, Si
조직	냉각 속도	밀도	큼. ←		→ 작음.
화산암	세립질 조직	빠르다.	현무암	안산암	유문암
심성암	조립질 조직	느리다.	반려암	섬록암	화강암

조암 광물의 부피비(%): 80, 60, 40, 20
무색(밝은색) 광물 / 유색(어두운색) 광물
감람석, 휘석, 각섬석, 사장석, 흑운모, 정장석, 석영

• 염기성암은 감람석, 휘석, 각섬석 등 유색 광물의 함량이 높다.
··· 암석이 어두운색을 띤다.
• 산성암은 사장석, 정장석, 석영 등 무색 광물의 함량이 높다.
··· 암석이 밝은색을 띤다.

필수 유형 〉 SiO_2 함량, 결정 크기에 따라 화성암을 분류하고 그 특징을 묻는 문제가 출제된다. 22쪽 067번

4 우리나라의 화성암 지형

화산암 지형	• 제주도와 한탄강 일대, 울릉도, 독도 등에서 신생대의 화산 활동으로 형성된 현무암이 산출된다. • 전북 변산반도, 제주 마라도에서는 안산암이 산출된다.
심성암 지형	• 부산 횡령산에서 반려암, 경주 양북면 해안에서 섬록암이 산출된다. • 북한산, 설악산 등에서는 중생대의 화강암이 산출된다.

개념 확인 문제

» 바른답·알찬풀이 6쪽

[036~038] 맨틀 대류와 플룸 구조론에 대한 설명으로 옳은 것은 ○표, 옳지 않은 것은 ×표 하시오.

036 맨틀 대류는 해령에서 상승하고, 해구에서 하강한다. ( )

037 충돌형 경계에서는 지진과 화산 활동이 활발하게 일어난다. ( )

038 열점은 새로운 해양 지각이 생성되는 판의 경계이다. ( )

039 다음은 플룸에서 나타나는 지진파의 속도 분포를 설명한 것이다. ( ) 안에 들어갈 알맞은 말을 쓰시오.

> 플룸 상승류가 존재하는 곳에서는 지진파의 속도가 ㉠(느려, 빨라)지고, 플룸 하강류가 존재하는 곳에서는 지진파의 속도가 ㉡(느려, 빨라)진다.

[040~042] 그림은 지하의 온도, 압력 분포와 암석의 용융 곡선을 나타낸 것이다. 마그마가 생성되는 과정에 해당하는 것을 골라 각각 기호를 쓰시오.

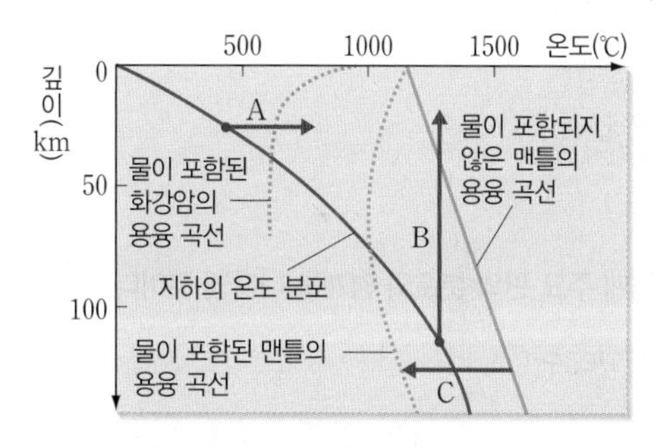

040 압력이 감소하여 마그마가 생성된다.

041 온도가 상승하여 마그마가 생성된다.

042 맨틀에 공급된 물에 의해 용융점이 낮아져 마그마가 생성된다.

[043~045] 다음은 화성암에 대한 설명이다. ( ) 안에 들어갈 알맞은 말을 고르시오.

043 심성암에서는 ㉠(조립질, 세립질) 조직, 화산암에서는 ㉡(조립질, 세립질) 조직이 나타난다.

044 염기성암은 산성암보다 SiO_2 함량이 (많다, 적다).

045 염기성암은 산성암보다 유색 광물의 함량이 (많다, 적다).

기출 분석 문제

» 바른답·알찬풀이 7쪽

1 | 판의 운동과 플룸 구조론

046

그림은 맨틀 대류의 모습을 모식적으로 나타낸 것이다.

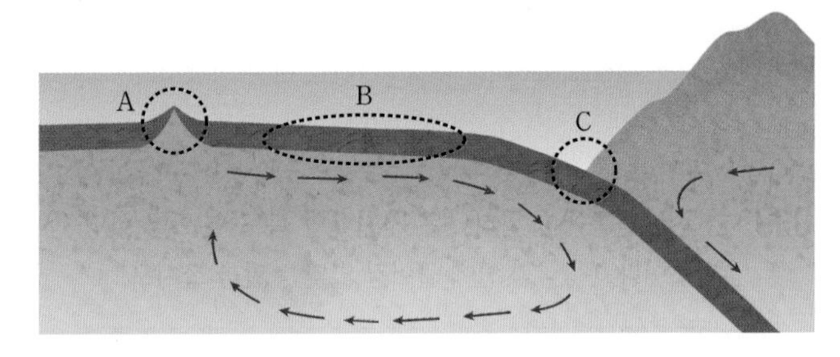

(1) A, B, C 부근에 작용하는 판을 움직이게 하는 힘을 각각 쓰시오.

(2) 판이 생성되는 곳과 소멸하는 곳의 기호를 차례대로 쓰시오.

047

그림은 전 세계 주요 판의 분포와 경계를 나타낸 것이다.

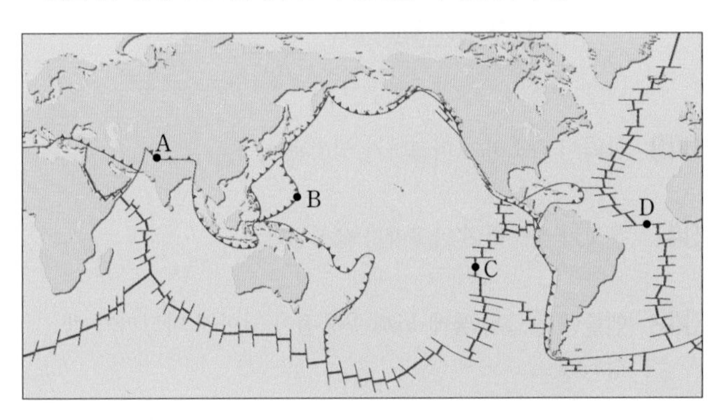

A～D 경계에 대한 설명으로 옳은 것만을 [보기]에서 있는 대로 고른 것은?

[보기]

ㄱ. A는 충돌형 경계, B는 섭입형 경계이다.
ㄴ. C에서는 판을 아래로 잡아당기는 힘이 우세하게 작용한다.
ㄷ. C와 D에서는 모두 화산 활동이 활발하게 일어난다.

① ㄱ ② ㄴ ③ ㄱ, ㄷ
④ ㄴ, ㄷ ⑤ ㄱ, ㄴ, ㄷ

048

그림은 서로 다른 대륙판의 경계를 나타낸 것이다.

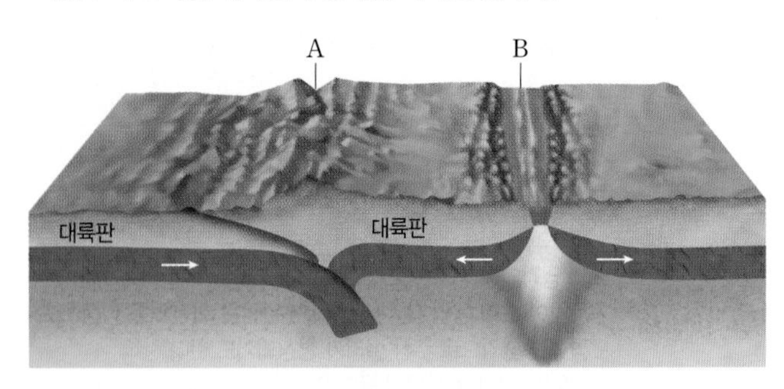

이에 대한 설명으로 옳은 것만을 [보기]에서 있는 대로 고른 것은?

[보기]

ㄱ. A에는 습곡 산맥이 형성된다.
ㄴ. B에서는 판을 당기는 힘이 작용한다.
ㄷ. 화산 활동은 A보다 B에서 활발하다.
ㄹ. 진원의 평균 깊이는 A보다 B에서 깊다.

① ㄱ, ㄴ ② ㄱ, ㄷ ③ ㄷ, ㄹ
④ ㄱ, ㄴ, ㄹ ⑤ ㄴ, ㄷ, ㄹ

049

그림은 판의 운동에 의해 형성되는 지형을 나타낸 것이다.

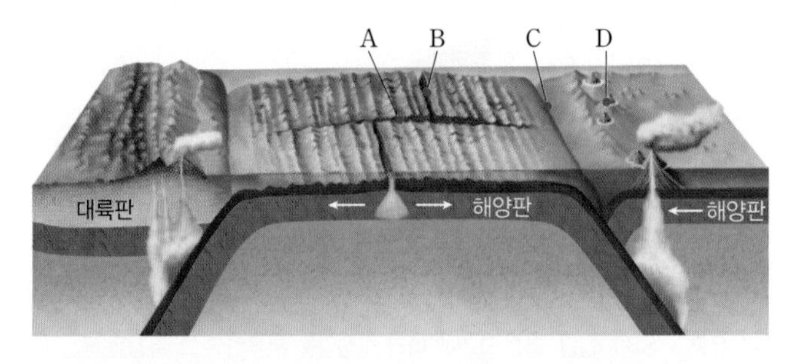

이에 대한 설명으로 옳은 것만을 [보기]에서 있는 대로 고른 것은?

[보기]

ㄱ. A에는 변환 단층이 발달한다.
ㄴ. B에는 화산 활동에 의해 호상 열도가 형성된다.
ㄷ. C에서 D로 갈수록 진원의 깊이가 얕아진다.
ㄹ. 해양 지각은 B에서 생성되고, C에서 소멸한다.

① ㄱ, ㄴ ② ㄱ, ㄹ ③ ㄴ, ㄷ
④ ㄱ, ㄷ, ㄹ ⑤ ㄴ, ㄷ, ㄹ

050

플룸 구조론에 대한 설명으로 옳은 것만을 [보기]에서 있는 대로 고른 것은?

[보기]
ㄱ. 열점의 형성을 설명한다.
ㄴ. 판의 수평 방향의 움직임을 설명한다.
ㄷ. 뜨거운 플룸과 차가운 플룸의 수직적 흐름을 설명한다.

① ㄱ ② ㄴ ③ ㄱ, ㄷ
④ ㄴ, ㄷ ⑤ ㄱ, ㄴ, ㄷ

051 수능모의평가기출 변형

그림 (가)는 지구의 플룸 구조 모식도를, (나)는 판의 경계와 열점의 분포를 나타낸 것이다. (가)의 ㉠~㉣은 플룸이 상승하거나 하강하는 곳이고, (나)의 A~D 부근에 위치한다.

(가)

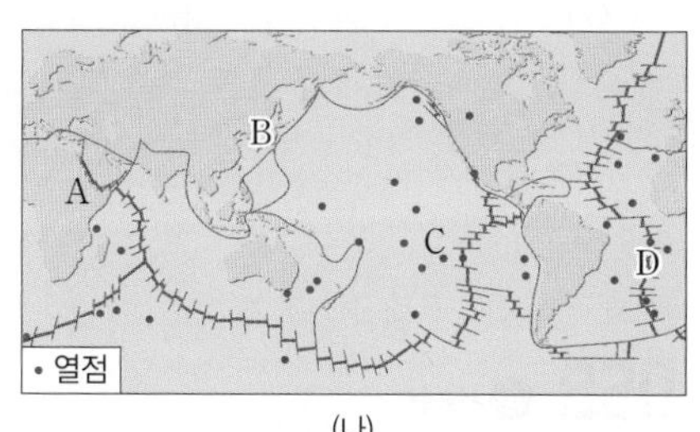

(나)

이에 대한 설명으로 옳은 것만을 [보기]에서 있는 대로 고른 것은?

[보기]
ㄱ. ㉠은 B 부근에 위치한다.
ㄴ. 뜨거운 플룸은 맨틀과 핵의 경계에서 생성된다.
ㄷ. 열점은 주로 판의 수렴형 경계나 발산형 경계에서 형성된다.

① ㄱ ② ㄷ ③ ㄱ, ㄴ
④ ㄴ, ㄷ ⑤ ㄱ, ㄴ, ㄷ

052 서술형

차가운 플룸과 뜨거운 플룸의 생성 과정에 대해 제시된 용어를 모두 포함하여 설명하시오.

• 상부 맨틀 • 하부 맨틀 • 외핵

053 신유형

그림은 동아프리카 열곡대 부근에서 관측한 지진파의 속도 분포를 나타낸 것이다.

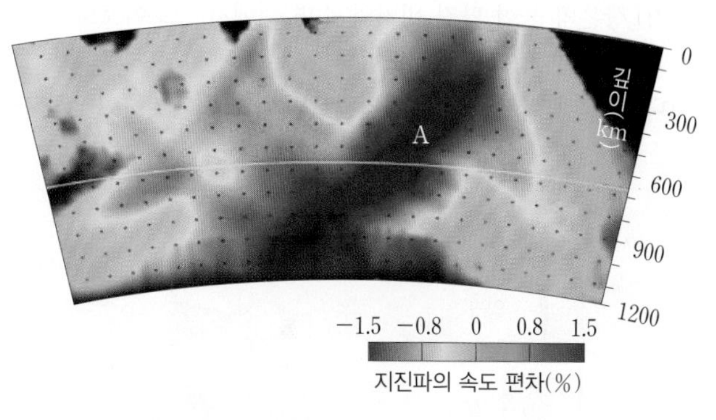

A에 대한 설명으로 옳은 것만을 [보기]에서 있는 대로 고른 것은?

[보기]
ㄱ. 플룸 상승류이다.
ㄴ. 주변의 맨틀보다 온도가 낮다.
ㄷ. 동일한 깊이의 주위보다 지진파의 속도가 느리다.

① ㄱ ② ㄴ ③ ㄱ, ㄷ
④ ㄴ, ㄷ ⑤ ㄱ, ㄴ, ㄷ

054

그림은 열점에서 형성된 하와이섬과 주변 화산섬의 분포와 연령을 나타낸 것이다.

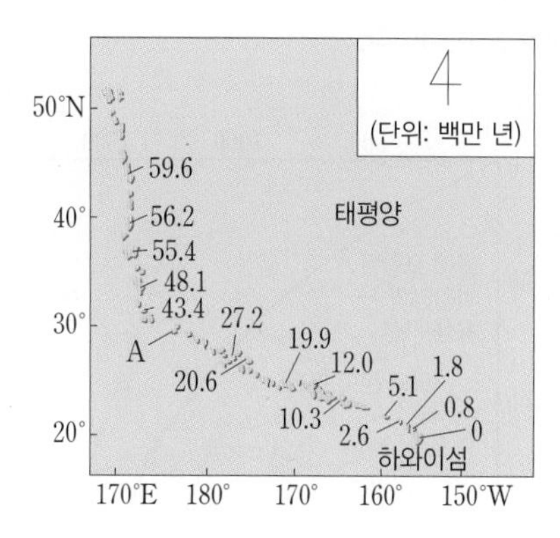

이에 대한 설명으로 옳은 것만을 [보기]에서 있는 대로 고른 것은?

[보기]
ㄱ. 열점은 대체로 북서 방향으로 이동하였다.
ㄴ. A와 하와이섬을 잇는 선을 따라 섭입대가 존재한다.
ㄷ. 플룸 상승류의 위치는 A보다 하와이섬에 가까이 위치한다.

① ㄱ ② ㄷ ③ ㄱ, ㄴ
④ ㄴ, ㄷ ⑤ ㄱ, ㄴ, ㄷ

055

다음은 플룸 구조론을 알아보기 위한 탐구를 나타낸 것이다.

(가) 상온의 물이 담긴 비커의 수면 위에서 스포이트로 찬물에 섞은 잉크를 떨어뜨린다.
(나) 잉크가 비커 바닥에 가라앉으면 양초로 가열하여 잉크가 수면까지 상승하는 모습을 관찰한다.

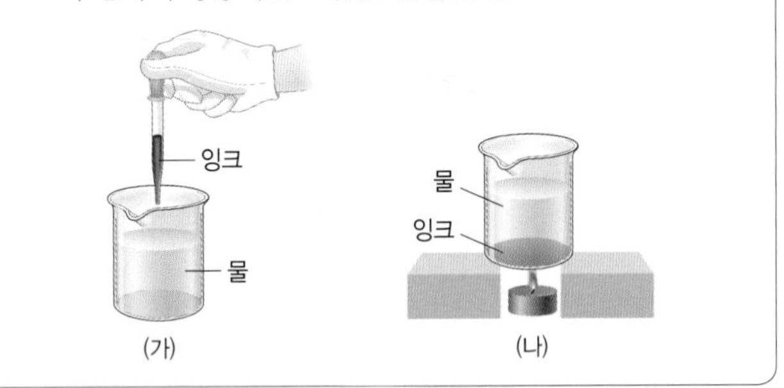

이에 대한 설명으로 옳은 것만을 [보기]에서 있는 대로 고른 것은?

[보기]
ㄱ. (가)에서 잉크의 이동은 차가운 플룸의 하강에 해당한다.
ㄴ. (나)를 통해 열점이 형성되는 위치를 알 수 있다.
ㄷ. (가)와 (나)에서 비커의 바닥은 맨틀과 핵의 경계에 해당한다.

① ㄱ ② ㄷ ③ ㄱ, ㄴ ④ ㄴ, ㄷ ⑤ ㄱ, ㄴ, ㄷ

2 | 마그마의 생성

056 수능기출 변형

필수 유형 16쪽 빈출 자료 ①

그림은 화강암의 용융 곡선과 맨틀의 용융 곡선 A, B 및 지하의 온도 분포를 나타낸 것이다. A와 B는 각각 물을 포함한 경우와 물을 포함하지 않은 경우 중 하나이다.

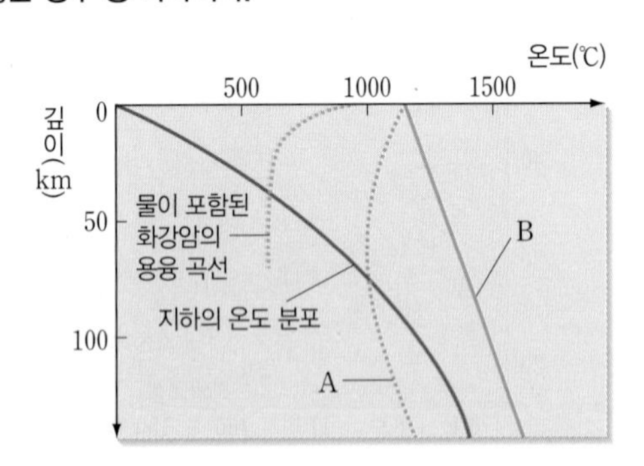

이에 대한 설명으로 옳은 것만을 [보기]에서 있는 대로 고른 것은?

[보기]
ㄱ. 물을 포함한 맨틀의 용융 곡선은 B이다.
ㄴ. 화강암의 용융점은 지하로 내려갈수록 높아진다.
ㄷ. 지하 150 km의 맨틀 물질이 빠르게 상승하면 온도가 맨틀의 용융점보다 높아질 수 있다.

① ㄱ ② ㄷ ③ ㄱ, ㄴ ④ ㄴ, ㄷ ⑤ ㄱ, ㄴ, ㄷ

[057~058] 그림은 마그마가 생성되는 장소 A~D를 나타낸 것이다. 물음에 답하시오.

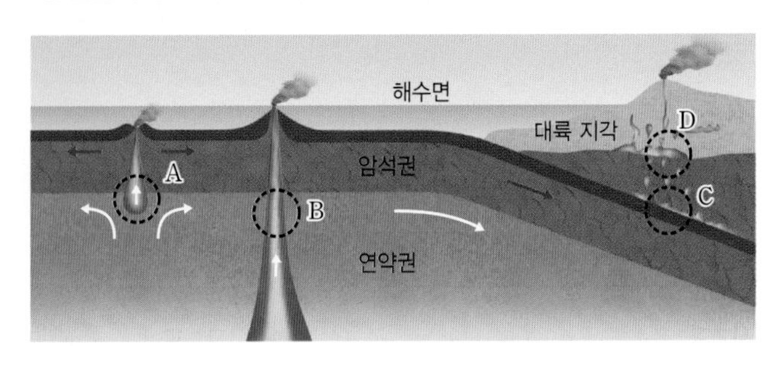

057

A~C의 마그마에 대한 설명으로 옳은 것만을 [보기]에서 있는 대로 고른 것은?

[보기]
ㄱ. A에서는 맨틀 물질의 압력 감소로 마그마가 생성된다.
ㄴ. C에서는 맨틀의 용융점이 낮아져 마그마가 생성된다.
ㄷ. A~C에서는 모두 현무암질 마그마가 생성된다.

① ㄱ ② ㄷ ③ ㄱ, ㄴ
④ ㄴ, ㄷ ⑤ ㄱ, ㄴ, ㄷ

058 서술형

섭입대에서의 마그마 생성 과정을 D에서 안산암질 마그마가 생성되는 과정을 포함하여 설명하시오.

059

그림 (가)는 해령과 해구에서 마그마가 생성되는 장소를 나타낸 것이고, (나)는 지하의 온도 분포와 마그마의 생성 과정을 나타낸 것이다.

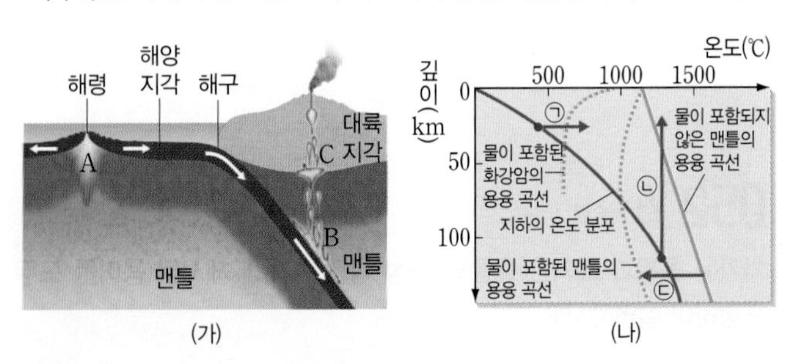

(가)의 A, B, C에서 마그마가 생성될 때 각 생성 과정에 해당하는 것을 (나)의 ㉠, ㉡, ㉢에서 골라 기호를 쓰시오.

[060~061] 그림 (가)와 (나)는 해양판이 대륙판 아래로 섭입하면서 마그마 A, B, C가 생성되는 과정을 나타낸 것이다. 물음에 답하시오.

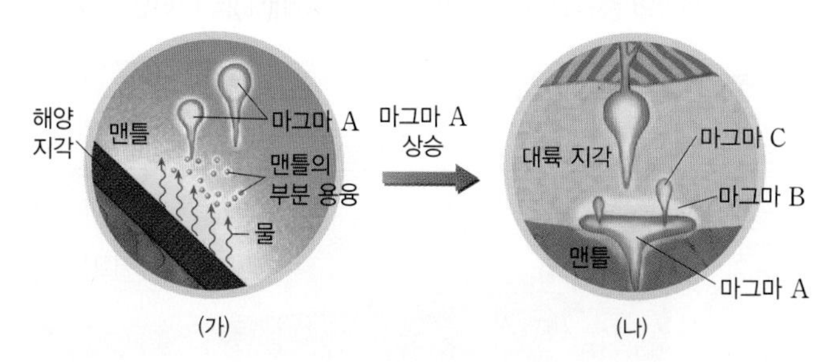

060

마그마 A, B, C의 종류를 옳게 짝 지은 것은?

	A	B	C
①	현무암질 마그마	안산암질 마그마	유문암질 마그마
②	현무암질 마그마	유문암질 마그마	안산암질 마그마
③	안산암질 마그마	현무암질 마그마	유문암질 마그마
④	유문암질 마그마	안산암질 마그마	현무암질 마그마
⑤	유문암질 마그마	현무암질 마그마	안산암질 마그마

061

마그마 A, B, C의 생성 과정에 대한 설명으로 옳은 것만을 [보기]에서 있는 대로 고른 것은?

[보기]
ㄱ. (가)의 물은 맨틀의 용융점을 높이는 역할을 한다.
ㄴ. B는 대륙 지각의 가열에 의해 생성된다.
ㄷ. C의 SiO_2 함량은 A보다 높고, B보다 낮다.

① ㄱ ② ㄷ ③ ㄱ, ㄴ
④ ㄴ, ㄷ ⑤ ㄱ, ㄴ, ㄷ

062 서술형

해령에서 생성되는 마그마의 종류와 마그마의 생성 과정에 대해 설명하시오.

3 | 화성암의 분류

063

그림은 어느 화성암 A~C의 SiO_2 함량을 나타낸 것이다.

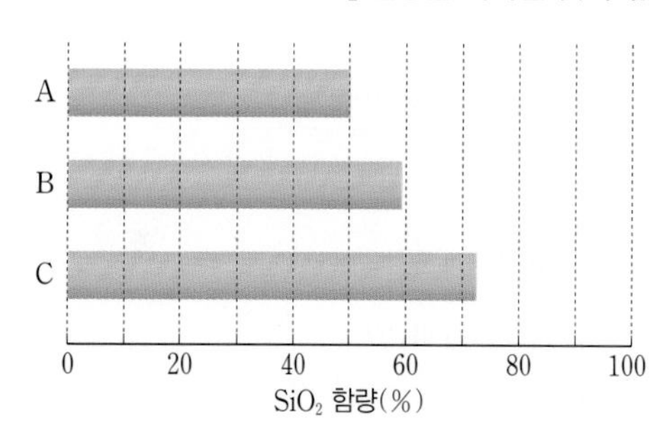

화성암 A~C에 대한 설명으로 옳은 것만을 [보기]에서 있는 대로 고른 것은?

[보기]
ㄱ. A는 산성암, C는 염기성암이다.
ㄴ. A는 C보다 암석의 색이 어둡다.
ㄷ. B에서 조립질 조직이 관찰되면 B는 안산암이다.

① ㄱ ② ㄴ ③ ㄱ, ㄷ
④ ㄴ, ㄷ ⑤ ㄱ, ㄴ, ㄷ

064

그림은 화성암의 산출 상태 A, B를 나타낸 것이다.

이에 대한 설명으로 옳은 것만을 [보기]에서 있는 대로 고른 것은?

[보기]
ㄱ. 안산암의 산출 상태는 A에 해당한다.
ㄴ. 반려암의 산출 상태는 B에 해당한다.
ㄷ. B에서 굳은 암석이 밝은색을 띠면 유문암이다.

① ㄱ ② ㄷ ③ ㄱ, ㄴ
④ ㄴ, ㄷ ⑤ ㄱ, ㄴ, ㄷ

065

그림은 반려암, 안산암, 유문암을 구분하는 과정을 나타낸 것이다.

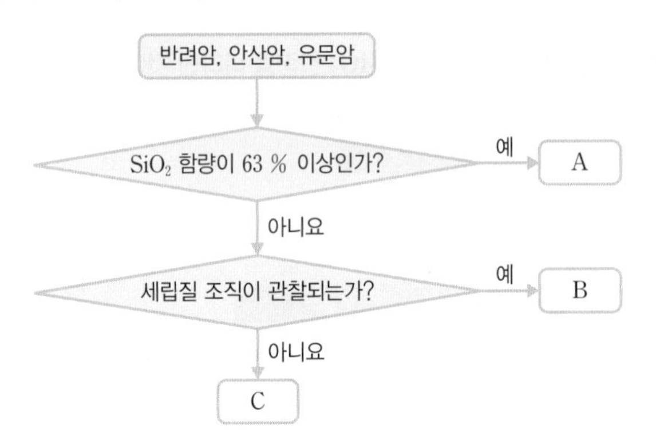

이에 대한 설명으로 옳은 것만을 [보기]에서 있는 대로 고른 것은?

[보기]
ㄱ. A는 세립질 조직이 나타난다.
ㄴ. B는 반려암이다.
ㄷ. C는 SiO_2 함량이 52 %보다 많다.

① ㄱ ② ㄴ ③ ㄱ, ㄷ
④ ㄴ, ㄷ ⑤ ㄱ, ㄴ, ㄷ

066

그림은 현무암과 화강암의 특징을 A와 B, C와 D로 비교하여 나타낸 것이다.

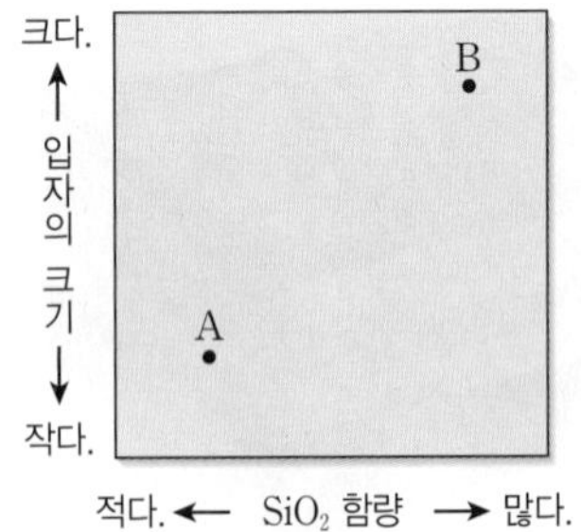

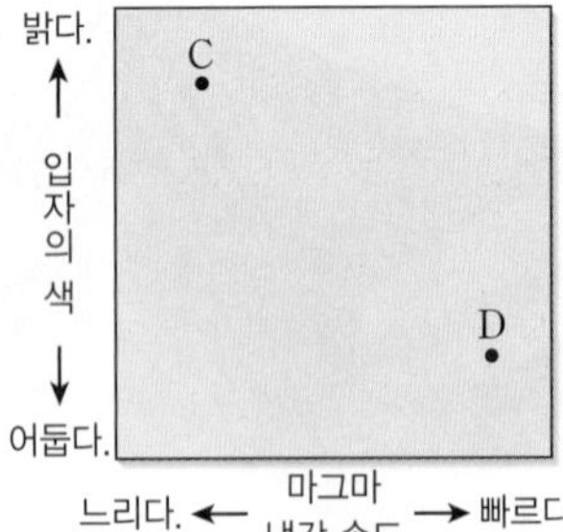

이에 대한 설명으로 옳은 것만을 [보기]에서 있는 대로 고른 것은?

[보기]
ㄱ. A는 화강암이다.
ㄴ. B와 C는 같은 암석에 해당한다.
ㄷ. C는 조립질 조직, D는 세립질 조직이 나타난다.

① ㄱ ② ㄴ ③ ㄱ, ㄷ
④ ㄴ, ㄷ ⑤ ㄱ, ㄴ, ㄷ

067

필수 유형 17쪽 빈출 자료 ②

그림은 화성암의 종류와 주요 조암 광물의 부피비(%)를 나타낸 것이다.

구분	염기성암	중성암	산성암
화산암	현무암	안산암	유문암
심성암	반려암	섬록암	화강암

주요 조암 광물의 부피비(%) 80 60 40 20
석영
사장석
정장석
휘석
각섬석
감람석
흑운모

이에 대한 설명으로 옳은 것만을 [보기]에서 있는 대로 고른 것은?

[보기]
ㄱ. 섬록암은 조립질 조직을 보인다.
ㄴ. 화강암은 현무암보다 밝은색을 띤다.
ㄷ. 현무암의 화학 조성은 반려암보다 유문암에 가깝다.

① ㄱ ② ㄷ ③ ㄱ, ㄴ
④ ㄴ, ㄷ ⑤ ㄱ, ㄴ, ㄷ

068

그림 (가)~(다)는 서로 다른 종류의 심성암을 나타낸 것이다.

(가)

(나)

(다)

(가) → (나) → (다)로 가면서 증가하는 값만을 [보기]에서 있는 대로 고른 것은?

[보기]
ㄱ. 유색 광물의 함량비
ㄴ. (Na+K)의 함량비
ㄷ. (Fe+Mg+Ca)의 함량비

① ㄱ ② ㄴ ③ ㄱ, ㄴ
④ ㄴ, ㄷ ⑤ ㄱ, ㄴ, ㄷ

069

그림 (가)와 (나)는 우리나라의 두 화성암 지형을, (다)와 (라)는 이들 두 화성암의 표면을 동일한 비율로 확대하여 순서 없이 나타낸 것이다.

(가) 용두암(제주도)

(나) 울산바위(설악산)

(다)

(라)

이에 대한 설명으로 옳은 것만을 [보기]에서 있는 대로 고른 것은?

[보기]
ㄱ. (가) 지형의 주요 암석은 (라)이다.
ㄴ. (나)의 암석은 생성된 후 융기한 적이 있다.
ㄷ. (다)는 신생대 암석, (라)는 중생대 암석이다.

① ㄱ ② ㄷ ③ ㄱ, ㄴ
④ ㄴ, ㄷ ⑤ ㄱ, ㄴ, ㄷ

070

그림은 북한산 인수봉의 모습을 나타낸 것이다.

인수봉을 이루는 화성암에 대한 설명으로 옳은 것만을 [보기]에서 있는 대로 고른 것은?

[보기]
ㄱ. 주요 조암 광물은 석영과 장석이다.
ㄴ. 중생대의 화성 활동으로 생성되었다.
ㄷ. 대륙 지각의 하부가 가열되어 생성된 마그마가 굳은 것이다.

① ㄱ ② ㄷ ③ ㄱ, ㄴ
④ ㄴ, ㄷ ⑤ ㄱ, ㄴ, ㄷ

071

다음은 어떤 화성암의 특징과 모습을 나타낸 것이다.

- 주로 휘석, 각섬석, 사장석으로 이루어져 있다.
- 결정의 크기가 큰 조립질 조직을 보인다.
- 경주 양북면 해안에서 이 암석이 산출된다.

이 화성암의 이름을 쓰시오.

072

오른쪽 그림은 제주도 서귀포의 해안가를 이루는 암석을 나타낸 것이다. 이 암석에 대한 설명으로 옳은 것만을 [보기]에서 있는 대로 고른 것은?

[보기]
ㄱ. 선캄브리아 시대에 생성되었다.
ㄴ. 지하 깊은 곳에서 생성된 후 지표로 융기하였다.
ㄷ. 감람석, 휘석, 사장석 등이 조암 광물로 산출된다.

① ㄱ ② ㄷ ③ ㄱ, ㄴ
④ ㄴ, ㄷ ⑤ ㄱ, ㄴ, ㄷ

073

우리나라의 화성암에 대한 설명으로 옳은 것만을 [보기]에서 있는 대로 고른 것은?

[보기]
ㄱ. 화강암은 대부분 중생대에 생성되었다.
ㄴ. 울릉도와 독도에서는 화산암 지형을 볼 수 있다.
ㄷ. 화강암에서는 수평 방향의 절리를 관찰할 수 있다.

① ㄱ ② ㄷ ③ ㄱ, ㄴ
④ ㄴ, ㄷ ⑤ ㄱ, ㄴ, ㄷ

1등급 완성 문제

» 바른답·알찬풀이 10쪽

074 (정답률 40%)

그림은 판을 움직이는 힘 A, B, C를 나타낸 것이다.

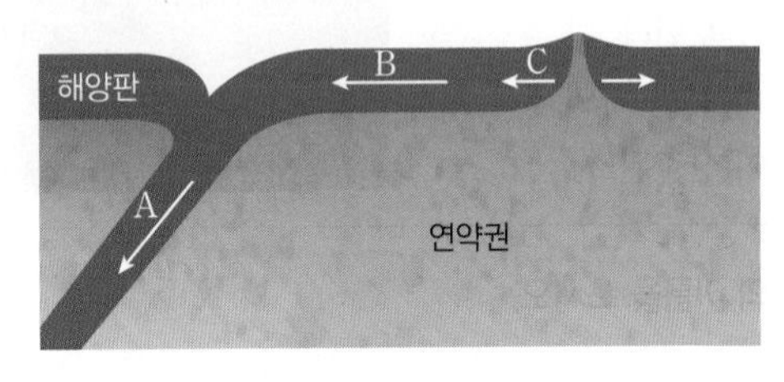

이에 대한 설명으로 옳은 것만을 [보기]에서 있는 대로 고른 것은?

[보기]
ㄱ. A는 침강하는 판의 밀도가 클수록 크게 작용한다.
ㄴ. B는 해령과 해구 사이에서 판이 미끄러지는 힘이다.
ㄷ. C는 판이 생성되면서 밀어내는 힘이다.

① ㄱ ② ㄴ ③ ㄱ, ㄷ
④ ㄴ, ㄷ ⑤ ㄱ, ㄴ, ㄷ

075 (정답률 30%)

그림은 어느 지역의 지진파 단층 촬영 영상을 나타낸 것이다.

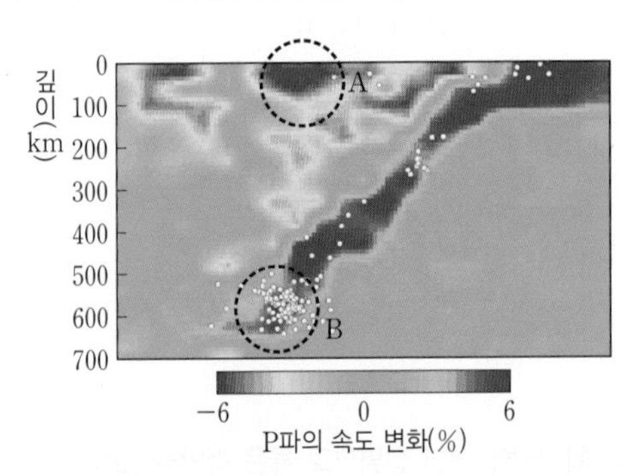

이에 대한 설명으로 옳은 것만을 [보기]에서 있는 대로 고른 것은?

[보기]
ㄱ. A에서는 열점에서 생성된 마그마가 지표로 분출한다.
ㄴ. B의 하부에서 플룸 하강류가 형성된다.
ㄷ. 이 지역에서는 천발 지진과 심발 지진이 모두 발생한다.

① ㄱ ② ㄷ ③ ㄱ, ㄴ
④ ㄴ, ㄷ ⑤ ㄱ, ㄴ, ㄷ

076 (정답률 35%)

그림 (가)~(라)는 어느 열점에서 화산 활동으로 화산섬이 생성된 모습을 동일한 시간 간격으로 순서대로 나타낸 것이다.

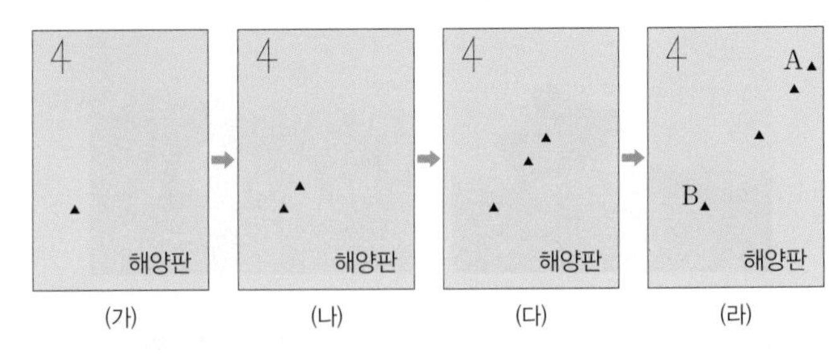

이에 대한 설명으로 옳은 것만을 [보기]에서 있는 대로 고른 것은?

[보기]
ㄱ. 해양판은 남서쪽으로 이동하였다.
ㄴ. 해양판의 이동 속도는 (가)~(나) 시기보다 (다)~(라) 시기에 더 빠르다.
ㄷ. (라)에서 플룸 상승류는 A의 지하에 위치한다.

① ㄱ ② ㄴ ③ ㄱ, ㄷ
④ ㄴ, ㄷ ⑤ ㄱ, ㄴ, ㄷ

077 (정답률 25%)

그림 (가)와 (나)는 서로 다른 해양판 A와 B, C와 D의 경계 부근에서 일어난 지진의 진원 분포를 나타낸 것이다. (가)와 (나)의 판의 경계 부근에서는 화산 활동이 활발하게 일어난다.

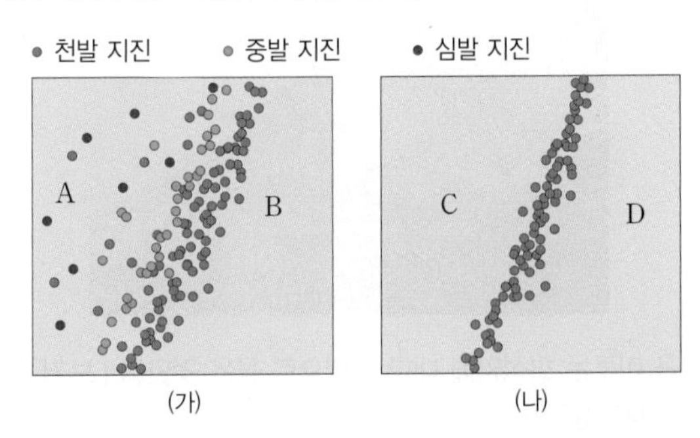

이에 대한 설명으로 옳은 것만을 [보기]에서 있는 대로 고른 것은?

[보기]
ㄱ. (가)에서 화산 활동은 주로 판 A에서 일어난다.
ㄴ. (나)에서는 판을 밀어내는 힘이 작용한다.
ㄷ. 차가운 플룸은 (가)보다 (나)에서 주로 형성된다.

① ㄱ ② ㄷ ③ ㄱ, ㄴ
④ ㄴ, ㄷ ⑤ ㄱ, ㄴ, ㄷ

078 (정답률 25%) 수능모의평가기출 변형

그림 (가)는 지하의 온도 분포와 암석의 용융 곡선 ㉠, ㉡, ㉢을, (나)는 마그마가 분출하는 지역 A를 나타낸 것이다.

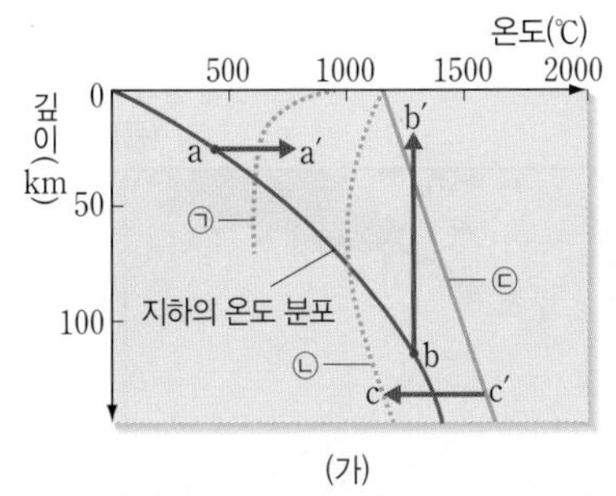

(가)

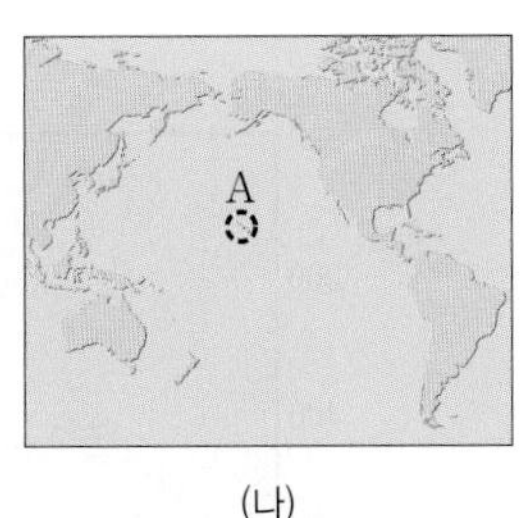

(나)

이에 대한 설명으로 옳은 것만을 [보기]에서 있는 대로 고른 것은?

[보기]

ㄱ. a → a′은 대륙 지각의 가열에 의해 마그마가 생성되는 과정이다.
ㄴ. 맨틀 물질에 물이 첨가되면 용융 곡선은 ㉡ → ㉢으로 변한다.
ㄷ. A 지역에서는 주로 b → b′ 과정에 의해 마그마가 생성된다.

① ㄱ ② ㄴ ③ ㄱ, ㄷ
④ ㄴ, ㄷ ⑤ ㄱ, ㄴ, ㄷ

079 (정답률 40%)

표는 서로 다른 두 화성암 (가), (나)를 동일한 배율로 확대하여 관찰한 결과를 정리한 것이다.

화성암	(가)	(나)
확대 사진		
조암 광물	석영, 장석 등	감람석, 휘석, 사장석 등

이에 대한 설명으로 옳은 것만을 [보기]에서 있는 대로 고른 것은?

[보기]

ㄱ. (가)는 (나)보다 SiO_2 함량이 많다.
ㄴ. (가)는 (나)보다 지하 깊은 곳에서 생성되었다.
ㄷ. (가)는 화강암, (나)는 현무암을 관찰한 것이다.

① ㄱ ② ㄴ ③ ㄱ, ㄷ
④ ㄴ, ㄷ ⑤ ㄱ, ㄴ, ㄷ

서술형 문제

080 (정답률 30%)

그림은 각각 남아메리카판과 오스트레일리아판의 이동 속도와 판 주변의 단면을 모식적으로 나타낸 것이다.

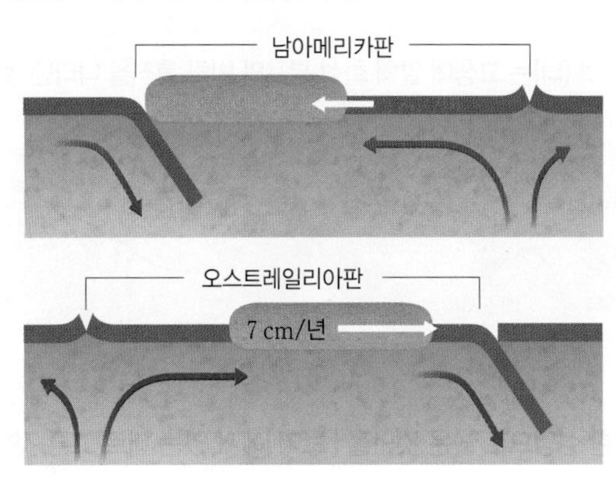

오스트레일리아판의 이동 속도가 남아메리카판의 이동 속도보다 빠른 까닭을 판에 작용하는 힘과 관련지어 설명하시오.

081 (정답률 25%)

그림은 태평양 주변에서 현무암이 분포하는 지역과 안산암이 분포하는 지역의 경계선을 나타낸 것이다.

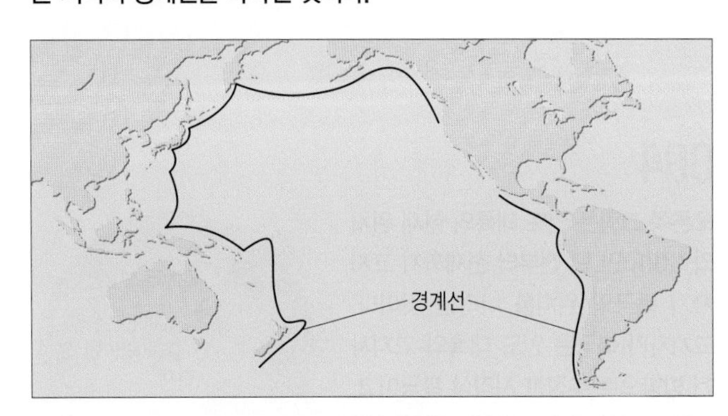

이 선을 경계로 안산암은 태평양과 대륙 중 어느 쪽에 주로 분포하는지 쓰고, 그렇게 판단한 까닭을 설명하시오.

082 (정답률 30%)

화성암의 SiO_2 함량이 많은 암석일수록 암석의 색이 밝은 까닭을 화성암을 이루는 조암 광물 및 구성 원소와 관련지어 설명하시오.

실전 대비 평가 문제

» 바른답·알찬풀이 12쪽

083

그림 (가)와 (나)는 고생대 말의 화석 분포와 빙하 흔적을 나타낸 것이다.

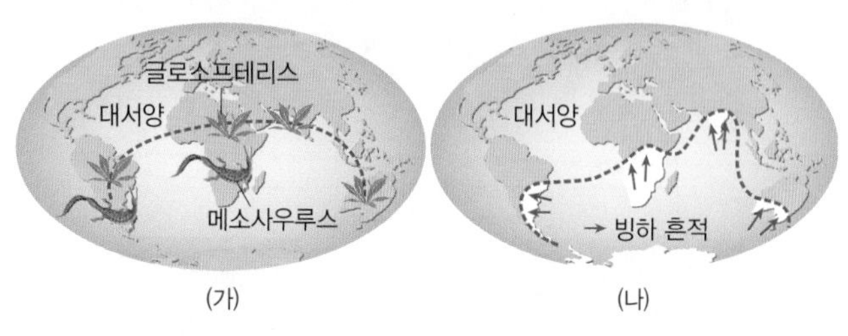

(가) (나)

이에 대한 설명으로 옳은 것만을 [보기]에서 있는 대로 고른 것은?

[보기]
ㄱ. 고생대 말에는 현재보다 대서양이 넓었다.
ㄴ. 고생대 말에는 빙하 분포가 적도까지 확대되었다.
ㄷ. 대서양을 사이에 두고 북아메리카 대륙과 유럽 사이의 고생대 말 지질 분포는 연속성을 보일 것이다.

① ㄱ ② ㄷ ③ ㄱ, ㄴ
④ ㄴ, ㄷ ⑤ ㄱ, ㄴ, ㄷ

084

오른쪽 그림은 인도 대륙의 현재 위치와 6000만 년 전부터 현재까지 고지자기 북극의 위치를 나타낸 것이다. 고지자기 북극은 인도 대륙의 고지자기 방향으로 추정한 지리상 북극이고, 실제 지리상 북극의 위치는 변하지 않았다. 이에 대한 설명으로 옳은 것만을 [보기]에서 있는 대로 고른 것은?

[보기]
ㄱ. 인도 대륙은 6000만 년 전에 남반구에 있었다.
ㄴ. 고지자기 북극의 위치 변화는 고지자기 역전 현상에 의해 일어났다.
ㄷ. 인도 대륙에서 고지자기 복각은 4000만 년 전보다 2000만 년 전에 컸다.

① ㄱ ② ㄴ ③ ㄷ
④ ㄱ, ㄷ ⑤ ㄴ, ㄷ

085

그림은 어느 판의 경계 부근에서 발생한 지진의 진원 분포를 나타낸 것이다.

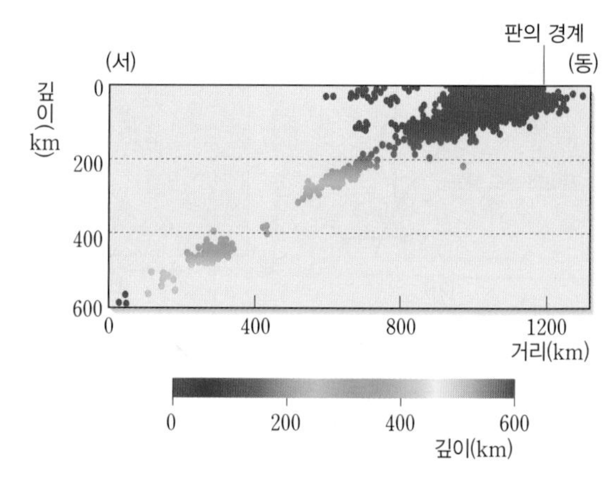

이에 대한 설명으로 옳은 것만을 [보기]에서 있는 대로 고른 것은?

[보기]
ㄱ. 판의 경계 부근에 섭입대가 위치한다.
ㄴ. 화산 활동은 판의 경계보다 경계의 서쪽에서 잘 일어난다.
ㄷ. 진원의 분포는 해양저 확장설에서 설명하는 해양 지각 소멸의 증거가 된다.

① ㄱ ② ㄴ ③ ㄱ, ㄷ
④ ㄴ, ㄷ ⑤ ㄱ, ㄴ, ㄷ

086

그림은 전 세계 해양 지각의 연령 분포를 나타낸 것이다.

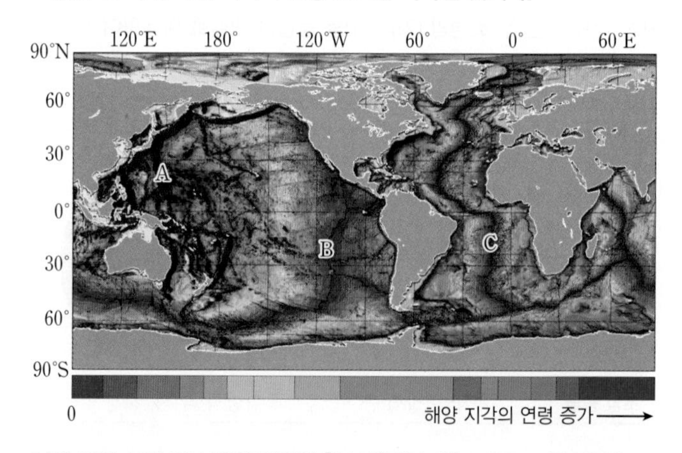

이에 대한 설명으로 옳은 것만을 [보기]에서 있는 대로 고른 것은?

[보기]
ㄱ. 태평양판은 A에서 B로 이동한다.
ㄴ. A 부근에서는 새로운 해양 지각이 생성된다.
ㄷ. C 부근의 해양 지각 연령은 C에 대해 대칭적이다.

① ㄱ ② ㄷ ③ ㄱ, ㄴ
④ ㄴ, ㄷ ⑤ ㄱ, ㄴ, ㄷ

087

그림은 어느 해양에서 발생한 지진의 분포를 진원의 깊이에 따라 나타낸 것이다. A, B, C는 서로 다른 판이다.

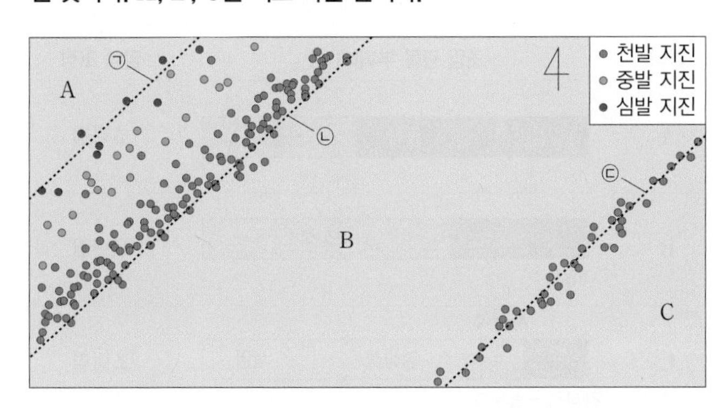

이에 대한 설명으로 옳은 것만을 [보기]에서 있는 대로 고른 것은?

[보기]

ㄱ. 판 A와 B의 경계는 ㉠보다 ㉡에 가깝다.
ㄴ. ㉠과 ㉡ 사이의 화산 활동은 주로 안산암질 마그마가 분출하여 일어난다.
ㄷ. ㉢ 부근의 지하에는 맨틀 대류의 하강부가 존재한다.

① ㄱ ② ㄷ ③ ㄱ, ㄴ ④ ㄴ, ㄷ ⑤ ㄱ, ㄴ, ㄷ

088

그림은 어느 해양에서 판의 경계와 이동 방향을 나타낸 것이다.

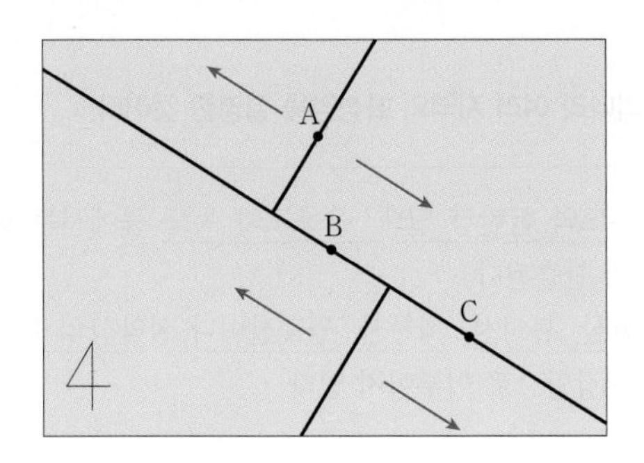

이에 대한 설명으로 옳은 것만을 [보기]에서 있는 대로 고른 것은?

[보기]

ㄱ. A에는 열곡이 발달한다.
ㄴ. 지진은 B보다 C에서 활발하게 일어난다.
ㄷ. A~C 중 화산 활동은 A에서만 일어난다.

① ㄱ ② ㄴ ③ ㄱ, ㄷ ④ ㄴ, ㄷ ⑤ ㄱ, ㄴ, ㄷ

089

그림은 지구 내부의 플룸 운동을 모식적으로 나타낸 것이다.

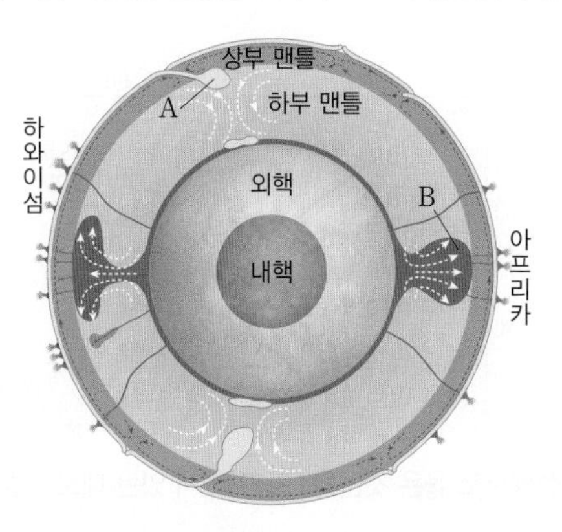

이에 대한 설명으로 옳은 것만을 [보기]에서 있는 대로 고른 것은?

[보기]

ㄱ. A는 섭입대에서 나타난다.
ㄴ. A는 B보다 지진파의 전파 속도가 느린 영역이다.
ㄷ. B가 지표면과 만나는 지점 아래에는 열점이 형성된다.

① ㄱ ② ㄴ ③ ㄱ, ㄷ ④ ㄴ, ㄷ ⑤ ㄱ, ㄴ, ㄷ

090

그림은 어느 해양의 열점 부근에서 판의 이동 방향을 나타낸 것이다.

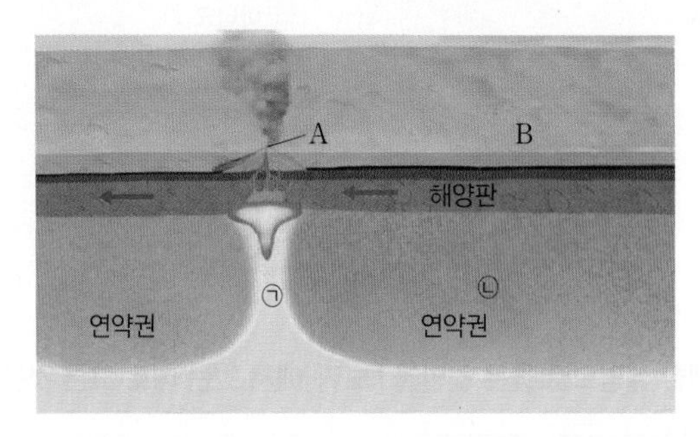

이에 대한 설명으로 옳은 것만을 [보기]에서 있는 대로 고른 것은?

[보기]

ㄱ. A에서 B로 갈수록 오래된 화산섬이 분포한다.
ㄴ. A 부근에서는 새로운 해양판이 생성된다.
ㄷ. 지진파의 속력은 ㉠이 ㉡에서보다 느리다.

① ㄱ ② ㄷ ③ ㄱ, ㄴ ④ ㄴ, ㄷ ⑤ ㄱ, ㄴ, ㄷ

091

그림은 지하의 온도 분포 및 맨틀의 용융 곡선을 나타낸 것이다.

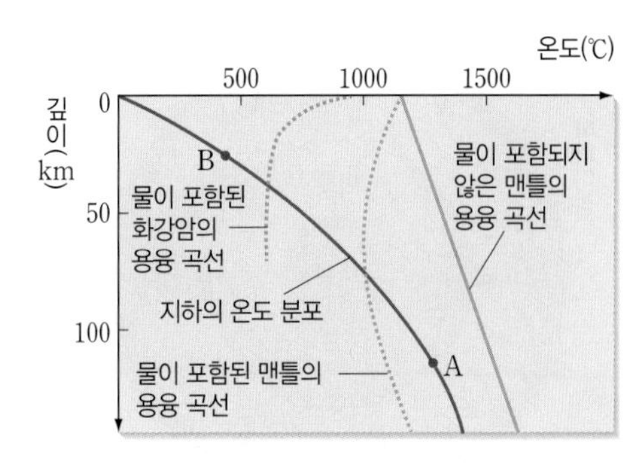

이에 대한 설명으로 옳은 것만을 [보기]에서 있는 대로 고른 것은?

[보기]

ㄱ. A 깊이의 맨틀 물질은 일반적으로 고체 상태이다.
ㄴ. A 깊이의 맨틀 물질에 물이 첨가되면 현무암질 마그마가 생성될 수 있다.
ㄷ. B 깊이의 화강암 물질이 가열되면 유문암질 마그마가 생성될 수 있다.

① ㄱ ② ㄴ ③ ㄱ, ㄷ
④ ㄴ, ㄷ ⑤ ㄱ, ㄴ, ㄷ

092

그림은 여러 가지 화성암을 특징에 따라 분류하는 과정을 나타낸 것이다.

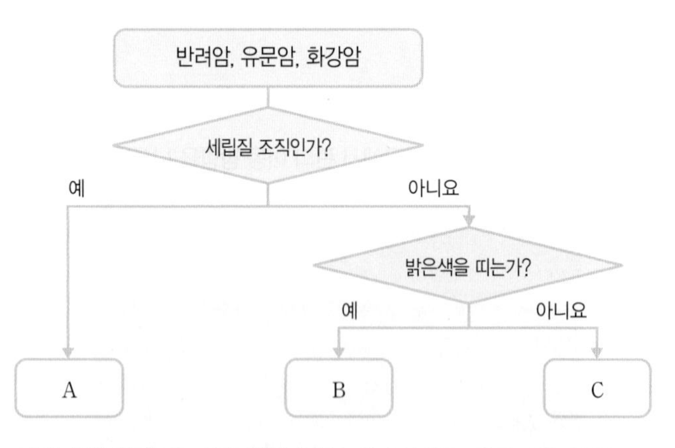

이에 대한 설명으로 옳은 것만을 [보기]에서 있는 대로 고른 것은?

[보기]

ㄱ. A는 유문암이다.
ㄴ. $\frac{(Na+K) \text{ 함량}}{(Fe+Ca+Mg) \text{ 함량}}$ 값은 B보다 C가 크다.
ㄷ. 마그마가 냉각되어 암석이 생성된 깊이는 A보다 C가 깊다.

① ㄱ ② ㄴ ③ ㄱ, ㄷ
④ ㄴ, ㄷ ⑤ ㄱ, ㄴ, ㄷ

093

그림은 화성암 A~C의 주요 조암 광물 부피비와 암석 조직을 나타낸 것이다.

암석	조암 광물 부피비(%)	암석 조직
A	감람석, 휘석, 사장석	조립질
B	휘석, 각섬석, 사장석	세립질
C	각섬석, 흑운모, 사장석, 정장석, 석영	조립질

이에 대한 설명으로 옳은 것만을 [보기]에서 있는 대로 고른 것은?

[보기]

ㄱ. SiO_2 함량은 A가 가장 적다.
ㄴ. B는 안산암이다.
ㄷ. C는 A보다 암석의 색이 밝다.

① ㄱ ② ㄷ ③ ㄱ, ㄴ
④ ㄴ, ㄷ ⑤ ㄱ, ㄴ, ㄷ

094

다음은 우리나라 여러 지역의 화성암을 설명한 것이다.

- ㉠ 제주도와 한탄강 일대, 울릉도와 독도 등에서는 현무암이 많이 산출된다.
- ㉡ 북한산, 불암산, 계룡산, 월출산이나 설악산의 울산바위 등은 화강암으로 이루어져 있다.

이에 대한 설명으로 옳은 것만을 [보기]에서 있는 대로 고른 것은?

[보기]

ㄱ. ㉠은 화산 활동에 의해 생성되었다.
ㄴ. ㉡은 생성된 후 융기 과정을 거쳤다.
ㄷ. ㉠은 ㉡보다 먼저 생성되었다.

① ㄱ ② ㄷ ③ ㄱ, ㄴ
④ ㄴ, ㄷ ⑤ ㄱ, ㄴ, ㄷ

단답형·서술형 문제

095

그림 (가)와 (나)는 태평양과 대서양 해저 지형의 동서 단면을 나타낸 것이다.

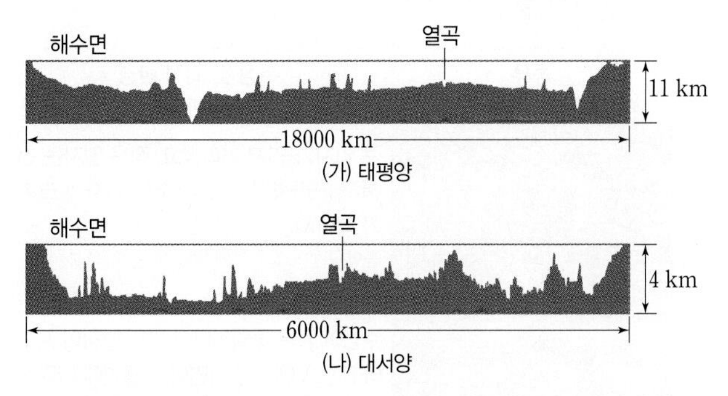

(가) 태평양

(나) 대서양

(가)와 (나)의 해양판이 이동하는 속도를 판 이동의 원동력과 관련지어 비교하시오.

[096~097] 그림은 어느 해양에서 해령에 수직인 방향으로 조사한 고지자기의 줄무늬를 나타낸 것이다. 물음에 답하시오.

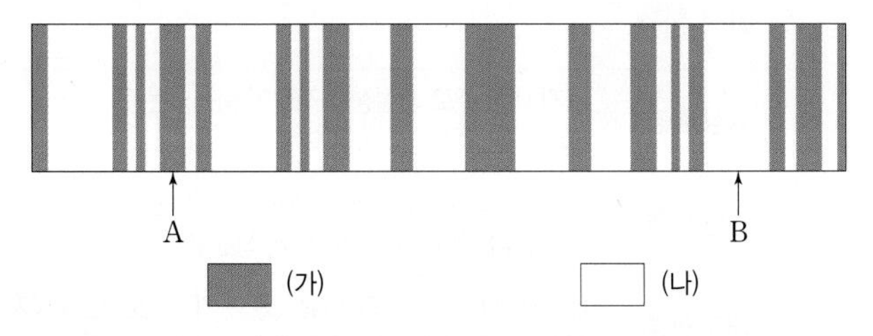

096

(가)와 (나)를 정자극기와 역자극기로 구분하고 그렇게 판단한 까닭을 설명하시오.

097

A와 B의 나이를 비교하고 그렇게 판단한 까닭을 설명하시오.

098

해령에서 해구 쪽으로 갈수록 해양 지각의 나이와 해저 퇴적물의 두께가 각각 어떻게 변하는지 설명하시오.

099

그림은 하와이 열도와 엠퍼러 열도를 이루는 화산섬들의 분포와 A ~ C에서의 연령을 나타낸 것이다.

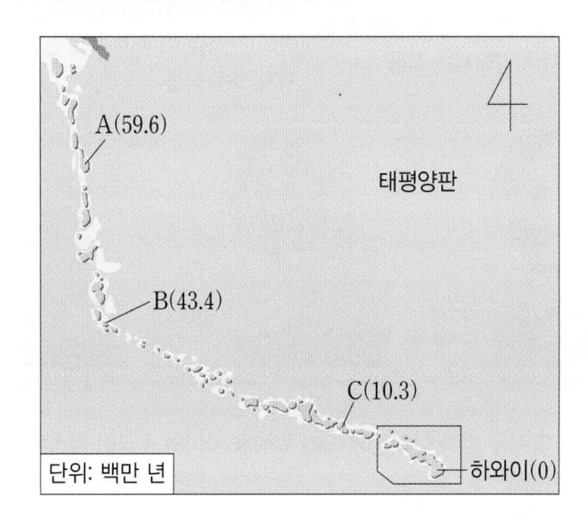

약 4340만 년 전을 경계로 판의 이동 방향이 시계 방향 또는 시계 반대 방향 중 어느 방향으로 바뀌었는지 근거와 함께 설명하시오.

100

그림은 두 종류의 화성암 (가), (나)를 동일한 배율로 확대하여 관찰한 모습을 나타낸 것이다.

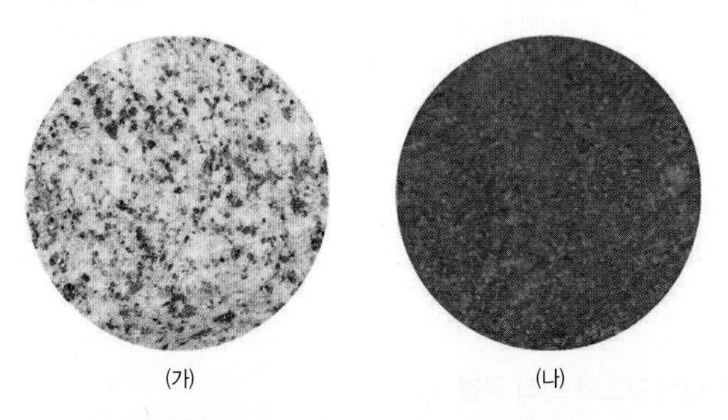

(가) (나)

(가)와 (나)를 비교하여 판단할 때, (가)의 암석 이름을 쓰고, 그렇게 판단한 근거를 설명하시오.

03 Ⅱ 지구의 역사
퇴적 구조와 지질 구조

꼭 알아야 할 핵심 개념
- ☑ 퇴적암
- ☑ 퇴적 구조
- ☑ 지질 구조

1 | 퇴적암과 퇴적 구조

1 퇴적암 지표의 암석이 풍화 · 침식을 받아 생성된 쇄설물, 물에 용해된 물질, 생물의 유해 등이 다져지고 굳어져서 생성된다. 퇴적암은 층리와 다양한 퇴적 구조가 나타나고, 화석이 발견되기도 한다.

① 속성 작용: 퇴적물이 물리적, 화학적, 생화학적 작용을 받아 퇴적암이 되기까지의 전체 과정으로 다짐 작용과 교결 작용이 있다. 모든 퇴적암은 속성 작용을 거쳐 생성된다.

다짐 작용	교결 작용
압력에 의해 퇴적물 입자 사이의 간격이 좁아져 치밀해지는 작용	퇴적물 사이의 교결 물질이 입자 사이의 간격을 메우며 서로 붙여 굳어지게 하는 작용

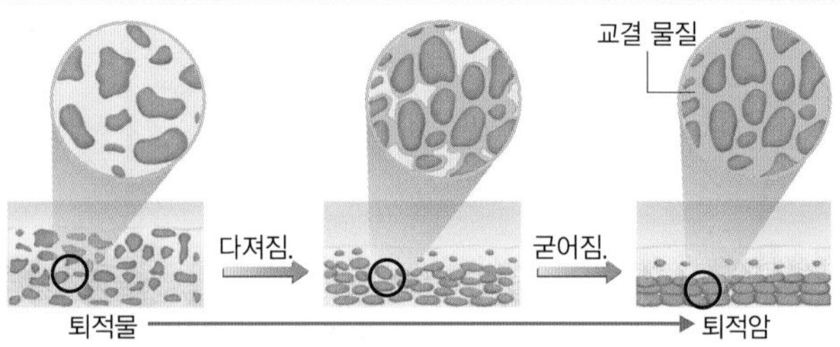

퇴적물이 압력을 받아 다져짐에 따라 퇴적물 사이의 공극이 감소하고 밀도가 증가한다. (공극: 입자들 사이의 공간)

② 퇴적암의 종류: 일반적으로 퇴적물의 기원(생성 원인)에 따라 쇄설성 퇴적암, 화학적 퇴적암, 유기적 퇴적암으로 구분한다.

구분	생성 원인	주요 퇴적물	퇴적암
쇄설성 퇴적암	암석이 풍화·침식을 받아 생성된 점토, 모래, 자갈 등이 쌓여 생성된 퇴적암 퇴적물 입자의 크기에 따라 셰일, 사암, 역암 등으로 구분된다.	자갈	역암, 각력암
		모래	사암
		실트, 점토	이암, 셰일
		화산재	응회암
화학적 퇴적암	물에 녹아 있던 물질의 침전이나 증발에 의한 잔류로 생성된 퇴적암	$CaCO_3$	석회암
		$NaCl$	암염
		$CaSO_4 \cdot 2H_2O$	석고
유기적 퇴적암	동식물이나 미생물 유해 등의 유기물이 쌓여 생성된 퇴적암	석회질 생물체	석회암
		규질 생물체	처트
		식물체	석탄

③ 퇴적암의 특징: 층리가 나타나고, 화석이나 광물 자원이 포함되어 있기도 한다. (층리: 입자 크기, 색깔, 성분 등이 다른 퇴적물이 수면과 나란하게 겹겹이 쌓여 형성된 줄무늬 구조)

2 퇴적 구조와 퇴적 환경

① 퇴적 구조: 퇴적 당시의 환경에 따라 사층리, 점이 층리, 연흔, 건열 등의 퇴적 구조가 나타나며, 퇴적 당시의 환경을 추정하고, 지층의 역전 여부를 판단하는 데 이용된다.

빈출 자료 ① 퇴적 구조

종류	특징 및 퇴적 환경
점이 층리 (위 / 아래)	큰 입자가 먼저 가라앉고, 작은 입자는 천천히 가라앉아 위로 갈수록 입자의 크기가 작아지는 퇴적 구조 빠르게 이동한 퇴적물이 수심이 깊은 곳에 쌓일 때 잘 형성된다.
사층리 (위 / 아래, 물이 흐르거나 바람이 분 방향)	수심이 얕은 물밑이나 바람의 방향이 자주 바뀌는 곳에서 층리면이 수평면에 나란하지 않고 기울어져 나타나는 퇴적 구조
연흔 (위 / 아래)	수심이 얕은 물밑에서 퇴적물이 퇴적될 때 물결 모양의 흔적이 퇴적물의 표면에 남아 있는 퇴적 구조
건열 (위 / 아래)	수심이 얕은 물밑에 점토질 물질이 쌓인 후 대기에 노출되어 건조해지면서 퇴적물의 표면이 갈라져 쐐기 모양의 틈이 생긴 퇴적 구조

필수 유형 〉 퇴적 구조를 바탕으로 퇴적 환경을 유추하고, 지층의 역전 여부 등을 분석하는 문제가 출제된다. 34쪽 124번

② 퇴적 환경

육상 환경	육지 내에 주로 쇄설성 퇴적물이 퇴적되는 곳 예 선상지, 하천, 호수, 사막 등
연안 환경	육상 환경과 해양 환경 사이에서 형성되는 곳 예 삼각주, 조간대, 해빈, 사주, 석호 등
해양 환경	해저에서 퇴적물이 퇴적되는 곳 ··· 가장 넓은 면적 차지 예 대륙붕, 대륙 사면, 대륙대, 심해저 등

2 | 지질 구조

1 습곡 지층이 횡압력을 받아 휘어진 지질 구조로, 습곡 중앙의 축을 습곡축, 위로 볼록한 부분을 배사, 아래로 오목한 부분을 향사라고 한다.

정습곡	경사 습곡	횡와 습곡
습곡축면이 수평면에 대해 거의 수직인 습곡	습곡축면이 수평면에 대해 기울어진 습곡	습곡축면이 거의 수평으로 누운 습곡

습곡의 종류는 습곡축면의 기울기에 따라 구분한다.

2 단층 지층이 힘을 받아 끊어져서 생긴 면을 경계로 양쪽의 지층이 상대적으로 이동하여 서로 어긋나 있는 지질 구조로, 지층이 끊어진 면을 단층면, 단층면을 경계로 그 윗부분을 상반, 아랫부분을 하반이라고 한다.

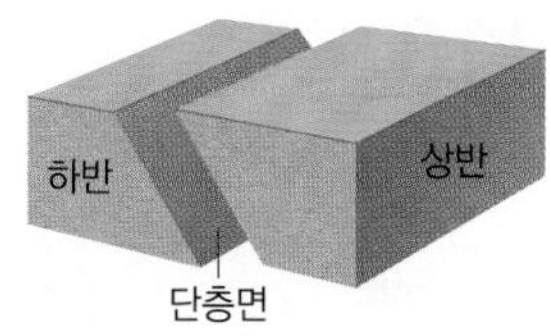

정단층	역단층	주향 이동 단층
장력을 받아 상반이 하반 아래로 이동한 단층	횡압력을 받아 상반이 하반 위로 이동한 단층	단층면을 따라 수평 방향으로 이동한 단층
하반, 상반, 장력	상반, 하반, 횡압력	

단층의 종류는 상반과 하반의 상대적인 이동에 따라 구분한다.

3 부정합 퇴적 시간의 큰 공백이 생긴 지질 구조로, 퇴적 → 융기 → 침식 → 침강 → 퇴적의 과정을 거쳐 생성된다.

퇴적의 중단 없이 연속적으로 쌓인 지층의 관계를 정합이라고 한다.

빈출 자료 ② 부정합의 종류

평행 부정합	경사 부정합	난정합
기저 역암, 부정합면	부정합면	부정합면
부정합면을 경계로 상하 지층의 층리가 나란한 부정합	부정합면을 경계로 상하 지층의 경사가 다른 부정합	부정합면의 아래가 화성암이나 변성암인 부정합
조륙 운동 과정에서 생성	조산 운동 과정에서 생성	

필수 유형 부정합의 종류에 따른 형성 과정을 비교하고, 그림을 해석할 수 있는지 묻는 문제가 출제된다. 36쪽 136번

4 절리 암석에 생긴 틈이나 균열로, 단층과는 달리 틈을 따라 암석의 상대적인 이동이 없다.

① **주상 절리:** 지표로 분출한 용암이 식을 때 부피가 수축하여 오각형이나 육각형의 긴 기둥 모양으로 갈라진 절리

② **판상 절리:** 지하 깊은 곳에 있던 암석이 융기할 때 압력이 감소하면서 부피가 팽창하여 수평으로 갈라진 절리

5 관입과 포획

관입	고온의 마그마가 기존 암석의 약한 틈을 뚫고 들어가는 것 ··· 주변의 암석이 열을 받아 변성 작용이 일어난다.
포획	마그마가 관입할 때 주변 암석의 일부가 떨어져 나와 마그마 속에 암편으로 들어있는 것 ··· 포획암을 관찰하면 화성암과 주변 암석의 생성 순서를 판별할 수 있다.

개념 확인 문제

» 바른답·알찬풀이 14쪽

[101~103] 다음은 퇴적암에 대한 설명이다. (   ) 안에 들어갈 알맞은 말을 쓰시오.

101 퇴적물이 퇴적암이 되기까지의 전체 과정을 (   )(이)라고 한다.

102 쇄설성 퇴적암은 입자의 크기에 따라 셰일, (   ), 역암 등으로 구분한다.

103 물속에 녹아 있던 물질이 침전되어 생성된 퇴적암은 (   ) 퇴적암에 속한다.

[104~107] 퇴적 구조와 퇴적 환경에 대한 설명으로 옳은 것은 ○표, 옳지 않은 것은 ×표 하시오.

104 사층리는 층리면이 수평면에 나란하지 않고 기울어져 있다. (   )

105 건열은 주로 대륙대와 같이 수심이 깊은 곳에서 생성된다. (   )

106 육상 환경에서는 주로 쇄설성 퇴적물이 퇴적된다. (   )

107 삼각주와 석호는 해양 환경에 속한다. (   )

[108~112] 다음에서 설명하고 있는 지질 구조를 쓰시오.

108 암석 내에 생긴 틈이나 균열

109 고온의 마그마가 기존 암석의 약한 틈을 뚫고 들어가는 것

110 지층이 지하 깊은 곳에서 횡압력을 받아 휘어진 지질 구조

111 지층이 힘을 받아 끊어진 후 이동하여 서로 어긋난 지질 구조

112 퇴적이 오랫동안 중단되어 시간적으로 불연속적인 상하 두 지층 사이의 관계

기출 분석 문제

» 바른답·알찬풀이 15쪽

1 | 퇴적암과 퇴적 구조

113

퇴적암에 대한 설명으로 옳지 않은 것은?

① 대부분 육지에서 만들어진다.
② 화석이 보존되는 경우도 있다.
③ 퇴적물이 속성 작용을 받아 만들어진다.
④ 지구의 역사를 밝히는 데 중요한 자료가 된다.
⑤ 입자의 크기나 색깔 등이 다른 퇴적물이 쌓이면 층리가 형성되기도 한다.

[114~115] 그림은 퇴적암이 생성되는 과정을 나타낸 것이다. 물음에 답하시오.

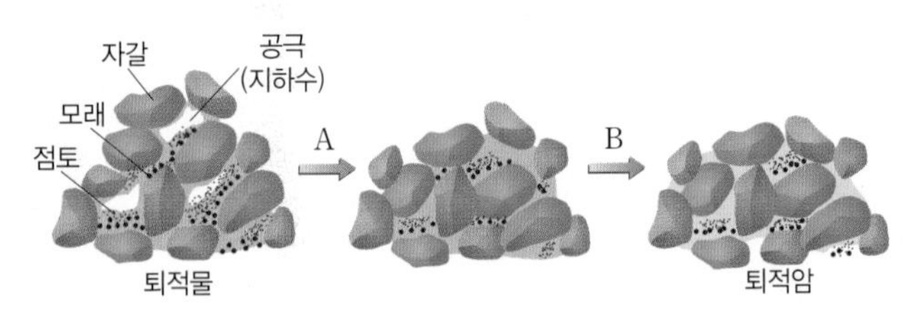

114

위 그림에 대한 설명으로 옳은 것만을 [보기]에서 있는 대로 고른 것은?

[보기]
ㄱ. A 과정은 위에 쌓인 퇴적물의 압력에 의해 일어난다.
ㄴ. B 과정에서 지하수 등에 녹아 있던 물질이 퇴적물 사이에 침전된다.
ㄷ. 주로 자갈로 이루어진 퇴적물이 A와 B 과정을 거쳐 생성된 퇴적암을 역암이라고 한다.

① ㄱ ② ㄷ ③ ㄱ, ㄴ
④ ㄴ, ㄷ ⑤ ㄱ, ㄴ, ㄷ

115 서술형

A와 B 과정을 거치는 동안 퇴적물 사이의 공극과 밀도는 어떻게 변하는지 설명하시오.

116

표는 여러 퇴적암을 퇴적물의 기원에 따라 구분하여 나타낸 것이다.

구분	주요 퇴적물	퇴적암
(가)	자갈	역암, 각력암
	모래	사암
	㉠	응회암
(나)	$CaCO_3$	㉡
	NaCl	암염
(다)	석회질 생물	㉡
	식물체	석탄

이에 대한 설명으로 옳은 것만을 [보기]에서 있는 대로 고른 것은?

[보기]
ㄱ. ㉠은 화산재이다.
ㄴ. ㉡은 처트이다.
ㄷ. 해수가 증발하면서 남은 물질이 가라앉아 굳은 암석은 (나)에 속한다.

① ㄱ ② ㄴ ③ ㄱ, ㄷ
④ ㄴ, ㄷ ⑤ ㄱ, ㄴ, ㄷ

117

그림 (가)와 (나)는 서로 다른 퇴적암을 나타낸 것이다.

(가) 석고

(나) 셰일

이에 대한 설명으로 옳은 것만을 [보기]에서 있는 대로 고른 것은?

[보기]
ㄱ. (가)는 쇄설성 퇴적암이다.
ㄴ. (가)와 (나)는 속성 작용을 받아 생성되었다.
ㄷ. (나)에서는 층리가 잘 나타나는 경우가 많다.

① ㄱ ② ㄴ ③ ㄱ, ㄷ
④ ㄴ, ㄷ ⑤ ㄱ, ㄴ, ㄷ

118

그림 (가)와 (나)는 퇴적물의 기원이 다른 두 퇴적암을 나타낸 것이다.

(가) 사암

(나) 암염

이에 대한 설명으로 옳은 것만을 [보기]에서 있는 대로 고른 것은?

[보기]

ㄱ. (가)는 주로 점토가 쌓여서 만들어진다.
ㄴ. (나)는 해수 중에 녹아 있던 염류가 침전되어 만들어진다.
ㄷ. (가)는 쇄설성 퇴적암, (나)는 화학적 퇴적암에 속한다.

① ㄱ ② ㄷ ③ ㄱ, ㄴ
④ ㄴ, ㄷ ⑤ ㄱ, ㄴ, ㄷ

119

그림은 세 종류의 퇴적암을 분류하는 과정을 나타낸 것이다.

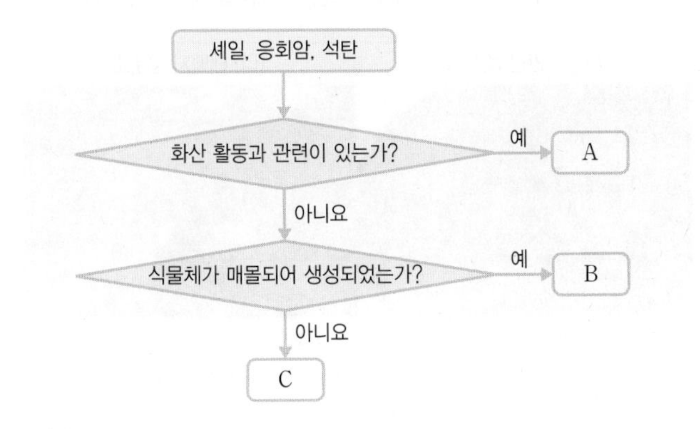

A, B, C에 해당하는 암석을 옳게 짝 지은 것은?

	A	B	C
①	석탄	셰일	응회암
②	석탄	응회암	셰일
③	셰일	석탄	응회암
④	응회암	석탄	셰일
⑤	응회암	셰일	석탄

120

퇴적암에 나타나는 특징적인 퇴적 구조가 아닌 것은?

① 건열 ② 연흔 ③ 사층리
④ 점이 층리 ⑤ 주상 절리

121 수능기출 변형

그림 (가)는 어느 지역의 퇴적층 단면을, (나)는 이 퇴적층에서 나타나는 퇴적 구조 A와 B를 나타낸 것이다. (가)에서 지층의 역전은 일어나지 않았다.

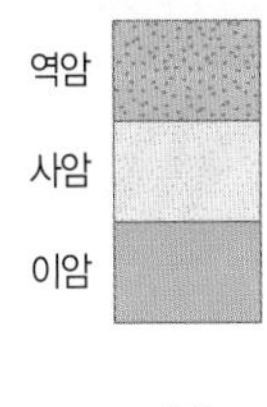

(가)

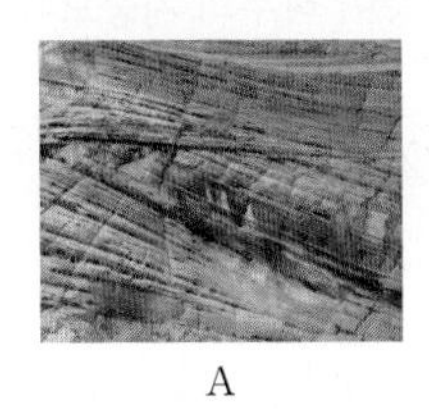

A

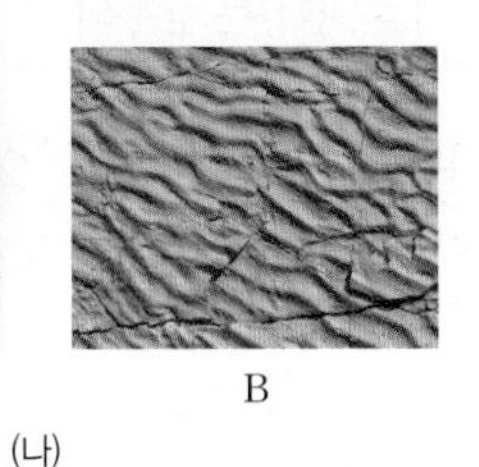

B

(나)

이에 대한 설명으로 옳은 것만을 [보기]에서 있는 대로 고른 것은?

[보기]

ㄱ. (가)는 해수면이 상승하는 과정에서 형성되었다.
ㄴ. A는 퇴적물이 운반되면서 형성되었다.
ㄷ. B는 층리면에서 관찰한 모습이다.

① ㄱ ② ㄷ ③ ㄱ, ㄴ
④ ㄴ, ㄷ ⑤ ㄱ, ㄴ, ㄷ

122 신유형 수능모의평가기출 변형

그림은 쇄설성 퇴적암과 퇴적 구조에 대해 학생 A, B, C가 대화하는 모습이다.

제시한 내용이 옳은 학생만을 있는 대로 고른 것은?

① A ② C ③ A, B
④ B, C ⑤ A, B, C

123

그림 (가)와 (나)는 서로 다른 지층에서 관찰된 퇴적 구조를 나타낸 것이다.

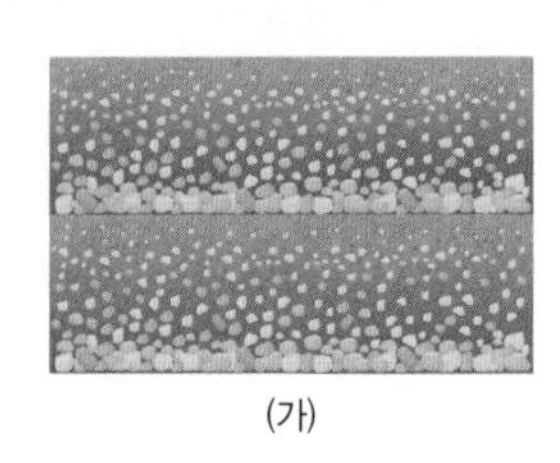
(가)

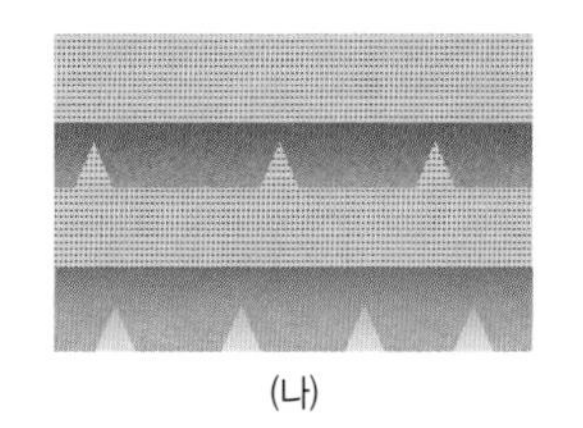
(나)

이에 대한 설명으로 옳은 것만을 [보기]에서 있는 대로 고른 것은?

[보기]
ㄱ. (가)는 (나)보다 수심이 깊은 환경에서 형성된다.
ㄴ. (나)는 역암층보다 이암층에서 잘 형성된다.
ㄷ. (나)는 상부의 지층이 하부의 지층보다 먼저 형성되었다.

① ㄱ ② ㄷ ③ ㄱ, ㄴ
④ ㄴ, ㄷ ⑤ ㄱ, ㄴ, ㄷ

124

필수 유형 30쪽 빈출 자료 ①

그림은 어느 지역의 지층에서 관찰되는 퇴적 구조를 나타낸 것이다.

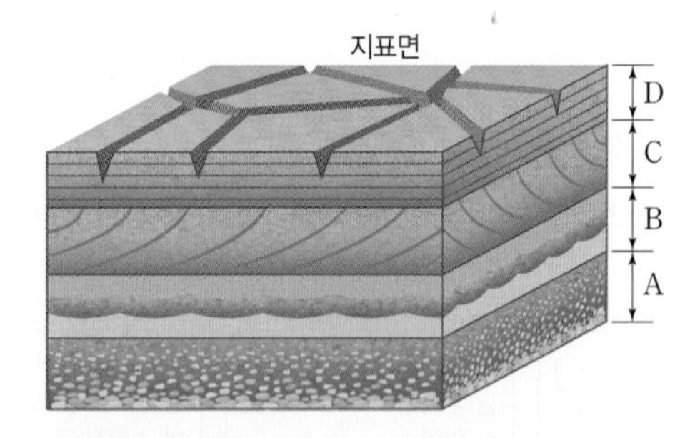

이에 대한 설명으로 옳은 것만을 [보기]에서 있는 대로 고른 것은?

[보기]
ㄱ. A는 B보다 수심이 얕은 곳에서 생성되었다.
ㄴ. C는 D보다 먼저 생성되었다.
ㄷ. 이 지역에서는 A~D의 퇴적 구조가 생성된 후 지각 변동에 의해 지층이 역전되었다.

① ㄱ ② ㄴ ③ ㄱ, ㄷ
④ ㄴ, ㄷ ⑤ ㄱ, ㄴ, ㄷ

125

그림은 여러 가지 퇴적 환경을 나타낸 것이다.

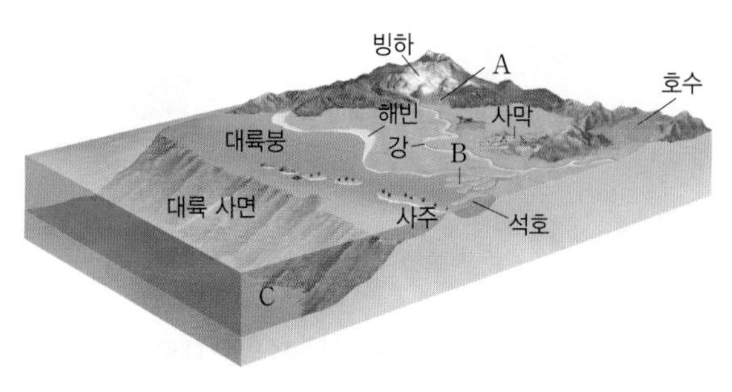

이에 대한 설명으로 옳은 것만을 [보기]에서 있는 대로 고른 것은?

[보기]
ㄱ. A와 B는 육상 환경, C는 해양 환경에 속한다.
ㄴ. A에는 대체로 입자의 크기가 다양한 쇄설물이 퇴적된다.
ㄷ. C에서는 대륙붕 끝에 쌓여 있던 퇴적물이 흘러내려 점이층리가 생성될 수 있다.

① ㄱ ② ㄷ ③ ㄱ, ㄴ
④ ㄴ, ㄷ ⑤ ㄱ, ㄴ, ㄷ

126

다음은 우리나라 두 퇴적암 지형의 모습과 특징을 나타낸 것이다.

(가) 부안군 채석강	(나) 태백시 구문소

• 호수 밑바닥에서 생성되었다. • 퇴적층이 차곡차곡 쌓여 있다.	• 석회암층으로 이루어져 있다. • 연흔과 건열이 발견된다.

이에 대한 설명으로 옳은 것만을 [보기]에서 있는 대로 고른 것은?

[보기]
ㄱ. (가)는 육상 환경, (나)는 해양 환경에서 퇴적되었다.
ㄴ. (가)에서는 층리가 뚜렷하게 발달한다.
ㄷ. (나)의 연흔과 건열은 심해저 환경에서 형성되었다.

① ㄱ ② ㄷ ③ ㄱ, ㄴ
④ ㄴ, ㄷ ⑤ ㄱ, ㄴ, ㄷ

2 | 지질 구조

[127~128] 그림은 어느 지역의 지질 구조를 나타낸 것이다. 물음에 답하시오.

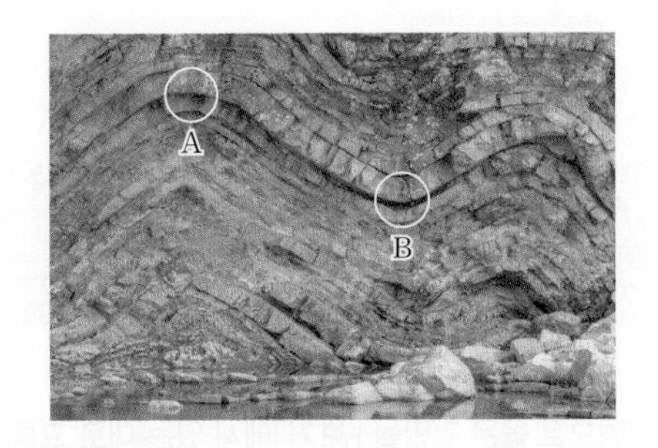

127

A, B에 해당하는 부분을 무엇이라고 하는지 각각 쓰시오.

128

위 지질 구조에 대한 설명으로 옳은 것만을 [보기]에서 있는 대로 고른 것은?

[보기]
ㄱ. 열곡대보다 충돌대에서 잘 나타난다.
ㄴ. 습곡의 종류 중 횡와 습곡에 해당한다.
ㄷ. 정단층을 형성하는 것과 같은 종류의 힘이 작용하였다.

① ㄱ ② ㄷ ③ ㄱ, ㄴ
④ ㄴ, ㄷ ⑤ ㄱ, ㄴ, ㄷ

129

그림은 서로 다른 종류의 습곡 구조를 나타낸 것이다.

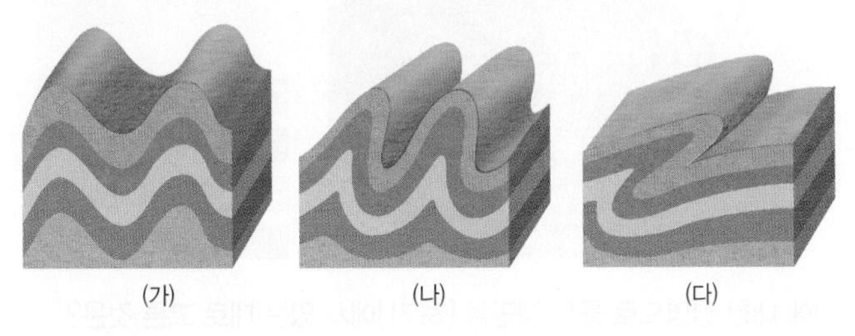

이에 대한 설명으로 옳은 것만을 [보기]에서 있는 대로 고른 것은?

[보기]
ㄱ. (가)는 정습곡이다.
ㄴ. (나)는 습곡축면이 수평면에 수직이다.
ㄷ. (다)에서는 지층이 역전된 부분이 나타난다.

① ㄱ ② ㄴ ③ ㄱ, ㄷ
④ ㄴ, ㄷ ⑤ ㄱ, ㄴ, ㄷ

130

오른쪽 그림은 단층의 구조를 나타낸 것이다. A, B, C에 해당하는 부분을 무엇이라고 하는지 각각 쓰시오.

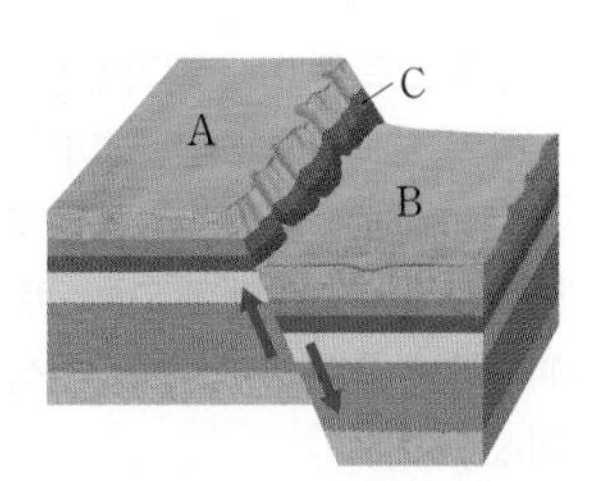

131

그림은 서로 다른 종류의 단층을 나타낸 것이다.

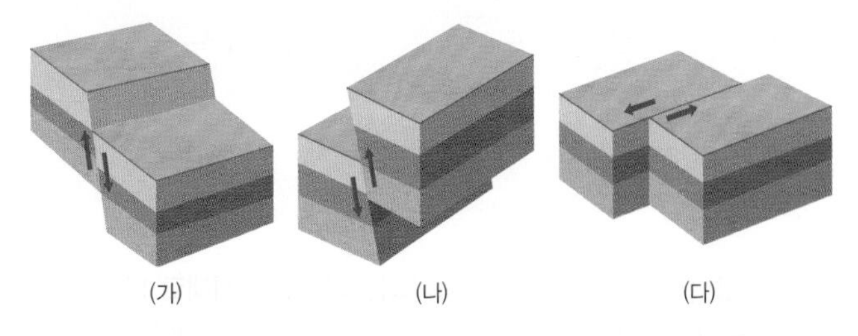

이에 대한 설명으로 옳은 것만을 [보기]에서 있는 대로 고른 것은?

[보기]
ㄱ. (가)는 상반이 위로 이동했다.
ㄴ. (나)는 장력이 작용하여 형성되었다.
ㄷ. (다)는 단층면을 경계로 지층이 수평 방향으로 이동했다.

① ㄱ ② ㄷ ③ ㄱ, ㄴ
④ ㄴ, ㄷ ⑤ ㄱ, ㄴ, ㄷ

132

그림은 어느 지역에 발달한 지질 구조의 모습을 나타낸 것이다.

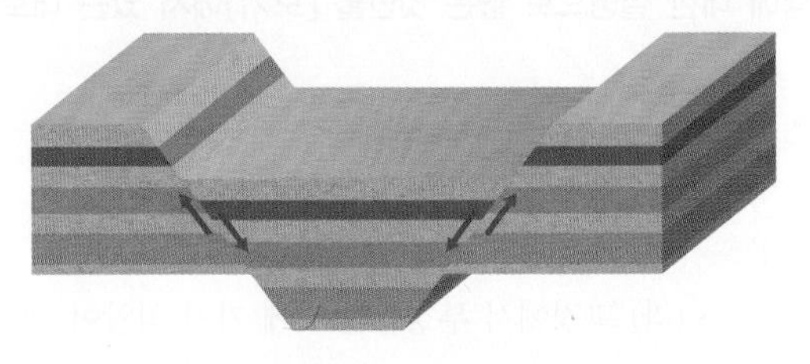

이에 대한 설명으로 옳은 것만을 [보기]에서 있는 대로 고른 것은?

[보기]
ㄱ. 정단층과 역단층이 모두 나타난다.
ㄴ. 상반이 중력의 반대 방향으로 이동했다.
ㄷ. 이러한 지질 구조는 수렴형 경계보다 발산형 경계에 잘 형성된다.

① ㄱ ② ㄷ ③ ㄱ, ㄴ
④ ㄴ, ㄷ ⑤ ㄱ, ㄴ, ㄷ

133

오른쪽 그림은 어느 지역에 분포하는 지층의 모습을 나타낸 것이다. 지층 A, B에 대한 설명으로 옳은 것만을 [보기]에서 있는 대로 고른 것은?(단, 이 지역은 현재까지 2회의 침식 작용이 있었다.)

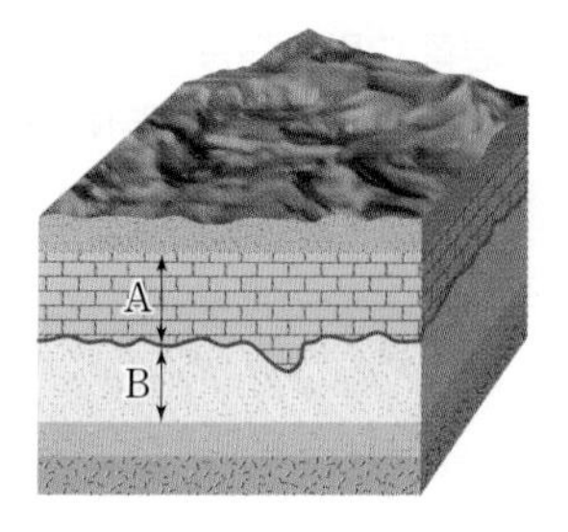

[보기]
ㄱ. A는 퇴적된 후 침식 작용을 받은 적이 있다.
ㄴ. A와 B에서는 산출되는 화석의 종류가 크게 다르다.
ㄷ. A와 B의 퇴적 시기 사이에 시간적으로 큰 공백이 있다.

① ㄱ ② ㄷ ③ ㄱ, ㄴ
④ ㄴ, ㄷ ⑤ ㄱ, ㄴ, ㄷ

[134~135] 그림은 부정합이 생성되는 과정을 순서대로 나타낸 것이다. 물음에 답하시오.

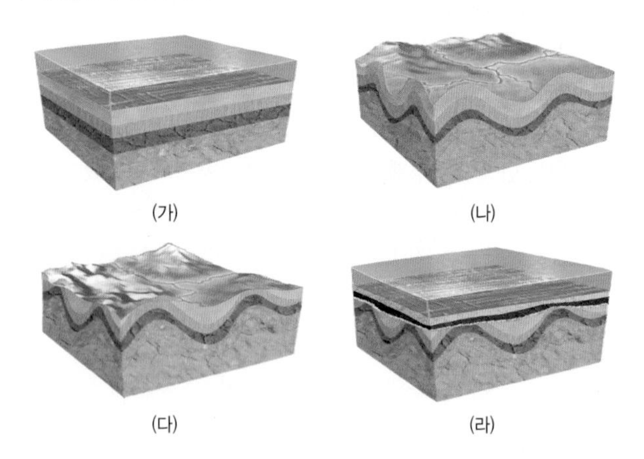

134

위 그림에 대한 설명으로 옳은 것만을 [보기]에서 있는 대로 고른 것은?

[보기]
ㄱ. (가) → (나) 과정에서 지층에 횡압력이 작용했다.
ㄴ. (나) → (다) 과정에서 풍화 · 침식 작용이 일어났다.
ㄷ. (다) → (라) 과정에서 부정합면 위에 기저 역암이 생성될 수 있다.

① ㄱ ② ㄷ ③ ㄱ, ㄴ
④ ㄴ, ㄷ ⑤ ㄱ, ㄴ, ㄷ

135

위와 같은 과정을 거쳐 생성되는 부정합의 종류는 무엇인지 쓰시오.

136

필수 유형 31쪽 빈출 자료 ②

그림 (가)와 (나)는 서로 다른 지역에서 관찰되는 두 종류의 부정합을 나타낸 것이다.

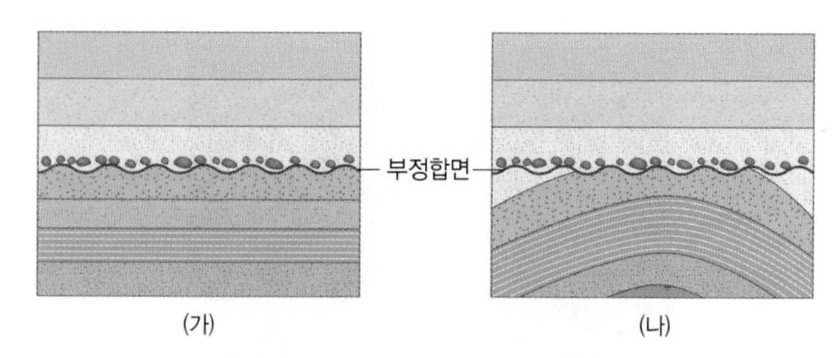

이에 대한 설명으로 옳은 것만을 [보기]에서 있는 대로 고른 것은?

[보기]
ㄱ. (가)에서 부정합면 아래의 지층은 해수면 위로 노출된 적이 있었다.
ㄴ. (나)에서는 부정합면이 생성된 후 습곡 작용이 일어났다.
ㄷ. (가)의 부정합은 주로 조산 운동, (나)의 부정합은 주로 조륙 운동 과정에서 생성된다.

① ㄱ ② ㄷ ③ ㄱ, ㄴ
④ ㄴ, ㄷ ⑤ ㄱ, ㄴ, ㄷ

137

그림은 어느 지역에 분포하는 지층의 모습을 나타낸 것이다.

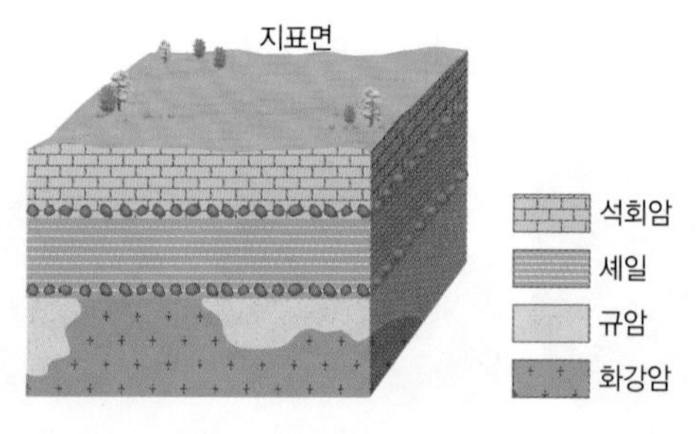

이에 대한 설명으로 옳은 것만을 [보기]에서 있는 대로 고른 것은?

[보기]
ㄱ. 석회암층과 셰일층은 정합 관계이다.
ㄴ. 셰일층과 규암층 사이에는 난정합이 나타난다.
ㄷ. 이 지역에서는 적어도 3번의 융기와 2번의 침강 작용이 있었다.

① ㄱ ② ㄷ ③ ㄱ, ㄴ
④ ㄴ, ㄷ ⑤ ㄱ, ㄴ, ㄷ

138

다음은 여러 가지 지질 구조가 생성될 수 있는 경우를 설명한 것이다.

(가) 마그마가 주변 암석을 뚫고 들어가는 경우
(나) 지표로 분출한 용암이 빠르게 냉각되는 경우
(다) 지하 깊은 곳에 있던 화강암이 융기하는 경우

이에 대한 설명으로 옳은 것만을 [보기]에서 있는 대로 고른 것은?

[보기]
ㄱ. (가)에서 마그마가 굳어지면 관입암이 된다.
ㄴ. (나)에서는 수평으로 갈라진 판 모양의 절리가 생성된다.
ㄷ. (나)는 팽창에 의해, (다)는 수축에 의해 절리가 생성된다.

① ㄱ ② ㄴ ③ ㄱ, ㄷ
④ ㄴ, ㄷ ⑤ ㄱ, ㄴ, ㄷ

139

그림 (가)와 (나)는 화성암에서 관찰할 수 있는 두 종류의 절리를 나타낸 것이다.

(가)

(나)

이에 대한 설명으로 옳은 것만을 [보기]에서 있는 대로 고른 것은?

[보기]
ㄱ. (가)는 주상 절리, (나)는 판상 절리이다.
ㄴ. (가)는 심성암, (나)는 화산암에서 잘 나타난다.
ㄷ. (가)와 (나)의 절리는 모두 지표로 분출한 용암이 냉각되는 과정에서 생성된 것이다.

① ㄱ ② ㄷ ③ ㄱ, ㄴ
④ ㄴ, ㄷ ⑤ ㄱ, ㄴ, ㄷ

140

그림은 마그마가 주변 암석의 약한 틈을 뚫고 들어가 화성암으로 굳어진 모습을 나타낸 것이다.

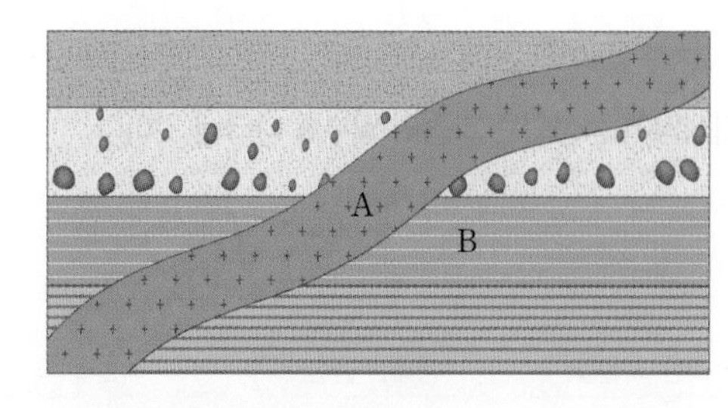

이에 대한 설명으로 옳은 것만을 [보기]에서 있는 대로 고른 것은?

[보기]
ㄱ. A는 B보다 먼저 생성되었다.
ㄴ. A는 가장자리로 갈수록 광물 결정의 크기가 작아진다.
ㄷ. A 주변에는 B가 열에 의한 변성 작용을 받은 암석이 분포한다.

① ㄱ ② ㄷ ③ ㄱ, ㄴ
④ ㄴ, ㄷ ⑤ ㄱ, ㄴ, ㄷ

141

그림 (가)와 (나)는 서로 다른 지역의 지질 단면도를 나타낸 것이다. (가)와 (나)의 화성암은 각각 관입암과 분출암 중 하나이다.

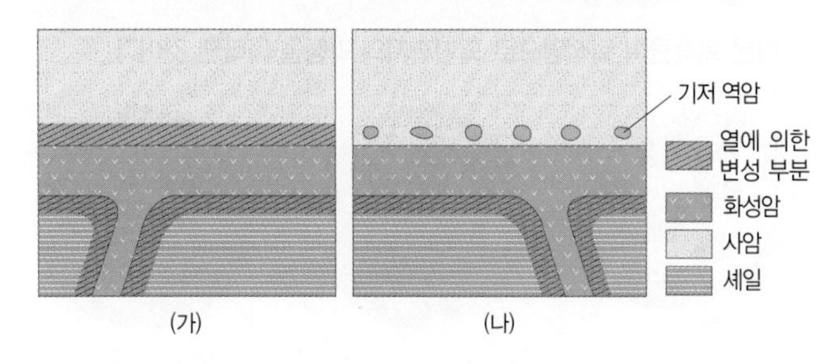

이에 대한 설명으로 옳은 것만을 [보기]에서 있는 대로 고른 것은?

[보기]
ㄱ. (가)의 화성암은 분출암이다.
ㄴ. (나)의 화성암은 사암보다 먼저 생성되었다.
ㄷ. (가)와 (나)에는 사암이 포획암으로 나타날 수 있다.

① ㄱ ② ㄴ ③ ㄱ, ㄷ
④ ㄴ, ㄷ ⑤ ㄱ, ㄴ, ㄷ

1등급 완성 문제

» 바른답·알찬풀이 18쪽

142 (정답률 40%)

그림은 퇴적암이 생성되는 과정의 일부를 나타낸 것이다.

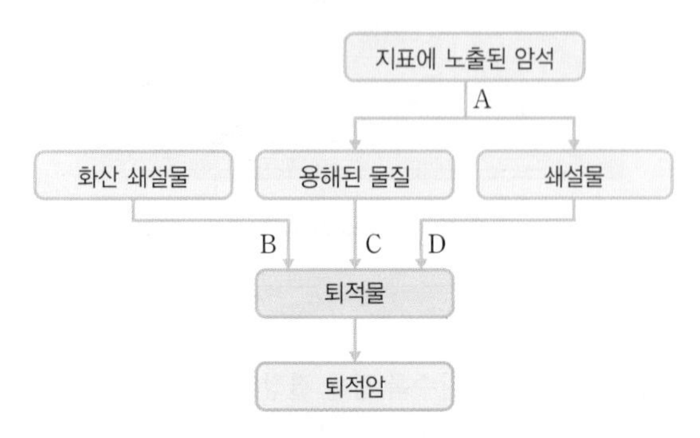

이에 대한 설명으로 옳은 것만을 [보기]에서 있는 대로 고른 것은?

[보기]
ㄱ. A 과정에서 풍화·침식 작용이 일어난다.
ㄴ. B 과정을 거쳐 생성된 퇴적암에는 응회암이 있다.
ㄷ. C와 D 과정을 거쳐 생성된 퇴적암을 쇄설성 퇴적암이라고 한다.

① ㄱ ② ㄷ ③ ㄱ, ㄴ
④ ㄴ, ㄷ ⑤ ㄱ, ㄴ, ㄷ

143 (정답률 40%)

그림은 퇴적물이 퇴적암으로 되기까지의 과정을 나타낸 것이다.

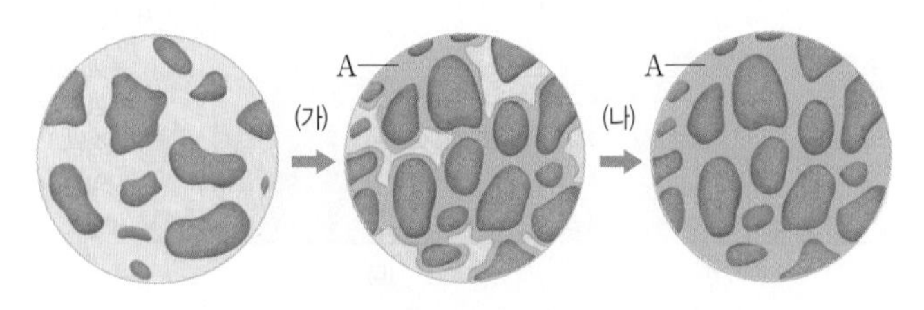

이에 대한 설명으로 옳은 것만을 [보기]에서 있는 대로 고른 것은?

[보기]
ㄱ. (가) → (나)로 갈수록 퇴적물의 밀도는 감소한다.
ㄴ. 화학적 퇴적암은 (가)와 (나)의 과정을 거치지 않는다.
ㄷ. 탄산 칼슘은 A에 해당한다.

① ㄱ ② ㄷ ③ ㄱ, ㄴ
④ ㄴ, ㄷ ⑤ ㄱ, ㄴ, ㄷ

144 (정답률 35%)

그림은 어느 지역의 지층 A～C의 단면에서 관찰된 지질 구조를 나타낸 것이다.

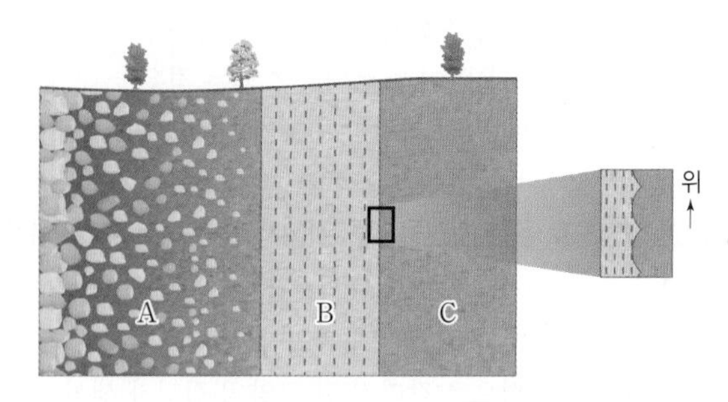

이에 대한 설명으로 옳은 것만을 [보기]에서 있는 대로 고른 것은?

[보기]
ㄱ. A의 퇴적 구조는 쇄설성 퇴적암보다 화학적 퇴적암에서 잘 나타난다.
ㄴ. B와 C 사이의 퇴적 구조는 주로 심해저에서 만들어진다.
ㄷ. A～C 중 가장 나중에 형성된 지층은 C이다.

① ㄱ ② ㄷ ③ ㄱ, ㄴ
④ ㄴ, ㄷ ⑤ ㄱ, ㄴ, ㄷ

145 (정답률 35%)

그림 (가)와 (나)는 서로 다른 지질 구조를 나타낸 것이다.

(가)

(나)

이에 대한 설명으로 옳은 것만을 [보기]에서 있는 대로 고른 것은?

[보기]
ㄱ. (가)는 상반이 하반에 대해 아래로 이동했다.
ㄴ. (나)는 (가)보다 깊이가 얕은 곳에서 생성된다.
ㄷ. 수렴형 경계에서는 (가)와 (나)의 지질 구조가 모두 형성될 수 있다.

① ㄱ ② ㄷ ③ ㄱ, ㄴ
④ ㄴ, ㄷ ⑤ ㄱ, ㄴ, ㄷ

146 정답률 25%

그림 (가)와 (나)는 서로 다른 두 종류의 부정합을 나타낸 것이다.

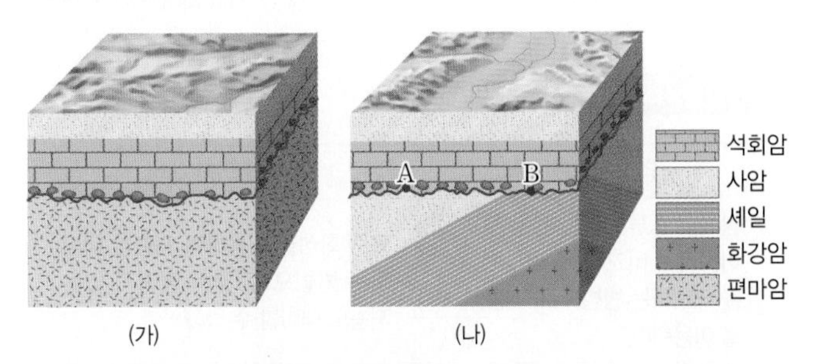

이에 대한 설명으로 옳은 것만을 [보기]에서 있는 대로 고른 것은?(단, (가)와 (나)에서 지층의 역전은 없었다.)

[보기]
ㄱ. (가)는 평행 부정합이다.
ㄴ. (나)는 주로 조륙 운동 과정에서 생성된다.
ㄷ. (나)에서 부정합면을 경계로 서로 접해있는 두 지층 사이의 시간 간격은 A보다 B에서 크다.

① ㄱ ② ㄷ ③ ㄱ, ㄴ
④ ㄴ, ㄷ ⑤ ㄱ, ㄴ, ㄷ

147 정답률 40% 수능모의평가기출 변형

그림 (가), (나), (다)는 습곡, 포획, 절리를 순서 없이 나타낸 것이다.

(가)

(나)

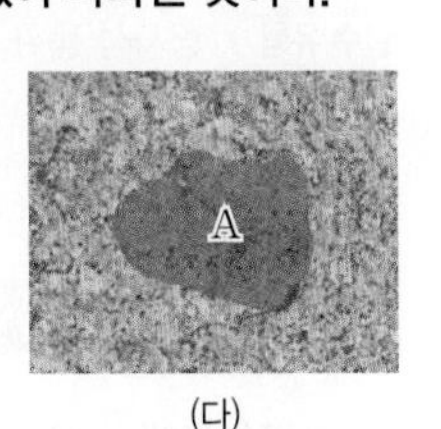

(다)

이에 대한 설명으로 옳은 것만을 [보기]에서 있는 대로 고른 것은?

[보기]
ㄱ. (가)는 횡압력을 받아 생성된 지질 구조이다.
ㄴ. (나)는 화강암보다 현무암에서 잘 형성된다.
ㄷ. (다)에서 A는 기저 역암이다.

① ㄱ ② ㄷ ③ ㄱ, ㄴ
④ ㄴ, ㄷ ⑤ ㄱ, ㄴ, ㄷ

서술형 문제

148 정답률 40%

그림은 지하에 있던 화성암이 지표로 드러나는 모습을 나타낸 것이다.

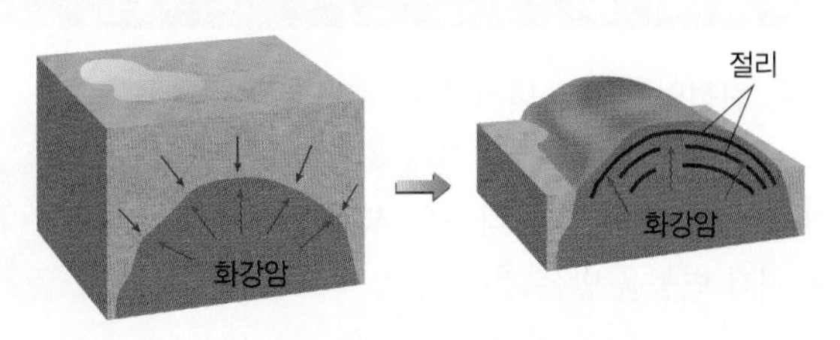

이 과정에서 생성되는 절리의 종류를 화성암의 부피 변화와 관련지어 설명하시오.

149 정답률 30%

그림은 어느 지역의 퇴적 환경을 나타낸 것이다.

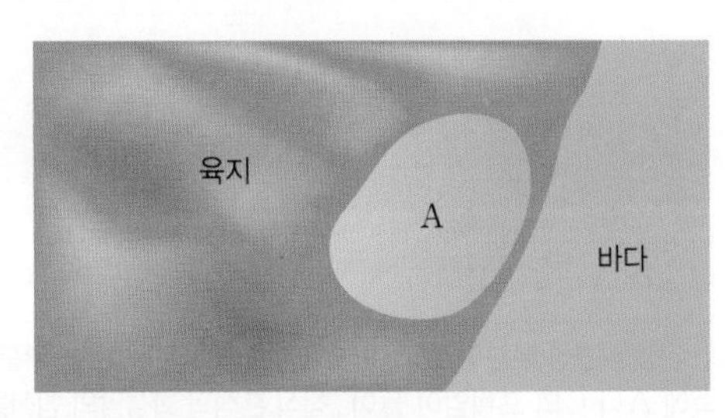

A와 같은 지형을 무엇이라고 하는지 쓰고, 이러한 퇴적 환경에서 화석이 드물게 산출되는 까닭을 설명하시오.

150 정답률 25%

과거에 홍수가 발생하여 하천이 범람했을 때 하천 주변의 범람원에 생성될 수 있는 퇴적 구조를 쓰고, 그 까닭을 설명하시오.

04 Ⅱ 지구의 역사
지층의 생성과 나이, 지질 시대

꼭 알아야 할 핵심 개념
- ☑ 지사학의 법칙
- ☑ 지질 연대 측정
- ☑ 지질 시대의 환경과 생물

지사학의 기본 원리로 과거와 현재의 지질학적 변화 과정이 동일하다는 동일 과정의 원리가 있다.

1 | 지사학의 법칙

1 수평 퇴적의 법칙 퇴적물은 수평면과 나란하게 쌓인다. ➔ 현재 지층이 기울어져 있다면 이 지층은 생성된 후 지각 변동을 받은 것이다.

2 지층 누중의 법칙 지층이 역전되지 않았다면 아래에 있는 지층은 위에 있는 지층보다 먼저 쌓인 것이다.
➔ 지층의 역전 여부는 퇴적 구조, 화석(표준 화석) 등을 이용하여 판단한다.

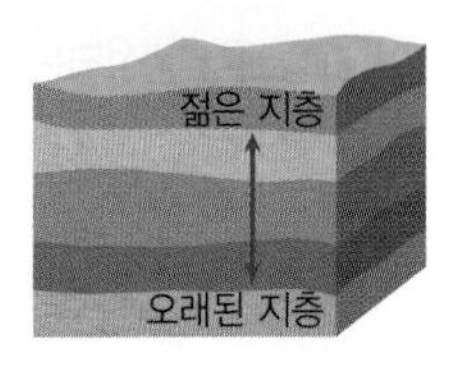

3 동물군 천이의 법칙 오래된 지층에서 새로운 지층으로 갈수록 더욱 진화된 생물의 화석이 산출된다. ➔ 화석의 종류와 진화 정도를 해석하면 지층의 선후 관계를 밝힐 수 있다.

4 관입의 법칙 관입당한 암석은 관입한 화성암보다 먼저 생성된 것이다. ➔ 관입의 법칙을 적용하려면 화성암이 관입된 경우와 분출한 경우를 판단해야 한다.

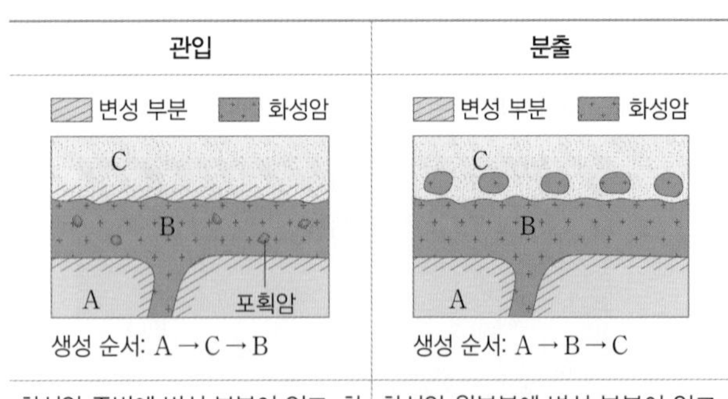

관입	분출
생성 순서: A → C → B	생성 순서: A → B → C
화성암 주변에 변성 부분이 있고, 화성암 속에 A나 C의 포획암이 들어 있을 수 있다.	화성암 윗부분에 변성 부분이 없고, 침식 흔적과 화성암의 침식물이 있을 수 있다.

5 부정합의 법칙 부정합면을 경계로 상부 지층과 하부 지층의 퇴적 시기 사이에 큰 시간적 간격이 존재한다. ➔ 부정합면을 경계로 구성 암석의 종류와 상태, 지질 구조, 화석 등이 크게 달라진다.

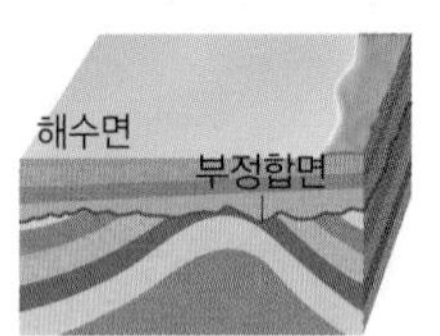

2 | 지질 연대 측정

1 상대 연령과 지층 대비

① 상대 연령: 지층과 암석의 생성 시기를 상대적인 선후 관계로 나타낸 것 ➔ 지사학의 법칙 적용

② 지층 대비: 여러 지역에 분포하는 지층들을 서로 비교하여 시간적인 선후 관계를 밝히는 것

빈출 자료 ① 지층 대비

암상에 의한 대비	화석에 의한 대비
암석의 종류, 조직, 지질 구조 등을 이용하여 비교적 가까이 있는 지층을 대비하는 방법으로, 건층(열쇠층)을 이용한다.	표준 화석을 이용하여 지층을 대비하는 방법으로, 멀리 떨어져 있는 지층도 대비할 수 있다.

응회암층, 석탄층, 석회암층은 건층으로 적절하다.

필수 유형 지질 구조 및 산출되는 화석을 바탕으로 지층의 생성 순서를 해석하는 문제가 출제된다. 44쪽 172번

2 절대 연령

① 절대 연령: 지질학적 사건의 발생 시기를 연 단위의 절대적인 수치로 나타낸 것

② 방사성 동위 원소: 온도, 압력 등 외부 환경에 관계없이 일정한 속도로 붕괴하여 다른 안정한 원소로 변한다.

빈출 자료 ② 절대 연령의 측정 원리

❶ 방사성 동위 원소를 모원소, 모원소가 붕괴하여 생성된 원소를 자원소, 방사성 동위 원소의 양이 처음의 절반으로 줄어드는 데 걸리는 시간을 반감기라고 한다.
❷ 현재 광물이나 암석에 포함된 방사성 동위 원소의 모원소와 자원소의 비율, 반감기를 알면 절대 연령을 측정할 수 있다.

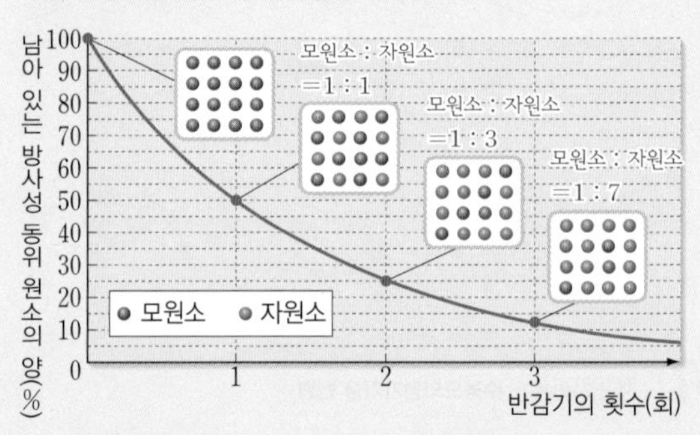

필수 유형 방사성 동위 원소의 반감기 자료를 분석하여 지질 연대를 비교하는 문제가 출제된다. 45쪽 178번

3 | 지질 시대의 환경과 생물

1 지질 시대 지구가 탄생한 후 현재까지의 시기로, 생물계의 큰 변화, 지각 변동, 기후 변화 등을 기준으로 구분한다.
누대>대>기 등으로 구분한다.

2 표준 화석과 시상 화석

구분	표준 화석 (예 삼엽충, 공룡, 화폐석 등)	시상 화석 (예 산호, 고사리 등)
정의	지층의 생성 시기를 판단하는 근거로 이용되는 화석	지층이 퇴적될 당시의 환경을 지시해 주는 화석
조건	생존 기간이 짧고, 분포 면적이 넓으며 개체 수가 많은 생물	생존 기간이 길고, 분포 면적이 좁으며 환경 변화에 민감한 생물

3 지질 시대의 기후

① 고기후 연구 방법

나무의 나이테	나무는 일반적으로 기온이 높고 강수량이 많을수록 잘 성장하여 폭이 넓은 나이테가 생긴다.
꽃가루 화석	기후가 한랭하면 소나무와 같은 침엽수가 많아지고, 온난하면 가시나무와 같은 상록활엽수가 많아진다.
빙하 시추물	빙하를 시추하여 물 분자의 산소 동위 원소 비율($^{18}O/^{16}O$), 빙하에 포함되어 있는 공기 방울을 연구한다.

② 지질 시대 기후: 중생대를 제외한 모든 지질 시대 동안 여러 번에 걸쳐 빙하기가 있었다.

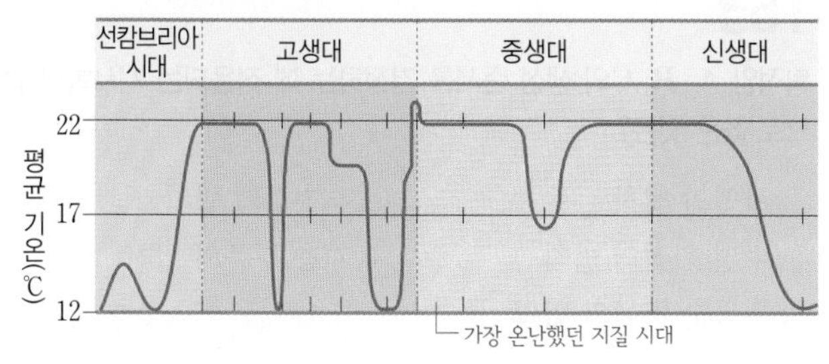

4 지질 시대의 수륙 분포와 생물

① 지질 시대의 수륙 분포

선캄브리아 시대	대륙들이 하나로 모여 초대륙을 형성하였다가 흩어지기를 반복하였다.
고생대	말기에 초대륙 판게아를 형성하였다.
중생대	판게아가 분리되기 시작하였고, 대서양과 인도양이 형성되었다.
신생대	대륙의 이동으로 수륙 분포가 오늘날과 거의 비슷해졌다.

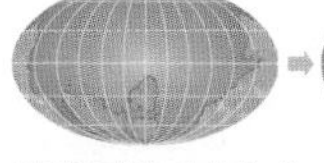
선캄브리아 시대 후기

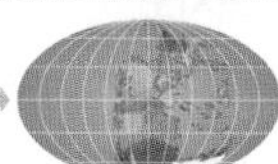
고생대 페름기

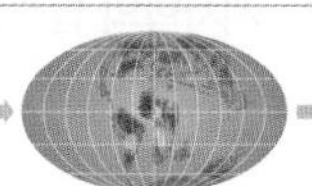
중생대 백악기

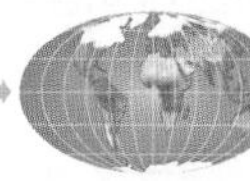
신생대 팔레오기

② 지질 시대의 생물

누대	대	기	주요 생물				주요 특징
현생 누대	신생대	제4기	매머드				포유류 번성
		네오기	화폐석				히말라야산맥 형성, 속씨식물 번성
		팔레오기					
	중생대	백악기					속씨식물 출현
		쥐라기	공룡	암모나이트	시조새		겉씨식물 번성
		트라이아스기					포유류 출현
	고생대	페름기				방추충	판게아 형성
		석탄기					양치식물 번성
		데본기	삼엽충		갑주어		어류의 시대
		실루리아기		필석			육상 식물 출현
		오르도비스기					필석의 시대
		캄브리아기					삼엽충의 시대
원생 누대	선캄브리아 시대		에디아카라 동물군				다세포 생물 출현
시생 누대			스트로마톨라이트				원핵생물 출현

식물계의 변화: 양치식물(고생대) → 겉씨식물(중생대) → 속씨식물(신생대)

개념 확인 문제

≫ 바른답·알찬풀이 20쪽

[151~153] 다음은 지사학의 법칙에 대한 설명이다. (　　) 안에 들어갈 알맞은 말을 쓰시오.

151 관입당한 암석은 관입한 화성암보다 (　　) 생성되었다.

152 오래된 지층에서 새로운 지층으로 갈수록 더욱 (　　) 된 생물의 화석군이 산출된다.

153 지층이 역전되지 않았다면 아래에 있는 지층은 위에 있는 지층보다 (　　) 생성되었다.

154 그림은 어느 지역에 분포하는 퇴적암 A, B, C와 화성암 D의 단면을 나타낸 것이다. 이 지역에서 지층의 역전은 없었다.

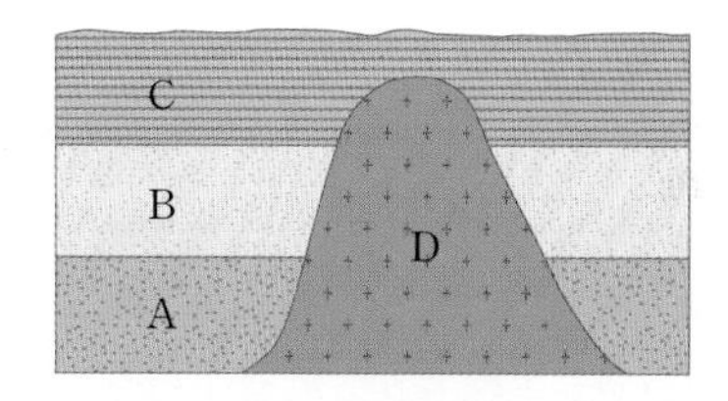

이 지층과 암석을 오래된 것부터 순서대로 쓰시오.

[155~157] 지질 연대 측정에 대한 설명으로 옳은 것은 ○표, 옳지 않은 것은 ×표 하시오.

155 상대 연령은 지질학적 사건의 발생 시기를 수치로 나타낸다. (　　)

156 절대 연령은 방사성 동위 원소의 반감기를 이용하여 측정한다. (　　)

157 방사성 동위 원소가 붕괴하여 생성된 원소를 모원소라고 한다. (　　)

[158~160] 지질 시대와 지질 시대의 표준 화석을 옳게 연결하시오.

158 고생대 •　　　　• ㉠ 화폐석

159 중생대 •　　　　• ㉡ 삼엽충

160 신생대 •　　　　• ㉢ 암모나이트

기출 분석 문제

» 바른답·알찬풀이 21쪽

1 | 지사학의 법칙

161

다음은 지층의 생성 순서를 판단하는 데 이용되는 여러 가지 법칙을 설명한 것이다. 각 법칙의 이름을 쓰시오.

(가) 퇴적물은 중력의 영향으로 수평면과 나란하게 쌓인다.
(나) 오래된 지층에서 새로운 지층으로 갈수록 더욱 진화된 생물의 화석이 산출된다.
(다) 지층이 역전되지 않았다면 아래에 있는 지층은 위에 있는 지층보다 먼저 쌓인 것이다.

162

다음은 지사학의 법칙에 대하여 학생들이 나눈 대화이다.

이에 대한 설명으로 옳은 것만을 [보기]에서 있는 대로 고른 것은?

[보기]
ㄱ. ㉠은 퇴적물에 중력이 작용하기 때문이다.
ㄴ. ㉡에는 '퇴적 구조'가 들어갈 수 있다.
ㄷ. 영희가 이야기한 지사학의 법칙을 수평 퇴적의 법칙이라고 한다.

① ㄱ ② ㄷ ③ ㄱ, ㄴ
④ ㄴ, ㄷ ⑤ ㄱ, ㄴ, ㄷ

[163~164] 그림은 어느 지역에 분포하는 지층의 모습을 나타낸 것이다. A, B, C는 퇴적암, D는 화성암이며, 이 지역에서 지층의 역전은 없었다. 물음에 답하시오.

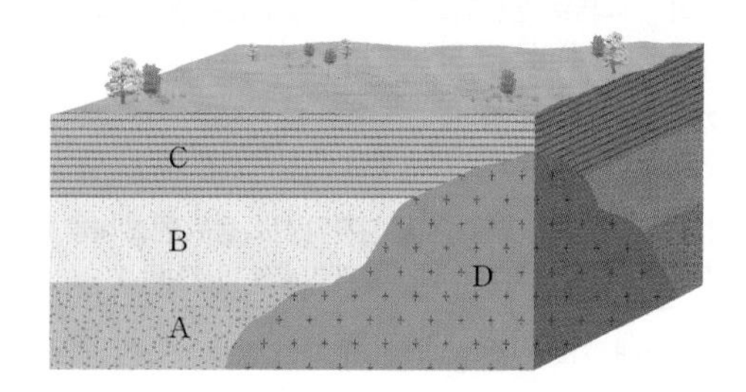

163

퇴적암 A, B, C의 생성 순서를 결정하는 데 적용되는 지사학의 법칙으로 옳은 것은?

① 관입의 법칙 ② 부정합의 법칙
③ 수평 퇴적의 법칙 ④ 지층 누중의 법칙
⑤ 동물군 천이의 법칙

164

이 지역에 분포하는 화성암 D와 다른 암석 사이의 생성 순서를 결정하는 데 이용되는 지사학의 법칙을 쓰시오.

165

그림은 어느 지역의 지질 단면을 나타낸 것이다.

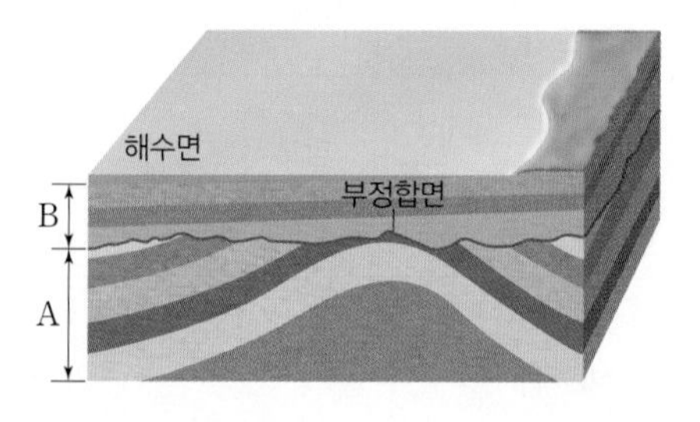

이에 대한 설명으로 옳은 것만을 [보기]에서 있는 대로 고른 것은?

[보기]
ㄱ. A는 생성된 후 지각 변동을 받았다.
ㄴ. A는 해수면 위로 노출된 적이 있었다.
ㄷ. A와 B가 퇴적된 시기 사이에는 긴 시간 간격이 존재한다.

① ㄱ ② ㄷ ③ ㄱ, ㄴ
④ ㄴ, ㄷ ⑤ ㄱ, ㄴ, ㄷ

166

그림 (가)는 어느 지역의 지층 A ~ E에서 발견된 화석의 산출 범위를, (나)는 서로 멀리 떨어져 있는 두 지역의 지층 ㉠과 ㉡에서 발견된 화석을 나타낸 것이다.

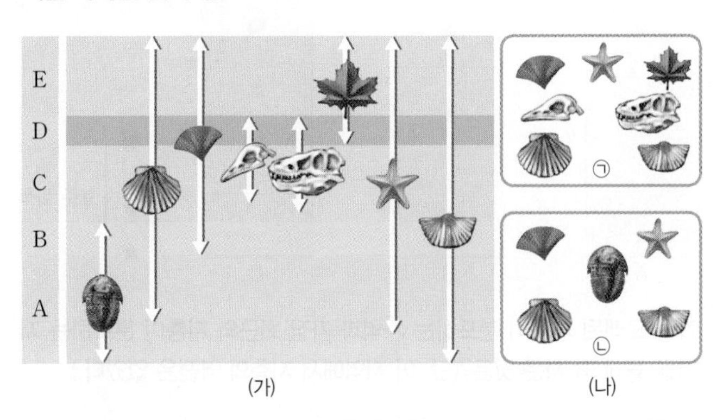

(가) (나)

이에 대한 설명으로 옳은 것만을 [보기]에서 있는 대로 고른 것은?(단, (가) 지역에서 지층의 역전은 없었다.)

[보기]
ㄱ. 지층 ㉠은 D층과 같은 시기에 퇴적되었다.
ㄴ. 지층 ㉡은 B층과 같은 시기에 퇴적되었다.
ㄷ. 지층 ㉠은 ㉡보다 나중에 퇴적되었다.

① ㄱ ② ㄷ ③ ㄱ, ㄴ
④ ㄴ, ㄷ ⑤ ㄱ, ㄴ, ㄷ

167

그림은 어느 지역의 지질 단면도를 모식적으로 나타낸 것이다.

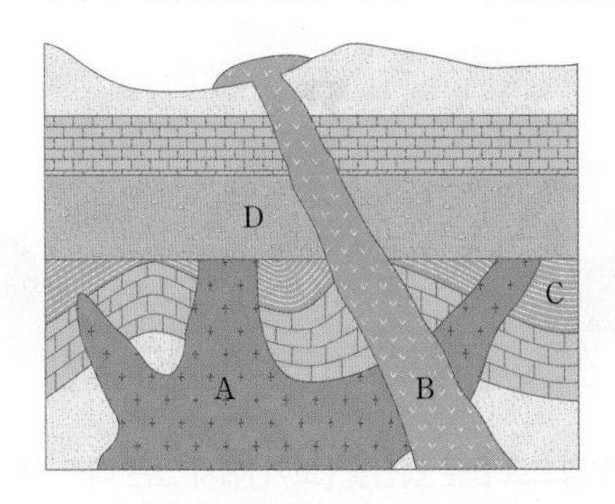

이에 대한 설명으로 옳은 것만을 [보기]에서 있는 대로 고른 것은?

[보기]
ㄱ. A와 B의 선후 판단은 관입의 법칙을 적용한다.
ㄴ. C가 기울어진 까닭은 경사진 지역에서 쌓였기 때문이다.
ㄷ. C와 D의 지질 구조가 차이를 보이는 것은 부정합 관계이기 때문이다.

① ㄱ ② ㄴ ③ ㄱ, ㄷ
④ ㄴ, ㄷ ⑤ ㄱ, ㄴ, ㄷ

2 | 지질 연대 측정

168

지층 대비에 대한 설명으로 옳지 않은 것은?

① 암상에 의한 대비를 할 때 기준이 되는 층을 건층이라고 한다.
② 화석에 의한 대비를 할 때는 진화 계통이 잘 알려진 화석을 이용한다.
③ 멀리 떨어져 있는 지층은 암석의 종류, 조직 등을 대비하여 선후 관계를 밝힌다.
④ 같은 종류의 표준 화석이 산출되는 지층은 같은 시기에 생성된 것으로 판단할 수 있다.
⑤ 화석에 의한 대비는 가까운 거리뿐만 아니라 멀리 떨어져 있는 지층의 대비에도 이용된다.

169

그림 (가)와 (나)는 서로 인접한 두 지역의 지질 단면도를 나타낸 것이다. (가)와 (나)의 사암층은 동일한 시기에 생성되었다.

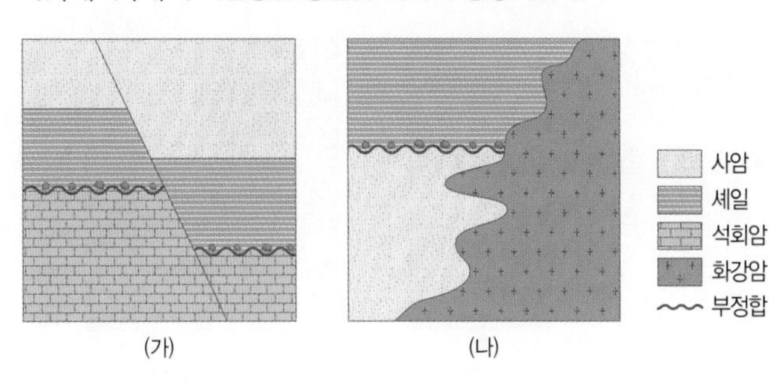

(가) (나)

이에 대한 설명으로 옳은 것만을 [보기]에서 있는 대로 고른 것은? (단, (가)와 (나) 지역에서 지층은 역전되지 않았다.)

[보기]
ㄱ. (가)의 단층은 장력을 받아 생성되었다.
ㄴ. (가)의 셰일은 (나)의 셰일보다 먼저 생성되었다.
ㄷ. (가)와 (나)에서 가장 나중에 생성된 암석은 화강암이다.

① ㄱ ② ㄴ ③ ㄱ, ㄷ
④ ㄴ, ㄷ ⑤ ㄱ, ㄴ, ㄷ

[170~171] 그림은 어느 지역의 지질 단면을 나타낸 것이다. 물음에 답하시오.(단, 이 지역에서 지층의 역전은 없었다.)

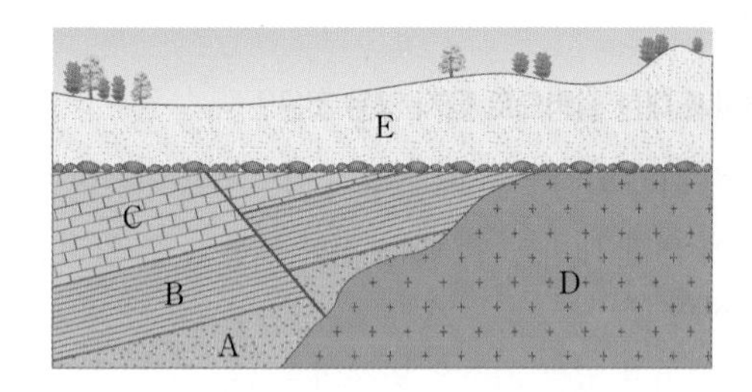

170

위 그림에 대한 설명으로 옳은 것만을 [보기]에서 있는 대로 고른 것은?

[보기]
ㄱ. A, B, C의 선후 관계는 지층 누중의 법칙을 적용하여 정할 수 있다.
ㄴ. D가 관입한 후에 단층 작용이 일어났다.
ㄷ. B와 E 사이의 시간 간격은 D와 E 사이의 시간 간격보다 크다.

① ㄱ ② ㄴ ③ ㄱ, ㄷ
④ ㄴ, ㄷ ⑤ ㄱ, ㄴ, ㄷ

171 서술형

암석 A～E와 지질 구조의 생성 순서를 생성 시기가 빠른 것부터 차례대로 설명하시오.

172

필수 유형 40쪽 빈출 자료 ①

그림은 서로 인접한 세 지역 A, B, C의 지층 단면을 나타낸 것이다. 이 지역에서는 과거에 1회의 화산 활동이 일어났다.

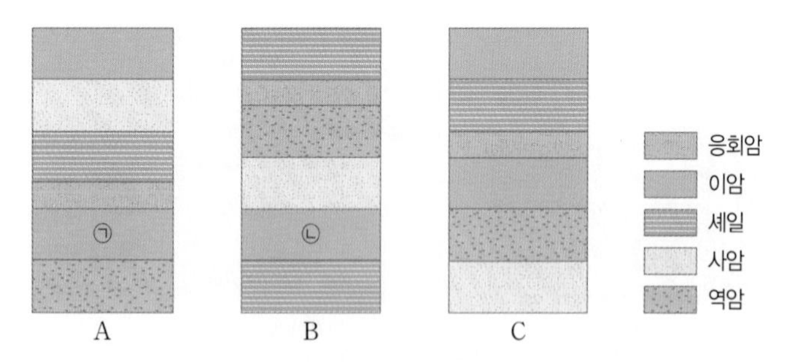

이에 대한 설명으로 옳은 것만을 [보기]에서 있는 대로 고른 것은?(단, A, B, C 지역에서 지층은 역전되지 않았다.)

[보기]
ㄱ. ㉠은 ㉡보다 나중에 퇴적되었다.
ㄴ. 건층으로 응회암층보다 셰일층이 적합하다.
ㄷ. 세 지역 중 가장 오래된 지층은 C 지역에 있다.

① ㄱ ② ㄴ ③ ㄱ, ㄷ
④ ㄴ, ㄷ ⑤ ㄱ, ㄴ, ㄷ

173 신유형

그림은 서로 멀리 떨어져 있는 세 지역 A, B, C의 지질 단면과 각 층에서 산출되는 표준 화석을 기호로 나타낸 것이다.

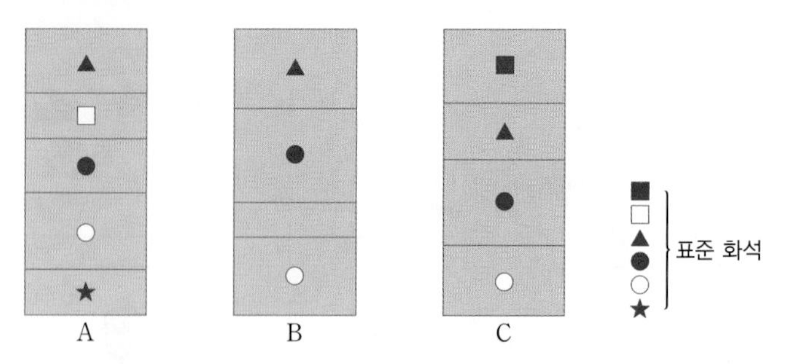

가장 오래된 지층이 분포하는 지역과 가장 최근의 지층이 분포하는 지역을 옳게 짝 지은 것은?(단, 이 지역에서 지층의 역전은 없었다.)

	오래된 지층	최근의 지층
①	A	B
②	A	C
③	B	A
④	B	C
⑤	C	A

174

그림은 서로 멀리 떨어져 있는 세 지역 (가), (나), (다)의 지층에서 산출되는 표준 화석을 나타낸 것이다.

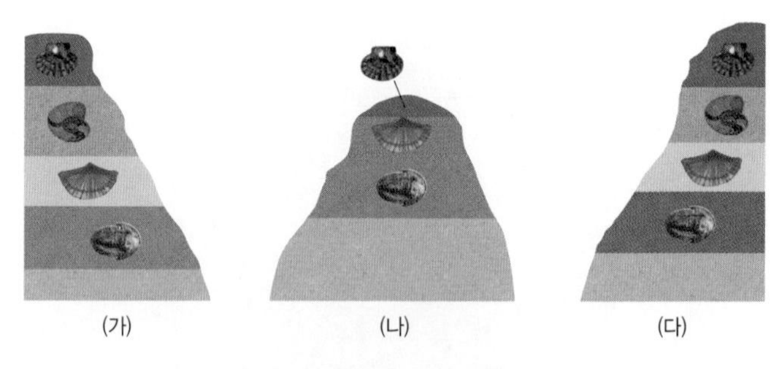

이에 대한 설명으로 옳은 것만을 [보기]에서 있는 대로 고른 것은?

[보기]
ㄱ. 같은 종류의 화석이 산출되는 지층은 모두 동일한 암석으로 이루어져 있다.
ㄴ. (나) 지역에서는 부정합이 나타난다.
ㄷ. (가), (나), (다) 지역의 최상부 지층은 모두 같은 시기에 퇴적되었다.

① ㄱ ② ㄷ ③ ㄱ, ㄴ
④ ㄴ, ㄷ ⑤ ㄱ, ㄴ, ㄷ

175

방사성 동위 원소에 대한 설명으로 옳지 않은 것은?

① 반감기는 원소의 종류에 따라 다르다.
② 자연적으로 붕괴하여 방사선을 방출한다.
③ 반감기가 두 번 지나면 모두 안정한 원소로 변한다.
④ 처음 양의 절반이 되는 데 걸리는 시간을 반감기라고 한다.
⑤ 외부의 온도나 압력의 변화에 관계없이 일정한 속도로 붕괴한다.

176

그림 (가)와 (나)는 어느 화성암 속에 포함된 두 종류의 방사성 원소가 붕괴하면서 생기는 모원소와 자원소의 함량 변화를 나타낸 것이다.

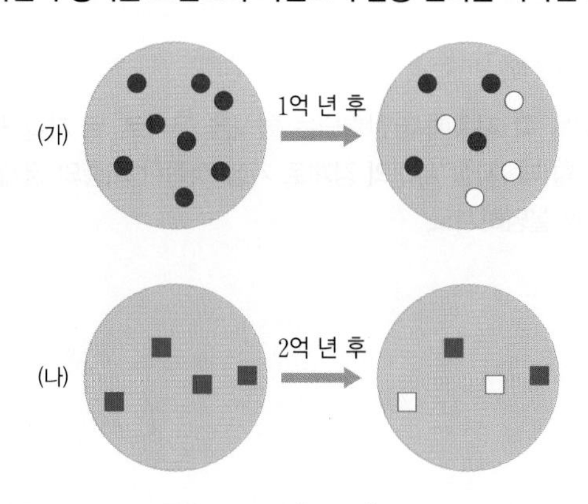

이에 대한 설명으로 옳은 것만을 [보기]에서 있는 대로 고른 것은?

[보기]
ㄱ. ●는 모원소, ○는 자원소이다.
ㄴ. 방사성 원소의 반감기는 (가)가 (나)의 2배이다.
ㄷ. 화성암의 절대 연령이 2억 년이면 $\frac{\text{자원소의 함량}}{\text{모원소의 함량}}$은 (가)가 (나)의 3배이다.

① ㄱ ② ㄴ ③ ㄱ, ㄷ
④ ㄴ, ㄷ ⑤ ㄱ, ㄴ, ㄷ

177 수능기출 변형

그림 (가)는 어느 지역의 지표에 나타난 화강암 A, B와 셰일 C의 분포를, (나)는 화강암 A, B에 포함된 방사성 원소의 붕괴 곡선 X, Y를 순서 없이 나타낸 것이다. A는 B를 관입하고 있고, B와 C는 부정합으로 접하고 있다. A, B에 포함된 방사성 원소의 양은 각각 처음 양의 20 %와 50 %이다.

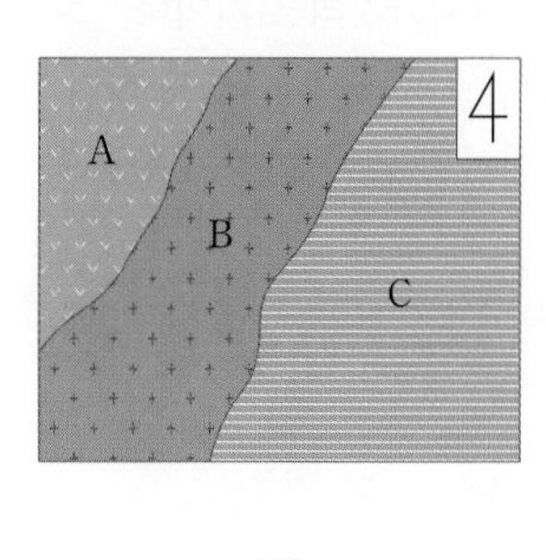

(가)

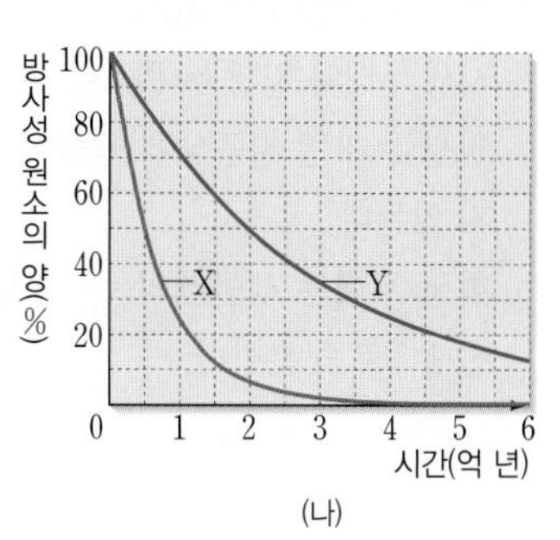

(나)

이에 대한 설명으로 옳은 것만을 [보기]에서 있는 대로 고른 것은?

[보기]
ㄱ. A의 절대 연령은 1억 년보다 작다.
ㄴ. B는 C보다 나중에 생성되었다.
ㄷ. C의 생성 시기는 2억 년 전 이후이다.

① ㄱ ② ㄷ ③ ㄱ, ㄷ
④ ㄴ, ㄷ ⑤ ㄱ, ㄴ, ㄷ

178

필수 유형 40쪽 빈출 자료 ②

그림은 어느 방사성 동위 원소가 붕괴될 때 시간에 따른 모원소와 자원소의 함량을 나타낸 것이다.

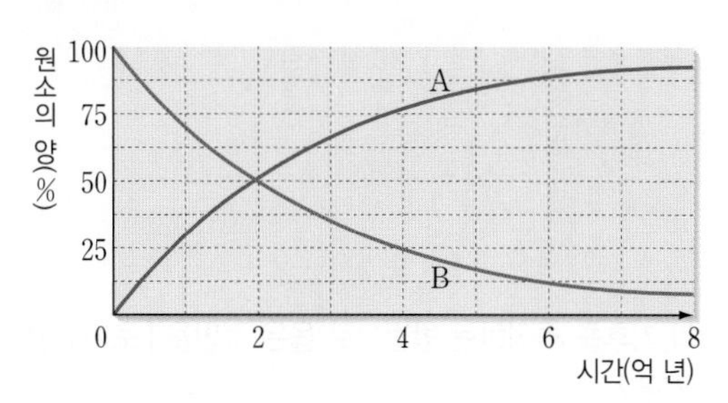

이에 대한 설명으로 옳은 것만을 [보기]에서 있는 대로 고른 것은?

[보기]
ㄱ. A는 모원소, B는 자원소이다.
ㄴ. 방사성 동위 원소의 반감기는 2억 년이다.
ㄷ. 시간이 지남에 따라 A가 늘어나는 양은 B가 줄어드는 양과 같다.

① ㄱ ② ㄷ ③ ㄱ, ㄴ
④ ㄴ, ㄷ ⑤ ㄱ, ㄴ, ㄷ

3 | 지질 시대의 환경과 생물

179

지질 시대에 대한 설명으로 옳지 않은 것은?

① 지질 시대를 구분하는 가장 큰 시간 단위는 누대이다.
② 지구가 탄생한 약 46억 년 전부터 현재까지의 시기이다.
③ 시생 누대와 원생 누대를 합하여 선캄브리아 시대라고도 한다.
④ 원생 누대는 지구상에 생물이 출현하지 않아 화석이 산출되지 않는다.
⑤ 현생 누대는 생물계의 큰 변화를 기준으로 고생대, 중생대, 신생대로 구분한다.

180

오른쪽 그림은 표준 화석과 시상 화석으로 적합한 조건을 나타낸 것이다. 이에 대한 설명으로 옳은 것만을 [보기]에서 있는 대로 고른 것은?

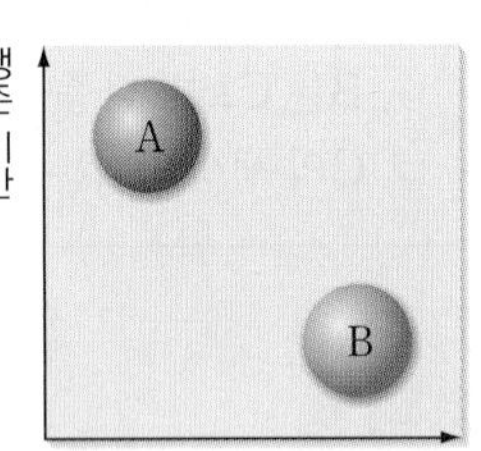

[보기]
ㄱ. A는 표준 화석으로 적합하다.
ㄴ. B는 대체로 환경 변화에 민감한 생물의 화석이다.
ㄷ. 서로 멀리 떨어져 있는 지역의 지층을 대비할 때는 A보다 B가 적합하다.

① ㄱ ② ㄷ ③ ㄱ, ㄴ
④ ㄴ, ㄷ ⑤ ㄱ, ㄴ, ㄷ

181

지질 시대의 기후를 추정하는 방법으로 옳은 것만을 [보기]에서 있는 대로 고른 것은?

[보기]
ㄱ. 오래된 나무의 나이테 간격을 분석한다.
ㄴ. 꽃가루 화석을 분석하여 식물의 종류와 서식 환경을 추정한다.
ㄷ. 빙하를 구성하는 물 분자의 산소 동위 원소 비율 ($^{18}O/^{16}O$)을 분석한다.

① ㄱ ② ㄷ ③ ㄱ, ㄴ
④ ㄴ, ㄷ ⑤ ㄱ, ㄴ, ㄷ

[182~183] 표는 어느 지역의 지층 A~F에서 발견되는 화석 ㉠~㉥의 산출 범위를 나타낸 것으로, A에서 F로 갈수록 최근에 생성된 지층이다. 물음에 답하시오.

지층＼화석	㉠	㉡	㉢	㉣	㉤	㉥
F	○	○				○
E	○	○				○
D		○	○			
C		○	○	○		
B		○			○	
A		○			○	

182

위 표에 대한 설명으로 옳은 것만을 [보기]에서 있는 대로 고른 것은?

[보기]
ㄱ. 표준 화석으로 가장 적합한 화석은 ㉡이다.
ㄴ. 지층 C는 D보다 많은 종류의 화석이 포함되어 있다.
ㄷ. 지질 시대의 환경을 추정하는 데 가장 적합한 화석은 ㉣이다.

① ㄱ ② ㄴ ③ ㄱ, ㄷ
④ ㄴ, ㄷ ⑤ ㄱ, ㄴ, ㄷ

183 서술형

지층 A~F를 각 지층에서 산출되는 화석을 근거로 세 지질 시대로 구분하고자 할 때, 지질 시대의 경계로 가장 적절한 지층의 경계를 쓰고, 그 까닭을 설명하시오.

184

그림 (가)~(다)는 지질 시대에 살았던 생물의 화석을 나타낸 것이다.

(가)

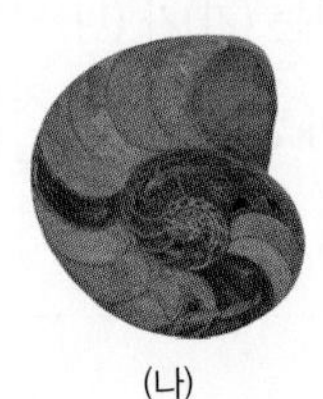
(나)

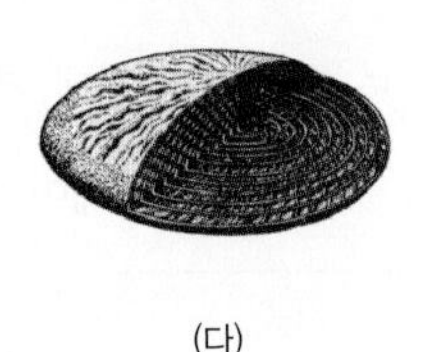
(다)

번성한 시기가 빠른 것부터 순서대로 옳게 나열하시오.

185

그림 (가)와 (나)는 서로 다른 지질 시대의 생물계를 복원하여 나타낸 것이다.

(가)

(나)

이에 대한 설명으로 옳은 것만을 [보기]에서 있는 대로 고른 것은?

[보기]
ㄱ. (가)의 지질 시대에 바다에서는 필석이 번성하였다.
ㄴ. (나)의 지질 시대에는 양치식물이 번성하였다.
ㄷ. 공룡이 번성하였던 시기는 (나)의 지질 시대보다 나중이다.

① ㄱ ② ㄷ ③ ㄱ, ㄷ
④ ㄴ, ㄷ ⑤ ㄱ, ㄴ, ㄷ

186

그림 (가)와 (나)는 서로 다른 지질 시대의 화석을 나타낸 것이다.

(가)

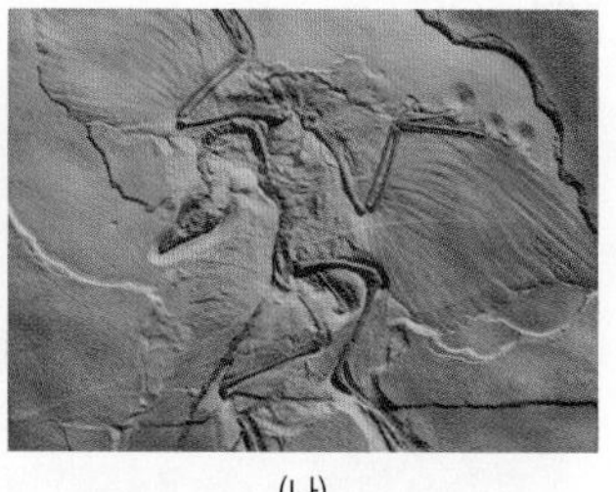
(나)

이에 대한 설명으로 옳은 것만을 [보기]에서 있는 대로 고른 것은?

[보기]
ㄱ. (가)의 생물은 (나)의 생물보다 먼저 출현하였다.
ㄴ. (가)의 생물은 판게아가 분리되기 시작할 무렵에 출현하였다.
ㄷ. (나)의 생물이 번성할 당시에 육지에는 공룡과 겉씨식물이 번성하였다.

① ㄱ ② ㄴ ③ ㄱ, ㄷ
④ ㄴ, ㄷ ⑤ ㄱ, ㄴ, ㄷ

187

그림 (가)와 (나)는 서로 다른 시기의 대륙과 해양 분포를 나타낸 것이다.

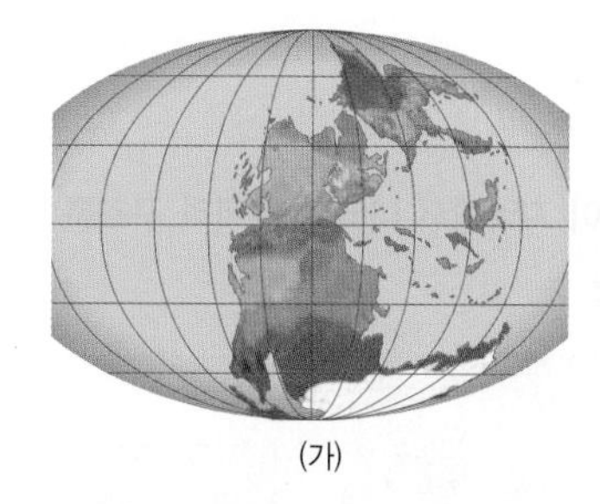
(가)

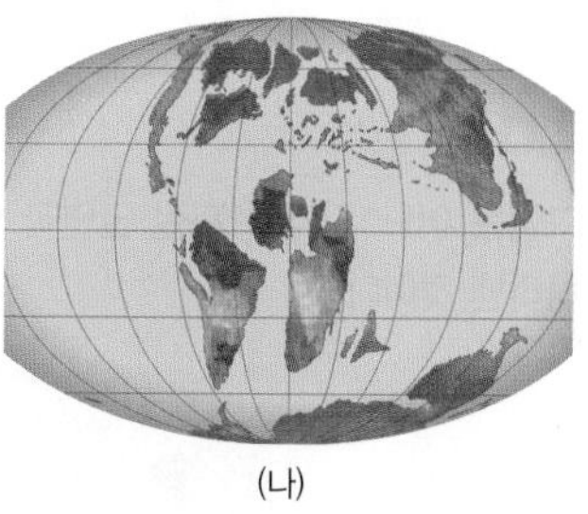
(나)

이에 대한 설명으로 옳은 것만을 [보기]에서 있는 대로 고른 것은?

[보기]
ㄱ. (가) 시기에 히말라야산맥이 형성되었다.
ㄴ. (나) 시기에 육지에는 양치식물이 번성하여 전성기를 이루었다.
ㄷ. (가)와 (나) 시기 사이에 대서양과 인도양이 형성되기 시작하였다.

① ㄱ ② ㄷ ③ ㄱ, ㄴ
④ ㄴ, ㄷ ⑤ ㄱ, ㄴ, ㄷ

188 수능모의평가기출 변형

그림은 현생 누대 동안 동물 과의 수를 현재 동물 과의 수에 대한 비율로 나타낸 것이다.

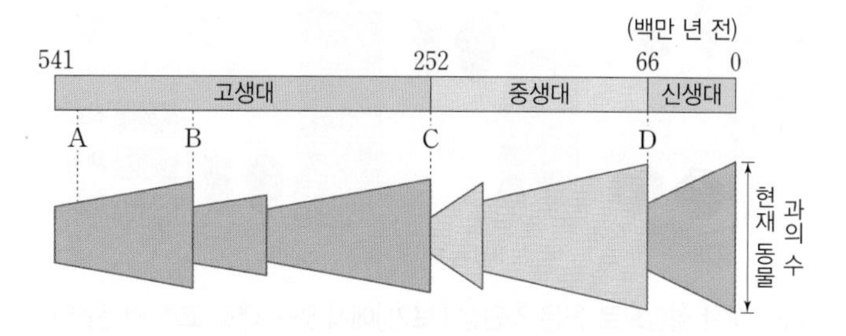

이에 대한 설명으로 옳은 것만을 [보기]에서 있는 대로 고른 것은?

[보기]
ㄱ. 판게아의 형성은 A 시기의 동물 과의 멸종에 영향을 주었다.
ㄴ. 최초의 척추동물은 A와 B 사이 시기에 출현하였다.
ㄷ. 동물 과의 멸종 비율은 C 시기가 D 시기보다 크다.

① ㄱ ② ㄷ ③ ㄱ, ㄷ
④ ㄴ, ㄷ ⑤ ㄱ, ㄴ, ㄷ

1등급 완성 문제

» 바른답·알찬풀이 24쪽

189 (정답률 30%)

그림은 어느 지역의 지질 단면과 이 지역에서 나타나는 퇴적 구조를 나타낸 것이다.

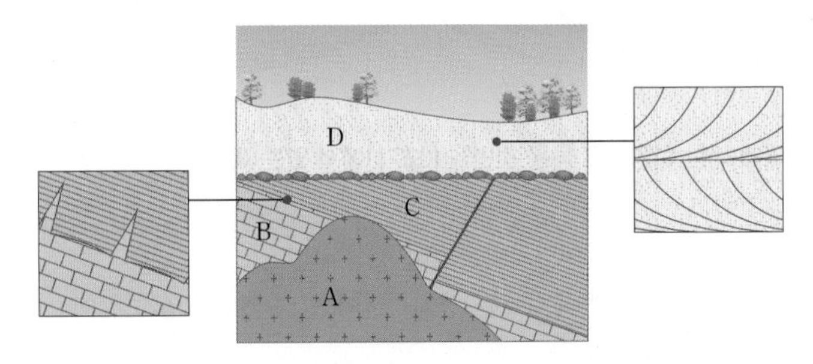

이에 대한 설명으로 옳은 것만을 [보기]에서 있는 대로 고른 것은?

[보기]

ㄱ. A가 관입한 후에 단층이 형성되었다.
ㄴ. B와 C는 퇴적된 후 지각 변동을 받았다.
ㄷ. B와 D 사이의 시간 간격은 C와 D 사이의 시간 간격보다 크다.

① ㄱ ② ㄴ ③ ㄱ, ㄷ ④ ㄴ, ㄷ ⑤ ㄱ, ㄴ, ㄷ

190 (정답률 40%)

그림은 (가), (나), (다) 세 지역의 지층과 산출되는 화석을 나타낸 것이다.

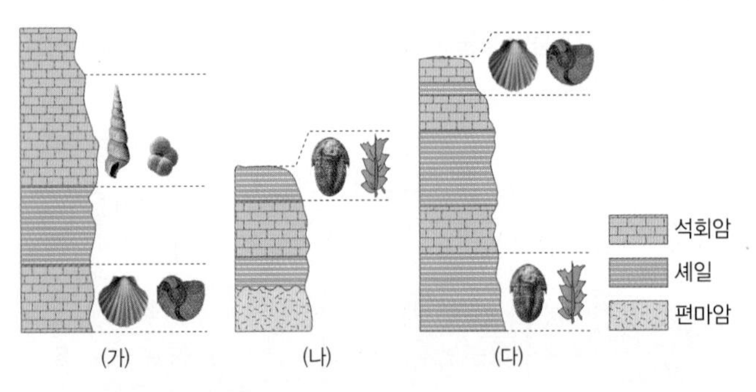

이에 대한 설명으로 옳은 것만을 [보기]에서 있는 대로 고른 것은?(단, 이 지역에서 지층의 역전은 없었다.)

[보기]

ㄱ. (가) 지역의 지층은 모두 (나) 지역의 지층보다 나중에 생성되었다.
ㄴ. 가장 오래된 지층은 (다) 지역에 분포한다.
ㄷ. 셰일층을 건층으로 이용하여 세 지역의 지층을 대비한다.

① ㄱ ② ㄴ ③ ㄱ, ㄷ ④ ㄴ, ㄷ ⑤ ㄱ, ㄴ, ㄷ

191 (정답률 30%) 수능모의평가기출 변형

그림 (가)는 어느 지역의 지질 단면을, (나)는 방사성 원소 X에 의해 생성된 자원소 Y의 함량을 시간에 따라 나타낸 것이다. 화성암 A, B, C에는 X와 Y가 포함되어 있으며, Y는 모두 X가 붕괴하여 생성되었다. 현재 B에 있는 X와 Y의 함량은 같다.

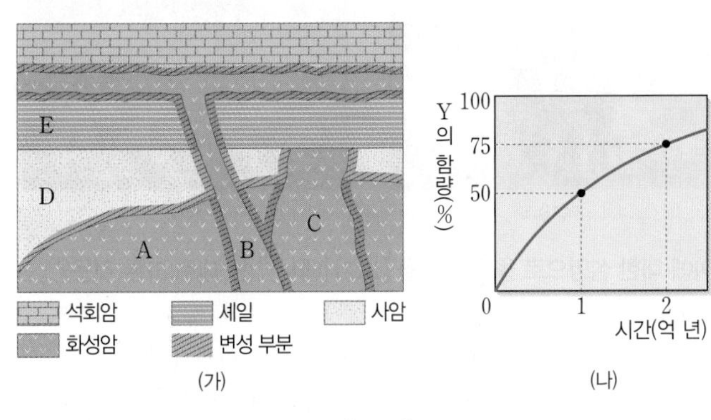

(가) (나)

이에 대한 설명으로 옳은 것만을 [보기]에서 있는 대로 고른 것은?

[보기]

ㄱ. $\frac{\text{Y의 함량}}{\text{X의 함량}}$은 A>C>B 순이다.
ㄴ. D는 퇴적된 후 침식 작용을 받은 적이 있다.
ㄷ. E가 퇴적될 당시에는 화폐석이 번성하였다.

① ㄱ ② ㄷ ③ ㄱ, ㄴ ④ ㄴ, ㄷ ⑤ ㄱ, ㄴ, ㄷ

192 (정답률 25%) 신유형

그림은 방사성 탄소 ^{14}C의 순환과 붕괴 과정을 모식적으로 나타낸 것이다.

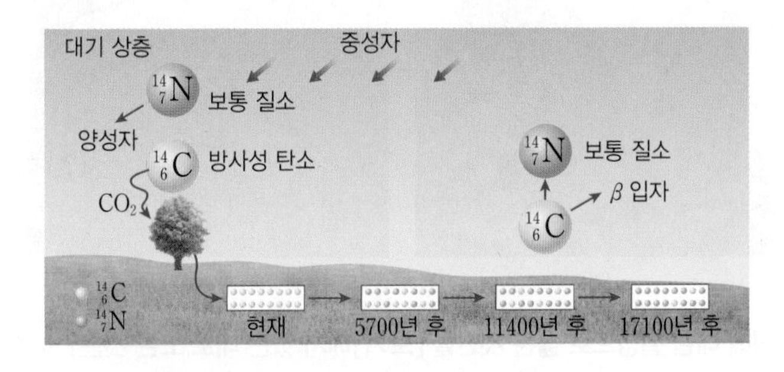

이에 대한 설명으로 옳은 것만을 [보기]에서 있는 대로 고른 것은?

[보기]

ㄱ. ^{14}C의 반감기는 5700년이다.
ㄴ. 대기 중의 ^{14}C 양은 점점 증가한다.
ㄷ. 생물이 죽은 후 약 22800년이 지나면 죽은 생물체 속의 ^{14}C는 모두 ^{14}N로 변한다.

① ㄱ ② ㄷ ③ ㄱ, ㄴ ④ ㄴ, ㄷ ⑤ ㄱ, ㄴ, ㄷ

193 정답률 35%

그림은 현생 누대의 평균 기온 변화를 나타낸 것이다.

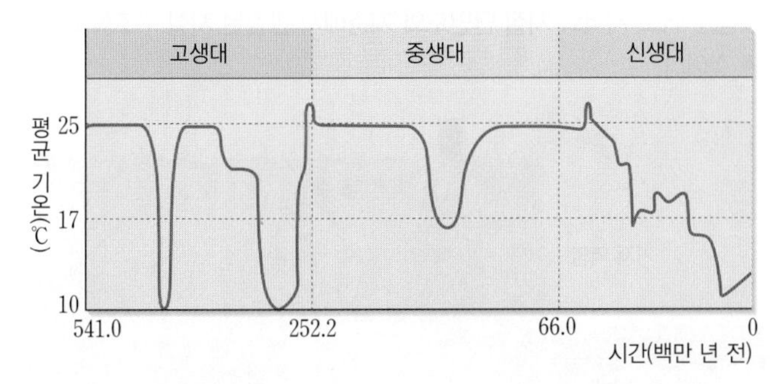

이에 대한 설명으로 옳은 것만을 [보기]에서 있는 대로 고른 것은?

【 보기 】
ㄱ. 고생대 말기에는 빙하기가 있었다.
ㄴ. 중생대에는 전 기간에 걸쳐 현재보다 온도가 높았다.
ㄷ. 신생대에 형성된 빙하를 구성하는 물 분자의 산소 동위원소 비율($^{18}O/^{16}O$)은 전기보다 후기가 높다.

① ㄱ ② ㄷ ③ ㄱ, ㄴ
④ ㄴ, ㄷ ⑤ ㄱ, ㄴ, ㄷ

194 정답률 40% 수능기출 변형

그림은 현생 누대 동안 해양 무척추동물과 육상 식물의 과의 수 변화를 나타낸 것이다.

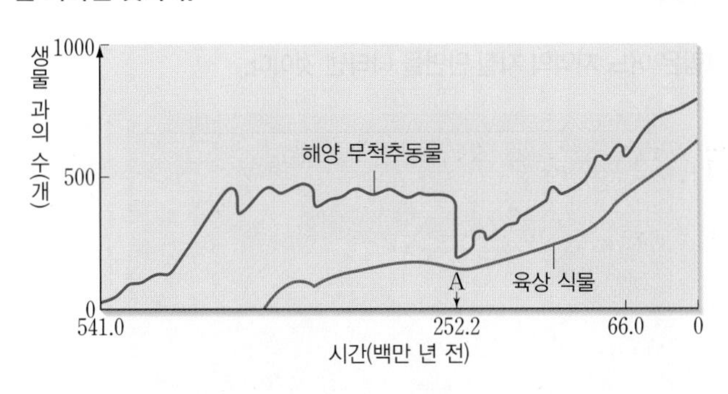

이에 대한 설명으로 옳은 것만을 [보기]에서 있는 대로 고른 것은?

【 보기 】
ㄱ. 고생대 초기에는 양치식물이 삼림을 이루었다.
ㄴ. 현생 누대의 구분은 육상 식물보다 해양 무척추동물을 이용하는 것이 좋다.
ㄷ. A 시기에 해양 무척추동물의 멸종은 판게아의 분리와 관련이 깊다.

① ㄱ ② ㄴ ③ ㄱ, ㄷ
④ ㄴ, ㄷ ⑤ ㄱ, ㄴ, ㄷ

서술형 문제

195 정답률 40%

그림 (가)와 (나)는 서로 다른 두 지역의 지질 단면과 산출되는 화석을 나타낸 것이다.

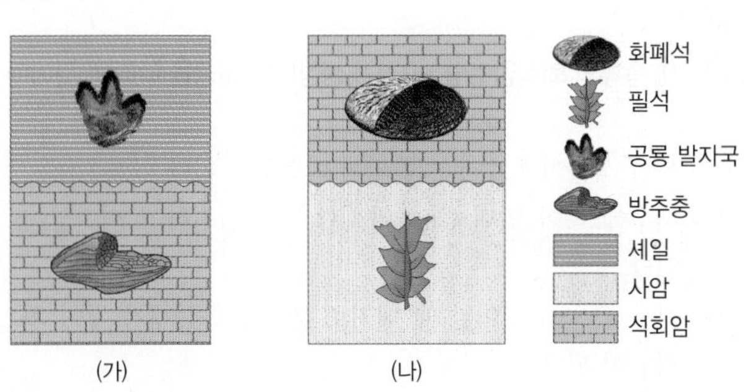

상하 두 지층의 시간 간격이 더 큰 지역을 고르고, 그와 같이 생각한 까닭을 설명하시오.

196 정답률 25%

어느 화성암 속에 반감기가 1억 년인 방사성 원소 X와 X가 붕괴할 때 생성되는 자원소 Y가 각각 1.0×10^{-5} g, 8.0×10^{-5} g이 들어 있다. 이 암석이 생성될 당시 Y가 1.0×10^{-5} g 들어 있었다면 이 암석의 절대 연령은 몇 년인지 풀이 과정과 결과를 모두 설명하시오. (단, 새로 생성된 Y는 모두 X가 붕괴하여 만들어진 것이다.)

197 정답률 40%

그림은 어느 지역의 지질 단면과 지층 A와 B에서 산출되는 화석을 나타낸 것이다.

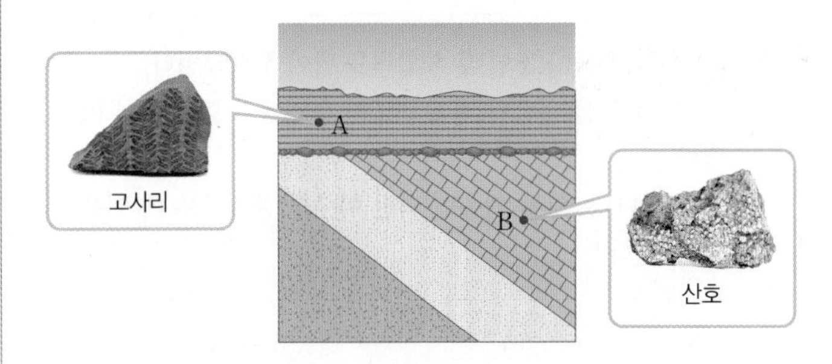

A와 B가 퇴적될 당시의 환경을 화석과 관련지어 설명하시오.

실전 대비 평가 문제

» 바른답·알찬풀이 26쪽

198

다음은 세 종류의 퇴적암 (가)~(다)가 생성되는 과정을 나타낸 것이다.

(가) 육상 식물이 호수에 매몰되어 퇴적암이 된다.
(나) 해수에 녹아 있던 Ca^{2+}와 CO_3^{2-}가 침전하여 퇴적암이 된다.
(다) 화산 활동이 일어날 때 대기로 분출한 화산재가 쌓여 퇴적암이 된다.

이에 대한 설명으로 옳은 것만을 [보기]에서 있는 대로 고른 것은?

[보기]
ㄱ. (가)는 고생대에 대규모로 퇴적되었다.
ㄴ. (나)는 산호나 조개류에 의해 생성되는 경우도 있다.
ㄷ. (다)는 쇄설성 퇴적암이다.

① ㄱ ② ㄴ ③ ㄱ, ㄷ
④ ㄴ, ㄷ ⑤ ㄱ, ㄴ, ㄷ

199

그림 (가)와 (나)는 서로 다른 지역에서 볼 수 있는 퇴적 구조를 나타낸 것이다.

(가)

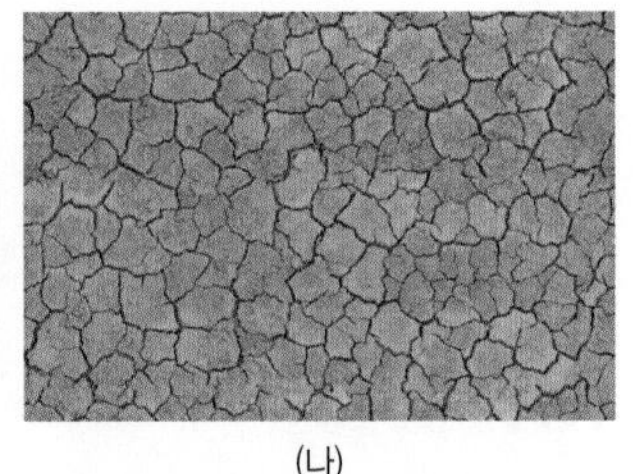
(나)

이에 대한 설명으로 옳은 것만을 [보기]에서 있는 대로 고른 것은?

[보기]
ㄱ. (가)는 퇴적물이 쌓인 후 횡압력을 받아 생성되었다.
ㄴ. (나)는 퇴적물이 굳기 전에 건조한 환경에 노출된 적이 있었다.
ㄷ. (가)와 (나)는 모두 지층의 역전 여부를 판단하는 데 이용할 수 있다.

① ㄱ ② ㄷ ③ ㄱ, ㄴ
④ ㄴ, ㄷ ⑤ ㄱ, ㄴ, ㄷ

200

그림은 어느 지역의 지질 단면도와 지층에서 관찰된 지질 구조를 나타낸 것이다.

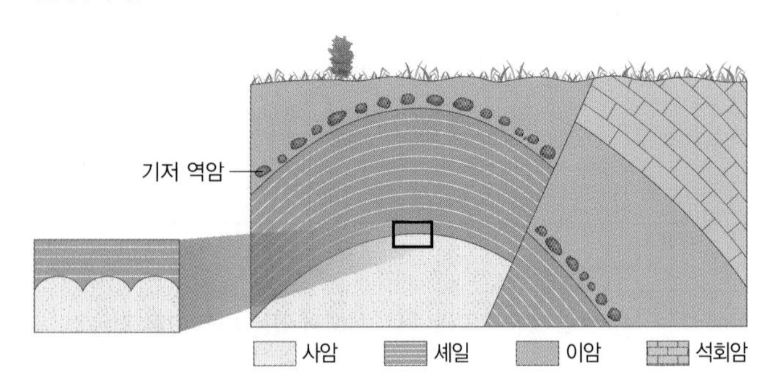

이에 대한 설명으로 옳은 것만을 [보기]에서 있는 대로 고른 것은?

[보기]
ㄱ. 가장 먼저 생성된 지층은 셰일이다.
ㄴ. 사암은 횡압력을 받은 후 장력을 받았다.
ㄷ. 이 지역의 지층은 최소한 2회 융기하였다.

① ㄱ ② ㄴ ③ ㄱ, ㄷ
④ ㄴ, ㄷ ⑤ ㄱ, ㄴ, ㄷ

201

그림은 어느 지역의 지질 단면을 나타낸 것이다.

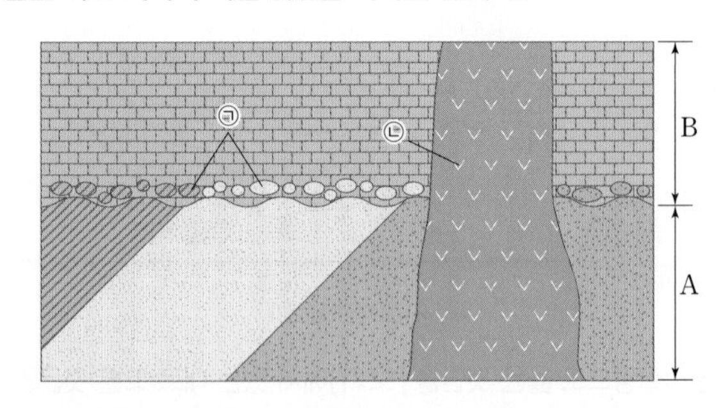

이에 대한 설명으로 옳은 것만을 [보기]에서 있는 대로 고른 것은?

[보기]
ㄱ. ㉠은 포획암, ㉡은 관입암이다.
ㄴ. ㉡에는 A와 B의 조각이 들어 있을 수 있다.
ㄷ. 이 지역에서는 A가 퇴적된 후 조산 운동이 일어났을 가능성이 크다.

① ㄱ ② ㄷ ③ ㄱ, ㄴ
④ ㄴ, ㄷ ⑤ ㄱ, ㄴ, ㄷ

202

그림은 서로 멀리 떨어져 있는 두 지역 (가)와 (나)의 지질 단면과 산출되는 화석을 나타낸 것이다. 두 지역에서 지층의 역전은 없었다.

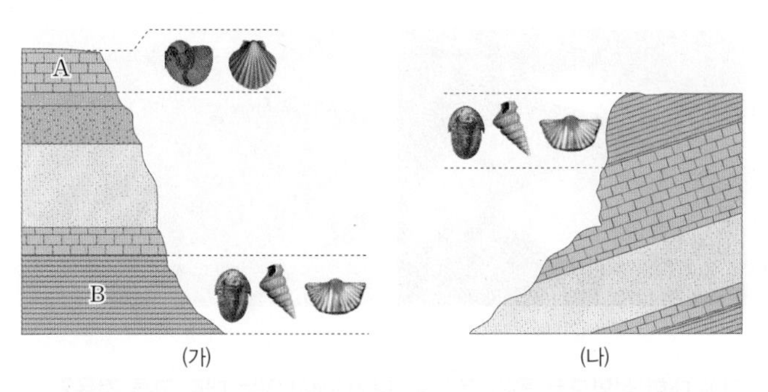

이에 대한 설명으로 옳은 것만을 [보기]에서 있는 대로 고른 것은?

[보기]
ㄱ. A층은 B층보다 진화된 생물의 화석이 산출된다.
ㄴ. (나) 지역은 지층이 생성된 후 지각 변동을 받았다.
ㄷ. (가) 지역의 최하부층은 (나) 지역의 최상부층에 대비된다.

① ㄱ ② ㄷ ③ ㄱ, ㄴ
④ ㄴ, ㄷ ⑤ ㄱ, ㄴ, ㄷ

203

그림은 서로 가까이 있는 세 지역 (가), (나), (다)의 지질 단면을 나타낸 것이다.

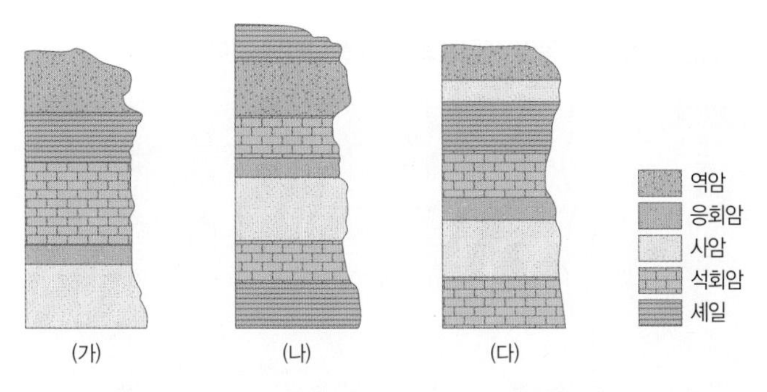

이에 대한 설명으로 옳은 것만을 [보기]에서 있는 대로 고른 것은?(단, 세 지역 모두 지층의 역전은 없었다.)

[보기]
ㄱ. 세 지역에서는 과거에 화산 활동이 있었다.
ㄴ. 건축으로 이용하기에 가장 적합한 지층은 석회암층이다.
ㄷ. (가)와 (다)의 셰일층과 (나)의 최상부에 있는 셰일층이 대비된다.

① ㄱ ② ㄷ ③ ㄱ, ㄴ
④ ㄴ, ㄷ ⑤ ㄱ, ㄴ, ㄷ

204

그림 (가)와 (나)는 서로 다른 두 지역의 지질 단면과 지층에서 산출되는 화석을 나타낸 것이다.

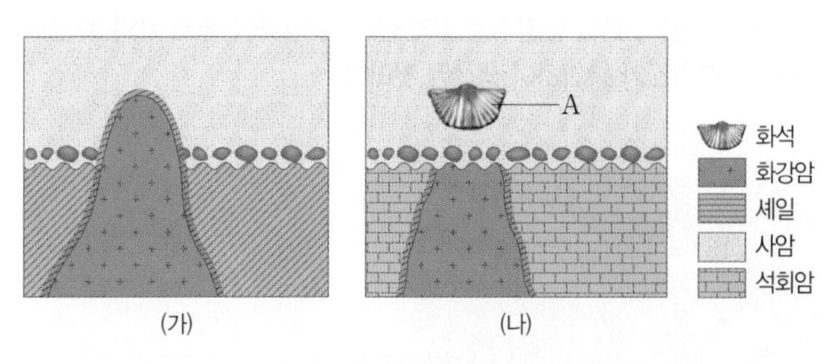

이에 대한 설명으로 옳은 것만을 [보기]에서 있는 대로 고른 것은?(단, 두 지역에 분포하는 화강암의 절대 연령은 같다.)

[보기]
ㄱ. (가)와 (나)는 모두 퇴적이 중단된 시기가 있었다.
ㄴ. (가)의 사암층은 (나)의 사암층보다 먼저 생성되었다.
ㄷ. (나)의 사암층에 들어 있는 방사성 동위 원소의 함량을 분석하면 화석 A의 생물이 생존한 시기를 알 수 있다.

① ㄱ ② ㄷ ③ ㄱ, ㄴ
④ ㄴ, ㄷ ⑤ ㄱ, ㄴ, ㄷ

205

그림은 어느 지역의 지질 단면을 나타낸 것이다.

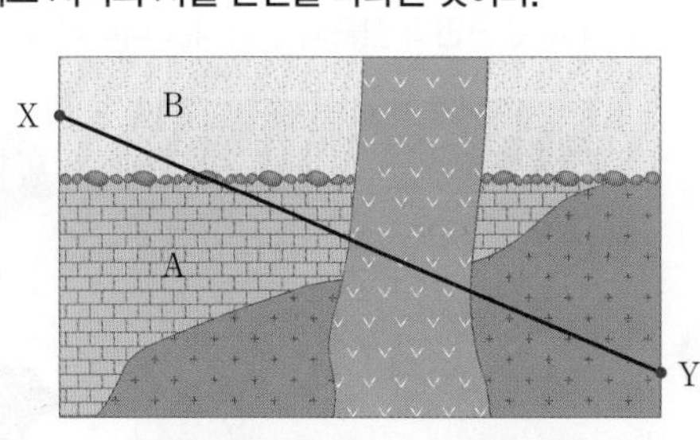

그림에서 X−Y 구간에 해당하는 각 암석의 연령으로 가장 적절한 것은?(단, A와 B는 퇴적암으로, 일정한 속도로 퇴적되어 형성되었다.)

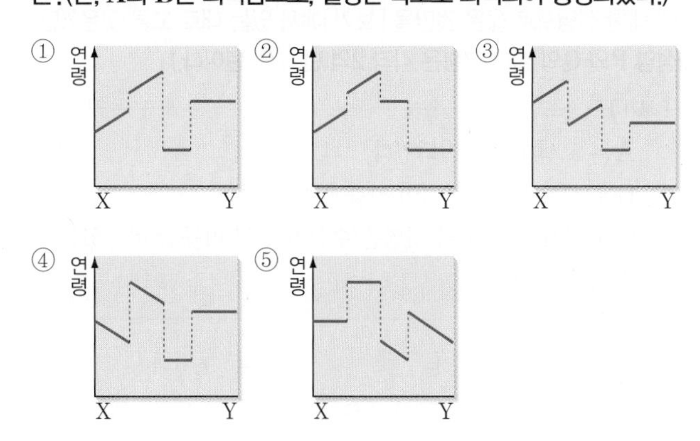

206

그림은 어느 지역의 지질 단면을, 표는 화성암 A, B에 포함된 방사성 원소 P의 모원소와 자원소 함량(%)을 X, Y로 순서 없이 나타낸 것이다. 방사성 원소 P의 반감기는 1억 년이고, 방사성 원소 P의 자원소는 모두 모원소가 붕괴하여 생성된 것이다.

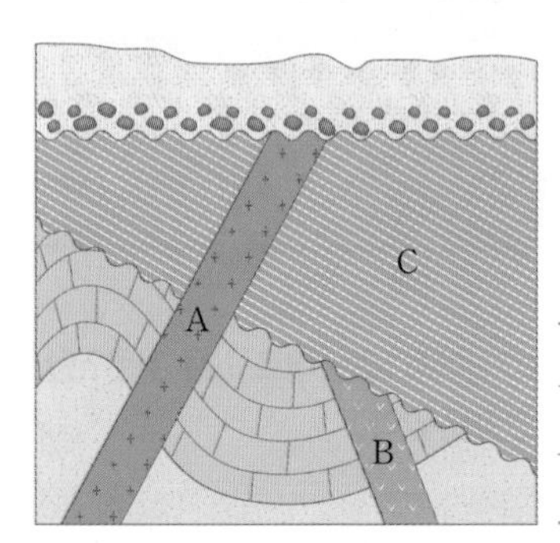

화성암	X(%)	Y(%)
A	50	50
B	75	25

이에 대한 설명으로 옳은 것만을 [보기]에서 있는 대로 고른 것은?

[보기]

ㄱ. X는 모원소, Y는 자원소이다.
ㄴ. 지층 C가 퇴적될 당시 바다에서는 암모나이트가 번성하였다.
ㄷ. 화성암 B와 지층 C의 생성 순서는 관입의 법칙을 적용한다.

① ㄱ ② ㄴ ③ ㄱ, ㄷ
④ ㄴ, ㄷ ⑤ ㄱ, ㄴ, ㄷ

207

그림은 어느 지역의 지질 단면과 산출되는 화석을 나타낸 것이다.

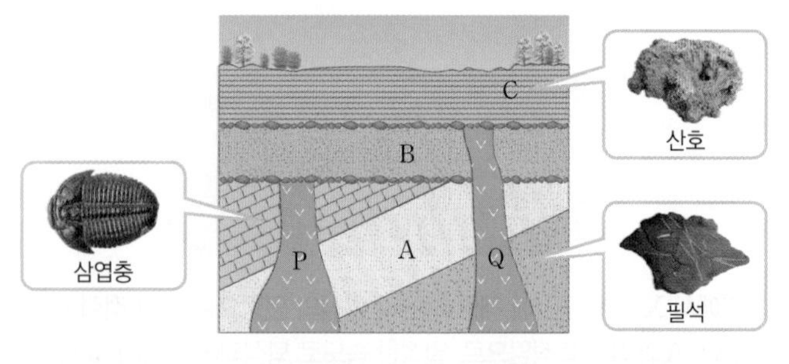

이에 대한 설명으로 옳은 것만을 [보기]에서 있는 대로 고른 것은?(단, 화성암 P와 Q의 절대 연령은 각각 2억 년, 1억 년이다.)

[보기]

ㄱ. A는 고생대에 퇴적되었다.
ㄴ. B에서는 매머드 화석이 산출될 수 있다.
ㄷ. C가 퇴적될 당시 이 지역은 수심이 얕고 따뜻한 바다였을 것이다.

① ㄱ ② ㄴ ③ ㄱ, ㄷ
④ ㄴ, ㄷ ⑤ ㄱ, ㄴ, ㄷ

208

그림 (가)와 (나)는 서로 다른 지질 시대의 지층에서 산출되는 화석을 나타낸 것이다.

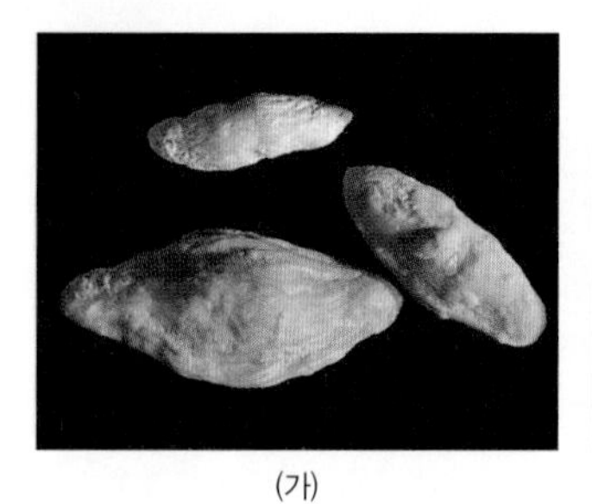
(가)

(나)

이에 대한 설명으로 옳은 것만을 [보기]에서 있는 대로 고른 것은?

[보기]

ㄱ. (가)가 출현한 시기에 공룡이 멸종하였다.
ㄴ. (나)가 번성한 시기에는 속씨식물이 초원을 형성하였다.
ㄷ. (가)와 (나)가 산출되는 지층은 모두 대서양이 형성된 후에 퇴적되었다.

① ㄱ ② ㄴ ③ ㄱ, ㄷ
④ ㄴ, ㄷ ⑤ ㄱ, ㄴ, ㄷ

209

그림은 지질 시대 동안 생물계의 변화를 나타낸 것이다.

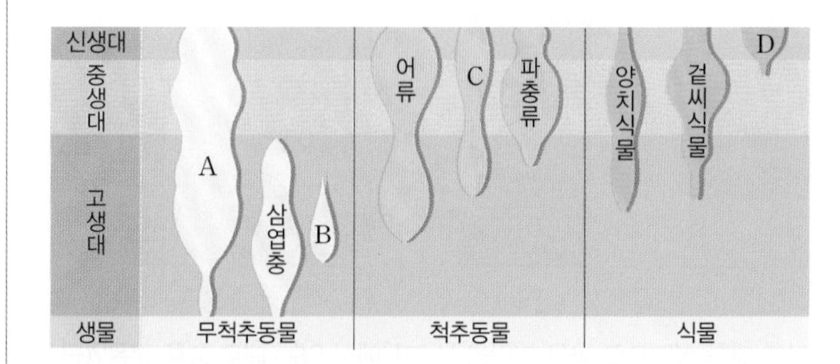

이에 대한 설명으로 옳은 것만을 [보기]에서 있는 대로 고른 것은?

[보기]

ㄱ. 지질 시대 구분에는 A보다 B가 적합하다.
ㄴ. C가 전성기를 이루었을 때 히말라야산맥이 형성되었다.
ㄷ. D가 번성한 시기에 퇴적된 지층에서는 에디아카라 동물군 화석이 산출된다.

① ㄱ ② ㄷ ③ ㄱ, ㄴ
④ ㄴ, ㄷ ⑤ ㄱ, ㄴ, ㄷ

[210~211] 그림은 어느 지역의 지층 A, B와 퇴적 구조를 나타낸 것이다. 물음에 답하시오.

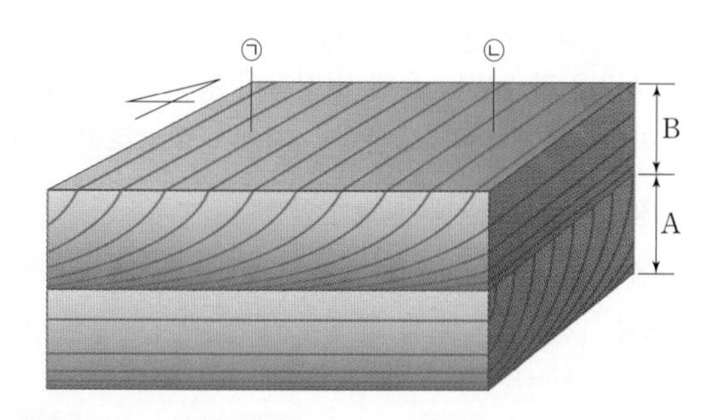

210

A, B 지층이 퇴적될 때 주로 나타난 풍향을 각각 쓰시오.

211

A와 B 중 어느 층이 먼저 퇴적되었는지 판단의 근거와 함께 설명하시오.

212

그림 (가)와 (나)는 우리나라 지질 명소에서 볼 수 있는 지질 구조를 나타낸 것이다.

(가) 한탄강 주변

(나) 북한산 인수봉

(가)와 (나)에 나타나는 지질 구조의 종류를 쓰고, 각 지질 구조의 생성 원인을 설명하시오.

213

그림 (가)는 어느 지역의 지질 단면을, (나)는 이 지역의 화성암 A와 B에 들어 있는 방사성 동위 원소 X의 붕괴 곡선을 나타낸 것이다. 암석 A와 B에는 방사성 동위 원소 X가 각각 처음 양의 25 %와 50 %가 남아 있다.

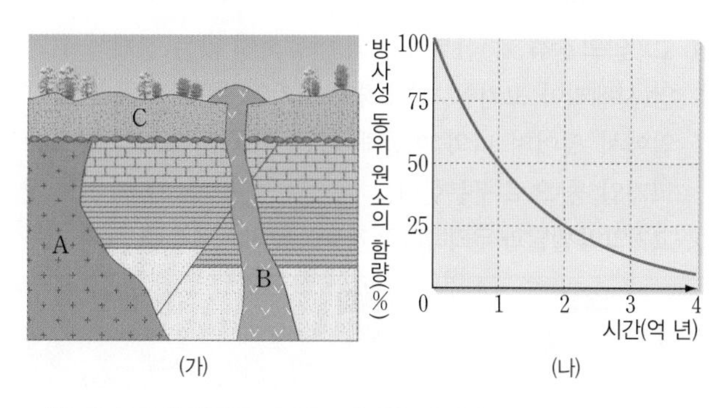

(가) (나)

지층 C의 절대 연령을 구하는 과정을 설명하고, 이 지층에서 산출될 수 있는 표준 화석은 어떤 것이 있는지 1가지만 쓰시오.(단, 지층 C는 바다에서 퇴적되었다.)

214

그림 (가)와 (나)는 서로 다른 지질 시대의 환경을 복원하여 나타낸 것이다.

(가)

(나)

(가)와 (나)는 각각 어느 지질 시대에 해당하는지 쓰고, 그렇게 판단한 근거를 설명하시오.

215

그림은 어느 지층에서 산출된 화석을 나타낸 것이다.

이 화석이 번성하였던 지질 시대를 쓰고, 이 당시 육지의 환경을 식물계의 변화와 관련지어 설명하시오.

05 날씨의 변화

Ⅲ 대기와 해양의 변화

꼭 알아야 할 핵심 개념
- ☑ 정체성 고기압
- ☑ 온대 저기압
- ☑ 태풍의 발생과 소멸
- ☑ 악기상

1 | 고기압과 날씨

1 고기압과 날씨

① 고기압의 종류: 중심부가 거의 이동하지 않는 정체성 고기압(시베리아 고기압, 북태평양 고기압 등)과 정체성 고기압에서 떨어져 나와 이동해 가는 이동성 고기압(양쯔강 고기압 등)으로 구분한다.

② 고기압의 발달과 우리나라의 계절별 날씨

겨울철	여름철	봄·가을철
• 시베리아 고기압 발달 • 한파, 건조한 날씨 • 차고 건조한 북서 계절풍이 강하게 분다.	• 북태평양 고기압 발달 • 무더위, 열대야 현상 • 고온 다습한 남풍 계열의 바람이 분다.	• 이동성 고기압 발달 ⋯→ 변덕스러운 날씨 • 황사나 꽃샘 추위(봄), 큰 일교차(가을)

2 기단과 날씨

① 우리나라 주변의 기단

기단	성질	계절
시베리아 기단	한랭 건조	겨울
북태평양 기단	고온 다습	여름
오호츠크해 기단	한랭 다습	초여름, 가을
양쯔강 기단	온난 건조	봄, 가을

② 기단의 변질: 기단이 발원지를 떠나 이동하면 이동한 곳의 지표면의 영향을 받아 기온과 습도 등의 변화가 나타난다.
예 시베리아 기단이 남하하여 황해상을 통과하면 열과 수증기를 공급받아 기온과 습도가 높아져 서해안에 폭설이 내리기도 한다.

2 | 온대 저기압과 날씨, 일기 예보

1 한랭 전선과 온난 전선

전선: 성질이 다른 공기 덩어리가 부딪힐 때 지표면에 생기는 경계선

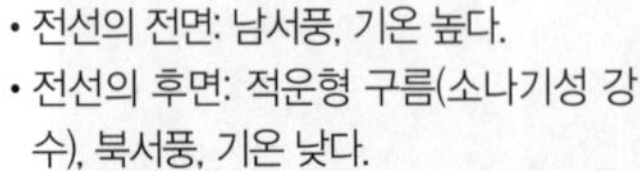

구분	특징
한랭 전선	• 찬 공기가 따뜻한 공기를 밀고 갈 때 생기는 전선 (이동 속도가 빠르다.) • 전선의 전면: 남서풍, 기온 높다. • 전선의 후면: 적운형 구름(소나기성 강수), 북서풍, 기온 낮다.
온난 전선	• 따뜻한 공기가 찬 공기 위로 올라갈 때 생기는 전선 (이동 속도가 느리다.) • 전선의 전면: 층운형 구름(지속적인 비), 남동풍, 기온 낮다. • 전선의 후면: 남서풍, 기온 높다.

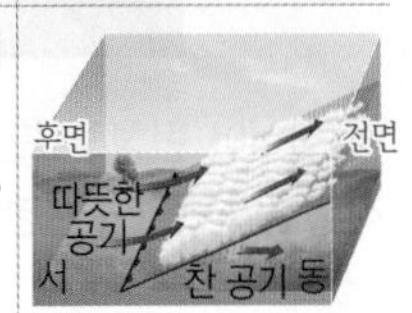

2 온대 저기압과 날씨

온대 저기압: 온난 전선과 한랭 전선을 동반한 저기압

온대 저기압이 통과하는 동안 기온은 상승하였다가 하강하고, 풍향은 시계 방향으로 변한다.

발생	중위도의 온대 지방에서 발생한다.
이동	편서풍을 따라 서 ⋯→ 동으로 이동한다. (편서풍: 위도 30°~60° 지역에서 부는 바람)
발달과 소멸	정체 전선에서 발생한 파동에 의해 한랭 전선과 온난 전선이 형성되고, 폐색 전선이 형성되면서 소멸한다.

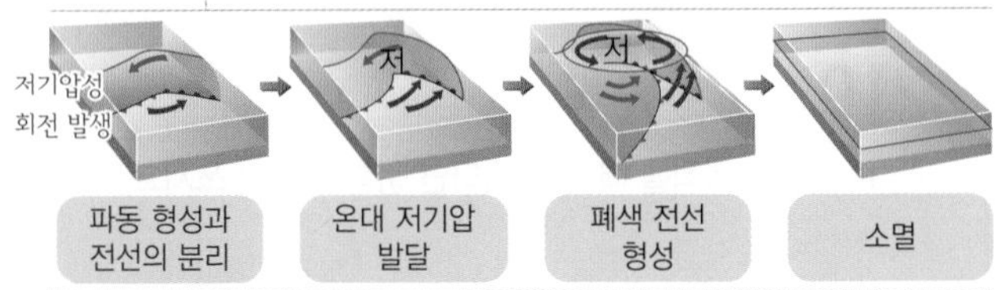

빈출 자료 ① 온대 저기압과 날씨

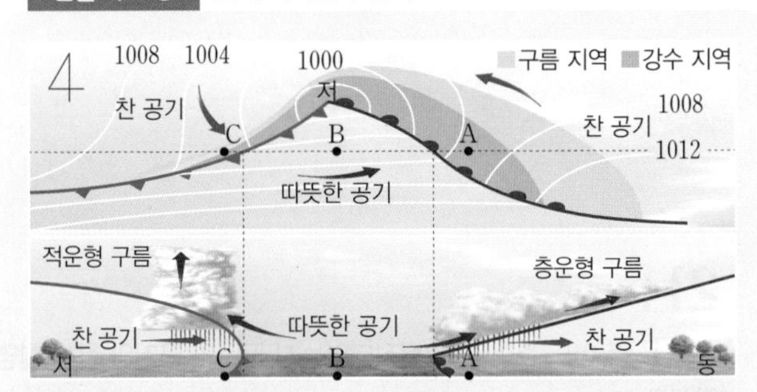

지역	기온	구름	강수	풍향	기압
A	낮다.	층운형	지속적인 비	남동풍	높다.
B	높다.	없다.	없다.	남서풍	낮다.
C	낮다.	적운형	소나기성 강수	북서풍	높다.

필수 유형 〉 온대 저기압의 이동에 따른 기온, 강수 형태, 풍향과 기압 등을 묻는 문제가 출제된다.

57쪽 236번

3 일기도의 해석

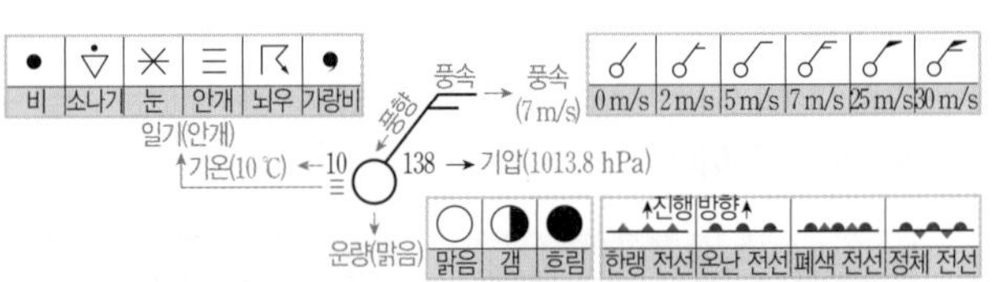

4 위성 영상의 해석

구분	특징
가시광선 영상	• 낮에만 관측할 수 있다. • 구름의 반사도가 클수록 밝게 나타난다. • 두께가 얇은 층운형 구름은 어둡게 나타난다.
적외선 영상	• 낮과 밤에 모두 관측할 수 있다. • 구름의 온도가 낮을수록(고도가 높을수록) 밝게 나타난다. • 온도가 높은 하층운은 어둡게 나타난다.

3 | 태풍

1 태풍의 발생과 이동

(태풍: 중심 부근의 최대 풍속이 17 m/s 이상인 열대 저기압)

발생	수온이 27 ℃ 이상이고, 위도 5°~25°인 열대 해상에서 발생한다.
이동	무역풍대에서 북서쪽으로 이동하다가 편서풍대에서 북동쪽으로 이동한다. ⋯▸ 포물선 궤도로 북상
소멸	고위도로 이동하거나 육지에 상륙하면 에너지를 공급하지 못해 세력이 약해지다가 소멸한다.

(소멸: 소멸 과정에서 온대 저기압으로 변질되기도 한다.)

빈출 자료 ② 위험 반원과 안전 반원

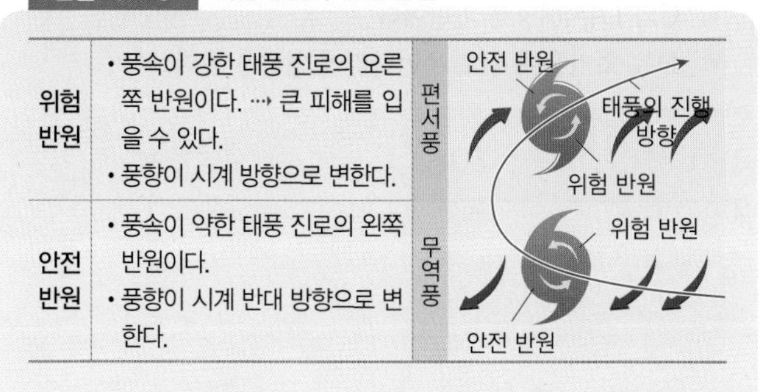

위험 반원	• 풍속이 강한 태풍 진로의 오른쪽 반원이다. ⋯▸ 큰 피해를 입을 수 있다. • 풍향이 시계 방향으로 변한다.	편서풍
안전 반원	• 풍속이 약한 태풍 진로의 왼쪽 반원이다. • 풍향이 시계 반대 방향으로 변한다.	무역풍

필수 유형 〉 태풍의 이동 방향에 따라 안전 반원과 위험 반원을 구분하고 풍향 변화를 묻는 문제가 출제된다. 60쪽 248번

2 태풍의 구조와 날씨

(날씨: 바람, 강수, 해일에 의한 피해가 발생할 수 있다.)

구조	• 시계 반대 방향의 대기 소용돌이를 이루면서 강한 상승 기류가 발달하여 적란운이 형성된다. • 태풍의 중심에는 약한 하강 기류에 의해 태풍의 눈이 형성되고, 이곳에서는 날씨가 맑고 바람이 약하다.
날씨	• 풍속: 태풍의 눈 바깥쪽에서 가장 강하다. • 기압: 중심에서 가장 낮고, 바깥쪽으로 갈수록 높아진다.

4 | 우리나라의 주요 악기상

뇌우	• 강한 상승 기류에 의해 대기가 매우 불안정할 때 발생한다. • 적운 단계 ⋯▸ 성숙 단계 ⋯▸ 소멸 단계를 거친다. (높이(km) 0, 5, 10, 15 / 강한 상승 기류 / 적운 / 0 ℃ / 상승 기류 / 하강 기류 / 강한 비 / 약한 비 / 적운 단계 ➡ 성숙 단계 ➡ 소멸 단계)
우박	• 적란운 내에서 빙정이 하강 기류와 상승 기류를 만나면 빙정이 하강과 상승을 반복하면서 성장한다.
국지성 호우	• 짧은 시간 동안 좁은 지역에 많은 양의 비가 내리는 현상으로, 집중 호우라고도 한다.
폭설	• 짧은 시간에 많은 눈이 내리는 현상
강풍	• 10분간 평균 풍속이 14 m/s 이상인 강한 바람
황사	• 중국 북부와 몽골의 사막, 황토 지대 등에서 강한 바람이 불어 상공으로 올라간 모래 먼지가 편서풍을 타고 우리나라까지 운반된 후 서서히 하강하는 현상 • 토양이 얼었다가 녹는 3월~5월에 주로 발생한다.

개념 확인 문제

≫ 바른답·알찬풀이 29쪽

[216~218] 고기압에 대한 설명으로 옳은 것은 ○표, 옳지 않은 것은 ×표 하시오.

216 시베리아 고기압은 정체성 고기압이다. ( )

217 북태평양 고기압은 주로 겨울철 우리나라에 영향을 준다. ( )

218 이동성 고기압은 동쪽에서 서쪽으로 이동하는 고기압이다. ( )

[219~220] 온대 저기압의 전선 부근에서 나타나는 강수 구역과 강수 현상을 고르시오.

219 한랭 전선에서는 전선의 ㉠(전면, 후면)에 ㉡(소나기, 지속적인 비)가 내린다.

220 온난 전선에서는 전선의 ㉠(전면, 후면)에 ㉡(소나기, 지속적인 비)가 내린다.

[221~224] 태풍에 대한 설명으로 옳은 것은 ○표, 옳지 않은 것은 ×표 하시오.

221 수온이 높은 적도 해상에서 발생 빈도가 가장 높다. ( )

222 태풍 진로의 오른쪽 반원은 왼쪽 반원보다 바람이 강하다. ( )

223 태풍이 육지에 상륙하면 지면과의 마찰로 세력이 강해진다. ( )

224 태풍의 이동 경로는 대기 대순환과 북태평양 고기압의 영향을 받는다. ( )

[225~226] 다음에서 설명하는 악기상의 이름을 쓰시오.

225 강한 상승 기류에 의해 적란운이 발달하면서 천둥, 번개와 함께 소나기가 내리는 현상

226 중국 북부와 몽골의 사막, 황토 지대에서 상공으로 올라간 모래 먼지가 우리나라 쪽으로 이동하여 하강하는 현상

기출 분석 문제

» 바른답·알찬풀이 29쪽

1 | 고기압과 날씨

227

그림 (가)와 (나)는 북반구의 서로 다른 두 지역에서 형성된 지표면의 공기 흐름을 나타낸 것이다.

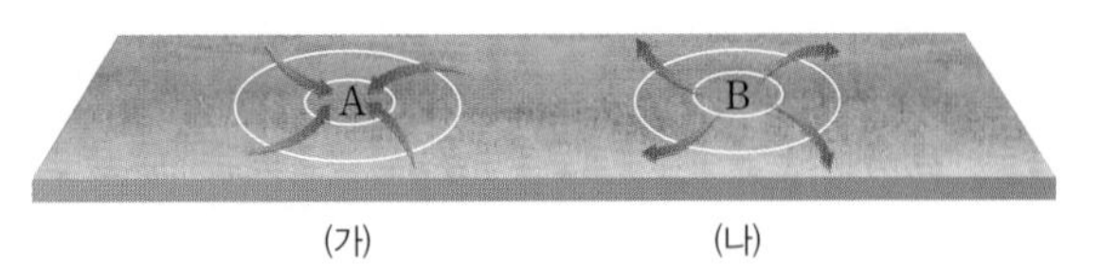

이에 대한 설명으로 옳은 것만을 [보기]에서 있는 대로 고른 것은?

[보기]

ㄱ. A는 주변보다 기압이 높다.
ㄴ. B에서는 하강 기류가 발달한다.
ㄷ. 맑은 날씨는 (가)보다 (나)에서 잘 나타난다.

① ㄱ ② ㄴ ③ ㄱ, ㄷ
④ ㄴ, ㄷ ⑤ ㄱ, ㄴ, ㄷ

228 서술형

오른쪽 그림은 어느 계절의 우리나라 주변의 일기도를 나타낸 것이다. A에 발달한 고기압의 종류를 쓰고, A 부근에 발달한 기단의 기온과 습도에 대해 설명하시오.

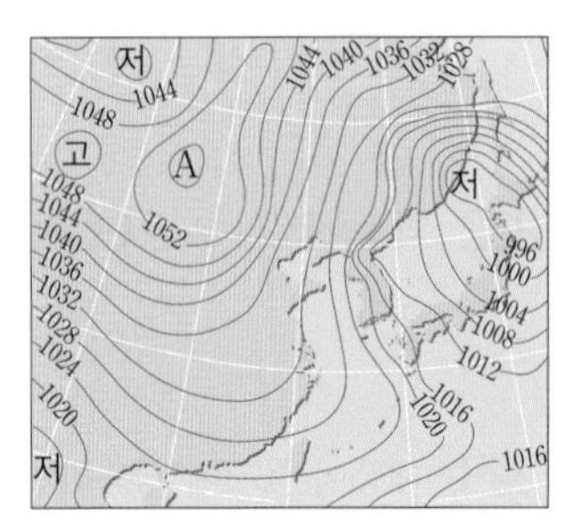

229

정체성 고기압과 이동성 고기압에 대한 설명으로 옳은 것만을 [보기]에서 있는 대로 고른 것은?

[보기]

ㄱ. 북태평양 고기압은 정체성 고기압이다.
ㄴ. 이동성 고기압은 중심부의 기압이 주위보다 낮다.
ㄷ. 우리나라 부근에서 이동성 고기압은 동에서 서로 이동한다.

① ㄱ ② ㄴ ③ ㄱ, ㄷ
④ ㄴ, ㄷ ⑤ ㄱ, ㄴ, ㄷ

230

오른쪽 그림은 우리나라 주변의 기단 A~D를 나타낸 것이다. 기단 A~D에 대한 설명으로 옳은 것만을 [보기]에서 있는 대로 고른 것은?

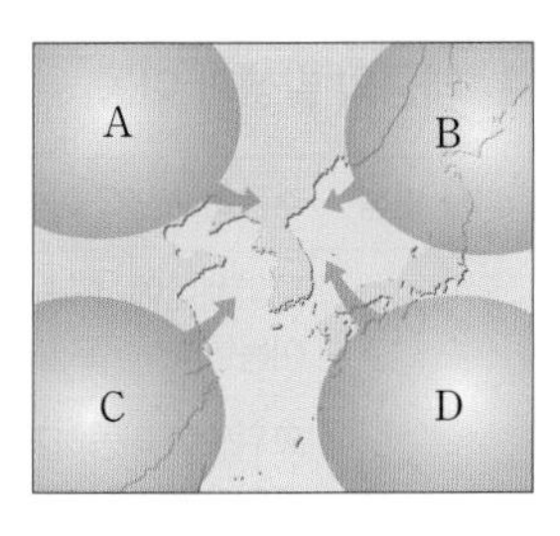

[보기]

ㄱ. A와 B는 한랭한 기단이다.
ㄴ. C와 D는 해양성 기단이다.
ㄷ. D는 초겨울에 주로 우리나라에 영향을 준다.

① ㄱ ② ㄴ ③ ㄱ, ㄷ
④ ㄴ, ㄷ ⑤ ㄱ, ㄴ, ㄷ

231 수능모의평가기출 변형

그림은 어느 기단이 발원지 A에서 B 지역으로 이동하는 동안 기온과 습도의 변화를 나타낸 것이다.

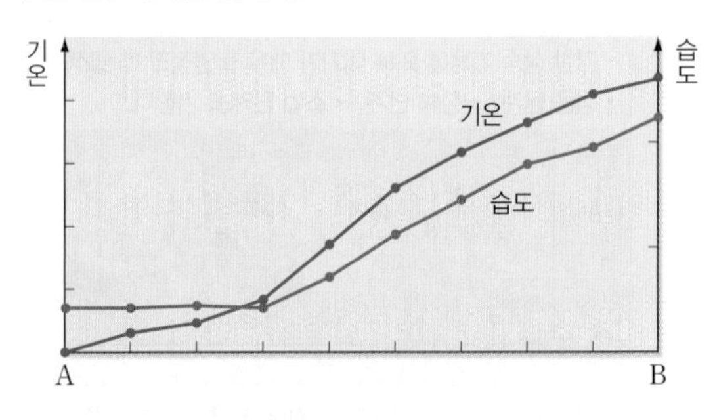

이 기단에 대한 설명으로 옳은 것만을 [보기]에서 있는 대로 고른 것은?

[보기]

ㄱ. 고위도로 이동하였다.
ㄴ. B에 접근하는 동안 기단 하부가 점차 불안정해졌다.
ㄷ. B에 접근하는 동안 층운형 구름의 발생이 증가하였다.

① ㄱ ② ㄴ ③ ㄱ, ㄷ
④ ㄴ, ㄷ ⑤ ㄱ, ㄴ, ㄷ

232

다음은 어느 기단의 변질에 대한 설명이다. (　　) 안에 들어갈 알맞은 말을 고르시오.

저위도의 바다에서 형성된 기단이 고위도 쪽으로 이동하면 기단의 하부가 ㉠(냉각, 가열)된다. 따라서 기단이 ㉡(안정, 불안정)해져, ㉢(층운형, 적운형) 구름이 발달하여 바다 안개가 생긴다.

2 | 온대 저기압과 날씨, 일기 예보

[233~234] 그림 (가)와 (나)는 서로 다른 전선의 모습을 나타낸 것이다. 물음에 답하시오.

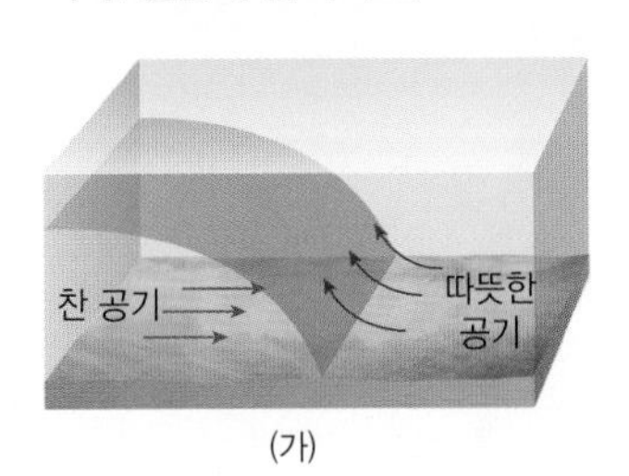

(가)

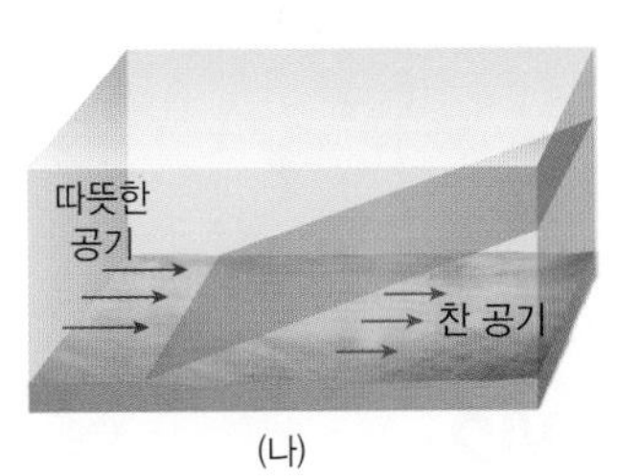

(나)

233

그림 (가), (나) 전선의 이름을 각각 쓰시오.

234

그림 (가)와 (나)의 전선에 대한 설명으로 옳은 것만을 [보기]에서 있는 대로 고른 것은?

[보기]

ㄱ. 전선면의 기울기는 (가)보다 (나)가 급하다.
ㄴ. 전선의 이동 속도는 (가)보다 (나)가 빠르다.
ㄷ. 전선 부근에서 생성되는 구름의 두께는 (가)보다 (나)가 얇다.

① ㄱ　② ㄷ　③ ㄱ, ㄴ
④ ㄴ, ㄷ　⑤ ㄱ, ㄴ, ㄷ

235

다음은 온대 저기압에 대하여 학생들이 나눈 대화이다.

제시한 내용이 옳은 학생만을 있는 대로 고른 것은?

① A　② C　③ A, B
④ B, C　⑤ A, B, C

[236~237] 그림은 온대 저기압을 나타낸 것이다. 물음에 답하시오.

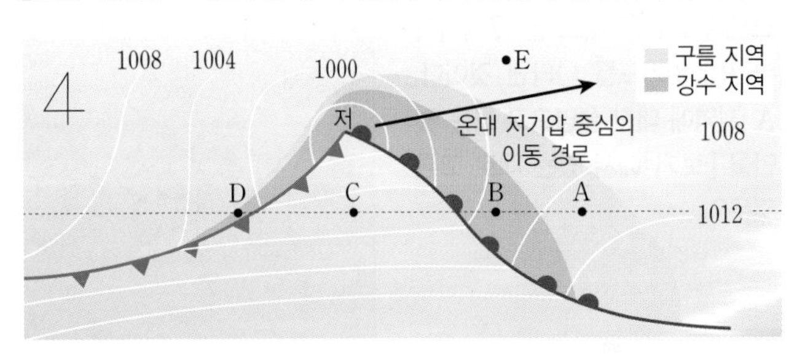

236

필수 유형 54쪽 빈출 자료 ①

A~D 지점의 날씨에 대한 설명으로 옳은 것만을 [보기]에서 있는 대로 고른 것은?

[보기]

ㄱ. A보다 C에서 기온이 높다.
ㄴ. B에서는 지속적인 비가 내린다.
ㄷ. B에서는 적운형 구름, D에서는 층운형 구름이 생긴다.

① ㄱ　② ㄷ　③ ㄱ, ㄴ
④ ㄴ, ㄷ　⑤ ㄱ, ㄴ, ㄷ

237

온대 저기압의 중심이 그림과 같이 이동하는 경우 A 지점과 E 지점에 온대 저기압이 통과하기까지의 풍향 변화를 '시계 방향'과 '시계 반대 방향'으로 쓰시오.

238

그림은 온대 저기압의 동서 단면을 나타낸 것이다.

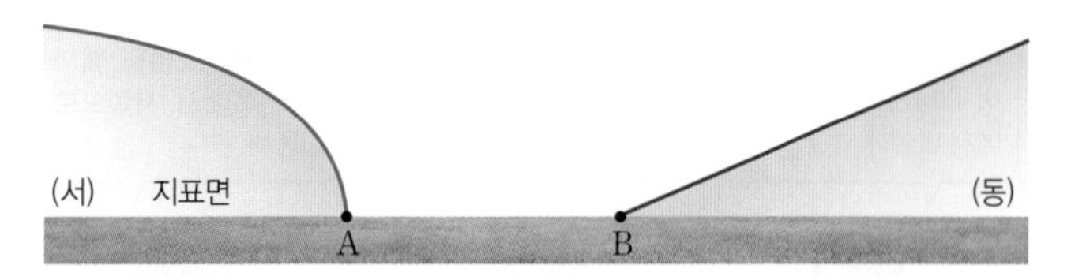

전선 A, B에 대한 설명으로 옳은 것만을 [보기]에서 있는 대로 고른 것은?

[보기]
ㄱ. A와 B 모두 동쪽으로 이동한다.
ㄴ. A와 B 사이의 거리는 점차 멀어진다.
ㄷ. 강수량이 가장 많은 구역은 A와 B 사이이다.

① ㄱ ② ㄷ ③ ㄱ, ㄴ
④ ㄴ, ㄷ ⑤ ㄱ, ㄴ, ㄷ

239

오른쪽 그림은 어느 날 우리나라 부근의 일기도를 나타낸 것이다. A 지역에 대한 설명으로 옳은 것만을 [보기]에서 있는 대로 고른 것은?

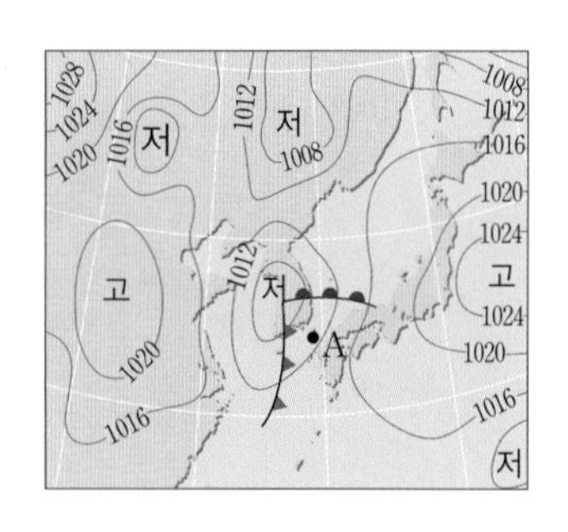

[보기]
ㄱ. 남동풍이 우세하게 분다.
ㄴ. 전선이 통과한 후 날씨가 맑아졌다.
ㄷ. 앞으로 전선이 통과하면 소나기성 강수가 내릴 것이다.

① ㄱ ② ㄴ ③ ㄱ, ㄷ
④ ㄴ, ㄷ ⑤ ㄱ, ㄴ, ㄷ

240 서술형

그림 (가)와 (나)는 어느 온대 저기압의 일생 중 서로 다른 시기를 나타낸 것이다.

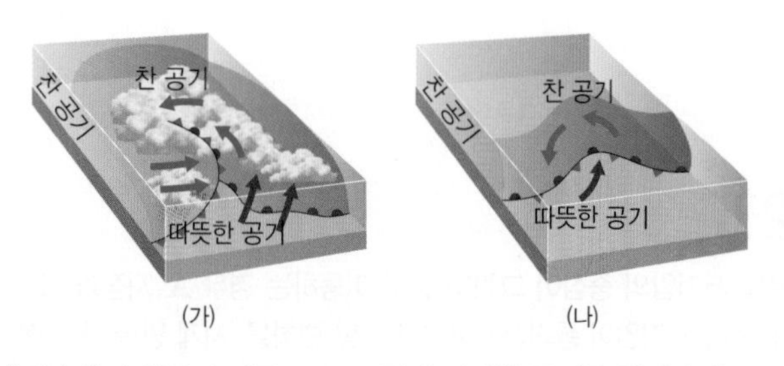

(가) (나)

(가)와 (나)의 생성 순서를 쓰고, 그렇게 판단한 근거를 설명하시오.

241

그림은 온대 저기압이 통과하는 동안 우리나라의 어느 관측소에서 관측한 기온, 기압, 바람을 나타낸 것이다.

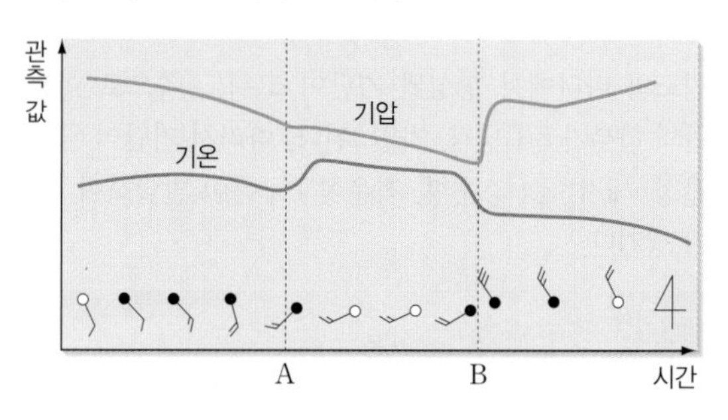

이에 대한 설명으로 옳은 것만을 [보기]에서 있는 대로 고른 것은?

[보기]
ㄱ. A 시각에 통과한 전선은 온난 전선이다.
ㄴ. A 시각부터 B 시각까지 소나기가 내렸다.
ㄷ. B 시각 직후에 적운형 구름이 발달하였다.

① ㄱ ② ㄴ ③ ㄱ, ㄷ
④ ㄴ, ㄷ ⑤ ㄱ, ㄴ, ㄷ

242

그림은 어느 온대 저기압의 이동 경로를 하루 간격으로 나타낸 것이다.

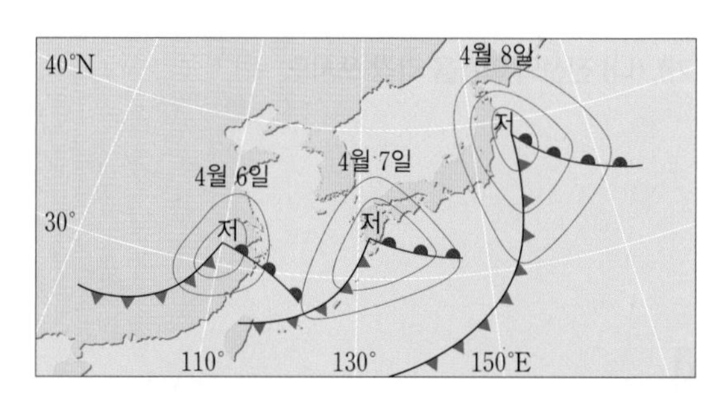

이에 대한 설명으로 옳은 것만을 [보기]에서 있는 대로 고른 것은?

[보기]
ㄱ. 온대 저기압의 이동은 편서풍의 영향을 받았다.
ㄴ. 온난 전선과 한랭 전선의 간격은 4월 6일보다 4월 8일에 좁았다.
ㄷ. 우리나라 남부 지방에서 이틀 동안의 풍향은 시계 반대 방향으로 변하였다.

① ㄱ ② ㄴ ③ ㄱ, ㄷ
④ ㄴ, ㄷ ⑤ ㄱ, ㄴ, ㄷ

243

그림은 우리나라의 어느 관측소에 온대 저기압이 통과하는 동안 12시간 간격으로 관측한 기상 요소를 일기 기호로 순서대로 나타낸 것이다.

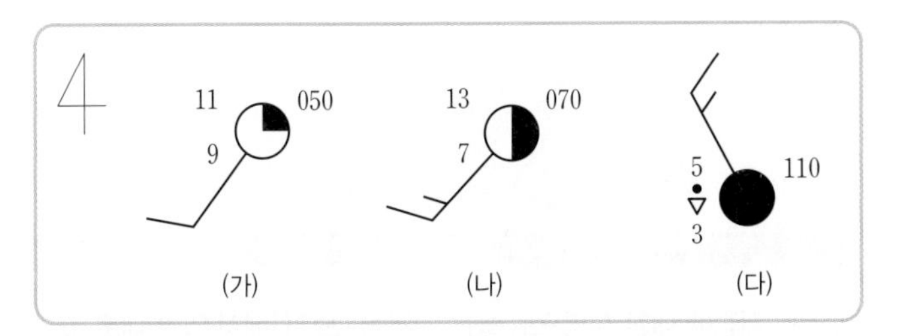

이에 대한 설명으로 옳은 것만을 [보기]에서 있는 대로 고른 것은?

[보기]
ㄱ. (가)와 (나) 시각 사이에 한랭 전선이 통과하였다.
ㄴ. (나) 시각에는 남서풍이 불었다.
ㄷ. (다) 시각에는 적운형 구름이 발달하였다.

① ㄱ ② ㄴ ③ ㄱ, ㄷ
④ ㄴ, ㄷ ⑤ ㄱ, ㄴ, ㄷ

244

그림 (가)와 (나)는 같은 시각에 우리나라 부근을 촬영한 가시광선 영상과 적외선 영상을 나타낸 것이다.

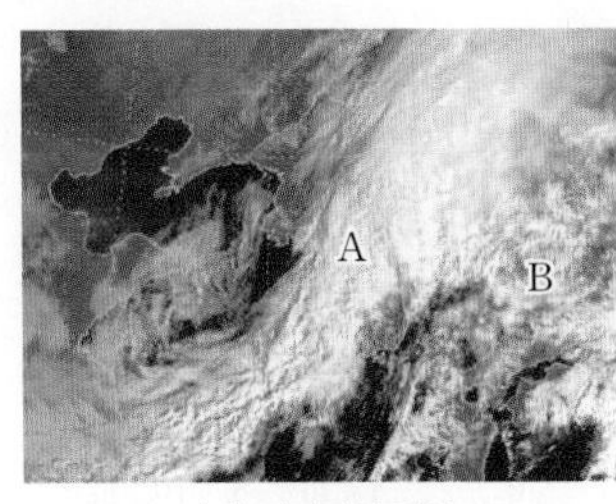

(가) 가시광선 영상

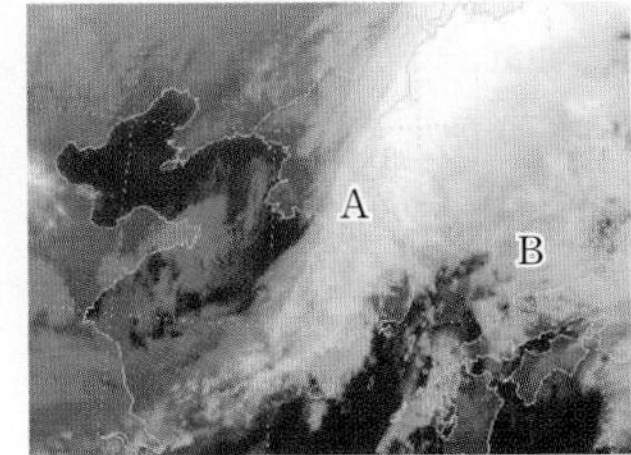

(나) 적외선 영상

이에 대한 설명으로 옳은 것만을 [보기]에서 있는 대로 고른 것은?(단, 이 시각에 우리나라에는 온대 저기압이 위치한다.)

[보기]
ㄱ. 위성 영상을 촬영한 때는 낮이다.
ㄴ. A에는 층운형 구름이 분포한다.
ㄷ. B 부근에는 한랭 전선이 분포한다.

① ㄱ ② ㄴ ③ ㄱ, ㄷ
④ ㄴ, ㄷ ⑤ ㄱ, ㄴ, ㄷ

3 | 태풍

245

오른쪽 그림은 태풍의 모습을 나타낸 것이다. 태풍에서 하강 기류가 나타나는 곳으로, 날씨가 맑고 바람이 약한 A 구역의 이름을 무엇이라고 하는지 쓰시오.

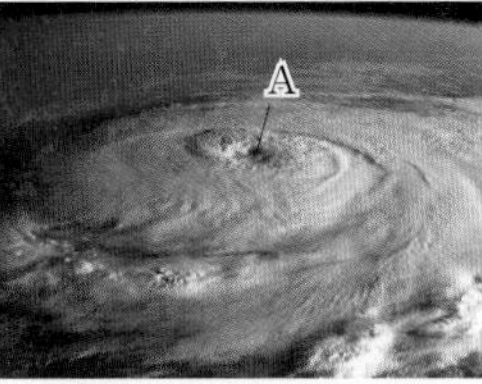

246

그림은 전 세계 열대 저기압의 발생 지역과 연간 발생 빈도를 나타낸 것이다.

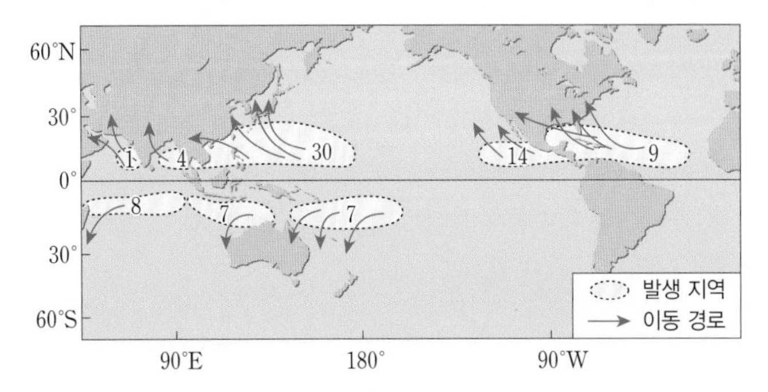

열대 저기압의 발생에 대한 설명으로 옳은 것만을 [보기]에서 있는 대로 고른 것은?

[보기]
ㄱ. 동태평양보다 서태평양에서 더 많이 발생한다.
ㄴ. 발생 지역은 대부분 편서풍의 영향을 받는 곳에 위치한다.
ㄷ. 적도 해역에서 잘 발생하지 않는 까닭은 표층 수온이 낮기 때문이다.

① ㄱ ② ㄴ ③ ㄱ, ㄷ
④ ㄴ, ㄷ ⑤ ㄱ, ㄴ, ㄷ

247

태풍의 이동에 대한 설명으로 옳은 것만을 [보기]에서 있는 대로 고른 것은?

[보기]
ㄱ. 무역풍대에서는 주로 북서쪽으로 진행한다.
ㄴ. 편서풍대에서는 주로 북동쪽으로 진행한다.
ㄷ. 북태평양 고기압의 중심을 가로질러 진행한다.

① ㄱ ② ㄷ ③ ㄱ, ㄴ
④ ㄴ, ㄷ ⑤ ㄱ, ㄴ, ㄷ

248

필수 유형 55쪽 빈출 자료 ②

오른쪽 그림은 어느 태풍의 이동 경로와 태풍의 영향을 받는 A~D 지점을 나타낸 것이다. 이에 대한 설명으로 옳은 것만을 [보기]에서 있는 대로 고른 것은?

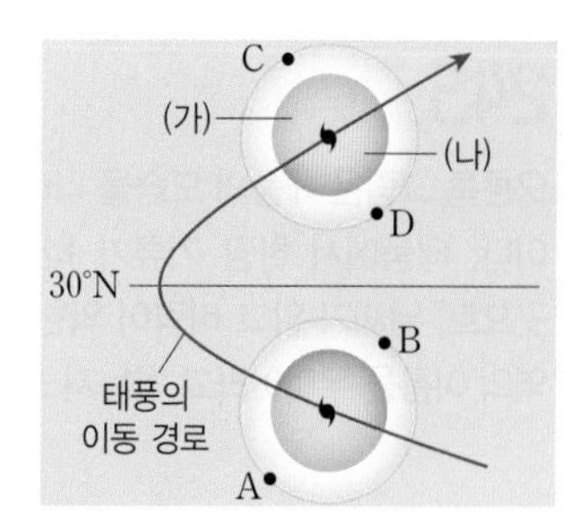

[보기]
ㄱ. A 지점은 B 지점보다 풍속이 강하다.
ㄴ. C 지점은 D 지점보다 풍속이 강하다.
ㄷ. (가) 구역을 안전 반원, (나) 구역을 위험 반원이라고 한다.

① ㄱ ② ㄷ ③ ㄱ, ㄴ
④ ㄴ, ㄷ ⑤ ㄱ, ㄴ, ㄷ

249

그림은 북쪽으로 이동하는 태풍에서 동서 방향을 따라 풍속과 기압 변화를 나타낸 것이다.

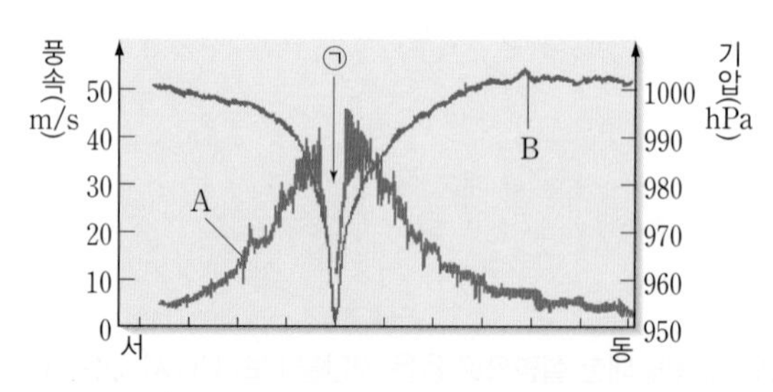

이에 대한 설명으로 옳은 것만을 [보기]에서 있는 대로 고른 것은?

[보기]
ㄱ. A는 기압, B는 풍속이다.
ㄴ. ㉠에는 태풍의 눈이 발달한다.
ㄷ. 적란운은 ㉠에서 가장 두껍게 발달한다.

① ㄱ ② ㄴ ③ ㄱ, ㄷ
④ ㄴ, ㄷ ⑤ ㄱ, ㄴ, ㄷ

250

그림은 북상하는 태풍의 동서 단면에서 나타난 구름의 모습을 나타낸 것이다.

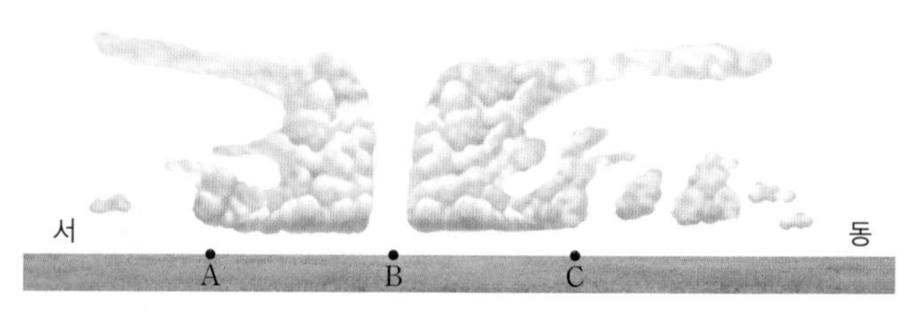

A~C 지점에 대한 설명으로 옳은 것만을 [보기]에서 있는 대로 고른 것은?(단, A-B와 B-C의 거리는 같다.)

[보기]
ㄱ. 기압은 B에서 가장 낮다.
ㄴ. 풍속은 C에서 가장 빠르다.
ㄷ. C에서 풍향은 시계 방향으로 변한다.

① ㄱ ② ㄴ ③ ㄱ, ㄷ
④ ㄴ, ㄷ ⑤ ㄱ, ㄴ, ㄷ

251 수능기출 변형

그림 (가)는 태풍이 우리나라를 지나는 동안 어느 지점 P에서 관측한 기압을, (나)는 P에서 관측한 풍속과 풍향을 A와 B로 순서 없이 나타낸 것이다.

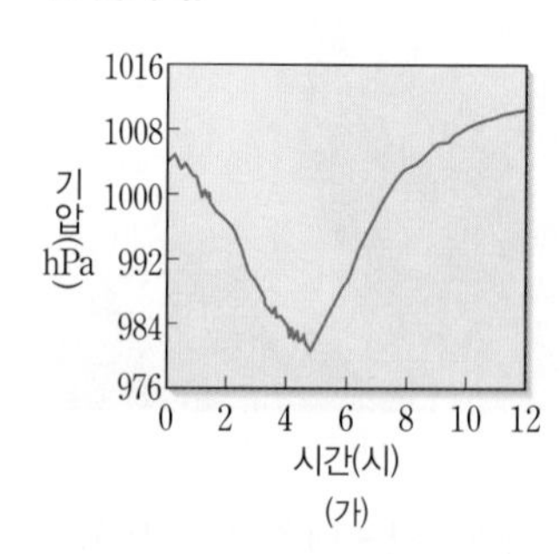

(가)

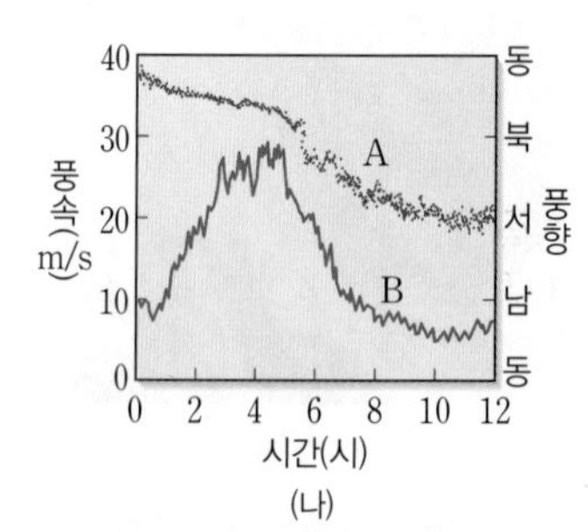

(나)

이에 대한 설명으로 옳은 것만을 [보기]에서 있는 대로 고른 것은?

[보기]
ㄱ. A는 풍향, B는 풍속이다.
ㄴ. P는 위험 반원에 위치하였다.
ㄷ. 기압이 가장 낮을 때 태풍의 눈이 P를 통과하였다.

① ㄱ ② ㄷ ③ ㄱ, ㄴ
④ ㄴ, ㄷ ⑤ ㄱ, ㄴ, ㄷ

252

그림 (가)와 (나)는 서로 다른 시기의 우리나라 부근 지상 일기도를 나타낸 것이다.

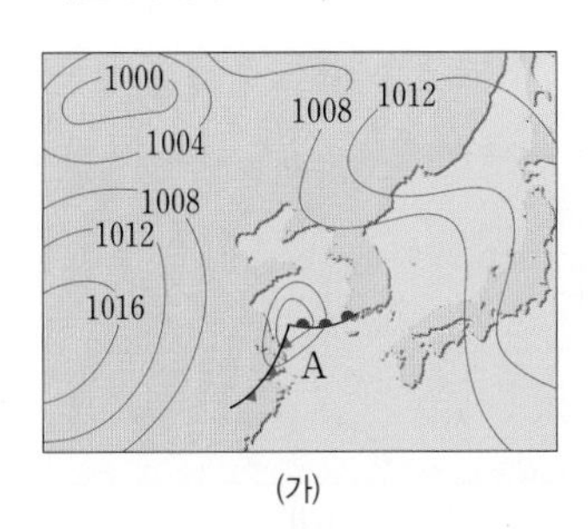

(가)

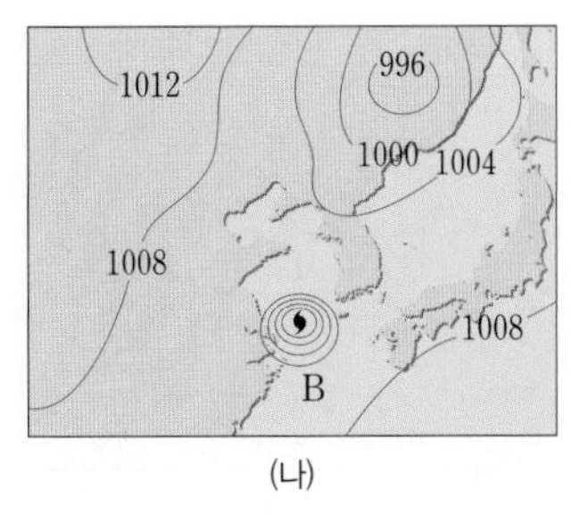

(나)

저기압 A, B에 대한 설명으로 옳지 않은 것은?

① A는 전선을 동반한다.
② A는 성질이 서로 다른 두 기단이 만나서 형성된다.
③ B는 수온이 높은 열대 해상에서 만들어진다.
④ B에서 기압이 가장 낮은 곳은 상승 기류가 발달한다.
⑤ 중심 기압은 A가 B보다 높다.

4 | 우리나라의 주요 악기상

253

그림 (가)는 우박의 생성 과정을, (나)는 우리나라의 월별 평균 우박 발생 일수를 나타낸 것이다.

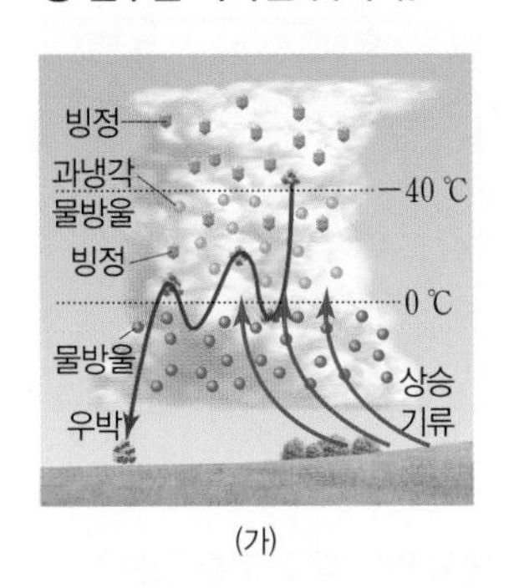

(가)

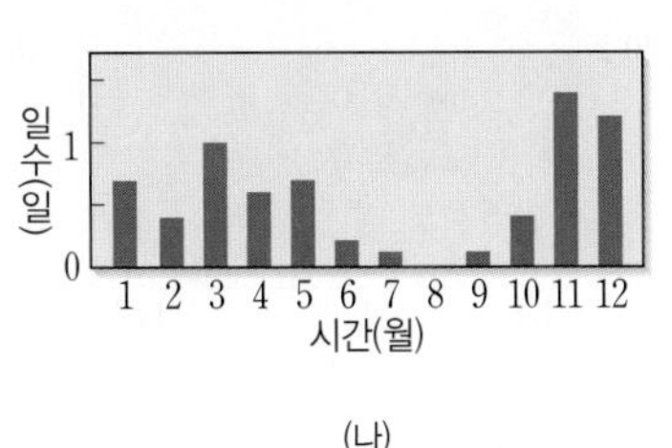

(나)

이에 대한 설명으로 옳은 것만을 [보기]에서 있는 대로 고른 것은?

[보기]
ㄱ. 뇌우는 우박을 동반할 수 있다.
ㄴ. 빙정이 상승과 하강을 반복하면서 점차 커진다.
ㄷ. 우리나라는 겨울철보다 여름철에 우박이 자주 내린다.

① ㄱ ② ㄴ ③ ㄷ
④ ㄱ, ㄴ ⑤ ㄴ, ㄷ

254

그림 (가)~(다)는 뇌우의 발달 과정을 순서 없이 나타낸 것이다.

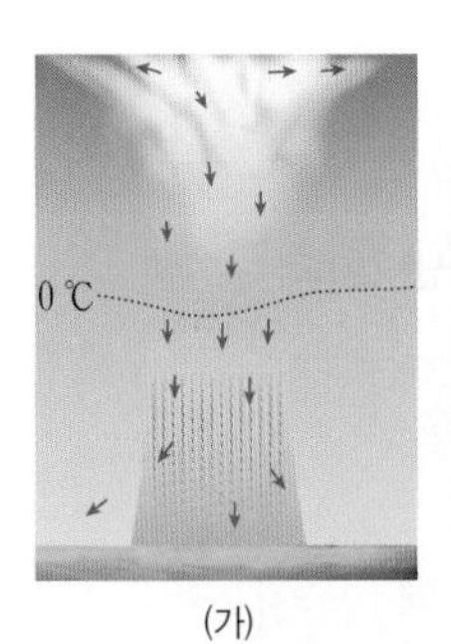

(가)

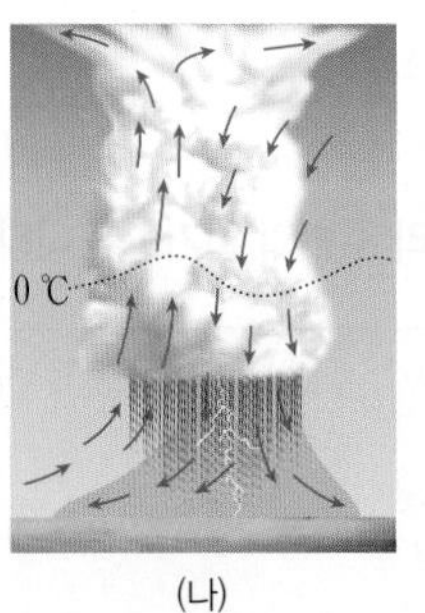

(나)

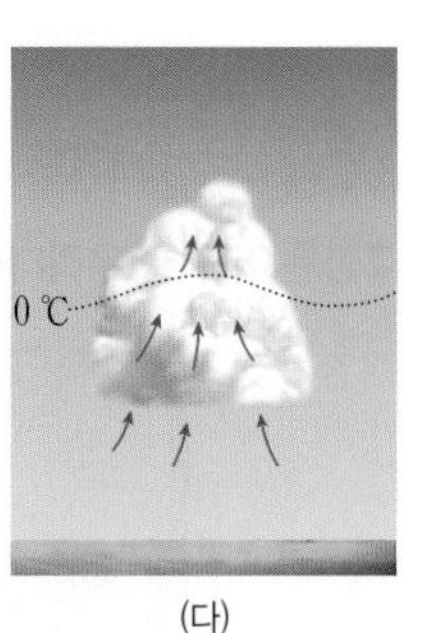

(다)

뇌우의 발달 과정을 순서대로 쓰시오.

255

그림은 황사의 발원지를 나타낸 것이다.

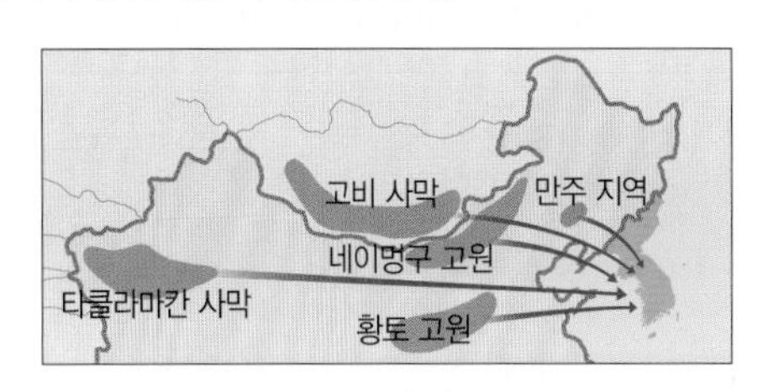

황사에 대한 설명으로 옳은 것만을 [보기]에서 있는 대로 고른 것은?

[보기]
ㄱ. 지표의 가열이 활발한 여름에 주로 발생한다.
ㄴ. 상공에서 부는 편서풍을 타고 동쪽으로 이동한다.
ㄷ. 중국과 몽골의 사막화가 심해질수록 우리나라의 황사 발생 일수는 대체로 증가할 것이다.

① ㄱ ② ㄴ ③ ㄱ, ㄷ
④ ㄴ, ㄷ ⑤ ㄱ, ㄴ, ㄷ

256

여러 가지 악기상의 주요 발생 원인으로 옳은 것만을 [보기]에서 있는 대로 고르시오.

[보기]
ㄱ. 우박 – 기층이 안정하여 층운형 구름이 발달할 때
ㄴ. 폭설 – 시베리아 기단이 황해를 지나 이동해 올 때
ㄷ. 열대야 – 영동 지방이 오호츠크해 기단의 영향을 받을 때
ㄹ. 집중 호우 – 장마 전선이 발달하여 강한 상승 기류가 형성될 때

1등급 완성 문제

» 바른답·알찬풀이 32쪽

257 (정답률 40%)

그림은 어느 날 우리나라 주변의 일기도를 나타낸 것이다.

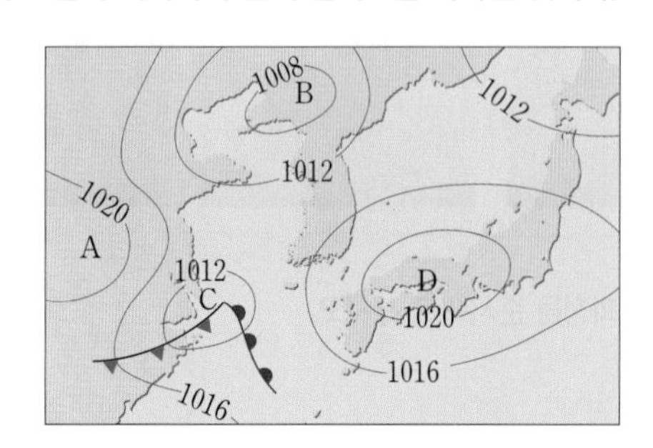

이에 대한 설명으로 옳은 것만을 [보기]에서 있는 대로 고른 것은?

[보기]

ㄱ. 상승 기류가 발달하는 곳은 A와 C 지역이다.
ㄴ. 구름의 양은 B 지역이 D 지역보다 많다.
ㄷ. 우리나라는 북풍 계열의 바람이 분다.

① ㄱ ② ㄴ ③ ㄱ, ㄷ
④ ㄴ, ㄷ ⑤ ㄱ, ㄴ, ㄷ

258 (정답률 30%) 수능기출 변형

그림 (가)는 우리나라에 영향을 주는 기단을, (나)는 A ~ D 중 어느 기단이 우리나라로 이동하는 동안 기단 하층부의 기온과 수증기량 변화를 나타낸 것이다.

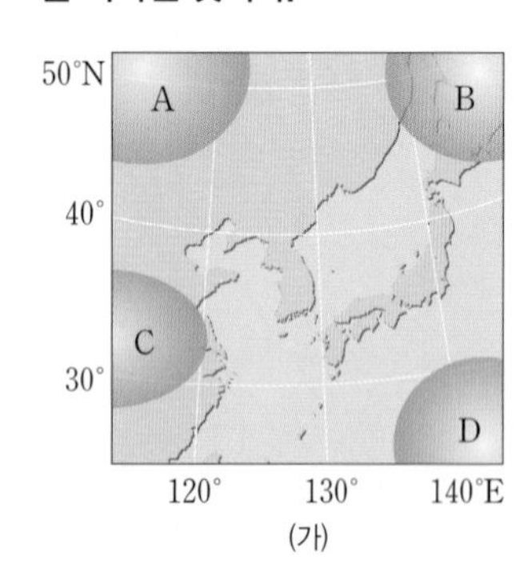

(가)

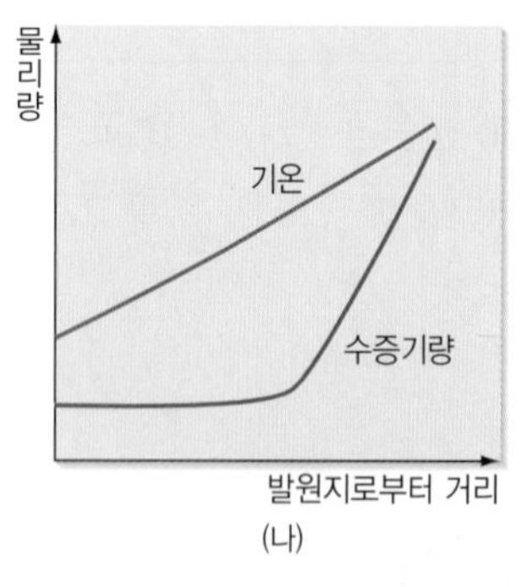

(나)

이에 대한 설명으로 옳은 것만을 [보기]에서 있는 대로 고른 것은?

[보기]

ㄱ. 장마 전선은 B와 C가 만나서 형성된다.
ㄴ. (나)의 기단은 발원지로부터 멀어짐에 따라 안정해진다.
ㄷ. (나)와 같은 변화가 잘 나타나는 기단의 영향을 받을 때 우리나라의 날씨는 한랭 건조하다.

① ㄱ ② ㄷ ③ ㄱ, ㄴ
④ ㄴ, ㄷ ⑤ ㄱ, ㄴ, ㄷ

259 (정답률 30%)

그림 (가)와 (나)는 여름철과 겨울철의 우리나라 주변 일기도를 순서 없이 나타낸 것이다.

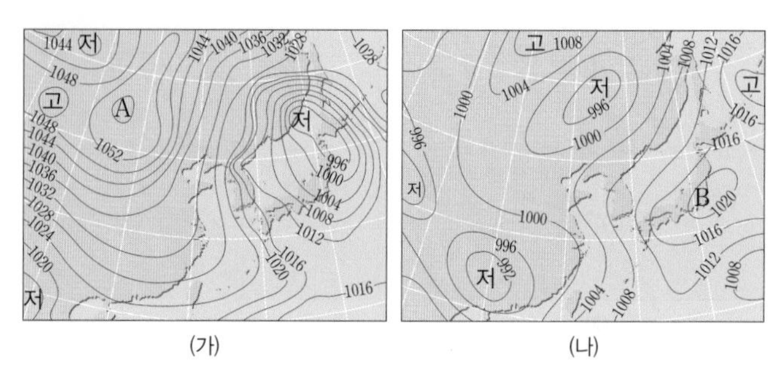

(가) (나)

이에 대한 설명으로 옳은 것만을 [보기]에서 있는 대로 고른 것은?

[보기]

ㄱ. (가)는 겨울철, (나)는 여름철 일기도이다.
ㄴ. A와 B는 모두 정체성 고기압이다.
ㄷ. 우리나라는 (나)의 계절에 남풍 계열의 바람이 우세하게 분다.

① ㄱ ② ㄴ ③ ㄱ, ㄷ
④ ㄴ, ㄷ ⑤ ㄱ, ㄴ, ㄷ

260 (정답률 25%) 수능모의평가기출 변형

그림 (가)와 (나)는 12시간 간격으로 작성한 지상 일기도를 순서 없이 나타낸 것이다.

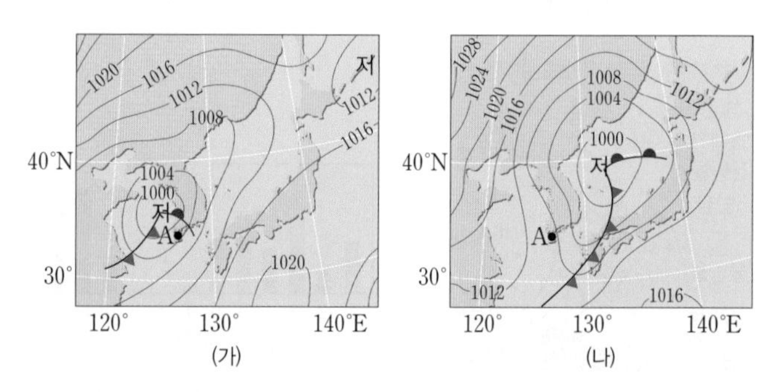

(가) (나)

이에 대한 설명으로 옳은 것만을 [보기]에서 있는 대로 고른 것은?

[보기]

ㄱ. (가)는 (나)의 12시간 후 일기도이다.
ㄴ. A 지역의 풍향은 시계 방향으로 바뀌었다.
ㄷ. 이 기간 동안 A 지역에 비가 내렸다면 소나기일 가능성이 높다.

① ㄱ ② ㄴ ③ ㄱ, ㄷ
④ ㄴ, ㄷ ⑤ ㄱ, ㄴ, ㄷ

261 (정답률 40%)

그림 (가)와 (나)는 여름철과 겨울철에 우리나라 주변을 촬영한 적외선 영상을 순서 없이 나타낸 것이다.

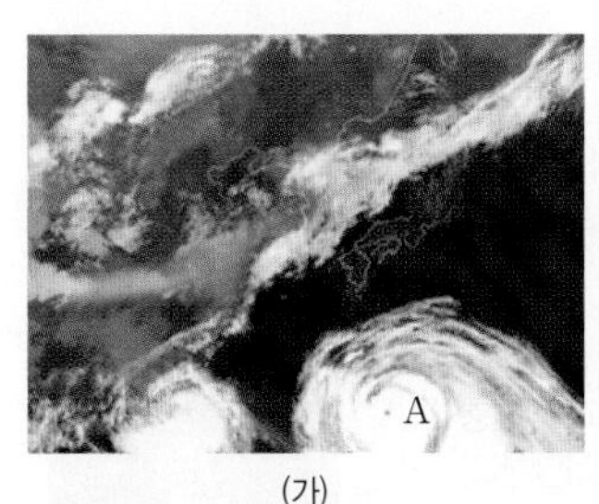

(가)

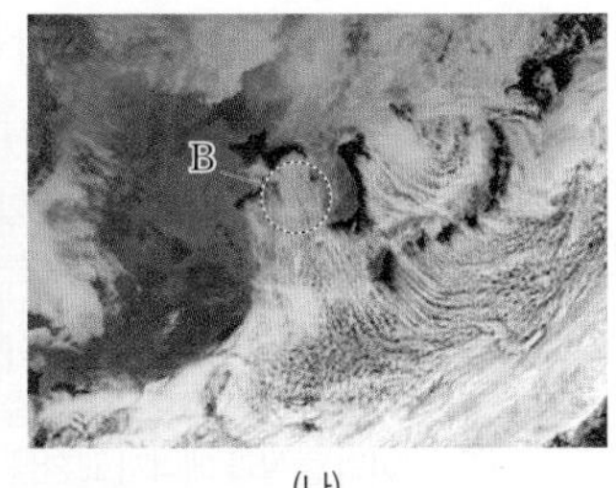

(나)

이에 대한 설명으로 옳은 것만을 [보기]에서 있는 대로 고른 것은?

[보기]
ㄱ. (가)의 A 지역은 태풍의 안전 반원에 속해 있다.
ㄴ. (나)에서 B 지역에는 적운형 구름이 발달해 있다.
ㄷ. 우리나라 중부 지방은 (가)보다 (나) 계절에 다습하다.

① ㄴ ② ㄷ ③ ㄱ, ㄴ
④ ㄴ, ㄷ ⑤ ㄱ, ㄴ, ㄷ

262 (정답률 30%) 수능모의평가기출 변형

그림은 어느 태풍의 이동 경로를, 표는 태풍이 이동하는 동안 태풍의 중심 기압과 관측소에서 관측한 풍향을 나타낸 것이다. 관측소의 위치는 ㉠과 ㉡ 중 하나이다.

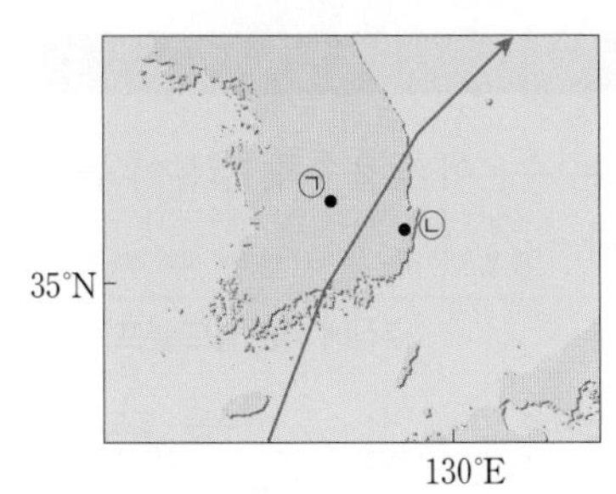

일시	태풍의 중심 기압 (hPa)	풍향
12일 21시	955	동
13일 00시	960	남동
13일 03시	970	남남서
13일 06시	970	남서

이에 대한 설명으로 옳은 것만을 [보기]에서 있는 대로 고른 것은?

[보기]
ㄱ. 관측소의 위치는 ㉠에 해당한다.
ㄴ. 13일에는 태풍이 관측소로 접근하였다.
ㄷ. 태풍의 최대 풍속은 13일 06시보다 12일 21시가 빠르다.

① ㄱ ② ㄷ ③ ㄱ, ㄴ
④ ㄴ, ㄷ ⑤ ㄱ, ㄴ, ㄷ

서술형 문제

263 (정답률 40%) 수능모의평가기출 변형

그림 (가)는 어느 날 우리나라 주변의 일기도를, (나)는 A, B, C 중 어느 한 곳에서 관측된 풍향계의 모습이다.

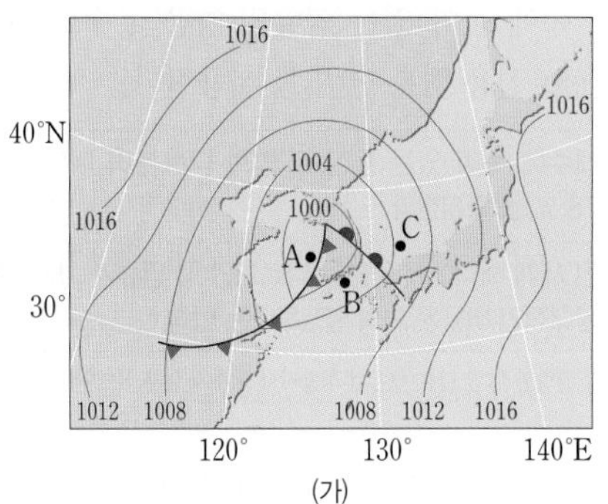

(가)

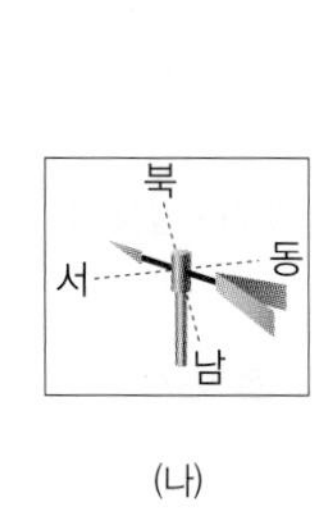

(나)

(나)는 A, B, C 중 어느 곳에서 관측한 모습인지 쓰고, 그렇게 판단한 근거를 설명하시오.

264 (정답률 25%)

그림 (가)와 (나)는 어느 날 같은 시각에 관측한 우리나라 주변의 위성 영상을 나타낸 것이다.

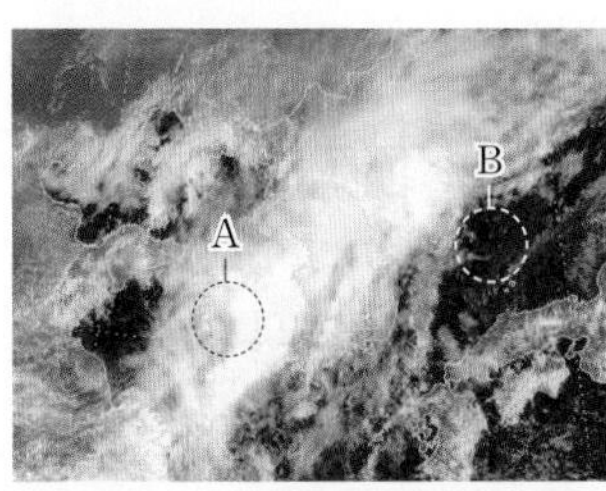

(가) 가시광선 영상

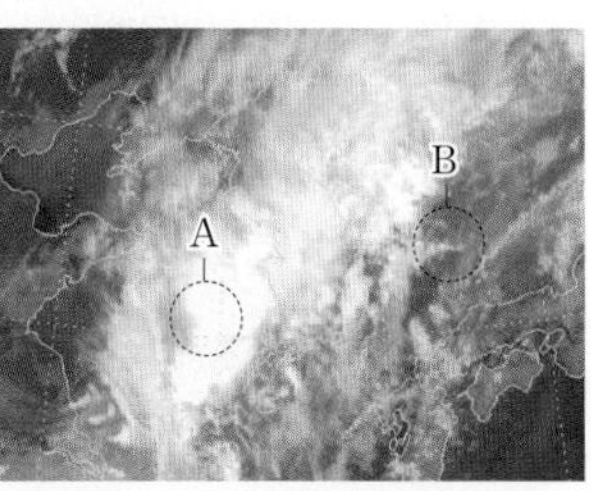

(나) 적외선 영상

A 해역과 B 해역을 비교할 때 구름의 두께가 두꺼운 해역과 구름의 상층부 높이가 높은 해역을 쓰고, 그렇게 판단한 근거를 설명하시오.

265 (정답률 25%)

오른쪽 그림은 우박의 단면을 나타낸 것이다. 우박을 생성시키는 구름을 쓰고, 우박이 여러 겹으로 이루어진 까닭을 설명하시오.

Ⅲ 대기와 해양의 변화

06 해수의 성질

꼭 알아야 할 핵심 개념
- ☑ 해수의 염분 분포
- ☑ 해수의 연직 수온 분포
- ☑ 수온 염분도
- ☑ 해수의 용존 기체

1 | 해수의 염분

전 세계 해양의 평균 염분은 약 35 psu이다.

1 염분 해수 1 kg 속에 녹아 있는 염류의 양을 g 수로 나타낸 것 ➜ 단위는 psu(실용 염분 단위)를 사용한다.

염류	해수에 녹아 있는 물질로, 염화 나트륨이 대부분(약 78 %)을 차지한다. $Cl^- > Na^+$이다.
염분비 일정 법칙	전 세계 해역에서 염분은 다르지만 각 염류가 차지하는 상대적인 비율은 거의 일정하다는 법칙

해수에 녹아 있는 1가지 염류의 질량만 알면 다른 성분의 질량이나 해수의 염분을 알아낼 수 있다.

2 표층 염분

① 표층 염분의 변화 요인: 증발량과 강수량이 가장 큰 영향을 주며, 하천수 유입, 결빙과 해빙 등도 영향을 준다.

빈출 자료 ① 표층 염분의 변화 요인

증발량과 강수량	증발량이 많을수록, 강수량이 적을수록 표층 염분이 높다. ··· 표층 염분 분포는 대체로 (증발량 − 강수량)의 분포와 일치한다. 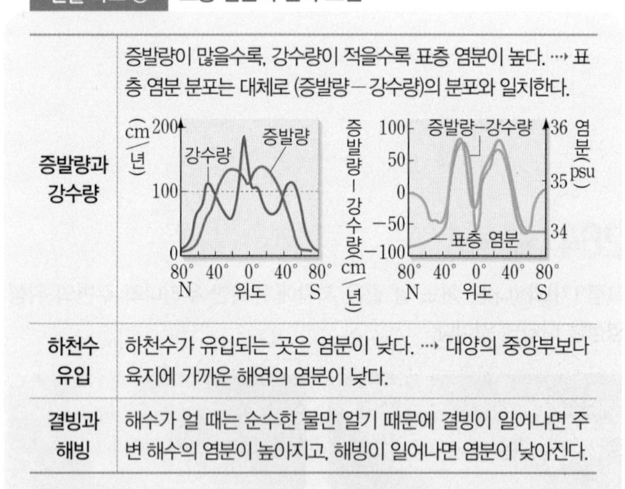
하천수 유입	하천수가 유입되는 곳은 염분이 낮다. ··· 대양의 중앙부보다 육지에 가까운 해역의 염분이 낮다.
결빙과 해빙	해수가 얼 때는 순수한 물만 얼기 때문에 결빙이 일어나면 주변 해수의 염분이 높아지고, 해빙이 일어나면 염분이 낮아진다.

필수 유형 〉 표층 염분의 변화 요인을 알고, 위도에 따른 염분 분포를 해석하는 문제가 출제된다. 67쪽 281번

② 표층 염분 분포

적도 해역	강수량이 많아 표층 염분이 낮다.
중위도 해역	증발량이 강수량보다 많아 염분이 높다.
극 해역	증발량이 적고 해빙으로 염분이 낮다.
육지와 가까운 해역	하천수의 유입으로 대양의 중심부보다 염분이 낮다.

2 | 해수의 온도

1 표층 수온 분포 태양 복사 에너지의 영향을 가장 크게 받는다.

① 저위도에서 고위도로 갈수록 해수의 표층 수온이 대체로 낮아지므로, 등수온선도 대체로 위도와 나란하다.

② 해양은 대륙보다 열용량이 크므로 해양의 연교차는 대륙의 연교차보다 작다.

2 해수의 층상 구조 깊이에 따른 수온 분포에 따라 구분한다.

혼합층	태양 복사 에너지에 의해 가열되어 수온이 높고, 바람에 의해 혼합되어 깊이에 따른 수온 변화가 거의 없는 층이다.
수온 약층	수심이 깊어질수록 수온이 급격히 낮아지는 안정한 층으로 혼합층과 심해층 사이의 물질과 에너지 교환을 차단한다.
심해층	태양 복사 에너지의 영향을 거의 받지 않아 연중 수온이 낮고 일정한 층이다.

바람이 강할수록 두껍다. 수온(℃) 혼합층 수온 약층 심해층 깊이(m)

빈출 자료 ② 위도별 해수의 층상 구조

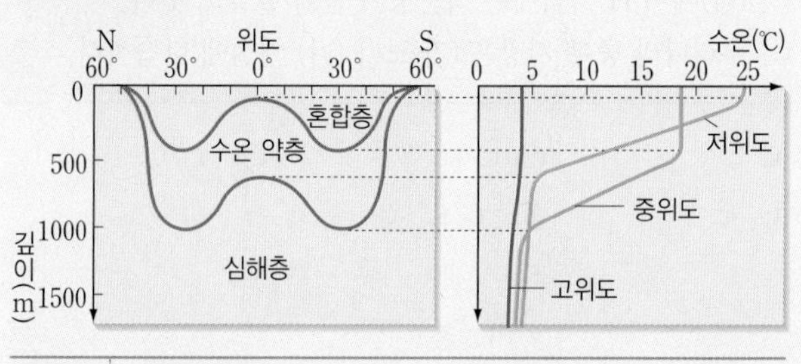

저위도 해역	표층 수온이 높고, 표층과 심층의 온도 차가 커서 수온 약층이 뚜렷하게 발달한다.
중위도 해역	바람이 강하게 불어 혼합층이 두껍게 발달하고, 층상 구조가 뚜렷하게 나타난다.
고위도 해역	표층 수온이 매우 낮고 깊이에 따른 수온 변화가 거의 없어 층상 구조가 발달하지 않는다.

필수 유형 〉 위도별 해수의 층상 구조 분포 자료를 통해 위도별 혼합층과 수온 약층의 두께, 수온 변화를 비교하는 문제가 출제된다. 68쪽 287번

3 | 해수의 밀도

1 해수의 밀도 해수의 밀도는 수온이 낮을수록, 염분이 높을수록, 수압이 높을수록 크다. − 수압에 의한 밀도 변화는 매우 작다. → 해수의 밀도는 주로 수온과 염분에 의해 결정된다.

위도에 따른 밀도 분포	수심에 따른 밀도 분포
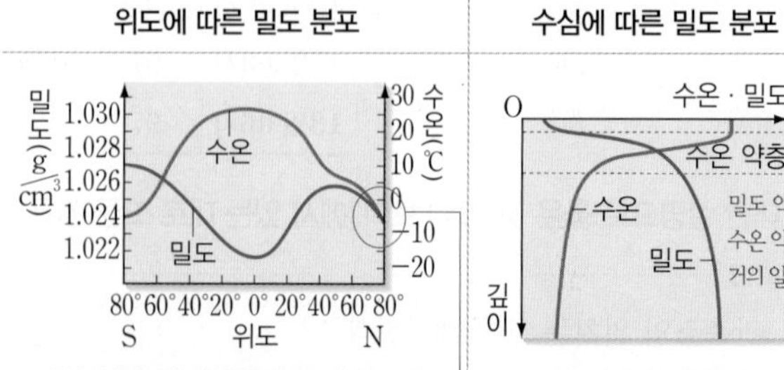	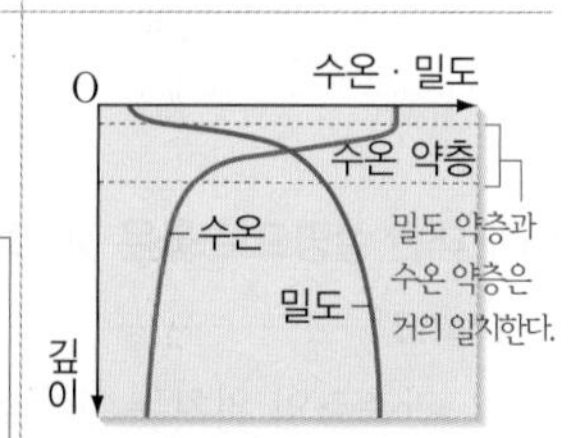
• 태양 복사 에너지를 많이 받아 수온이 높은 저위도 지방이 해수의 밀도가 대체로 작다. • 북반구 위도 50°~60° 부근에서 밀도가 크게 나타난다. 해빙 →밀도 감소	• 해수의 깊이에 따른 밀도의 연직 분포와 수온의 연직 분포는 대칭적인 분포를 보인다. • 수온 약층에서는 밀도가 급격히 증가한다. ··· 수온이 급격히 낮아지기 때문이다.

2 수온 염분도(T-S도) 해수의 수온과 염분에 따른 밀도 변화를 나타낸 그래프이다.

빈출 자료 ③ 수온 염분도 해석

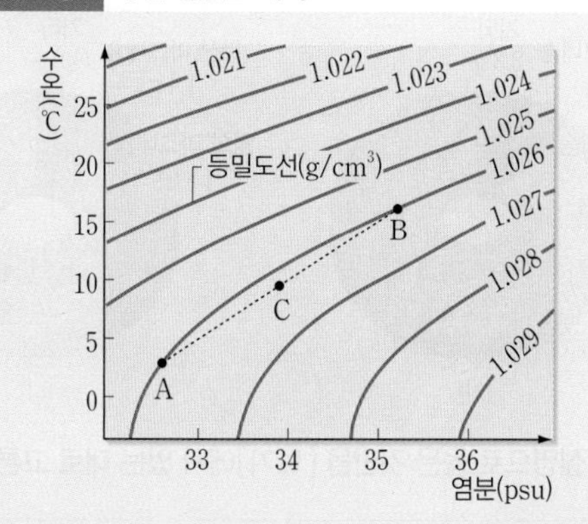

❶ 왼쪽 위에서 오른쪽 아래로 갈수록 수온이 낮아지고 염분이 높아지므로 밀도가 커진다.

❷ 밀도가 같아도 수온과 염분이 다를 수 있다. ⋯ 해수 A와 B는 동일한 등밀도선에 있으므로 밀도는 같지만 수온과 염분이 다르다.

❸ 수온과 염분이 다르고 밀도가 같은 해수를 혼합하면 혼합하기 전보다 밀도가 증가한다. ⋯ 해수 A와 B는 동일한 등밀도선에 있으므로 밀도가 같지만, 같은 양의 A와 B를 혼합한 해수 C는 A나 B보다 밀도가 크다.

필수 유형 서로 다른 해역의 수온, 염분 자료를 통해 해수의 밀도를 비교하는 문제가 출제된다.
70쪽 297번

4 해수의 용존 기체

1 해수의 용존 기체 (용존: 물속에 녹아 있는 상태) 질소, 산소, 이산화 탄소 등이 있으며, 수압이 높을수록, 수온과 염분이 낮을수록 기체의 용해도가 증가한다.

2 해수의 용존 산소와 용존 이산화 탄소

용존 산소	용존 이산화 탄소
용존 산소량(mL/L) 1 2 3 4 5 6 / 깊이(m) 0 1000 2000 3000 4000	용존 이산화 탄소량(mL/L) 44 46 48 50 52 / 깊이(m) 0 1000 2000 3000 4000
• 표층: 대기 중의 산소가 녹아 들어오거나 해양 생물의 광합성으로 산소가 생성되어 농도가 높다. • 수심 1000 m 부근까지: 수중 생물의 호흡과 사체의 분해로 산소가 소모되어 농도가 크게 감소한다. • 수심 1000 m 이상: 수심이 깊어질수록 산소를 소비하는 동물의 수가 감소하고, 극지방의 차가운 해수가 유입되어 농도가 증가한다.	• 표층: 해양 생물의 광합성에 의한 이산화 탄소 소비로 농도가 낮다. • 수심이 깊어질수록 증가: 광합성에 의한 이산화 탄소의 소비가 줄어들고, 수중 생물의 호흡과 극지방의 차가운 해수 유입, 수압의 증가로 용해도가 증가하기 때문이다. • 이산화 탄소의 성질: 산소보다 물에 잘 녹으며, 수온 변화에 따른 용해도 변화가 크다.

개념 확인 문제

≫ 바른답·알찬풀이 34쪽

[266~268] 다음은 해수의 성질에 대한 설명이다. (   ) 안에 들어갈 알맞은 말을 고르시오.

266 염분은 (증발량−강수량)이 (클, 작을)수록 대체로 높다.

267 수심이 깊어짐에 따라 수온이 급격히 낮아지는 층을 (혼합층, 수온 약층, 심해층)이라고 한다.

268 해수의 밀도는 수온이 낮을수록, 염분이 높을수록, 수압이 클수록 (크다, 작다).

[269~272] 해수의 성질에 대한 설명으로 옳은 것은 ○표, 옳지 않은 것은 ×표 하시오.

269 적도 해역은 중위도 해역보다 염분이 높다. (   )

270 대양의 중앙부에서 등수온선은 대체로 위도와 나란하다. (   )

271 수온과 염분이 다르고 밀도가 같은 해수를 혼합하면 혼합하기 전보다 밀도가 증가한다. (   )

272 해수의 깊이에 따른 밀도의 연직 분포와 수온의 연직 분포는 대칭적인 분포를 보인다. (   )

[273~275] 다음은 해수의 밀도와 용존 기체에 대한 설명이다. (   ) 안에 들어갈 알맞은 말을 쓰시오.

273 수심이 깊어질수록 용존 (   ) 농도는 대체로 증가한다.

274 해수의 표층과 심층 사이의 (   )에서는 깊이가 증가함에 따라 밀도가 급격하게 증가한다.

275 해수의 표층에는 대기 중의 산소가 녹아 들어오거나 해양 생물의 (   )(으)로 산소가 생성되어 용존 산소량이 높게 나타난다.

기출 분석 문제

» 바른답·알찬풀이 35쪽

1 해수의 염분

276

염분에 대한 설명으로 옳은 것만을 [보기]에서 있는 대로 고른 것은?

[보기]

ㄱ. 해수 1 kg 속에 녹아 있는 염류의 양을 g 수로 나타낸 것이다.

ㄴ. 전 세계 해양의 평균 염분은 약 35 psu이다.

ㄷ. 해수 중에 가장 많이 녹아 있는 이온은 염화 이온(Cl^-)이다.

① ㄱ　② ㄷ　③ ㄱ, ㄴ　④ ㄴ, ㄷ　⑤ ㄱ, ㄴ, ㄷ

277

오른쪽 그림은 어느 해역의 해수 1 kg 속에 녹아 있는 염류의 양을 나타낸 것이다. 염류 A는 무엇인지 쓰고, 이 해수의 염분은 몇 psu인지 쓰시오.

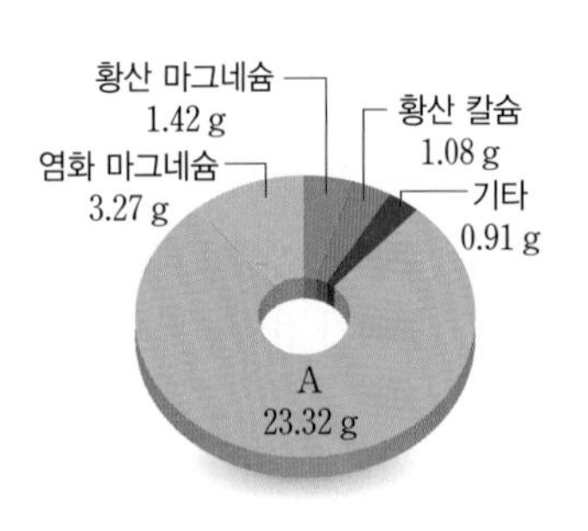

278

다음은 해수의 염분에 대하여 학생들이 나눈 대화이다.

제시한 내용이 옳은 학생만을 있는 대로 고른 것은?

① A　② B　③ A, C　④ B, C　⑤ A, B, C

279

그림 (가)와 (나)는 강수량이 비슷하고 하천수의 유입이 없는 두 해역의 해수 1 kg에 녹아 있는 염류의 양을 나타낸 것이다.

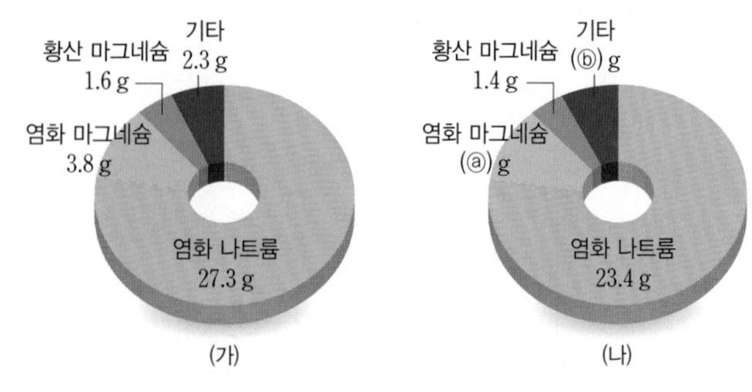

이에 대한 설명으로 옳은 것만을 [보기]에서 있는 대로 고른 것은?

[보기]

ㄱ. (ⓐ+ⓑ)의 값은 6.1보다 작다.

ㄴ. (나) 해역의 염분은 35 psu보다 낮다.

ㄷ. 증발량은 (나) 해역이 (가) 해역보다 많다.

① ㄱ　② ㄷ　③ ㄱ, ㄴ　④ ㄴ, ㄷ　⑤ ㄱ, ㄴ, ㄷ

280

그림은 위도에 따른 증발량과 강수량 분포를 나타낸 것이다.

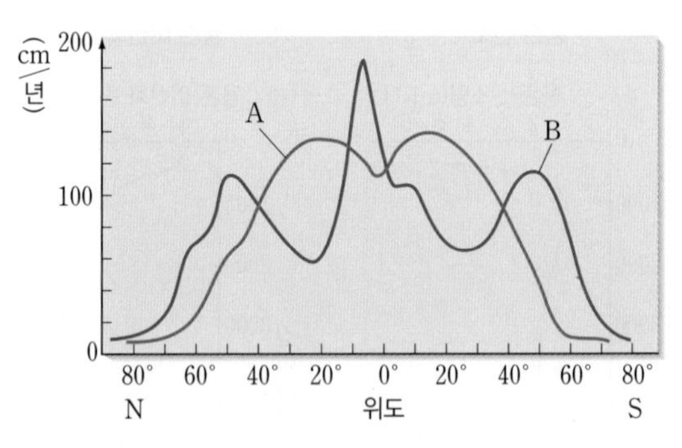

이에 대한 설명으로 옳은 것만을 [보기]에서 있는 대로 고른 것은?

[보기]

ㄱ. A는 강수량, B는 증발량 분포이다.

ㄴ. 적도 부근에는 상승 기류가 발달한다.

ㄷ. 표층 염분은 적도 지방보다 중위도 지방에서 높게 나타난다.

① ㄱ　② ㄷ　③ ㄱ, ㄴ　④ ㄴ, ㄷ　⑤ ㄱ, ㄴ, ㄷ

281

필수 유형 64쪽 빈출 자료 ①

그림은 위도별 (증발량－강수량)과 표층 염분 분포를 나타낸 것이다.

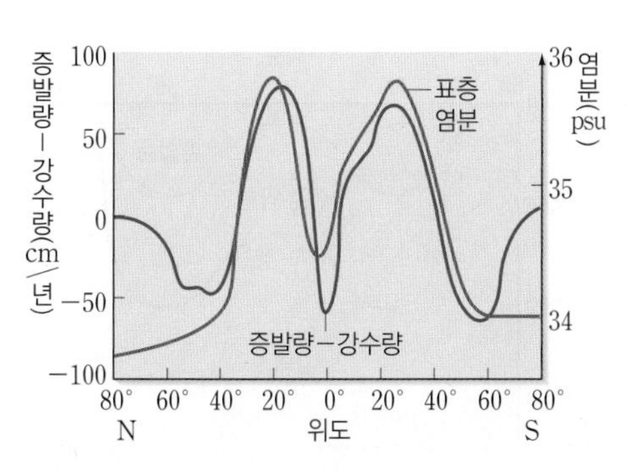

이에 대한 설명으로 옳은 것만을 [보기]에서 있는 대로 고른 것은?

[보기]
ㄱ. 적도 해역은 증발량보다 강수량이 많아 염분이 낮다.
ㄴ. 고위도 해역에서 염분이 낮은 것은 해수의 결빙이 일어나기 때문이다.
ㄷ. 저위도와 중위도 해역에서 염분은 대체로 (증발량－강수량)에 비례한다.

① ㄱ ② ㄴ ③ ㄱ, ㄷ
④ ㄴ, ㄷ ⑤ ㄱ, ㄴ, ㄷ

282

그림은 전 세계 해양의 표층 염분 분포를 나타낸 것이다.

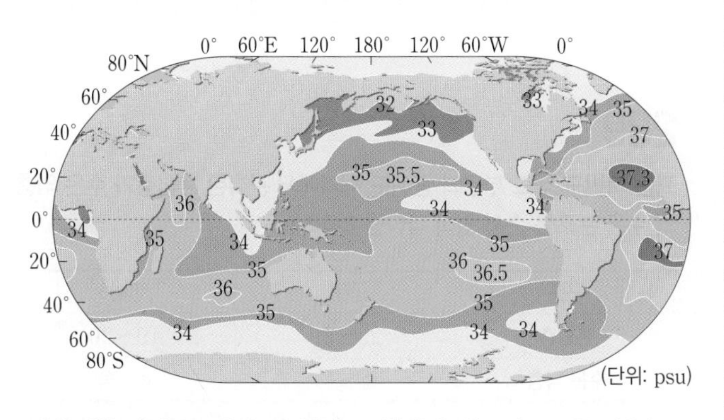

이에 대한 설명으로 옳은 것만을 [보기]에서 있는 대로 고른 것은?

[보기]
ㄱ. 태평양은 대서양보다 표층 염분이 대체로 높다.
ㄴ. 대양의 중앙부에서 가장자리로 갈수록 표층 염분이 높아진다.
ㄷ. 육지에서 사막은 적도 부근보다 주로 위도 20°～30° 부근에 분포할 것이다.

① ㄱ ② ㄷ ③ ㄱ, ㄴ
④ ㄴ, ㄷ ⑤ ㄱ, ㄴ, ㄷ

283

그림 (가)와 (나)는 동해의 어느 해역에서 겨울철과 여름철에 측정한 깊이에 따른 염분 분포를 각각 나타낸 것이다.

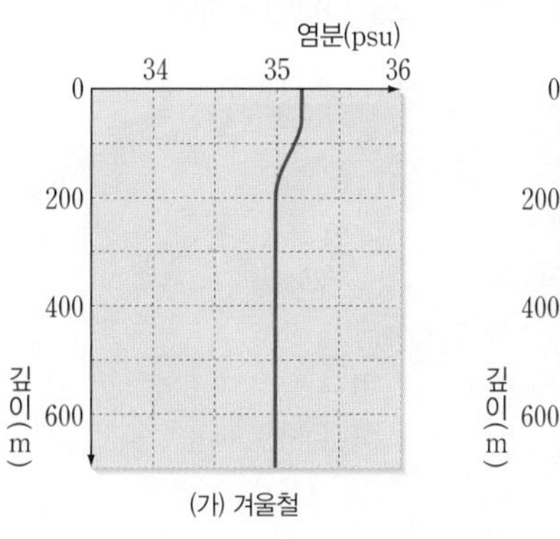

(가) 겨울철

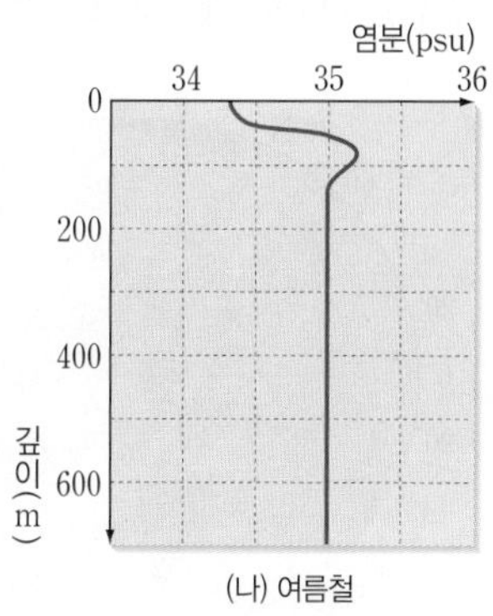

(나) 여름철

이에 대한 설명으로 옳은 것만을 [보기]에서 있는 대로 고른 것은?

[보기]
ㄱ. 겨울철은 강수량이 증발량보다 많다.
ㄴ. 겨울철은 여름철보다 (증발량－강수량) 값이 크다.
ㄷ. 겨울철과 여름철의 염분 차는 표층이 수심 400 m보다 크다.

① ㄱ ② ㄷ ③ ㄱ, ㄴ
④ ㄴ, ㄷ ⑤ ㄱ, ㄴ, ㄷ

284

그림 (가)와 (나)는 각각 2월과 8월에 측정한 우리나라 근해의 표층 염분 분포를 나타낸 것이다.

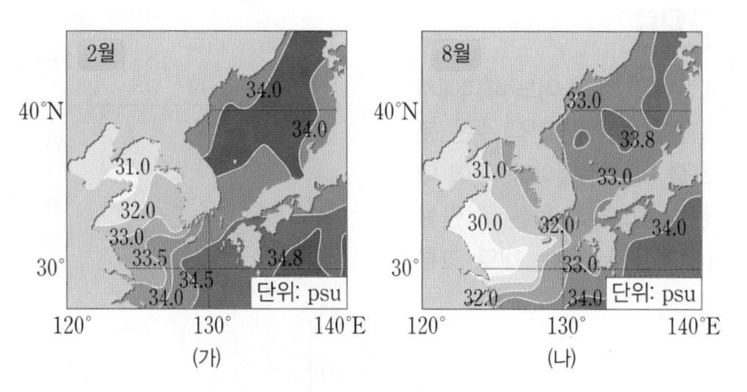

이에 대한 설명으로 옳은 것만을 [보기]에서 있는 대로 고른 것은?

[보기]
ㄱ. 2월은 8월보다 표층 염분이 높다.
ㄴ. 황해는 동해보다 표층 염분이 낮다.
ㄷ. 표층 염분 분포를 분석하면 하천수의 유입과 이동 경로를 파악할 수 있다.

① ㄱ ② ㄷ ③ ㄱ, ㄴ
④ ㄴ, ㄷ ⑤ ㄱ, ㄴ, ㄷ

2 | 해수의 온도

285

그림은 전 세계 해양의 표층 수온 분포를 나타낸 것이다.

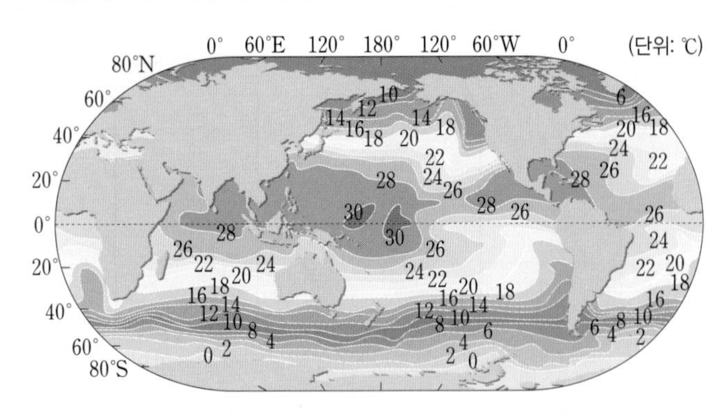

이에 대한 설명으로 옳지 않은 것은?

① 적도 부근 해역의 표층 수온은 태평양이 대서양보다 높다.
② 저위도 해역에서 표층 수온은 북반구가 남반구보다 대체로 높다.
③ 적도 부근 해역은 위도 60°S 부근 해역보다 위도에 따른 수온 변화가 크다.
④ 위도 40°S~60°S 해역에서 등수온선은 대체로 위도와 나란한 분포를 보인다.
⑤ 해수면에 입사하는 태양 복사 에너지의 양은 저위도에서 고위도로 갈수록 대체로 감소한다.

286

오른쪽 그림은 어느 해역에서 측정한 해수의 연직 수온 분포를 나타낸 것이다. 이에 대한 설명으로 옳은 것만을 [보기]에서 있는 대로 고른 것은?

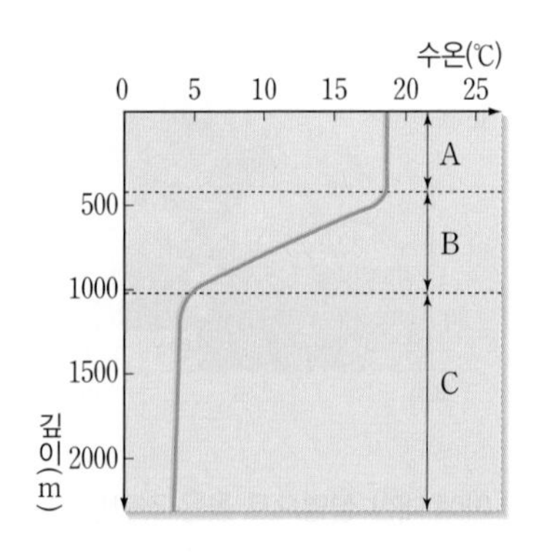

[보기]
ㄱ. A층은 풍속이 강한 해역일수록 두껍게 발달한다.
ㄴ. B층에서는 대류가 활발하게 일어난다.
ㄷ. C층은 태양 복사 에너지의 영향을 받지 않아 연중 수온이 일정하다.

① ㄱ ② ㄴ ③ ㄱ, ㄷ
④ ㄴ, ㄷ ⑤ ㄱ, ㄴ, ㄷ

287

필수 유형 〉 64쪽 빈출 자료 ②

그림은 위도에 따른 해수의 층상 구조를 나타낸 것이다.

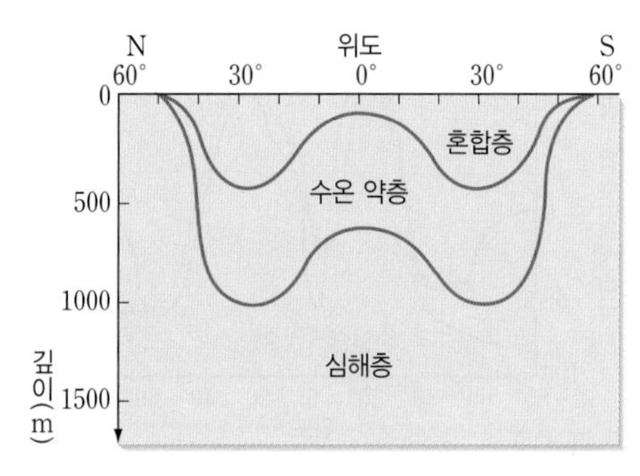

이에 대한 설명으로 옳은 것만을 [보기]에서 있는 대로 고른 것은?

[보기]
ㄱ. 수온의 연교차는 혼합층이 심해층보다 작다.
ㄴ. 위도에 따른 수온 변화는 혼합층이 심해층보다 크다.
ㄷ. 혼합층과 심해층의 수온 차는 적도 해역보다 위도 30° 해역에서 크게 나타난다.

① ㄱ ② ㄴ ③ ㄱ, ㄷ
④ ㄴ, ㄷ ⑤ ㄱ, ㄴ, ㄷ

288 서술형

고위도 해역에서는 수온의 층상 구조가 뚜렷하게 나타나지 않는다. 그 까닭은 무엇인지 설명하시오.

289

표는 북반구 적도 부근과 중위도 해역에서 관측한 혼합층과 수온 약층의 수온 분포를 순서 없이 나타낸 것이다.

구분	(가)	(나)
혼합층	28~29	19~20
수온 약층	㉠~㉡	㉢~㉣

(단위: ℃)

이에 대한 설명으로 옳은 것만을 [보기]에서 있는 대로 고른 것은?(단, ㉠<㉡, ㉢<㉣이다.)

[보기]
ㄱ. 위도는 (나)가 (가)보다 높다.
ㄴ. 수온 약층은 (나)가 (가)보다 깊은 곳에 위치한다.
ㄷ. (㉡−㉠)의 값은 (㉣−㉢)의 값보다 크다.

① ㄱ ② ㄴ ③ ㄱ, ㄷ
④ ㄴ, ㄷ ⑤ ㄱ, ㄴ, ㄷ

290

그림은 해수의 층상 구조를 알아보기 위한 실험이다.

(가) 소금물이 든 수조에 그림과 같이 온도계를 설치한 다음, 적외선 가열 장치로 10분 동안 가열한 후, 온도를 측정한다.
(나) 적외선 가열 장치를 켠 상태에서 수면 위에 3분 동안 부채질을 한 후, 각 온도계의 온도를 측정한다.

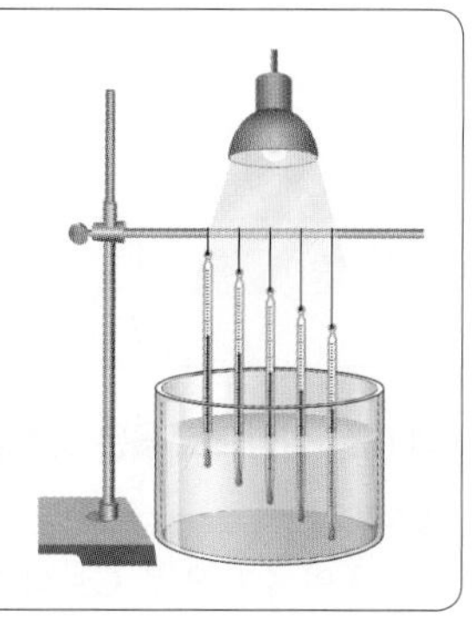

이에 대한 설명으로 옳은 것만을 [보기]에서 있는 대로 고른 것은?

[보기]
ㄱ. (가)에서 소금물의 깊이가 얕을수록 수온이 높다.
ㄴ. (나)에서 부채질을 강하게 할수록 표층의 수온이 낮아진다.
ㄷ. (가)와 (나)를 통해 혼합층과 수온 약층의 형성 원리를 설명할 수 있다.

① ㄱ ② ㄴ ③ ㄱ, ㄷ
④ ㄴ, ㄷ ⑤ ㄱ, ㄴ, ㄷ

291

오른쪽 그림은 어느 해역에서 측정한 겨울철과 여름철의 깊이에 따른 연직 수온 분포를 A와 B로 순서 없이 나타낸 것이다. 이에 대한 설명으로 옳은 것만을 [보기]에서 있는 대로 고른 것은?

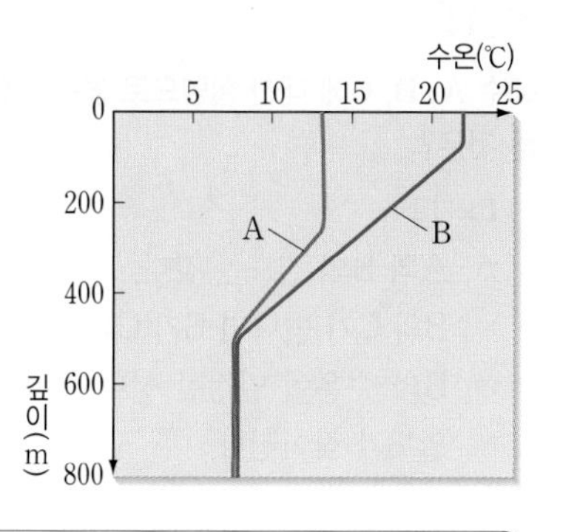

[보기]
ㄱ. 이 해역은 여름철보다 겨울철에 바람이 더 강하게 분다.
ㄴ. 수온 약층은 여름철보다 겨울철에 더 뚜렷하게 형성된다.
ㄷ. 표층에 도달하는 태양 복사 에너지의 양은 A가 B보다 많다.

① ㄱ ② ㄷ ③ ㄱ, ㄴ
④ ㄴ, ㄷ ⑤ ㄱ, ㄴ, ㄷ

292 신유형

그림은 어느 해역에서 1년 동안 측정한 수심별 수온 분포를 나타낸 것이다.

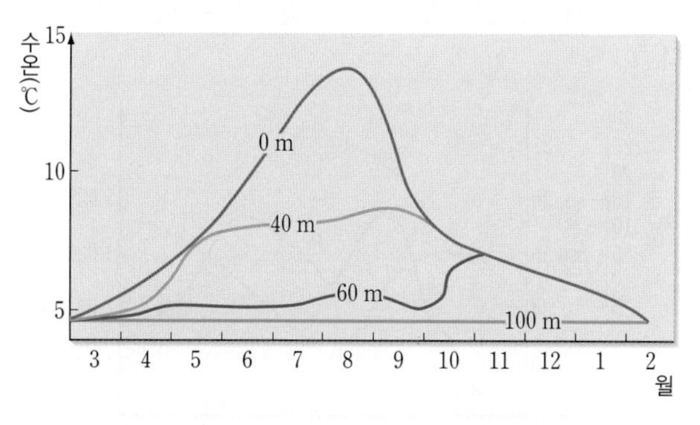

이에 대한 설명으로 옳은 것만을 [보기]에서 있는 대로 고른 것은?

[보기]
ㄱ. 이 해역은 남반구에 위치해 있다.
ㄴ. 수온 약층은 2월보다 8월에 뚜렷하게 나타난다.
ㄷ. 계절에 따른 수온 변화는 표층보다 수심 100 m에서 크게 나타난다.

① ㄱ ② ㄴ ③ ㄱ, ㄷ
④ ㄴ, ㄷ ⑤ ㄱ, ㄴ, ㄷ

293

그림 (가)와 (나)는 2월과 8월에 관측한 우리나라 근해의 표층 수온 분포를 나타낸 것이다.

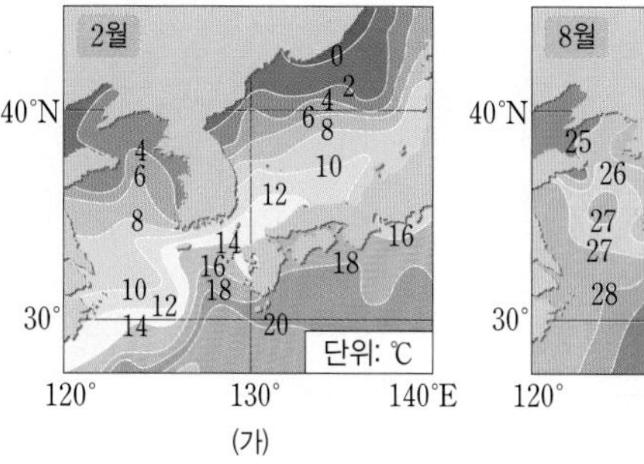

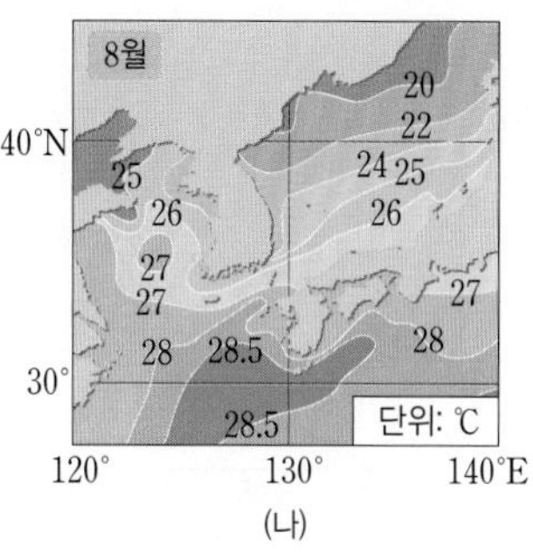

이에 대한 설명으로 옳은 것만을 [보기]에서 있는 대로 고른 것은?

[보기]
ㄱ. 수온의 연교차는 동해가 황해보다 크다.
ㄴ. 동해에서 남북 간의 수온 차는 2월이 8월보다 작다.
ㄷ. 황해에서 8월에 등수온선은 육지에 가까울수록 해안선과 나란한 경향을 보인다.

① ㄱ ② ㄷ ③ ㄱ, ㄴ
④ ㄴ, ㄷ ⑤ ㄱ, ㄴ, ㄷ

3 | 해수의 밀도

294

그림은 위도에 따른 표층 해수의 온도, 염분, 밀도의 분포를 나타낸 것이다.

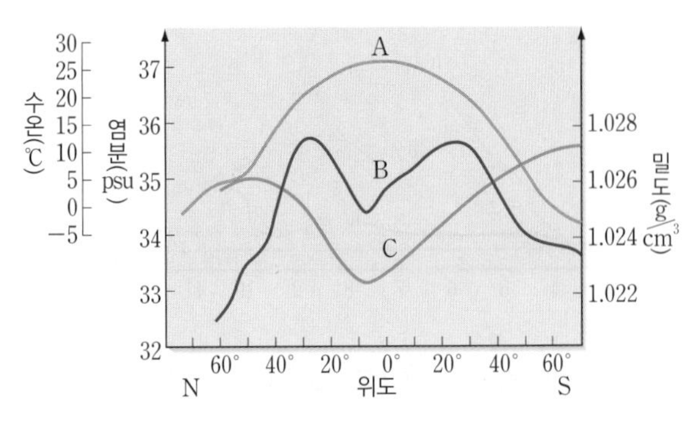

이에 대한 설명으로 옳은 것만을 [보기]에서 있는 대로 고른 것은?

[보기]
ㄱ. A는 태양 복사 에너지의 영향을 받는다.
ㄴ. B는 대체로 (증발량－강수량)에 반비례한다.
ㄷ. C가 위도 60°N 이상의 고위도에서 낮아지는 까닭은 해수의 결빙 때문이다.

① ㄱ ② ㄷ ③ ㄱ, ㄴ
④ ㄴ, ㄷ ⑤ ㄱ, ㄴ, ㄷ

295

그림 (가)는 서로 다른 세 해역에서 측정한 해수 A, B, C의 수온과 염분을, (나)는 수온과 용존 산소량을 나타낸 것이다.

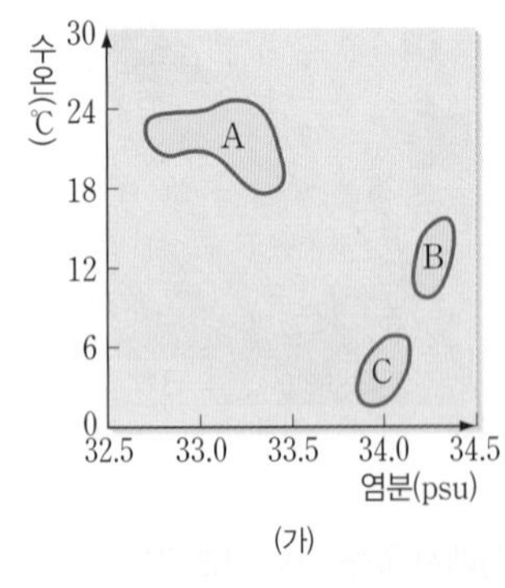

(가)

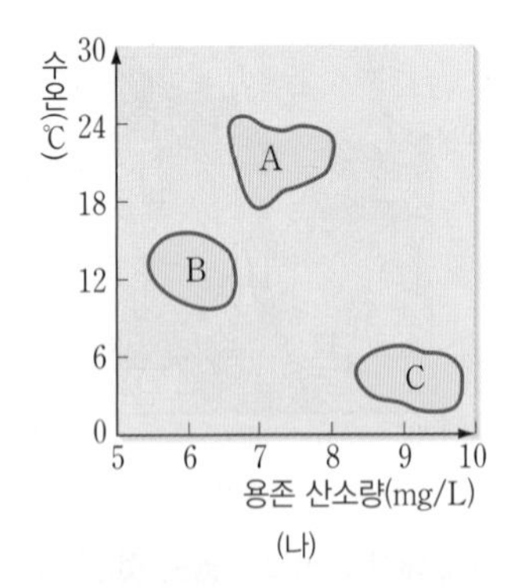

(나)

이 자료에 대한 설명으로 옳은 것만을 [보기]에서 있는 대로 고른 것은?

[보기]
ㄱ. 염분이 높을수록 용존 산소량이 많다.
ㄴ. A, B, C가 만나면 A가 가장 위에 위치한다.
ㄷ. 같은 부피의 A와 C를 혼합하면 B보다 밀도가 크다.

① ㄱ ② ㄴ ③ ㄱ, ㄷ
④ ㄴ, ㄷ ⑤ ㄱ, ㄴ, ㄷ

296

표는 서로 다른 해역 A, B, C에서 채취한 표층 해수의 물리량을 나타낸 것이다.

해역	수온(℃)	염분(psu)	밀도(g/cm³)
A	(　　)	35.5	1.027
B	7	34.5	(　　)
C	7	35.5	1.028

이에 대한 설명으로 옳은 것만을 [보기]에서 있는 대로 고른 것은?

[보기]
ㄱ. A의 수온은 7 ℃보다 낮다.
ㄴ. B의 밀도는 1.028 g/cm³보다 크다.
ㄷ. C에 수온이 7 ℃인 하천수가 유입되면 해수의 밀도는 1.028 g/cm³보다 작아진다.

① ㄱ ② ㄷ ③ ㄱ, ㄴ
④ ㄴ, ㄷ ⑤ ㄱ, ㄴ, ㄷ

[297~298] 그림은 서로 다른 해역의 해수 A, B, C의 표층 수온과 염분을 수온 염분도(T－S도)에 나타낸 것이다. 물음에 답하시오.

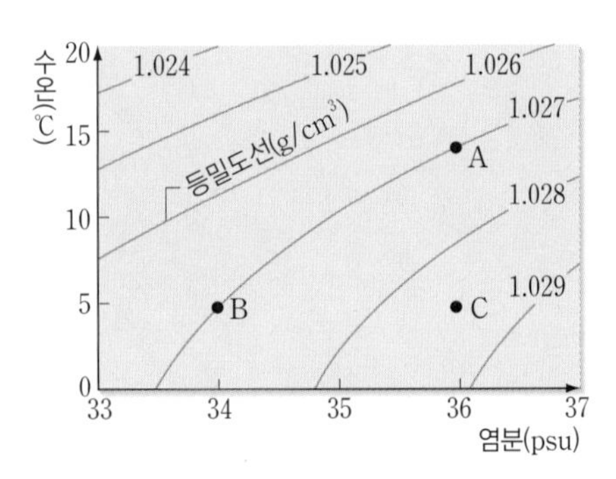

297

필수 유형 65쪽 빈출 자료 ③

해수 A, B, C에 대한 설명으로 옳은 것만을 [보기]에서 있는 대로 고른 것은?

[보기]
ㄱ. A와 B의 밀도는 같다.
ㄴ. B와 C가 만나면 B가 C의 아래쪽에 위치한다.
ㄷ. B의 수온이 일정한 상태에서 증발이 일어나면 현재보다 밀도가 작아진다.

① ㄱ ② ㄷ ③ ㄱ, ㄴ
④ ㄴ, ㄷ ⑤ ㄱ, ㄴ, ㄷ

298 서술형

A와 B를 각각 1 kg씩 혼합했을 때 해수의 수온, 염분, 밀도는 각각 어떻게 되는지 설명하시오.

299

그림은 어느 해역에서 측정한 수심에 따른 수온과 염분 분포를 수온 염분도에 나타낸 것이다.

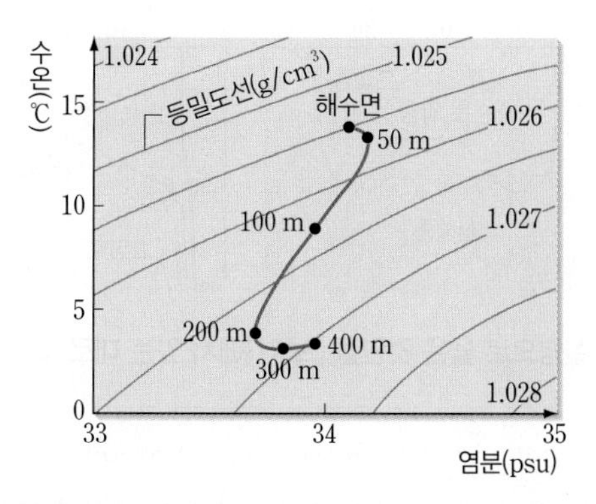

이에 대한 설명으로 옳은 것만을 [보기]에서 있는 대로 고른 것은?

[보기]

ㄱ. 수심이 깊어질수록 밀도가 증가한다.
ㄴ. 해수면~100 m 구간은 100 m~200 m 구간보다 수심에 따른 밀도 변화가 크다.
ㄷ. 수심이 300 m보다 깊은 곳에서 해수의 밀도는 수온보다 염분의 영향을 크게 받는다.

① ㄱ ② ㄷ ③ ㄱ, ㄴ
④ ㄴ, ㄷ ⑤ ㄱ, ㄴ, ㄷ

300 수능모의평가기출 변형

그림은 우리나라 주변 해역의 여러 관측 지점에서 관측한 수온과 염분 자료를 나타낸 것이다. (가)와 (나)는 겨울철과 여름철 관측 자료 중 하나이다.

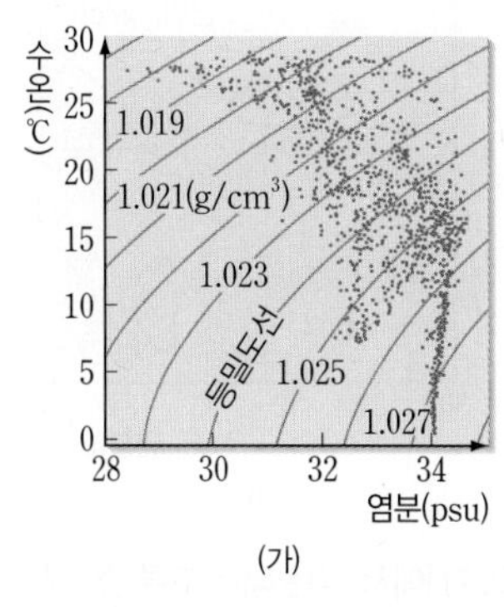

(가)

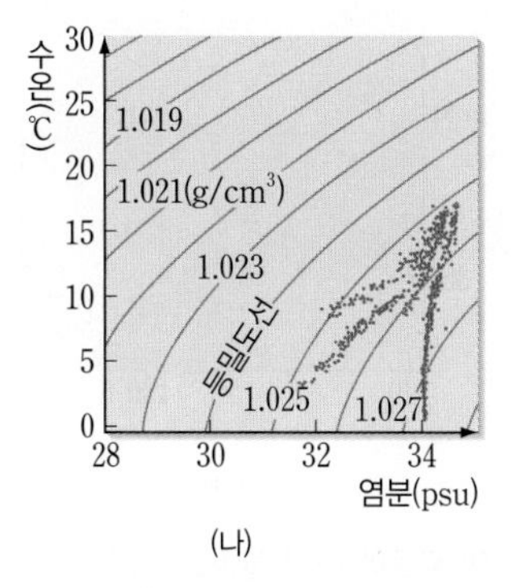

(나)

이 자료에 대한 설명으로 옳은 것만을 [보기]에서 있는 대로 고른 것은?

[보기]

ㄱ. 여름철 자료는 (가)이다.
ㄴ. 밀도가 큰 지점일수록 수온의 연교차가 크다.
ㄷ. 해수의 연직 순환은 (가) 시기가 (나) 시기보다 활발하다.

① ㄱ ② ㄴ ③ ㄱ, ㄷ
④ ㄴ, ㄷ ⑤ ㄱ, ㄴ, ㄷ

4 | 해수의 용존 기체

301

기체의 용해도와 해수의 용존 기체 농도에 대한 설명으로 옳은 것만을 [보기]에서 있는 대로 고른 것은?

[보기]

ㄱ. 기체의 용해도는 수온이 낮을수록 높다.
ㄴ. 지구 온난화가 심화되면 용존 산소량이 감소한다.
ㄷ. 해양 생물의 광합성이 활발해지면 용존 이산화 탄소량이 증가한다.

① ㄱ ② ㄷ ③ ㄱ, ㄴ
④ ㄴ, ㄷ ⑤ ㄱ, ㄴ, ㄷ

[302~303] 그림은 해수 중에 녹아 있는 산소와 이산화 탄소의 농도를 깊이에 따라 나타낸 것이다. 물음에 답하시오.

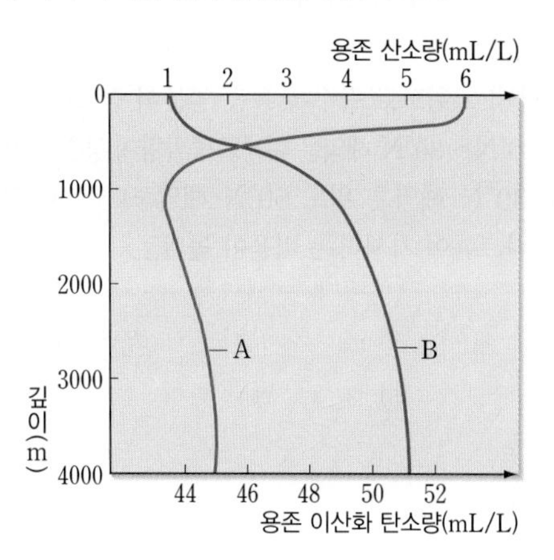

302

이에 대한 설명으로 옳은 것만을 [보기]에서 있는 대로 고른 것은?

[보기]

ㄱ. A는 산소, B는 이산화 탄소의 농도를 나타낸 것이다.
ㄴ. 깊이 약 500 m까지의 해수에는 A가 B보다 많은 양이 용해되어 있다.
ㄷ. 해수면~깊이 약 1000 m 사이에서 A의 농도가 감소하는 주요 원인은 생물의 광합성 때문이다.

① ㄱ ② ㄷ ③ ㄱ, ㄴ
④ ㄴ, ㄷ ⑤ ㄱ, ㄴ, ㄷ

303 서술형

수심 1000 m 이상에서 깊이가 증가함에 따라 A와 B의 농도가 증가하는 까닭을 각각 설명하시오.

1등급 완성 문제

» 바른답·알찬풀이 39쪽

304 정답률 30%

그림은 북태평양에서 측정한 연간 (증발량－강수량) 값의 분포를 나타낸 것이다.

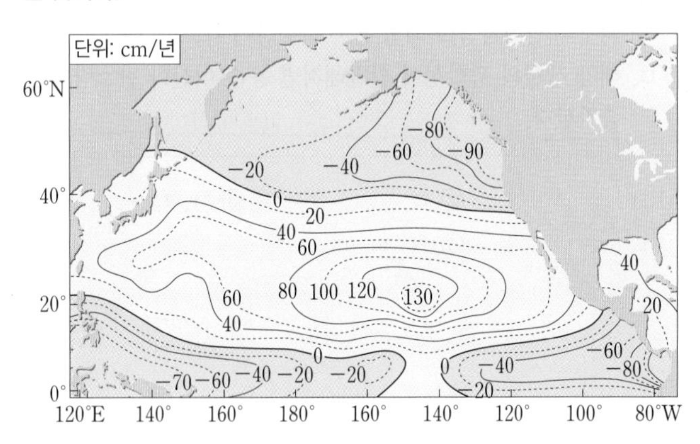

이에 대한 설명으로 옳은 것만을 [보기]에서 있는 대로 고른 것은?

[보기]

ㄱ. 적도에서 고위도로 갈수록 표층 염분이 감소한다.
ㄴ. 위도 20°N～30°N 해역은 대체로 증발량이 강수량보다 많다.
ㄷ. 위도 30°N 해역은 위도 60°N 해역보다 전체 염류에서 염화 나트륨이 차지하는 비율이 높다.

① ㄱ ② ㄴ ③ ㄱ, ㄷ
④ ㄴ, ㄷ ⑤ ㄱ, ㄴ, ㄷ

305 정답률 25%

표는 서로 다른 두 해역 A와 B의 해수 1 kg 속에 녹아 있는 염류의 양을 나타낸 것이다.

(단위: g)

구분	Cl^-	Na^+	SO_4^{2-}	Mg^{2+}	기타	합계
A	17.2	㉠	3.0	1.5	0.7	
B		12.0		1.8		㉡

이에 대한 설명으로 옳은 것만을 [보기]에서 있는 대로 고른 것은?

[보기]

ㄱ. ㉠은 12보다 작다.
ㄴ. ㉡은 38.88이다.
ㄷ. A와 B의 해수를 같은 양으로 혼합한 해수의 염분은 B의 염분보다 높다.

① ㄱ ② ㄷ ③ ㄱ, ㄴ
④ ㄴ, ㄷ ⑤ ㄱ, ㄴ, ㄷ

306 정답률 40%

그림은 위도에 따른 수온의 연직 분포를 나타낸 것이다.

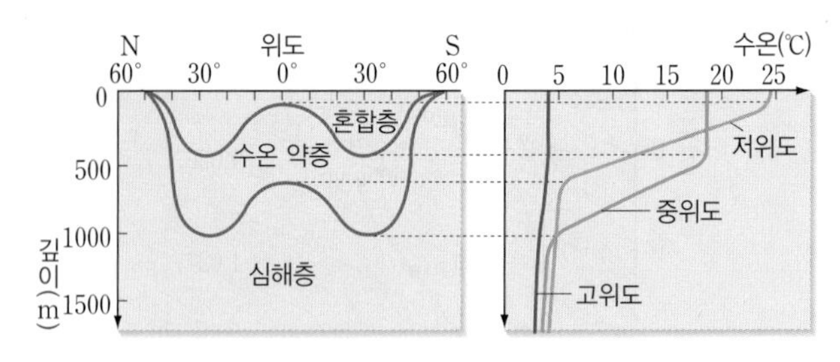

이에 대한 설명으로 옳은 것만을 [보기]에서 있는 대로 고른 것은?

[보기]

ㄱ. 적도 해역은 중위도 해역보다 풍속이 약하다.
ㄴ. 혼합층은 심해층보다 위도에 따른 수온 변화가 크다.
ㄷ. 중위도 해역은 고위도 해역보다 수온 약층이 뚜렷하게 발달한다.

① ㄱ ② ㄷ ③ ㄱ, ㄴ
④ ㄴ, ㄷ ⑤ ㄱ, ㄴ, ㄷ

307 정답률 25% 수능모의평가기출 변형

그림 (가)는 우리나라 주변 해역 A, B, C를, (나)는 세 해역의 표층 수온과 염분을 나타낸 것이다. B와 C의 수온과 염분 분포는 각각 ㉠과 ㉡ 중 하나이다.

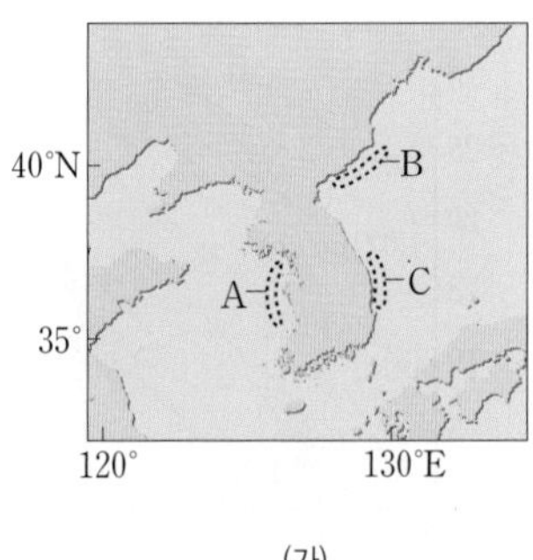

(가)

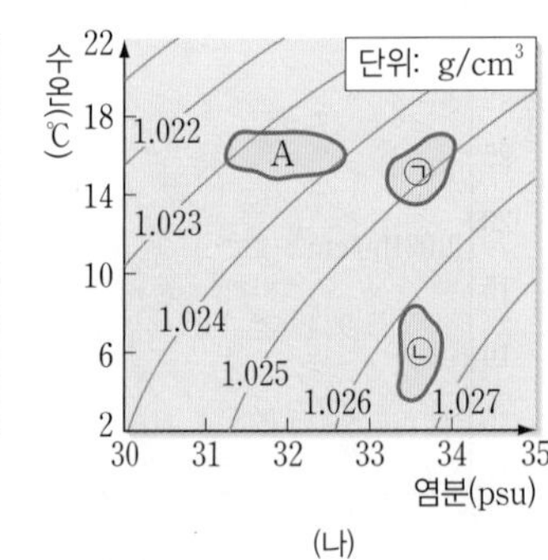

(나)

이 자료에 대한 설명으로 옳은 것만을 [보기]에서 있는 대로 고른 것은?

[보기]

ㄱ. 해수의 밀도는 B가 C보다 크다.
ㄴ. A와 C의 밀도 차이는 수온보다 염분의 영향이 크다.
ㄷ. C에서 염분의 변화 없이 표층 수온이 2 ℃ 상승하면 해수의 밀도는 1.023 g/cm³보다 작아진다.

① ㄱ ② ㄷ ③ ㄱ, ㄴ
④ ㄴ, ㄷ ⑤ ㄱ, ㄴ, ㄷ

308 정답률 30% 수능기출 변형

그림은 같은 시기 서로 다른 두 해역에서 깊이에 따라 측정한 수온과 염분 분포를 수온 염분도에 나타낸 것이다. A와 B는 각각 저위도와 고위도 해역 중 하나이다.

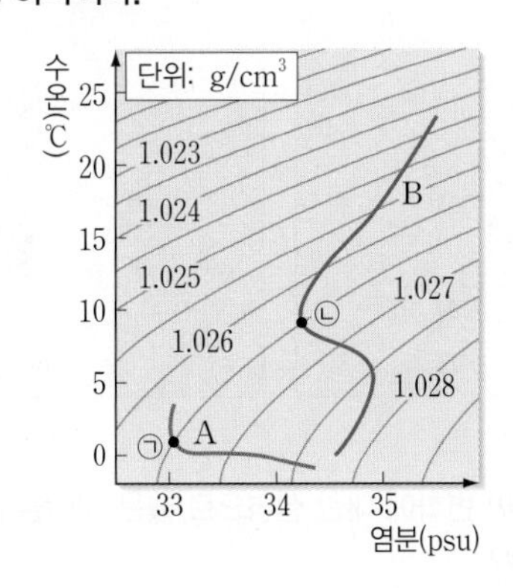

이 자료에 대한 설명으로 옳은 것만을 [보기]에서 있는 대로 고른 것은?

[보기]

ㄱ. A는 B보다 위도가 높은 해역이다.
ㄴ. ㉠과 ㉡의 해수를 같은 부피로 혼합할 때의 밀도는 1.0265 g/cm³이다.
ㄷ. 염분이 일정하다면 수온이 높아질수록 수온 변화에 따른 밀도 변화가 작아진다.

① ㄱ ② ㄴ ③ ㄱ, ㄷ
④ ㄴ, ㄷ ⑤ ㄱ, ㄴ, ㄷ

309 정답률 25% 수능모의평가기출 변형

그림은 겨울철 동해의 해수 밀도를 연직 단면에 나타낸 것이다.

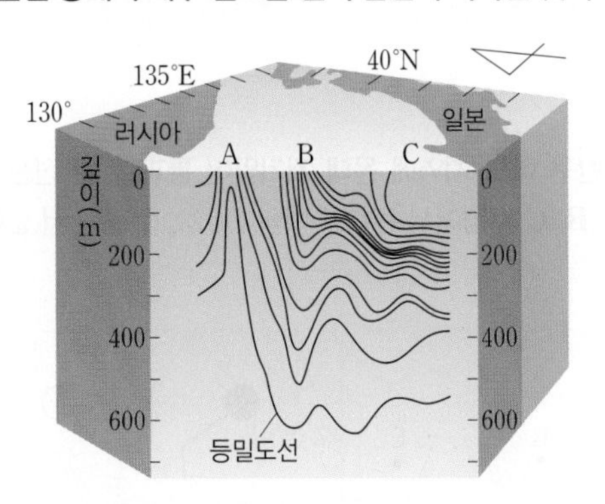

이에 대한 설명으로 옳은 것만을 [보기]에서 있는 대로 고른 것은?

[보기]

ㄱ. 표층 해수의 밀도는 A 해역이 B 해역보다 크다.
ㄴ. 표층과 수심 600 m의 밀도 차는 B 해역이 C 해역보다 크다.
ㄷ. C 해역의 수심 약 100~300 m 사이에는 밀도 약층이 형성되어 있다.

① ㄱ ② ㄴ ③ ㄱ, ㄷ
④ ㄴ, ㄷ ⑤ ㄱ, ㄴ, ㄷ

서술형 문제

310 정답률 30%

염분이 36 psu인 해수 2 kg을 증류수 1 kg과 혼합한 물의 염분은 몇 psu일지 쓰고, 그렇게 생각한 까닭을 설명하시오.

311 정답률 25%

그림은 어느 해역에서 최근 약 40년 동안 관측한 연평균 풍속 변화를 나타낸 것이다.

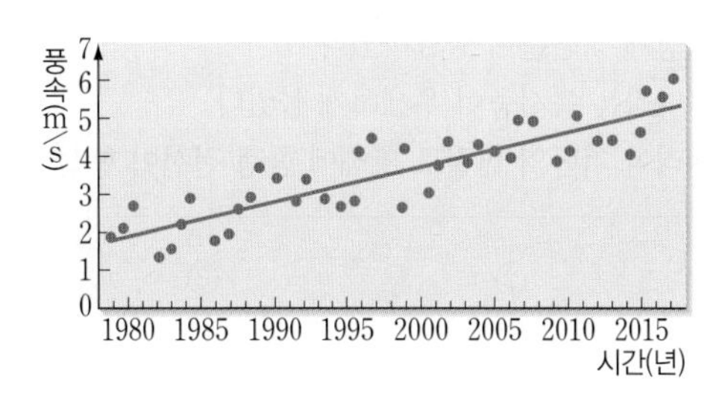

관측 기간 동안 이 해역 혼합층의 두께와 표층 수온의 변화를 풍속 변화와 관련지어 설명하시오.

312 정답률 30%

그림 (가)는 북태평양의 두 해역 A, B의 위치를, (나)는 A－B 구간에서 측정한 표층 해수의 수온과 염분을 ㉠과 ㉡으로 순서 없이 나타낸 것이다.

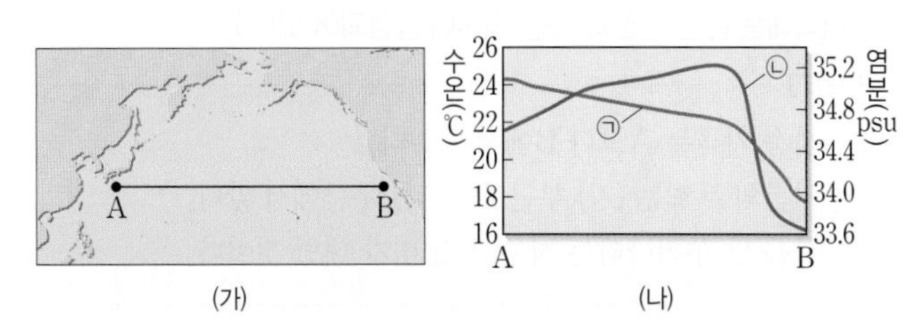

㉠과 ㉡ 중 어느 것이 염분의 분포인지 쓰고, 그렇게 판단한 까닭을 설명하시오.

실전 대비 평가 문제

» 바른답·알찬풀이 41쪽

313

그림은 어느 날 우리나라 부근의 일기도와 위성 영상을 나타낸 것이다.

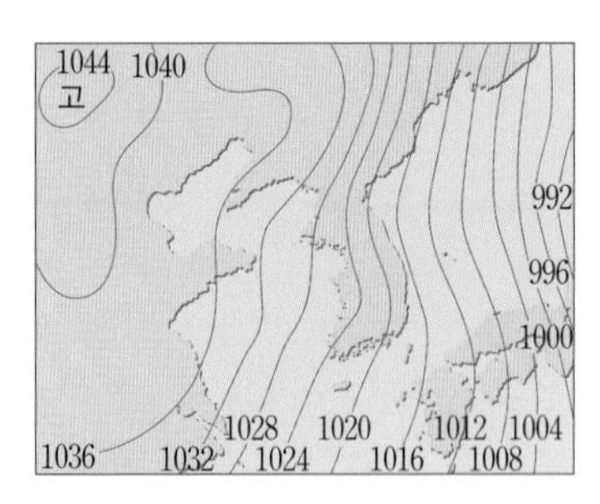

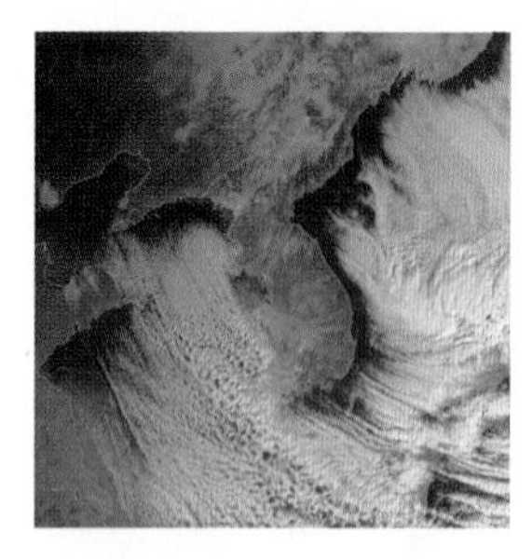

이에 대한 설명으로 옳은 것만을 [보기]에서 있는 대로 고른 것은?(단, 이날 우리나라 서해안에는 폭설이 내렸다.)

[보기]
ㄱ. 황해상에 적란운이 발달하였다.
ㄴ. 우리나라는 북서풍이 우세하게 불었다.
ㄷ. 시베리아 기단의 변질로 황해에 한랭 전선이 형성되었다.

① ㄱ ② ㄷ ③ ㄱ, ㄴ
④ ㄴ, ㄷ ⑤ ㄱ, ㄴ, ㄷ

314

그림은 어느 날 우리나라 부근의 일기도와 가시광선 영상을 나타낸 것이다.

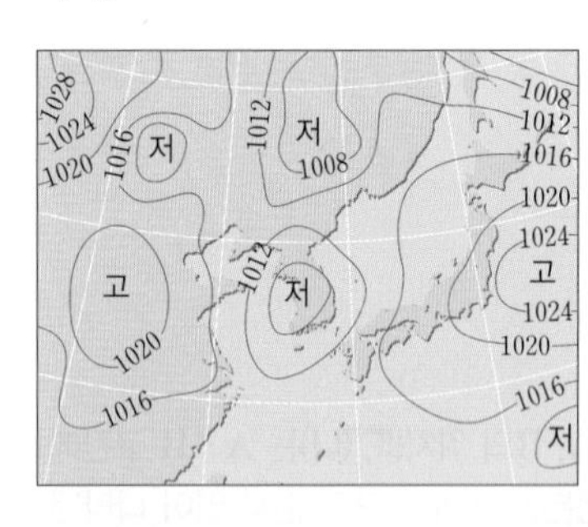

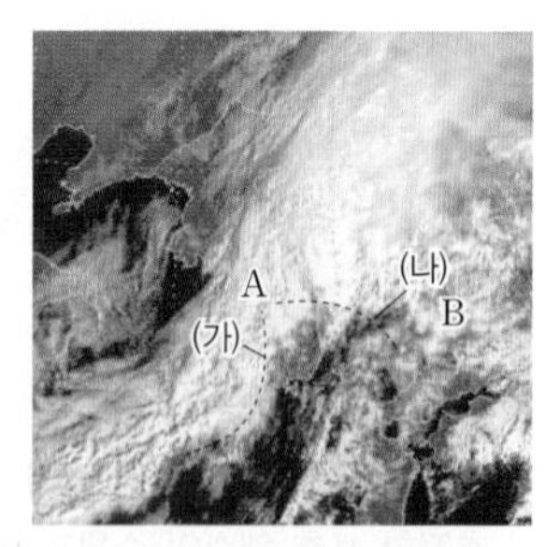

이에 대한 설명으로 옳은 것만을 [보기]에서 있는 대로 고른 것은?(단, 우리나라에는 온난 전선과 한랭 전선이 형성되어 있다.)

[보기]
ㄱ. 상승 기류는 A보다 B에서 강하다.
ㄴ. 구름의 두께는 (가) 부근보다 (나) 부근에서 얇다.
ㄷ. 다음 날 우리나라는 하루 종일 비가 내릴 것이다.

① ㄱ ② ㄴ ③ ㄱ, ㄷ
④ ㄴ, ㄷ ⑤ ㄱ, ㄴ, ㄷ

315

그림 (가)와 (나)는 24시간 간격으로 나타낸 우리나라 주변 일기도이다.

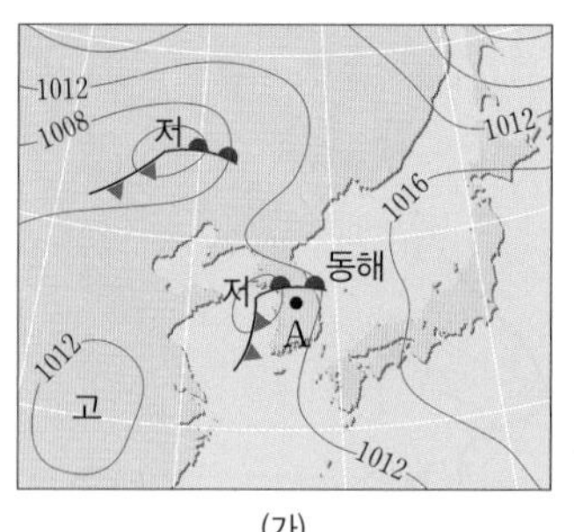

(가)

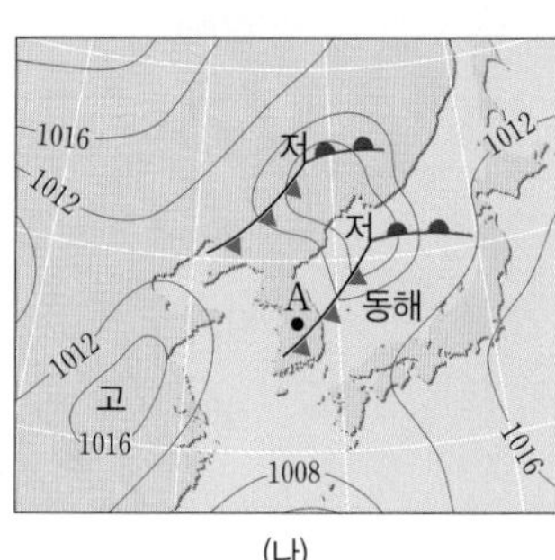

(나)

A 지역에서의 날씨 변화에 대한 설명으로 옳은 것만을 [보기]에서 있는 대로 고른 것은?

[보기]
ㄱ. 풍향이 시계 방향으로 변하였다.
ㄴ. 기온은 (가)보다 (나)의 시각에 낮았다.
ㄷ. (나)의 시각에 층운형 구름이 발달하였다.

① ㄱ ② ㄷ ③ ㄱ, ㄴ
④ ㄴ, ㄷ ⑤ ㄱ, ㄴ, ㄷ

316

그림은 북반구 어느 지역에 온대 저기압이 통과할 때 전선 (가), (나) 주위의 A, B, C 지점에서 관측한 바람 ㉠, ㉡, ㉢을 순서 없이 나타낸 것이다.

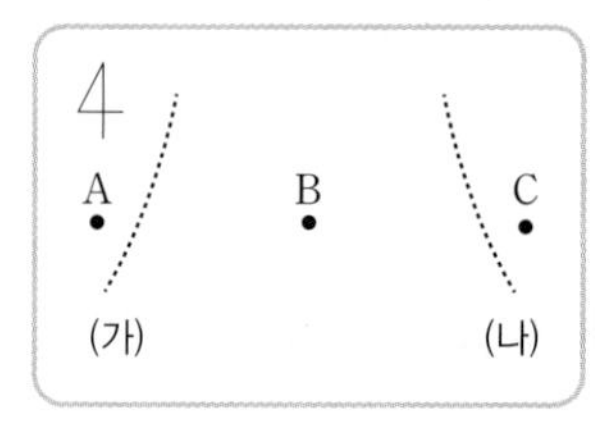

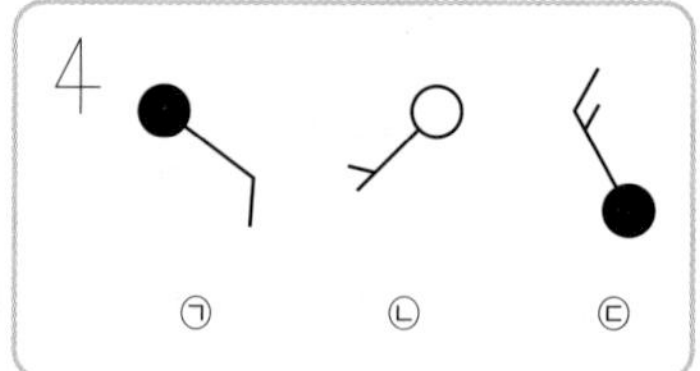

이에 대한 설명으로 옳은 것만을 [보기]에서 있는 대로 고른 것은?

[보기]
ㄱ. A 지점의 바람은 ㉢이다.
ㄴ. 전선면의 기울기는 (나)가 (가)보다 급하다.
ㄷ. 기온은 ㉡보다 ㉠을 관측한 시각에 더 높았다.

① ㄱ ② ㄷ ③ ㄱ, ㄴ
④ ㄴ, ㄷ ⑤ ㄱ, ㄴ, ㄷ

317

그림 (가)는 어느 태풍의 이동 경로와 중심 기압을, (나)는 27일 15시, 28일 03시, 28일 15시에 어느 관측소에서 관측한 풍향과 풍속을 시간 순서에 따라 ㉠, ㉡, ㉢으로 나타낸 것이다.

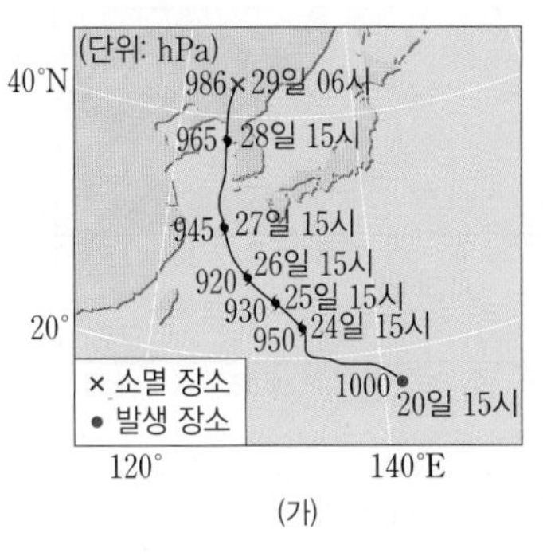

(가)

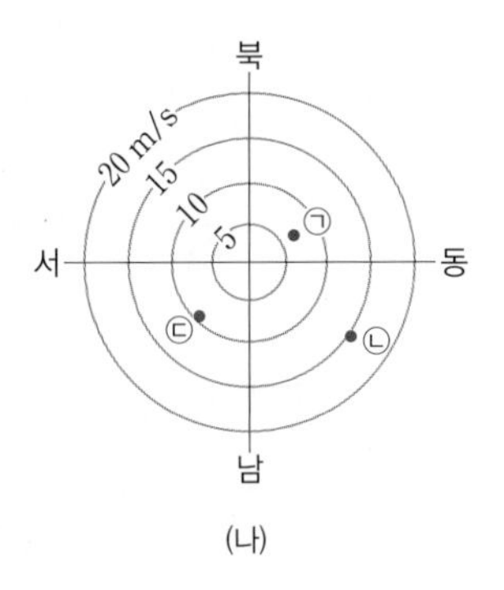

(나)

이에 대한 설명으로 옳은 것만을 [보기]에서 있는 대로 고른 것은?

[보기]
ㄱ. 관측소는 위험 반원에 위치한다.
ㄴ. 25일부터 28일까지 태풍의 이동 속도는 점차 빨라졌다.
ㄷ. 관측소와 태풍 중심 사이의 거리는 27일 15시보다 28일 03시에 더 가깝다.

① ㄱ ② ㄴ ③ ㄱ, ㄷ
④ ㄴ, ㄷ ⑤ ㄱ, ㄴ, ㄷ

318

그림 (가)와 (나)는 우리나라에서 관측한 기상 현상을 나타낸 것이다.

(가) 집중 호우

(나) 뇌우

이에 대한 설명으로 옳은 것만을 [보기]에서 있는 대로 고른 것은?

[보기]
ㄱ. (가)는 하강 기류가 발달할 때 나타난다.
ㄴ. (나)는 주로 대기가 불안정할 때 발생한다.
ㄷ. (나)의 성숙 단계에서는 (가)에 의한 피해가 발생할 수 있다.

① ㄱ ② ㄷ ③ ㄱ, ㄴ
④ ㄴ, ㄷ ⑤ ㄱ, ㄴ, ㄷ

319

그림 (가)와 (나)는 서로 다른 두 계절의 전형적인 지상 일기도이다.

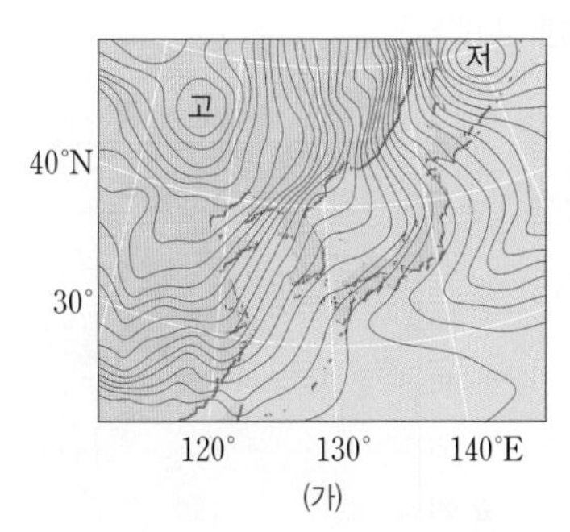

(가)

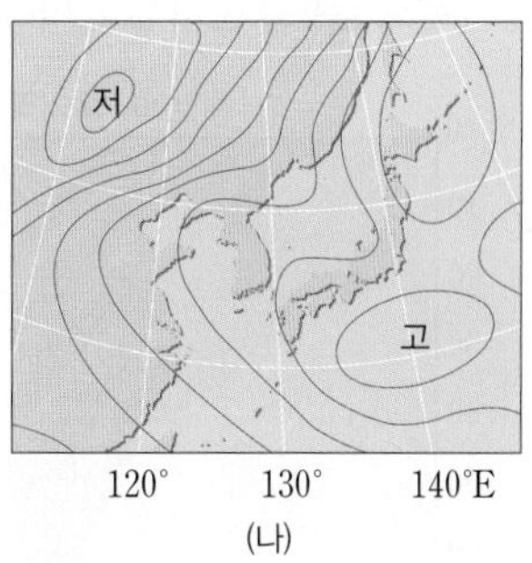

(나)

(가)와 (나)의 계절에 따른 해양의 층상 구조에서 나타나는 특징으로 옳은 것만을 [보기]에서 있는 대로 고른 것은?

[보기]
ㄱ. 혼합층의 두께는 (가) 시기가 (나) 시기보다 두껍다.
ㄴ. 수온 약층의 상부와 하부의 수온 차이는 (가) 시기가 (나) 시기보다 크다.
ㄷ. 심해층의 수온은 (가)와 (나) 시기가 거의 같다.

① ㄱ ② ㄴ ③ ㄱ, ㄷ
④ ㄴ, ㄷ ⑤ ㄱ, ㄴ, ㄷ

320

그림 (가)와 (나)는 각각 위도별 표층 염분 분포와 증발암의 분포 비율을 나타낸 것이다.

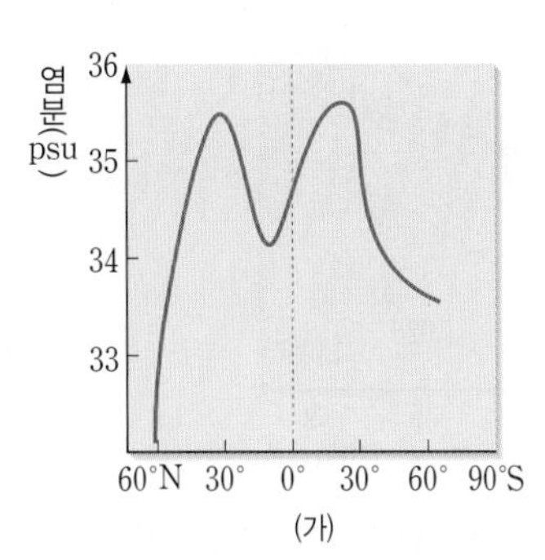

(가)

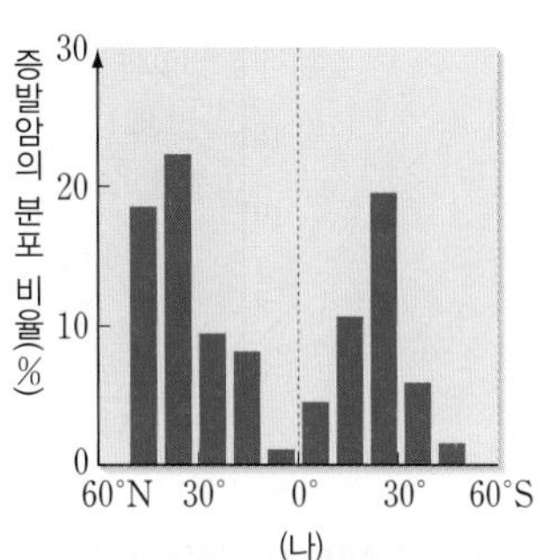

(나)

이에 대한 설명으로 옳은 것만을 [보기]에서 있는 대로 고른 것은?

[보기]
ㄱ. (증발량－강수량)은 적도보다 위도 30°에서 크다.
ㄴ. 증발암의 분포 비율은 대체로 염분 분포에 비례한다.
ㄷ. 위도 30° 부근에서 증발암의 분포 비율이 높은 것은 증발량에 비해 강수량이 많기 때문이다.

① ㄱ ② ㄷ ③ ㄱ, ㄴ
④ ㄴ, ㄷ ⑤ ㄱ, ㄴ, ㄷ

321

그림은 동해안의 어느 해역에서 2월과 8월에 측정한 깊이에 따른 해수의 온도 분포를 순서 없이 나타낸 것이다.

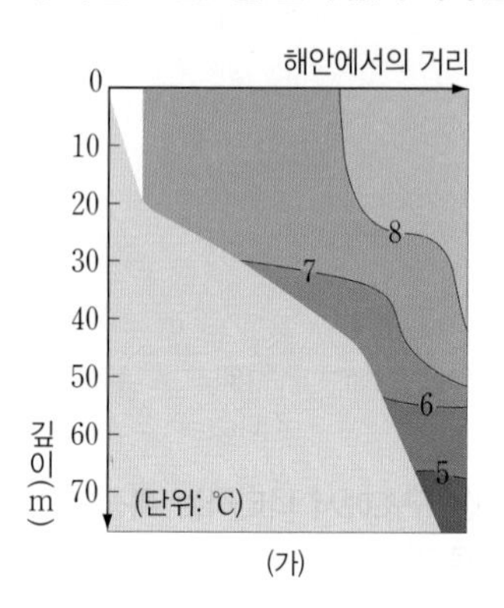

(가)

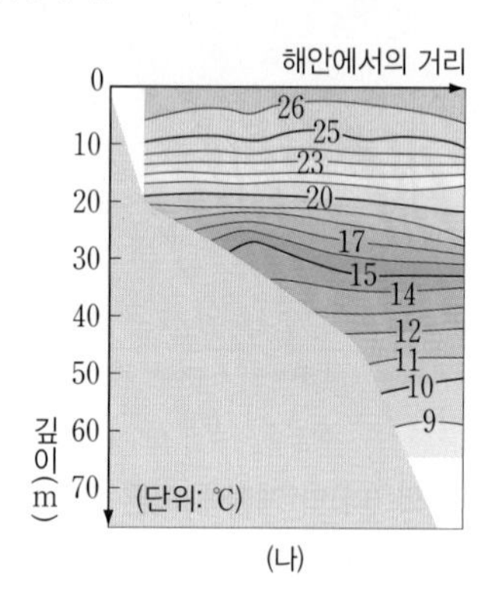

(나)

이에 대한 설명으로 옳은 것만을 [보기]에서 있는 대로 고른 것은?

[보기]

ㄱ. (가)는 2월, (나)는 8월이다.
ㄴ. 수심에 따른 해수의 온도 변화는 (가)가 (나)보다 크다.
ㄷ. 해수의 연직 혼합은 (가)보다 (나)일 때 활발하게 일어난다.

① ㄱ ② ㄷ ③ ㄱ, ㄴ ④ ㄴ, ㄷ ⑤ ㄱ, ㄴ, ㄷ

322

그림은 서로 다른 해역 A, B, C에서 측정한 해수의 표층 수온과 표층 염분을 수온 염분도에 나타낸 것이다.

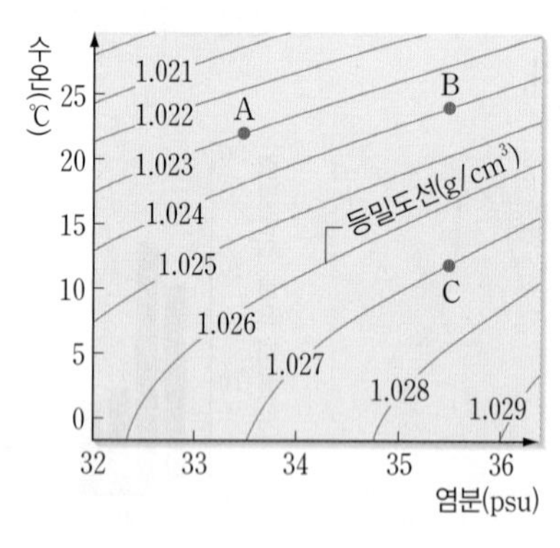

이에 대한 설명으로 옳은 것만을 [보기]에서 있는 대로 고른 것은?

[보기]

ㄱ. A 해역의 해수는 B 해역의 해수보다 밀도가 크다.
ㄴ. B와 C 해역의 해수를 혼합한 해수는 B 해역의 해수보다 밀도가 크다.
ㄷ. C 해역에 수온이 현재와 같은 하천수가 유입되면 해수의 밀도가 현재보다 작아질 것이다.

① ㄱ ② ㄷ ③ ㄱ, ㄴ ④ ㄴ, ㄷ ⑤ ㄱ, ㄴ, ㄷ

323

그림 (가)와 (나)는 어느 해역에서 1년 동안 깊이에 따라 측정한 수온과 염분 분포를 각각 나타낸 것이다.

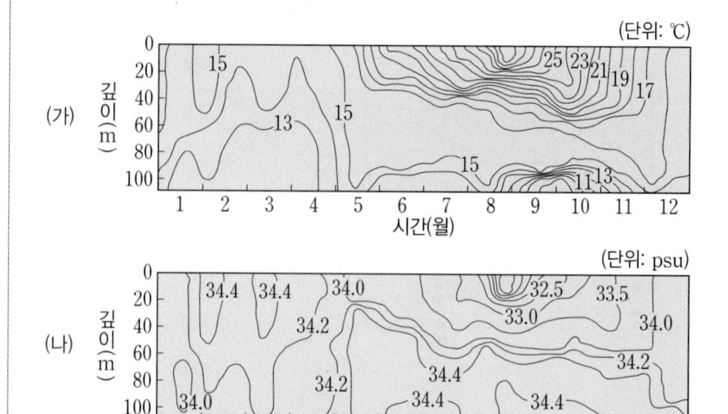

이 해역의 특징으로 옳은 것만을 [보기]에서 있는 대로 고른 것은?

[보기]

ㄱ. 바람의 세기는 8월이 12월보다 강하다.
ㄴ. 표층과 깊이 100 m 지점의 밀도 차는 2월이 8월보다 크다.
ㄷ. 표층 염분이 낮은 시기에는 수온 약층이 뚜렷하게 나타난다.

① ㄱ ② ㄷ ③ ㄱ, ㄴ ④ ㄴ, ㄷ ⑤ ㄱ, ㄴ, ㄷ

324

그림 (가)와 (나)는 우리나라 주변의 바다에서 여름철과 겨울철에 측정한 표층 해수의 용존 산소량 분포를 순서 없이 나타낸 것이다.

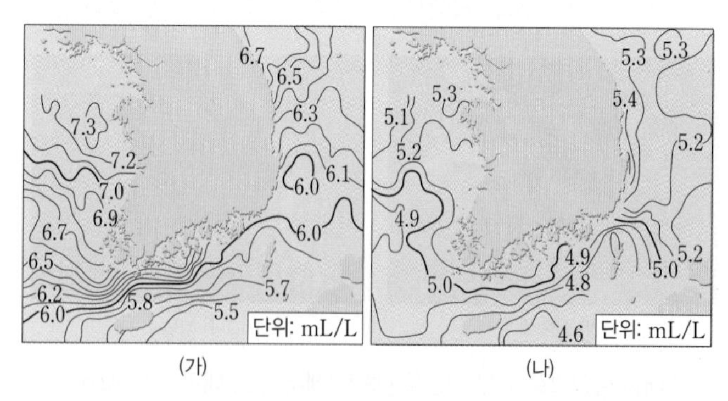

이에 대한 설명으로 옳은 것만을 [보기]에서 있는 대로 고른 것은?

[보기]

ㄱ. 표층 수온은 (가)보다 (나)일 때 높다.
ㄴ. 겨울철에 황해는 동해보다 대체로 용존 산소량이 많다.
ㄷ. 용존 산소량의 연교차는 대체로 동해보다 황해가 크다.

① ㄱ ② ㄷ ③ ㄱ, ㄴ ④ ㄴ, ㄷ ⑤ ㄱ, ㄴ, ㄷ

단답형·서술형 문제

325

그림은 태평양의 해역 A, B, C를 나타낸 것이다.

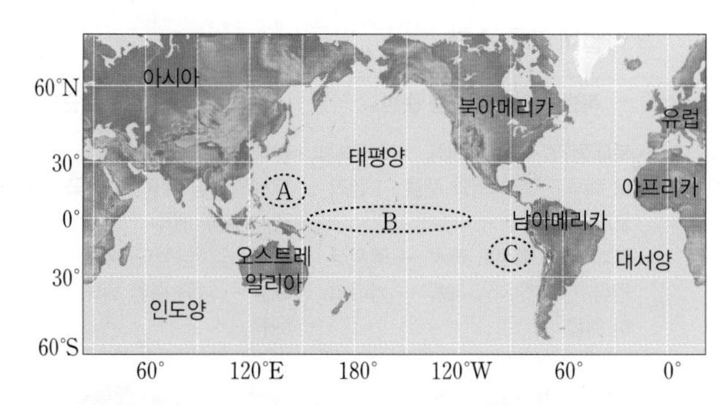

A, B, C 해역 중 열대 저기압이 발생하기 어려운 해역을 모두 고르고, 그 까닭을 설명하시오.

326

오른쪽 그림은 어느 온대 저기압이 서에서 동으로 우리나라를 통과하는 동안 동일 경도상에 위치하는 A와 B 지역의 풍향 변화를 나타낸 것이다. A와 B 지역 중에서 위도가 더 낮은 곳을 쓰고, 그렇게 판단한 까닭을 설명하시오.

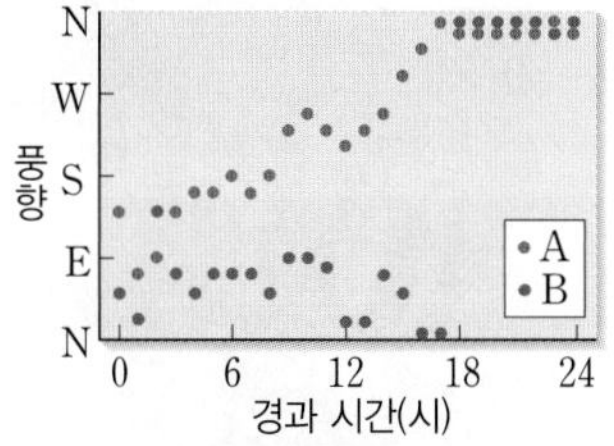

327

그림 (가)는 어느 해 우리나라에 영향을 준 황사의 발원지를, (나)는 이 황사가 우리나라를 지나가는 모습을 나타낸 것이다.

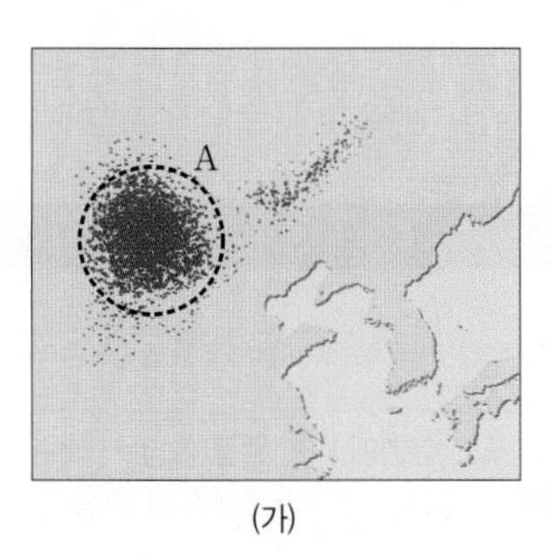

(가)

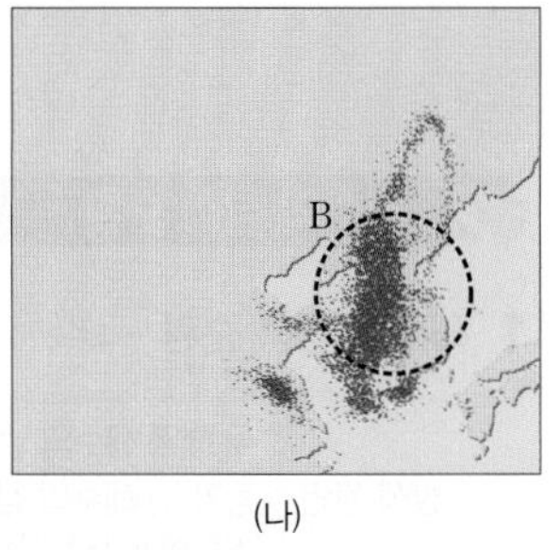

(나)

우리나라에서 황사 피해가 크게 발생할 수 있는 A와 B 지역의 기압 조건을 공기의 연직 운동과 관련지어 설명하시오.

328

그림은 태평양 중앙부에 위치한 해역 A, B에서 측정한 풍속을 나타낸 것이다.

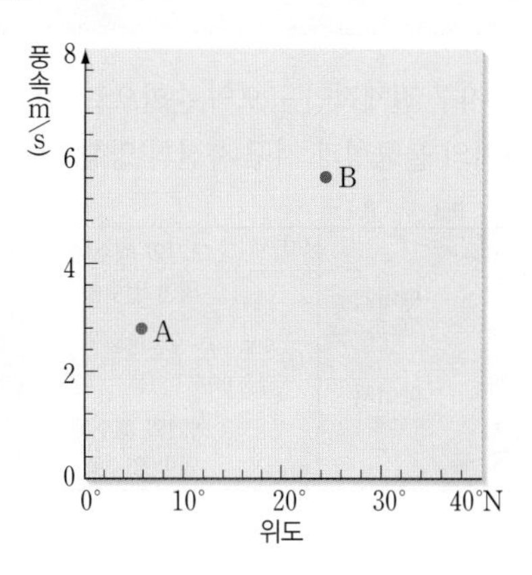

해역 A, B 중 표층 수온이 높은 해역과 혼합층의 두께가 두껍게 나타나는 해역을 차례대로 쓰시오.

[329~330] 그림 (가)와 (나)는 북반구 중위도의 어느 해역에서 측정한 수온과 염분의 연직 분포를 순서 없이 나타낸 것이다. 점선과 실선 중 하나는 2월, 다른 하나는 8월에 해당한다. 물음에 답하시오.

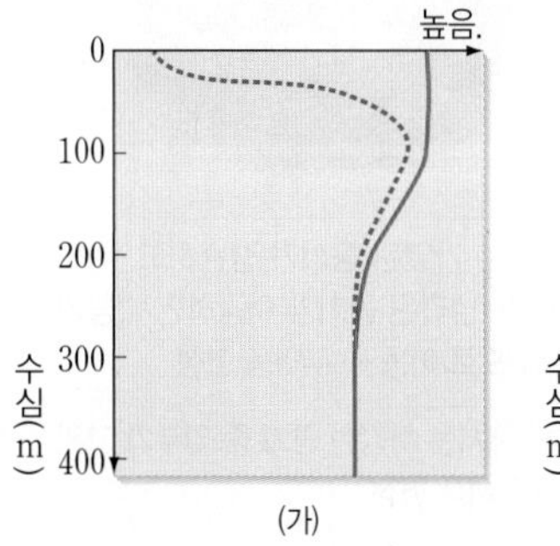

(가)

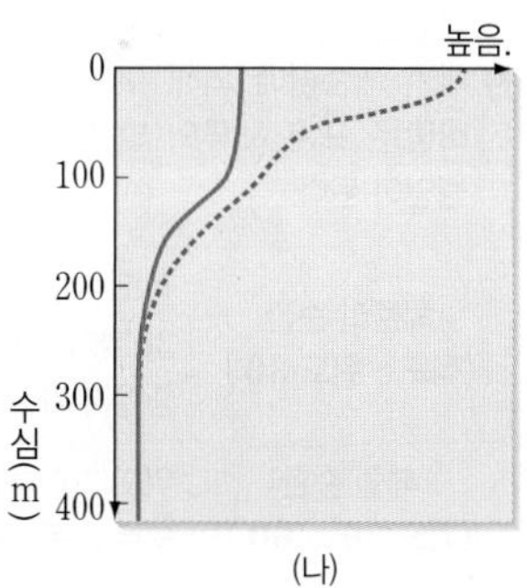

(나)

329

(가)와 (나)는 각각 수온과 염분 중 어느 것의 연직 분포를 나타내는지 쓰시오.

330

표층 해수의 밀도는 2월과 8월 중 언제 더 큰지 수온과 염분 변화와 관련지어 설명하시오.

07 해수의 순환

Ⅳ 대기와 해양의 상호 작용

꼭 알아야 할 핵심 개념
- ☑ 대기 대순환
- ☑ 해수의 표층 순환
- ☑ 해수의 심층 순환

1 대기 대순환과 해수의 표층 순환

1 대기 대순환 지구 전체적인 규모의 순환으로, 위도에 따른 태양 복사 에너지의 불균형과 지구 자전의 영향으로 발생한다.

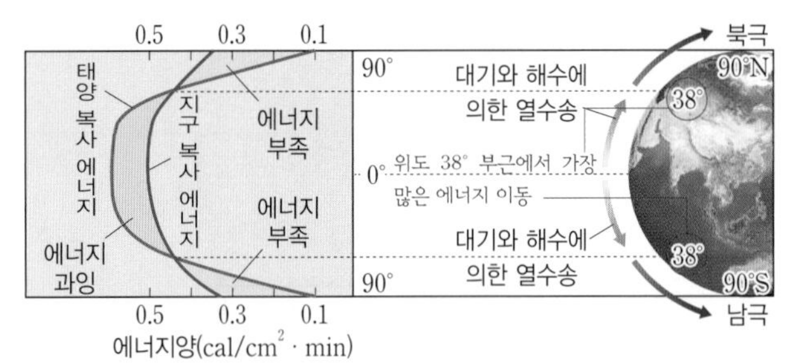

▲ 위도에 따른 에너지 불균형

저위도 지방	태양 복사 에너지의 흡수량 > 지구 복사 에너지의 방출량 ⋯➝ 에너지 과잉 상태
고위도 지방	태양 복사 에너지의 흡수량 < 지구 복사 에너지의 방출량 ⋯➝ 에너지 부족 상태

빈출 자료 ① 대기 대순환 모형

❶ 적도를 경계로 남반구와 북반구가 대칭을 이룬다.
❷ 지구의 자전에 의해 3개의 순환 세포가 나타난다.
⋯➝ 해들리 순환, 페렐 순환, 극순환
❸ 대기 대순환에 의해 부는 바람은 표층 해류의 발생 원인이 된다.

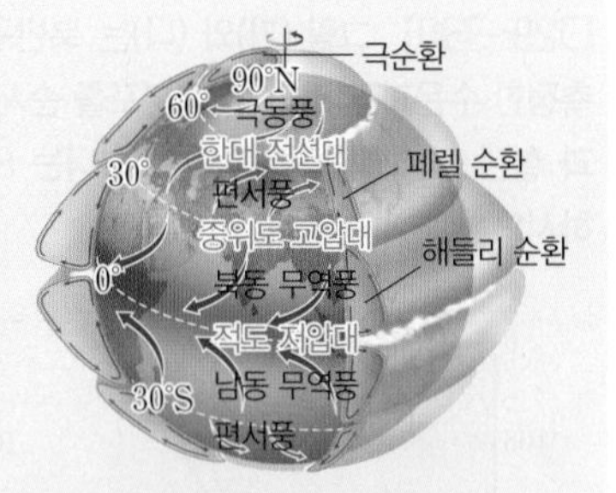

해들리 순환 (적도~위도 30°)	적도 부근에서는 가열된 공기가 상승하고, 위도 30° 부근에서는 냉각된 공기가 하강하면서 공기 중 일부가 저위도로 이동 ⋯➝ 무역풍 형성
페렐 순환 (위도 30°~60°)	위도 30° 부근에서는 하강한 공기 중 일부가 고위도로 이동 ⋯➝ 편서풍 형성
극순환 (위도 60°~극지방)	극지방에서는 냉각된 공기가 하강하면서 저위도로 이동 ⋯➝ 극동풍 형성

필수 유형 대기 대순환 모형에서 각 순환 세포의 특징을 묻는 문제가 출제된다.

80쪽 345번

2 해수의 표층 순환 (풍성 순환이라고도 한다.) 해수의 표층에서 나타나는 순환으로, 대기 대순환에 의해 바람이 한 방향으로 지속적으로 불면서 형성된다.

① 난류와 한류

구분	이동 방향	수온	염분	영양염류	용존 산소량
난류	저위도 → 고위도	높다.	높다.	적다.	적다.
한류	고위도 → 저위도	낮다.	낮다.	많다.	많다.

② 아열대 표층 순환 북반구와 남반구의 표층 순환은 적도를 경계로 서로 대칭적인 흐름을 보인다.

북반구 아열대 표층 순환	남반구 아열대 표층 순환
• 북태평양: 북적도 해류 → 쿠로시오 해류 → 북태평양 해류 → 캘리포니아 해류 • 북대서양: 북적도 해류 → 멕시코 만류 → 북대서양 해류 → 카나리아 해류	• 남태평양: 남적도 해류 → 동오스트레일리아 해류 → 남극 순환 해류 → 페루 해류 • 남대서양: 남적도 해류 → 브라질 해류 → 남극 순환 해류 → 벵겔라 해류

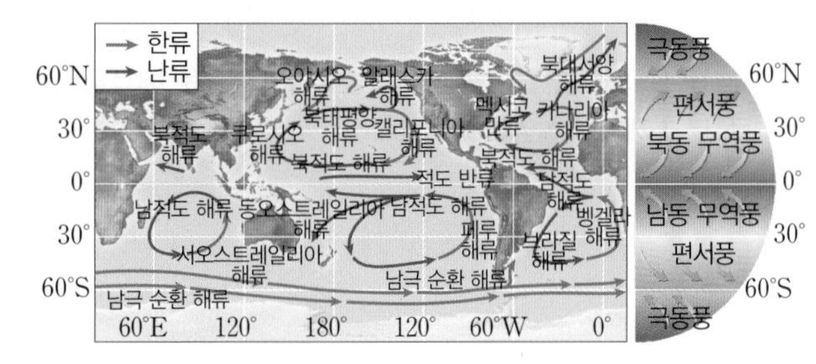

3 우리나라 주변의 해류와 조경 수역

조경 수역
- 난류와 한류가 만나는 경계 지역으로 영양염류와 플랑크톤이 풍부하여 좋은 어장이 형성된다.
  ⋯➝ 동한 난류와 북한 한류가 만나 동해에 형성된다.
- 여름철: 동한 난류가 강해져 북상
- 겨울철: 북한 한류가 강해져 남하

영양염류와 식물성 플랑크톤, 혼탁물이 적어 바닷물이 맑다. ➡ 태양 빛 중 청남색을 많이 투과시켜 검게 보인다.

난류	쿠로시오 해류	우리나라 주변 난류의 근원
	황해 난류	쿠로시오 해류의 일부가 황해로 북상
	쓰시마 난류	쿠로시오 해류의 일부가 남해안을 지나 동해로 흘러가는 해류
	동한 난류	쓰시마 난류의 일부가 동해안으로 북상
한류	연해주 한류	연해주를 따라 남하하는 한류
	북한 한류	연해주 한류의 일부가 동해안을 따라 남하

2 해수의 심층 순환

1 해수의 심층 순환 – 해수의 수온과 염분 변화로 나타나므로 열염 순환이라고도 한다.

발생 원인	극 해역 해수의 냉각 또는 결빙에 의한 염분 상승 → 해수 밀도 증가 → 해수의 침강 → 침강한 해수가 저위도로 이동 → 심층 순환의 발생
특징	• 표층 순환보다 매우 느린 속도로 이동한다. • 수온 약층 아래에서 일어나는 순환이다. • 전 지구적으로 발생하며, 심해에 산소를 공급한다.

2 대서양의 심층 순환

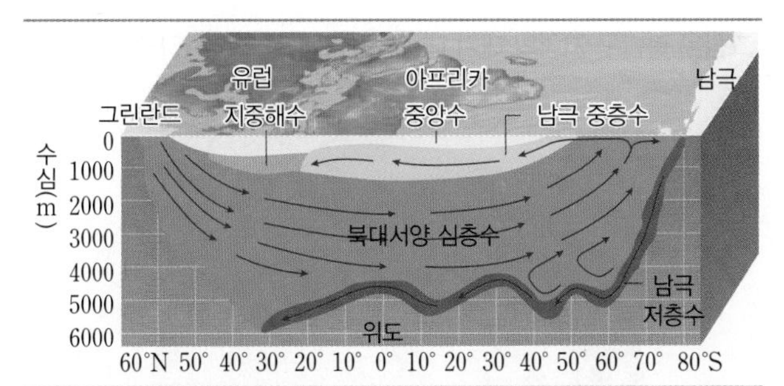

남극 중층수	대서양 60°S 해역에서 형성된 남극 중층수는 수심 1000 m 부근에서 20°N까지 이동한다.
북대서양 심층수	그린란드 해역에서 냉각된 표층 해수가 침강하여 형성된 해수로, 수심 약 1500~4000 m 사이에서 남반구의 고위도까지 이동한다.
남극 저층수	남극 대륙 주변의 웨델해에서 결빙이 일어나 침강하여 형성된 밀도가 매우 큰 해수로, 해저를 따라 북쪽으로 이동한다.

3 수온 염분도와 수괴 분석 해수의 심층 순환은 수온 염분도와 수괴 분석을 통해 간접적으로 알아낸다.

수괴: 수온, 염분, 밀도 등의 성질이 비슷한 해수 덩어리

빈출 자료 ② 수온 염분도와 심층 순환

대서양(9°S)의 수심에 따른 해수의 성질 변화	대서양 심층수 분석
수온(°C) 0~20, 염분(psu) 33.5~36.0, 등밀도선(g/cm³) 1.0240~1.0290, 150 m, 300 m, 800 m, 1400 m, 2000 m, 4000 m, 5000 m	수온(°C) 0~15, 염분(psu) 33.5~36.0, 등밀도선(g/cm³) 1.0245~1.0285, 남극 중층수, 북대서양 심층수, 남극 저층수
• 해수면에서 깊이가 깊어질수록 밀도가 증가한다. • 해수는 성질(수온, 염분, 밀도)이 다른 수괴와 잘 혼합되지 않는다. ⋯› 수괴의 성질을 조사하여 수온 염분도에 나타내면 수괴의 기원과 이동 경로를 알 수 있다.	• 평균 수온: 남극 저층수 < 북대서양 심층수 < 남극 중층수 • 평균 염분: 남극 중층수 < 남극 저층수 < 북대서양 심층수 • 평균 밀도: 남극 중층수 < 북대서양 심층수 < 남극 저층수

필수 유형 수온 염분도를 통해 수괴의 성질을 파악하는 문제가 출제된다.

83쪽 357번

4 해수의 표층 순환과 심층 순환 표층 순환과 심층 순환은 서로 연결되어 있으며 전체 해양에서 큰 순환을 이룬다.

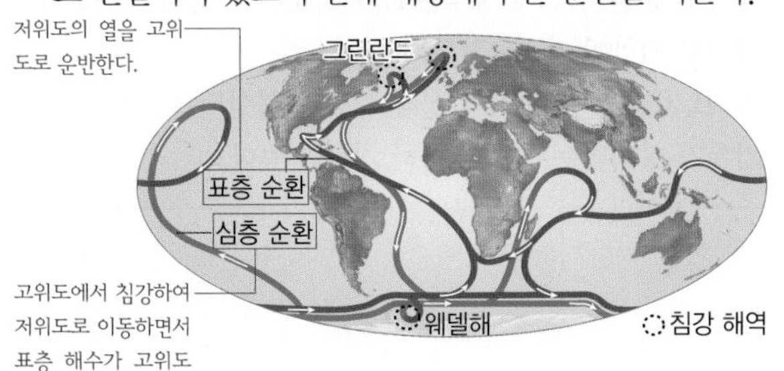

개념 확인 문제

» 바른답·알찬풀이 44쪽

[331~335] 다음은 대기 대순환과 해수의 표층 순환에 대한 설명이다. ( ) 안에 들어갈 알맞은 말을 쓰시오.

331 위도별 에너지 수송량이 가장 많은 곳은 위도 약 ( )이다.

332 위도 30°~60°에서 일어나는 대기 대순환은 ( ) 순환이다.

333 북적도 해류는 대기 대순환 바람 중 ( )에 의해 발생한다.

334 북태평양 해류는 대기 대순환 바람 중 ( )에 의해 발생한다.

335 우리나라 주변을 흐르는 동한 난류와 황해 난류의 근원이 되는 해류는 ( ) 해류이다.

336 난류와 한류가 만나는 해역으로, 이곳에는 영양염류와 플랑크톤이 풍부하여 좋은 어장이 형성된다. 이 해역을 무엇이라고 하는지 쓰시오.

[337~342] 해수의 밀도와 심층 순환에 대한 설명으로 옳은 것은 ○표, 옳지 않은 것은 ×표 하시오.

337 해수의 수온이 높을수록 해수의 밀도가 크다. ( )

338 밀도가 큰 해수일수록 심층에 위치한다. ( )

339 심층 순환의 이동 속도는 표층 순환의 이동 속도보다 빠르다. ( )

340 남극 저층수는 북대서양 심층수보다 깊은 곳에서 흐른다. ( )

341 그린란드 근해와 웨델해에서는 해수의 침강이 일어난다. ( )

342 심층 순환은 직접 채수한 수괴 분석을 통해 직접적으로 흐름을 알아낸다. ( )

기출 분석 문제

» 바른답·알찬풀이 44쪽

1 | 대기 대순환과 해수의 표층 순환

[343~344] 오른쪽 그림은 위도에 따른 태양 복사 에너지양과 지구 복사 에너지양을 나타낸 것이다. 물음에 답하시오.

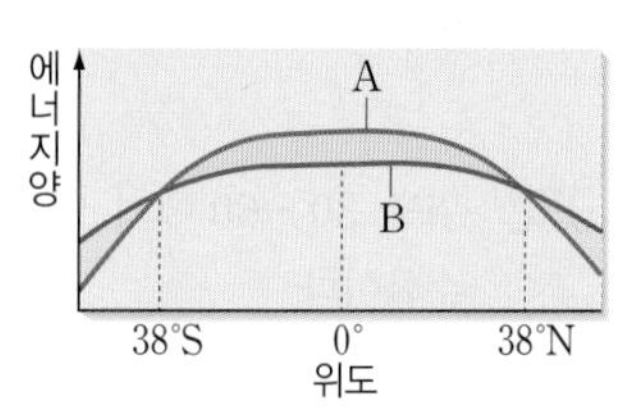

343

위 그림에서 A, B가 나타내는 것은 무엇인지 각각 쓰시오.

344

위 그림에 대한 설명으로 옳은 것만을 [보기]에서 있는 대로 고른 것은?

[보기]

ㄱ. 적도에서는 태양 복사 에너지의 흡수량이 지구 복사 에너지의 방출량보다 많다.
ㄴ. 위도 38° 부근에서 남북 간의 에너지 수송량이 최소이다.
ㄷ. 위도별로 나타나는 에너지 불균형은 대기 대순환과 해류에 의해 해소된다.

① ㄱ　② ㄴ　③ ㄱ, ㄷ　④ ㄴ, ㄷ　⑤ ㄱ, ㄴ, ㄷ

345

필수 유형 78쪽 빈출 자료 ①

오른쪽 그림은 대기 대순환의 모식도를 나타낸 것이다. 이에 대한 설명으로 옳은 것만을 [보기]에서 있는 대로 고른 것은?

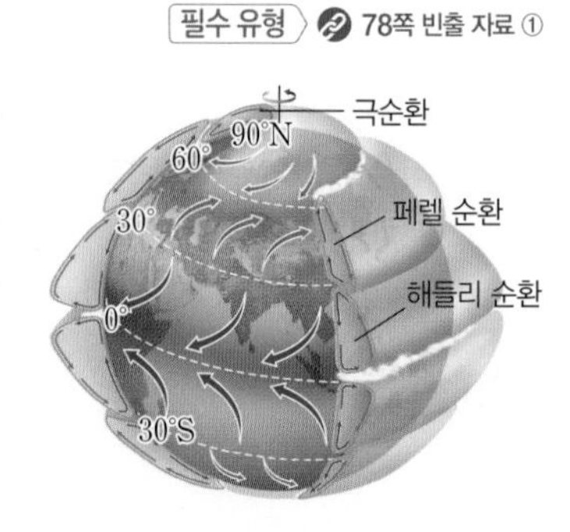

[보기]

ㄱ. 적도의 지표면에서는 저기압이 발달한다.
ㄴ. 위도 30°~60°의 지상에는 무역풍이 분다.
ㄷ. 대기 대순환은 저위도의 에너지를 고위도로 수송하는 역할을 한다.

① ㄱ　② ㄴ　③ ㄱ, ㄷ　④ ㄴ, ㄷ　⑤ ㄱ, ㄴ, ㄷ

346

그림은 북반구 지역의 대기 대순환을 모식적으로 나타낸 것이다.

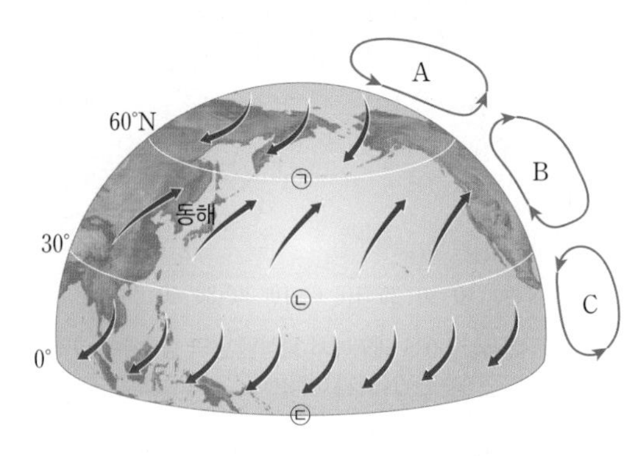

이에 대한 설명으로 옳은 것만을 [보기]에서 있는 대로 고른 것은?

[보기]

ㄱ. A와 C는 간접 순환이고, B는 직접 순환이다.
ㄴ. ㉠의 지상에는 전선대가 형성된다.
ㄷ. ㉡은 ㉢보다 연평균 강수량이 많다.

① ㄱ　② ㄴ　③ ㄱ, ㄷ　④ ㄴ, ㄷ　⑤ ㄱ, ㄴ, ㄷ

347

그림은 북반구의 대기 대순환을 모식적으로 나타낸 것이다.

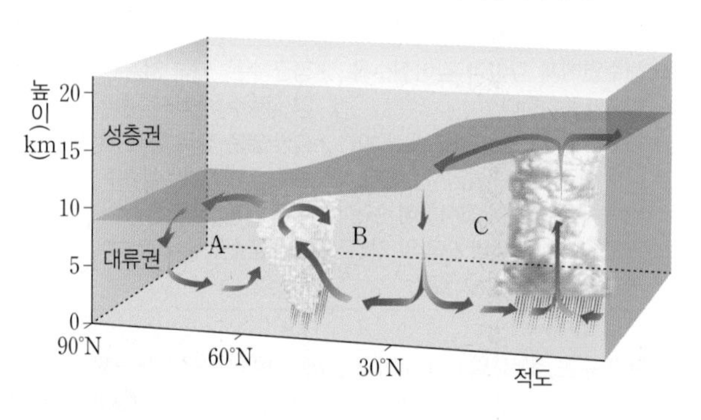

이에 대한 설명으로 옳은 것만을 [보기]에서 있는 대로 고른 것은?

[보기]

ㄱ. 위도가 높을수록 대기 순환의 연직 규모가 대체로 작다.
ㄴ. A와 B 순환의 경계 지역은 B와 C 순환의 경계 지역보다 대체로 기압이 낮다.
ㄷ. A, B, C 순환에서 각각 상승 기류가 형성되는 곳은 하강 기류가 형성되는 곳보다 평균 기온이 높다.

① ㄱ　② ㄴ　③ ㄷ　④ ㄱ, ㄴ　⑤ ㄱ, ㄷ

348

그림 (가)는 북태평양의 표층 순환을, (나)는 대기 대순환의 일부를 나타낸 것이다.

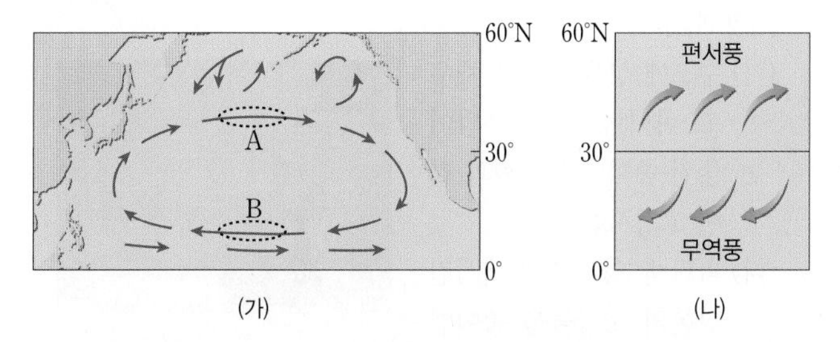

이에 대한 설명으로 옳은 것만을 [보기]에서 있는 대로 고른 것은?

[보기]
ㄱ. A 해역에는 북태평양 해류가 흐르고 있다.
ㄴ. B 해역에는 편서풍의 영향을 받은 해류가 흐르고 있다.
ㄷ. 용존 산소량은 A 해역의 해류가 B 해역의 해류보다 많다.

① ㄱ ② ㄴ ③ ㄱ, ㄷ
④ ㄴ, ㄷ ⑤ ㄱ, ㄴ, ㄷ

349

그림은 대기 대순환에 의해 지표 부근에 불고 있는 바람과 해수의 표층 순환을 나타낸 것이다.

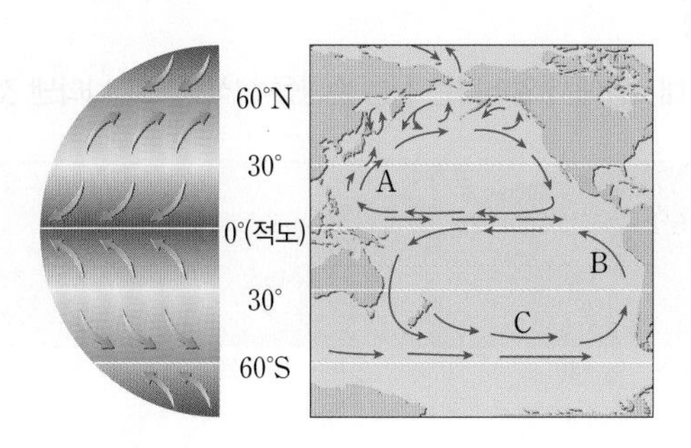

이에 대한 설명으로 옳은 것만을 [보기]에서 있는 대로 고른 것은?

[보기]
ㄱ. A와 B는 모두 난류이다.
ㄴ. C는 편서풍의 영향을 받아 흐르고 있다.
ㄷ. 북태평양의 아열대 표층 순환과 남태평양의 아열대 표층 순환은 서로 대칭적으로 흐른다.

① ㄱ ② ㄷ ③ ㄱ, ㄴ
④ ㄴ, ㄷ ⑤ ㄱ, ㄴ, ㄷ

350

그림은 어느 해 8월의 표층 수온 분포를 나타낸 것이다.

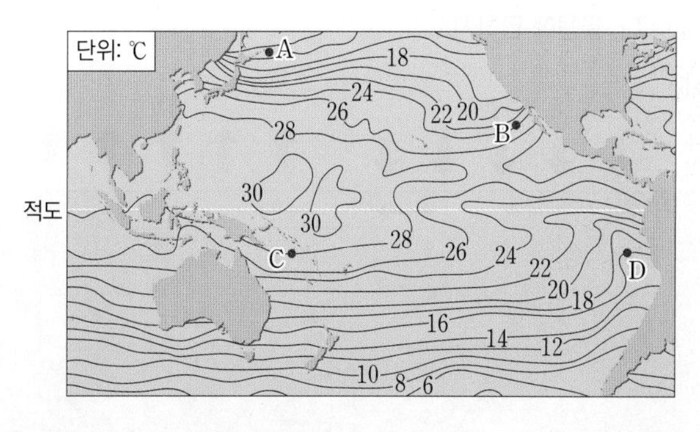

이에 대한 설명으로 옳은 것만을 [보기]에서 있는 대로 고른 것은?

[보기]
ㄱ. A와 B 해역의 표층 해류는 모두 남쪽으로 흐른다.
ㄴ. 용존 산소량은 D 해역이 C 해역보다 많다.
ㄷ. C와 D 사이에서 아열대 순환은 시계 반대 방향으로 형성된다.

① ㄱ ② ㄷ ③ ㄱ, ㄴ
④ ㄴ, ㄷ ⑤ ㄱ, ㄴ, ㄷ

351 수능기출 변형

그림은 여름철 우리나라 주변의 표층 해수가 이동하는 모습을 나타낸 것이다.

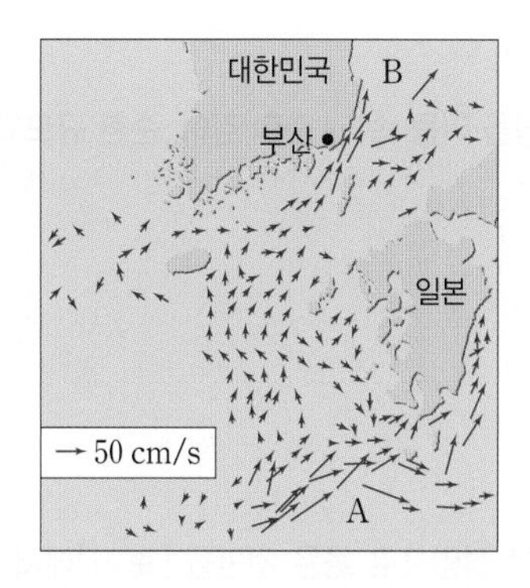

이에 대한 설명으로 옳은 것만을 [보기]에서 있는 대로 고른 것은? (단, 화살표는 각 지점에서 해수의 유속을 나타낸다.)

[보기]
ㄱ. A에는 B에 흐르는 해류의 근원 해류가 흐르고 있다.
ㄴ. 평균 유속은 B보다 A에서 빠르게 나타난다.
ㄷ. 겨울이 되면 B의 해류는 여름보다 더 북상할 것이다.

① ㄱ ② ㄷ ③ ㄱ, ㄴ
④ ㄴ, ㄷ ⑤ ㄱ, ㄴ, ㄷ

2 | 해수의 심층 순환

[352~353] 그림은 심층 순환이 발생하는 과정을 모식적으로 나타낸 것이다. 물음에 답하시오.

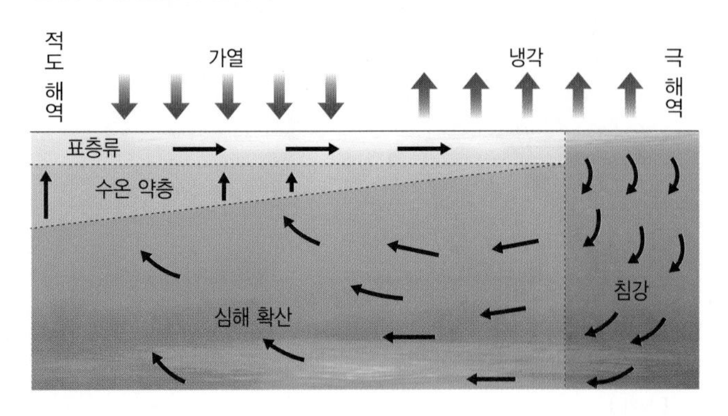

352

위 그림에 대한 설명으로 옳은 것만을 [보기]에서 있는 대로 고른 것은?

[보기]
ㄱ. 심층 순환은 심해에 산소를 공급하는 역할을 한다.
ㄴ. 고위도 해역의 표층 해수가 냉각되어 밀도가 커지면서 침강한다.
ㄷ. 침강한 심층 해수가 천천히 상승하여 온대와 열대 해역의 수온 약층을 유지시키는 역할을 한다.

① ㄱ ② ㄴ ③ ㄱ, ㄷ ④ ㄴ, ㄷ ⑤ ㄱ, ㄴ, ㄷ

353 서술형

심층 순환의 특징을 이동 속도, 순환 깊이, 순환 규모와 관련하여 설명하시오.

354

심층 순환에 대한 설명으로 옳은 것만을 [보기]에서 있는 대로 고른 것은?

[보기]
ㄱ. 해수의 수온과 염분 변화에 의해 형성된다.
ㄴ. 저위도 해역에서 표층 해수가 침강하면서 발생한다.
ㄷ. 지구의 위도별 에너지 불균형을 해소하는 데 중요한 역할을 한다.

① ㄱ ② ㄴ ③ ㄷ ④ ㄱ, ㄷ ⑤ ㄴ, ㄷ

355

다음은 해수의 연직 순환을 알아보기 위한 실험 과정을 나타낸 것이다.

[실험 과정]
(가) 수조에 상온의 물을 채우고 바닥에 작은 구멍이 뚫린 종이컵을 그림과 같이 고정시킨다.

(나) 파란색 잉크로 착색시킨 상온의 소금물을 종이컵에 천천히 부으면서 수조에서 일어나는 현상을 관찰한다.

[실험 결과]
착색된 소금물이 침강한 후 수조 바닥에서 오른쪽으로 흐른다.

이 실험에서 침강 현상을 더 빠르게 일으킬 수 있는 방법만을 [보기]에서 있는 대로 고른 것은?(단, 실험에서 사용되는 소금물의 농도는 일정하다.)

[보기]
ㄱ. (가) 과정에서 수조에 상온의 물 대신에 찬물을 채운다.
ㄴ. (가) 과정에서 수조에 상온의 물 대신에 상온의 소금물을 채운다.
ㄷ. (나) 과정에서 종이컵에 더 차가운 소금물을 붓는다.

① ㄱ ② ㄷ ③ ㄱ, ㄴ ④ ㄴ, ㄷ ⑤ ㄱ, ㄴ, ㄷ

356

그림은 대서양에서 일어나는 심층 순환을 모식적으로 나타낸 것이다.

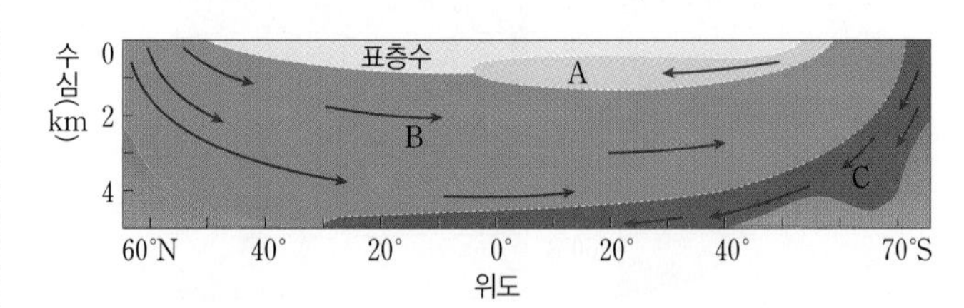

이에 대한 설명으로 옳은 것만을 [보기]에서 있는 대로 고른 것은?

[보기]
ㄱ. 심층 순환은 해수의 밀도 차이에 의해 일어난다.
ㄴ. 밀도는 A<B<C 순이다.
ㄷ. B 해수와 C 해수는 적도 부근에서 혼합되어 표층 위로 용승한다.

① ㄱ ② ㄷ ③ ㄱ, ㄴ ④ ㄴ, ㄷ ⑤ ㄱ, ㄴ, ㄷ

357

필수 유형 79쪽 빈출 자료 ②

그림은 대서양에서 관측되는 여러 수괴의 수온과 염분 분포를 나타낸 것이다. A ~ D는 북대서양 중앙 표층수, 북대서양 심층수, 남극 저층수, 남극 중층수를 순서 없이 나타낸 것이다.

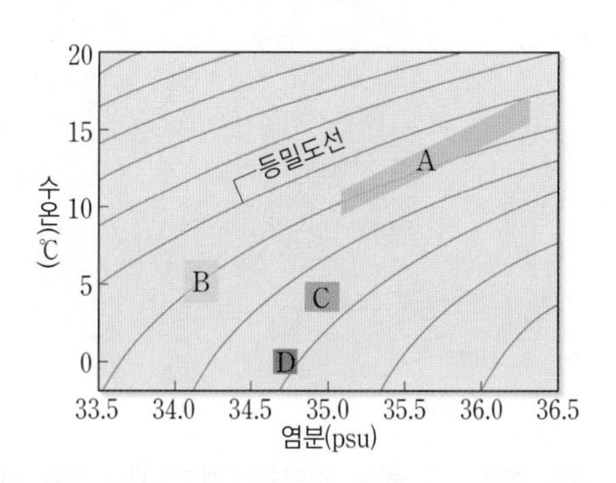

이에 대한 설명으로 옳은 것만을 [보기]에서 있는 대로 고른 것은?

[보기]
ㄱ. A는 심층 해수에 산소를 공급한다.
ㄴ. B와 D는 남반구에 위치한 해역에서 침강한다.
ㄷ. 수온이 12 ℃이고, 염분이 36.0 psu인 해수가 대서양으로 유입되면 남극 저층수와 북대서양 심층수 사이에 위치한다.

① ㄱ ② ㄴ ③ ㄱ, ㄷ
④ ㄴ, ㄷ ⑤ ㄱ, ㄴ, ㄷ

358

그림은 대서양 9°S에서 측정한 수심 150 m ~ 5000 m의 수온 염분도를 나타낸 것이다.

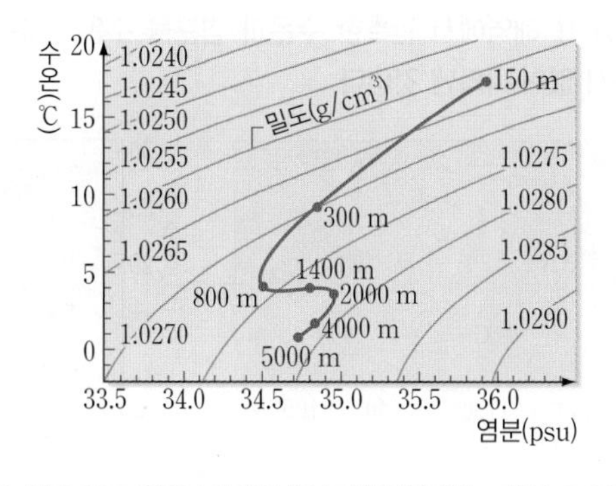

이에 대한 설명으로 옳은 것만을 [보기]에서 있는 대로 고른 것은?

[보기]
ㄱ. 염분이 같을 때 수온이 낮아지면 밀도가 증가한다.
ㄴ. 수온이 일정할 때 염분이 커지면 밀도가 증가한다.
ㄷ. 2000 m ~ 5000 m에서는 수온과 염분이 변하여도 밀도는 거의 일정하다.

① ㄱ ② ㄴ ③ ㄱ, ㄷ
④ ㄴ, ㄷ ⑤ ㄱ, ㄴ, ㄷ

359

오른쪽 그림은 해역 A, B, C의 해수 표층과 수심 50 m에서 측정한 수온과 염분을 수온 염분도에 나타낸 것이다. 이에 대한 설명으로 옳은 것만을 [보기]에서 있는 대로 고른 것은?

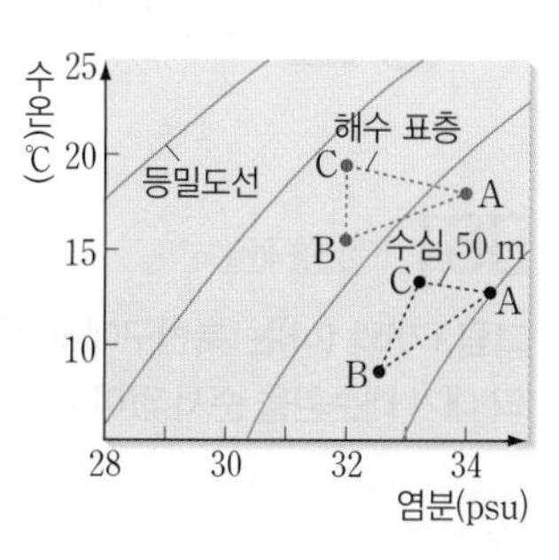

[보기]
ㄱ. 표층 염분이 가장 높은 곳은 A이다.
ㄴ. 수심 50 m에서 수온이 가장 높은 곳은 C이다.
ㄷ. 해수의 밀도는 해역 A, B, C 모두 표층보다 수심 50 m에서 더 크다.

① ㄱ ② ㄷ ③ ㄱ, ㄴ
④ ㄴ, ㄷ ⑤ ㄱ, ㄴ, ㄷ

360

그림은 표층 순환과 심층 순환의 관계를 모식적으로 나타낸 것이다.

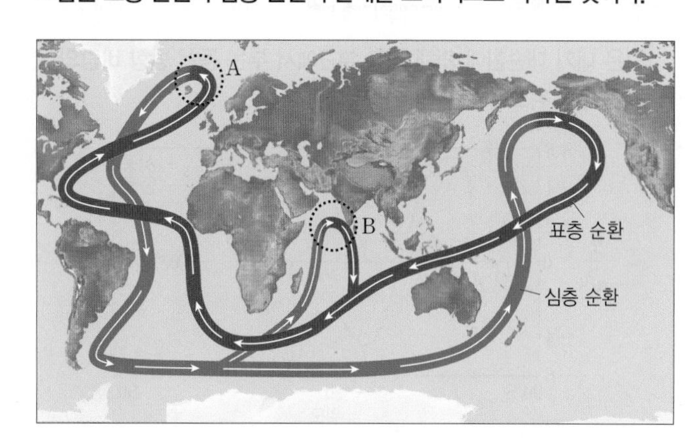

이에 대한 설명으로 옳은 것만을 [보기]에서 있는 대로 고른 것은?

[보기]
ㄱ. 표층 순환의 속도가 심층 순환의 속도보다 빠르다.
ㄴ. A 해역에서 침강이, B 해역에서 용승이 일어난다.
ㄷ. 표층 순환과 심층 순환은 서로 연결되어 있어 저위도에서 고위도로 열에너지를 전달하고 기후에 영향을 준다.

① ㄱ ② ㄷ ③ ㄱ, ㄴ
④ ㄴ, ㄷ ⑤ ㄱ, ㄴ, ㄷ

1등급 완성 문제

» 바른답·알찬풀이 47쪽

361 (정답률 40%)

그림 (가)와 (나)는 북반구에서 지구가 자전하지 않을 때와 자전할 때의 대기 대순환을 순서 없이 나타낸 것이다.

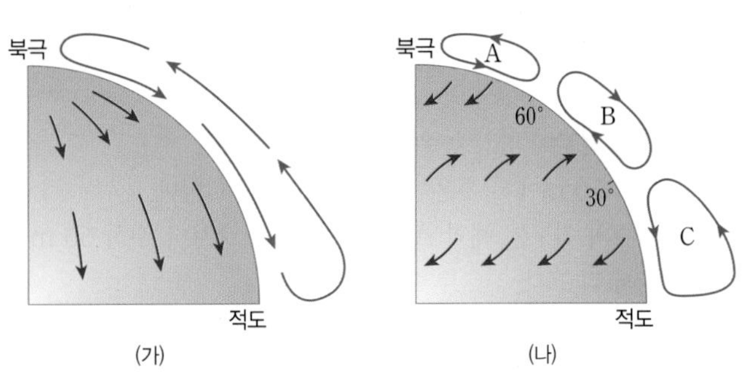

이에 대한 설명으로 옳은 것만을 [보기]에서 있는 대로 고른 것은?

[보기]
ㄱ. (가)는 지구가 자전하지 않을 때이다.
ㄴ. (가)의 지상과 (나)의 A에는 모두 북풍 계열의 바람이 분다.
ㄷ. (나)의 A와 C는 간접 순환, B는 직접 순환이다.
ㄹ. (나)의 강수량은 30°N 지역이 60°N 지역보다 많다.

① ㄱ, ㄴ ② ㄱ, ㄷ ③ ㄱ, ㄹ
④ ㄴ, ㄷ ⑤ ㄴ, ㄹ

362 (정답률 25%) 수능모의평가기출 변형

그림은 대기 대순환에 의해 지표 부근에서 부는 동서 방향 바람의 연평균 풍속을 위도에 따라 나타낸 것이다.

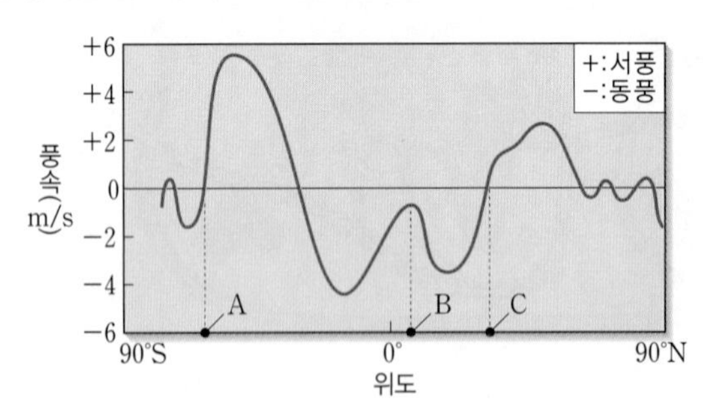

이 자료에 대한 설명으로 옳은 것만을 [보기]에서 있는 대로 고른 것은?

[보기]
ㄱ. 편서풍은 북반구보다 남반구에서 강하게 분다.
ㄴ. A는 하강 기류가, C는 상승 기류가 나타난다.
ㄷ. B와 C 사이의 해역에서는 서쪽에서 동쪽으로 흐르는 해류가 형성된다.

① ㄱ ② ㄷ ③ ㄱ, ㄴ
④ ㄴ, ㄷ ⑤ ㄱ, ㄴ, ㄷ

363 (정답률 25%) 수능모의평가기출 변형

그림은 남극 대륙과 그 주변의 전형적인 기압 배치를 나타낸 것이다.

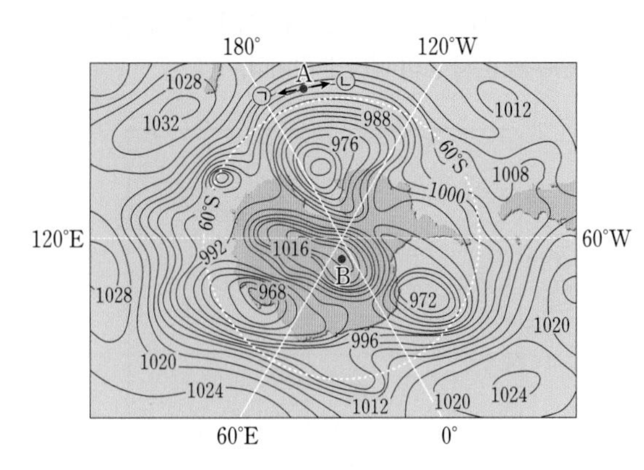

이 자료에 대한 설명으로 옳은 것만을 [보기]에서 있는 대로 고른 것은?

[보기]
ㄱ. A 해역에서 해류는 ㉠ 방향으로 흐른다.
ㄴ. B 지역의 고기압은 지표면 냉각에 의한 것이다.
ㄷ. 위도가 60°S보다 높은 지역에서는 직접 순환이 나타난다.

① ㄱ ② ㄷ ③ ㄱ, ㄴ
④ ㄴ, ㄷ ⑤ ㄱ, ㄴ, ㄷ

364 (정답률 40%) 수능기출 변형

그림 (가)는 북태평양에서 아열대 순환이 형성되는 해역 A, B, C를, (나)는 A와 B 해역에서 관측한 수온과 염분을 수온 염분도에 ㉠과 ㉡으로 순서 없이 나타낸 것이다.

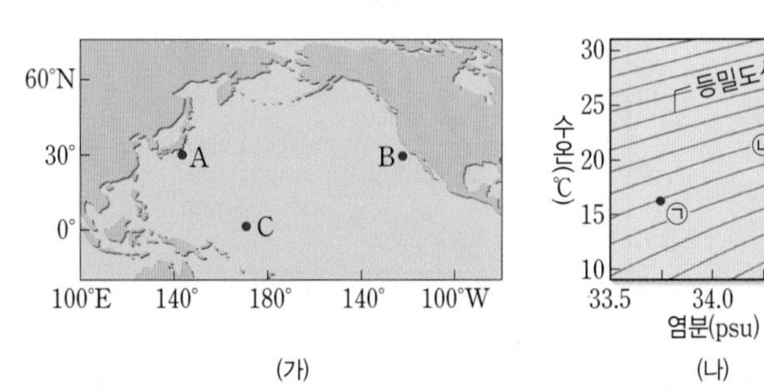

이에 대한 설명으로 옳은 것만을 [보기]에서 있는 대로 고른 것은?

[보기]
ㄱ. A의 관측값은 ㉠이다.
ㄴ. 표층 해수의 밀도는 C가 B보다 작다.
ㄷ. 아열대 순환은 A → C → B 방향으로 형성된다.

① ㄱ ② ㄴ ③ ㄱ, ㄷ
④ ㄴ, ㄷ ⑤ ㄱ, ㄴ, ㄷ

365 (정답률 30%) 수능모의평가기출 변형

그림 (가)는 대서양의 염분 분포와 수괴를 나타낸 것이고, (나)는 (가)의 9°S에서 깊이에 따른 수온과 염분의 분포를 수온 염분도에 나타낸 것이다. (나)의 A와 B는 각각 남극 저층수와 북대서양 심층수 중 하나이다.

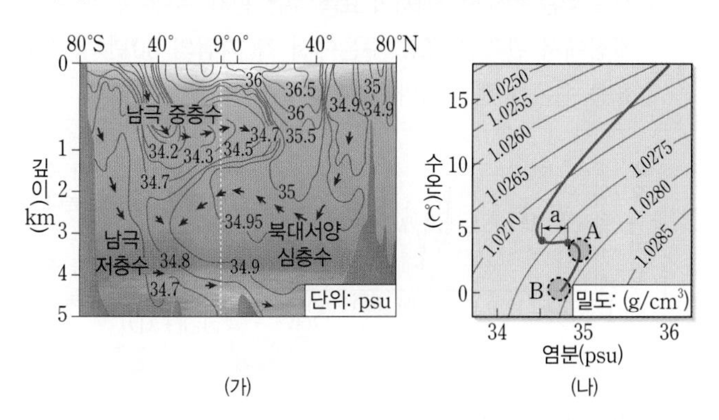

(가) (나)

이에 대한 설명으로 옳은 것만을 [보기]에서 있는 대로 고른 것은?

[보기]

ㄱ. A는 남극 대륙 주변에서 침강하였다.
ㄴ. 남극 저층수는 북대서양 심층수보다 염분이 높다.
ㄷ. (나)의 a 구간에서 해수의 밀도 변화는 수온보다 염분의 영향이 크다.

① ㄱ ② ㄴ ③ ㄷ
④ ㄱ, ㄴ ⑤ ㄴ, ㄷ

366 (정답률 25%) 수능모의평가기출 변형

그림 (가)는 전 지구적인 해수 순환을, (나)는 (가) 순환의 세기가 변하여 발생한 일부 지역의 기온 변화량을 나타낸 것이다. (나)에서 (+) 값은 기온 상승을, (−) 값은 기온 하강을 의미한다.

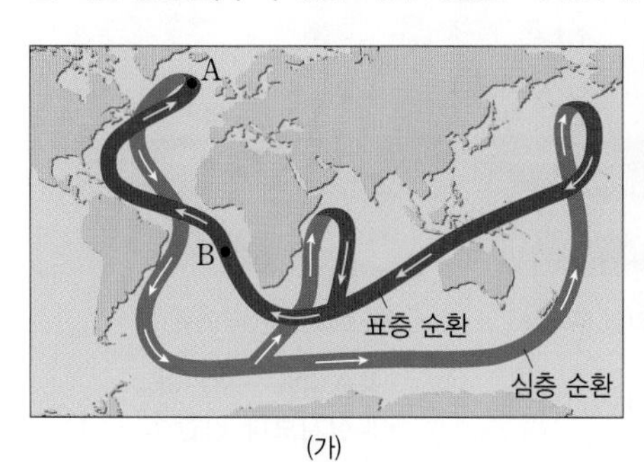

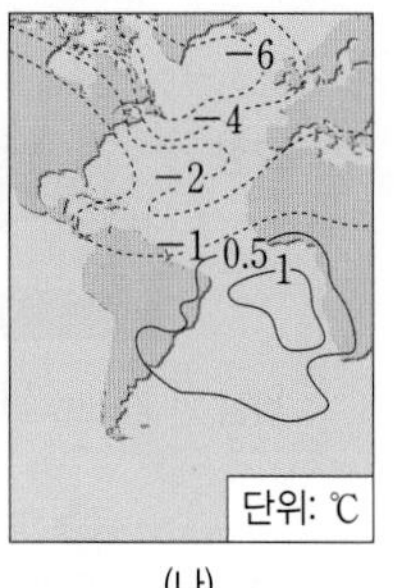

(가) (나)

(나)와 같이 변하는 과정에서 나타난 현상으로 옳은 것만을 [보기]에서 있는 대로 고른 것은?

[보기]

ㄱ. A 해역에서 침강이 약해졌다.
ㄴ. B에서 A로의 열수송이 약해졌다.
ㄷ. A와 B 사이의 기온 차가 감소하였다.

① ㄱ ② ㄷ ③ ㄱ, ㄴ
④ ㄴ, ㄷ ⑤ ㄱ, ㄴ, ㄷ

서술형 문제

367 (정답률 35%)

그림은 우리나라 동해와 그 주변의 표층 해류 분포를 나타낸 것이다.

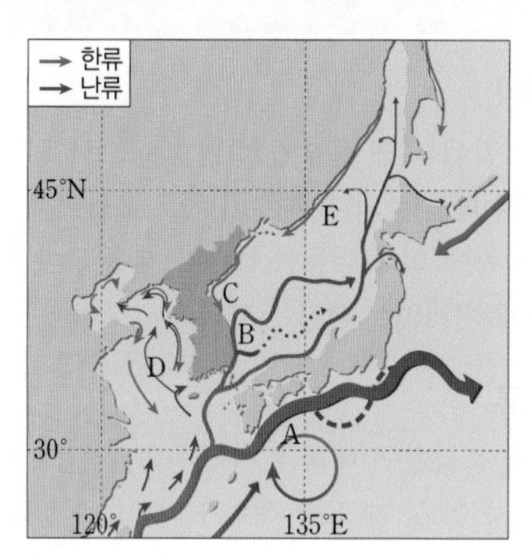

A~E 중 우리나라 주변에서 조경 수역을 이루는 해류의 기호와 이름을 쓰고, 조경 수역에서 좋은 어장이 형성되는 까닭을 설명하시오.

368 (정답률 30%)

그림은 최근 약 50년 동안 북극해의 얼음 면적 변화를 나타낸 것이다.

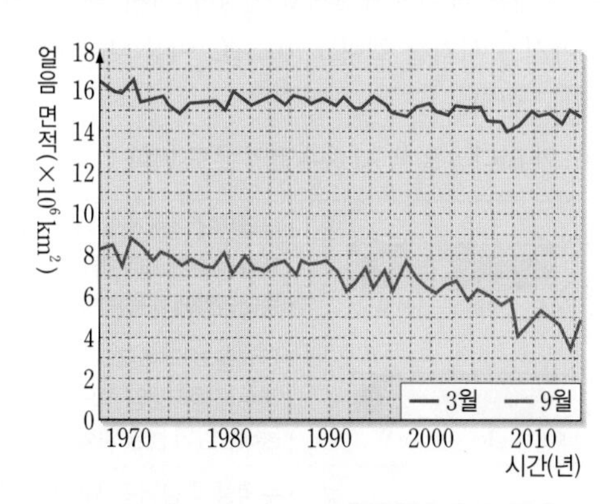

이와 같은 변화 경향이 지속될 경우 심층 순환에 어떤 변화가 일어날지 해수의 밀도 변화와 관련지어 설명하시오.

08 대기와 해양의 상호 작용

꼭 알아야 할 핵심 개념
- ☑ 용승과 침강
- ☑ 엘니뇨와 라니냐
- ☑ 엘니뇨 남방 진동

1 | 용승과 침강

1 용승과 침강

① 용승: 바람에 의해 해수가 수평 방향으로 이동하면 이를 채우기 위해 심층의 찬 해수가 위로 올라오는 현상

② 침강: 바람에 의해 이동한 해수가 계속 쌓여 표층 해수가 심층으로 가라앉는 현상

2 용승의 종류

① 연안 용승: 북반구 대륙의 서쪽(동쪽) 연안에서 지속적인 북풍(남풍)이 불 때 표층 해수가 외해로 이동하여 심층 해수가 상승하는 현상 ➜ 북반구에서 표층 해수의 흐름은 지구 자전에 의해 바람이 불어가는 방향의 오른쪽 직각 방향으로 이동한다.

② 적도 용승: 적도 해역에서 무역풍에 의해 해수가 양극 쪽으로 이동하고, 차가운 해수가 상승하는 현상

③ 태풍에 의한 용승: 저기압성 바람(태풍)이 지나가는 동안 강한 바람이 해수를 주변으로 발산시켜 심층의 해수가 상승하는 현상

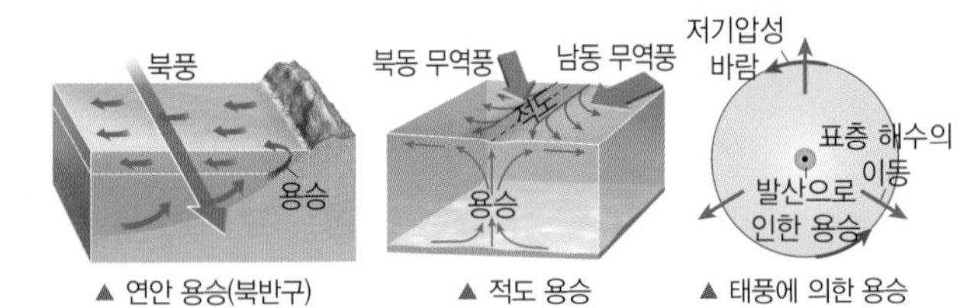

▲ 연안 용승(북반구) ▲ 적도 용승 ▲ 태풍에 의한 용승

3 용승의 영향 서늘한 기후가 나타나고 안개가 자주 발생하며, 좋은 어장이 형성된다.

2 | 엘니뇨 남방 진동

1 엘니뇨와 라니냐 적도 부근 동태평양부터 중앙 태평양 해역에 이르는 넓은 해역에서 5개월 이상에 걸쳐 수온이 0.5 ℃ 이상 높아지는 시기를 엘니뇨, 0.5 ℃ 이상 낮아지는 시기를 라니냐라고 한다.

① 엘니뇨와 라니냐 발생 시 해수면의 온도 변화

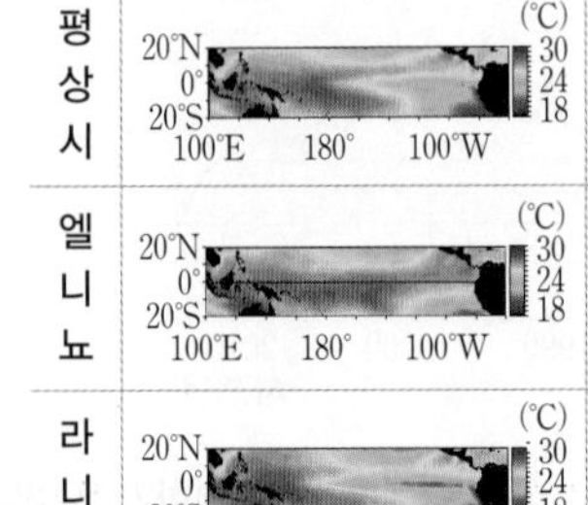

구분	특징
평상시	• 무역풍에 의해 적도 부근 동태평양의 표층 해수가 서태평양 쪽으로 이동 • 동태평양에서 용승 발생
엘니뇨	• 무역풍의 약화로 서태평양의 표층 해수가 동태평양 쪽으로 이동 • 동태평양의 용승 약화
라니냐	• 무역풍의 강화로 서태평양 쪽으로 이동하는 표층 해수 증가 • 동태평양의 용승 강화

② 적도 부근 동태평양에서의 표층 수온 편차: 수온 편차는 각 지점에서 관측한 표층 수온에서 각 지점의 30년 평균한 표층 수온을 뺀 값이다.

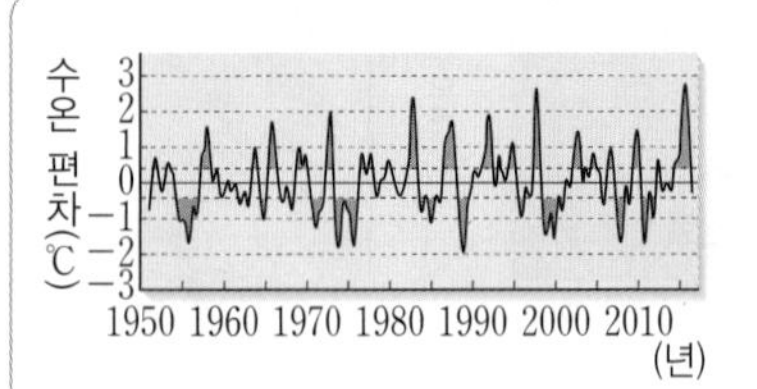

• 수온 편차(+): 표층 수온이 평균 수온보다 높다. ⋯› 엘니뇨 시기
• 수온 편차(−): 표층 수온이 평균 수온보다 낮다. ⋯› 라니냐 시기

2 엘니뇨 남방 진동(ENSO)

① 워커 순환: 서태평양에서 상승한 공기가 태평양을 지나 동태평양에서 하강하여 서태평양으로 이동하는 거대한 대기 순환 ➜ 평상시의 대기 대순환

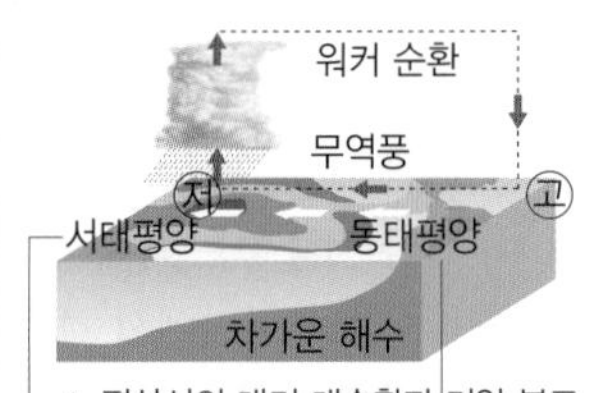

▲ 평상시의 대기 대순환과 기압 분포

② 남방 진동: 열대 태평양에서 수년에 걸쳐 반복적으로 일어나는 동·서 대기의 기압 분포 변화

③ 엘니뇨 남방 진동: 해수면 온도 변화인 엘니뇨(라니냐) 현상과 기압 분포 변화인 남방 진동이 함께 일어나는 현상
남방 진동의 크기를 나타낸 남방 진동 지수는 엘니뇨 시기에 (−)값, 평상시에 (+)값, 라니냐 시기에 큰 (+)값으로 나타난다.

빈출 자료 엘니뇨 남방 진동(ENSO)

구분	엘니뇨 발생 시	라니냐 발생 시
모형	무역풍 약화 / 고 / 저 / 서태평양 / 동태평양 / 차가운 해수	무역풍 강화 / 저 / 고 / 서태평양 / 동태평양 / 차가운 해수
바람	평소보다 약한 무역풍	평소보다 강한 무역풍
동 태평양 페루 연안	• 용승 약화 → 수온 상승 • 저기압 발달 • 강수량 증가 → 홍수, 폭우 증가	• 용승 강화 → 수온 하강 • 평상시보다 강한 고기압 발달 • 강수량 감소 → 산불, 가뭄 증가
서 태평양 인도네시아 연안	• 수온 하강 • 고기압 발달 • 강수량 감소 → 산불, 가뭄 증가	• 수온 상승 • 평상시보다 강한 저기압 발달 • 강수량 증가 → 홍수, 폭우 증가

필수 유형 〉 엘니뇨 또는 라니냐 시기 자료를 제시하고 이를 추론하거나 평상시와 비교하여 엘니뇨 또는 라니냐 시기의 특징을 묻는 문제가 출제된다.

89쪽 386번

개념 확인 문제

» 바른답·알찬풀이 49쪽

369 다음은 용승과 침강에 대한 설명을 나타낸 것이다. ( ) 안에 들어갈 알맞은 말을 쓰시오.

> 바다에서 일정하게 부는 바람에 의해 해수가 수평 방향으로 이동하면 빈자리를 채우기 위해 해수가 위로 올라오는 현상을 (㉠)(이)라고 하고, 바람에 의해 이동한 해수가 쌓여 아래로 가라앉는 현상을 (㉡)(이)라고 한다.

370 적도 해역에서 무역풍에 의해 해수가 양극 쪽으로 이동하고 이를 채우기 위해 심층의 차가운 해수가 올라오는 현상은 무엇인지 쓰시오.

371 오른쪽 그림은 북반구 중위도에서 북풍이 일정하게 부는 연안을 나타낸 것이다. 이때 해수가 이동해 가는 방향은 어느 쪽인지 기호를 쓰시오.

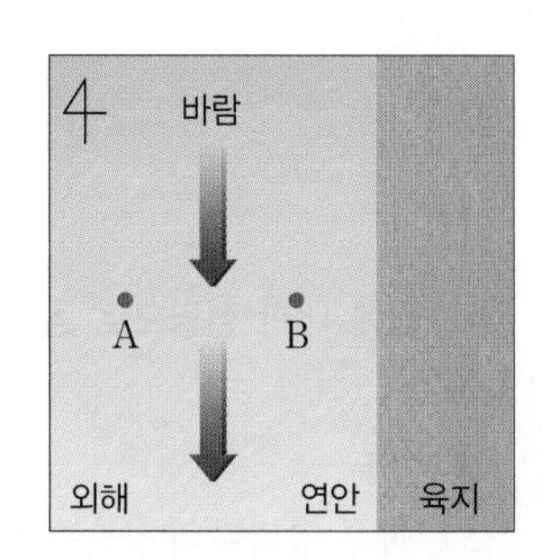

[372~374] 엘니뇨와 라니냐에 대한 설명으로 옳은 것은 ○표, 옳지 않은 것은 ×표 하시오.

372 엘니뇨 시기에는 평소보다 무역풍이 강화되어 동태평양의 용승이 약화된다. ( )

373 엘니뇨가 발생하면 서태평양 지역에 강수량이 감소하여 산불과 가뭄 발생 횟수가 증가한다. ( )

374 라니냐가 발생하면 동태평양의 해수면은 낮아지고, 서태평양의 해수면은 높아진다. ( )

375 그림 (가)는 평상시 적도 부근 태평양 해역의 대기 대순환을, (나)는 엘니뇨 또는 라니냐 시기 적도 부근 태평양 해역의 대기 대순환을 나타낸 것이다.

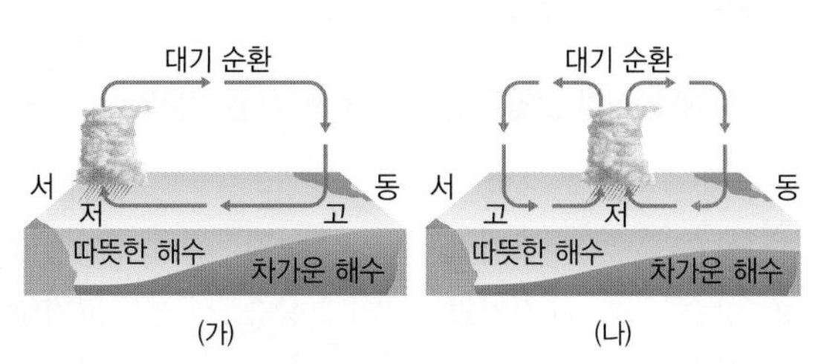

(나)는 어느 시기인지 쓰시오.

» 바른답·알찬풀이 49쪽

1 용승과 침강

[376~377] 그림은 북반구의 어느 연안에 지속적으로 남풍이 부는 모습을 나타낸 것이다. 물음에 답하시오.

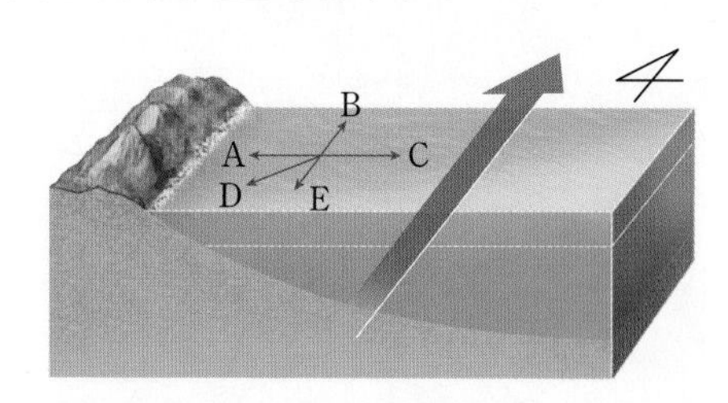

376

A~E 중 표층 해수의 이동 방향을 쓰시오.

377

위 그림에 대한 설명으로 옳은 것만을 [보기]에서 있는 대로 고른 것은?

[보기]
ㄱ. 연안에서는 용승이 일어난다.
ㄴ. 연안에서 안개가 자주 발생한다.
ㄷ. 연안에서 C 방향으로 갈수록 표층 수온이 대체로 높아진다.

① ㄱ ② ㄷ ③ ㄱ, ㄴ
④ ㄴ, ㄷ ⑤ ㄱ, ㄴ, ㄷ

378 수능기출 변형

그림 (가)는 등압선이 원형으로 형성된 북반구의 어느 해역에서, (나)는 북반구의 어느 연안에서, (다)는 적도 부근 해역에서 일정 기간 동안 지속적으로 부는 바람을 나타낸 것이다.

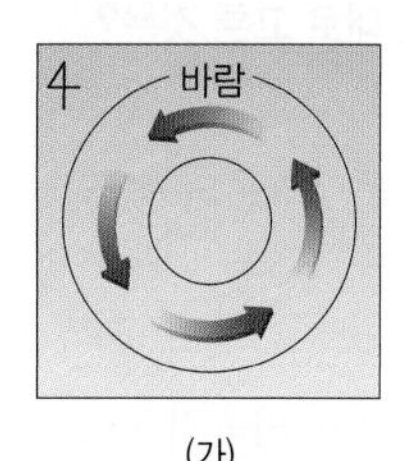

(가)

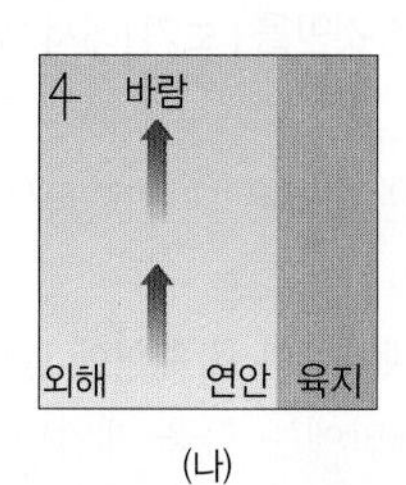

(나)

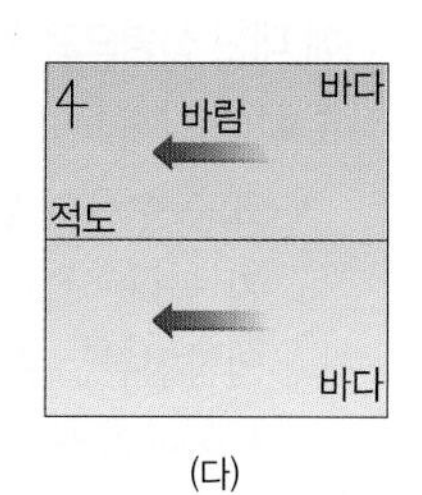

(다)

용승이 일어날 수 있는 경우만을 있는 대로 고른 것은?

① (가) ② (다) ③ (가), (다)
④ (나), (다) ⑤ (가), (나), (다)

379

그림은 어느 날 울산 앞바다에서의 표층 수온 분포를 나타낸 것이다.

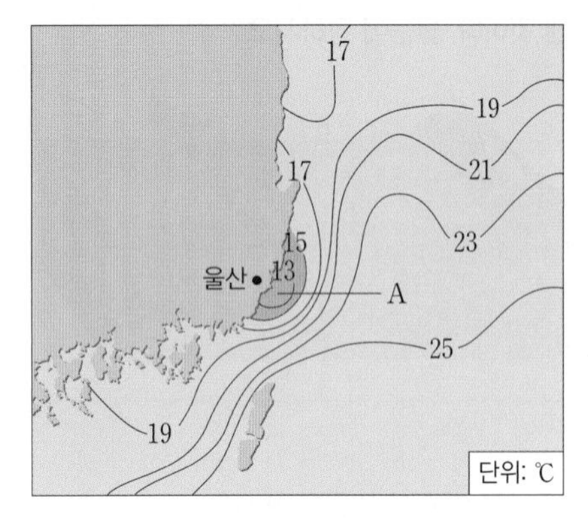

A 해역에 대한 설명으로 옳은 것만을 [보기]에서 있는 대로 고른 것은?

[보기]
ㄱ. 안개가 자주 발생한다.
ㄴ. 적조가 자주 발생한다.
ㄷ. 지속적으로 북풍 계열의 바람이 불었다.

① ㄱ ② ㄴ ③ ㄱ, ㄷ
④ ㄴ, ㄷ ⑤ ㄱ, ㄴ, ㄷ

380 신유형

그림 (가)와 (나)는 북아메리카 대륙 서해안의 표층 수온 분포와 식물성 플랑크톤의 농도 분포를 나타낸 것이다.

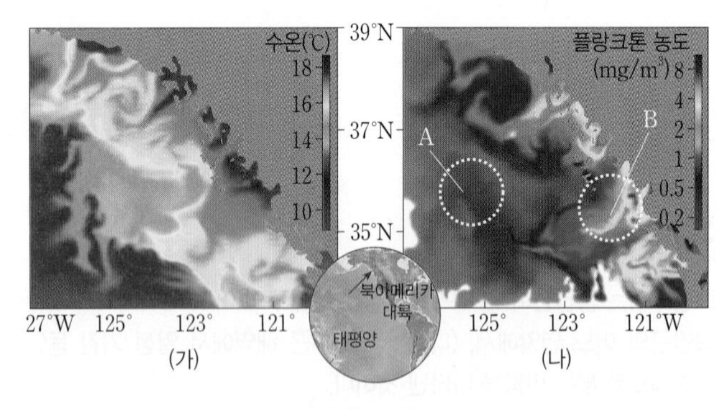

이에 대한 설명으로 옳은 것만을 [보기]에서 있는 대로 고른 것은?

[보기]
ㄱ. 표층 수온이 낮은 해역은 대체로 식물성 플랑크톤의 농도가 높다.
ㄴ. 영양염류는 A 해역보다 B 해역에 많다.
ㄷ. 북아메리카 서해안에는 북풍 계열의 바람이 지속적으로 불고 있다.

① ㄱ ② ㄷ ③ ㄱ, ㄴ
④ ㄴ, ㄷ ⑤ ㄱ, ㄴ, ㄷ

2 | 엘니뇨 남방 진동

[381~382] 그림 (가)와 (나)는 평상시와 엘니뇨 시기의 열대 태평양의 표층 수온 분포를 순서 없이 나타낸 것이다. 물음에 답하시오.

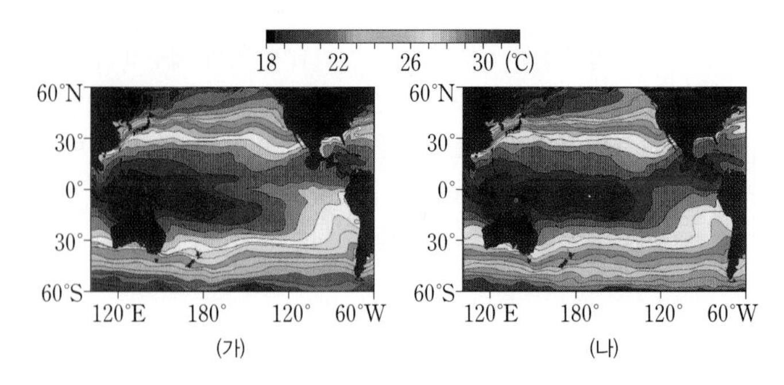

381

그림 (가)와 (나)는 어느 시기인지 각각 쓰시오.

382

위 그림에 대한 설명으로 옳은 것만을 [보기]에서 있는 대로 고른 것은?

[보기]
ㄱ. 페루 앞바다의 용승은 (가) 시기가 (나) 시기보다 강하다.
ㄴ. 적도 해역의 무역풍은 (가) 시기가 (나) 시기보다 강하다.
ㄷ. 서태평양 적도 해역의 강수량은 (가) 시기가 (나) 시기보다 많다.

① ㄱ ② ㄷ ③ ㄱ, ㄴ
④ ㄴ, ㄷ ⑤ ㄱ, ㄴ, ㄷ

383

표는 엘니뇨와 라니냐 발생 시의 특징을 비교한 것이다.

구분		수온 변화	기압 분포
엘니뇨 발생 시	동태평양	㉠	저기압
	서태평양	하강	㉡
라니냐 발생 시	동태평양	㉢	고기압
	서태평양	상승	㉣

㉠~㉣에 들어갈 알맞은 말을 옳게 짝 지은 것은?

	㉠	㉡	㉢	㉣
①	상승	고기압	하강	저기압
②	상승	저기압	상승	고기압
③	상승	고기압	상승	저기압
④	하강	저기압	하강	고기압
⑤	하강	고기압	상승	저기압

384

그림은 1951년부터 약 60년 간 적도 부근 동태평양 연안에서 측정한 해수면의 수온 편차(관측값－평년값)를 나타낸 것이다.

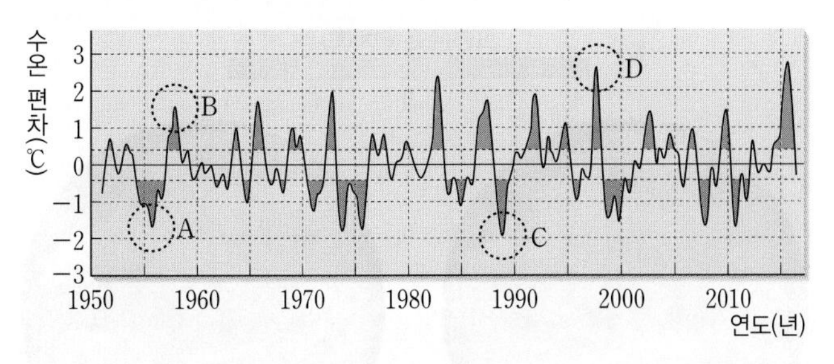

이에 대한 설명으로 옳은 것만을 [보기]에서 있는 대로 고른 것은?

[보기]
ㄱ. 엘니뇨 시기는 A와 C이다.
ㄴ. A 시기에는 B 시기보다 동태평양의 용승이 활발하였다.
ㄷ. C 시기에는 D 시기보다 서태평양의 강수량이 증가하였다.

① ㄱ ② ㄴ ③ ㄱ, ㄷ
④ ㄴ, ㄷ ⑤ ㄱ, ㄴ, ㄷ

385 수능모의평가기출 변형

그림 (가)와 (나)는 적도 부근 태평양 해역에서 평상시와 엘니뇨 발생 시 측정한 표층 수온과 무역풍의 분포를 순서 없이 나타낸 것이다.

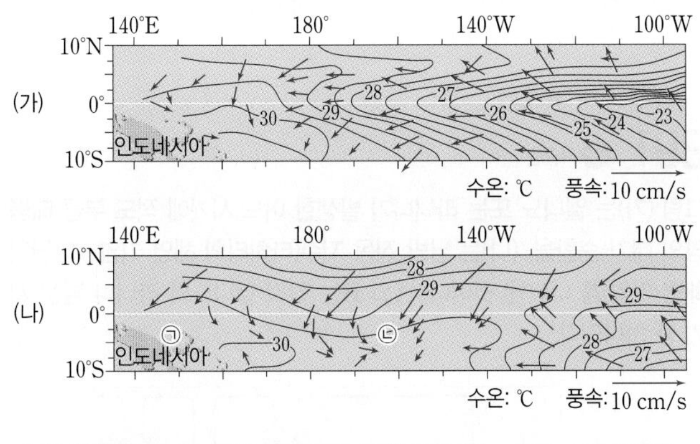

이에 대한 설명으로 옳은 것만을 [보기]에서 있는 대로 고른 것은?

[보기]
ㄱ. 동－서 해역의 표층 수온 차는 (가)보다 (나)일 때 크다.
ㄴ. 동태평양 해역에서 영양염류의 양은 (가)보다 (나)일 때 많다.
ㄷ. (나)의 ㉠에서는 하강 기류가, ㉡에서는 상승 기류가 나타난다.

① ㄱ ② ㄷ ③ ㄱ, ㄴ
④ ㄴ, ㄷ ⑤ ㄱ, ㄴ, ㄷ

386

필수 유형 86쪽 빈출 자료

그림 (가)와 (나)는 평상시와 엘니뇨 발생 시 태평양 적도 부근의 대기 순환과 해수의 분포를 순서 없이 나타낸 것이다.

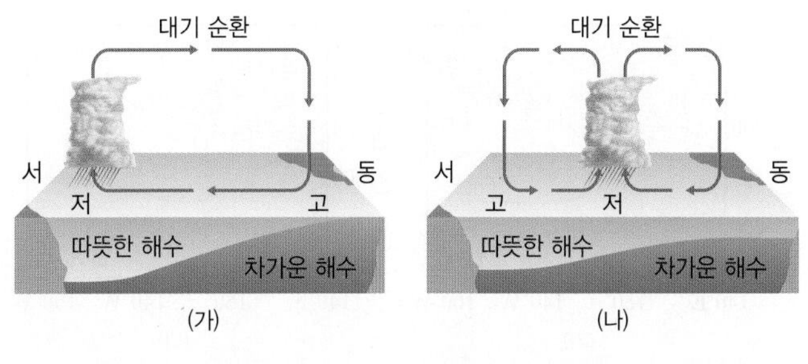

이에 대한 설명으로 옳은 것만을 [보기]에서 있는 대로 고른 것은?

[보기]
ㄱ. 평상시의 동태평양에는 고기압이 발달한다.
ㄴ. 엘니뇨 시기의 대기 순환과 해수의 분포는 (가)이다.
ㄷ. 동태평양의 혼합층 두께는 (가) 시기가 (나) 시기보다 두껍다.

① ㄱ ② ㄴ ③ ㄱ, ㄷ
④ ㄴ, ㄷ ⑤ ㄱ, ㄴ, ㄷ

387

그림은 어느 시기에 적도 부근의 태평양의 대기 순환을 나타낸 것이다.

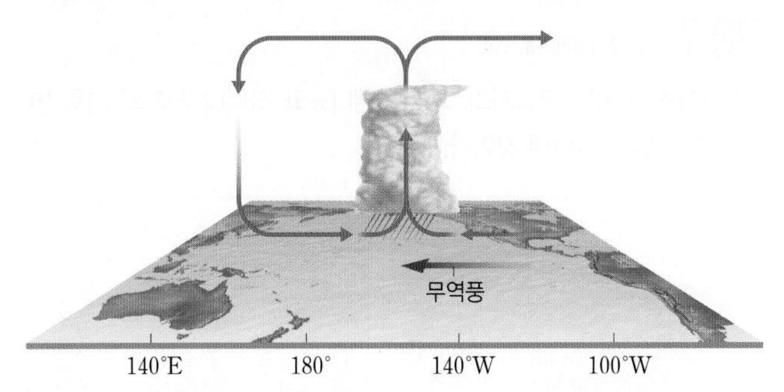

이에 대한 설명으로 옳은 것만을 [보기]에서 있는 대로 고른 것은?

[보기]
ㄱ. 엘니뇨 시기의 대기 순환이다.
ㄴ. 동태평양에서는 용승이 강화된다.
ㄷ. 서태평양에서는 홍수의 피해가 증가한다.

① ㄱ ② ㄴ ③ ㄱ, ㄷ
④ ㄴ, ㄷ ⑤ ㄱ, ㄴ, ㄷ

388 수능모의평가기출 변형

그림 (가)와 (나)는 태평양 적도 해역에서 엘니뇨와 라니냐 시기의 수온 연직 분포를 순서 없이 나타낸 것이다.

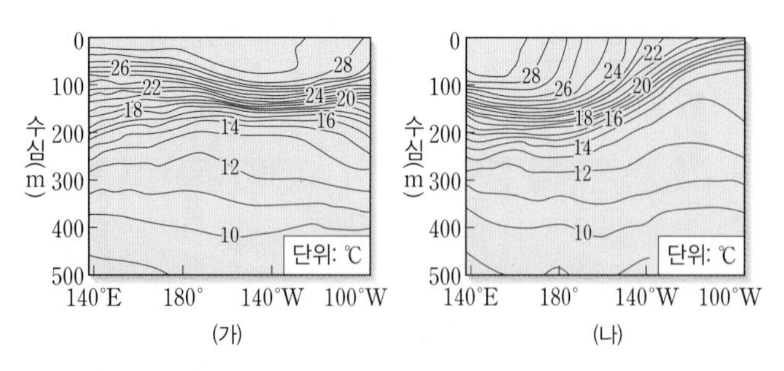

(가) (나)

이에 대한 설명으로 옳은 것만을 [보기]에서 있는 대로 고른 것은?

[보기]

ㄱ. (가)는 엘니뇨 시기에 해당한다.
ㄴ. 무역풍은 (가) 시기보다 (나) 시기에 강하다.
ㄷ. 동태평양 해역의 수온 약층은 (가) 시기보다 (나) 시기에 더 깊은 곳에서 형성된다.

① ㄱ ② ㄷ ③ ㄱ, ㄴ
④ ㄴ, ㄷ ⑤ ㄱ, ㄴ, ㄷ

389 수능모의평가기출 변형

그림 (가)와 (나)는 평상시와 비교한 엘니뇨와 라니냐 시기의 기후 변화를 순서 없이 나타낸 것이다.

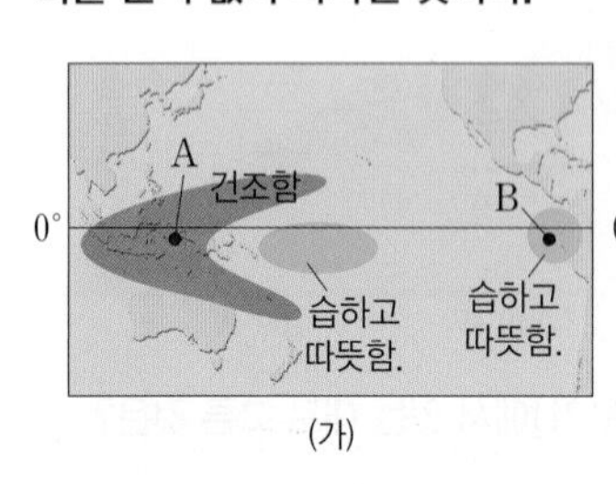

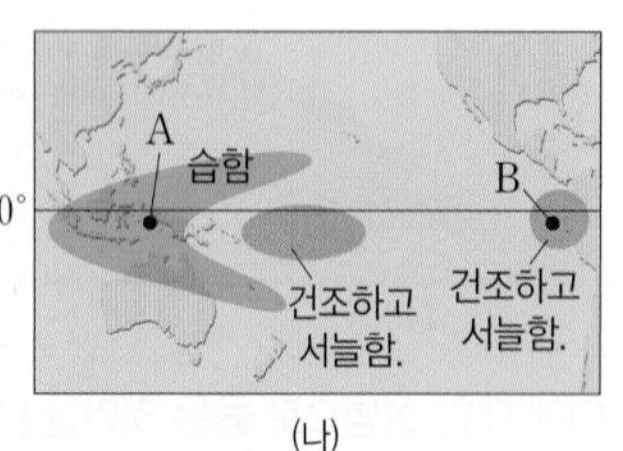

(가) (나)

(가)와 (나) 시기를 비교한 설명으로 옳은 것은?

① A 해역의 강수량은 (가)일 때 더 많다.
② 남적도 해류는 (나)일 때 더 강하다.
③ A 해역의 상승 기류는 (가)일 때 더 강하다.
④ B 해역의 따뜻한 해수층은 (나)일 때 더 두껍다.
⑤ A와 B 해역의 해수면 높이 차는 (가)일 때 더 크다.

390

그림 (가)와 (나)는 어느 해에 발생한 엘니뇨와 라니냐 시기의 해수면 수온 편차(관측값－평년값) 분포를 순서 없이 나타낸 것이다.

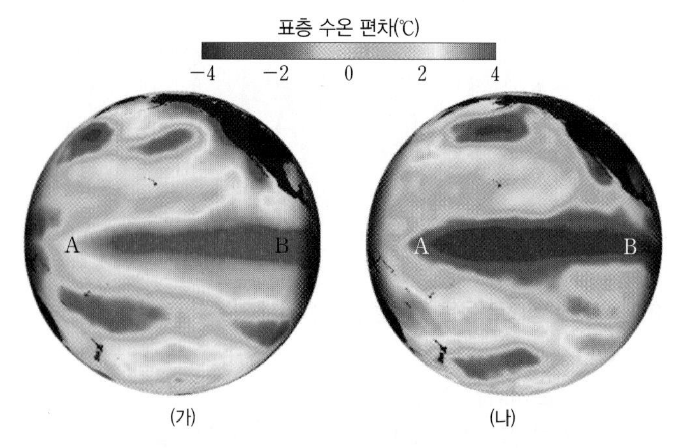

(가) (나)

이에 대한 설명으로 옳은 것만을 [보기]에서 있는 대로 고른 것은?

[보기]

ㄱ. (가)는 엘니뇨 시기이다.
ㄴ. A 해역의 강수량은 (가) 시기가 (나) 시기보다 많다.
ㄷ. B 해역에서 표층 해수의 용존 산소량은 (가) 시기보다 (나) 시기에 많다.

① ㄱ ② ㄴ ③ ㄱ, ㄷ
④ ㄴ, ㄷ ⑤ ㄱ, ㄴ, ㄷ

391 서술형

그림 (가)는 엘니뇨 또는 라니냐가 발생한 어느 시기에 적도 부근 태평양의 대기 순환을, (나)는 남방 진동 지수(타히티의 해면 기압－다윈의 해면 기압)를 나타낸 것이다. A와 B는 각각 엘니뇨와 라니냐 발생 시기 중 하나이다.

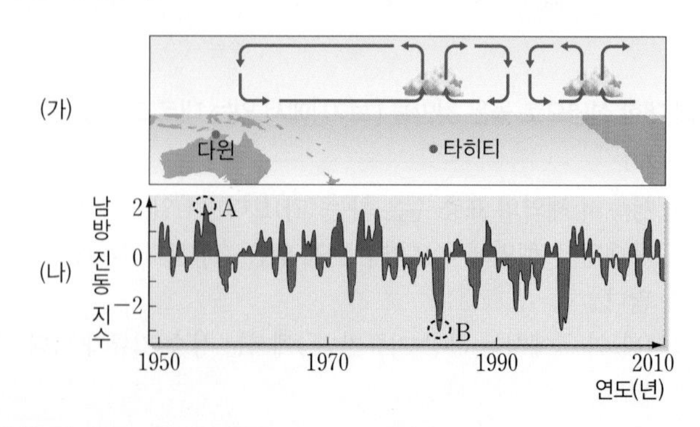

(가)는 (나)의 A와 B 중 어느 시기에 해당하는지 쓰고, 그 까닭을 엘니뇨와 라니냐 발생 시기에 따른 남방 진동 지수의 변화와 관련지어 설명하시오.

1등급 완성 문제

» 바른답·알찬풀이 52쪽

392 (정답률 30%)

그림은 서로 다른 시기에 관측된 태평양 적도 부근 해역의 수온 편차(관측값－평균값)를 나타낸 것이다. A와 B는 각각 엘니뇨 시기와 라니냐 시기 중 하나이다.

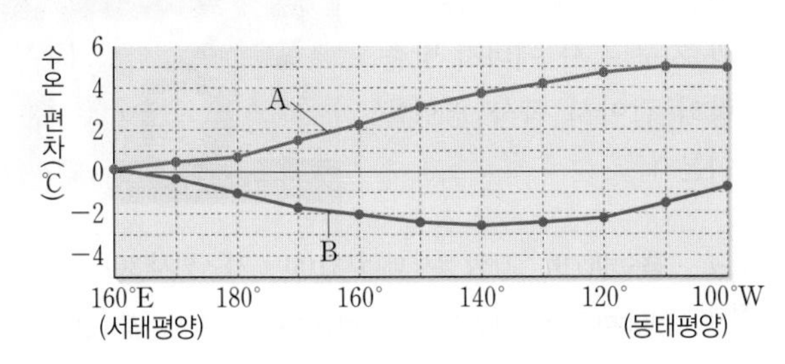

이에 대한 설명으로 옳은 것만을 [보기]에서 있는 대로 고른 것은?

[보기]
ㄱ. A는 라니냐 시기이다.
ㄴ. 서태평양 해역의 강수량은 A 시기가 B 시기보다 많았다.
ㄷ. 동태평양 적도 부근 해역의 용승은 A 시기보다 B 시기에 활발하게 일어났다.

① ㄱ ② ㄷ ③ ㄱ, ㄴ ④ ㄴ, ㄷ ⑤ ㄱ, ㄴ, ㄷ

393 (정답률 25%) 수능모의평가기출 변형

그림은 서로 다른 시기에 태평양 적도 부근 해역에서 관측된 바람의 동서 방향 풍속을 나타낸 것이다. (가)와 (나)는 각각 엘니뇨와 라니냐 시기 중 하나이고, (＋)는 서풍, (－)는 동풍에 해당한다.

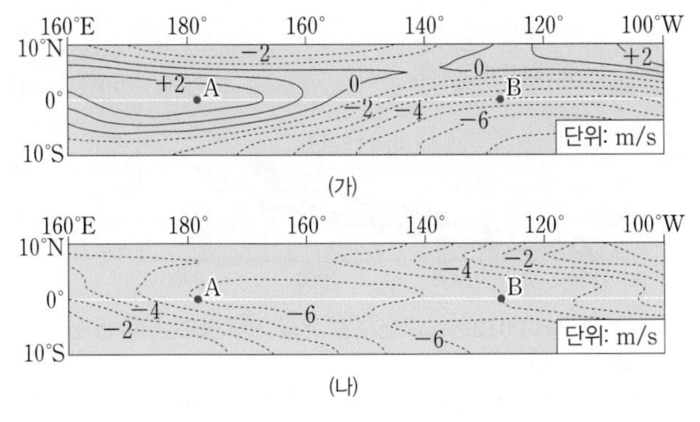

이에 대한 설명으로 옳은 것만을 [보기]에서 있는 대로 고른 것은?

[보기]
ㄱ. (가)의 풍속과 (나)의 풍속의 차는 해역 A가 B보다 크다.
ㄴ. 해역 A와 B의 표층 수온 차는 (가)보다 (나)일 때 크다.
ㄷ. 무역풍으로 인해 발생하는 상승 기류는 (나)보다 (가)일 때 동쪽에 위치한다.

① ㄱ ② ㄴ ③ ㄱ, ㄷ ④ ㄴ, ㄷ ⑤ ㄱ, ㄴ, ㄷ

394 (정답률 25%) 수능기출 변형

그림은 엘니뇨 또는 라니냐 중 어느 한 시기의 강수량 편차(관측값－평년값)를 나타낸 것이다.

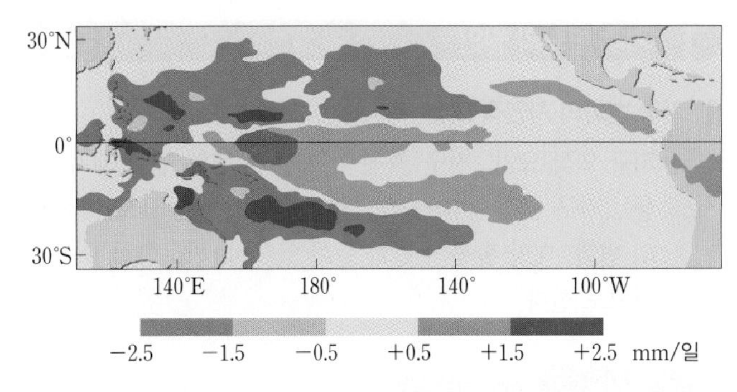

이 자료에 근거하여 평년과 비교할 때, 이 시기의 적도 부근 해역에 대한 설명으로 옳은 것만을 [보기]에서 있는 대로 고른 것은?

[보기]
ㄱ. 동태평양에서 용승이 강하다.
ㄴ. 동－서 방향의 해수면 경사가 급하다.
ㄷ. 강수량 편차가 ＋0.5 mm/일 이상인 지역은 주로 서태평양에 위치한다.

① ㄱ ② ㄴ ③ ㄱ, ㄷ
④ ㄴ, ㄷ ⑤ ㄱ, ㄴ, ㄷ

서술형 문제

395 (정답률 30%)

그림 (가)와 (나)는 열대 태평양에서 엘니뇨와 라니냐 시기에 관측한 표층 수온 편차를 나타낸 것이다.

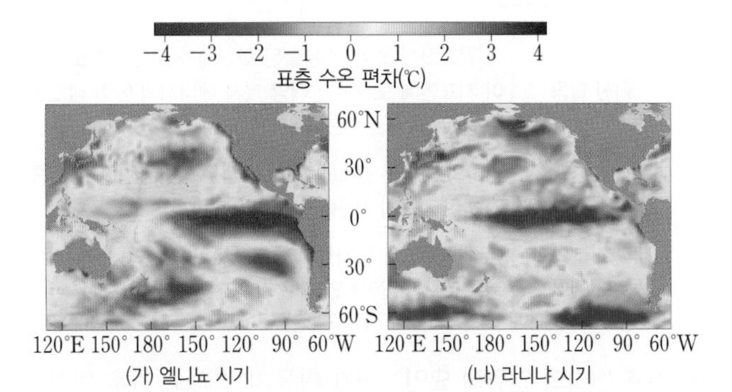

(가) 엘니뇨 시기 (나) 라니냐 시기

위 그림에 나타난 수온 편차를 참고하여 (가)와 (나) 시기에 열대 태평양의 서쪽과 동쪽에 나타나는 기압 분포를 각각 설명하시오.

09 기후 변화

Ⅳ 대기와 해양의 상호 작용

꼭 알아야 할 핵심 개념
- ☑ 지구의 기후 변화 원인
- ☑ 온실 효과와 지구 온난화
- ☑ 지구 온난화의 영향

1 기후 변화의 원인

1 기후 변화의 자연적 요인

① 지구 외적 요인: 지구 자전축 경사 방향의 변화(세차 운동), 지구 자전축 경사각의 변화, 지구 공전 궤도 이심률의 변화, 태양 활동의 변화 등이 있으며, 천문학적 요인이라고도 한다.

빈출 자료 ① 지구 외적 요인

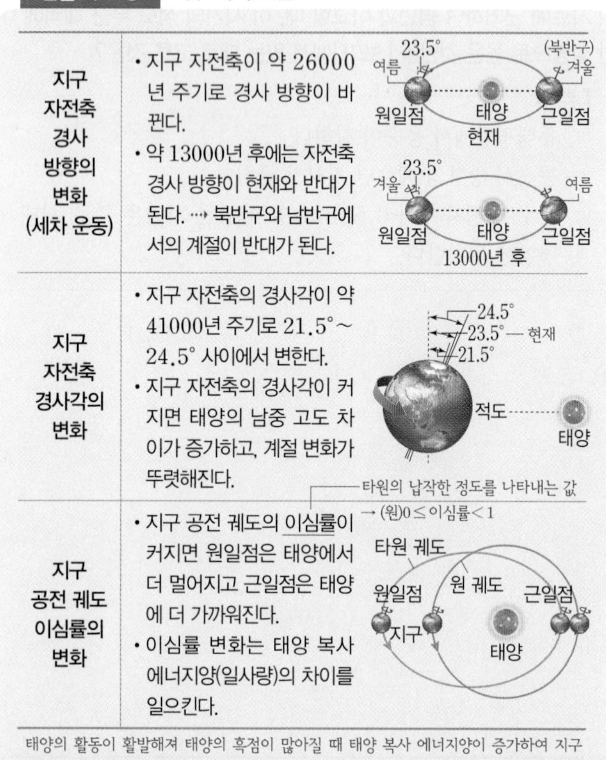

지구 자전축 경사 방향의 변화 (세차 운동)	• 지구 자전축이 약 26000년 주기로 경사 방향이 바뀐다. • 약 13000년 후에는 자전축 경사 방향이 현재와 반대가 된다. ⋯→ 북반구와 남반구에서의 계절이 반대가 된다.
지구 자전축 경사각의 변화	• 지구 자전축의 경사각이 약 41000년 주기로 21.5°~24.5° 사이에서 변한다. • 지구 자전축의 경사각이 커지면 태양의 남중 고도 차이가 증가하고, 계절 변화가 뚜렷해진다.
지구 공전 궤도 이심률의 변화	• 지구 공전 궤도의 이심률이 커지면 원일점은 태양에서 더 멀어지고 근일점은 태양에 더 가까워진다. • 이심률 변화는 태양 복사 에너지양(일사량)의 차이를 일으킨다.

태양의 활동이 활발해져 태양의 흑점이 많아질 때 태양 복사 에너지양이 증가하여 지구 기후에 영향을 미치기도 한다.

필수 유형 〉 지구 자전축 경사 방향과 경사각의 변화, 공전 궤도 이심률의 변화에 따른 남반구나 북반구의 계절 변화, 기온의 연교차 변화 등을 묻는 문제가 출제된다. 93쪽 404번

② 지구 내적 요인

화산 활동	대규모 화산 폭발 시 분출된 화산재가 성층권에 도달하여 지표면에 도달하는 태양 복사 에너지의 양이 감소한다. ⋯→ 지구 평균 기온의 일시적 하강
지표면의 상태 변화	빙하의 면적이 감소(증가)하면 지구의 반사율이 감소(증가)하여 지구의 기온이 상승(하강)한다.
대륙과 해양의 분포 변화	대륙과 해양은 반사율이 다르므로 판의 운동 등에 의해 수륙 분포가 달라지면 지구 기후가 변한다.

2 기후 변화의 인위적 요인

인간 활동의 결과로 기후 변화를 일으키는 요인 ➜ 삼림 파괴와 과도한 도시화 추진, 에어로졸의 과량 배출, 온실 기체의 과량 배출 등

2 인간의 활동과 기후 변화

1 지구의 복사 평형과 열수지

① 지구의 복사 평형: 지구는 태양 복사 에너지 흡수량과 지구 복사 에너지 방출량이 같아서 복사 평형을 이룬다.

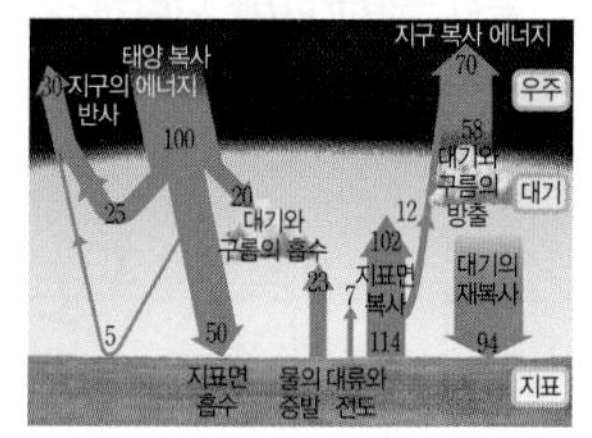

지구 전체	흡수량(70)	태양 복사 에너지(100) − 지구 반사(30)
	방출량(70)	대기와 구름의 방출(58) + 지표면 방출(12)
대기	흡수량(152)	대기와 구름의 흡수(20) + 대류와 전도(7) + 물의 증발(23) + 지표면 복사(102)
	방출량(152)	대기의 재복사(94) + 대기와 구름의 방출(58)
지표	흡수량(144)	태양 복사(50) + 대기의 재복사(94)
	방출량(144)	대류와 전도(7) + 물의 증발 (23) + 지표면 복사(114)

② 온실 기체와 온실 효과: 지구 복사 에너지를 흡수하여 재복사하는 기체를 온실 기체라고 하며, 온실 기체에 의해 지표의 온도가 높아지는 효과를 온실 효과라고 한다.

2 지구 온난화

지구의 평균 기온이 상승하는 현상

① 원인: 화석 연료 사용 증가로 대기 중 온실 기체 농도 증가

② 지구 온난화가 지구에 미치는 영향: 해수면 높이 상승, 이상 기후 발생, 생태계 변화, 사회 · 경제적 문제 발생

빈출 자료 ② 온실 기체 증가와 지구 온난화

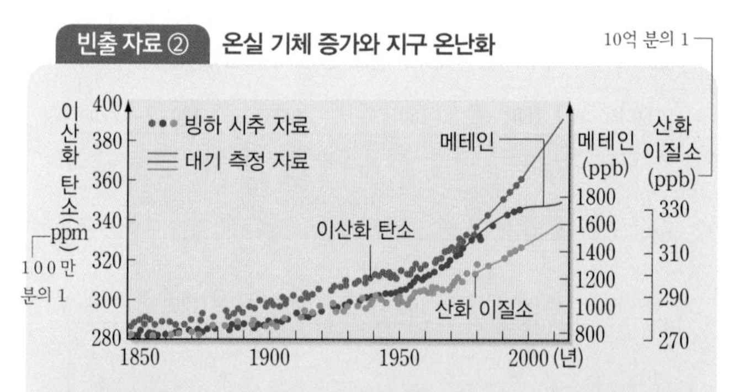

❶ 1850년부터 2012년까지 대기 중 온실 기체 농도는 증가하는 경향을 보이고 있다.

❷ 온실 기체의 대기 중 농도 증가는 지구의 기온 상승과 관계가 있다. ⋯→ 지구 온난화의 주된 원인은 자연적 기후 변동보다는 석유, 석탄 등 화석 연료의 사용량 증가에 따른 온실 기체 농도의 증가이다.

필수 유형 〉 온실 기체 증가에 따른 지구의 기후 변화를 지구 온난화와 관련지어 묻는 문제가 출제된다. 95쪽 412번

3 기후 변화를 해결하기 위한 노력

신재생 에너지 개발, 대기 중 이산화 탄소의 농도 감축을 위한 노력 및 각종 기후 변화를 대비한 국제 협약 등을 체결하여 실천하고 있다.

개념 확인 문제

» 바른답·알찬풀이 53쪽

[396~398] 다음은 지구 기후 변화의 원인에 대한 설명이다. (　　) 안에 들어갈 알맞은 말을 고르시오.

396 지구 자전축 경사각이 커지면 북반구의 연교차는 (커진다, 작아진다).

397 13000년 후 지구 자전축의 경사가 현재와 반대가 되면 북반구의 연교차는 (커진다, 작아진다).

398 지구 공전 궤도 이심률이 (커지면, 작아지면) 원일점은 태양에서 더 멀어지고, 근일점은 태양에 더 가까워진다.

399 그림은 현재와 13000년 후 지구 자전축 경사를 나타낸 것이다.

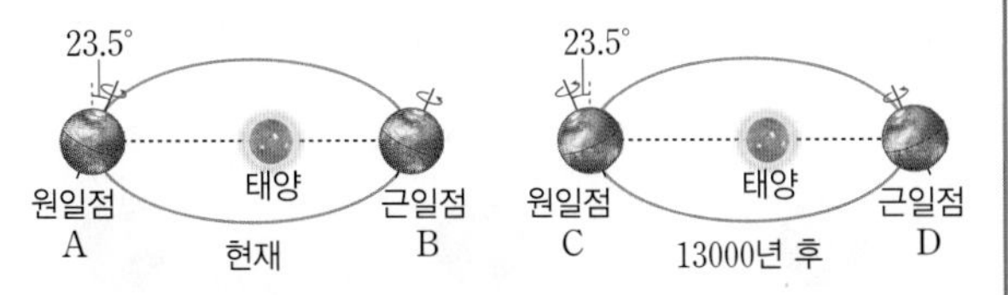

북반구에서 여름일 때의 위치를 모두 고르시오.

[400~402] 인간의 활동과 기후 변화에 대한 설명으로 옳은 것은 ○표, 옳지 않은 것은 ×표 하시오.

400 현재 지구에 흡수되는 태양 복사 에너지양과 우주로 방출되는 지구 복사 에너지양이 같다. (　　)

401 지구 대기는 태양으로부터 흡수되는 에너지양이 지표면으로부터 흡수되는 지구 복사 에너지양보다 많다. (　　)

402 지구 온난화의 주요 원인은 화석 연료 사용으로 인해 대기 중 온실 기체의 농도가 증가하기 때문이다. (　　)

403 다음은 지구 온난화에 대한 설명이다. (　　) 안에 들어갈 알맞은 말을 고르시오.

> 산업화 이후 지구는 대기 중 온실 기체가 증가함에 따라 온실 효과가 증대되어 평균 기온이 점점 상승하고 있다. 이와 같은 추세가 계속된다면 빙하의 면적이 현재보다 ㉠(증가, 감소)하고, 평균 해수면의 높이가 ㉡(상승, 하강)할 것이다.

» 바른답·알찬풀이 53쪽

1 | 기후 변화의 원인

404 필수 유형 92쪽 빈출 자료 ①

그림은 지구 자전축의 경사 방향이 26000년 주기로 변하는 것을 나타낸 것이다.

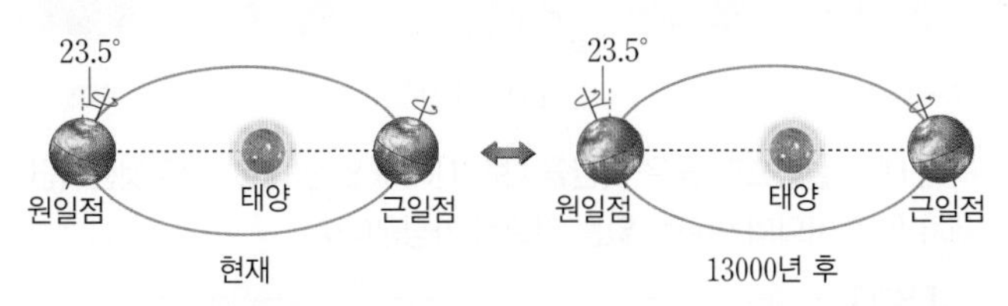

이에 대한 설명으로 옳은 것만을 [보기]에서 있는 대로 고른 것은?(단, 지구 자전축 경사 방향 이외의 변화는 없다고 가정한다.)

[보기]
ㄱ. 현재 원일점에서 남반구는 여름이다.
ㄴ. 13000년 전에는 북반구의 계절이 현재와 정반대였을 것이다.
ㄷ. 13000년 후에는 북반구의 연교차가 현재보다 커질 것이다.

① ㄱ ② ㄴ ③ ㄱ, ㄷ
④ ㄴ, ㄷ ⑤ ㄱ, ㄴ, ㄷ

405

그림은 지구 공전 궤도의 변화를 나타낸 것이다.

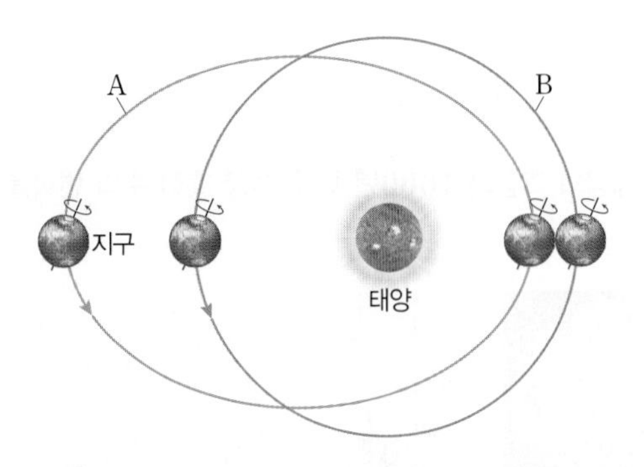

지구 공전 궤도가 B에서 A로 변할 때 일어날 수 있는 현상으로 옳은 것만을 [보기]에서 있는 대로 고른 것은?(단, 공전 궤도 외의 변화는 없다고 가정한다.)

[보기]
ㄱ. 지구 공전 궤도 이심률이 커졌다.
ㄴ. 북반구의 겨울은 따뜻해진다.
ㄷ. 남반구의 연교차는 작아진다.

① ㄱ ② ㄷ ③ ㄱ, ㄴ
④ ㄴ, ㄷ ⑤ ㄱ, ㄴ, ㄷ

406

그림은 지구의 세차 운동을 나타낸 것이다.

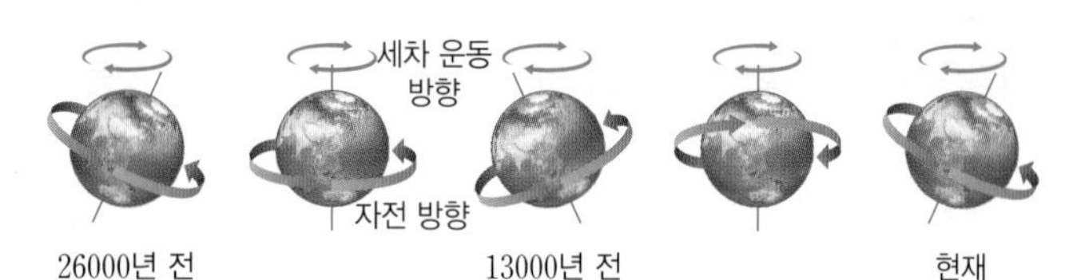

이에 대한 설명으로 옳은 것만을 [보기]에서 있는 대로 고른 것은?(단, 세차 운동 이외의 변화는 없는 것으로 가정한다.)

[보기]

ㄱ. 세차 운동의 주기는 약 26000년이다.
ㄴ. 현재와 13000년 전의 자전축 경사 방향은 정반대이다.
ㄷ. 현재 북반구와 남반구에서의 계절이 13000년 후에는 반대가 될 것이다.

① ㄱ　② ㄷ　③ ㄱ, ㄴ
④ ㄴ, ㄷ　⑤ ㄱ, ㄴ, ㄷ

407

그림은 태양의 흑점과 1600년 이후 태양 흑점 수의 변화를 나타낸 것이다.

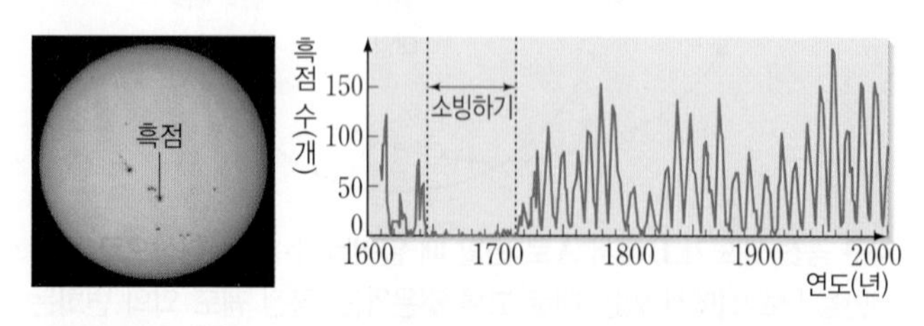

이에 대한 설명으로 옳은 것만을 [보기]에서 있는 대로 고른 것은?

[보기]

ㄱ. 태양 활동 변화는 기후 변화의 원인 중 하나이다.
ㄴ. 소빙하기일 때 태양의 흑점이 가장 적은 시기였다.
ㄷ. 지구 기온 변화는 태양의 흑점 수 변화와 관련이 있다.

① ㄱ　② ㄴ　③ ㄱ, ㄷ
④ ㄴ, ㄷ　⑤ ㄱ, ㄴ, ㄷ

408

다음은 천문학적 요인이 기후 변화에 미치는 영향을 알아 보기 위해 미래 어느 시기의 지구 자전축 모습을 그려보는 활동을 나타낸 것이다.

[지구 자전축 모습 그리기]
제시된 미래의 우리나라 기후 변화 특징 (가), (나)를 이용하여 이 시기 자전축의 모습을 A에 그리시오.

- (가) 북반구는 근일점일 때 여름철이다.
- (나) 여름철 태양의 남중 고도는 현재보다 높다.
- 조건: 천문학적인 요인 중 지구의 세차 운동과 자전축 경사각 변화만을 고려한다.

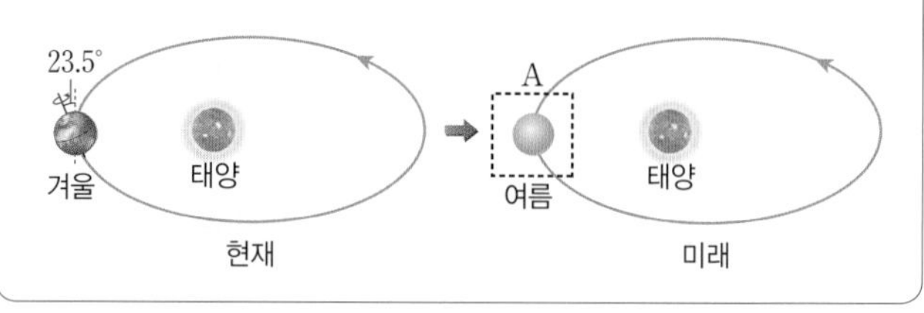

A에 해당하는 지구 자전축의 모습으로 가장 적절한 것은?

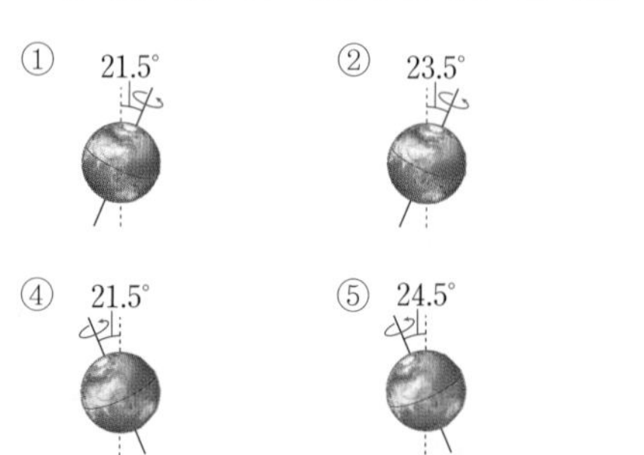

409 서술형

그림은 지구 공전 궤도와 현재부터 1만 년 후의 지구 자전축 기울기 변화를 나타낸 것이다.

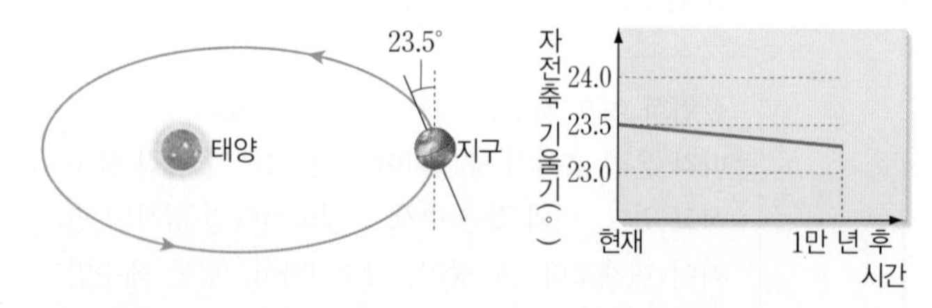

1만 년 후에 우리나라에서 나타날 수 있는 기후 변화를 여름과 겨울의 일사량 변화와 기온의 연교차 관점에서 설명하시오.(단, 지구 자전축 기울기 변화 이외의 천문학적 요인은 현재와 같다고 가정한다.)

410

그림 (가)는 지구 자전축 경사각의 변화를, (나)는 지구 공전 궤도의 이심률 변화를 나타낸 것이다.

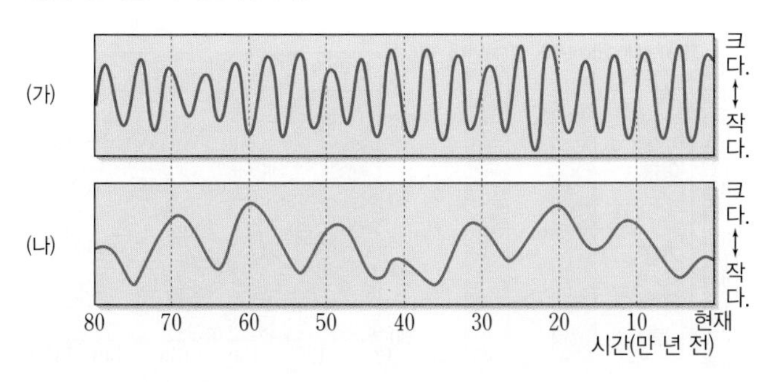

이에 대한 설명으로 옳은 것만을 [보기]에서 있는 대로 고른 것은?(단, 자전축 경사각 변화와 이심률 변화 이외의 기후 변화 요인은 없는 것으로 가정한다.)

[보기]

ㄱ. 변화 주기는 (가)가 (나)보다 짧다.
ㄴ. 60만 년 전 우리나라는 현재보다 기온의 연교차가 작았을 것이다.
ㄷ. 5만 년 전에는 현재보다 원일점 거리와 근일점 거리 차는 컸을 것이다.

① ㄱ ② ㄷ ③ ㄱ, ㄴ
④ ㄴ, ㄷ ⑤ ㄱ, ㄴ, ㄷ

411 수능기출 변형

다음은 기후 변화의 요인과 영향에 대한 탐구 활동을 나타낸 것이다.

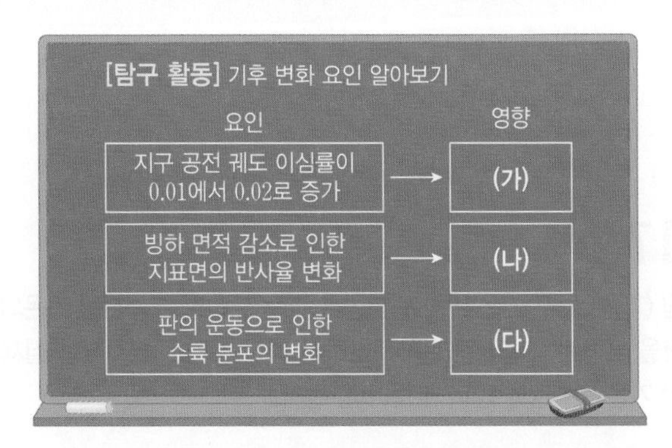

발표한 내용이 옳은 학생만을 [보기]에서 있는 대로 고른 것은?

[보기]

철수: (가)에서는 지구가 근일점에 위치할 때 태양까지의 거리가 가까워져요.
영희: (나)에서는 지표면에 흡수되는 태양 복사 에너지양이 증가해요.
지영: (다)에서는 대기와 해수의 순환에 변화가 생겨요.

① 철수 ② 영희 ③ 철수, 지영
④ 영희, 지영 ⑤ 철수, 영희, 지영

2 | 인간의 활동과 기후 변화

412

필수 유형 〉 92쪽 빈출 자료 ②

그림은 1850년부터 2012년까지 빙하 시추 자료와 실제 대기 중 농도를 측정하여 알아낸 이산화 탄소와 메테인의 농도 변화를 나타낸 것이다.

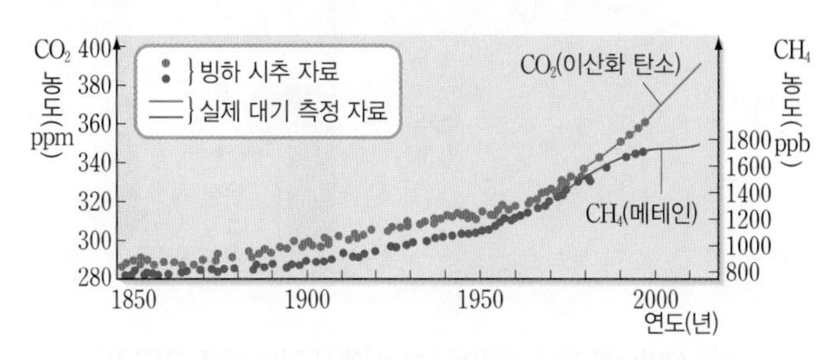

이에 대한 설명으로 옳은 것만을 [보기]에서 있는 대로 고른 것은?

[보기]

ㄱ. 이 기간 동안 대륙 빙하의 면적은 감소하였을 것이다.
ㄴ. 이 기간 동안 전 세계의 기온은 대체로 상승하였을 것이다.
ㄷ. 이 기간 동안 이산화 탄소와 메테인의 대기 중 농도는 대체로 비슷하였다.

① ㄱ ② ㄷ ③ ㄱ, ㄴ
④ ㄴ, ㄷ ⑤ ㄱ, ㄴ, ㄷ

413

그림은 각 사각형별로 1901년~2012년의 기온 변화를 나타낸 것이다.

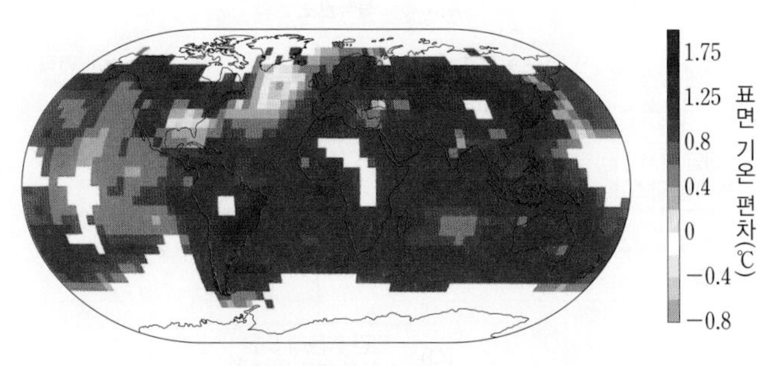

이에 대한 설명으로 옳은 것만을 [보기]에서 있는 대로 고른 것은?(단, 색이 없는 부분은 관측 자료가 없는 곳이다.)

[보기]

ㄱ. 이 기간 동안 전 세계의 기온은 대체로 상승하였다.
ㄴ. 이 기간 동안 해수면의 높이는 대체로 하강하였을 것이다.
ㄷ. 이 기간 동안 대기 중의 온실 기체의 양은 증가하였을 것이다.

① ㄱ ② ㄴ ③ ㄱ, ㄷ
④ ㄴ, ㄷ ⑤ ㄱ, ㄴ, ㄷ

414

그림은 복사 평형을 이루고 있는 지구의 열수지를 나타낸 것이다.

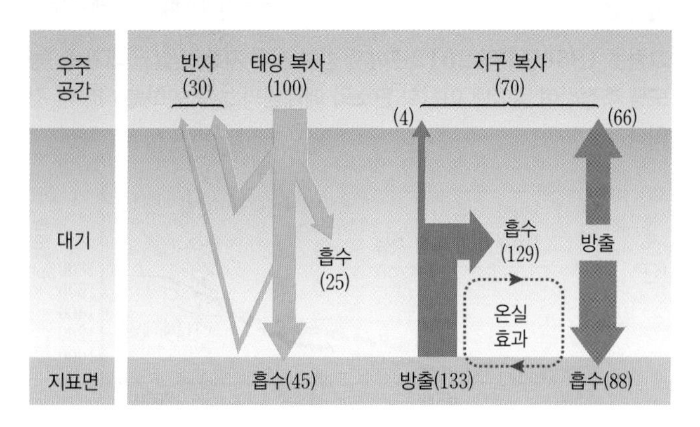

이에 대한 설명으로 옳은 것만을 [보기]에서 있는 대로 고른 것은?

[보기]

ㄱ. 태양 복사 에너지 중 지구에 흡수되는 비율은 70이다.
ㄴ. 태양 복사 에너지는 주로 적외선 영역에서 지구에 흡수된다.
ㄷ. 지표면은 태양보다 대기로부터 더 많은 복사 에너지를 흡수한다.

① ㄱ　② ㄴ　③ ㄱ, ㄷ　④ ㄴ, ㄷ　⑤ ㄱ, ㄴ, ㄷ

415

그림은 북극권에서 일어나는 다양한 기후 피드백 작용을 나타낸 것이다.

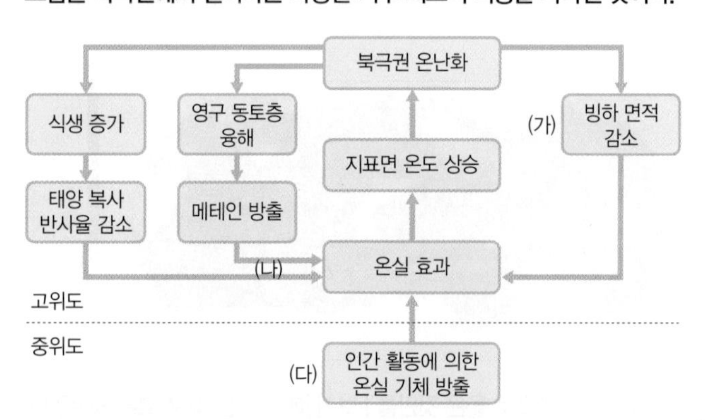

이에 대한 설명으로 옳은 것만을 [보기]에서 있는 대로 고른 것은?

[보기]

ㄱ. (가)로 인하여 지표면의 반사율이 감소한다.
ㄴ. (나)는 북극권의 온난화를 약화시키는 작용이다.
ㄷ. (다)의 온실 기체 중 가장 많은 양을 차지하는 것은 이산화 탄소이다.

① ㄱ　② ㄴ　③ ㄱ, ㄷ　④ ㄴ, ㄷ　⑤ ㄱ, ㄴ, ㄷ

416 수능모의평가기출 변형

그림 (가)는 우리나라에서 예상되는 계절별 길이 변화를, (나)는 지난 100년 동안 우리나라 주변 해역의 표층 수온 증가량을 나타낸 것이다.

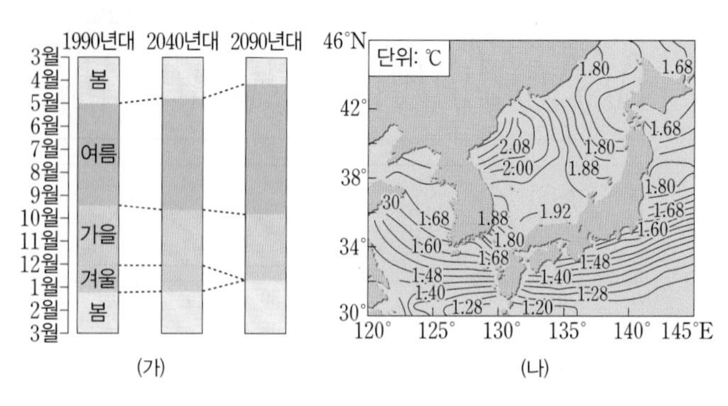

이에 대한 설명으로 옳은 것만을 [보기]에서 있는 대로 고른 것은?

[보기]

ㄱ. 아열대 작물의 재배 가능 지역은 점차 북상할 것이다.
ㄴ. 난류의 영향이 큰 해역일수록 표층 수온 증가량이 크다.
ㄷ. 수온 변화에 의한 해수면 상승은 서해안보다 동해안에서 크게 나타났을 것이다.

① ㄱ　② ㄴ　③ ㄷ　④ ㄱ, ㄴ　⑤ ㄱ, ㄷ

417 서술형

그림 (가)는 지구 기온 변화에 영향을 주는 요인별로 계산된 기온의 변화량을, (나)는 (가)의 결과를 종합하여 계산한 기온 변화량과 실제 관측한 기온 변화량을 나타낸 것이다.

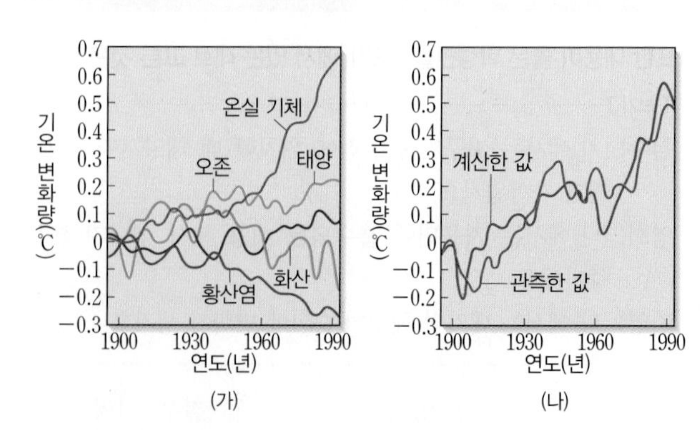

이 자료에 근거하여 지구 온난화의 원인과 대책을 설명하시오.

◆ 학교 시험 빈출 문제 중 내신 1등급을 결정하는 고난도 문제들을 수록하였습니다.

1등급 완성 문제

» 바른답·알찬풀이 56쪽

418 정답률 25% 수능모의평가기출 변형

그림은 현재와 미래 어느 시점의 지구 공전 궤도, 지구 자전축의 경사 방향과 경사각을 나타낸 것이다.

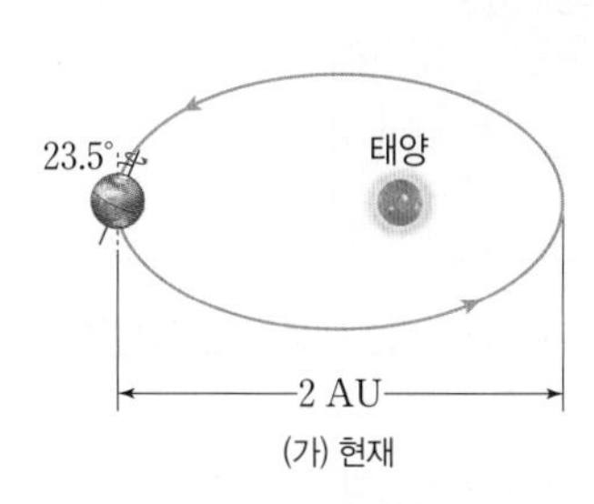

(가) 현재

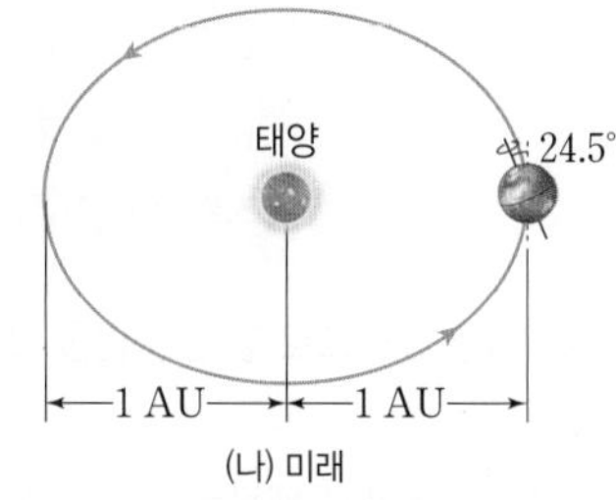

(나) 미래

이에 대한 설명으로 옳은 것만을 [보기]에서 있는 대로 고른 것은?(단, 공전 궤도 이심률, 자전축의 경사 방향과 경사각의 변화 이외의 요인은 없다고 가정한다.)

[보기]

ㄱ. 북반구의 연교차는 (가)가 (나)보다 크다.
ㄴ. (나)에서 북반구 여름 동안 대륙 빙하의 면적은 (가)보다 작아진다.
ㄷ. (나)에서 지구에 입사하는 태양 복사 에너지양은 7월이 1월보다 많다.

① ㄱ ② ㄴ ③ ㄷ
④ ㄱ, ㄴ ⑤ ㄴ, ㄷ

419 정답률 30% 수능모의평가기출 변형

그림 (가)와 (나)는 복사 평형 상태에서의 지구 열수지를 대기의 유무에 따라 나타낸 것이다.

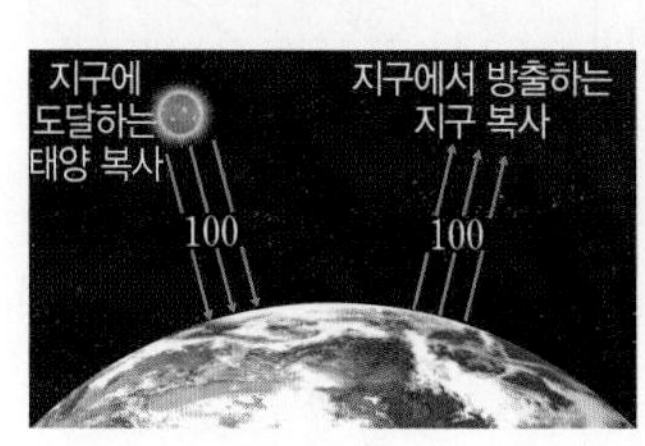

(가) 대기가 없는 경우

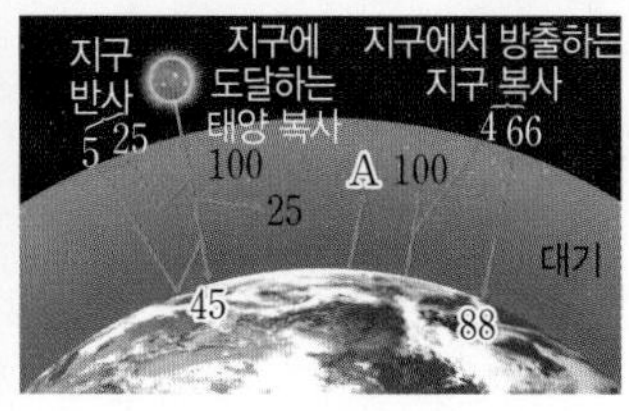

(나) 대기가 있는 경우

이에 대한 설명으로 옳은 것만을 [보기]에서 있는 대로 고른 것은?

[보기]

ㄱ. 지표면의 평균 온도는 (가)가 (나)보다 높다.
ㄴ. (나)에서 $A+100=133$이다.
ㄷ. (나)의 적외선 영역에서 대기가 방출하는 에너지양은 적외선 영역에서 흡수하는 에너지양보다 많다.

① ㄱ ② ㄷ ③ ㄱ, ㄴ
④ ㄴ, ㄷ ⑤ ㄱ, ㄴ, ㄷ

420 정답률 30% 수능모의평가기출 변형

그림은 현재 지구 자전축 경사 방향과 공전 궤도를 나타낸 것이다. 세차 운동의 방향은 지구 공전 방향과 반대이고, 주기는 26000년이다.

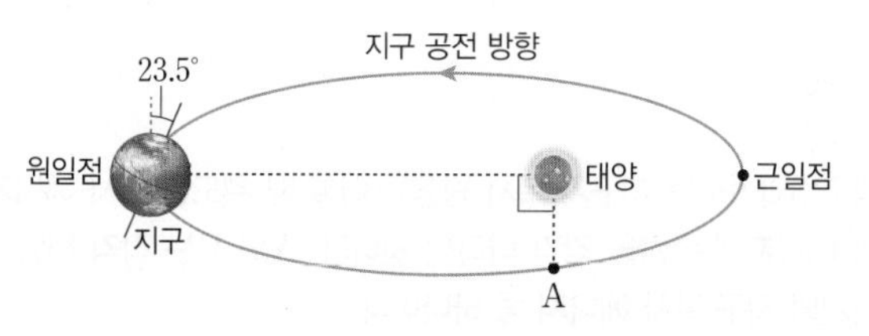

이 자료에 대한 설명으로 옳은 것만을 [보기]에서 있는 대로 고른 것은?(단, 자전축 경사 방향 이외의 요인은 변하지 않는다고 가정한다.)

[보기]

ㄱ. 현재 근일점에서 우리나라는 낮보다 밤이 길다.
ㄴ. 6500년 후 지구가 A 부근에 위치할 때 우리나라는 여름이다.
ㄷ. 13000년 후 우리나라 기온의 연교차는 현재보다 더 크다.

① ㄱ ② ㄴ ③ ㄱ, ㄷ
④ ㄴ, ㄷ ⑤ ㄱ, ㄴ, ㄷ

서술형 문제

421 정답률 40%

오른쪽 그림은 피나투보 화산 활동 전후에 측정한 대기의 태양 복사 에너지 투과율 변화를 나타낸 것이다. 화산 분출 직후 지구의 평균 기온이 어떻게 변할지 설명하시오.

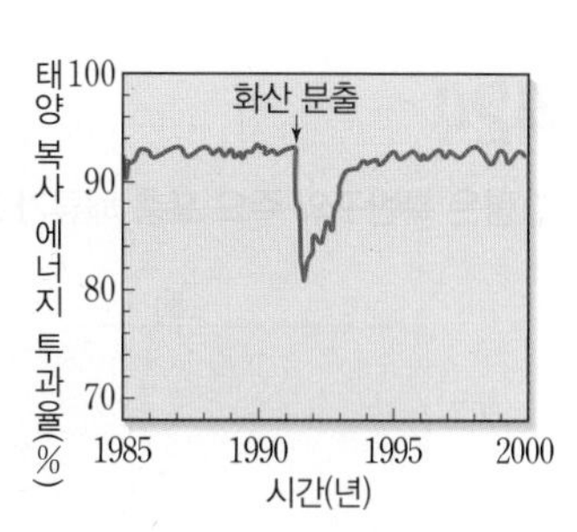

422 정답률 25%

기후 변화를 해결하기 위한 과학적 노력을 (가) 온실 기체의 배출을 줄이는 방법과 (나) 대기 중의 온실 기체를 흡수하는 방법으로 구분하여 설명하시오.

실전 대비 평가 문제

» 바른답·알찬풀이 57쪽

423

그림 (가)와 (나)는 지구가 복사 평형을 이룰 때 위도별 복사 에너지 수지와 에너지 수송량을 각각 나타낸 것이다. A와 B는 각각 태양 복사 에너지와 지구 복사 에너지 중 하나이다.

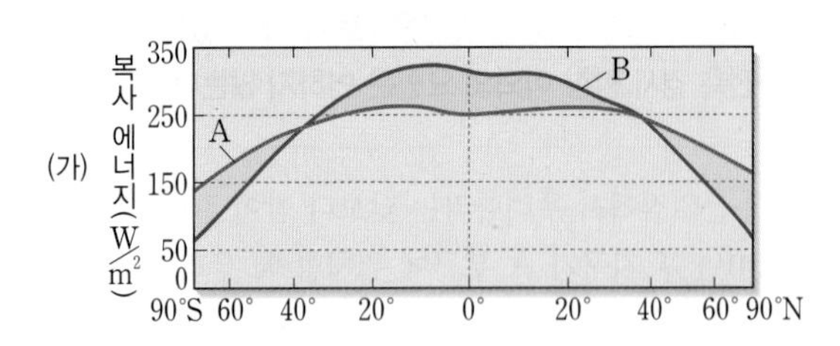

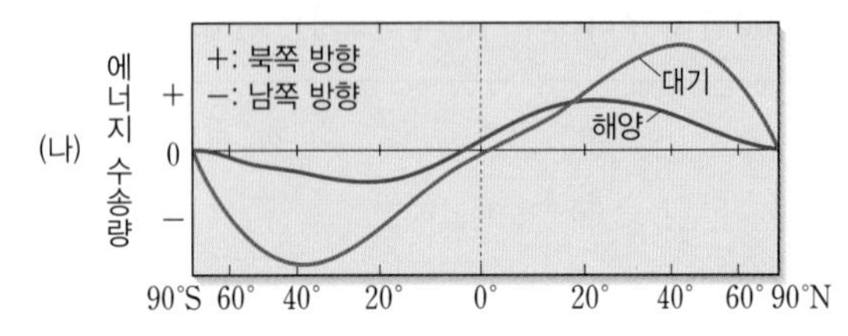

이에 대한 설명으로 옳은 것만을 [보기]에서 있는 대로 고른 것은?

[보기]
ㄱ. 지구 대기 투과율은 A가 B보다 크다.
ㄴ. A와 B의 차이가 큰 위도일수록 에너지 수송량이 많다.
ㄷ. 간접 순환이 형성되는 지역에서는 해양보다 대기에 의한 에너지 수송량이 많다.

① ㄱ ② ㄷ ③ ㄱ, ㄴ ④ ㄴ, ㄷ ⑤ ㄱ, ㄴ, ㄷ

424

그림은 북반구의 주요 표층 해류가 흐르는 해역을 나타낸 것이다.

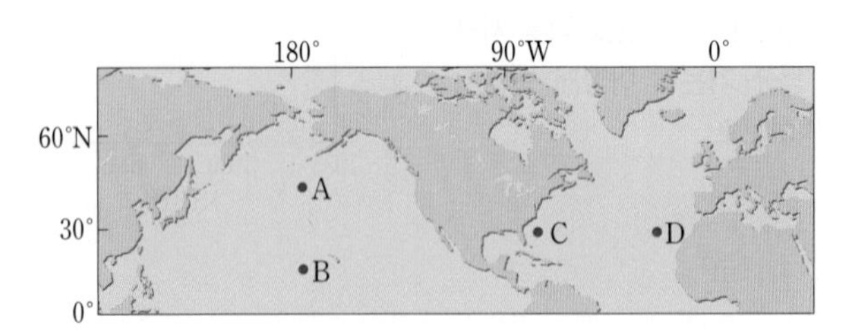

A~D 해역에 대한 설명으로 옳은 것만을 [보기]에서 있는 대로 고른 것은?

[보기]
ㄱ. A와 B의 해류는 각각 편서풍과 무역풍의 영향을 받는다.
ㄴ. 수온과 염분은 C가 D보다 높다.
ㄷ. A와 B 사이의 아열대 순환은 시계 방향으로, C와 D 사이의 아열대 순환은 시계 반대 방향으로 형성된다.

① ㄱ ② ㄷ ③ ㄱ, ㄴ ④ ㄴ, ㄷ ⑤ ㄱ, ㄴ, ㄷ

425

그림은 남극 대륙 주변에 불고 있는 바람의 방향을 나타낸 것이다.

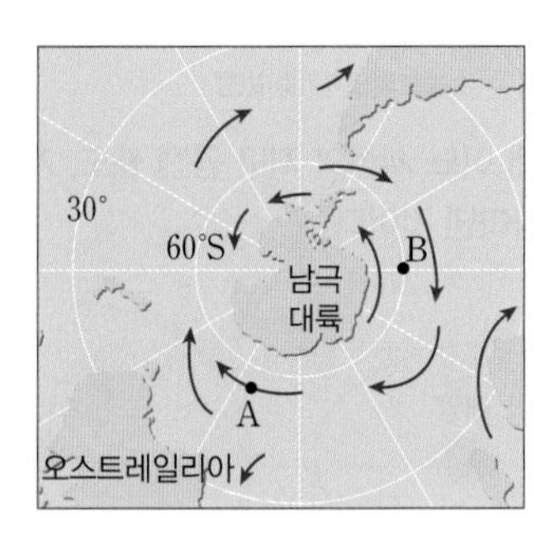

이에 대한 설명으로 옳은 것만을 [보기]에서 있는 대로 고른 것은?

[보기]
ㄱ. A 해역의 해류는 편동풍에 의해 형성된다.
ㄴ. A 해역에서 표층 해수의 이동은 저위도 쪽으로 일어난다.
ㄷ. B 해역에서는 용승이 일어난다.

① ㄱ ② ㄴ ③ ㄱ, ㄷ
④ ㄴ, ㄷ ⑤ ㄱ, ㄴ, ㄷ

426

그림 (가)는 투명관으로 연결한 두 개의 플라스틱 병에 같은 양의 소금물을 넣은 후 밸브를 열고 관찰한 것이고, (나)는 수온과 염분에 따른 해수의 밀도 변화를 나타낸 것이다.

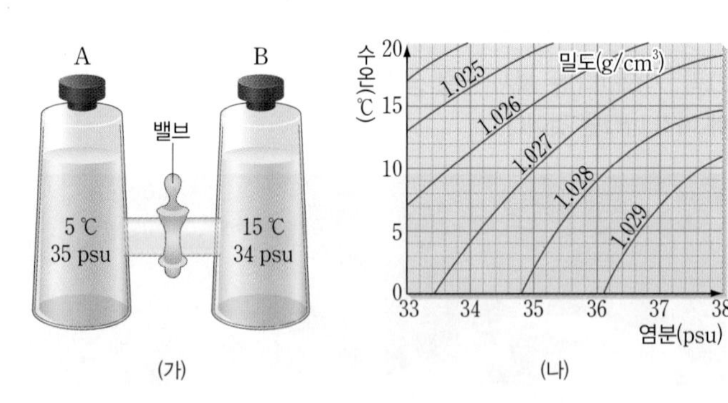

이에 대한 설명으로 옳은 것만을 [보기]에서 있는 대로 고른 것은?(단, 실험하는 동안 외부와의 열 교환은 없었다.)

[보기]
ㄱ. A의 소금물의 밀도는 B의 소금물의 밀도보다 크다.
ㄴ. 밸브를 열면 투명관의 아랫부분에서는 A에서 B로 흐름이 생긴다.
ㄷ. 위 실험으로 심층 해류의 발생 원리를 설명할 수 있다.

① ㄱ ② ㄴ ③ ㄱ, ㄷ
④ ㄴ, ㄷ ⑤ ㄱ, ㄴ, ㄷ

427

그림 (가)는 대서양의 해수 순환의 모식도를, (나)는 북대서양 심층 순환의 세기 변화를 나타낸 것이다.

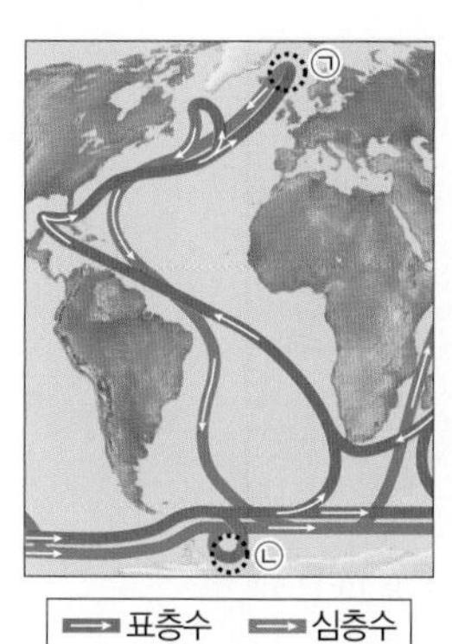

(가)

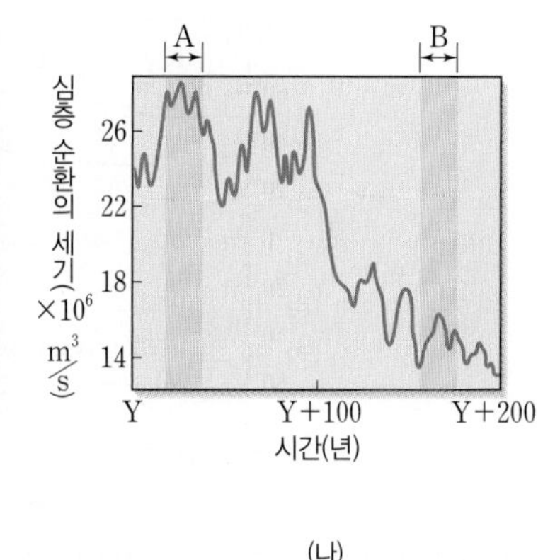

(나)

이에 대한 설명으로 옳은 것만을 [보기]에서 있는 대로 고른 것은?

[보기]

ㄱ. ㉠에서 침강하는 수괴는 ㉡에서 침강하는 수괴보다 밀도가 크다.
ㄴ. ㉠의 표층 해수 밀도는 A 시기가 B 시기보다 크다.
ㄷ. 북대서양에서 고위도로 이동하는 표층수의 흐름은 A 시기가 B 시기보다 강하다.

① ㄱ ② ㄷ ③ ㄱ, ㄴ ④ ㄴ, ㄷ ⑤ ㄱ, ㄴ, ㄷ

428

오른쪽 그림은 연안 용승이 일어나는 캘리포니아 해역의 표층 수온 분포를 나타낸 것이다. 이에 대한 설명으로 옳은 것만을 [보기]에서 있는 대로 고른 것은?

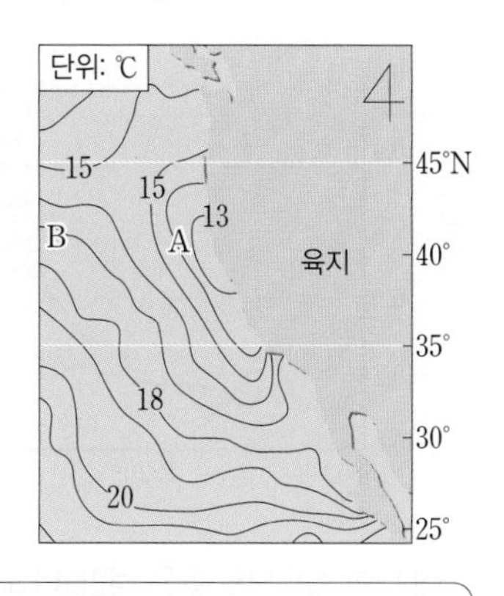

[보기]

ㄱ. A 해역은 B 해역에 비해 영양염류가 많을 것이다.
ㄴ. A 해역에서는 남풍 계열의 바람이 지속적으로 불고 있다.
ㄷ. 위와 같은 수온 분포는 B 해역의 해수가 A 해역으로 이동한 결과이다.

① ㄱ ② ㄷ ③ ㄱ, ㄴ ④ ㄴ, ㄷ ⑤ ㄱ, ㄴ, ㄷ

429

그림 (가)와 (나)는 엘니뇨 시기와 라니냐 시기에 관측된 태평양 적도 부근 해역의 표층 수온 편차를 순서 없이 나타낸 것이다. 수온 편차는 관측 수온에서 평년 수온을 뺀 값이다.

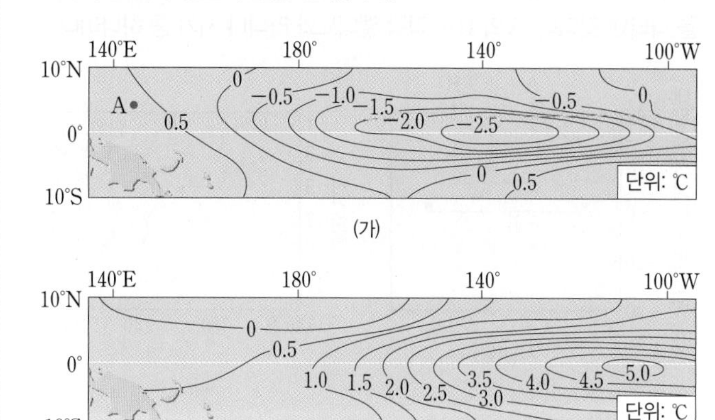

이에 대한 설명으로 옳은 것만을 [보기]에서 있는 대로 고른 것은?

[보기]

ㄱ. (가) 시기에 A 해역의 강수량 편차는 (+)값이다.
ㄴ. (나) 시기에 동태평양 적도 부근 해수면 높이 편차는 (+)값이다.
ㄷ. 동태평양 적도 부근 해역의 용승은 (가) 시기가 (나) 시기보다 강하다.

① ㄱ ② ㄷ ③ ㄱ, ㄴ ④ ㄴ, ㄷ ⑤ ㄱ, ㄴ, ㄷ

430

그림 (가)와 (나)는 평상시 적도 부근 대기의 순환인 워커 순환과 엘니뇨 발생 시 태평양 적도 부근 대기의 순환을 순서 없이 나타낸 것이다.

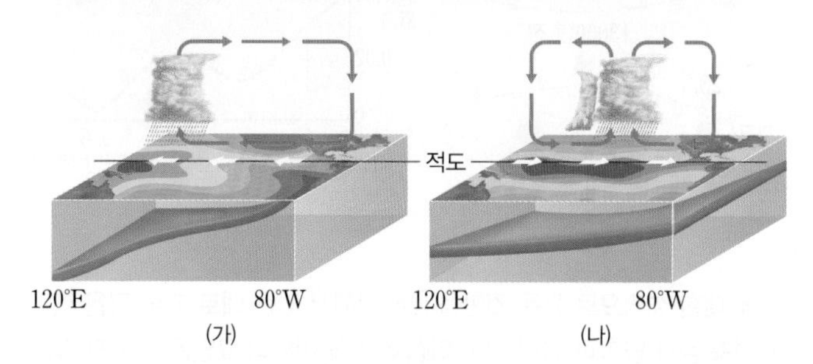

(가) (나)

이에 대한 설명으로 옳은 것만을 [보기]에서 있는 대로 고른 것은?

[보기]

ㄱ. (가)는 평상시의 워커 순환이다.
ㄴ. 무역풍의 세기는 (가) 시기가 (나) 시기보다 세다.
ㄷ. 서태평양 인도네시아 해역의 강수량은 (나) 시기가 (가) 시기보다 많다.

① ㄱ ② ㄷ ③ ㄱ, ㄴ ④ ㄴ, ㄷ ⑤ ㄱ, ㄴ, ㄷ

431

그림 (가)는 서태평양 적도 부근 해역의 표층에 도달하는 태양 복사 에너지 편차(관측값−평년값)를, (나)는 태평양 적도 부근 해역에서 A와 B 중 한 시기에 관측한 20 ℃ 등수온선의 깊이 편차(관측값−평균값)를 나타낸 것이다. A와 B는 각각 엘니뇨와 라니냐 시기 중 하나이다.

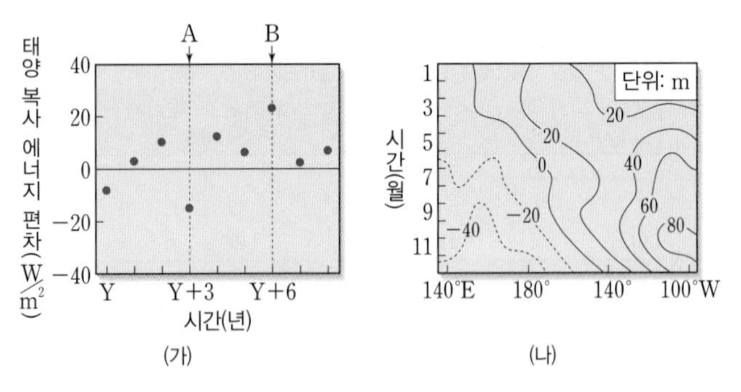

이 자료에 대한 설명으로 옳은 것만을 [보기]에서 있는 대로 고른 것은?

[보기]

ㄱ. 서태평양의 해면 기압은 A보다 B일 때 높다.
ㄴ. (나)는 A에 해당한다.
ㄷ. (나)의 11월에는 서태평양에서 상승 기류가, 동태평양에서 하강 기류가 형성되는 워커 순환이 나타난다.

① ㄱ ② ㄴ ③ ㄱ, ㄷ ④ ㄴ, ㄷ ⑤ ㄱ, ㄴ, ㄷ

432

그림 (가)는 13000년 전과 현재의 지구 자전축 경사 방향을, (나)는 지구 공전 궤도 이심률 변화를 나타낸 것이다.

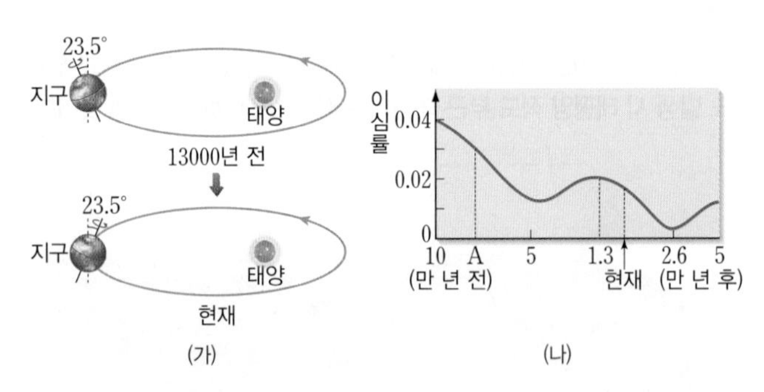

이에 대한 설명으로 옳은 것만을 [보기]에서 있는 대로 고른 것은?(단, 자전축 경사 방향과 공전 궤도 이심률 변화 이외의 요인은 변하지 않는다고 가정한다.)

[보기]

ㄱ. A일 때 근일점과 원일점에서의 공전 속도 차이는 현재보다 컸다.
ㄴ. 13000년 전 남반구 기온의 연교차는 현재보다 컸다.
ㄷ. 26000년 후 북반구 여름의 기온은 현재보다 높아진다.

① ㄱ ② ㄴ ③ ㄱ, ㄷ ④ ㄴ, ㄷ ⑤ ㄱ, ㄴ, ㄷ

433

그림은 대기 중 이산화 탄소의 농도가 현재보다 2배 증가할 경우 위도에 따른 기온 변화량(예측 기온−현재 기온)을 나타낸 것이다.

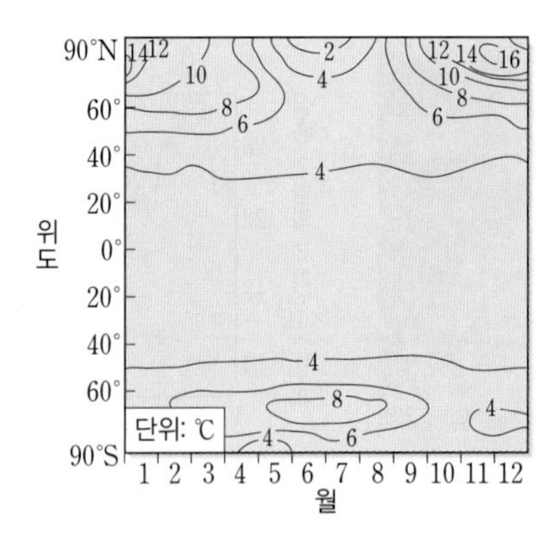

이 자료에 대한 설명으로 옳은 것만을 [보기]에서 있는 대로 고른 것은?

[보기]

ㄱ. 기온 변화량은 대체로 북반구가 남반구보다 크다.
ㄴ. 북극해 주변 지표면에서 태양 복사 에너지의 반사율은 감소할 것이다.
ㄷ. 극순환과 페렐 순환이 만나는 지역의 기온 연교차는 현재보다 작아진다.

① ㄱ ② ㄴ ③ ㄱ, ㄷ ④ ㄴ, ㄷ ⑤ ㄱ, ㄴ, ㄷ

434

그림은 1880년~2010년 동안 지구의 평균 기온 변화와 대기 중 이산화 탄소 농도의 변화를 나타낸 것이다.

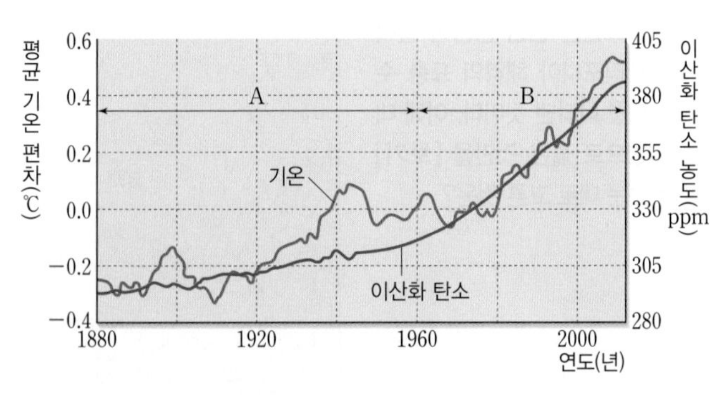

이에 대한 설명으로 옳은 것만을 [보기]에서 있는 대로 고른 것은?

[보기]

ㄱ. 이 기간 동안 평균 해수면은 상승하였을 것이다.
ㄴ. 대기 중 이산화 탄소 농도의 증가는 기온 상승의 원인이다.
ㄷ. 시간에 따른 이산화 탄소 농도의 평균적인 변화율은 B 기간이 A 기간보다 크다.

① ㄱ ② ㄴ ③ ㄱ, ㄷ ④ ㄴ, ㄷ ⑤ ㄱ, ㄴ, ㄷ

단답형·서술형 문제

435

그림은 북반구의 대기 대순환을 모식적으로 나타낸 것이다.

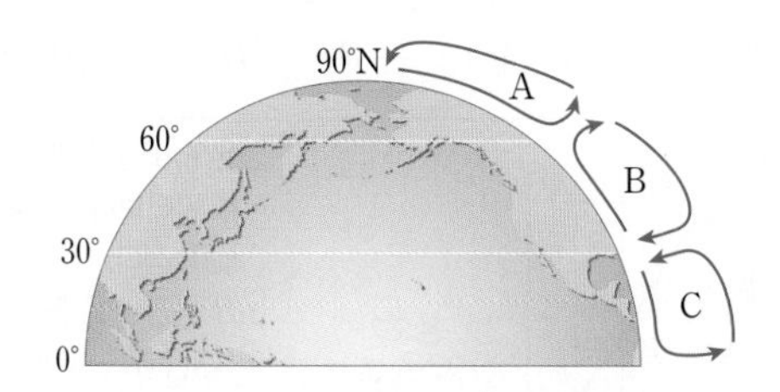

대기 대순환 A, B, C 중 중위도 고압대를 형성하는 순환의 기호를 모두 쓰고, 중위도 고압대에 강수량이 적은 까닭을 설명하시오.

436

다음은 심층 순환에서 염분이 해수의 침강 속도에 미치는 영향을 알아보기 위한 실험을 나타낸 것이다.

[실험 Ⅰ]

(가) 수조 바닥의 중앙에 P점을 표시하고 수조에 20 ℃의 물을 채운다.

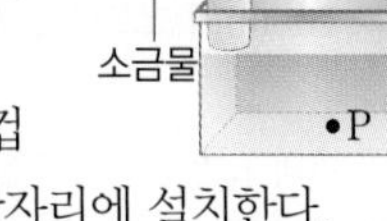

(나) 밑면에 구멍이 뚫린 종이컵을 수면과 거의 같도록 가장자리에 설치한다.

(다) 4 ℃의 물 100 mL에 소금 3.0 g을 완전히 녹인 후 파란색 잉크를 몇 방울 떨어뜨린다.

(라) (다)의 소금물을 종이컵에 천천히 부으면서 ㉠소금물이 P점에 도달하는 시간을 측정한다.

[실험 Ⅱ]

실험 Ⅰ의 (다) 과정에서 소금의 양을 1.0 g으로 바꾸어 (가)~(라)의 과정을 반복한다.

실험 Ⅰ과 실험 Ⅱ에서 ㉠이 어떻게 달라지는지 예측하고, 이와 관련지어 극지방의 빙하가 녹을 경우 심층 순환이 어떻게 변할지 설명하시오.

437

그림 (가)는 2009년부터 2011년까지 서태평양과 동태평양의 적도 부근 해역에서 관측한 해수면 높이를, (나)와 (다)는 동태평양 페루 연안 해역에서 평상시와 엘니뇨 발생 시 플랑크톤 양과 수온 변화를 순서대로 나타낸 것이다. (가)에서 A와 B는 각각 엘니뇨와 라니냐 시기 중 하나이다.

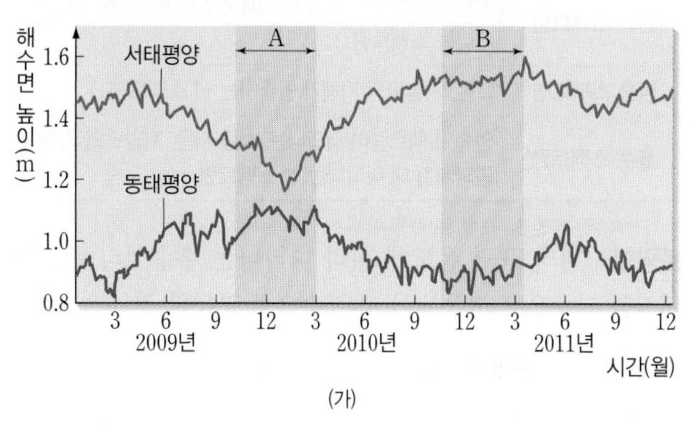

(가)

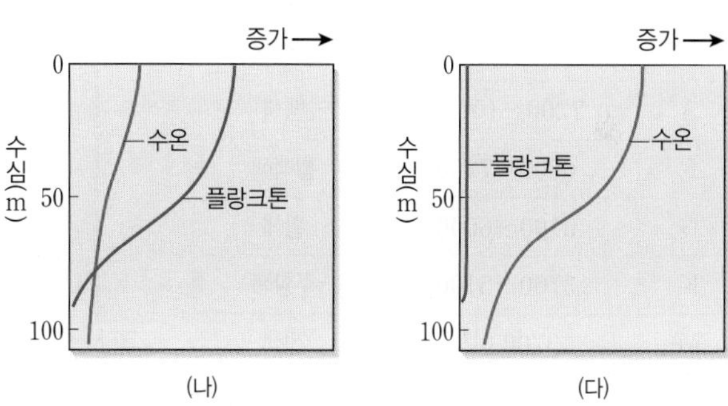

(나) (다)

(가)의 A와 B 시기 중 (다)와 같은 변화가 나타나는 시기를 쓰고, 엘니뇨 발생 시 (나)에서 (다)와 같이 변하는 까닭을 용승과 관련지어 설명하시오.

438

그림은 지구 자전축 경사각의 변화를 나타낸 것이다.

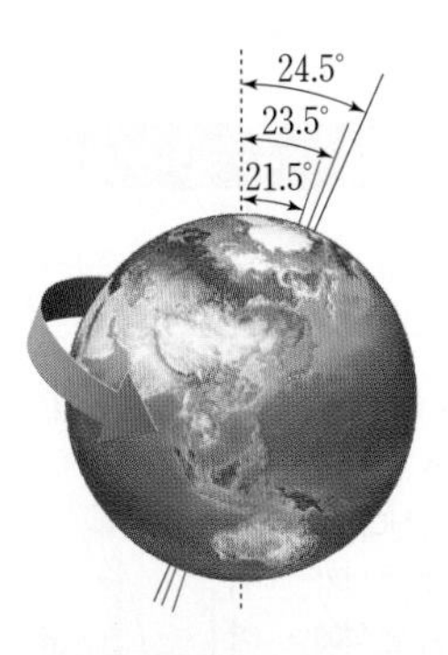

다른 요인의 변화 없이 자전축 경사각이 증가할 경우 우리나라에서 나타나는 여름과 겨울의 기온 변화를 태양의 남중 고도 변화와 관련지어 설명하시오.

10 별의 물리량과 H-R도

Ⅴ 별과 외계 행성계

꼭 알아야 할 핵심 개념
- ☑ 스펙트럼과 분광형
- ☑ 흑체 복사와 색지수
- ☑ 별의 광도와 크기
- ☑ H-R도와 별의 종류

1 별의 분광형과 표면 온도

1 스펙트럼 빛을 파장에 따라 분류한 것

연속 스펙트럼	백열등처럼 모든 파장 영역에서 빛이 연속적인 띠로 나타나는 스펙트럼
방출 스펙트럼	고온, 저밀도의 기체가 방출하는 선 스펙트럼
흡수 스펙트럼	연속 스펙트럼이 나타나는 빛을 저온, 저밀도의 기체에 통과시킬 때 나타나는 선 스펙트럼

태양은 표면 온도가 약 5800 K로, G2형으로 분류된다.

2 분광형 별의 표면 온도에 따라 나타나는 흡수선의 종류와 세기를 기준으로 고온에서 저온 순으로 분류한 것

분광형	표면 온도(K)	색	색지수
O	27000 이상	청색	작다.(−)
B	10000~27000	청백색	
A	7200~10000	백색	
F	6000~7200	황백색	
G	5100~6000	황색	
K	3700~5100	주황색	
M	3700 이하	적색	크다.(+)

3 별의 분광형에 따른 흡수선의 세기 별은 표면 온도에 따라 특정한 흡수선을 형성한다.

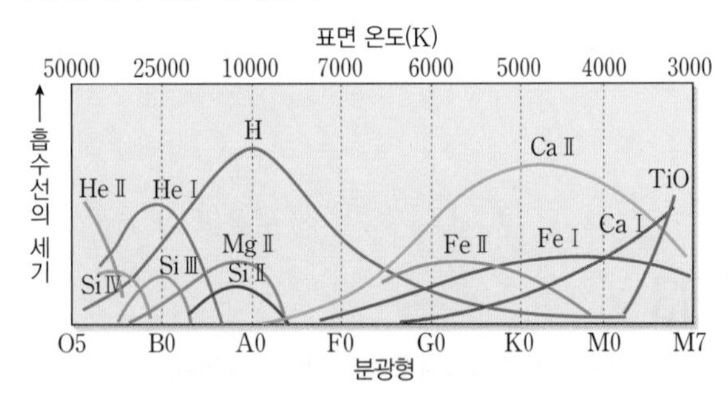

A형 별은 중성 수소(H) 흡수선이 강하게 나타나고, G형 별은 Ca Ⅱ, Fe Ⅱ 흡수선이 강하게 나타난다.

2 별의 광도와 크기

1 흑체 복사 법칙 입사된 모든 복사 에너지를 흡수하고, 흡수한 에너지를 완전히 방출하는 이상적인 물체

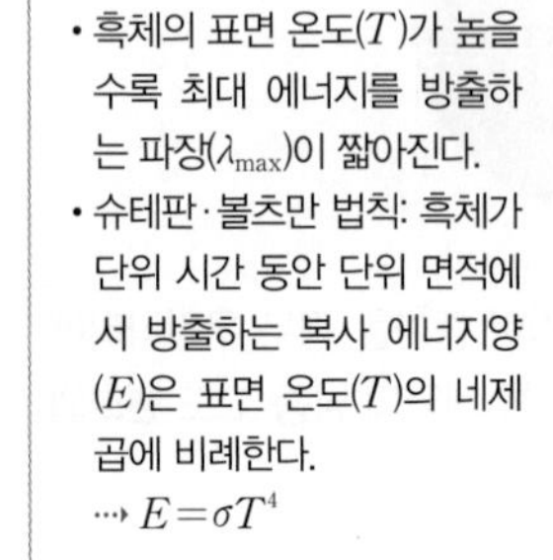

- 흑체의 표면 온도(T)가 높을수록 최대 에너지를 방출하는 파장(λ_{max})이 짧아진다.
- 슈테판·볼츠만 법칙: 흑체가 단위 시간 동안 단위 면적에서 방출하는 복사 에너지양(E)은 표면 온도(T)의 네제곱에 비례한다. ⋯▸ $E=\sigma T^4$

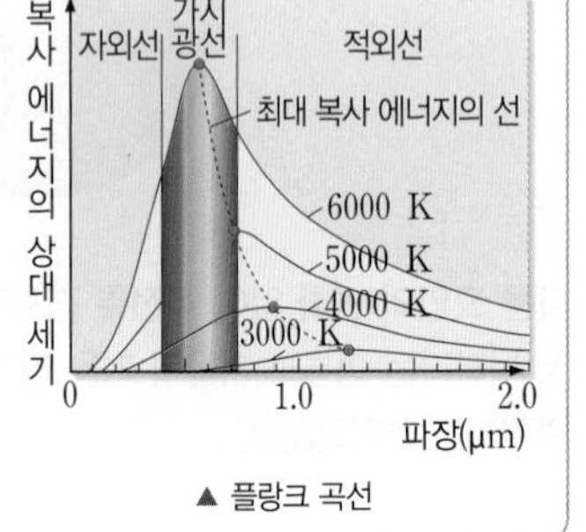

▲ 플랑크 곡선

2 색지수 주로 $(B-V)$ 또는 $(U-B)$를 사용한다.

서로 다른 파장 영역에서 측정한 등급의 차

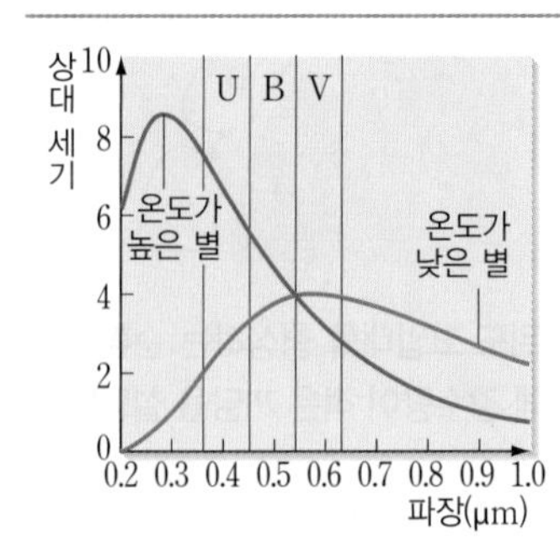

① 온도가 높은 별
- B 필터보다 V 필터를 통과한 빛이 적다.
- B 등급 < V 등급
- 색지수$(B-V)<0$

② 온도가 낮은 별
- B 필터보다 V 필터를 통과한 빛이 많다.
- B 등급 > V 등급
- 색지수$(B-V)>0$

색지수$(B-V)$가 0인 별의 표면 온도는 약 10000 K이다.

3 별의 광도와 크기 별의 광도를 결정하는 물리량: 표면 온도(T), 반지름(R)

별의 광도	별이 단위 시간 동안 방출하는 에너지의 양으로, 슈테판·볼츠만 법칙을 이용하여 $L=4\pi R^2\cdot\sigma T^4$으로 구할 수 있다.
별의 크기	별의 광도(L)와 표면 온도(T)를 이용하여 별의 반지름(R)을 구할 수 있다. $L=4\pi R^2\cdot\sigma T^4$ ⋯▸ $R=\sqrt{\frac{L}{4\pi\sigma T^4}}$ ⋯▸ $R\propto\frac{\sqrt{L}}{T^2}$

빈출 자료 ① 별의 물리량 비교

별	표면 온도(K)	절대 등급
(가)	20000	−5.0
(나)	5000	+5.0
(다)	10000	+10.0

❶ 표면 온도는 (가)>(다)>(나)이므로 색지수는 (가)<(다)<(나)이다.

❷ 5등급 차는 100배의 밝기 차에 해당하므로, (가)는 (나)보다 10000배 밝고, (나)는 (다)보다 100배 밝다.

❸ 별의 반지름 $R\propto\frac{\sqrt{L}}{T^2}$이다. (가)는 (나)보다 표면 온도가 4배 높고, 광도가 10000배 크므로, 반지름은 $\frac{\sqrt{10000}}{4^2}=6.25$배이다.

필수 유형 별의 표면 온도(분광형)와 반지름, 광도(절대 등급) 중 2개의 자료를 제시하고 나머지 물리량을 구하는 문제가 출제된다. 104쪽 453번

4 별의 표면 온도와 광도에 따른 분광 분류(M-K 분류법)

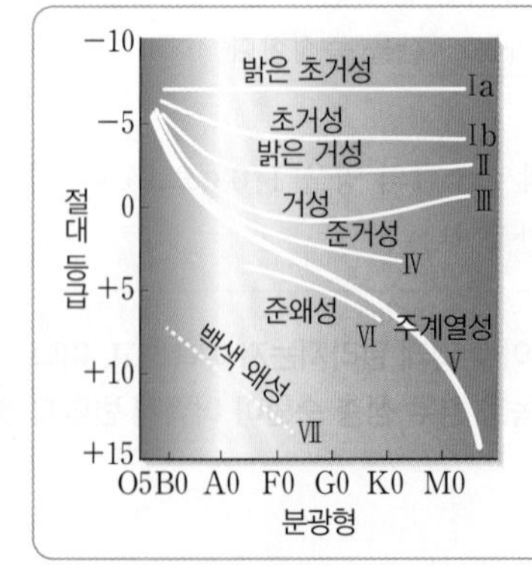

- 별의 스펙트럼을 표면 온도와 절대 등급(광도)에 따라 6개(백색 왜성을 포함하면 7개) 집단으로 나누어 분류한다.
- 분광형이 같더라도 광도 계급에 따라 별의 광도가 다르다. ⋯▸ 별의 반지름이 다르기 때문이다.
- 태양의 경우 표면 온도와 광도 계급을 고려하면 G2Ⅴ형에 해당한다.

3 H-R도와 별의 종류

1 H-R도 가로축에 별의 분광형(또는 표면 온도), 세로축에 별의 절대 등급(또는 광도)을 나타낸 도표로, 오른쪽 아래에서 왼쪽 위로 갈수록 별의 표면 온도가 높고 광도가 크다.

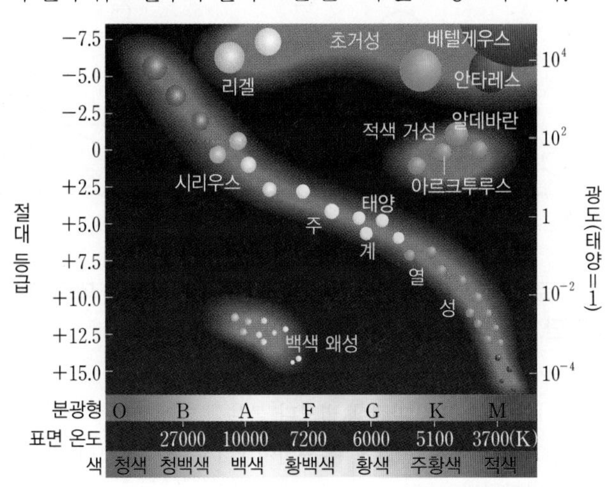

2 별의 종류 H-R도에 나타난 별들은 크게 4개의 집단(주계열성, 적색 거성, 초거성, 백색 왜성)으로 구분할 수 있다.

주계열성	• H-R도의 왼쪽 위에서 오른쪽 아래로 이어지는 좁은 띠 영역에 분포 • 전체 별의 약 90 %가 주계열성에 속한다.
적색 거성	• H-R도에서 주계열의 오른쪽 위에 분포하는 별 • 표면 온도가 낮아 붉은색이고 광도는 매우 크다.
초거성	• H-R도에서 적색 거성보다 위쪽에 분포하는 별 • 광도와 반지름이 적색 거성보다 크다.
백색 왜성	• H-R도에서 주계열의 왼쪽 아래에 분포하는 별 • 표면 온도가 높아 흰색으로 보이지만 광도는 매우 작다.

빈출 자료 ② 주계열성의 특징

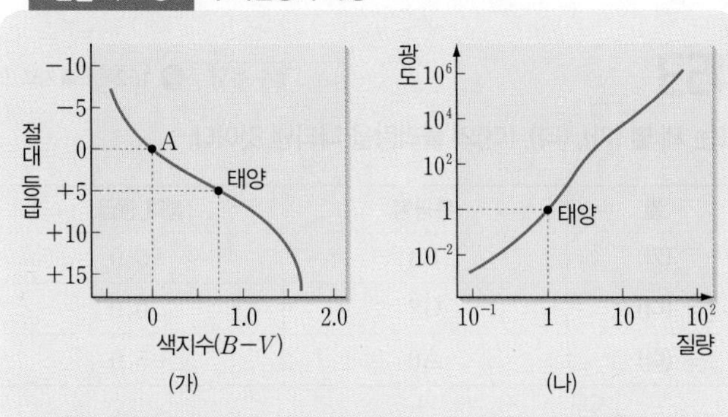

❶ 별은 일생의 대부분을 주계열 단계에서 보내기 때문에 주계열성이 별의 대부분을 차지한다.

❷ (가)와 (나)로부터 색지수가 작을수록 절대 등급이 작고, 질량이 클수록 광도가 크다는 것을 알 수 있다.

⋯› 주계열성은 질량이 클수록 표면 온도가 높고, 광도가 크다.

⋯› 주계열성은 질량이 클수록 반지름이 크다.

⋯› (가)에서 A는 태양보다 색지수가 작고 절대 등급이 작다. 따라서 A는 태양보다 표면 온도가 높고, 질량과 광도가 크다.

필수 유형 H-R도에서 주계열에 있는 별의 광도와 질량, 색지수 등을 비교하는 문제가 출제된다. 107쪽 465번

개념 확인 문제

» 바른답·알찬풀이 60쪽

[439~442] 다음은 별의 물리량과 H-R도에 대한 설명이다. ( ) 안에 들어갈 알맞은 말을 고르시오.

439 표면 온도가 높을수록 최대 에너지를 방출하는 파장이 (짧다, 길다).

440 흑체가 단위 시간 동안 단위 면적에서 방출하는 복사 에너지양은 표면 온도의 네제곱에 (비례, 반비례)한다.

441 H-R도에서 세로축 물리량은 (광도, 표면 온도) 또는 절대 등급이다.

442 H-R도에서 대부분의 별이 속해 있는 집단은 (주계열성, 적색 거성)이다.

[443~445] 별의 물리량에 대한 설명으로 옳은 것은 ○표, 옳지 않은 것은 ×표 하시오.

443 분광형을 표면 온도가 높은 것부터 순서대로 나열하면 O, B, A, F, G, K, M형이다. ( )

444 광도가 같은 별은 표면 온도에 관계없이 스펙트럼의 특징이 동일하게 나타난다. ( )

445 별의 반지름은 광도가 작을수록, 표면 온도가 높을수록 크다. ( )

[446~449] 별의 종류와 H-R도상에서의 별의 위치를 옳게 연결하시오.

446 주계열성 •   • ㉠ H-R도에서 가장 위쪽에 분포하는 별

447 적색 거성 •   • ㉡ H-R도에서 주계열의 왼쪽 아래에 분포하는 별

448 초거성 •   • ㉢ H-R도의 왼쪽 위에서 오른쪽 아래로 이어지는 좁은 띠 영역에 분포하는 별

449 백색 왜성 •   • ㉣ H-R도에서 주계열의 오른쪽 위에 분포하는 별

기출 분석 문제

» 바른답·알찬풀이 60쪽

1 | 별의 분광형과 표면 온도

450

그림 (가)와 (나)는 광원으로부터 나온 빛이 관측자에게 도달하는 스펙트럼의 경우를 나타낸 것이다.

(가)

(나)

(가)와 (나)의 스펙트럼에 대한 설명으로 옳은 것만을 [보기]에서 있는 대로 고른 것은?

[보기]
ㄱ. (가)와 (나)에서 모두 연속 스펙트럼이 관측된다.
ㄴ. 별의 분광형 분류에 이용되는 스펙트럼은 (나)이다.
ㄷ. 같은 성분의 기체라면 (가)와 (나)에서 같은 파장의 선 스펙트럼이 나타난다.

① ㄱ ② ㄴ ③ ㄱ, ㄷ
④ ㄴ, ㄷ ⑤ ㄱ, ㄴ, ㄷ

451

표는 세 별 (가), (나), (다)의 분광형과 스펙트럼을 나타낸 것이다.

별	분광형	스펙트럼
(가)	B0	
(나)	M0	
(다)	G0	

이에 대한 설명으로 옳은 것만을 [보기]에서 있는 대로 고른 것은?

[보기]
ㄱ. 세 별의 분광형을 구분하는 기준은 질량이다.
ㄴ. 세 별 중 표면 온도는 (가)가 가장 높다.
ㄷ. (나)는 (다)보다 붉은색으로 보인다.

① ㄱ ② ㄷ ③ ㄱ, ㄴ
④ ㄴ, ㄷ ⑤ ㄱ, ㄴ, ㄷ

452 수능모의평가기출 변형

그림은 별의 분광형에 따른 흡수선의 상대적 세기를 나타낸 것이다.

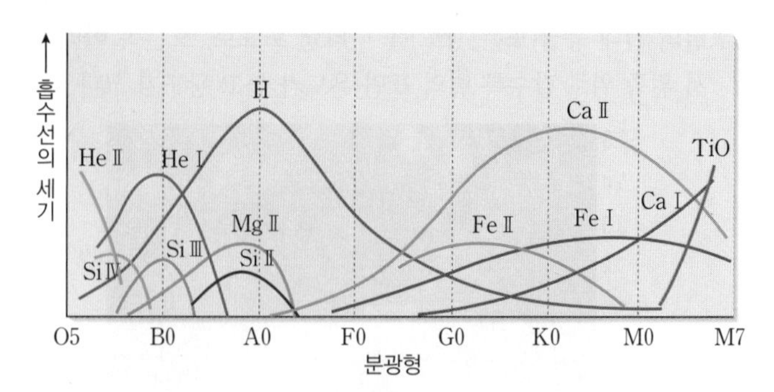

이 자료에 대한 설명으로 옳은 것만을 [보기]에서 있는 대로 고른 것은?(단, 태양의 분광형은 G2형이다.)

[보기]
ㄱ. He 흡수선은 파란색 별보다 붉은색 별에서 뚜렷하다.
ㄴ. 흰색 별에서는 H Ⅰ 흡수선이 Ca Ⅱ 흡수선보다 강하게 나타난다.
ㄷ. 태양보다 질량이 작은 주계열성은 태양보다 Fe Ⅰ 흡수선이 강하게 나타난다.

① ㄱ ② ㄷ ③ ㄱ, ㄴ
④ ㄴ, ㄷ ⑤ ㄱ, ㄴ, ㄷ

2 | 별의 광도와 크기

453

필수 유형 102쪽 빈출 자료 ①

표는 세 별 (가), (나), (다)의 물리량을 나타낸 것이다.

별	분광형	절대 등급
(가)	B3	−5.0
(나)	G2	0.0
(다)	A0	+5.0

이에 대한 설명으로 옳은 것만을 [보기]에서 있는 대로 고른 것은?

[보기]
ㄱ. 별이 단위 시간 동안 방출하는 에너지양은 (가)가 가장 많다.
ㄴ. 별의 실제 밝기는 (나)가 (다)보다 100배 밝다.
ㄷ. 별의 반지름은 (다)가 (나)보다 작다.

① ㄱ ② ㄷ ③ ㄱ, ㄴ
④ ㄴ, ㄷ ⑤ ㄱ, ㄴ, ㄷ

454 신유형

그림은 별의 표면 온도와 색지수($B-V$)의 관계를 나타낸 것이다.

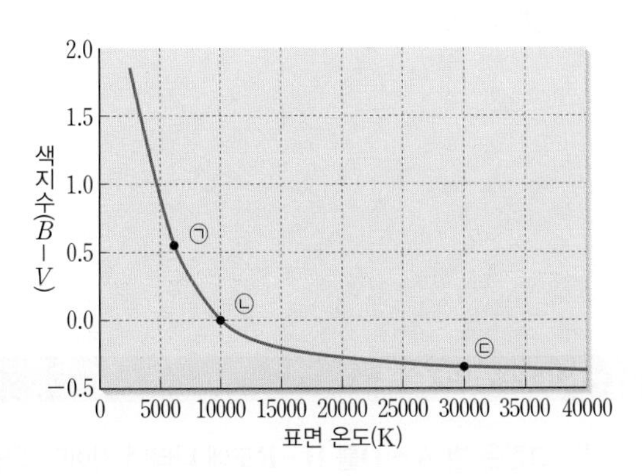

세 별 ㉠, ㉡, ㉢에 대한 설명으로 옳은 것만을 [보기]에서 있는 대로 고른 것은?

[보기]

ㄱ. 색지수가 클수록 붉게 보인다.
ㄴ. 최대 에너지 세기를 갖는 파장은 ㉠이 가장 짧다.
ㄷ. ㉡은 B 등급과 V 등급이 같다.

① ㄱ ② ㄴ ③ ㄱ, ㄷ
④ ㄴ, ㄷ ⑤ ㄱ, ㄴ, ㄷ

455

그림은 분광형과 절대 등급에 따라 별들을 6개의 광도 계급으로 구분하여 나타낸 것이다.

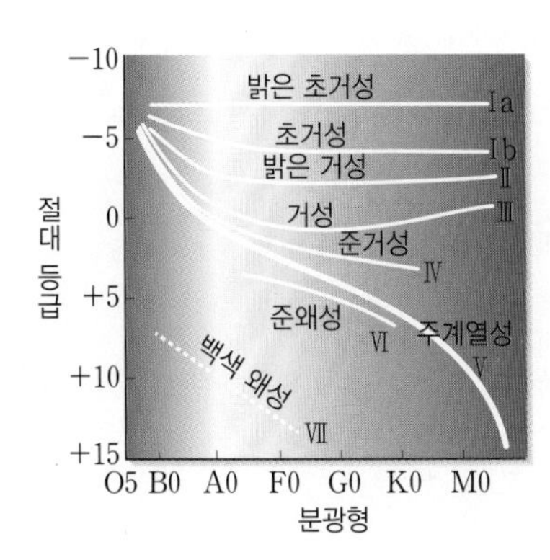

광도 계급	별의 종류
Ⅰ	초거성
Ⅱ	밝은 거성
Ⅲ	거성
Ⅳ	준거성
Ⅴ	왜성(주계열성)
Ⅵ	준왜성

이에 대한 설명으로 옳은 것만을 [보기]에서 있는 대로 고른 것은?

[보기]

ㄱ. 표면 온도가 같은 별의 광도는 계급 Ⅰ보다 계급 Ⅱ가 크다.
ㄴ. 태양이 속한 광도 계급은 Ⅴ이다.
ㄷ. 분광형이 같아도, 광도 계급에 따라 스펙트럼의 특징이 다르다.

① ㄱ ② ㄴ ③ ㄱ, ㄷ
④ ㄴ, ㄷ ⑤ ㄱ, ㄴ, ㄷ

456

그림은 두 별 A와 B가 단위 시간 동안 단위 면적에서 방출하는 에너지의 상대적인 세기를 파장에 따라 나타낸 것이고, 표는 두 별의 절대 등급과 반지름을 나타낸 것이다.

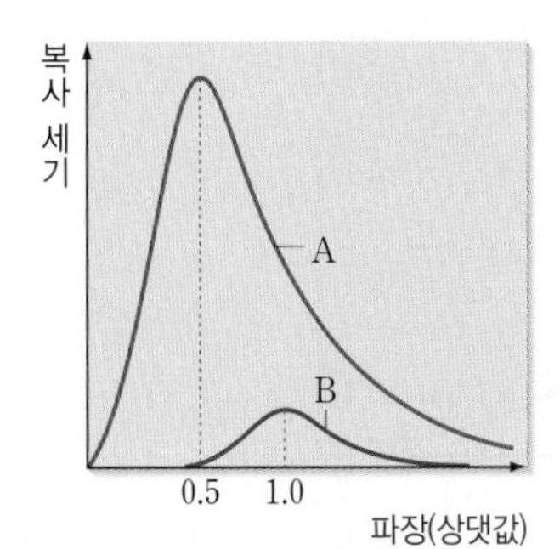

별	A	B
절대 등급	2.0	2.0
반지름 (태양=1)	( )	4.0

이에 대한 설명으로 옳은 것만을 [보기]에서 있는 대로 고른 것은?

[보기]

ㄱ. 표면 온도는 A가 B의 2배이다.
ㄴ. 별이 단위 시간 동안 방출하는 에너지양은 A가 B보다 적다.
ㄷ. 반지름은 A와 태양이 같다.

① ㄱ ② ㄴ ③ ㄱ, ㄷ
④ ㄴ, ㄷ ⑤ ㄱ, ㄴ, ㄷ

457

1등급인 별은 6등급인 별보다 100배 밝다. 절대 등급이 m_1인 별의 광도는 m_2인 별의 광도의 몇 배인지 쓰시오.

458

표는 두 별 (가)와 (나)의 물리량을 나타낸 것이다.

별	분광형	겉보기 등급	거리(pc)
(가)	G0	6	10
(나)	K0	6	20

이에 대한 설명으로 옳지 않은 것은?

① (가)의 절대 등급은 6등급이다.
② 표면 온도는 (가)가 (나)보다 높다.
③ 절대 등급은 (나)가 (가)보다 크다.
④ 별의 광도는 (나)가 (가)의 4배이다.
⑤ 별의 반지름은 (나)가 (가)보다 크다.

459

그림은 주계열성의 표면 온도(T)에 따른 최대 복사 에너지 세기를 갖는 파장(λ_{max})을 나타낸 것이다.

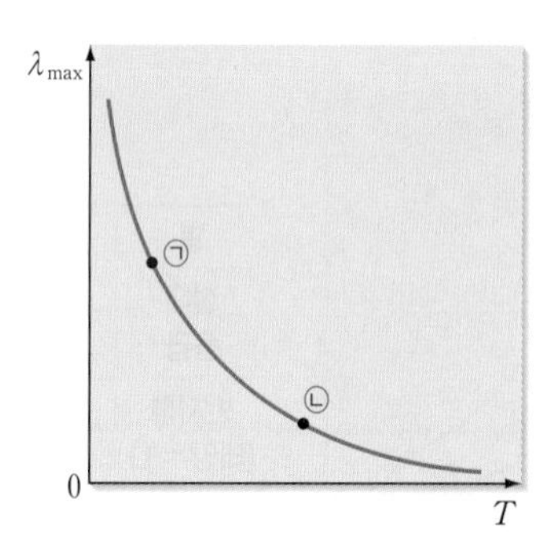

별 ㉡이 ㉠보다 큰 값을 갖는 것만을 [보기]에서 있는 대로 고른 것은?

[보기]
ㄱ. 질량　　ㄴ. $(B-V)$
ㄷ. 반지름　　ㄹ. 절대 등급

① ㄱ, ㄴ　② ㄱ, ㄷ　③ ㄴ, ㄹ
④ ㄱ, ㄷ, ㄹ　⑤ ㄴ, ㄷ, ㄹ

460

표는 별 A, B, C의 분광형과 광도 계급을 나타낸 것이다.

별	분광형	광도 계급
A	G2	V
B	A0	Ⅱ
C	K5	I

이에 대한 설명으로 옳은 것만을 [보기]에서 있는 대로 고른 것은?

[보기]
ㄱ. 표면 온도는 A가 가장 높다.
ㄴ. B는 태양보다 광도가 크다.
ㄷ. 반지름은 C가 가장 크다.

① ㄱ　② ㄴ　③ ㄱ, ㄷ
④ ㄴ, ㄷ　⑤ ㄱ, ㄴ, ㄷ

461 서술형

절대 등급과 표면 온도를 알고 있는 어떤 별이 있다. 이 별의 반지름을 구하는 방법을 설명하시오.

3 | H-R도와 별의 종류

[462~463] 그림은 별 A~D를 H-R도에 나타낸 것이다. 물음에 답하시오.

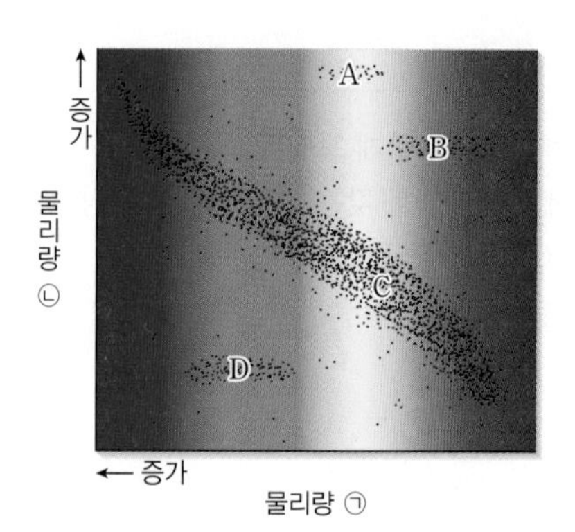

462

H-R도에서 가로축 물리량 ㉠과 세로축 물리량 ㉡을 옳게 짝 지은 것은?

	㉠	㉡
①	광도	표면 온도
②	분광형	표면 온도
③	색지수	절대 등급
④	표면 온도	광도
⑤	절대 등급	색지수

463

별 A~D에 대한 설명으로 옳지 않은 것은?

① 평균 밀도는 A가 가장 작다.
② B는 A에 비해 광도가 크다.
③ B는 D보다 표면 온도가 낮다.
④ C는 광도가 클수록 질량이 크다.
⑤ C는 대부분의 별들이 속해 있는 주계열성이다.

464 수능기출 변형

그림은 어느 성단에서 나이가 같은 4개의 별 a～d를 H－R도에 나타낸 것이다.

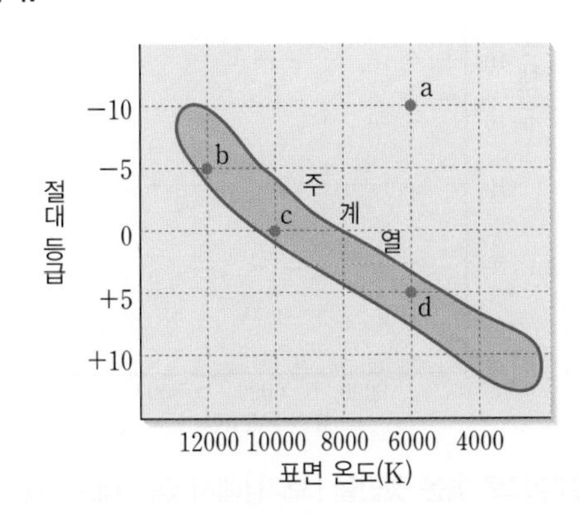

이에 대한 설명으로 옳은 것만을 [보기]에서 있는 대로 고른 것은?

[보기]
ㄱ. 별의 단위 면적에서 단위 시간 동안 방출하는 에너지양은 a가 가장 많다.
ㄴ. 별의 반지름은 a가 d의 1000배이다.
ㄷ. 별의 질량은 b>c>d이다.

① ㄱ ② ㄷ ③ ㄱ, ㄴ
④ ㄴ, ㄷ ⑤ ㄱ, ㄴ, ㄷ

465 수능기출 변형

필수 유형 103쪽 빈출 자료 ②

그림 (가)는 H－R도에서 주계열성을, (나)는 주계열성의 질량－광도 관계를 나타낸 것이다.

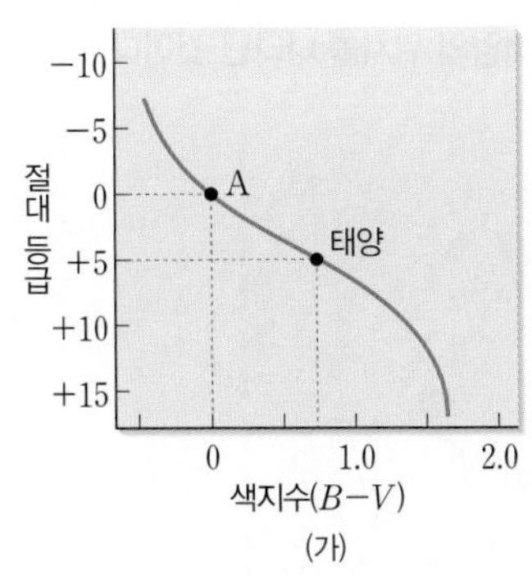

(가)

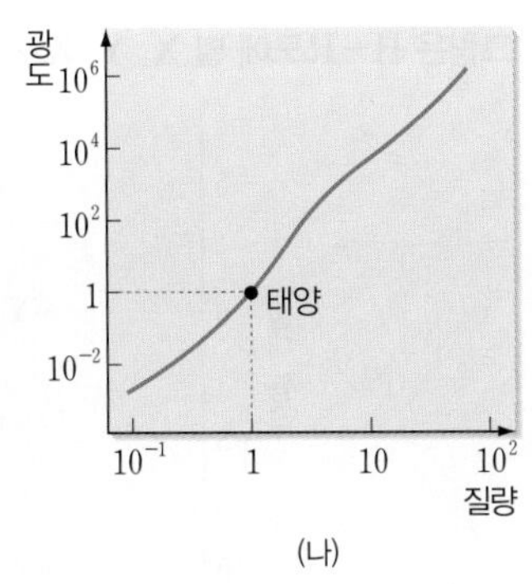

(나)

주계열성에 대한 설명으로 옳은 것만을 [보기]에서 있는 대로 고른 것은?

[보기]
ㄱ. A의 질량은 태양의 10배이다.
ㄴ. 색지수가 클수록 별의 반지름이 크다.
ㄷ. 질량이 클수록 단위 시간 동안 별이 방출하는 에너지양이 많다.

① ㄱ ② ㄷ ③ ㄱ, ㄴ
④ ㄴ, ㄷ ⑤ ㄱ, ㄴ, ㄷ

466 수능기출 변형

그림은 별 A, B, C의 반지름과 절대 등급을 나타낸 것이다. A, B, C 중 하나는 주계열성이다.

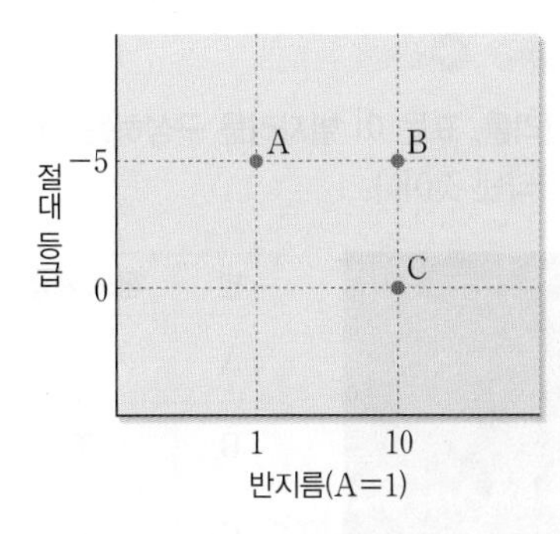

별 A, B, C에 대한 설명으로 옳은 것만을 [보기]에서 있는 대로 고른 것은?

[보기]
ㄱ. A의 중심부에서는 수소 핵융합 반응이 일어난다.
ㄴ. 표면 온도는 A가 B보다 낮다.
ㄷ. 최대 에너지 세기를 갖는 파장은 A가 C보다 짧다.

① ㄱ ② ㄴ ③ ㄱ, ㄷ
④ ㄴ, ㄷ ⑤ ㄱ, ㄴ, ㄷ

467

그림은 별 A～D를 H－R도에 나타낸 것이다.

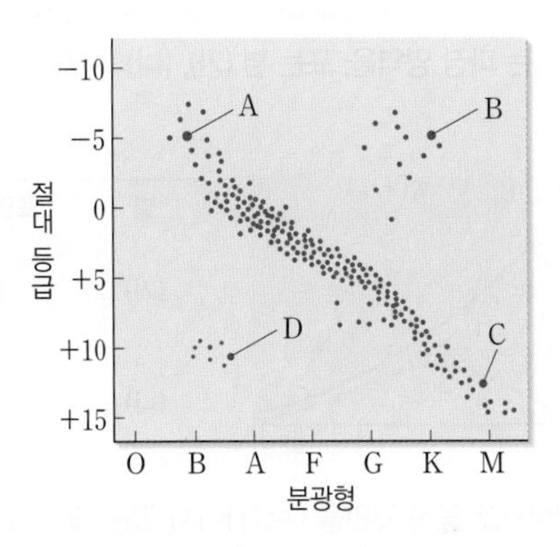

별 A～D에 대한 설명으로 옳은 것만을 [보기]에서 있는 대로 고른 것은?

[보기]
ㄱ. A와 B는 같은 광도 계급에 속한다.
ㄴ. 평균 밀도는 C가 D보다 작다.
ㄷ. 거리가 같은 경우 A가 D보다 밝게 보인다.

① ㄱ ② ㄴ ③ ㄱ, ㄷ
④ ㄴ, ㄷ ⑤ ㄱ, ㄴ, ㄷ

1등급 완성 문제

≫ 바른답·알찬풀이 63쪽

468 정답률 30% 신유형

그림은 오리온자리를, 표는 이 별자리를 구성하는 일부 별의 광도 계급과 분광형을 나타낸 것이다.

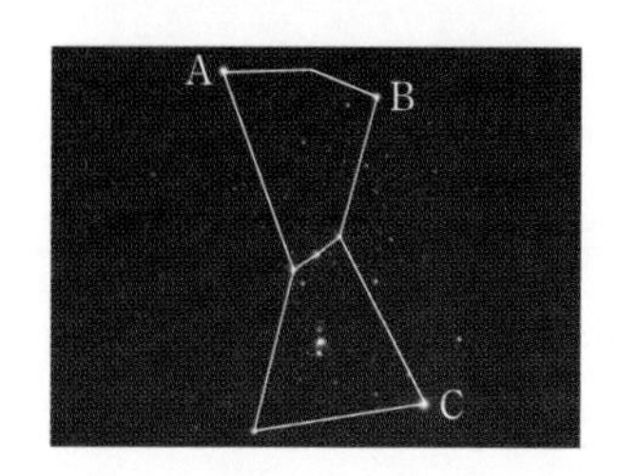

별	광도 계급	분광형
A	Ⅰ	M2
B	Ⅲ	B2
C	Ⅰ	B8

별 A~C에 대한 설명으로 옳은 것만을 [보기]에서 있는 대로 고른 것은?(단, 광도 계급이 같은 별의 광도는 같다고 가정한다.)

[보기]

ㄱ. H-R도에서 가장 오른쪽에 있는 별은 A이다.
ㄴ. 절대 등급은 B가 C보다 크다.
ㄷ. 반지름은 C가 가장 크다.

① ㄱ ② ㄴ ③ ㄷ
④ ㄱ, ㄴ ⑤ ㄴ, ㄷ

469 정답률 25%

그림은 두 별 (가), (나)의 파장에 따른 상대적 에너지 세기와 U, B, V 필터를 투과하는 파장 영역을, 표는 별 (가), (나)의 표면 온도를 나타낸 것이다.

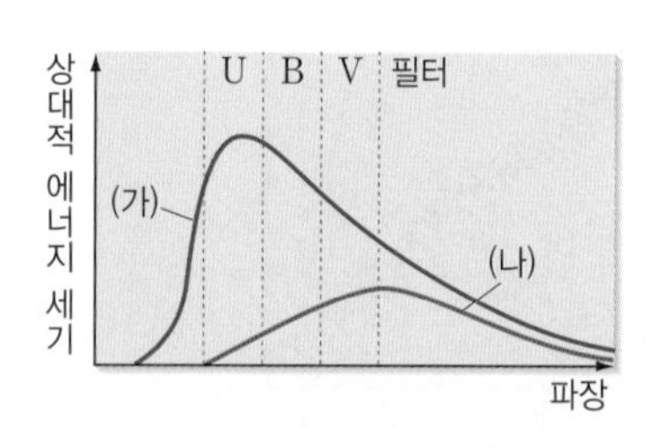

별	표면 온도(K)
(가)	12000
(나)	4000

이에 대한 설명으로 옳은 것만을 [보기]에서 있는 대로 고른 것은?

[보기]

ㄱ. 별의 단위 면적에서 방출하는 에너지양은 (가)가 (나)의 9배이다.
ㄴ. (가)는 U 등급이 B 등급보다 작다.
ㄷ. (나)는 노란색 필터보다 파란색 필터로 관측할 때 더 밝게 보인다.

① ㄱ ② ㄴ ③ ㄱ, ㄷ
④ ㄴ, ㄷ ⑤ ㄱ, ㄴ, ㄷ

470 정답률 30%

그림은 별 A~D의 광도와 표면 온도를 나타낸 것이다.

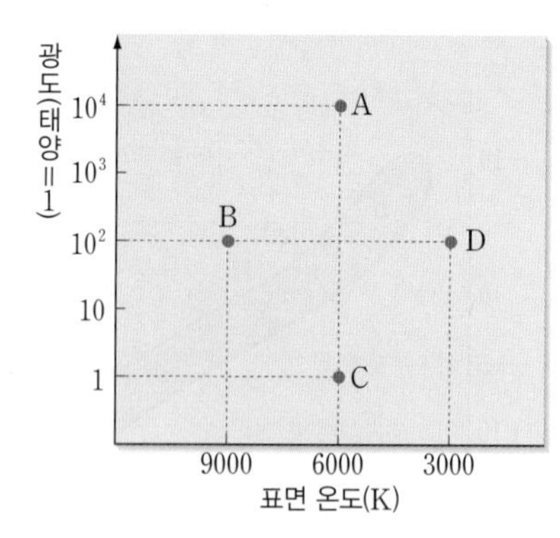

이에 대한 설명으로 옳은 것만을 [보기]에서 있는 대로 고른 것은?

[보기]

ㄱ. D는 주계열성이다.
ㄴ. 반지름은 A가 C의 100배이다.
ㄷ. 절대 등급은 B가 C보다 5등급 작다.

① ㄱ ② ㄴ ③ ㄷ
④ ㄱ, ㄴ ⑤ ㄴ, ㄷ

471 정답률 40%

그림은 H-R도에 별 X, Y, Z와 태양의 위치를 나타낸 것이다.

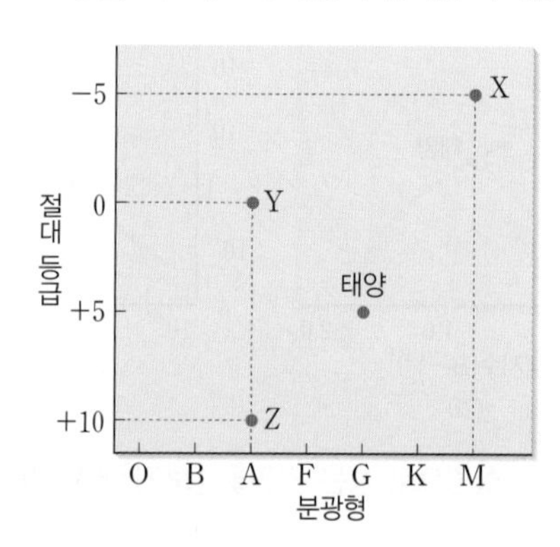

이에 대한 설명으로 옳은 것만을 [보기]에서 있는 대로 고른 것은?

[보기]

ㄱ. X는 광도 계급이 V이다.
ㄴ. 반지름은 X가 Z보다 크다.
ㄷ. Y와 Z에서는 모두 수소 흡수선이 뚜렷하게 나타난다.

① ㄱ ② ㄴ ③ ㄷ
④ ㄱ, ㄴ ⑤ ㄴ, ㄷ

472 정답률 40% 수능모의평가기출 변형

표는 질량이 서로 다른 별 A～D의 물리적 성질을, 그림은 별 A와 D를 H－R도에 나타낸 것이다.

별	표면 온도(K)	광도 (태양=1)
A	(　　)	(　　)
B	3500	10^5
C	20000	10^4
D	(　　)	(　　)

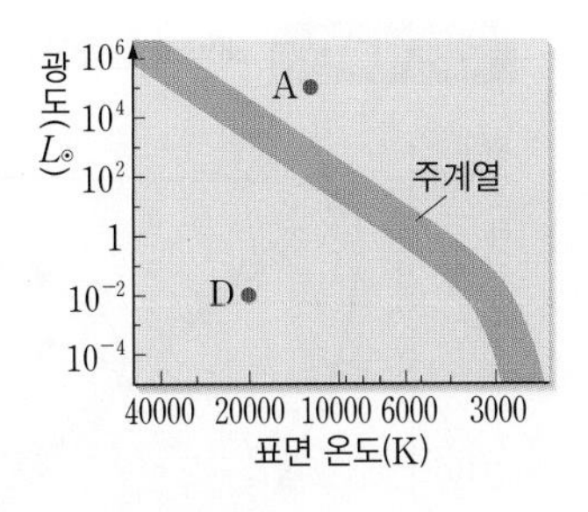

A～D에 대한 설명으로 옳은 것만을 [보기]에서 있는 대로 고른 것은?

[보기]
ㄱ. 별의 밀도는 A가 D보다 크다.
ㄴ. 반지름은 B가 가장 크다.
ㄷ. 질량은 C가 태양보다 크다.

① ㄱ　② ㄴ　③ ㄱ, ㄷ　④ ㄴ, ㄷ　⑤ ㄱ, ㄴ, ㄷ

473 정답률 40%

그림은 태양에 가까운 별들과 밤하늘에서 밝게 보이는 별들의 절대 등급과 색지수를 나타낸 것이다.

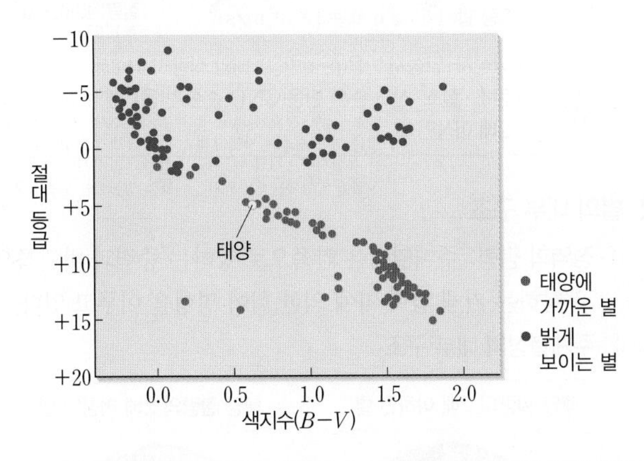

이 자료에 대한 설명으로 옳은 것만을 [보기]에서 있는 대로 고른 것은?

[보기]
ㄱ. 밝게 보이는 별들은 태양보다 반지름이 크다.
ㄴ. 별의 평균 밀도는 태양에 가까운 별들보다 밝게 보이는 별들이 크다.
ㄷ. 태양에 가까운 별들은 태양보다 표면 온도가 낮은 별들이 많다.

① ㄱ　② ㄴ　③ ㄱ, ㄷ　④ ㄴ, ㄷ　⑤ ㄱ, ㄴ, ㄷ

서술형 문제

474 정답률 30%

별의 구성 성분은 거의 비슷하지만 별의 스펙트럼을 분석해 보면 매우 다양한 흡수선이 나타난다. 그 까닭이 무엇인지 설명하시오.

475 정답률 40%

표는 두 별 (가)와 (나)의 M－K 분광형(광도 계급과 표면 온도를 고려한 분광형)을 나타낸 것이다.

별	(가)	(나)
M-K 분광형	A0Ⅴ	G2Ⅱ

(1) (가)와 (나)의 표면 온도와 광도를 각각 비교하시오.

(2) (가)와 (나) 중 반지름이 더 큰 별은 무엇인지 설명하시오.

476 정답률 30% 수능모의평가기출 변형

그림은 별의 스펙트럼에 나타난 흡수선의 상대적 세기를 온도에 따라 나타낸 것이고, 표는 별 A, B, C의 절대 등급과 반지름을 나타낸 것이다.

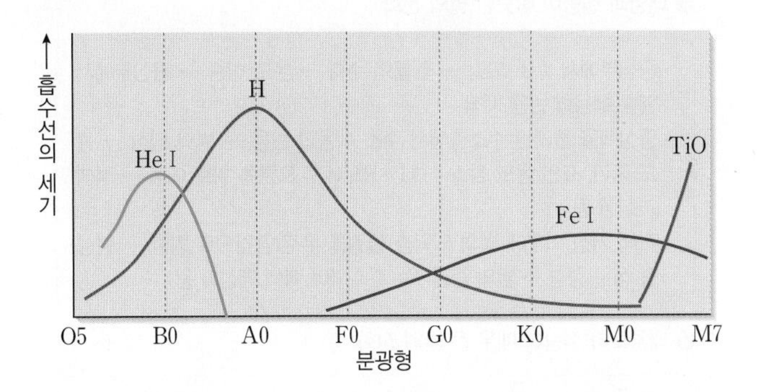

별	절대 등급	반지름(태양=1)	분광형
A	5.0	1	G2
B	−2.0	100	(　　)
C	10.0	0.01	(　　)

A～C 별의 종류를 각각 쓰고, 분자 흡수선이 가장 강하게 나타나는 별은 무엇인지 까닭과 함께 설명하시오.

11 Ⅴ 별과 외계 행성계

별의 진화와 별의 내부 구조

꼭 알아야 할 핵심 개념
- 별의 진화 과정
- 별의 최종 단계
- 주계열성의 에너지원
- 주계열성의 내부 구조

1 별의 진화

1 원시별의 탄생
성운 내부에서 밀도가 크고 온도가 낮은 곳에서 성간 물질이 뭉쳐 원시별이 탄생한다. (원시별: 중력 > 내부 압력이므로 반지름이 계속 작아진다.)

원시별의 진화
- 중력 수축이 일어나 크기는 작아지고, 중심부의 온도는 상승한다.
- 질량이 클수록 중력 수축이 빠르게 일어나 주계열에 빨리 도달한다.
- 질량이 클수록 주계열성이 되었을 때 주계열의 왼쪽 상단에 위치한다.
- 표면 온도와 광도가 클수록 주계열의 왼쪽 상단에 위치한다.

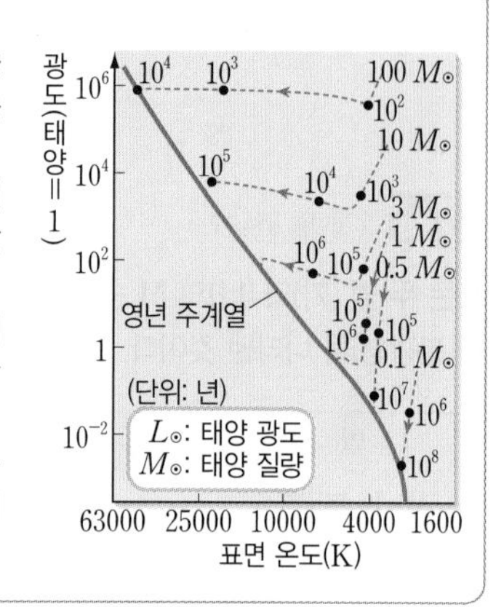

2 주계열성 단계

주계열성	중심부에서 수소 핵융합 반응이 일어나는 별
크기	별의 크기가 일정하게 유지된다. 중력=내부 압력
특징	• 질량이 클수록 중심부의 온도와 표면 온도가 높고, 광도가 크다. • 별은 일생의 대부분을 주계열 단계에 머무른다. • 질량이 클수록 많은 에너지를 빨리 소모하여 수명이 짧다.

3 주계열성 이후의 단계
별의 질량에 따라 주계열성 이후 진화 단계가 달라진다.

빈출 자료 ① 질량에 따른 별의 진화 경로

❶ 태양과 질량이 비슷한 별의 진화
- 중심부에서 수소 고갈 → 헬륨핵 수축 → 온도 상승 → 중심부에서 헬륨 핵융합 반응 시작
- 중심핵을 둘러싼 수소층에서 수소 핵융합 반응 → 별의 팽창 → 광도 증가, 표면 온도 감소 → H-R도에서 오른쪽 위로 이동 → 적색 거성이 됨.
- 적색 거성 이후에 별의 외곽층 물질을 우주 공간으로 방출 → 행성상 성운 형성 → 별의 중심부는 수축하여 백색 왜성이 됨.

❷ 태양보다 질량이 매우 큰 별의 진화
- 질량이 매우 큰 별은 반지름과 광도가 훨씬 큰 초거성으로 진화 → H-R도의 오른쪽 맨 위쪽으로 이동
- 질량이 매우 큰 별에서는 중심부에서 계속적인 핵융합 반응이 일어나 최종적으로 철이 생성 → 철로 이루어진 핵이 빠르게 수축 → 초신성 폭발 → 중성자별 또는 블랙홀 형성 (폭발 후 남은 중심핵의 질량이 태양 질량의 약 1.4배~3배이면 중성자별, 약 3배 이상이면 블랙홀이 된다.)

필수 유형 질량에 따른 별의 진화 과정을 제시하고, 주계열성일 때의 수명, 진화 속도, 최종 진화 단계 등을 묻는 문제가 출제된다. 113쪽 491번

빈출 자료 ② 태양과 질량이 비슷한 별의 진화 경로

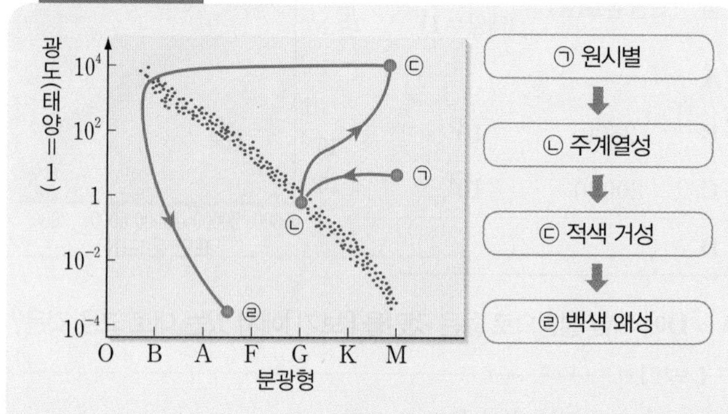

필수 유형 H-R도상에서 별의 위치에 따른 진화 단계를 묻거나 각 진화 단계에서의 특징을 묻는 문제가 출제된다. 113쪽 492번

2 별의 내부 구조

1 별의 에너지원
① 원시별의 에너지원: 중력 수축 에너지
② 주계열성의 에너지원: 수소 핵융합 반응에 의한 에너지 (온도가 1000만 K 이상일 때 일어날 수 있다.)

수소 핵융합 반응	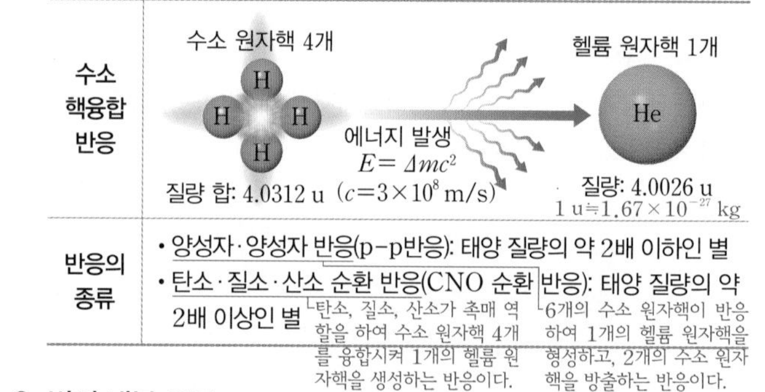
반응의 종류	• 양성자·양성자 반응(p-p반응): 태양 질량의 약 2배 이하인 별 • 탄소·질소·산소 순환 반응(CNO 순환 반응): 태양 질량의 약 2배 이상인 별

(p-p반응: 6개의 수소 원자핵이 반응하여 1개의 헬륨 원자핵을 형성하고, 2개의 수소 원자핵을 방출하는 반응이다.)
(CNO 순환 반응: 탄소, 질소, 산소가 촉매 역할을 하여 수소 원자핵 4개를 융합시켜 1개의 헬륨 원자핵을 생성하는 반응이다.)

2 별의 내부 구조
① 정역학 평형: 주계열성은 안쪽으로 향하는 중력과 바깥쪽으로 향하는 기체 압력 차에 의한 힘이 평형을 이루고 있다.
② 주계열성의 내부 구조

태양 질량의 2배 이하인 별	태양 질량의 2배 이상인 별
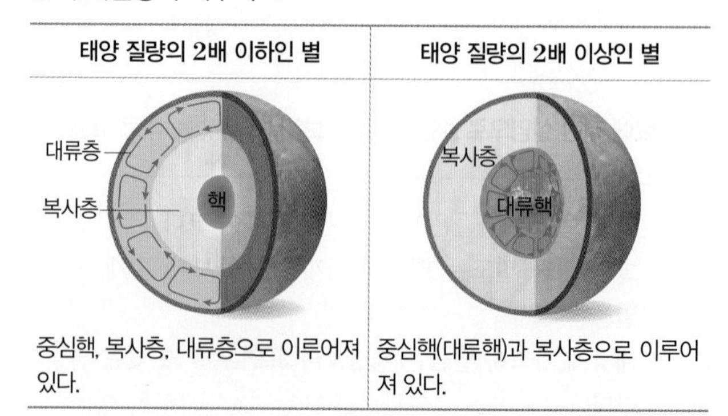	
중심핵, 복사층, 대류층으로 이루어져 있다.	중심핵(대류핵)과 복사층으로 이루어져 있다.

③ 거성의 내부 구조: 중심부로 갈수록 무거운 원자핵 형성
➜ 적색 거성은 중심부에 탄소가 생성되고, 초거성은 연속적인 핵융합 반응으로 철까지 생성될 수 있다.

개념 확인 문제

» 바른답·알찬풀이 65쪽

477 다음은 원시별에 대한 설명이다. ( ) 안에 들어갈 알맞은 말을 고르시오.

> 원시별은 성운 내부에서 온도가 ㉠(낮고, 높고), 밀도가 ㉡(낮은, 높은) 영역에서 성간 물질이 모여 탄생한다. 원시별이 수축하면서 중심부 온도가 약 1000만 K에 도달하면 중심부에서 ㉢(수소, 헬륨) 핵융합 반응이 일어나면서 주계열성이 된다.

[478~482] 다음은 별의 진화와 에너지원 및 내부 구조에 대한 설명이다. ( ) 안에 들어갈 알맞은 말을 쓰시오.

478 주계열성의 ( )이/가 클수록 진화 속도가 빠르다.

479 적색 거성으로 진화할 때 광도는 ( )지고, 표면 온도는 ( )진다.

480 질량이 태양과 비슷한 별은 최종 단계에서 중심부에 ( )을/를 형성한다.

481 태양보다 질량이 훨씬 큰 별은 최종 단계에서 ( ) 폭발을 일으킨다.

482 질량이 태양 질량의 2배 이상인 주계열성의 내부 구조는 대류핵, ( )(으)로 이루어져 있다.

483 오른쪽 그림은 주계열성에 작용하는 중력과 내부 압력을 나타낸 것이다. 두 힘의 크기를 부등호로 비교하시오.

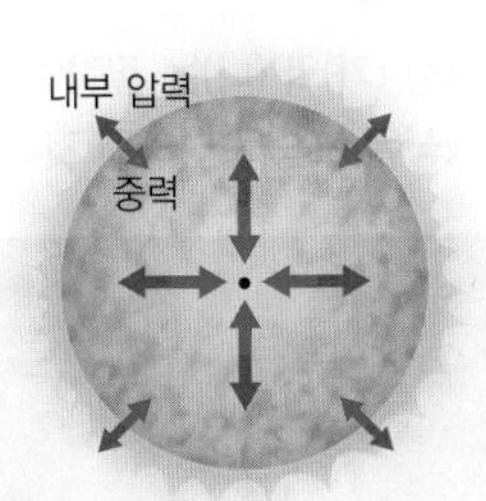

484 그림은 질량이 서로 다른 두 주계열성의 내부 구조를 나타낸 것이다.

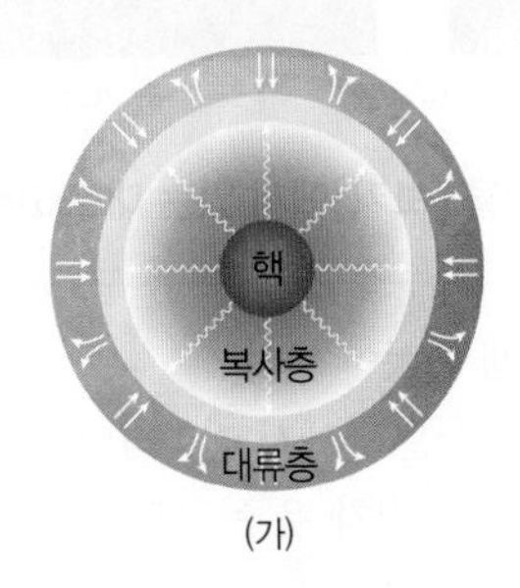

(가)

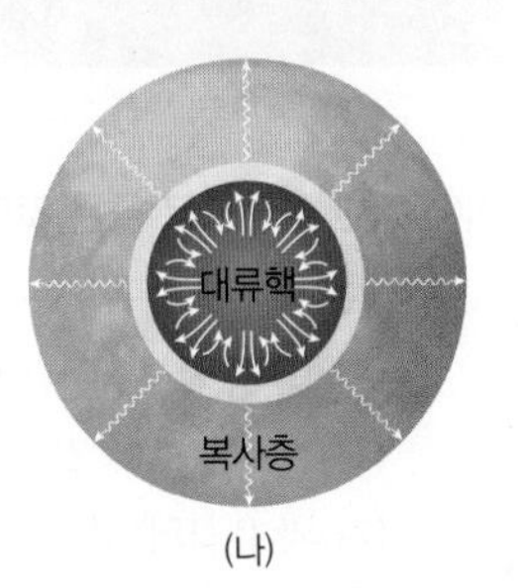

(나)

(가), (나) 중 태양과 질량이 비슷한 주계열성은 무엇인지 쓰시오.

» 바른답·알찬풀이 65쪽

1 | 별의 진화

485

오른쪽 그림은 질량이 서로 다른 두 별 A와 B의 진화 경로를 나타낸 것이다. 이에 대한 설명으로 옳은 것만을 [보기]에서 있는 대로 고른 것은?

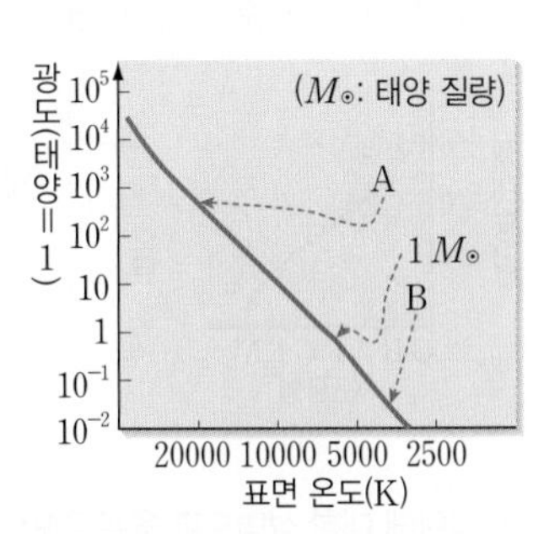

[보기]

ㄱ. 이 기간 동안 두 별은 수소 핵융합 반응에 의해 에너지를 생성한다.
ㄴ. 진화하는 동안 A와 B는 반지름이 증가한다.
ㄷ. 주계열에 도달하는 데 걸리는 시간은 A가 B보다 짧다.

① ㄱ ② ㄴ ③ ㄷ ④ ㄱ, ㄷ ⑤ ㄴ, ㄷ

486

표는 질량이 다른 별 A, B, C의 진화 단계상의 지속 시간을 나타낸 것이다.

별	질량(태양=1)	(가) 원시별 → 주계열성 (백만 년)	(나) 주계열성 (백만 년)
A	0.1	500	10^7
B	1	50	10^4
C	30	0.02	4.9

이에 대한 설명으로 옳은 것은?

① 질량이 작을수록 별의 수명이 짧다.
② (나) 단계에서 중력 수축이 일어난다.
③ 초거성의 수명은 100억 년 이상일 것이다.
④ 중심부의 온도는 (가)보다 (나) 단계에서 높다.
⑤ 별의 일생에서 가장 오래 머무는 시기는 (가) 단계이다.

487

그림 (가), (나), (다)는 어떤 성단에서 별들이 생성되어 진화해 가는 과정을 H－R도에 순서 없이 나타낸 것이다.

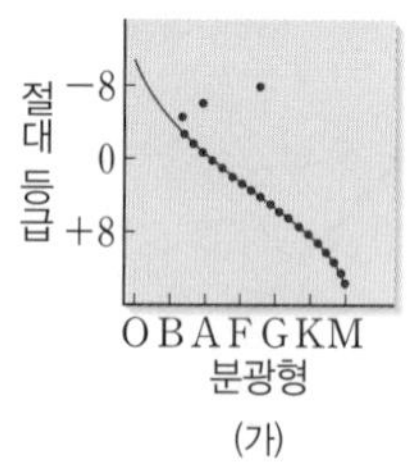

(가)

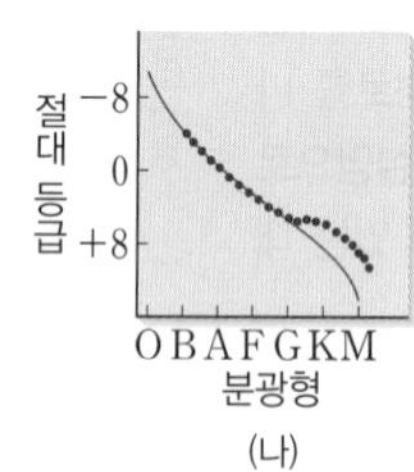

(나)

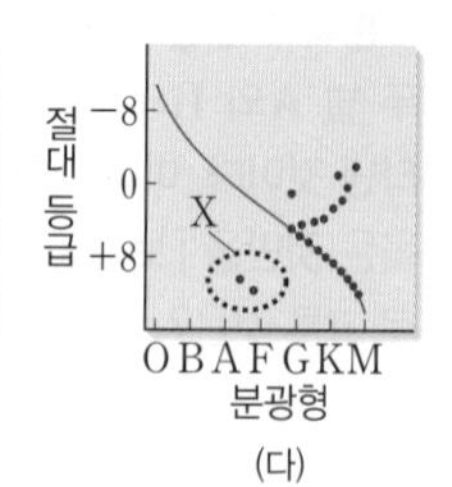

(다)

이 성단에 대한 설명으로 옳은 것만을 [보기]에서 있는 대로 고른 것은?

[보기]
ㄱ. 진화 순서는 (나) → (가) → (다)이다.
ㄴ. 주계열성의 비율은 (가)가 (다)보다 적다.
ㄷ. (다)에서 X 영역의 별들은 분광형이 O형이나 B형인 별들이 진화하여 형성되었다.

① ㄱ ② ㄷ ③ ㄱ, ㄴ ④ ㄴ, ㄷ ⑤ ㄱ, ㄴ, ㄷ

488

그림은 주계열성에서 거성으로 진화하는 과정에서 나타나는 별의 내부 구조 변화를 나타낸 것이다.

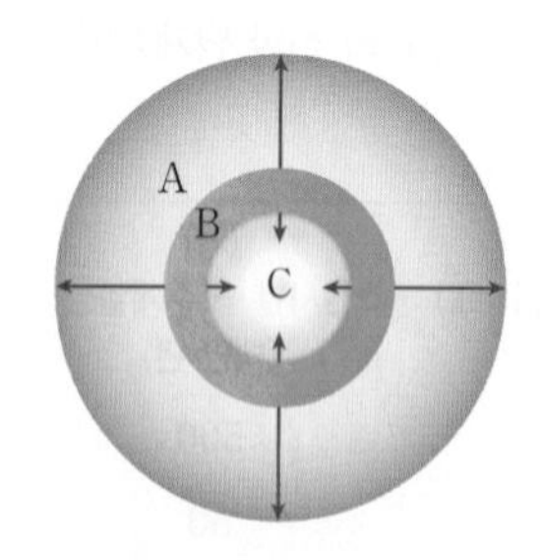

이 별에 대한 설명으로 옳은 것만을 [보기]에서 있는 대로 고른 것은?

[보기]
ㄱ. A가 팽창함에 따라 표면 온도는 낮아진다.
ㄴ. B에서는 수소 핵융합 반응이 일어난다.
ㄷ. C는 대부분 헬륨 원자핵으로 이루어져 있다.

① ㄱ ② ㄷ ③ ㄱ, ㄴ ④ ㄴ, ㄷ ⑤ ㄱ, ㄴ, ㄷ

489 신유형

그림은 미래에 예상되는 태양의 진화 과정을 나타낸 것이다.

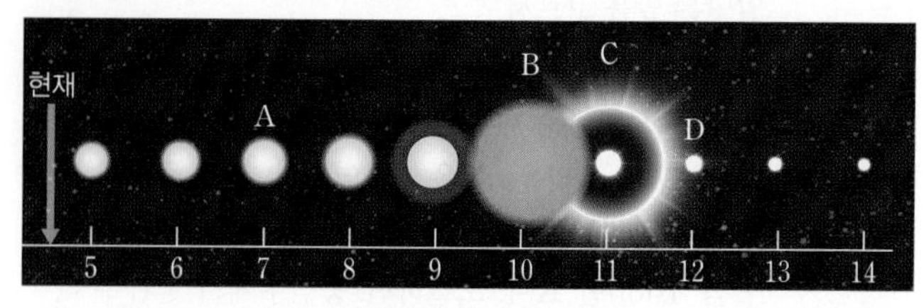

태양의 나이(×10억 년)

이에 대한 설명으로 옳은 것만을 [보기]에서 있는 대로 고른 것은?

[보기]
ㄱ. 별의 광도는 A보다 B일 때 작다.
ㄴ. C에서 태양은 초신성 폭발을 일으킨다.
ㄷ. D일 때 평균 밀도는 현재의 태양보다 크다.

① ㄱ ② ㄷ ③ ㄱ, ㄴ ④ ㄴ, ㄷ ⑤ ㄱ, ㄴ, ㄷ

490

그림 (가)와 (나)는 질량이 다른 두 별이 각각 진화하여 최종 단계에서 생성된 모습을 나타낸 것이다.

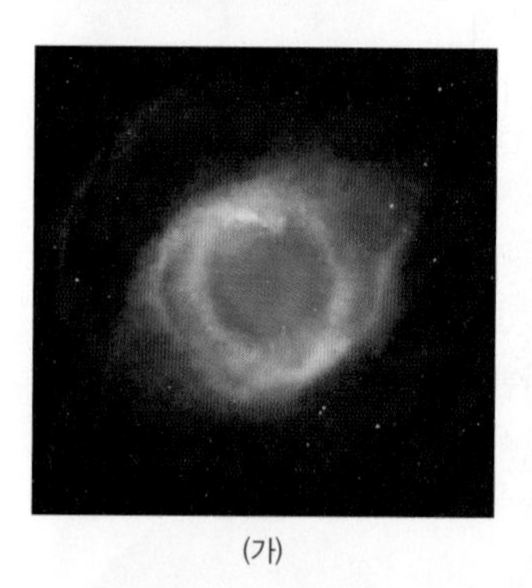
(가)

(나)

이에 대한 설명으로 옳은 것만을 [보기]에서 있는 대로 고른 것은?

[보기]
ㄱ. (가)의 중심부에는 백색 왜성이 있다.
ㄴ. (나)는 (가)보다 질량이 작은 별에서 진화하였다.
ㄷ. (가)와 (나)의 성간 물질은 점차 우주 공간으로 흩어질 것이다.

① ㄱ ② ㄴ ③ ㄷ ④ ㄱ, ㄷ ⑤ ㄴ, ㄷ

491

필수 유형 110쪽 빈출 자료 ①

그림은 질량이 서로 다른 별 (가)와 (나)의 진화 과정을 나타낸 것이다.

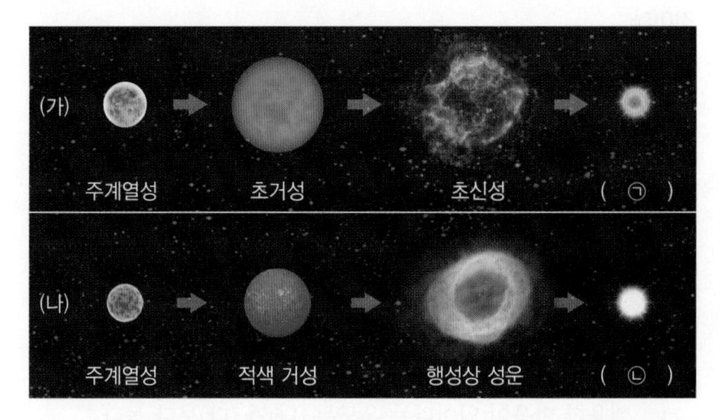

이에 대한 설명으로 옳은 것만을 [보기]에서 있는 대로 고른 것은?

[보기]
ㄱ. 반지름은 ㉠이 ㉡보다 크다.
ㄴ. (가)는 주계열 단계일 때 CNO 순환 반응이 p-p반응보다 우세하였다.
ㄷ. 주계열 단계에 머무르는 기간은 (가)가 (나)보다 길다.

① ㄱ ② ㄴ ③ ㄷ
④ ㄱ, ㄴ ⑤ ㄱ, ㄷ

492

필수 유형 110쪽 빈출 자료 ②

그림은 태양과 질량이 비슷한 별의 진화 경로를 나타낸 것이다.

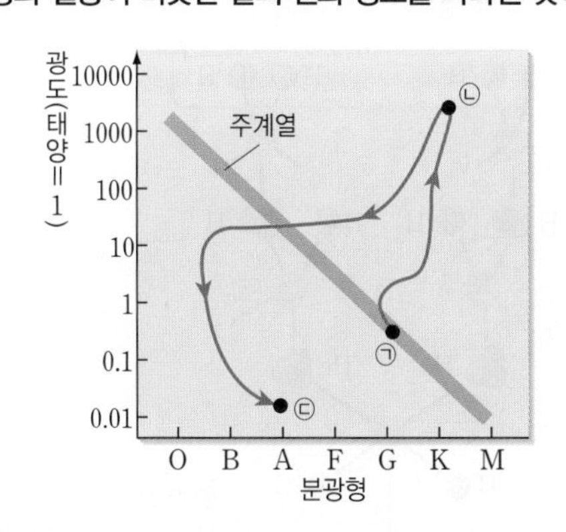

이 별의 진화 과정에 대한 설명으로 옳은 것만을 [보기]에서 있는 대로 고른 것은?

[보기]
ㄱ. 가장 짧게 머무는 진화 단계는 ㉡이다.
ㄴ. 행성상 성운은 ㉠ → ㉡ 시기에 형성된다.
ㄷ. ㉠ → ㉡ 시기에 별의 중심부에서 팽창이 일어난다.
ㄹ. 단위 면적에서 방출하는 에너지양은 ㉢이 가장 많다.

① ㄱ, ㄹ ② ㄴ, ㄷ ③ ㄷ, ㄹ
④ ㄱ, ㄴ, ㄷ ⑤ ㄴ, ㄷ, ㄹ

2 | 별의 내부 구조

493

그림은 어느 별의 내부에서 일어나는 반응을 나타낸 것이다.

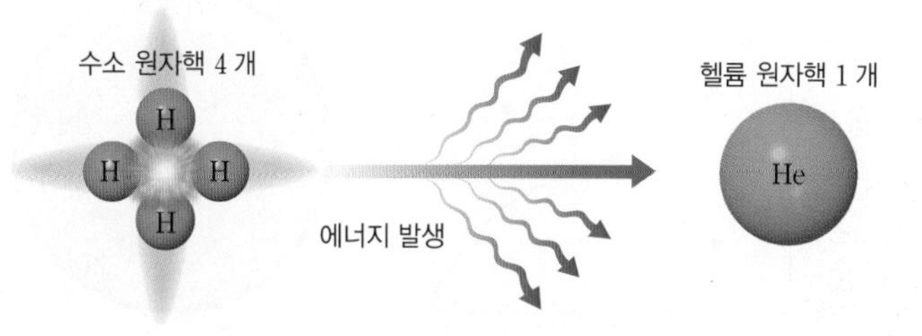

이 반응에 대한 설명으로 옳은 것만을 [보기]에서 있는 대로 고른 것은?

[보기]
ㄱ. 반응이 일어나는 동안 질량이 보존된다.
ㄴ. 온도가 1000만 K 이상일 때 일어날 수 있다.
ㄷ. 주계열성의 내부에서만 일어날 수 있는 반응이다.

① ㄱ ② ㄴ ③ ㄱ, ㄷ
④ ㄴ, ㄷ ⑤ ㄱ, ㄴ, ㄷ

494

그림은 크기가 일정하게 유지되는 어떤 별의 내부에 작용하는 두 힘을 나타낸 것이다.

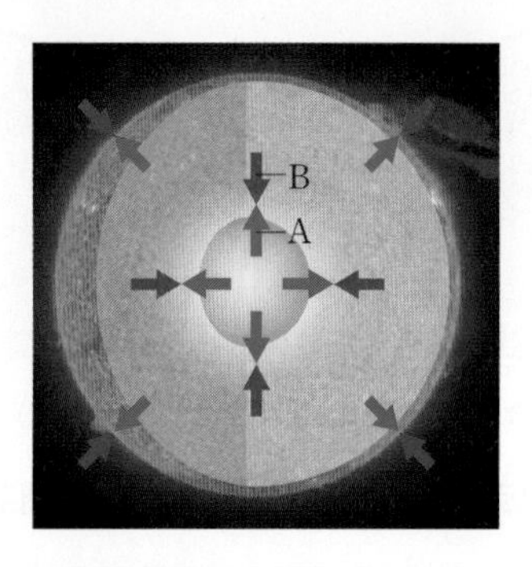

이에 대한 설명으로 옳은 것은?

① 이 별은 원시별이다.
② A는 중력이다.
③ A가 B보다 크면 팽창한다.
④ 주계열 단계에서는 A가 B보다 크다.
⑤ 별의 중심부에서는 헬륨 핵융합 반응이 일어나고 있다.

495 수능모의평가기출 변형

그림 (가)는 별 ㉠~㉣을 H-R도에 나타낸 것이고, (나)는 어느 별의 내부 구조를 나타낸 것이다.

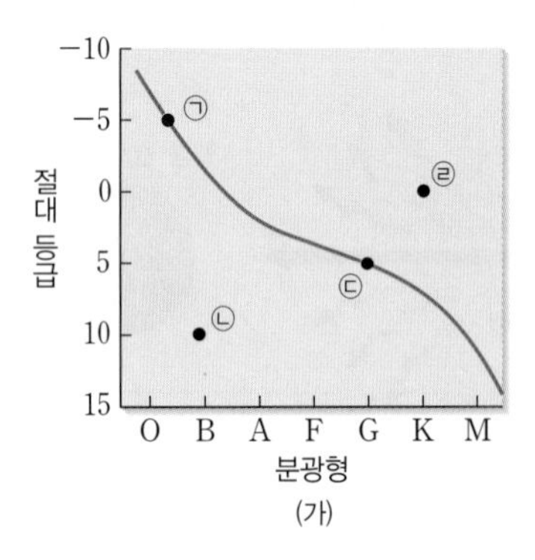

(가)

(나)

㉠~㉣에 대한 설명으로 옳은 것만을 [보기]에서 있는 대로 고른 것은?

[보기]
ㄱ. 질량은 ㉠이 가장 크다.
ㄴ. (나)와 같은 내부 구조를 갖는 별은 ㉡이다.
ㄷ. 별의 중심부 온도는 ㉢이 ㉣보다 낮다.

① ㄱ ② ㄴ ③ ㄷ
④ ㄱ, ㄷ ⑤ ㄴ, ㄷ

496

그림 (가)와 (나)는 질량이 다른 두 거성의 내부 구조를 나타낸 것이다.

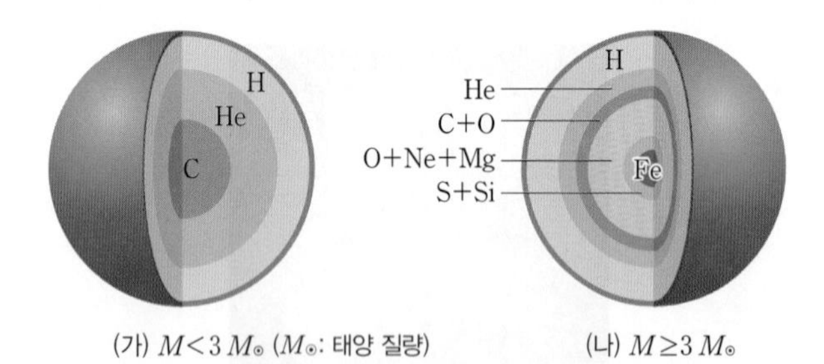

(가) $M<3\,M_{\odot}$ ($M_{\odot}$: 태양 질량) (나) $M\geq 3\,M_{\odot}$

이에 대한 설명으로 옳은 것만을 [보기]에서 있는 대로 고른 것은?

[보기]
ㄱ. 중심부의 온도는 (가)가 (나)보다 높다.
ㄴ. (가)는 중심부로 갈수록 가벼운 원소로 이루어져 있다.
ㄷ. (나)의 중심부에서는 핵융합 반응에 의해 철이 생성된다.

① ㄱ ② ㄷ ③ ㄱ, ㄴ
④ ㄴ, ㄷ ⑤ ㄱ, ㄴ, ㄷ

497

표는 별의 진화 단계에서 일어나는 여러 가지 핵융합 반응을 나타낸 것이다.

구분	주 연료	주요 생성물
(가)	수소	헬륨
(나)	탄소	산소, 네온
(다)	규소, 황	철

이에 대한 설명으로 옳은 것만을 [보기]에서 있는 대로 고른 것은?

[보기]
ㄱ. 주계열성의 중심부에서는 (가)만 일어날 수 있다.
ㄴ. 핵융합 반응이 일어나는 온도는 (나)가 (다)보다 높다.
ㄷ. (가), (나), (다) 모두 핵융합 반응이 일어날 때 질량이 감소한다.

① ㄱ ② ㄴ ③ ㄱ, ㄷ
④ ㄴ, ㄷ ⑤ ㄱ, ㄴ, ㄷ

498

그림은 어떤 핵융합 반응의 한 과정을 간략히 나타낸 것이다.

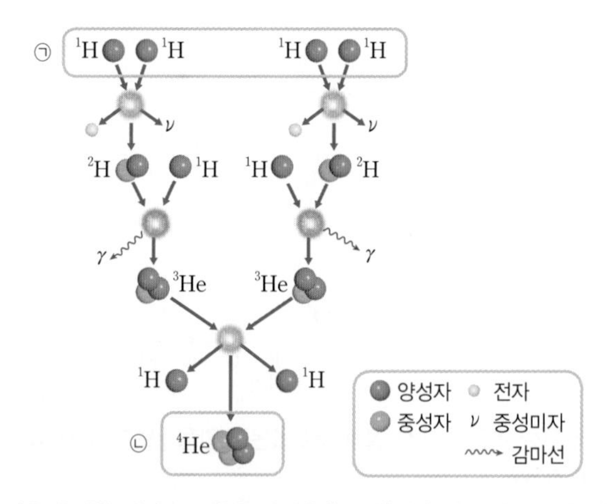

이 반응에 대한 설명으로 옳은 것만을 [보기]에서 있는 대로 고른 것은?

[보기]
ㄱ. ㉠의 질량보다 ㉡의 질량이 크다.
ㄴ. 이 반응에 필요한 수소 원자핵은 모두 6개이다.
ㄷ. 이 반응은 태양의 중심핵에서 활발하게 일어나고 있다.

① ㄱ ② ㄷ ③ ㄱ, ㄴ
④ ㄴ, ㄷ ⑤ ㄱ, ㄴ, ㄷ

◆ 학교 시험 빈출 문제 중 내신 1등급을 결정하는 고난도 문제들을 수록하였습니다.

1등급 완성 문제

» 바른답·알찬풀이 67쪽

499 (정답률 25%)

표는 중심부 질량에 따른 별의 최종 단계에서 형성된 별 A, B, C를 나타낸 것이다.

별 최후 순간의 중심부 질량 ($M_\odot$: 태양 질량)	최종 단계에서 형성된 별
$3M_\odot$ 이상	A
$1.4M_\odot$~$3M_\odot$	B
$1.4M_\odot$ 이하	C

별 A, B, C에 대한 설명으로 옳은 것만을 [보기]에서 있는 대로 고른 것은?

[보기]
ㄱ. A와 B는 초신성 폭발 단계를 거쳐 형성되었다.
ㄴ. B의 중심핵은 대부분 Fe로 이루어져 있다.
ㄷ. 광도는 C가 가장 크다.

① ㄱ ② ㄴ ③ ㄷ
④ ㄱ, ㄷ ⑤ ㄴ, ㄷ

500 (정답률 40%) 수능모의평가기출 변형

그림 (가)는 분광형이 G2형인 주계열성의 중심으로부터 표면까지 거리에 따른 수소 함량 비율과 온도를, (나)는 별의 중심 온도에 따른 p−p 반응과 CNO 순환 반응의 에너지 생산량을 나타낸 것이다. (가)의 ㉠과 ㉡은 서로 다른 에너지 전달 방식이 나타나는 구간이다.

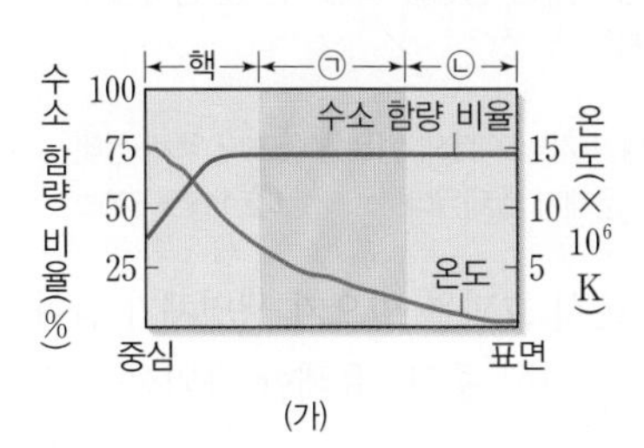

(가)

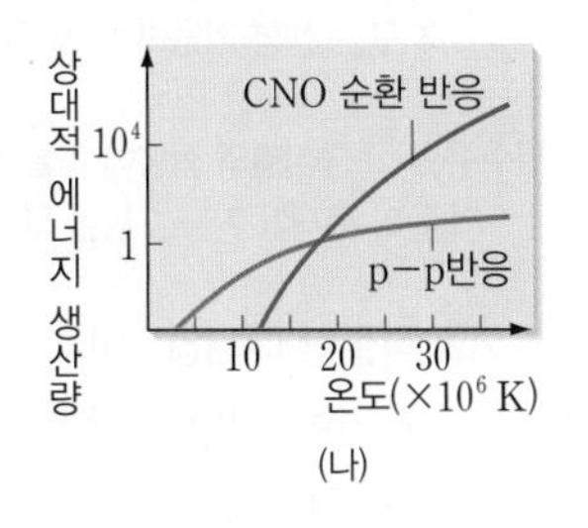

(나)

이에 대한 설명으로 옳은 것만을 [보기]에서 있는 대로 고른 것은?

[보기]
ㄱ. 헬륨 함량 비율은 ㉠ 구간이 ㉡ 구간보다 훨씬 많을 것이다.
ㄴ. ㉠에서는 주로 복사, ㉡에서는 주로 대류에 의해 에너지가 전달된다.
ㄷ. (가)의 핵에서는 CNO 순환 반응보다 p−p반응이 우세하게 나타난다.

① ㄱ ② ㄷ ③ ㄱ, ㄴ
④ ㄴ, ㄷ ⑤ ㄱ, ㄴ, ㄷ

501 (정답률 35%) 신유형

그림 (가)와 (나)는 어떤 핵융합 반응의 두 가지 경로를 나타낸 것이다.

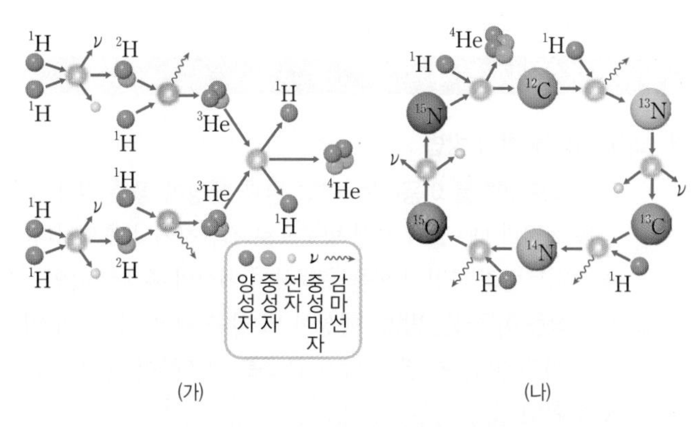

(가) (나)

이에 대한 설명으로 옳은 것만을 [보기]에서 있는 대로 고른 것은?

[보기]
ㄱ. 반응 결과 생성되는 원자핵은 (가)보다 (나)에서 무겁다.
ㄴ. (가)가 우세한 주계열성의 중심부에는 대류핵이 존재한다.
ㄷ. 온도 변화에 따른 반응 속도 변화율은 (나)가 (가)보다 크다.

① ㄱ ② ㄷ ③ ㄱ, ㄴ
④ ㄴ, ㄷ ⑤ ㄱ, ㄴ, ㄷ

서술형 문제

502 (정답률 30%)

그림은 질량이 $1M_\odot$, $10M_\odot$($M_\odot$: 태양 질량)인 두 주계열성 (가)와 (나)의 내부 구조를 순서 없이 나타낸 것이다.

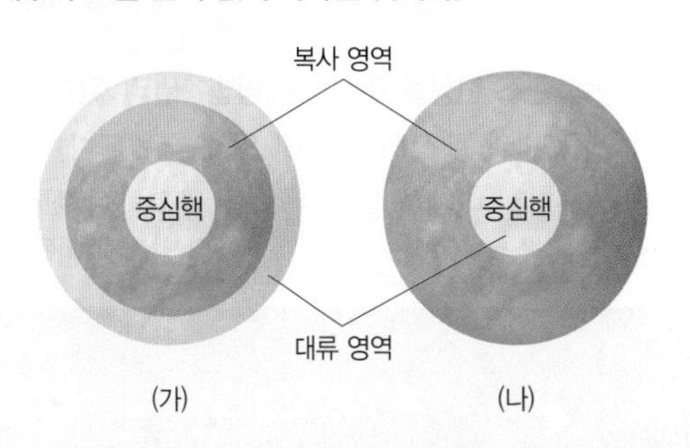

(가) (나)

(1) (가)가 (나)보다 큰 값을 갖는 물리량을 2가지 쓰시오.

(2) (가)와 (나)가 거성으로 진화하여 최후 단계가 되기 전의 내부 구조 차이에 대해 설명하시오.

12 Ⅴ 별과 외계 행성계
외계 행성계와 생명체 탐사

꼭 알아야 할 핵심 개념
- ☑ 외계 행성계 탐사 방법
- ☑ 생명체 존재 조건
- ☑ 생명 가능 지대
- ☑ 외계 생명체 탐사

1 | 외계 행성계 탐사

1 외계 행성계 탐사 방법

① 시선 속도 변화를 이용하는 방법: 별과 행성이 공통 질량 중심을 회전할 때, 별이 시선 방향으로 접근하거나 후퇴한다. ➜ 스펙트럼의 파장 변화를 측정하여 행성의 존재를 확인

② 식 현상을 이용하는 방법: 행성이 별 앞을 지날 때, 별의 일부가 가려진다. ➜ 별의 밝기 감소를 관측하여 행성의 존재를 확인 시선 속도 변화와 식 현상을 이용하는 방법은 행성의 공전 궤도면과 관측자의 시선 방향이 거의 나란해야 한다.

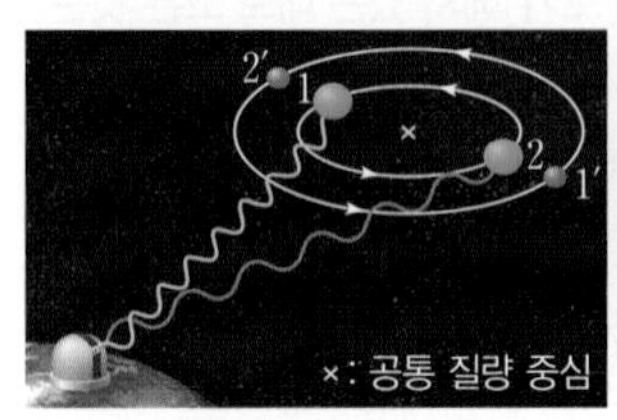

▲ 시선 속도 변화 이용

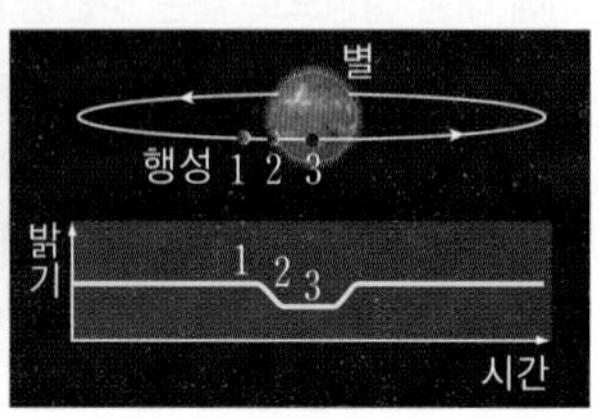

▲ 식 현상 이용

빈출 자료 ① 외계 행성계 관측 자료

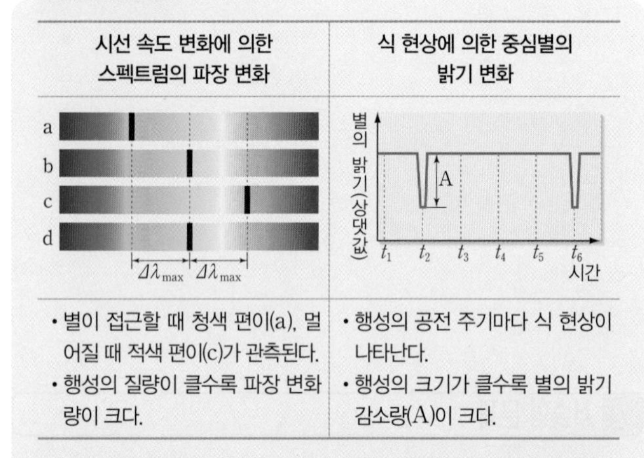

시선 속도 변화에 의한 스펙트럼의 파장 변화	식 현상에 의한 중심별의 밝기 변화
a, b, c, d, $\Delta\lambda_{max}$, $\Delta\lambda_{max}$	별의 밝기(상댓값), A, t_1 t_2 t_3 t_4 t_5 t_6 시간
• 별이 접근할 때 청색 편이(a), 멀어질 때 적색 편이(c)가 관측된다. • 행성의 질량이 클수록 파장 변화량이 크다.	• 행성의 공전 주기마다 식 현상이 나타난다. • 행성의 크기가 클수록 별의 밝기 감소량(A)이 크다.

❶ 시선 속도 변화를 이용하는 방법은 질량이 큰 행성 탐사에 효과적이다.
❷ 식 현상을 이용하는 방법은 반지름이 큰 행성 탐사에 효과적이다.

필수 유형 〉 외계 행성계 관측 자료에서 나타나는 물리량 변화를 분석하는 문제가 출제된다. 118쪽 514번

③ 미세 중력 렌즈 현상을 이용하는 방법: 멀리 있는 배경별의 빛이 앞쪽 별과 행성의 중력에 의해 굴절된다. ➜ 행성에 의해 추가되는 미세한 밝기 변화를 관측하여 행성의 존재를 확인 행성의 공전 궤도면과 관측자의 시선 방향이 나란하지 않아도 행성을 발견할 수 있다.

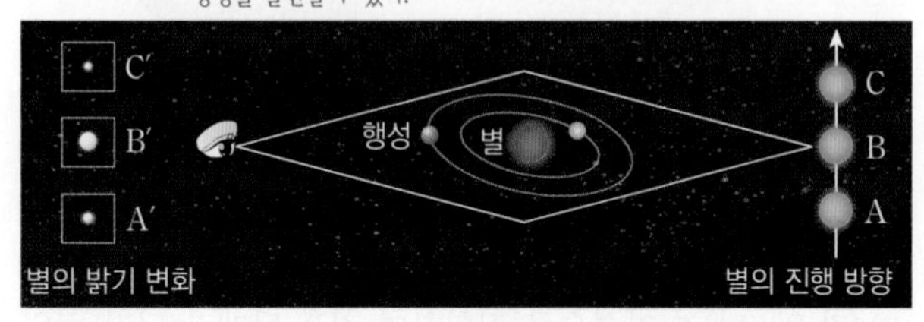

④ 직접 관측: 매우 가까운 거리에 있는 외계 행성만 확인 가능

2 외계 행성 탐사의 결과

식 현상과 시선 속도 변화를 이용하여 발견된 행성의 수가 가장 많다. → 초기에 발견된 외계 행성의 질량은 대부분 목성 규모의 행성이었으나 관측 기술의 발달로 지구 규모의 행성들도 발견되고 있다.

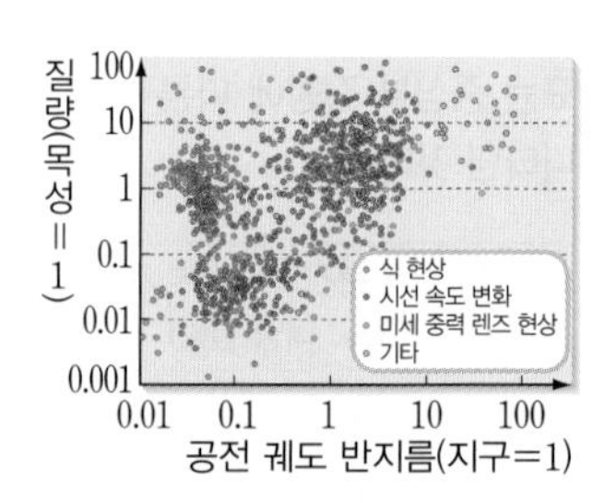

2 | 외계 생명체 탐사

1 생명체가 존재하기 위한 조건

① 생명 가능 지대에 위치: 생명 가능 지대는 별 주변에서 액체 상태의 물이 존재할 수 있는 영역이다. ➜ 액체 상태의 물은 생명체가 존재하기 위한 중요 조건이므로 행성은 생명 가능 지대에 위치해야 한다.

빈출 자료 ② 생명 가능 지대

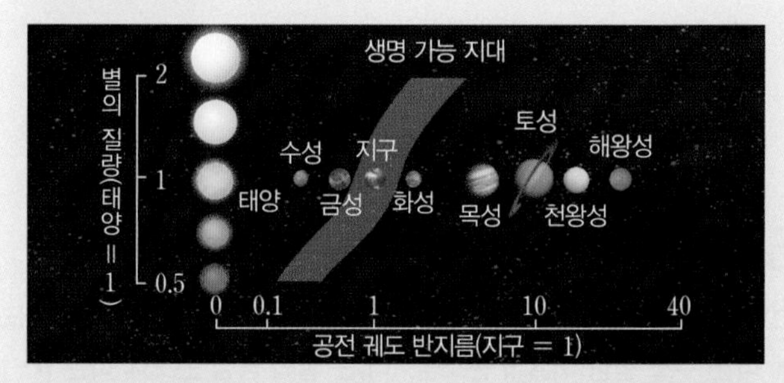

❶ 중심별의 질량(광도)이 클수록 생명 가능 지대는 별로부터 멀어지고, 그 폭도 넓어진다.
❷ 태양계의 이론적인 생명 가능 지대는 금성과 화성 사이에 형성되며, 지구는 생명 가능 지대에 위치한다.

필수 유형 〉 중심별의 질량에 따른 생명 가능 지대의 범위를 묻거나 액체 상태의 물이 존재할 가능성 등을 묻는 문제가 출제된다. 119쪽 520번

② 적절한 대기압: 대기는 온실 효과를 일으켜 생명체가 살아가기에 적당한 온도를 유지해 주고, 유해한 자외선을 막아 준다.

③ 행성의 자기장: 지상에 생명체가 살 수 있도록 우주에서 들어오는 유해한 고에너지 입자와 중심별에서 들어오는 항성풍을 막아 준다.

④ 중심별의 적절한 질량: 생명체가 탄생하여 진화하기까지는 상당히 긴 시간이 필요하므로 중심별의 질량이 너무 크거나 작지 않아야 한다.

2 외계 생명체 탐사

탐사선을 이용한 태양계 천체 탐사, 세티(SETI) 등을 통해 지구 밖의 외계 생명체에 대한 탐사가 이루어지고 있다. 외계 생명체 탐사를 통해 우주와 생명에 대한 이해의 폭을 넓히고, 새로운 기술 발달로 산업 발전에 실용적인 도움을 얻는다.

개념 확인 문제

» 바른답·알찬풀이 68쪽

[503~505] 다음은 외계 행성을 탐사하는 방법에 대한 설명이다. (　　) 안에 들어갈 알맞은 말을 쓰시오.

503 중심별의 (　　　) 속도 변화를 측정하여 행성의 존재를 확인한다.

504 행성에 의해 별의 일부가 가려지는 (　　　) 현상을 이용한다.

505 멀리 있는 배경별의 빛이 앞쪽 별이나 행성의 중력에 의해 굴절되는 (　　　　) 현상을 이용한다.

506 다음은 식 현상을 이용한 외계 행성계 탐사 방법을 나타낸 것이다. (　　) 안에 들어갈 알맞은 말을 고르시오.

> 행성이 중심별의 앞면을 통과할 때 별의 일부가 가려지면서 중심별의 밝기가 ㉠(감소, 증가)하므로 이를 관측하면 외계 행성의 존재를 확인할 수 있다. 이때, 행성의 ㉡(질량, 반지름)이 클수록 중심별의 밝기 변화가 크게 나타나므로 행성의 존재를 확인하기 쉽다.

507 그림은 두 별 (가)와 (나)에서 미세 중력 렌즈 현상을 이용한 배경별의 밝기 변화를 나타낸 것이다.

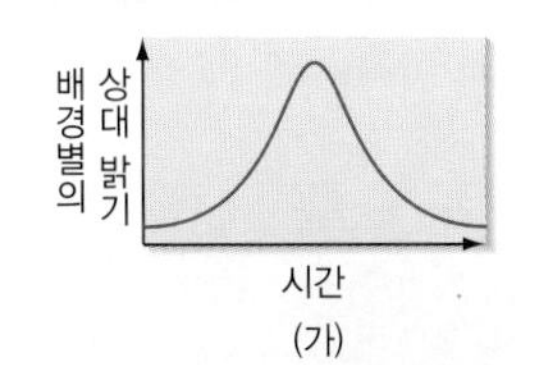

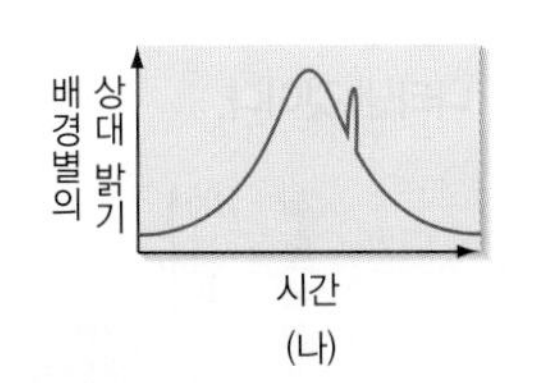

(가)와 (나) 중 외계 행성이 존재하는 별을 기호로 쓰시오.

[508~510] 행성에 생명체가 존재하기 위한 조건으로 옳은 것은 ○표, 옳지 않은 것은 ×표 하시오.

508 중심별의 질량이 매우 커야 한다. (　　)

509 행성이 생명 가능 지대에 위치해야 한다. (　　)

510 우주의 고에너지 입자가 행성 표면에 입사될 수 있도록 행성에 자기장이 없어야 한다. (　　)

» 바른답·알찬풀이 69쪽

1 | 외계 행성계 탐사

511

그림은 외계 행성을 탐사하는 어떤 방법의 원리를 나타낸 것이다.

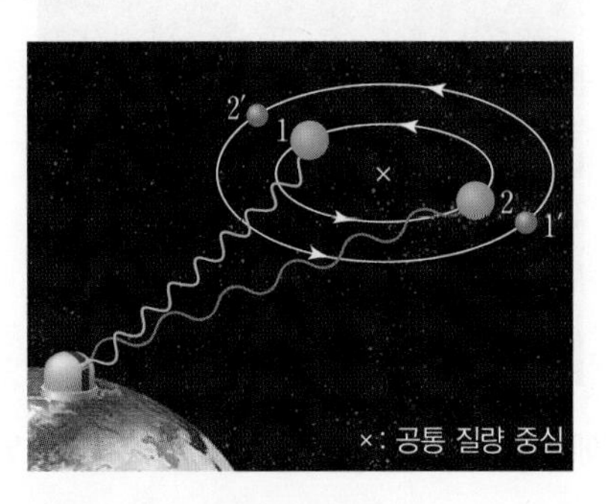

이 탐사 방법에 대한 설명으로 옳은 것은?

① 식 현상을 이용한 탐사 방법이다.
② 별빛의 도플러 효과를 이용한 탐사 방법이다.
③ 행성의 위치 변화를 직접 촬영하는 탐사 방법이다.
④ 행성의 질량이 매우 작을 경우에 유리한 탐사 방법이다.
⑤ 행성에 의한 미세 중력 렌즈 효과를 이용한 탐사 방법이다.

512

그림은 외계 행성이 존재하는 중심별의 시선 속도 변화를 나타낸 것이다.

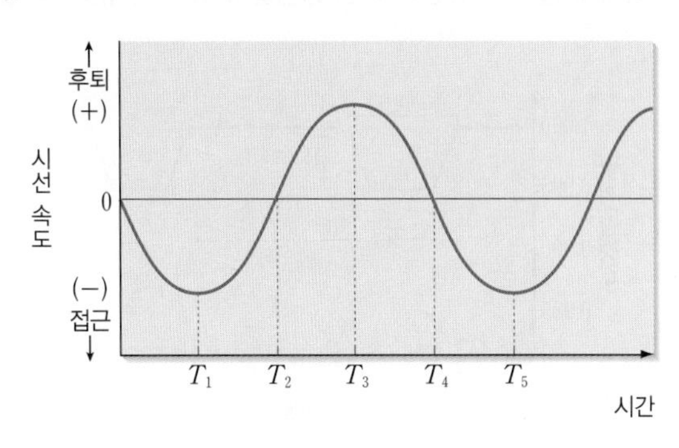

이에 대한 설명으로 옳은 것만을 [보기]에서 있는 대로 고른 것은?

[보기]
ㄱ. T_1일 때 행성은 지구로부터 멀어진다.
ㄴ. 행성의 공전 주기는 (T_5-T_1)이다.
ㄷ. 중심별의 겉보기 밝기는 T_2일 때가 T_4일 때보다 밝다.

① ㄱ　② ㄷ　③ ㄱ, ㄴ　④ ㄴ, ㄷ　⑤ ㄱ, ㄴ, ㄷ

513

그림은 외계 행성을 탐사하는 어떤 방법과 중심별의 밝기 변화를 나타낸 것이다.

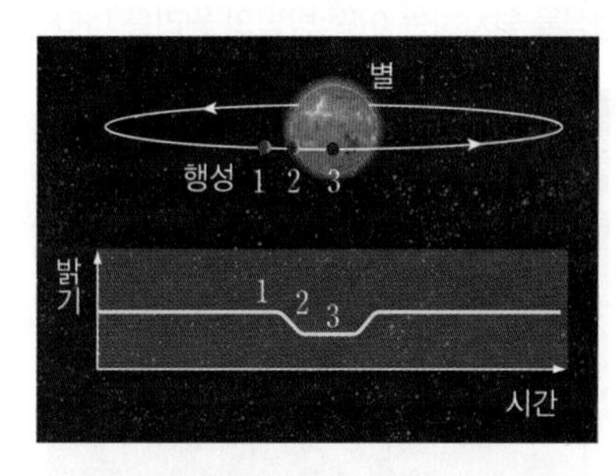

이 탐사 방법에 대한 설명으로 옳은 것만을 [보기]에서 있는 대로 고른 것은?

[보기]
ㄱ. 중심별의 밝기 변화는 행성에 의한 식 현상 때문이다.
ㄴ. 행성의 공전 궤도면은 관측자의 시선 방향과 거의 나란하다.
ㄷ. 행성의 반지름이 클수록 행성의 존재 여부를 확인하기 쉽다.

① ㄱ ② ㄴ ③ ㄱ, ㄷ ④ ㄴ, ㄷ ⑤ ㄱ, ㄴ, ㄷ

514

필수 유형 116쪽 빈출 자료 ①

그림은 외계 행성의 식 현상에 의한 중심별의 밝기 변화를 나타낸 것이다.

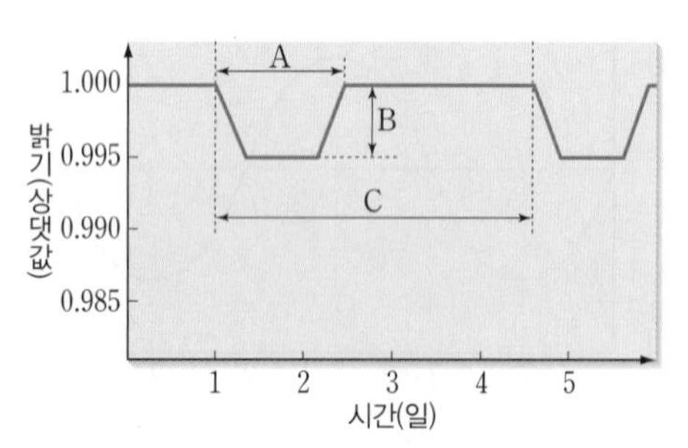

이에 대한 설명으로 옳은 것만을 [보기]에서 있는 대로 고른 것은?

[보기]
ㄱ. A가 길수록 외계 행성의 존재를 확인하기 쉽다.
ㄴ. B는 중심별의 반지름이 클수록 크게 나타난다.
ㄷ. C는 외계 행성의 공전 주기에 해당한다.

① ㄱ ② ㄷ ③ ㄱ, ㄴ ④ ㄴ, ㄷ ⑤ ㄱ, ㄴ, ㄷ

515 수능기출 변형

그림은 어느 외계 행성계의 미세 중력 렌즈 현상에 의한 별 S의 밝기 변화를 나타낸 것이다.

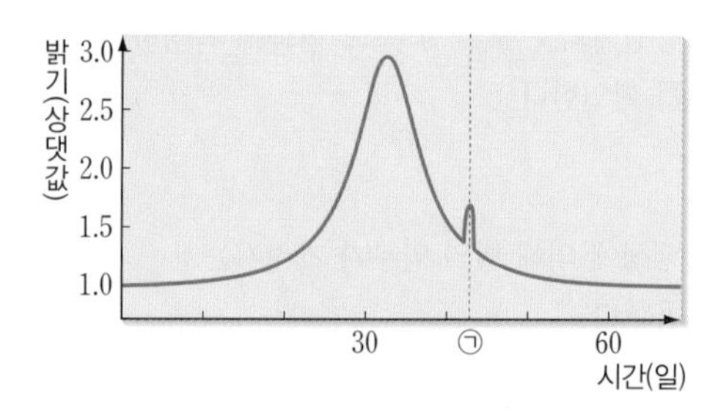

이에 대한 설명으로 옳은 것만을 [보기]에서 있는 대로 고른 것은?

[보기]
ㄱ. 별 S까지의 거리는 외계 행성계까지의 거리보다 멀다.
ㄴ. ㉠ 시기에 관측자, 외계 행성계의 중심별과 별 S의 중심은 일직선상에 위치한다.
ㄷ. 미세 중력 렌즈 현상에 의한 별 S의 겉보기 등급 변화량은 1등급보다 작다.

① ㄱ ② ㄷ ③ ㄱ, ㄴ ④ ㄴ, ㄷ ⑤ ㄱ, ㄴ, ㄷ

516

그림은 탐사 방법에 따라 발견된 외계 행성의 공전 궤도 반지름과 질량을 나타낸 것이다.

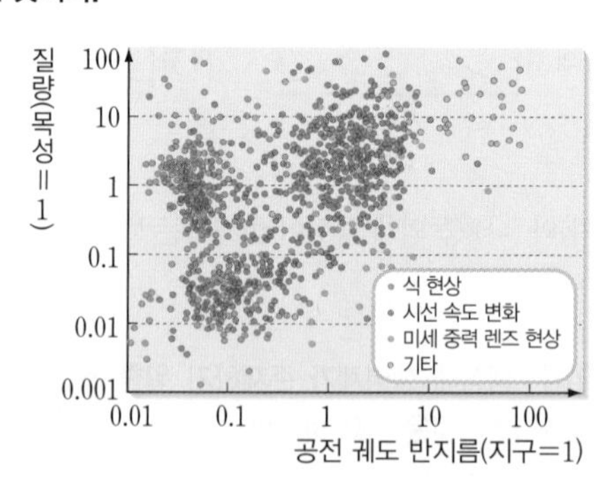

이 자료에 대한 설명으로 옳은 것만을 [보기]에서 있는 대로 고른 것은?

[보기]
ㄱ. 발견된 행성들은 대체로 지구 규모의 행성이다.
ㄴ. 도플러 효과를 이용하여 발견된 행성이 가장 많다.
ㄷ. 미세 중력 렌즈 현상을 이용하여 발견된 행성들은 공전 궤도 반지름이 대체로 큰 편이다.

① ㄱ ② ㄴ ③ ㄱ, ㄷ ④ ㄴ, ㄷ ⑤ ㄱ, ㄴ, ㄷ

517 신유형

다음은 케플러 망원경의 관측 방법과 탐사 결과에 대한 설명이다.

> 케플러 망원경은 별의 밝기 변화를 측정하여 외계 행성을 탐사할 목적으로 2009년에 발사된 우주 망원경이다. 주요 임무는 ㉠생명 가능 지대에 위치한 지구 크기의 외계 행성을 찾는 것이다.
>
> 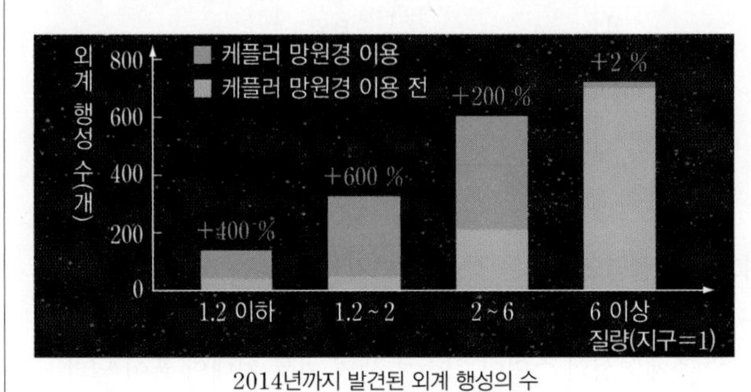
>
> 2014년까지 발견된 외계 행성의 수

이에 대한 설명으로 옳은 것만을 [보기]에서 있는 대로 고른 것은?

[보기]
ㄱ. ㉠은 액체 상태의 물이 존재할 수 있는 영역이다.
ㄴ. 케플러 망원경은 도플러 효과를 이용하여 행성을 탐사한다.
ㄷ. 2014년까지 발견된 외계 행성은 질량이 클수록 대체로 많이 발견되었다.

① ㄱ ② ㄴ ③ ㄱ, ㄷ
④ ㄴ, ㄷ ⑤ ㄱ, ㄴ, ㄷ

518 서술형

최근까지 발견된 외계 행성들은 대부분 지구보다 크기가 크다. 그 까닭은 무엇인지 관측적 한계와 관련지어 설명하시오.

2 | 외계 생명체 탐사

519

오른쪽 그림은 지구에서 생명체가 탄생한 후의 모습을 나타낸 것이다. 생명체가 탄생하기 위한 행성의 조건 중 가장 중요한 것을 쓰시오.

520 수능모의평가기출 변형

필수 유형 116쪽 빈출 자료 ②

그림은 주계열성의 질량에 따른 생명 가능 지대의 범위와 질량이 서로 다른 별 주위를 돌고 있는 행성 A, B, C의 중심별로부터의 거리를 나타낸 것이다.

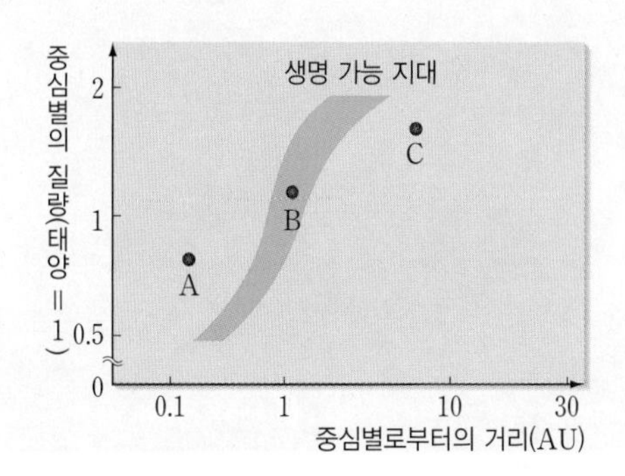

이에 대한 설명으로 옳은 것만을 [보기]에서 있는 대로 고른 것은?

[보기]
ㄱ. 별의 수명은 A의 중심별보다 B의 중심별이 길다.
ㄴ. 액체 상태의 물이 존재할 가능성은 B가 가장 크다.
ㄷ. 행성의 단위 면적에 입사하는 에너지양은 C가 가장 많다.

① ㄱ ② ㄴ ③ ㄱ, ㄷ
④ ㄴ, ㄷ ⑤ ㄱ, ㄴ, ㄷ

521 수능기출 변형

표는 태양보다 질량이 작은 주계열성의 행성 a~d에 단위 시간당 단위 면적에 입사하는 중심별의 복사 에너지양 S를 나타낸 것이다.

행성	a	b	c	d
S(지구=1)	0.05	0.5	1.0	10.0

이 행성계에 대한 설명으로 옳은 것만을 [보기]에서 있는 대로 고른 것은?

[보기]
ㄱ. 행성의 공전 궤도 반지름은 a가 b보다 크다.
ㄴ. 행성 c는 생명 가능 지대에 위치한다.
ㄷ. 액체 상태의 물이 존재할 수 있는 범위는 태양계보다 좁다.

① ㄱ ② ㄴ ③ ㄱ, ㄷ
④ ㄴ, ㄷ ⑤ ㄱ, ㄴ, ㄷ

522

그림은 케플러-186 행성계의 모습을, 표는 행성 케플러-186f의 특징을 나타낸 것이다.

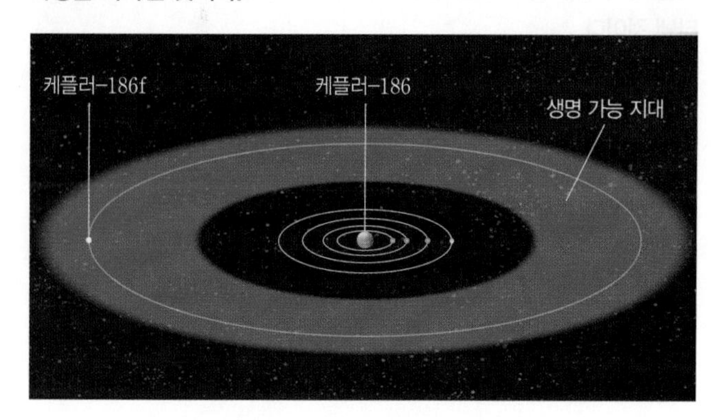

행성 케플러-186f의 특징	
크기(지구=1)	1.1
공전 궤도 반지름(AU)	0.36

이 외계 행성계와 태양계를 비교한 설명으로 옳은 것만을 [보기]에서 있는 대로 고른 것은?

[보기]

ㄱ. 생명 가능 지대의 폭은 케플러-186 행성계가 태양계보다 넓다.
ㄴ. 별의 광도는 태양보다 케플러-186이 크다.
ㄷ. 케플러-186f의 표면 온도는 화성보다 높을 것이다.

① ㄱ ② ㄷ ③ ㄱ, ㄴ
④ ㄴ, ㄷ ⑤ ㄱ, ㄴ, ㄷ

523

표는 외계 행성계 ㉠~㉣의 물리량을 나타낸 것이다.

구분	㉠	㉡	㉢	㉣
중심별의 질량(태양=1)	0.5	1.1	10	3
중심별의 분광형	A0	G0	K5	A0

이에 대한 설명으로 옳은 것만을 [보기]에서 있는 대로 고른 것은?

[보기]

ㄱ. 생명 가능 지대의 폭은 ㉡보다 ㉢이 좁다.
ㄴ. 중심별에서 생명 가능 지대까지의 거리는 ㉠보다 ㉣이 멀다.
ㄷ. ㉡의 행성은 ㉢의 행성보다 생명체가 진화하기에 충분한 시간을 확보하기 어렵다.

① ㄱ ② ㄴ ③ ㄷ
④ ㄱ, ㄷ ⑤ ㄴ, ㄷ

524

그림은 H-R도에 주계열성의 질량과 수명을 나타낸 것이다.

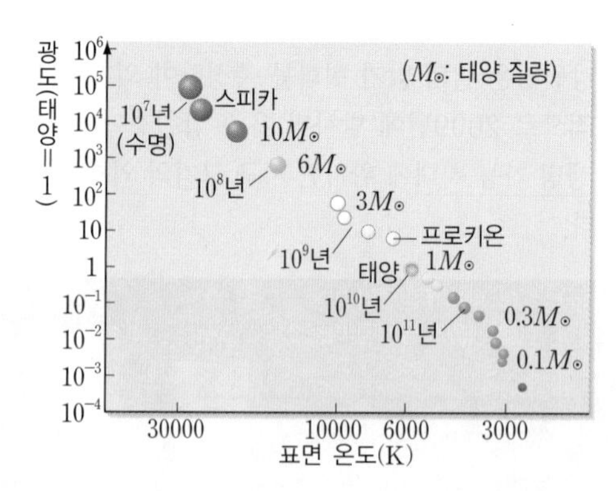

이에 대한 설명으로 옳은 것만을 [보기]에서 있는 대로 고른 것은?

[보기]

ㄱ. 주계열성의 수명이 길수록 생명 가능 지대의 폭이 넓다.
ㄴ. 행성이 생명 가능 지대에 머물 수 있는 기간은 프로키온보다 태양이 길다.
ㄷ. 스피카에서 1 AU 거리의 행성에는 액체 상태의 물이 존재할 가능성이 높다.

① ㄱ ② ㄴ ③ ㄱ, ㄷ
④ ㄴ, ㄷ ⑤ ㄱ, ㄴ, ㄷ

525 신유형

그림은 최근까지 발견된 외계 행성의 공전 주기와 중심별의 질량을 나타낸 것이다.

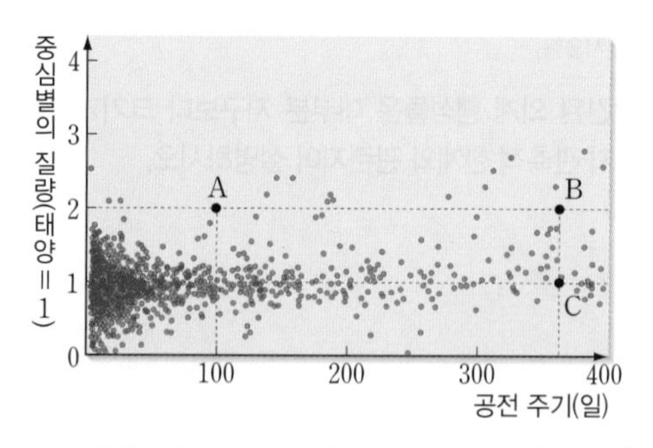

이 자료에 대한 설명으로 옳은 것만을 [보기]에서 있는 대로 고른 것은?(단, 외계 행성 A, B, C의 질량과 대기 조건은 같다.)

[보기]

ㄱ. 외계 행성의 공전 주기는 대부분 지구보다 짧다.
ㄴ. 액체 상태의 물이 존재할 가능성은 A보다 C가 크다.
ㄷ. 행성이 중심별에 미치는 중력 효과는 A가 B보다 크다.

① ㄱ ② ㄴ ③ ㄱ, ㄷ
④ ㄴ, ㄷ ⑤ ㄱ, ㄴ, ㄷ

◆ 학교 시험 빈출 문제 중 내신 1등급을 결정하는 고난도 문제들을 수록하였습니다.

1등급 완성 문제

» 바른답·알찬풀이 71쪽

526 (정답률 25%) 수능모의평가기출 변형

그림은 어느 외계 행성과 중심별이 공통 질량 중심을 중심으로 공전하는 모습을 나타낸 것이다. 행성은 원 궤도를 따라 공전하며, 공전 궤도면은 관측자의 시선 방향과 나란하다.

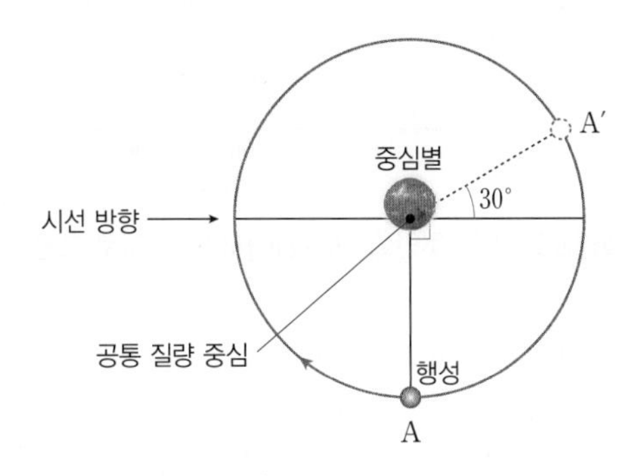

이에 대한 설명으로 옳은 것만을 [보기]에서 있는 대로 고른 것은?

[보기]
ㄱ. 행성이 A를 지날 때 중심별의 적색 편이가 나타난다.
ㄴ. 중심별의 스펙트럼 편이량은 행성이 A에 위치할 때가 A′에 위치할 때의 2배이다.
ㄷ. 행성이 중심별을 1회 공전할 때마다 중심별의 밝기 감소 현상이 2번씩 나타난다.

① ㄱ ② ㄷ ③ ㄱ, ㄴ ④ ㄴ, ㄷ ⑤ ㄱ, ㄴ, ㄷ

527 (정답률 30%) 수능모의평가기출 변형

그림은 어느 외계 행성계에서 식 현상을 일으키는 행성 A, B, C에 의한 시간에 따른 중심별의 겉보기 밝기 변화를 나타낸 것이다. 세 행성의 공전 궤도면은 관측자의 시선 방향과 나란하다.

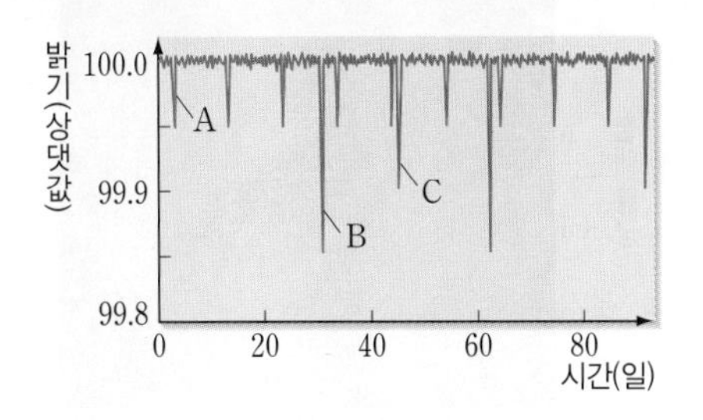

이에 대한 설명으로 옳은 것만을 [보기]에서 있는 대로 고른 것은?

[보기]
ㄱ. 행성의 공전 주기는 A가 가장 짧다.
ㄴ. 행성의 반지름은 B가 A의 약 3배이다.
ㄷ. 행성이 중심별의 앞면을 통과하는 데 걸리는 시간은 C가 가장 길다.

① ㄱ ② ㄴ ③ ㄱ, ㄷ ④ ㄴ, ㄷ ⑤ ㄱ, ㄴ, ㄷ

528 (정답률 40%) 신유형 수능모의평가기출 변형

그림은 두 주계열성에 속한 행성 a, b와 태양계 행성의 단위 면적에 입사하는 에너지양 및 중심별의 표면 온도를 나타낸 것이다.

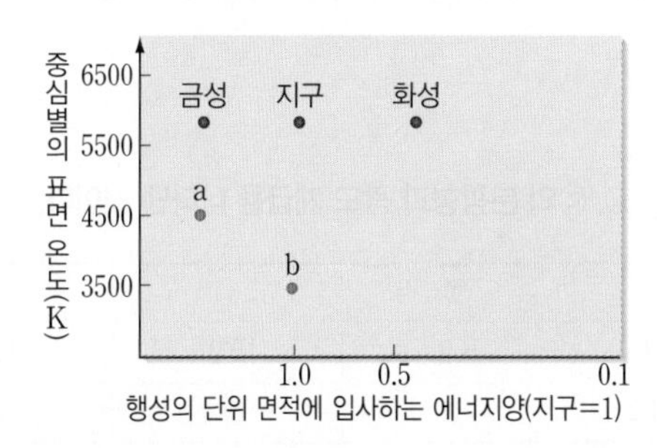

이에 대한 설명으로 옳은 것만을 [보기]에서 있는 대로 고른 것은? (단, 행성의 대기 효과는 고려하지 않는다.)

[보기]
ㄱ. a는 생명 가능 지대에 위치한다.
ㄴ. b는 화성보다 표면 온도가 높다.
ㄷ. 중심별의 광도는 태양 > a의 중심별 > b의 중심별이다.

① ㄱ ② ㄴ ③ ㄱ, ㄷ
④ ㄴ, ㄷ ⑤ ㄱ, ㄴ, ㄷ

서술형 문제

529 (정답률 30%)

다음은 별의 질량에 따른 수명과 생명체 존재 가능성의 관계에 대한 설명이다.

(가) 주계열성의 중심부에서 수소가 소진되는 데 걸리는 시간을 t, 별의 질량을 M, 별의 광도를 L이라고 하면, $t \propto \frac{M}{L}$이 성립한다.
(나) 주계열성의 광도는 대략 질량의 세제곱에 비례한다.
(다) 태양의 예상 수명은 약 100억 년이다.
(라) 지구가 탄생하여 척추동물이 등장하기까지 약 40억 년이 걸렸다.

태양의 질량이 현재의 2배였다면 지구에 척추동물이 출현할 수 있을지 설명하시오.(단, 생명체의 탄생과 진화 과정은 현재 지구와 동일하다고 가정한다.)

실전 대비 평가 문제

» 바른답·알찬풀이 72쪽

530

표는 별 ㉠, ㉡, ㉢의 분광형과 광도 계급을 나타낸 것이다.

별	㉠	㉡	㉢
분광형	K2	F2	K2
광도 계급	Ⅰ	Ⅴ	Ⅲ

이에 대한 설명으로 옳은 것만을 [보기]에서 있는 대로 고른 것은?

[보기]
ㄱ. 별의 표면 온도는 ㉠이 ㉡보다 높다.
ㄴ. 별의 반지름은 ㉡이 ㉢보다 작다.
ㄷ. ㉠과 ㉢은 스펙트럼에 나타나는 특징이 동일하다.

① ㄱ ② ㄴ ③ ㄱ, ㄷ
④ ㄴ, ㄷ ⑤ ㄱ, ㄴ, ㄷ

531

그림은 파장에 따른 복사 에너지의 상대 세기를 나타낸 것이다.

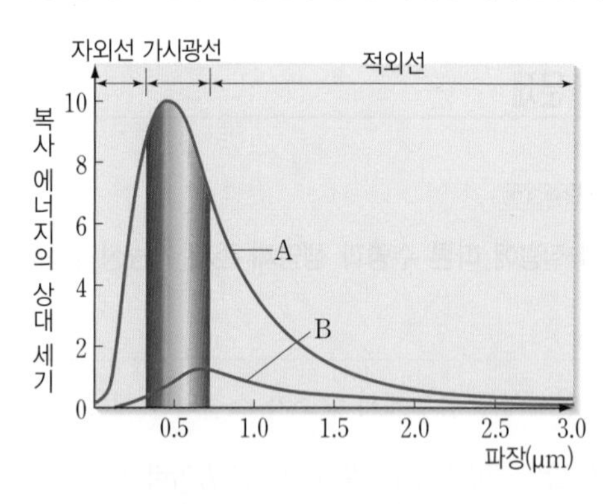

흑체 A, B에 대한 설명으로 옳은 것만을 [보기]에서 있는 대로 고른 것은?

[보기]
ㄱ. 색지수($B-V$)는 A가 B보다 크다.
ㄴ. 최대 에너지 세기를 갖는 파장은 A가 B보다 짧다.
ㄷ. 단위 면적에서 방출하는 에너지양은 A가 B보다 많다.

① ㄱ ② ㄷ ③ ㄱ, ㄴ
④ ㄴ, ㄷ ⑤ ㄱ, ㄴ, ㄷ

532

그림은 H-R도에 별 X, Y와 태양의 위치를 나타낸 것이다.

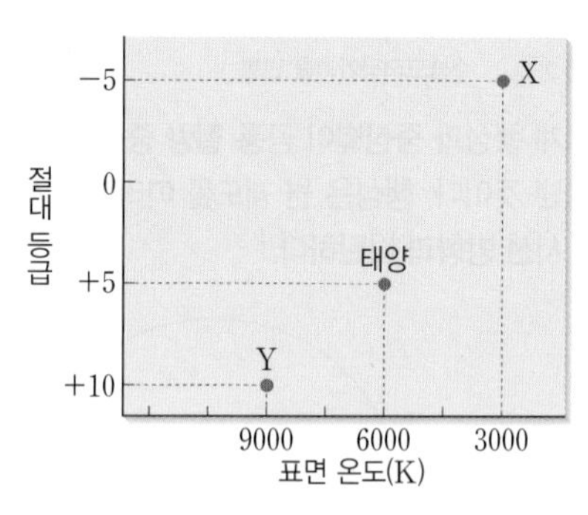

이에 대한 설명으로 옳은 것만을 [보기]에서 있는 대로 고른 것은?

[보기]
ㄱ. 광도는 태양이 Y의 100배이다.
ㄴ. 반지름은 X가 태양의 400배이다.
ㄷ. 최대 에너지 세기를 갖는 파장은 X가 태양의 2배이다.

① ㄱ ② ㄴ ③ ㄱ, ㄷ
④ ㄴ, ㄷ ⑤ ㄱ, ㄴ, ㄷ

533

그림은 별 A~D를 H-R도에 나타낸 것이다.

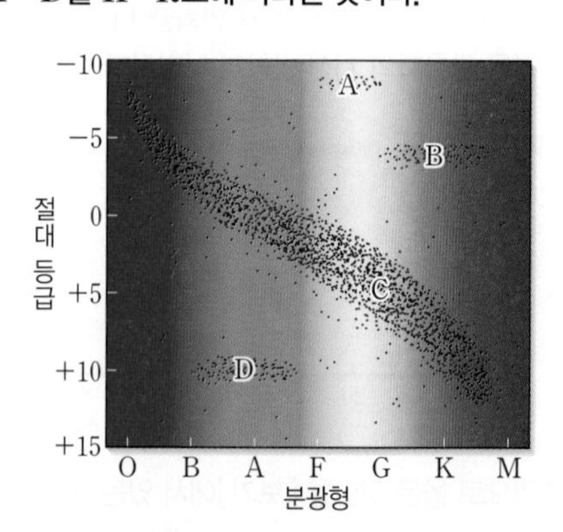

별 A~D에 대한 설명으로 옳은 것은?

① A는 정역학 평형 상태를 유지한다.
② 평균 크기는 B가 가장 크다.
③ C는 질량이 클수록 표면 온도가 높다.
④ D의 중심부에서는 핵융합 반응이 활발하다.
⑤ A~D 중 광도가 가장 큰 별은 D이다.

534

그림 (가)는 태양과 두 별 A, B의 크기를, (나)는 별 C와 지구의 크기를 비교하여 나타낸 것이다.

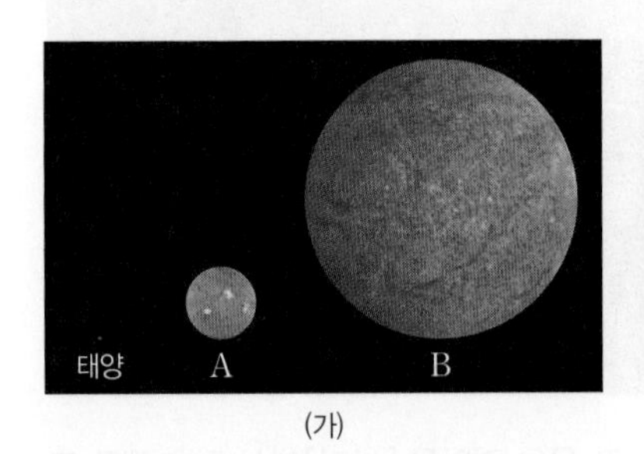

(가)

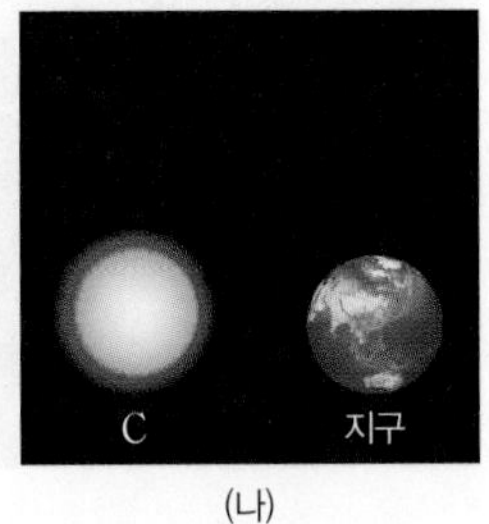

(나)

별 A, B, C에 대한 설명으로 옳은 것만을 [보기]에서 있는 대로 고른 것은?

[보기]

ㄱ. A는 초거성이다.
ㄴ. B는 C보다 광도가 크다.
ㄷ. 평균 밀도는 C가 가장 크다.

① ㄱ ② ㄷ ③ ㄱ, ㄴ
④ ㄴ, ㄷ ⑤ ㄱ, ㄴ, ㄷ

535

그림 (가)는 두 원시별 A, B가 주계열성이 되는 동안의 진화 경로를, (나)는 주계열 단계 이후의 진화 경로를 H－R도에 나타낸 것이다.

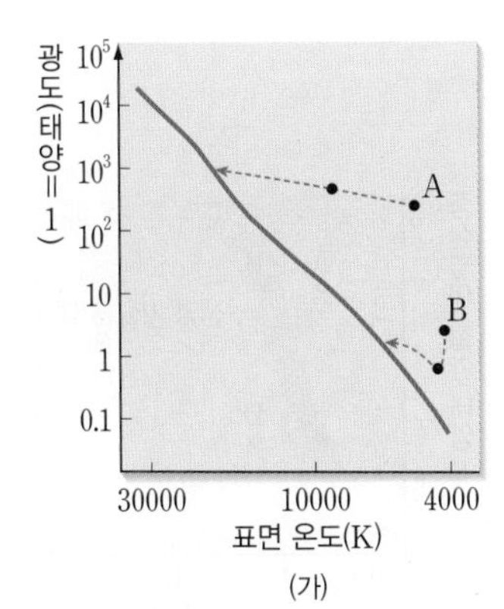

(가)

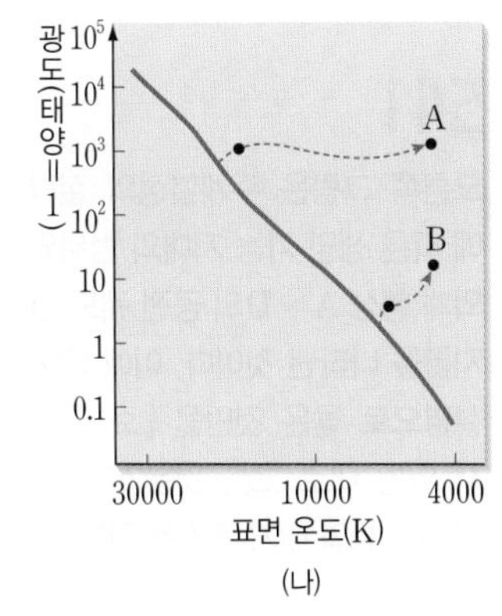

(나)

이에 대한 설명으로 옳은 것만을 [보기]에서 있는 대로 고른 것은?

[보기]

ㄱ. (가)에서 진화 속도는 A가 B보다 느리다.
ㄴ. (나)에서 A와 B는 모두 반지름이 증가한다.
ㄷ. 주계열에 머무는 시간은 A가 B보다 길다.

① ㄱ ② ㄴ ③ ㄱ, ㄷ
④ ㄴ, ㄷ ⑤ ㄱ, ㄴ, ㄷ

536

그림은 어느 별의 진화 과정을 나타낸 것이다.

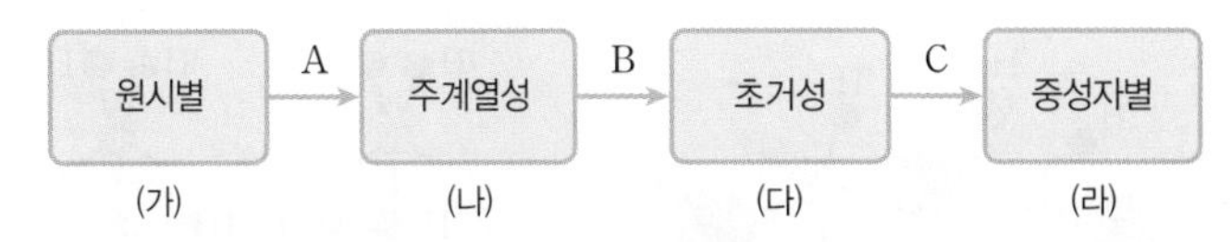

이에 대한 설명으로 옳은 것만을 [보기]에서 있는 대로 고른 것은?

[보기]

ㄱ. 별의 크기는 (가)보다 (나)에서 크다.
ㄴ. 별의 중심부 온도는 (나)보다 (다)에서 높다.
ㄷ. 초신성 폭발은 B 과정에서 일어난다.

① ㄱ ② ㄴ ③ ㄱ, ㄷ
④ ㄴ, ㄷ ⑤ ㄱ, ㄴ, ㄷ

537

그림은 태양과 질량이 비슷한 별의 진화 경로를 H－R도에 나타낸 것이다.

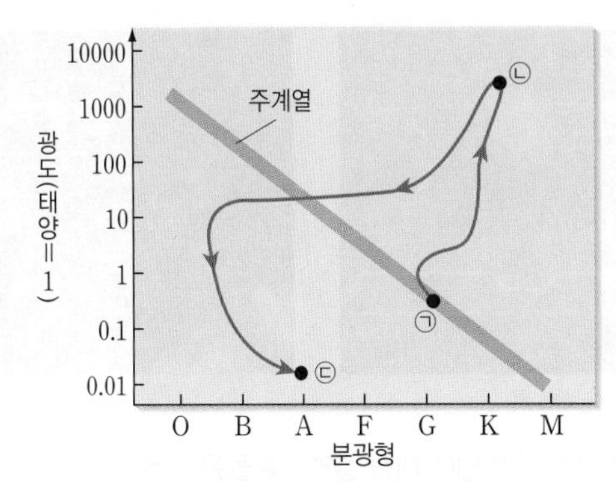

이에 대한 설명으로 옳은 것은?

① ㉠일 때 중심부에서 수소 핵융합 반응이 일어난다.
② 태양의 현재 위치는 ㉡에 해당한다.
③ 표면 온도는 ㉡보다 ㉢일 때 낮다.
④ ㉢일 때 중심부에서 헬륨 핵융합 반응이 활발하다.
⑤ ㉢ 이후에 행성상 성운이 형성된다.

538

그림 (가)와 (나)는 어떤 핵융합 반응의 경로를 각각 나타낸 것이다.

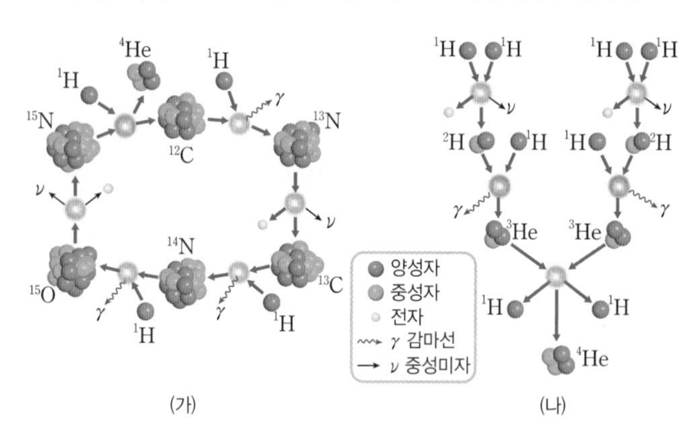

(가) (나)

이에 대한 설명으로 옳은 것만을 [보기]에서 있는 대로 고른 것은?

[보기]
ㄱ. (가)와 (나)는 모두 수소 핵융합 반응이다.
ㄴ. (가)와 (나)의 반응에 의해 별의 질량은 감소한다.
ㄷ. 주계열성의 중심부 온도가 높을수록 (가)보다 (나)의 반응이 우세하게 일어난다.

① ㄱ ② ㄷ ③ ㄱ, ㄴ
④ ㄴ, ㄷ ⑤ ㄱ, ㄴ, ㄷ

539

그림 (가)와 (나)는 외계 행성을 탐사할 때 이용하는 두 가지 방법을 나타낸 것이다.

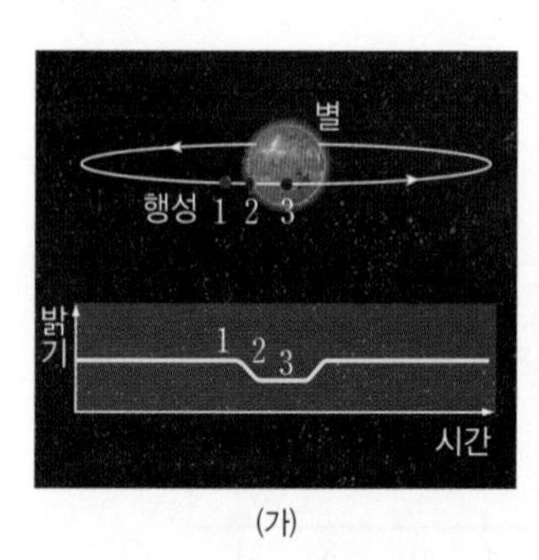

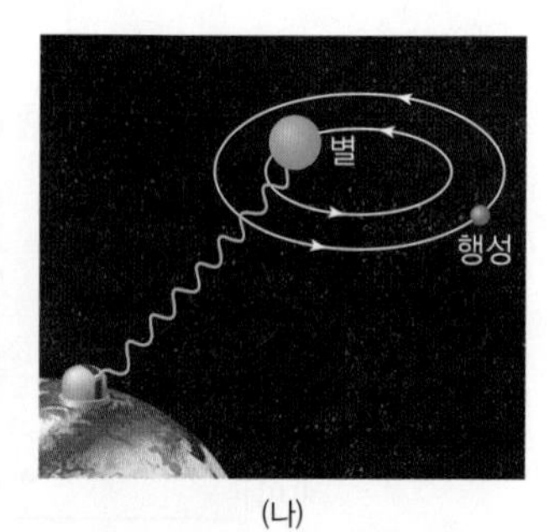

(가) (나)

(가)와 (나)의 탐사 방법에 대한 설명으로 옳은 것은?

① (가)는 행성의 중력 효과를 이용한 탐사 방법이다.
② (나)는 식 현상을 이용한 탐사 방법이다.
③ (가)는 행성의 공전 주기가 길수록 발견하기 쉽다.
④ (나)는 행성의 질량이 클수록 발견하기 쉽다.
⑤ (가)와 (나)는 모두 행성의 공전 궤도면이 시선 방향에 수직일 때 발견할 수 있다.

540

그림은 외계 행성을 탐사하는 어떤 방법을 나타낸 것이다.

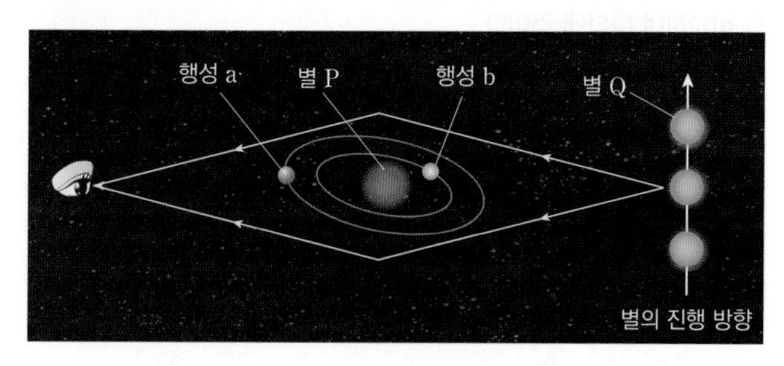

이 탐사 방법에 대한 설명으로 옳은 것만을 [보기]에서 있는 대로 고른 것은?

[보기]
ㄱ. P의 시선 속도 변화를 이용하여 행성의 존재를 확인하는 방법이다.
ㄴ. 행성 a와 b의 공전 궤도면이 시선 방향에 나란할 경우에만 이용할 수 있는 방법이다.
ㄷ. P와 Q가 일직선상에 위치할 때 Q의 밝기가 가장 밝게 나타난다.

① ㄱ ② ㄷ ③ ㄱ, ㄴ
④ ㄴ, ㄷ ⑤ ㄱ, ㄴ, ㄷ

541

오른쪽 그림은 주계열성의 질량에 따른 생명 가능 지대의 범위와 외계 행성 A～D의 공전 궤도 반지름을 나타낸 것이다. 이에 대한 설명으로 옳은 것만을 [보기]에서 있는 대로 고른 것은?(단, 행성 A～D의 대기 조건은 같다.)

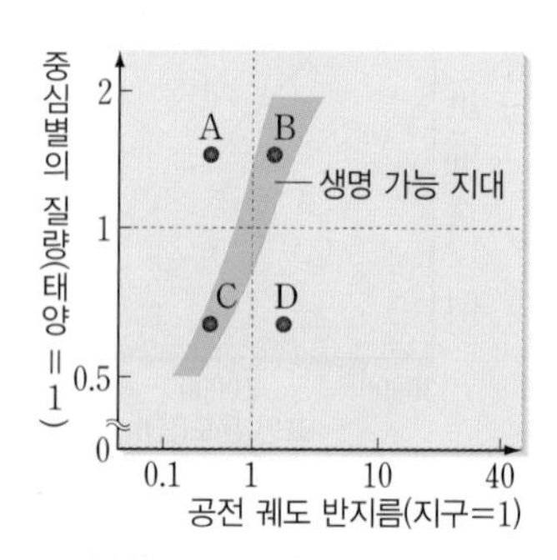

[보기]
ㄱ. 행성의 표면 온도는 A가 C보다 낮다.
ㄴ. B와 C에는 액체 상태의 물이 존재할 수 있다.
ㄷ. 중심별의 광도가 커지면 D는 생명 가능 지대에 위치할 수 있다.

① ㄱ ② ㄴ ③ ㄱ, ㄷ
④ ㄴ, ㄷ ⑤ ㄱ, ㄴ, ㄷ

542

그림은 별 A, B의 표면 온도와 절대 등급을 나타낸 것이다.

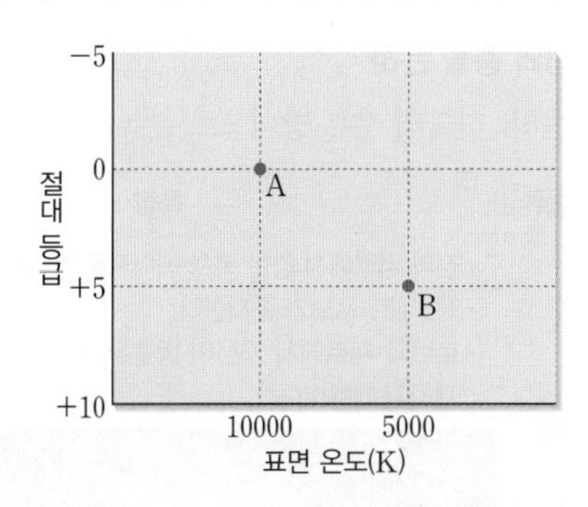

반지름은 A가 B의 몇 배인지 구하는 과정과 함께 설명하시오.

543

그림 (가)와 (나)는 생성 시기가 다른 두 성단 A와 B의 H-R도를 나타낸 것이다.

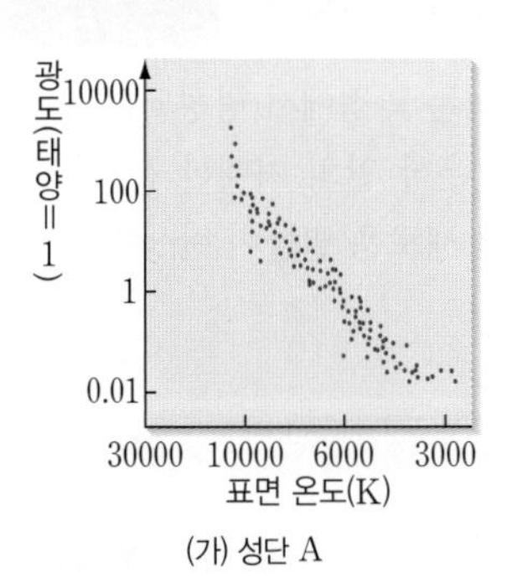

(가) 성단 A

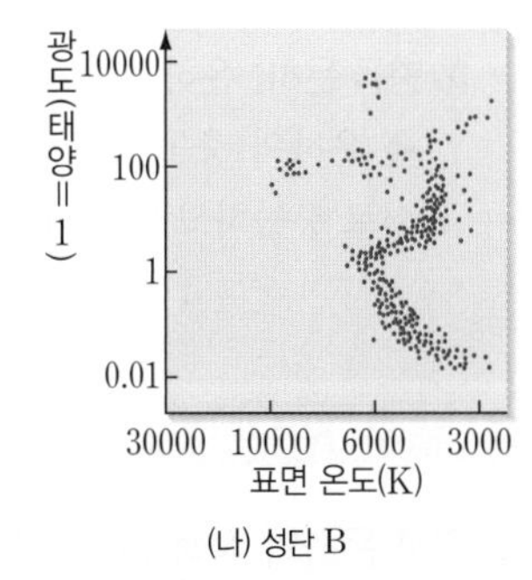

(나) 성단 B

성단 A와 B 중 나이가 더 많은 성단은 무엇인지 성단을 이루는 별의 진화와 관련지어 설명하시오.

544

오른쪽 그림은 크기가 일정하게 유지되는 어느 주계열성의 표면에 작용하는 두 힘 A와 B를 나타낸 것이다. 힘 A와 B의 종류를 쓰고, 이 별이 거성으로 진화할 때 나타나는 별의 크기 변화를 A와 B의 상대적인 크기 변화와 관련지어 설명하시오.

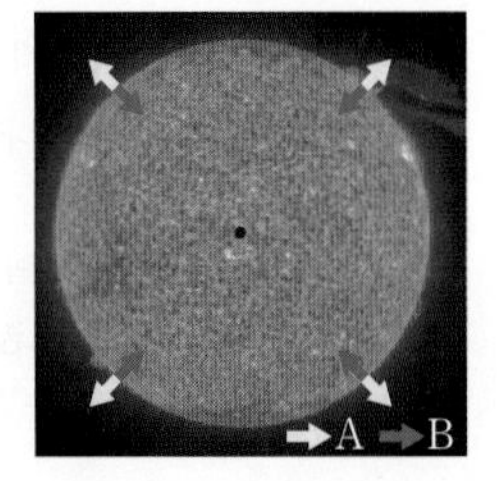

545

그림 (가)와 (나)는 질량이 서로 다른 두 주계열성의 내부 구조를 나타낸 것이다.

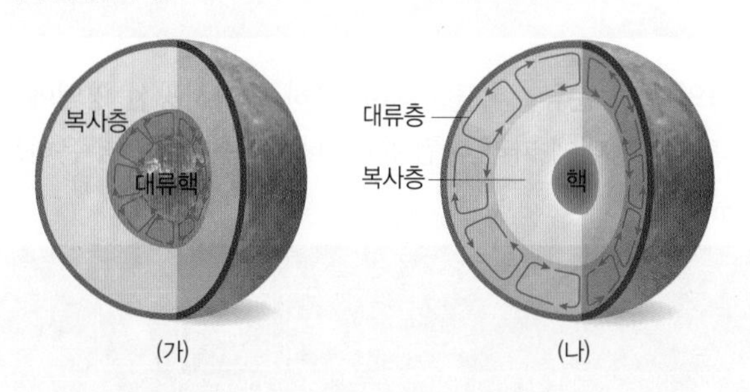

(가)와 (나)의 질량을 비교하고, 두 별의 중심핵에서 우세하게 일어나는 수소 핵융합 반응의 종류를 설명하시오.

546

그림은 미세 중력 렌즈 현상에 의한 별의 밝기 변화를 나타낸 것이다.

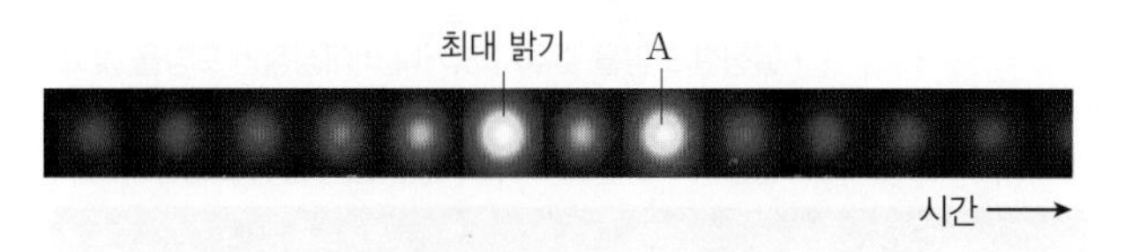

A에서 별의 밝기가 증가한 까닭을 설명하시오.

547

표는 생명 가능 지대에 위치해 있는 세 행성 (가), (나), (다)의 중심별의 분광형을 나타낸 것이다.

행성	(가)	(나)	(다)
중심별의 분광형	A0	B0	G2

행성에서 생명체가 탄생하여 진화하는 데 가장 적합한 행성을 고르고, 그 까닭을 설명하시오.(단, 행성 (가), (나), (다)의 중심별은 모두 주계열성이다.)

13 외부 은하와 허블 법칙

Ⅵ 외부 은하와 우주 팽창

꼭 알아야 할 핵심 개념
- ☑ 허블의 은하 분류
- ☑ 특이 은하
- ☑ 허블 법칙

1 | 외부 은하

1 허블의 은하 분류 허블은 외부 은하를 가시광선 영역에서 관측되는 형태에 따라 타원 은하, 나선 은하, 불규칙 은하로 분류하였다.

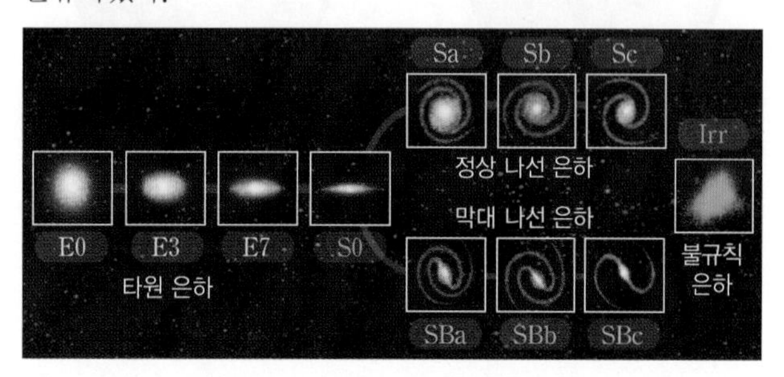

은하의 종류	특징
타원 은하	• 성간 물질이 상대적으로 적고, 비교적 나이가 많은 별들로 이루어져 있다. • 편평도에 따라 E0～E7로 세분한다. 숫자가 클수록 편평도가 크다.
나선 은하	• 은하핵과 나선팔이 있는 은하이다. • 은하핵에 주로 나이가 많은 붉은별이 존재하고, 나선팔에 주로 나이가 적은 파란별이 존재한다. • 핵의 크기와 나선팔이 감긴 정도로 세분한다. • 막대 구조의 유무에 따라 정상 나선 은하와 막대 나선 은하로 구분한다. ⋯→ 우리은하는 막대 나선 은하이다.
불규칙 은하	• 일정한 모양을 갖추지 않거나 비대칭적인 모양을 갖고 있는 은하를 말한다. • 일반적으로 규모가 작고, 젊은 별을 많이 포함한다.

빈출 자료 ① 은하의 분류 기준

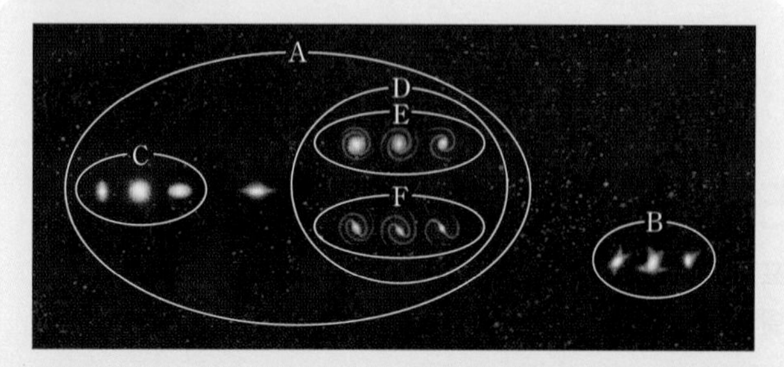

❶ A 집단과 B 집단의 구분 기준: 모양의 규칙성 여부
❷ C 집단과 D 집단의 구분 기준: 은하 원반과 나선팔의 존재 유무
❸ D 집단을 E 집단과 F 집단으로 나누는 기준: 막대 구조의 유무
⋯→ B는 불규칙 은하, C는 타원 은하, E는 정상 나선 은하, F는 막대 나선 은하이다.

필수 유형 〉 외부 은하를 형태에 따라 분류하고 분류 기준에 따른 은하의 특징을 묻는 문제가 출제된다.
128쪽 558번

2 특이 은하와 충돌 은하 특이 은하의 대부분은 중심부에 블랙홀이 존재하는 활동적인 은하이다.

① 특이 은하: 허블의 분류 방식으로 분류하기 어려운 은하

은하의 종류	특징
전파 은하 가시광선 영역에서 대부분 타원 은하로 관측된다.	• 전파 영역에서 강한 복사 에너지를 방출하는 은하이다. • 핵, 제트, 로브가 존재한다. • 로브와 제트에서 X선이 방출된다. ⋯→ 강한 자기장이 존재하기 때문이다. 전파 로브 / 제트 / 중심핵 / 전파 영상 / 가시광선 영상 / X선 영상
퀘이사	• 하나의 별처럼 보이는 은하이며, 태양계 정도의 크기로 추정된다. • 먼 거리에 있는 우주 초기의 은하로 매우 큰 적색 편이가 나타난다. • 방출하는 에너지양이 우리은하의 수백 배에 달한다.
세이퍼트은하 매우 빠르게 회전하고 있다.	• 대부분 나선 은하로 관측되고, 전체 나선 은하 중 약 2 %가 세이퍼트은하로 분류된다. • 보통의 은하들에 비하여 밝은 핵과 넓은 방출선 스펙트럼이 관측된다.

② 충돌 은하: 은하들이 충돌하는 과정에서 형성되는 은하
➜ 은하의 충돌 과정에서 은하 안의 거대한 분자 구름이 서로 충돌하고 압축되면서 새로운 별들이 탄생한다.

2 | 허블 법칙과 우주 팽창

1 외부 은하의 적색 편이 멀리 있는 외부 은하는 우리은하로부터 멀어지고 있으므로 스펙트럼에서 흡수선들의 위치가 원래 위치보다 파장이 긴 쪽으로 치우치는 적색 편이가 나타난다.

① 적색 편이량과 후퇴 속도: 적색 편이량($\Delta\lambda$)이 클수록 후퇴 속도가 크다.

$$\text{후퇴 속도}(v)=c\times\frac{\Delta\lambda}{\lambda_0}\quad\left(\begin{array}{l}c\text{: 빛의 속도, }3\times10^5\text{ km/s}\\ \lambda_0\text{: 흡수선의 고유 파장}\\ \Delta\lambda\text{: 흡수선의 파장 변화량}\end{array}\right)$$

② 은하까지의 거리와 적색 편이: 멀리 있는 은하일수록 적색 편이량이 크게 나타난다. ➜ 멀리 있는 은하일수록 후퇴 속도가 크다.

허블이 외부 은하들의 거리와 적색 편이량을 측정하여 알아냈다.

2 허블 법칙 외부 은하의 후퇴 속도(v)는 외부 은하까지의 거리(r)에 비례한다는 법칙

$$v=H\cdot r\ (H\text{: 허블 상수, 약 68 km/s/Mpc})$$

빈출 자료 ② 외부 은하의 거리(r)와 후퇴 속도(v)와의 관계

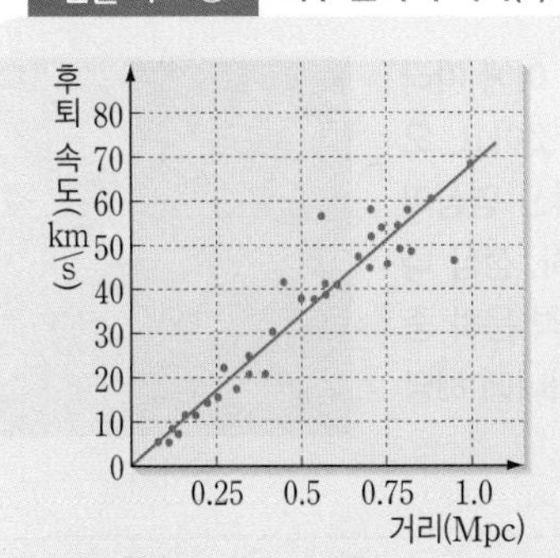

- 멀리 있는 은하일수록 후퇴 속도(v)가 크다. ⋯› 허블 법칙

$$v=H\cdot r$$

- 그래프에서 기울기는 허블 상수(H)에 해당한다.

$$\text{기울기}=\frac{v}{r}=H$$

- 20세기 초에는 관측 오차가 커서 허블 상수의 측정값이 매우 크고 부정확했으나 최근에는 정밀한 측정이 가능해지면서 허블 상수의 측정값이 점차 작아졌다.
  ⋯› 최근 측정된 허블 상수의 값은 약 68 km/s/Mpc이다.

필수 유형 〉 후퇴 속도 측정값에 따른 허블 상수의 변화를 묻거나 외부 은하의 거리와 후퇴 속도와의 상관관계를 묻는 문제가 출제된다. 130쪽 571번

3 허블 법칙과 우주 팽창 허블 법칙은 은하들이 실제로 멀어지는 운동 때문이 아니라 우주 공간이 모든 방향에 대하여 균질하게 팽창하고 있음을 나타낸다.

① **우주 팽창의 중심:** 우주는 특별한 팽창의 중심 없이 팽창한다. ➜ 모든 방향에 대해 균질하게 팽창한다.

② **허블 상수와 우주 팽창의 의미:** 허블 상수는 우주가 팽창하는 정도를 나타내는 값이다. 즉, 단위 길이의 공간이 단위 시간 동안 늘어나는 정도를 나타낸 값이다.

예 허블 상수 약 68 km/s/Mpc ➜ 1 Mpc마다 1초에 약 68 km씩 공간이 늘어난다.

③ **허블 상수와 우주의 나이(t):** 우주가 일정하게 팽창했다고 가정할 때 허블 상수의 역수는 우주의 나이에 해당한다.

$$t=\frac{r}{v}=\frac{r}{H\cdot r}=\frac{1}{H}$$

빈출 자료 ③ 고무풍선을 이용한 우주 팽창 실험

그림과 같이 고무풍선을 작게 분 다음 표면에 적당한 간격으로 스티커 A~D를 붙인 후, 고무풍선에 바람을 불어넣으면서 스티커의 움직임을 관찰한다.

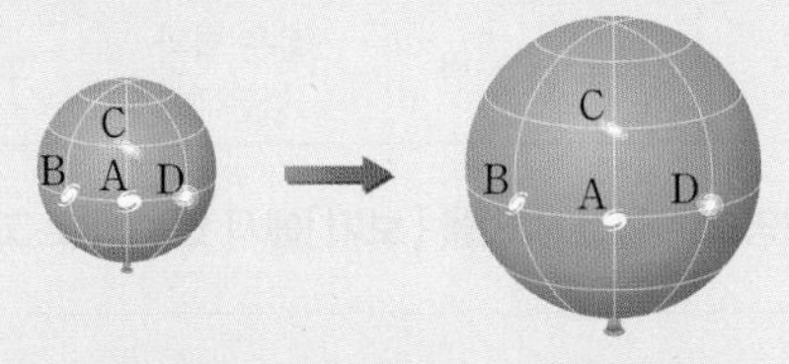

❶ 이 실험에서 풍선 표면은 우주 공간을, 스티커는 은하를 나타낸다.
❷ 풍선이 팽창할 때 모든 스티커 사이의 거리는 서로 멀어진다. 이때 서로 멀리 떨어진 스티커일수록 간격이 더 빨리 멀어진다.
❸ 스티커가 서로 멀어질 때 특별한 중심이 존재하지 않는다. ⋯› 우주 팽창의 특별한 중심은 없다.

필수 유형 〉 우주 팽창 실험을 실제 우주의 팽창과 비교하여 묻는 문제가 출제된다. 131쪽 576번

개념 확인 문제

›› 바른답·알찬풀이 75쪽

[548~551] 그림 (가)~(라)는 서로 다른 외부 은하를 나타낸 것이다. 다음 설명에 해당하는 은하를 골라 기호를 쓰시오.

(가) (나) (다) (라)

548 구 또는 타원 모양의 은하

549 특정한 모양이나 형태가 없는 은하

550 중심부가 구형이고 중심부에서 나선팔이 뻗어 나온 은하

551 허블의 은하 분류 체계에서 우리은하와 형태가 같은 은하

[552~554] 특이 은하의 종류와 그에 해당하는 설명을 옳게 연결하시오.

552 퀘이사 • · • ㉠ 로브, 제트, 핵의 구조를 갖고 있다.

553 전파 은하 • · • ㉡ 먼 거리에 있는 우주 초기의 은하로 적색 편이가 매우 크게 나타난다.

554 세이퍼트은하 • · • ㉢ 보통의 은하들에 비하여 밝은 핵과 넓은 방출선 스펙트럼이 관측된다.

[555~557] 다음은 허블 법칙에 대한 설명이다. (　　) 안에 들어갈 알맞은 말을 쓰시오.

555 외부 은하의 스펙트럼에서 대부분 (　　) 편이가 관측된다.

556 외부 은하까지의 거리와 후퇴 속도는 (　　)한다.

557 (　　) 상수는 우주가 팽창하는 정도를 나타내는 값이다.

기출 분석 문제

» 바른답·알찬풀이 75쪽

1 | 외부 은하

[558~559] 그림은 허블의 은하 분류 체계를 나타낸 것이다. 물음에 답하시오.

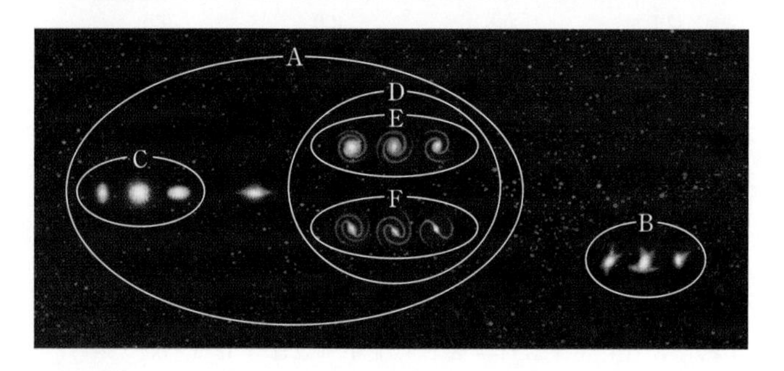

558

필수 유형 126쪽 빈출 자료 ①

허블이 외부 은하를 위와 같이 분류한 기준을 쓰시오.

559

위 그림의 A ~ F 집단에 대한 설명으로 옳은 것만을 [보기]에서 있는 대로 고른 것은?

[보기]

ㄱ. A 집단이 진화하여 B 집단이 된다.
ㄴ. 별의 탄생이 가장 활발한 은하는 C이다.
ㄷ. 우리은하는 F 집단에 속한다.

① ㄱ ② ㄷ ③ ㄱ, ㄴ
④ ㄴ, ㄷ ⑤ ㄱ, ㄴ, ㄷ

560

오른쪽 그림은 어떤 외부 은하의 모습을 나타낸 것이다. 이에 대한 설명으로 옳은 것은?

① 은하 원반이 존재한다.
② 새로운 별의 탄생이 매우 활발한 편이다.
③ 우리은하에 비해 파란색 별의 비율이 높다.
④ 나선팔의 감긴 정도에 따라 세분할 수 있다.
⑤ 은하의 밝기는 중심부에서 바깥쪽으로 갈수록 감소한다.

561 수능기출 변형

표는 허블의 은하 분류 기준과 이에 따라 분류한 은하의 종류를 나타낸 것이고, 오른쪽 그림은 은하 A의 가시광선 영상이다. (가)~(라)는 각각 타원 은하, 정상 나선 은하, 막대 나선 은하, 불규칙 은하 중 하나이고, A는 (가)~(라) 중 하나에 해당한다.

은하 A

분류 기준	(가)	(나)	(다)	(라)
규칙적인 구조가 있는가?	○	○	×	○
나선팔이 있는가?	○	○	×	×
중심부에 막대 구조가 있는가?	○	×	×	×

(○: 있다, ×: 없다)

이에 대한 설명으로 옳은 것만을 [보기]에서 있는 대로 고른 것은?

[보기]

ㄱ. 우리은하는 (가)에 해당한다.
ㄴ. 은하 A는 (나)에 해당한다.
ㄷ. 성간 물질의 비율은 대체로 (다)가 (라)보다 낮다.

① ㄱ ② ㄷ ③ ㄱ, ㄴ
④ ㄴ, ㄷ ⑤ ㄱ, ㄴ, ㄷ

562

표는 은하의 형태에 따른 특징을 요약한 것이다.

구분	타원 은하	나선 은하	불규칙 은하
질량 (태양=1)	$10^5 \sim 10^{13}$	$10^9 \sim 4 \times 10^{11}$	$10^8 \sim 3 \times 10^{10}$
절대 등급	$-9 \sim -23$	$-15 \sim -21$	$-13 \sim -18$
지름(kpc)	1~200	2~20	1
구성 별	주로 늙은 별	젊은 별과 늙은 별	주로 젊은 별

이에 대한 설명으로 옳은 것만을 [보기]에서 있는 대로 고른 것은?

[보기]

ㄱ. 거리가 먼 은하들은 주로 불규칙 은하로 관측된다.
ㄴ. 타원 은하에는 성간 물질이 다른 은하에 비해 많다.
ㄷ. 규모가 큰 거대 은하들은 주로 타원 은하의 형태로 존재한다.

① ㄱ ② ㄷ ③ ㄱ, ㄴ
④ ㄴ, ㄷ ⑤ ㄱ, ㄴ, ㄷ

563

다음은 서로 다른 특이 은하에 대한 설명이다. (   ) 안에 들어갈 알맞은 말을 쓰시오.

(가) (㉠)은/는 대부분 나선 은하 형태로 관측된다. 이 은하는 핵이 매우 밝고, 스펙트럼에서 매우 넓은 방출선이 나타난다. 방출선이 넓은 까닭은 은하 중심부에 (㉡)이/가 존재하기 때문인 것으로 추정된다.
(나) (㉢)은/는 하나의 별처럼 보이며, 태양계 정도의 작은 공간에서 우리은하의 수백 배 이상의 에너지가 방출된다. 거리가 매우 멀어 큰 (㉣)이/가 나타난다.

564

그림 (가)와 (나)는 은하 NGC 5128의 가시광선 영상과 전파 영상을 순서 없이 나타낸 것이다.

(가)

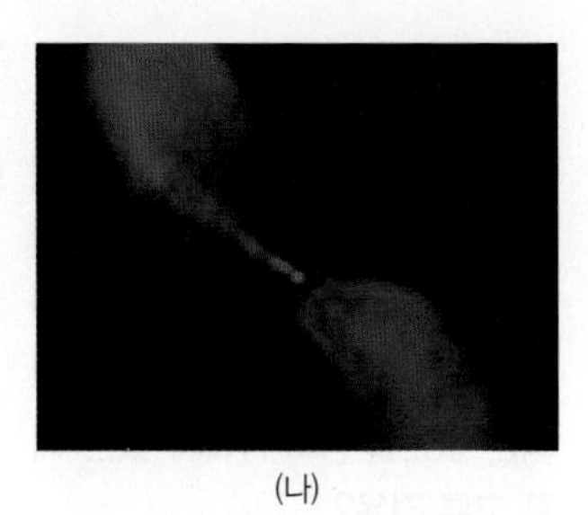
(나)

이에 대한 설명으로 옳은 것만을 [보기]에서 있는 대로 고른 것은?

[보기]
ㄱ. 전파 영상은 (가)이다.
ㄴ. 이 은하는 중심부에 강한 제트 분출이 있다.
ㄷ. (나)에는 은하의 충돌 모습이 잘 나타나 있다.

① ㄱ ② ㄴ ③ ㄱ, ㄷ
④ ㄴ, ㄷ ⑤ ㄱ, ㄴ, ㄷ

565

그림 (가)와 (나)는 충돌 은하의 모습을 나타낸 것이다.

(가)

(나)

이에 대한 설명으로 옳은 것만을 [보기]에서 있는 대로 고른 것은?

[보기]
ㄱ. 충돌 후 나선 은하로 진화한다.
ㄴ. 은하 충돌의 주요 원인은 우주가 팽창하기 때문이다.
ㄷ. 성간 물질의 충돌과 압축 과정에서 새로운 별들이 활발하게 탄생할 수 있다.

① ㄱ ② ㄷ ③ ㄱ, ㄴ
④ ㄴ, ㄷ ⑤ ㄱ, ㄴ, ㄷ

566

그림 (가), (나)는 세이퍼트은하와 전파 은하의 모습을 순서 없이 나타낸 것이다.

(가)

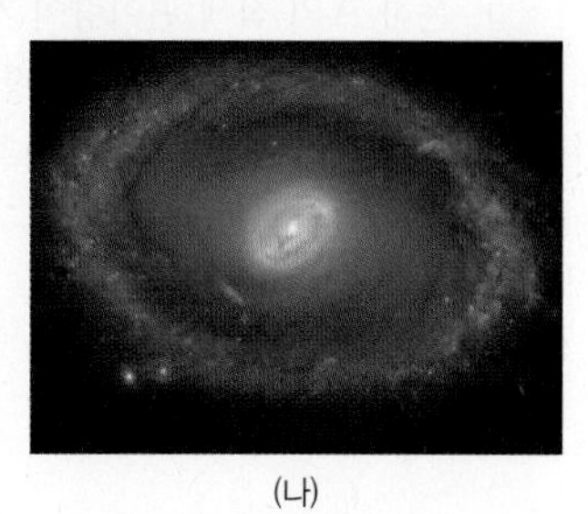
(나)

이에 대한 설명으로 옳은 것만을 [보기]에서 있는 대로 고른 것은?

[보기]
ㄱ. (가)는 세이퍼트은하이다.
ㄴ. (나)는 보통의 은하보다 방출선의 선폭이 넓다.
ㄷ. (가)와 (나)는 모두 중심부에 블랙홀이 존재할 것이다.

① ㄱ ② ㄴ ③ ㄱ, ㄷ
④ ㄴ, ㄷ ⑤ ㄱ, ㄴ, ㄷ

2 | 허블 법칙과 우주 팽창

567

허블 법칙에 대한 설명으로 옳은 것만을 [보기]에서 있는 대로 고른 것은?

[보기]

ㄱ. 멀리 있는 은하일수록 더 빠른 속도로 멀어진다.
ㄴ. 외부 은하의 후퇴 속도는 적색 편이량에 비례한다.
ㄷ. 우주의 팽창 속도는 우주 공간에서 거리가 먼 지점일수록 더 빠르다.

① ㄱ ② ㄷ ③ ㄱ, ㄴ
④ ㄴ, ㄷ ⑤ ㄱ, ㄴ, ㄷ

[568~569] 표는 허블 법칙을 만족하는 외부 은하 A, B, C까지의 거리와 후퇴 속도를 나타낸 것이다. 물음에 답하시오.

외부 은하	거리(Mpc)	후퇴 속도(km/s)
A	12	840
B	20	1400
C	( )	1050

568

위 표에 대한 설명으로 옳은 것만을 [보기]에서 있는 대로 고른 것은?

[보기]

ㄱ. 은하 A의 적색 편이량이 가장 크다.
ㄴ. 은하 B까지의 거리가 가장 멀다.
ㄷ. 은하 A에서 은하 C를 관측하면 청색 편이가 나타난다.

① ㄱ ② ㄴ ③ ㄱ, ㄷ
④ ㄴ, ㄷ ⑤ ㄱ, ㄴ, ㄷ

569 서술형

위 자료를 이용하여 허블 상수를 구하고, 그 과정을 설명하시오.

570

그림 (가)와 (나)는 서로 다른 외부 은하의 스펙트럼을 나타낸 것이다. 스펙트럼에서 노란색 화살표는 칼슘에 의해 나타나는 흡수선의 적색 편이량이다.

(가)

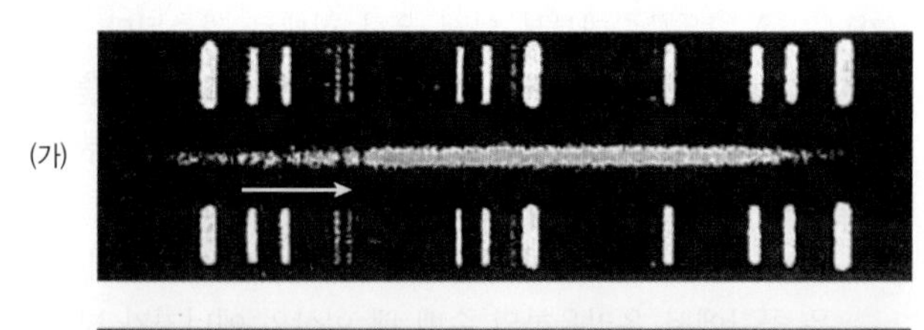

(나)

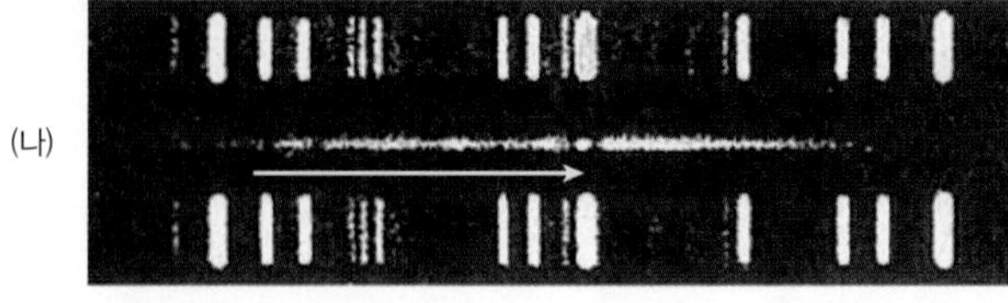

이에 대한 설명으로 옳은 것만을 [보기]에서 있는 대로 고른 것은?

[보기]

ㄱ. 적색 편이량은 (가)가 (나)보다 작다.
ㄴ. (가)는 (나)보다 빠르게 멀어지고 있다.
ㄷ. 우리은하로부터의 거리는 (가)가 (나)보다 멀다.

① ㄱ ② ㄷ ③ ㄱ, ㄴ
④ ㄴ, ㄷ ⑤ ㄱ, ㄴ, ㄷ

571

필수 유형 127쪽 빈출 자료 ②

오른쪽 그림은 서로 다른 두 시기 A, B에 측정된 외부 은하의 거리와 후퇴 속도의 관계를 나타낸 것이다. A보다 B에서 크게 측정되는 값만을 [보기]에서 있는 대로 고른 것은?

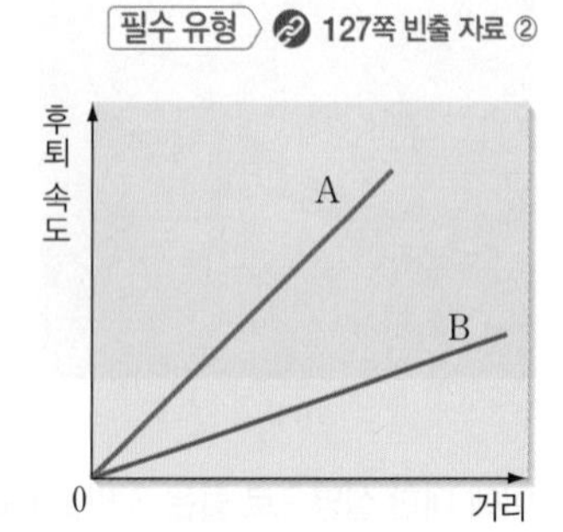

[보기]

ㄱ. 허블 상수
ㄴ. 우주의 나이
ㄷ. 우주의 팽창 속도

① ㄱ ② ㄴ ③ ㄱ, ㄷ
④ ㄴ, ㄷ ⑤ ㄱ, ㄴ, ㄷ

572

허블 상수를 결정하기 위한 관측 과정만을 [보기]에서 있는 대로 고른 것은?

[보기]

ㄱ. 은하까지의 거리를 구한다.
ㄴ. 은하를 형태에 따라 분류한다.
ㄷ. 우주에 존재하는 수소와 헬륨의 비율을 구한다.
ㄹ. 은하의 스펙트럼을 분석하여 적색 편이를 구한다.

① ㄱ, ㄴ ② ㄱ, ㄹ ③ ㄴ, ㄷ
④ ㄴ, ㄹ ⑤ ㄷ, ㄹ

573 수능기출 변형

다음은 우리은하와 외부 은하 A, B에 대한 설명이다. 세 은하는 일직선상에 위치하며, 허블 법칙을 만족한다.

- 우리은하에서 A까지의 거리는 40 Mpc이다.
- B에서 관측할 때, 우리은하는 1400 km/s의 속도로 멀어지며, A는 우리은하보다 더 빨리 멀어지고 있다.
- A에서 B를 관측하면 기준 파장이 500 nm인 흡수선이 (㉠) nm로 관측된다.

이에 대한 설명으로 옳은 것만을 [보기]에서 있는 대로 고른 것은? (단, 허블 상수는 70 km/s/Mpc이고, 빛의 속도는 300000 km/s이다.)

[보기]

ㄱ. 우리은하에서 관측한 A의 후퇴 속도는 2800 km/s이다.
ㄴ. A와 B 사이의 거리는 60 Mpc이다.
ㄷ. ㉠은 507이다.

① ㄱ ② ㄴ ③ ㄱ, ㄷ
④ ㄴ, ㄷ ⑤ ㄱ, ㄴ, ㄷ

574

다음은 허블의 외부 은하 관측에 대한 설명이다. ( ) 안에 들어갈 알맞은 말을 쓰시오.

허블의 관측 결과 2배 멀리 있는 은하는 2배 빠르게, 3배 멀리 있는 은하는 3배 빠르게 멀어지고 있었다. 이러한 관측 결과를 논리적으로 설명할 수 있는 것은 우주의 ( )이다. 즉, 외부 은하들은 실제로 멀어지는 운동을 하는 것이 아니다.

575

다음 (가)~(다)는 우주의 나이를 구하는 과정에 대한 설명이다.

(가) 관측된 파장을 λ, 고유 파장을 λ_0라고 하면, 적색 편이량(z) $=\frac{\lambda-\lambda_0}{\lambda_0}=\frac{\Delta\lambda}{\lambda_0}$이다.

(나) 빛의 속도를 c라고 할 때 후퇴 속도(v)$=c\times\frac{\Delta\lambda}{\lambda_0}$이다.

(다) 우주가 일정한 속도로 팽창해 왔다고 가정하면, 우주의 나이는 허블 상수의 역수에 해당한다. 따라서 우주의 나이는 ( )이다.

위 과정에서 ( ) 안에 들어갈 값으로 옳은 것은?

① $\frac{r}{cz}$ ② $\frac{c}{rz}$ ③ $\frac{rc}{z}$
④ $\frac{z}{rc}$ ⑤ $\frac{zr}{c}$

576

필수 유형 127쪽 빈출 자료 ③

그림은 우주의 팽창을 풍선 표면의 팽창에 비유하여 나타낸 것이다.

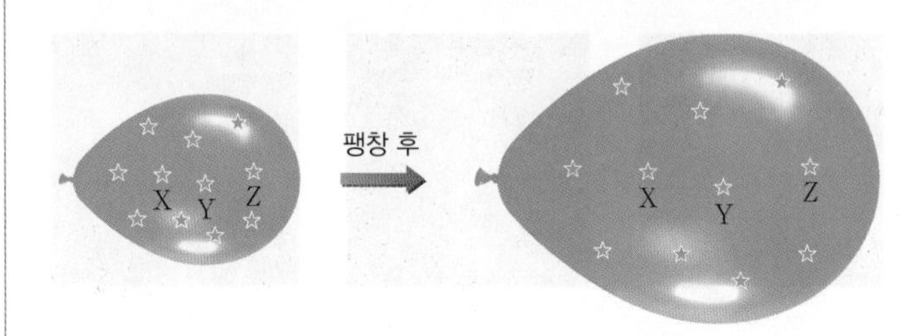

이에 대한 설명으로 옳은 것만을 [보기]에서 있는 대로 고른 것은?

[보기]

ㄱ. 풍선 표면의 점들은 모두 서로 멀어지고 있다.
ㄴ. 풍선 표면에서 팽창의 중심점은 Y이다.
ㄷ. 풍선이 일정하게 부풀어 오르면, 시간에 따른 X와 Z 사이의 거리 변화량은 일정하다.

① ㄱ ② ㄷ ③ ㄱ, ㄴ
④ ㄴ, ㄷ ⑤ ㄱ, ㄴ, ㄷ

1등급 완성 문제

» 바른답·알찬풀이 78쪽

577 (정답률 35%) 수능모의평가기출 변형

그림은 은하를 형태에 따라 분류하였을 때, 각 은하에 속한 별들의 색지수($B-V$) 분포를 나타낸 것이다.

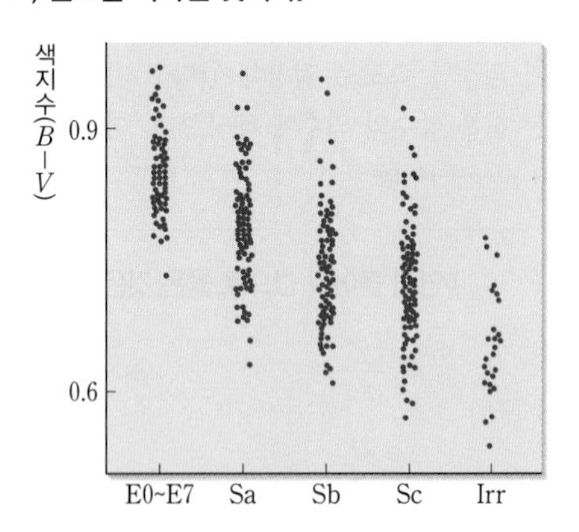

이에 대한 설명으로 옳은 것만을 [보기]에서 있는 대로 고른 것은?

[보기]
ㄱ. Sa형 은하는 Sc형 은하보다 파랗게 보인다.
ㄴ. 별의 평균 표면 온도는 타원 은하가 나선 은하보다 낮다.
ㄷ. 은하에 포함된 별의 개수가 동일하다면 타원 은하의 절대 등급이 불규칙 은하보다 대체로 작다.

① ㄱ ② ㄴ ③ ㄱ, ㄷ
④ ㄴ, ㄷ ⑤ ㄱ, ㄴ, ㄷ

578 (정답률 30%) 수능기출 변형

그림 (가)~(다)는 다양한 은하의 모습을 나타낸 것이다.

(가)

(나)

(다)

이에 대한 설명으로 옳은 것만을 [보기]에서 있는 대로 고른 것은?

[보기]
ㄱ. 성간 물질의 비율이 가장 높은 은하는 (가)이다.
ㄴ. (나)와 (다)에는 은하 원반이 존재한다.
ㄷ. 절대 등급이 같다면, 별의 개수는 (가)가 (나)보다 많을 것이다.

① ㄱ ② ㄷ ③ ㄱ, ㄴ
④ ㄴ, ㄷ ⑤ ㄱ, ㄴ, ㄷ

579 (정답률 40%)

그림은 3C 405 은하를 전파 영역에서 관측한 모습을 나타낸 것이다.

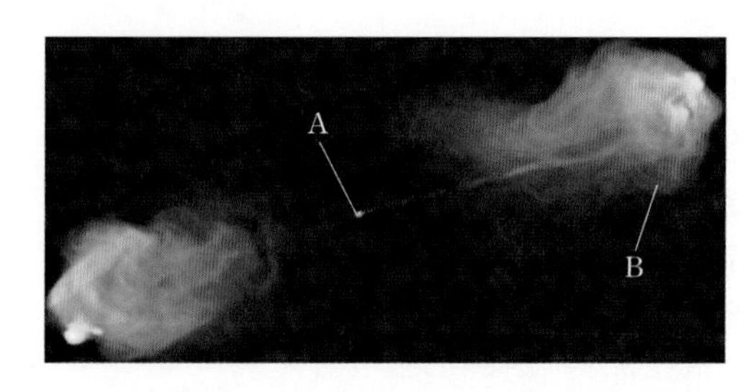

이에 대한 설명으로 옳은 것만을 [보기]에서 있는 대로 고른 것은?

[보기]
ㄱ. A의 중심부에 블랙홀이 존재할 것이다.
ㄴ. B는 A와 제트로 연결되어 있는 로브이다.
ㄷ. 우주 초기의 은하로 매우 큰 적색 편이가 나타난다.

① ㄱ ② ㄷ ③ ㄱ, ㄴ
④ ㄴ, ㄷ ⑤ ㄱ, ㄴ, ㄷ

580 (정답률 40%)

그림 (가)는 어느 특이 은하의 가시광선 영상을, (나)는 이 은하에서 관측된 스펙트럼을 나타낸 것이다.

(가)

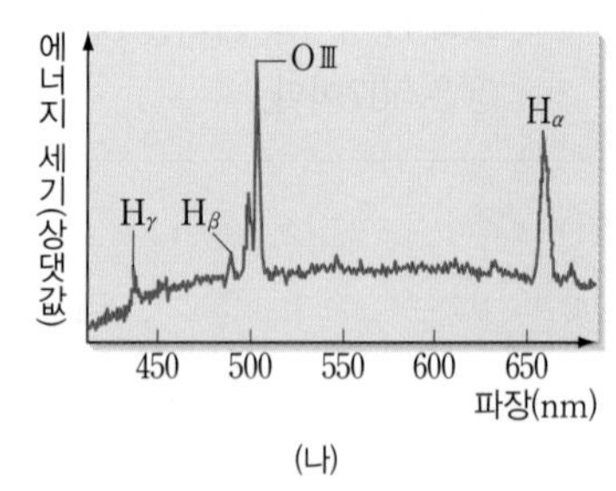

(나)

이 은하에 대한 설명으로 옳은 것만을 [보기]에서 있는 대로 고른 것은?

[보기]
ㄱ. 퀘이사이다.
ㄴ. 전파 영역에서 관측하면 제트와 로브 구조가 나타난다.
ㄷ. (나)에서 방출선들은 보통의 은하에서 관측되는 방출선보다 폭이 넓다.

① ㄱ ② ㄴ ③ ㄷ
④ ㄱ, ㄷ ⑤ ㄴ, ㄷ

581 정답률 40% 수능모의평가기출 변형

그림은 은하 A와 B의 관측 스펙트럼에서 방출선 (가)와 (나)가 각각 적색 편이된 것을 비교 스펙트럼과 함께 나타낸 것이다. 은하 A와 B는 동일한 시선 방향에 위치하고, 허블 법칙을 만족한다.

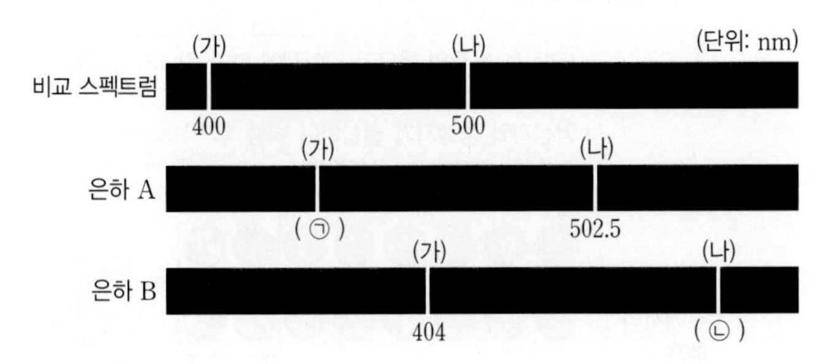

이에 대한 설명으로 옳은 것만을 [보기]에서 있는 대로 고른 것은?

[보기]
ㄱ. (㉡−㉠)은 103이다.
ㄴ. A의 후퇴 속도는 광속의 0.5 %에 해당한다.
ㄷ. A에서 B를 관측하면, 방출선 (가)의 파장은 402 nm로 관측된다.

① ㄱ ② ㄴ ③ ㄱ, ㄷ
④ ㄴ, ㄷ ⑤ ㄱ, ㄴ, ㄷ

582 정답률 25% 수능기출 변형

그림은 허블 법칙을 만족하는 외부 은하 A와 B의 후퇴 속도를 나타낸 것이다.

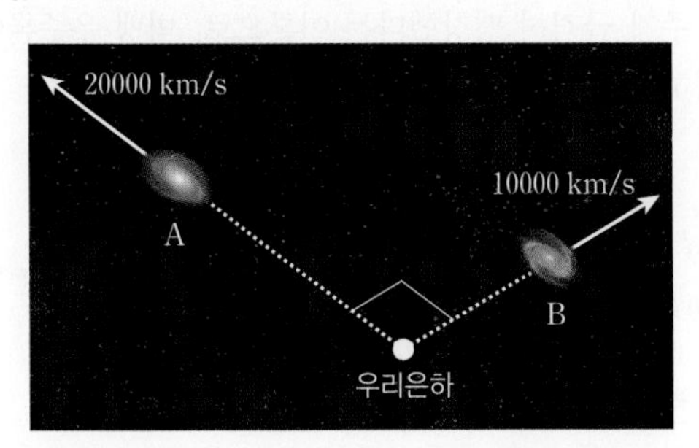

이에 대한 설명으로 옳은 것만을 [보기]에서 있는 대로 고른 것은?

[보기]
ㄱ. 우리은하로부터의 거리는 A가 B의 2배이다.
ㄴ. A에서 B를 관측하면 후퇴 속도가 30000 km/s이다.
ㄷ. B에서 A와 우리은하를 관측하면 적색 편이량은 A가 우리은하의 $\sqrt{5}$배이다.

① ㄱ ② ㄴ ③ ㄱ, ㄷ
④ ㄴ, ㄷ ⑤ ㄱ, ㄴ, ㄷ

서술형 문제

583 정답률 40%

그림은 1920년대 이후 관측을 통해 구한 허블 상수의 측정값 변화를 나타낸 것이다.

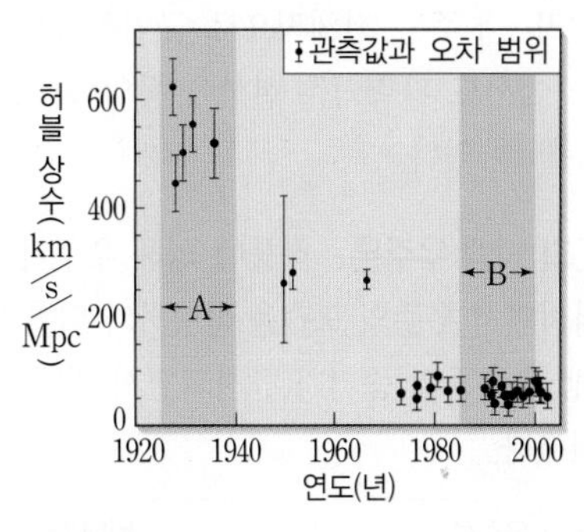

A 시기와 B 시기에 측정한 우주의 크기와 나이를 허블 상수의 크기와 관련지어 각각 비교하여 설명하시오.

584 정답률 25%

그림 (가)와 (나)는 서로 다른 두 은하를 나타낸 것이다.

(가)

(나)

(가)와 (나)를 구성하는 별과 관련지어 두 은하의 색지수를 비교하여 설명하시오.

585 정답률 30%

표는 외부 은하 A, B에서 나타나는 H_α 흡수선의 파장을 나타낸 것이다. 정지 상태에서 H_α 흡수선의 파장은 656 nm이고, A와 B는 같은 시선 방향에 위치한다.

외부 은하	H_α 흡수선의 파장(nm)
A	676
B	696

지구로부터 은하 A까지의 거리는 B의 몇 배인지 설명하시오.

14 빅뱅 우주론과 암흑 에너지

Ⅵ 외부 은하와 우주 팽창

꼭 알아야 할 핵심 개념
- ☑ 빅뱅 우주론
- ☑ 우주의 급팽창과 가속 팽창
- ☑ 우주의 구성과 미래

1 | 빅뱅 우주론

1 우주론의 원리 우주는 전체적으로 균일하다는 원리로, 우주의 어느 곳에서도 관측되는 현상이 동일하므로 같은 물리 법칙을 적용할 수 있다.

2 정상 우주론과 빅뱅 우주론 허블에 의해 우주가 팽창한다는 사실이 밝혀지면서 우주의 모습을 설명하기 위한 우주론이다. ➜ 이후 빅뱅 우주론의 증거가 발견되면서 빅뱅 우주론이 널리 받아들여졌다.

정상 우주론	빅뱅 우주론
• 우주는 영원하다. • 우주의 크기는 무한하다. • 새로운 물질이 계속 생성되어 우주의 온도와 밀도가 일정하게 유지된다.	• 우주는 어느 시점에 시작되었다. • 우주의 크기는 유한하다. • 우주가 팽창함에 따라 우주의 온도와 밀도가 계속 감소한다.

3 빅뱅 우주론의 증거

① 우주 배경 복사

빅뱅 우주론에서의 예측	우주의 나이가 약 38만 년일 때 원자핵과 전자가 결합하여 원자가 생성되면서 우주 전역으로 방출된 빛이 우주 배경 복사를 형성하였고, 현재는 우주 팽창에 따라 당시보다 길어진 파장으로 우주 전역에서 관측될 것이다. (우주의 온도 약 3000 K)
관측 결과	우주의 온도가 약 3000 K일 때 생성된 우주 배경 복사가 현재는 약 2.7 K에 해당하는 파장으로 우주 전역에서 관측되고 있다. – 온도가 낮아지면서 파장이 길어졌다.

빈출 자료 ① 우주 배경 복사의 분포와 세기

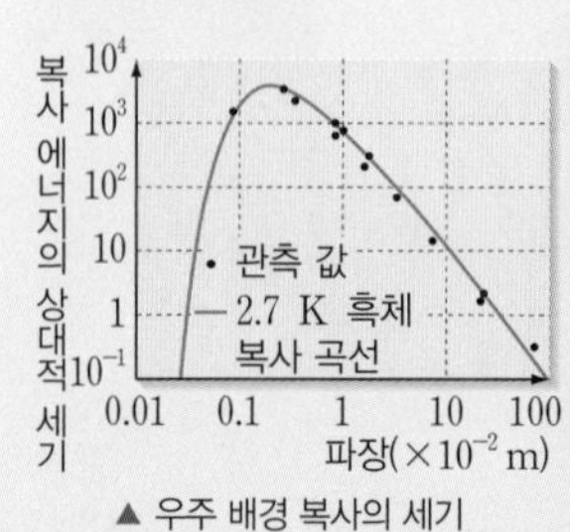

▲ 우주 배경 복사의 세기

▲ 우주 배경 복사의 관측

❶ 빅뱅 이후 우주의 나이가 약 38만 년일 때 원자핵과 전자가 결합하여 우주가 투명해지면서 우주 전체에 퍼진 복사이다.
❷ 우주 배경 복사는 생성 당시 약 3000 K이었으나 우주의 팽창으로 현재는 약 2.7 K 흑체 복사로 관측된다.
❸ 우주 배경 복사는 전체적으로 거의 균일하지만 방향에 따라 미세한 차이가 있다.

필수 유형 〉 우주 배경 복사 자료를 통해 우주 배경 복사의 특징과 현재 우주의 모습 등을 묻는 문제가 출제된다. 136쪽 602번

② 가벼운 원소의 비율

빅뱅 우주론에서의 예측	• 빅뱅 후 우주의 온도가 낮아짐에 따라 쿼크가 결합하여 양성자와 중성자가 생성되었다. • 양성자와 중성자가 결합하여 빅뱅 후 약 3분이 되었을 때 헬륨 원자핵이 생성되었다. (양성자와 중성자의 질량은 거의 같다.) (그림: 양성자, 중성자, 헬륨 원자핵) • 헬륨 원자핵이 생성될 때 양성자와 중성자의 개수비는 약 7 : 1이었다. 헬륨 원자핵은 양성자 2개, 중성자 2개가 결합하여 만들어지고, 헬륨 원자핵이 되지 않은 양성자는 수소 원자핵이 되었다. ⋯ 수소와 헬륨의 질량비를 약 3 : 1로 예측하였다.
관측 결과	스펙트럼을 이용하여 우주 전역의 빛을 분석한 결과 우주 공간의 수소와 헬륨의 질량비가 약 3 : 1임을 확인하였다.

4 급팽창 우주론

① 빅뱅 우주론의 한계

우주의 지평선 문제	상호 작용 할 수 없는 우주 지평선의 양쪽 정반대 방향에서 오는 우주 배경 복사가 균일한 까닭을 설명하기 어렵다.
우주의 평탄성 문제	관측에 의하면 우주는 거의 완벽하게 평탄하다. 이를 설명하기 위해서는 초기 우주의 밀도가 매우 특정한 값을 가져야만 하는데 이를 설명하기 어렵다.
자기 홀극 문제	대폭발 이론에 의해 우주에는 초기 우주에서 형성된 자기 홀극이 많이 존재해야 하지만 현재 자기 홀극이 발견되지 않는 까닭을 설명하기 어렵다.

② 급팽창(인플레이션) 우주론: 빅뱅 직후 극히 짧은 시간 동안 우주가 급격히 팽창했다는 이론으로, 빅뱅 우주론에서 설명하지 못했던 문제점을 설명할 수 있다.

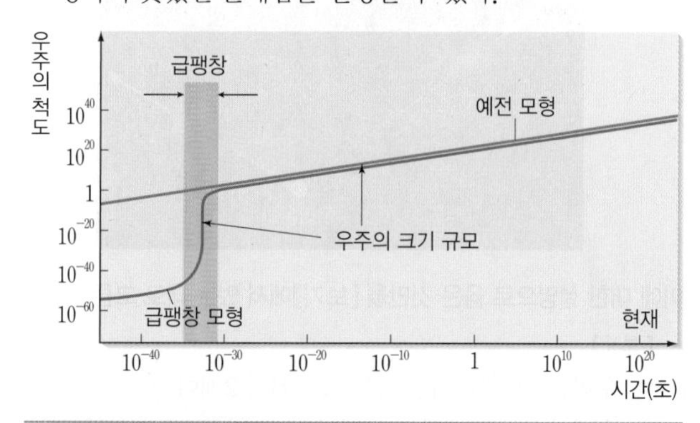

우주의 지평선 문제 해결	급팽창 이전에는 크기가 작아서 서로 상호 작용 하여 균질해질 수 있었다.
우주의 평탄성 문제 해결	초기 우주가 평탄하지 않더라도 급팽창으로 인해 현재 관측 가능한 우주는 평탄하다.
자기 홀극 문제 해결	우주가 급격히 팽창하여 자기 홀극의 밀도가 크게 감소하면서 현재 발견하기 어렵다.

2 | 우주의 가속 팽창과 우주의 미래

1 우주의 가속 팽창

① 암흑 물질과 암흑 에너지

암흑 물질	빛을 방출하거나 흡수하지 않아 직접적으로 관측되지 않지만 질량을 가지고 있어 다른 물질과 중력적으로 상호 작용하는 미지의 물질
암흑 에너지	중력과 반대 방향으로 작용하여 우주를 가속 팽창시키는 미지의 에너지

② Ia형 초신성과 가속 팽창: Ia형 초신성을 관측하여 우주의 팽창 속도를 측정한 결과 우주가 가속 팽창 한다는 사실이 밝혀졌다. 우주는 급팽창 이후 감속 팽창하다가 특정 시기 이후 현재까지 가속 팽창하고 있다고 추정된다.

빈출 자료 ② Ia형 초신성 관측과 가속 팽창

❶ Ia형 초신성은 최대 광도가 일정하고 밝기가 매우 밝은 초신성으로, 먼 거리에서도 관측이 가능하다.
⋯→ 절대 등급을 알고 있으므로 겉보기 등급을 측정하면 거리 지수를 통해 거리를 측정할 수 있다.

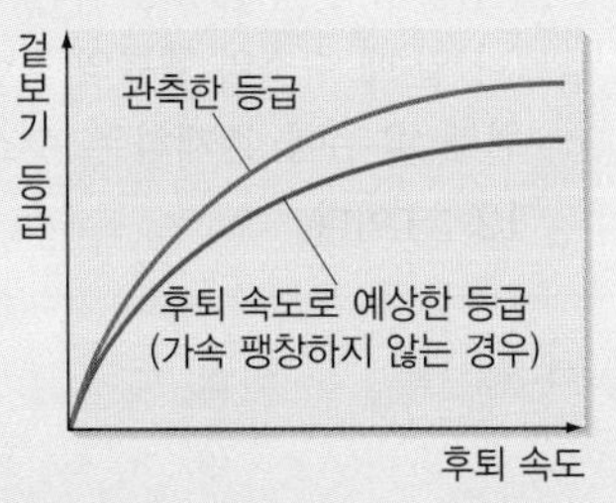

❷ Ia형 초신성이 속한 은하까지의 거리를 측정하고, 은하의 적색 편이량을 측정하면 은하의 후퇴 속도를 측정할 수 있다.
❸ Ia형 초신성까지의 거리가 후퇴 속도로 예상한 거리보다 더 멀리 떨어져 있다. ⋯→ 우주가 가속 팽창 하고 있으며, 암흑 물질과 암흑 에너지를 고려한 가속 팽창 우주 모형과 일치한다.

필수 유형 〉 Ia형 초신성의 특징을 통해 우주의 가속 팽창을 관측하는 원리를 묻는 문제가 출제된다. 138쪽 609번

2 우주의 구성과 미래

① 우주의 구성: 현재 우주는 암흑 에너지가 가장 많은 양을 차지하고, 관측 가능한 보통 물질은 그 양이 매우 적다.

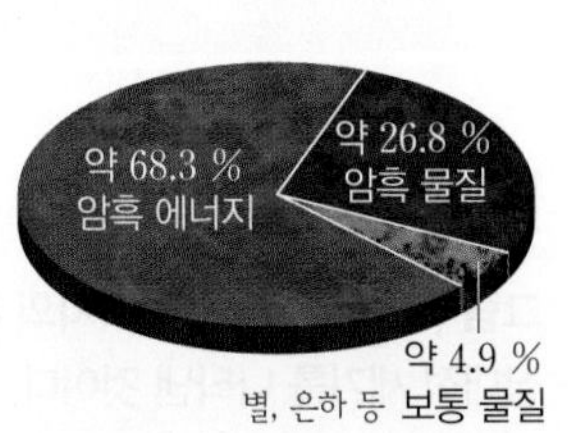

② 우주의 미래: 우주가 팽창하면서 상대적으로 암흑 물질과 보통 물질의 영향은 감소하고 암흑 에너지의 영향이 증가하므로 앞으로 우주는 계속 가속 팽창 할 것으로 추정된다.

③ 여러 가지 우주의 미래 모델

가속 팽창 우주	암흑 에너지를 고려한 경우로, 우주의 팽창 속도는 계속 증가할 것이다.
열린 우주	암흑 에너지를 고려하지 않은 경우로, 우주의 밀도<임계 밀도이다. ⋯→ 계속 팽창한다.
평탄 우주	암흑 에너지를 고려하지 않은 경우로, 우주의 밀도=임계 밀도이다. ⋯→ 팽창 속도가 계속 느려져 0으로 수렴한다.
닫힌 우주	암흑 에너지를 고려하지 않은 경우로, 우주의 밀도>임계 밀도이다. ⋯→ 팽창 속도가 점점 감소하다가 다시 수축한다.

은하 사이의 거리 / 가속 팽창 우주 / 열린 우주 / 평탄 우주 / 닫힌 우주 / 현재 / 시간

임계 밀도: 우주의 팽창 속도가 점점 감소하여 0으로 수렴하게 되는 우주의 밀도

개념 확인 문제

≫ 바른답·알찬풀이 80쪽

[586~588] 빅뱅 우주론에 대한 설명으로 옳은 것은 ○표, 옳지 않은 것은 ×표 하시오.

586 우주의 크기와 나이는 무한하다. (   )

587 우주가 팽창함에 따라 우주의 온도와 밀도가 계속 감소한다. (   )

588 우주 배경 복사와 가벼운 원소의 비율은 빅뱅 우주론의 증거이다. (   )

[589~591] 빅뱅 우주론의 문제점을 옳게 연결하시오.

589 평탄성 문제 • • ㉠ 초기 우주에서 형성된 독립적인 N극과 S극이 발견되지 않는다.

590 지평선 문제 • • ㉡ 관측에 의하면 우주는 거의 완벽하게 평탄하다.

591 자기 홀극 문제 • • ㉢ 정반대 방향에서 오는 우주 배경 복사가 균일하다.

[592~594] 급팽창 우주와 가속 팽창 우주에 대한 설명으로 옳은 것은 ○표, 옳지 않은 것은 ×표 하시오.

592 우주 배경 복사가 형성된 이후 우주의 급팽창이 일어났다. (   )

593 우주가 가속 팽창을 하는 원인은 암흑 물질 때문으로 추정된다. (   )

594 Ia형 초신성을 관측하여 우주가 가속 팽창 하고 있다는 사실을 확인하였다. (   )

[595~597] 우주의 구성과 미래에 대한 설명이다. (   ) 안에 들어갈 알맞은 말을 쓰시오.

595 (   )은/는 빛을 방출하지 않지만, 중력을 통해 존재를 확인할 수 있다.

596 우주의 구성 성분 중 가장 많은 비율을 차지하는 것은 (   )이다.

597 우주의 팽창 속도가 점점 감소하여 0으로 수렴하게 되는 우주의 밀도를 (   )(이)라고 한다.

기출 분석 문제

» 바른답·알찬풀이 80쪽

1 빅뱅 우주론

[598~599] 그림은 우주의 팽창을 설명하는 대표적인 두 우주론 모형을 나타낸 것이다. 물음에 답하시오.

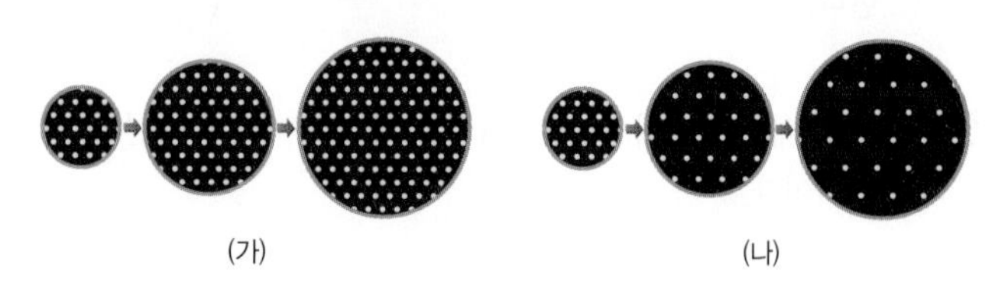

(가) (나)

598

(가)와 (나)에 해당하는 우주론의 이름을 각각 쓰시오.

599

(가)와 (나)에 대한 설명으로 옳은 것은?

① (가)에서 우주의 온도와 밀도는 계속 감소한다.
② (가)에서 우주는 과거의 어느 시점에서 탄생하였다.
③ (나)에서는 허블 법칙이 성립하지 않는다.
④ (나)는 우주 배경 복사의 존재를 설명할 수 있다.
⑤ (가)와 (나)에서 모두 우주의 크기는 무한하다.

600

빅뱅 우주론의 증거로 옳은 것만을 [보기]에서 있는 대로 고른 것은?

[보기]
ㄱ. 멀리 있는 은하일수록 더 빨리 멀어진다.
ㄴ. 적색 편이로 예상한 Ia형 초신성의 밝기가 예상보다 더 어둡다.
ㄷ. 우주의 모든 방향에서 약 2.7 K에 해당하는 복사 에너지가 검출된다.

① ㄱ ② ㄷ ③ ㄱ, ㄴ
④ ㄴ, ㄷ ⑤ ㄱ, ㄴ, ㄷ

601

그림은 빅뱅 직후에 헬륨 원자핵의 형성 과정을 모형으로 나타낸 것이다.

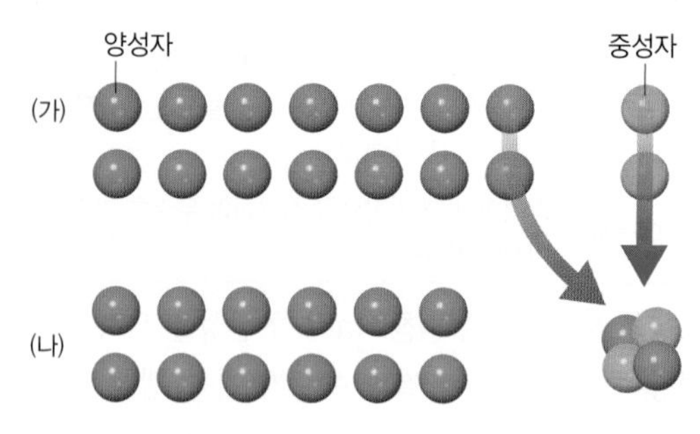

이에 대한 설명으로 옳은 것만을 [보기]에서 있는 대로 고른 것은?

[보기]
ㄱ. (가)는 우주의 급팽창 이전 시기에 해당한다.
ㄴ. (나)일 때 수소와 헬륨의 질량비는 약 3 : 1이 되었다.
ㄷ. 현재 우주에 존재하는 수소와 헬륨의 개수 비율은 약 12 : 1이다.

① ㄱ ② ㄷ ③ ㄱ, ㄴ
④ ㄴ, ㄷ ⑤ ㄱ, ㄴ, ㄷ

602 수능모의평가기출 변형

필수 유형 134쪽 빈출 자료 ①

그림 (가)는 우주 배경 복사의 분포를, (나)는 우주 배경 복사 에너지의 상대적 세기를 나타낸 것이다.

(가)

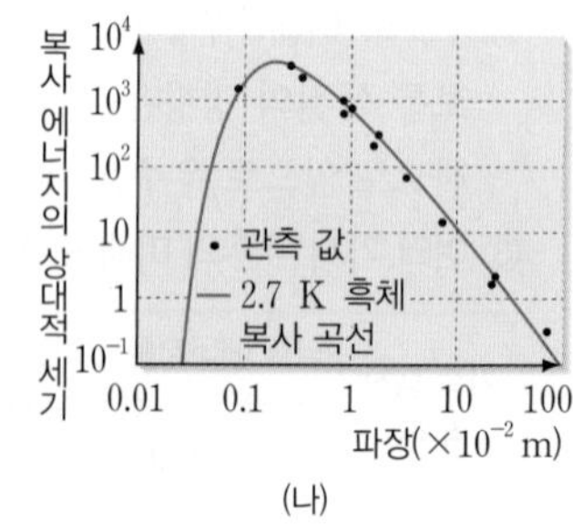

(나)

이에 대한 설명으로 옳은 것은?

① 우리은하의 중심 방향에서 관측된다.
② (가)와 (나)로부터 우주의 가속 팽창을 알 수 있다.
③ 우주 배경 복사는 방향에 따라 미세한 차이가 있다.
④ 우주 배경 복사는 약 3000 K 흑체 복사와 일치한다.
⑤ 우주 배경 복사는 최초의 별이 형성된 이후에 방출되었다.

[603~605] 표는 빅뱅 우주론의 문제점을 나타낸 것이다. 물음에 답하시오.

구분	문제점
(가)	우주의 정반대 방향에서 오는 우주 배경 복사가 균일하다.
(나)	초기 우주에서 형성된 자기 홀극이 많이 존재해야 하지만 현재까지 발견되지 않았다.
(다)	관측 결과 우주의 곡률은 거의 완벽하게 평탄하다.

603

(가)~(다)에 해당하는 빅뱅 우주론의 문제점을 옳게 짝 지은 것은?

	(가)	(나)	(다)
①	지평선 문제	평탄성 문제	자기 홀극 문제
②	지평선 문제	자기 홀극 문제	평탄성 문제
③	평탄성 문제	지평선 문제	자기 홀극 문제
④	자기 홀극 문제	지평선 문제	평탄성 문제
⑤	자기 홀극 문제	평탄성 문제	지평선 문제

604

빅뱅 우주론의 문제점을 해결하기 위해 제시된 이론은 무엇인지 쓰시오.

605 서술형

빅뱅 우주론의 문제점을 해결하기 위해 제시된 이론에서 (가)의 문제점을 어떻게 해결하는지 설명하시오.

2 | 우주의 가속 팽창과 우주의 미래

606

그림은 우주론의 발전 과정을 나타낸 것이다.

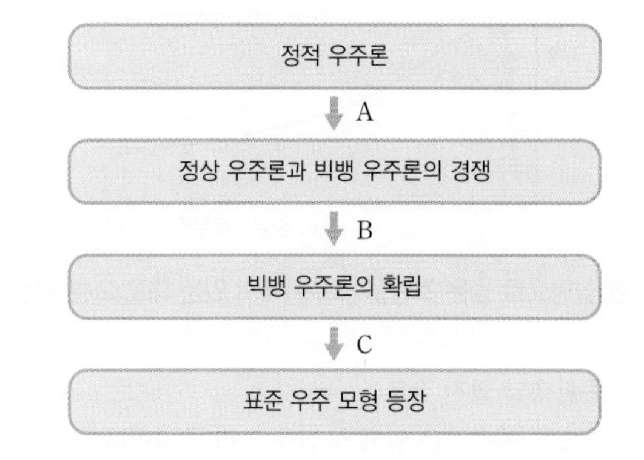

A, B, C 시기에 발견 또는 확인된 사실을 옳게 짝 지은 것은?

	A	B	C
①	허블 법칙	우주 배경 복사	우주의 가속 팽창
②	허블 법칙	우주의 가속 팽창	우주 배경 복사
③	우주의 가속 팽창	허블 법칙	우주 배경 복사
④	우주 배경 복사	허블 법칙	우주의 가속 팽창
⑤	우주 배경 복사	우주의 가속 팽창	허블 법칙

607

우주의 가속 팽창에 대한 설명으로 옳은 것만을 [보기]에서 있는 대로 고른 것은?

[보기]

ㄱ. 먼 미래에는 우주의 팽창 속도가 일정해질 것이다.
ㄴ. 암흑 에너지는 가속 팽창을 일으키는 원인으로 추정된다.
ㄷ. 멀리 있는 은하일수록 후퇴 속도가 크다는 것은 가속 팽창의 근거가 된다.

① ㄱ ② ㄴ ③ ㄱ, ㄷ
④ ㄴ, ㄷ ⑤ ㄱ, ㄴ, ㄷ

608

그림은 우리은하에서 은하 중심으로부터의 거리에 따른 회전 속도 예측값과 실제 관측값을 ㉠과 ㉡으로 순서 없이 나타낸 것이다.

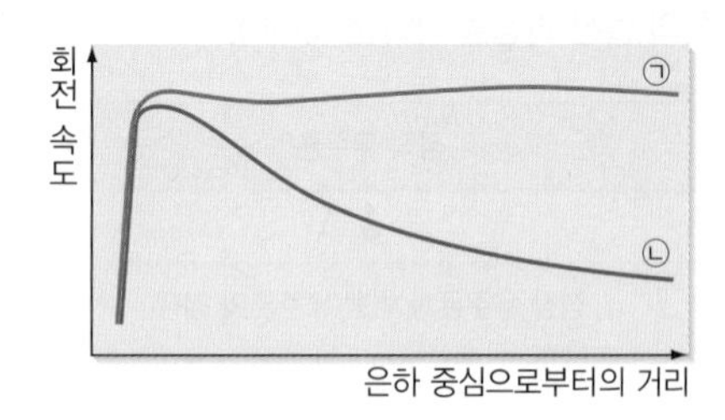

이에 대한 설명으로 옳은 것만을 [보기]에서 있는 대로 고른 것은?

[보기]
ㄱ. 실제 관측된 회전 속도는 ㉠이다.
ㄴ. 회전 속도 예측값은 암흑 물질을 고려한 것이다.
ㄷ. 은하 중심에서 멀어질수록 물질의 양이 많아지면 회전 속도 곡선은 ㉠보다 ㉡에 가까울 것이다.

① ㄱ ② ㄴ ③ ㄱ, ㄷ
④ ㄴ, ㄷ ⑤ ㄱ, ㄴ, ㄷ

609

필수 유형 135쪽 빈출 자료 ②

그림은 Ia형 초신성의 등급(최대로 밝아졌을 때의 겉보기 등급)을 후퇴 속도로 예상한 등급과 비교하여 나타낸 것이다.

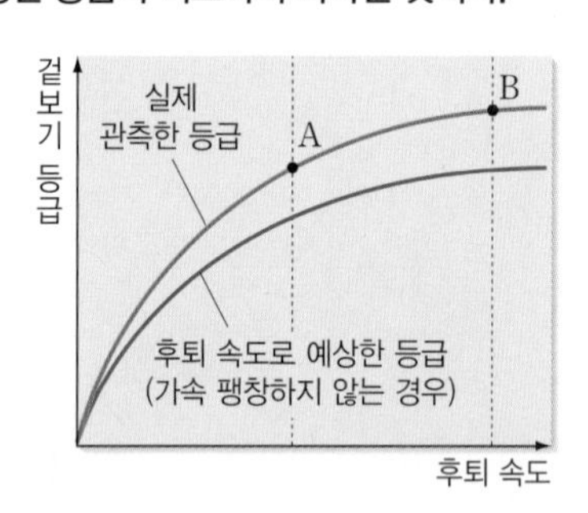

Ia형 초신성 A, B에 대한 설명으로 옳은 것만을 [보기]에서 있는 대로 고른 것은?

[보기]
ㄱ. A와 B는 최대로 밝아졌을 때 절대 등급이 같다.
ㄴ. 우리은하로부터의 거리는 A가 B보다 멀다.
ㄷ. A와 B는 모두 후퇴 속도로 예상한 거리보다 멀리 위치한다.

① ㄱ ② ㄴ ③ ㄱ, ㄷ
④ ㄴ, ㄷ ⑤ ㄱ, ㄴ, ㄷ

610

다음은 대폭발(빅뱅) 우주론과 관련된 관측 결과를 순서 없이 나타낸 것이다.

(가) 거리가 먼 은하일수록 (㉠)이/가 크게 측정되었다.
(나) Ia형 초신성의 겉보기 등급과 적색 편이량의 관계로부터 우주의 가속 팽창을 확인하였다.
(다) 전파 안테나를 이용하여 최초로 하늘의 모든 방향에서 ㉡ 2.7 K 흑체 복사를 관측하였다.

이에 대한 설명으로 옳은 것만을 [보기]에서 있는 대로 고른 것은?

[보기]
ㄱ. 관측된 순서는 (가) → (다) → (나)이다.
ㄴ. '적색 편이량'은 ㉠에 들어갈 물리량으로 적절하다.
ㄷ. ㉡은 우주 배경 복사이다.

① ㄱ ② ㄴ ③ ㄱ, ㄷ
④ ㄴ, ㄷ ⑤ ㄱ, ㄴ, ㄷ

[611~612] 오른쪽 그림은 우주의 구성 비율을 나타낸 것이다. 물음에 답하시오.

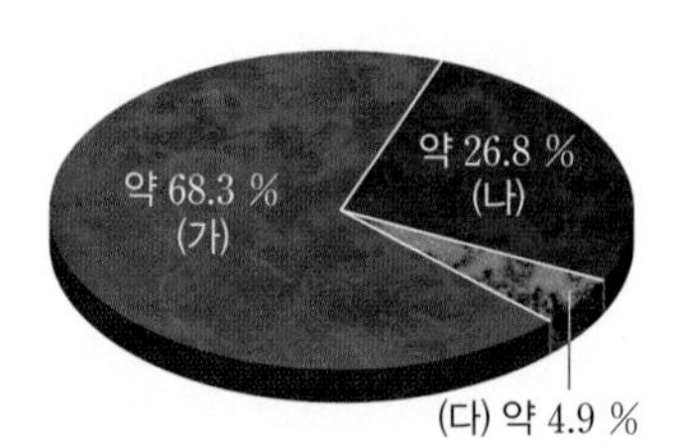

611

(가), (나), (다)는 각각 무엇인지 쓰시오.

612

위 그림에 대한 설명으로 옳은 것만을 [보기]에서 있는 대로 고른 것은?

[보기]
ㄱ. (가)는 중력과 반대로 밀어내는 작용을 한다.
ㄴ. (나)는 전자기파와 상호 작용 하는 물질이다.
ㄷ. 우주에 존재하는 별과 은하는 (다)에 해당한다.

① ㄱ ② ㄴ ③ ㄱ, ㄷ
④ ㄴ, ㄷ ⑤ ㄱ, ㄴ, ㄷ

613 수능기출 변형

그림은 어느 팽창 우주 모형에서 시간에 따른 우주의 크기 변화를 나타낸 것이다.

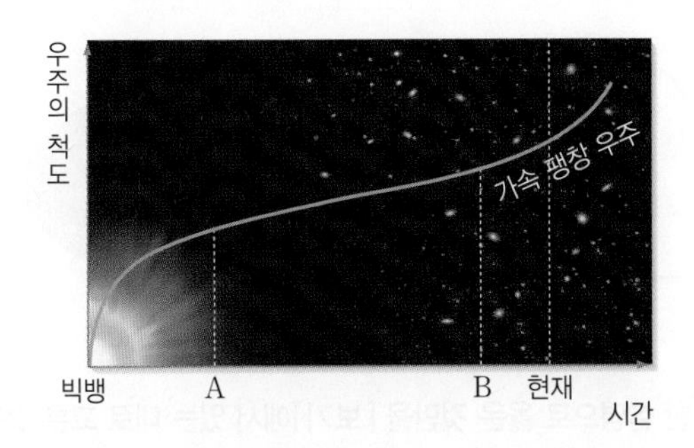

이에 대한 설명으로 옳은 것만을 [보기]에서 있는 대로 고른 것은?

[보기]
ㄱ. A 시기에 우주는 가속 팽창했다.
ㄴ. 암흑 에너지 효과는 A 시기보다 B 시기에 크다.
ㄷ. 우주 배경 복사의 파장은 B 시기가 현재보다 짧다.

① ㄱ ② ㄴ ③ ㄱ, ㄷ
④ ㄴ, ㄷ ⑤ ㄱ, ㄴ, ㄷ

614

그림은 물질과 암흑 에너지의 함량이 서로 다른 우주 모형 **A, B, C**에서 시간에 따른 우주의 상대적 크기를, 표는 우주 모형 **A, B, C**에서 임계 밀도(ρ_c)에 대한 현재 우주의 물질 밀도(ρ_m)와 암흑 에너지 밀도(ρ_Λ)를 나타낸 것이다.

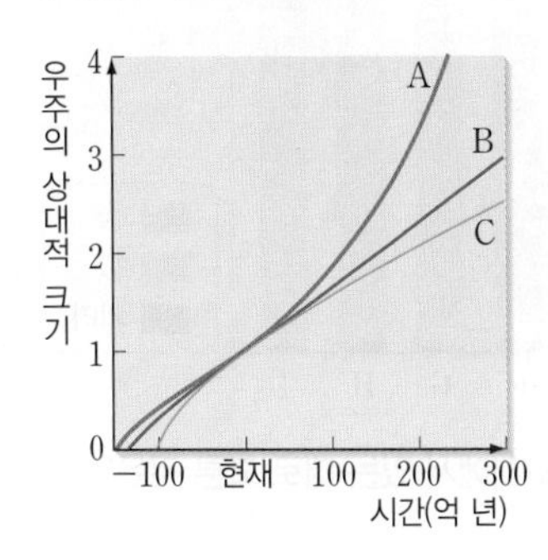

모형	$\frac{\rho_m}{\rho_c}$	$\frac{\rho_\Lambda}{\rho_c}$
A	0.3	0.7
B	0.3	0.0
C	1.0	0.0

이에 대한 설명으로 옳은 것만을 [보기]에서 있는 대로 고른 것은?

[보기]
ㄱ. A는 가속 팽창 하는 우주이다.
ㄴ. B는 평탄 우주이다.
ㄷ. 우주의 나이는 C에서 가장 적다.

① ㄱ ② ㄴ ③ ㄱ, ㄷ
④ ㄴ, ㄷ ⑤ ㄱ, ㄴ, ㄷ

615 수능기출 변형

그림은 여러 가지 우주의 미래 모형을 곡률의 모습에 따라 구분하여 나타낸 것이다.

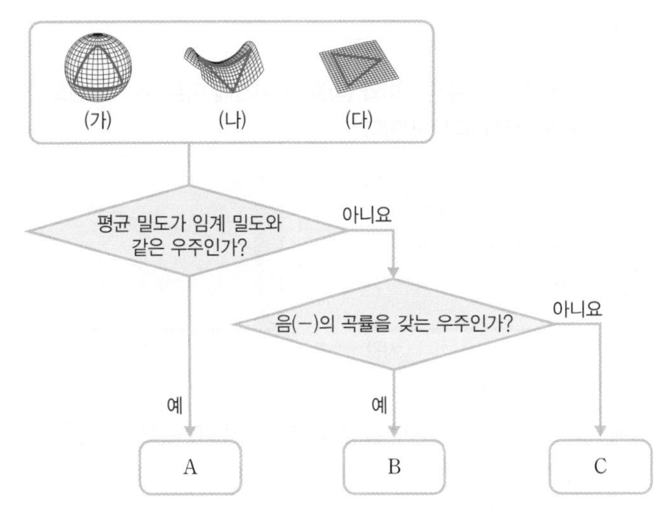

A, B, C에 해당하는 우주 모형을 (가)~(다)에서 각각 골라 쓰시오.

616 신유형

그림은 빅뱅 이후 시간에 따른 우주의 구성 비율 변화를 나타낸 것이다.

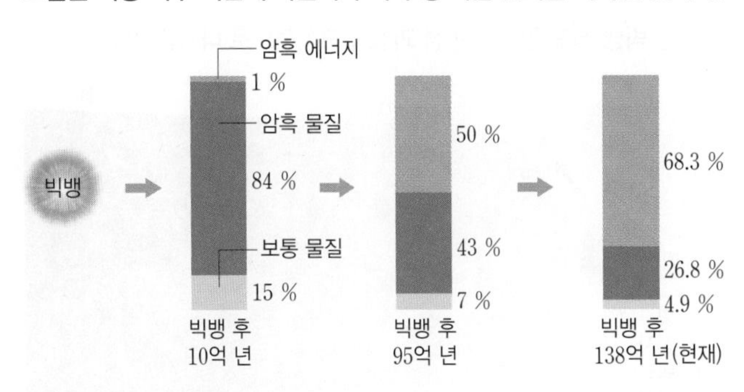

이에 대한 설명으로 옳은 것만을 [보기]에서 있는 대로 고른 것은?

[보기]
ㄱ. 우주는 일정한 비율로 팽창한다.
ㄴ. 우주의 물질 밀도가 감소할수록 암흑 에너지의 비율은 증가한다.
ㄷ. 현재 우주에서 전자기파와 상호 작용 하는 물질의 비율은 전체 물질의 30 % 이상이다.

① ㄱ ② ㄴ ③ ㄷ
④ ㄱ, ㄴ ⑤ ㄴ, ㄷ

1등급 완성 문제

» 바른답·알찬풀이 83쪽

617 (정답률 40%) 수능모의평가기출 변형

그림은 서로 다른 우주론 (가)와 (나)에서 시간에 따른 우주의 온도와 크기 변화를 각각 나타낸 것이다.

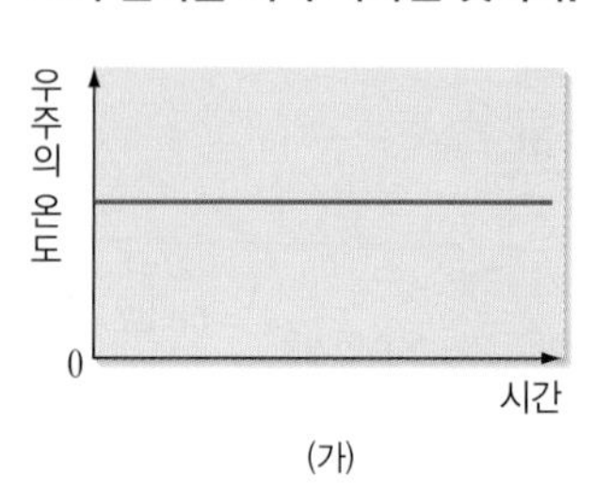

(가)

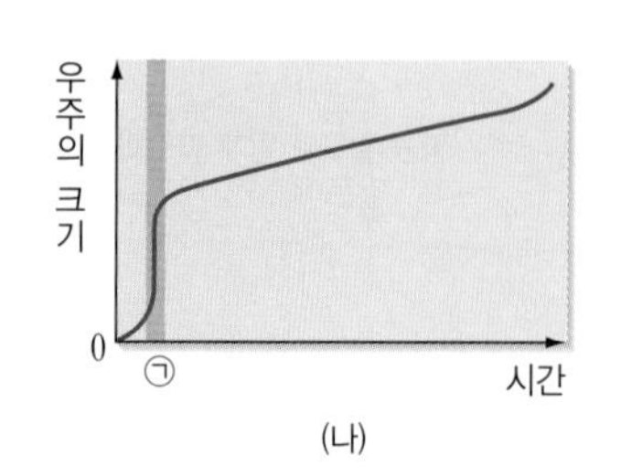

(나)

이에 대한 설명으로 옳은 것만을 [보기]에서 있는 대로 고른 것은?

[보기]

ㄱ. (가)는 빅뱅 우주론이다.
ㄴ. (나)의 ㉠으로 우주 전역에서 우주 배경 복사가 거의 균일한 까닭을 설명할 수 있다.
ㄷ. (가)와 (나)에서 모두 시간에 따라 우주의 밀도는 감소한다.

① ㄱ ② ㄴ ③ ㄱ, ㄷ
④ ㄴ, ㄷ ⑤ ㄱ, ㄴ, ㄷ

618 (정답률 30%)

그림은 빅뱅 직후 입자의 형성 과정을 모식적으로 나타낸 것이다.

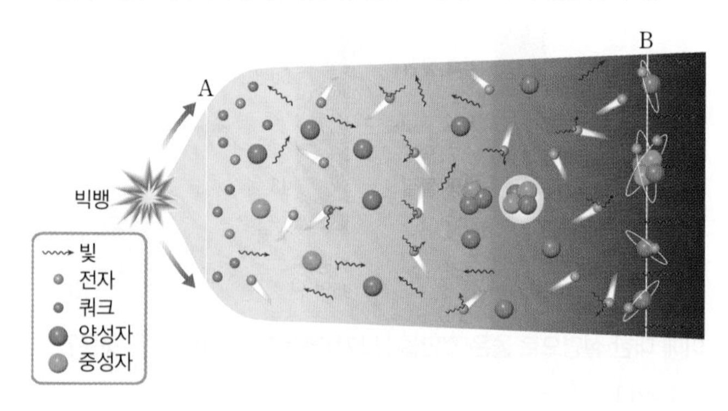

이에 대한 설명으로 옳은 것만을 [보기]에서 있는 대로 고른 것은?

[보기]

ㄱ. A 시기 이전에 급팽창이 일어났다.
ㄴ. 우주 배경 복사는 A와 B 시기 사이에 형성되었다.
ㄷ. B 시기에 수소와 헬륨의 개수비는 약 12 : 1이었다.

① ㄱ ② ㄴ ③ ㄷ
④ ㄱ, ㄷ ⑤ ㄴ, ㄷ

619 (정답률 30%) 수능기출 변형

그림 (가)는 우주 배경 복사의 파장에 따른 복사 강도를, (나)는 우주 배경 복사의 방향에 따른 온도 편차를 나타낸 것이다.

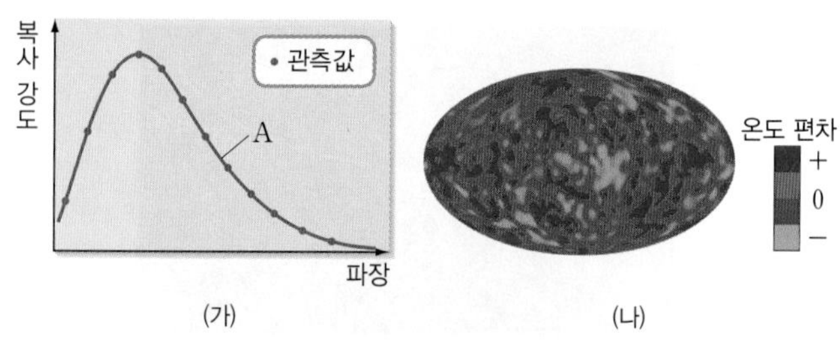

(가) (나)

이에 대한 설명으로 옳은 것만을 [보기]에서 있는 대로 고른 것은?

[보기]

ㄱ. (가)의 A는 약 2.7 K의 흑체 복사 곡선에 해당한다.
ㄴ. (가)의 A 곡선에서 최대 에너지 세기를 갖는 파장은 관측 방향에 상관없이 일정하다.
ㄷ. 우주가 팽창함에 따라 (나)의 온도 편차는 점점 커질 것이다.

① ㄱ ② ㄷ ③ ㄱ, ㄴ
④ ㄴ, ㄷ ⑤ ㄱ, ㄴ, ㄷ

620 (정답률 40%) 수능모의평가기출 변형

그림은 여러 외부 은하를 관측해서 구한 은하 A~I의 성간 기체에 존재하는 원소의 질량비를 나타낸 것이다.

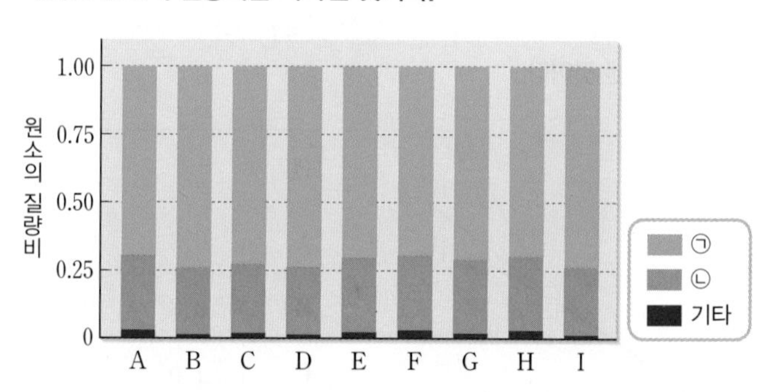

이에 대한 설명으로 옳은 것만을 [보기]에서 있는 대로 고른 것은?

[보기]

ㄱ. ㉠은 수소이다.
ㄴ. ㉡은 대체로 주계열성의 중심부에서 핵융합을 통해 생성된 원소이다.
ㄷ. 여러 은하에서 ㉠과 ㉡의 비율이 거의 일정하다는 것은 빅뱅 우주론의 증거가 된다.

① ㄱ ② ㄴ ③ ㄱ, ㄷ
④ ㄴ, ㄷ ⑤ ㄱ, ㄴ, ㄷ

621 (정답률 25%)

그림은 빅뱅 이후 우주의 팽창 속도 변화를 나타낸 것이다.

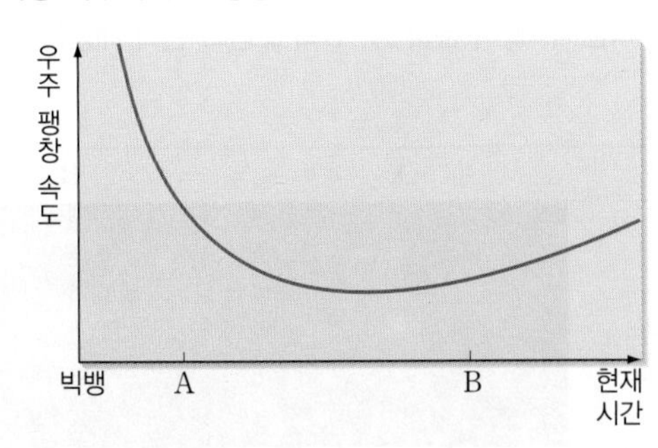

이에 대한 설명으로 옳은 것만을 [보기]에서 있는 대로 고른 것은?

[보기]
ㄱ. 우주의 평균 밀도는 계속 감소하였다.
ㄴ. 우주의 크기는 A 시기가 B 시기보다 컸다.
ㄷ. 우주에서 암흑 에너지가 차지하는 비율은 A 시기와 B 시기에 같다.

① ㄱ ② ㄴ ③ ㄱ, ㄷ
④ ㄴ, ㄷ ⑤ ㄱ, ㄴ, ㄷ

622 (정답률 40%) 수능모의평가기출 변형

그림 (가)는 표준 우주 모형에서 시간에 따른 우주의 크기 변화를, (나)는 현재 우주를 구성하는 요소 A, B, C의 비율을 나타낸 것이다.

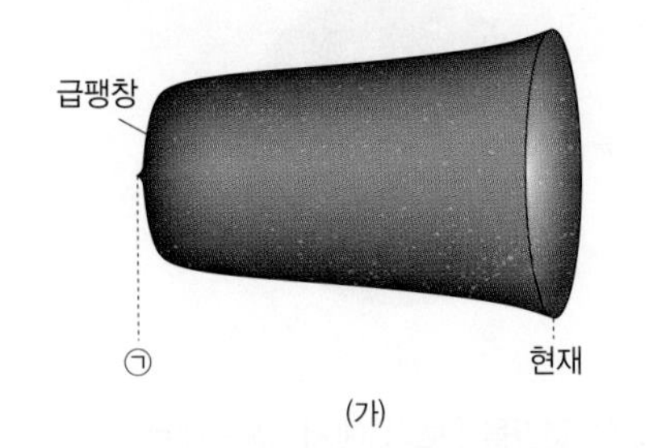

(가)

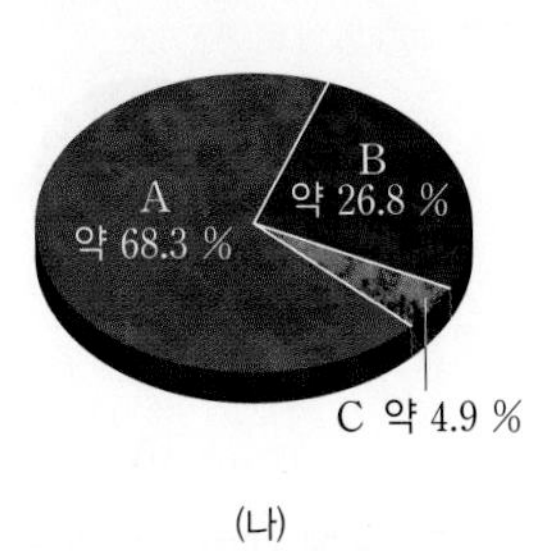

(나)

이에 대한 설명으로 옳은 것만을 [보기]에서 있는 대로 고른 것은?

[보기]
ㄱ. 우주 배경 복사는 ㉠ 시기에 방출된 빛이다.
ㄴ. 현재 우주를 가속 팽창시키는 역할을 하는 것은 A이다.
ㄷ. 우리은하를 구성하는 별들은 주로 B로 이루어져 있다.

① ㄱ ② ㄴ ③ ㄱ, ㄷ
④ ㄴ, ㄷ ⑤ ㄱ, ㄴ, ㄷ

서술형 문제

623 (정답률 25%)

그림은 우주의 나이가 100억 년일 때 은하 A를 출발한 빛이 현재 지구에 도달하는 모습을 나타낸 모식도이다.

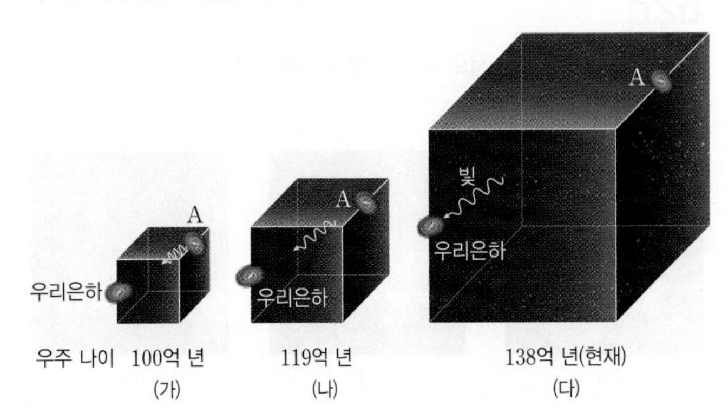

이 기간 중 우주가 가속 팽창 하였다면, A에서 출발한 빛의 적색 편이량은 (가)~(나) 시기와 (나)~(다) 시기 중 어느 기간에 더 크게 나타나는지 설명하시오.

624 (정답률 30%)

다음은 어떤 우주론에서 주장하는 우주의 모습을 설명한 것이다.

> 우주는 항상 일정한 모습을 유지한다. 따라서 우주의 크기는 무한하고, 시작도 끝도 없다.

이 주장이 옳지 않다는 것을 뒷받침하는 근거 2가지를 설명하시오.

625 (정답률 30%)

다음은 빅뱅 우주론으로 설명할 수 없는 문제점에 대한 내용이다.

> 현재의 관측에 의하면 우주는 거의 완벽하게 평탄하다. 이를 설명하기 위해서는 초기 우주의 밀도가 매우 특정한 값이어야 하는데, 그 까닭을 설명하기 어렵다.

위와 같은 문제점을 해결한 이론이 무엇인지 쓰고, 그 이론으로 어떻게 문제점을 해결하였는지 설명하시오.

실전 대비 평가 문제

» 바른답·알찬풀이 85쪽

626

그림 (가), (나), (다)는 서로 다른 형태의 외부 은하의 모습을 나타낸 것이다.

(가)

(나)

(다)

이에 대한 설명으로 옳은 것만을 [보기]에서 있는 대로 고른 것은?

[보기]
ㄱ. 은하의 색지수는 (가)가 (나)보다 작다.
ㄴ. 별들의 평균 나이는 (나)가 (다)보다 많다.
ㄷ. 중앙 팽대부와 원반 구조를 갖고 있는 은하는 (다)이다.

① ㄱ ② ㄴ ③ ㄱ, ㄷ
④ ㄴ, ㄷ ⑤ ㄱ, ㄴ, ㄷ

627

그림 (가), (나), (다)는 센타우루스 A 은하를 X선, 가시광선, 전파 영역에서 관측한 모습을 각각 나타낸 것이다.

(가) X선 영상

(나) 가시광선 영상

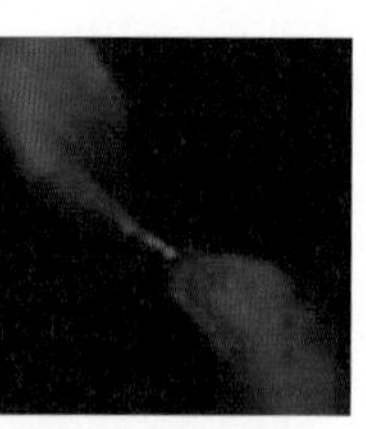
(다) 전파 영상

이 은하에 대한 설명으로 옳은 것만을 [보기]에서 있는 대로 고른 것은?

[보기]
ㄱ. 전파 은하이다.
ㄴ. 고에너지 현상은 (가)보다 (나)에서 잘 나타난다.
ㄷ. 제트와 로브의 구조는 (나)보다 (다)에서 잘 나타난다.

① ㄱ ② ㄴ ③ ㄱ, ㄷ
④ ㄴ, ㄷ ⑤ ㄱ, ㄴ, ㄷ

628

표는 서로 다른 두 특이 은하 A, B의 모습과 관측 내용을 나타낸 것이다.

구분	A	B
사진		
흡수선의 파장	440 nm	400 nm
특징	별처럼 보임.	넓은 방출선

이에 대한 설명으로 옳은 것만을 [보기]에서 있는 대로 고른 것은? (단, 흡수선의 원래 파장은 390 nm이다.)

[보기]
ㄱ. A는 우리은하보다 에너지 방출량이 많다.
ㄴ. B는 우주 초기에 형성된 천체이다.
ㄷ. 지구로부터의 거리는 A가 B의 1.1배이다.

① ㄱ ② ㄴ ③ ㄱ, ㄷ
④ ㄴ, ㄷ ⑤ ㄱ, ㄴ, ㄷ

629

그림은 팽창하는 우주의 모습을 설명하는 어느 우주론의 모습을 나타낸 모식도이다.

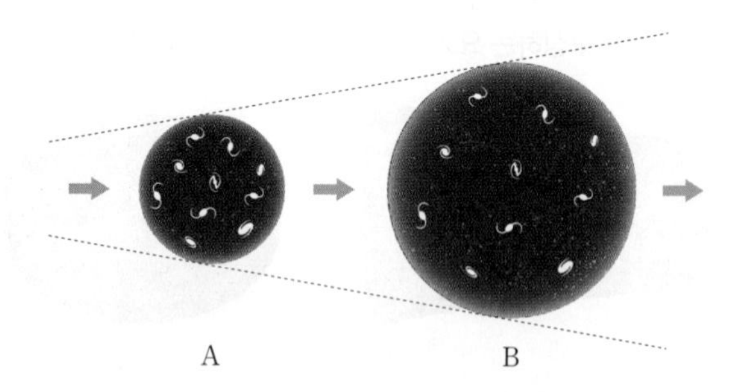

이 우주론에 대한 설명으로 옳은 것만을 [보기]에서 있는 대로 고른 것은?

[보기]
ㄱ. 은하 사이의 평균 거리는 일정하게 유지된다.
ㄴ. 우주의 평균 밀도는 A 시기가 B 시기보다 크다.
ㄷ. 우주 배경 복사는 이 우주론의 근거가 될 수 있다.

① ㄱ ② ㄴ ③ ㄱ, ㄷ
④ ㄴ, ㄷ ⑤ ㄱ, ㄴ, ㄷ

630

그림은 빅뱅 우주론에 근거하여 우주의 주요 사건들을 시간 순서대로 나타낸 것이다.

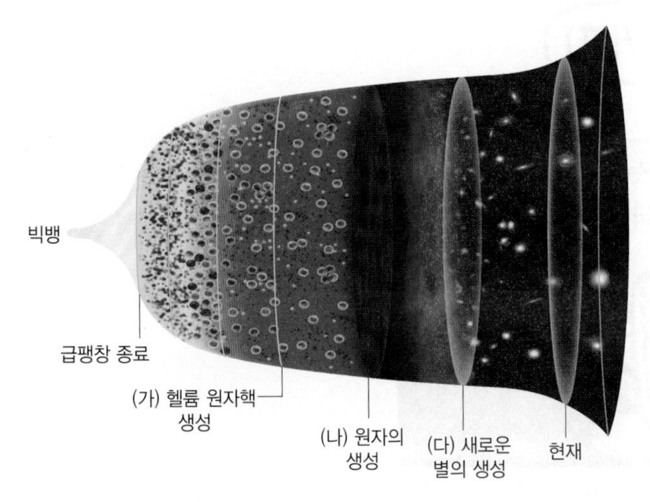

이에 대한 설명으로 옳은 것만을 [보기]에서 있는 대로 고른 것은?

[보기]

ㄱ. (가) 시기에 관측 가능한 우주는 거의 균일하였다.
ㄴ. 우주 배경 복사는 (나) 시기에 형성되었다.
ㄷ. (다) 시기의 별에는 헬륨보다 무거운 원소가 거의 존재하지 않았다.

① ㄱ ② ㄴ ③ ㄱ, ㄷ
④ ㄴ, ㄷ ⑤ ㄱ, ㄴ, ㄷ

631

그림은 초기 우주의 급팽창을 나타낸 것이다.

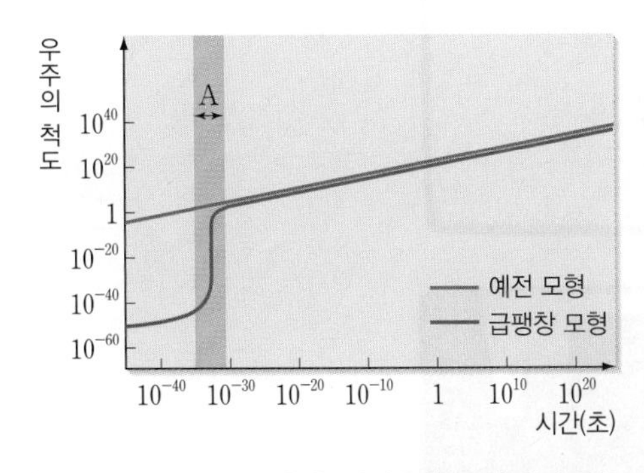

급팽창 이론에 대한 설명으로 옳은 것만을 [보기]에서 있는 대로 고른 것은?

[보기]

ㄱ. A 시기에 우주 배경 복사가 형성되었다.
ㄴ. A 시기 이후 우주의 곡률은 거의 평탄해졌다.
ㄷ. A 시기 이전에는 우주 전체가 정보를 교환하기 어려웠다.

① ㄱ ② ㄴ ③ ㄱ, ㄷ
④ ㄴ, ㄷ ⑤ ㄱ, ㄴ, ㄷ

단답형·서술형 문제

632

오른쪽 그림은 두 은하 A, B의 특징을 나타낸 것이다. A, B는 각각 타원 은하와 불규칙 은하 중 하나이다. A와 B는 어떤 은하인지 각각 쓰고, 구성 별의 평균 연령이 증가하는 방향은 ㉠과 ㉡ 중 어느 것인지 두 은하의 특징과 관련지어 설명하시오.

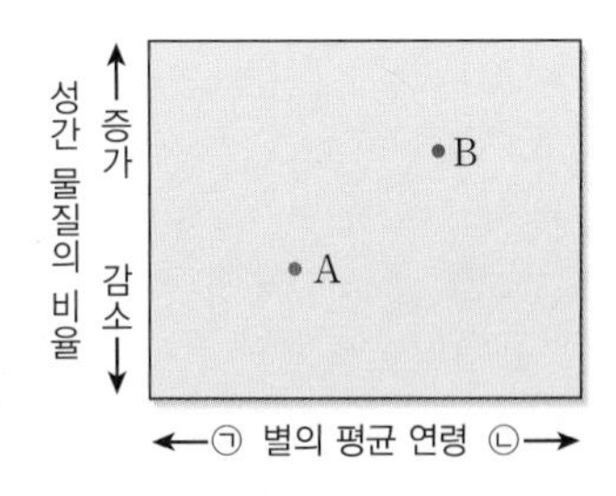

633

오른쪽 그림은 우주 배경 복사의 관측값과 2.7 K 흑체 복사 곡선을 나타낸 것이다. 시간이 지날수록 복사 에너지의 세기가 최대일 때의 파장 ㉠은 어떻게 변할 것으로 예상되는지 설명하시오.

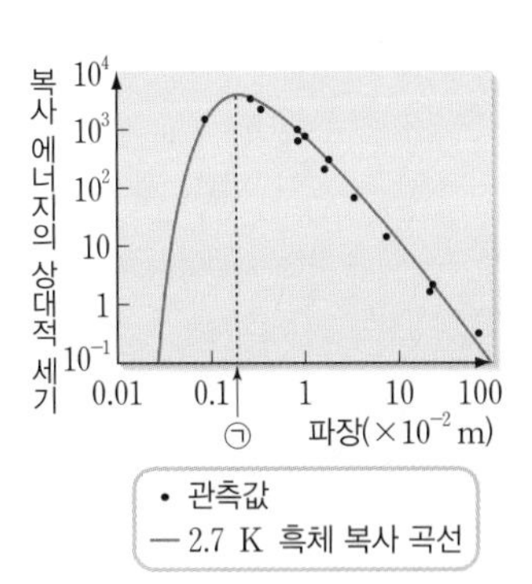

634

표는 우주 모형 A, B, C에서의 물질과 암흑 에너지 비율을 나타낸 것이고, 그림은 이 3가지 우주 모형의 예측값과 Ia형 초신성의 관측 결과를 나타낸 것이다. ( ) 안에 들어갈 알맞은 말을 쓰시오.

모형	A	B	C
물질의 비율	0.25	0.25	1.0
암흑 에너지의 비율	0.75	0.0	0.0

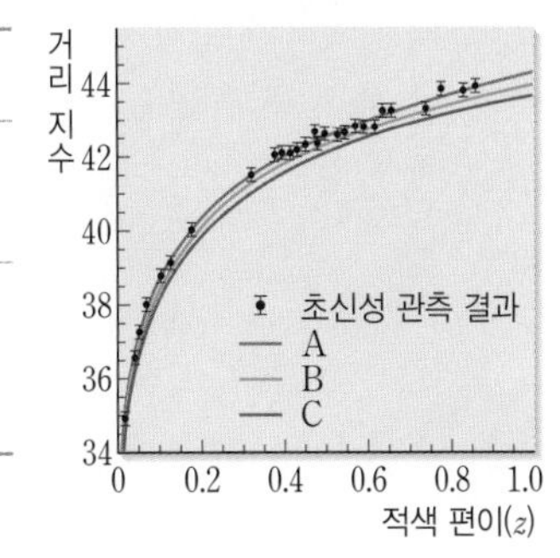

A, B, C 중에서 Ia형 초신성의 관측 결과와 가장 잘 일치하는 우주 모델은 (㉠)이고, 이로부터 현재 우주는 (㉡) 팽창 하는 우주라는 것을 알 수 있다.

달고나 커피

글 / 그림 우쿠쥐

기출 분석 문제집

1등급 만들기

지구과학 I

634제

빠른답 체크

Speed Check

◀ 이곳을 열면 정답을 바로 확인할 수 있습니다.

06 해수의 성질

266 클 **267** 수온 약층 **268** 크다
269 × **270** ○ **271** ○ **272** ○
273 이산화 탄소 **274** 밀도 약층
275 광합성 **276** ⑤ **277** 염화 나트륨, 30 psu
278 ① **279** ③ **280** ④ **281** ③
282 ② **283** ④ **284** ⑤ **285** ③
286 ③ **287** ② **288** 해설 참조
289 ⑤ **290** ⑤ **291** ① **292** ②
293 ② **294** ① **295** ② **296** ②
297 ① **298** 해설 참조 **299** ⑤
300 ① **301** ③ **302** ①
303 해설 참조 **304** ② **305** ③
306 ⑤ **307** ③ **308** ① **309** ③
310 해설 참조 **311** 해설 참조
312 해설 참조

실전 대비 Ⅲ단원 평가 문제

313 ③ **314** ② **315** ③ **316** ①
317 ⑤ **318** ④ **319** ③ **320** ③
321 ① **322** ④ **323** ② **324** ⑤
325 해설 참조 **326** 해설 참조
327 해설 참조 **328** A, B
329 (가) 염분, (나) 수온 **330** 해설 참조

07 해수의 순환

331 38° **332** 페렐 **333** 무역풍 **334** 편서풍
335 쿠로시오 **336** 조경 수역
337 × **338** ○ **339** × **340** ○
341 ○ **342** × **343** A: 태양 복사 에너지의 흡수량, B: 지구 복사 에너지의 방출량 **344** ③
345 ③ **346** ② **347** ④ **348** ③
349 ④ **350** ⑤ **351** ③ **352** ⑤
353 해설 참조 **354** ④ **355** ②
356 ③ **357** ② **358** ⑤ **359** ⑤
360 ⑤ **361** ① **362** ① **363** ④
364 ② **365** ③ **366** ③
367 해설 참조 **368** 해설 참조

08 대기와 해양의 상호 작용

369 ㉠ 용승, ㉡ 침강 **370** 적도 용승 **371** A
372 × **373** ○ **374** ○
375 엘니뇨 시기 **376** C **377** ⑤
378 ③ **379** ① **380** ⑤
381 (가) 평상시, (나) 엘니뇨 시기 **382** ⑤
383 ① **384** ④ **385** ② **386** ①
387 ① **388** ③ **389** ② **390** ③
391 해설 참조 **392** ② **393** ⑤
394 ⑤ **395** 해설 참조

09 기후 변화

396 커진다 **397** 커진다 **398** 커지면 **399** A, D
400 ○ **401** × **402** ○
403 ㉠ 감소, ㉡ 상승 **404** ④ **405** ③
406 ⑤ **407** ⑤ **408** ③
409 해설 참조 **410** ③ **411** ⑤
412 ③ **413** ③ **414** ③ **415** ③
416 ⑤ **417** 해설 참조 **418** ②
419 ② **420** ③ **421** 해설 참조
422 해설 참조

실전 대비 Ⅳ단원 평가 문제

423 ② **424** ③ **425** ④ **426** ⑤
427 ④ **428** ① **429** ⑤ **430** ③
431 ① **432** ③ **433** ⑤ **434** ⑤
435 해설 참조 **436** 해설 참조
437 해설 참조 **438** 해설 참조

10 별의 물리량과 H-R도

439 짧다 **440** 비례 **441** 광도 **442** 주계열성
443 ○ **444** × **445** × **446** ㉢
447 ㉣ **448** ㉠ **449** ㉡ **450** ④
451 ④ **452** ④ **453** ⑤ **454** ③
455 ④ **456** ③ **457** $100^{\frac{1}{5}(m_2-m_1)}$
458 ③ **459** ② **460** ④
461 해설 참조 **462** ④ **463** ②
464 ④ **465** ② **466** ③ **467** ④
468 ④ **469** ② **470** ⑤ **471** ⑤
472 ④ **473** ③ **474** 해설 참조
475 (1) 표면 온도: (가)>(나), 광도: (가)<(나) (2) 해설 참조 **476** 해설 참조

11 별의 진화와 별의 내부 구조

477 ㉠ 낮고, ㉡ 높은, ㉢ 수소 **478** 질량
479 커, 낮아 **480** 백색 왜성 **481** 초신성
482 복사층 **483** 중력=내부 압력 **484** (가)
485 ③ **486** ④ **487** ① **488** ⑤
489 ② **490** ④ **491** ② **492** ①
493 ② **494** ③ **495** ④ **496** ②
497 ③ **498** ④ **499** ④ **500** ④
501 ② **502** (1) 절대 등급, 색지수 (2) 해설 참조

12 외계 행성계와 생명체 탐사

503 시선 **504** 식 **505** 미세 중력 렌즈
506 ㉠ 감소, ㉡ 반지름 **507** (나) **508** ×
509 ○ **510** × **511** ② **512** ⑤
513 ⑤ **514** ② **515** ① **516** ④
517 ③ **518** 해설 참조
519 액체 상태의 물 **520** ② **521** ⑤
522 ② **523** ② **524** ② **525** ⑤
526 ③ **527** ③ **528** ④
529 해설 참조

실전 대비 Ⅴ단원 평가 문제

530 ② **531** ④ **532** ⑤ **533** ③
534 ④ **535** ② **536** ② **537** ①
538 ③ **539** ④ **540** ② **541** ④
542 해설 참조 **543** 해설 참조
544 해설 참조 **545** 해설 참조
546 해설 참조 **547** 해설 참조

13 외부 은하와 허블 법칙

548 (다) **549** (나) **550** (가) **551** (라)
552 ㉡ **553** ㉠ **554** ㉢ **555** 적색
556 비례 **557** 허블 **558** 은하의 형태
559 ② **560** ⑤ **561** ③ **562** ②
563 ㉠ 세이퍼트은하, ㉡ 블랙홀, ㉢ 퀘이사, ㉣ 적색편이 **564** ② **565** ② **566** ④
567 ③ **568** ② **569** 해설 참조
570 ① **571** ② **572** ② **573** ⑤
574 팽창 **575** ① **576** ① **577** ②
578 ② **579** ③ **580** ③ **581** ⑤
582 ③ **583** 해설 참조
584 해설 참조 **585** 해설 참조

14 빅뱅 우주론과 암흑 에너지

586 × **587** ○ **588** ○ **589** ㉡
590 ㉢ **591** ㉠ **592** × **593** ×
594 ○ **595** 암흑 물질
596 암흑 에너지 **597** 임계 밀도
598 (가) 정상 우주론, (나) 빅뱅 우주론 **599** ④
600 ② **601** ④ **602** ③ **603** ②
604 급팽창 우주론 **605** 해설 참조
606 ① **607** ② **608** ① **609** ③
610 ⑤ **611** (가) 암흑 에너지, (나) 암흑 물질, (다) 보통 물질 **612** ③ **613** ④
614 ③ **615** A: (다), B: (나), C: (가)
616 ② **617** ② **618** ④ **619** ①
620 ③ **621** ① **622** ②
623 해설 참조 **624** 해설 참조
625 해설 참조

실전 대비 Ⅵ단원 평가 문제

626 ⑤ **627** ③ **628** ① **629** ④
630 ⑤ **631** ② **632** 해설 참조
633 해설 참조 **634** ㉠ A, ㉡ 가속

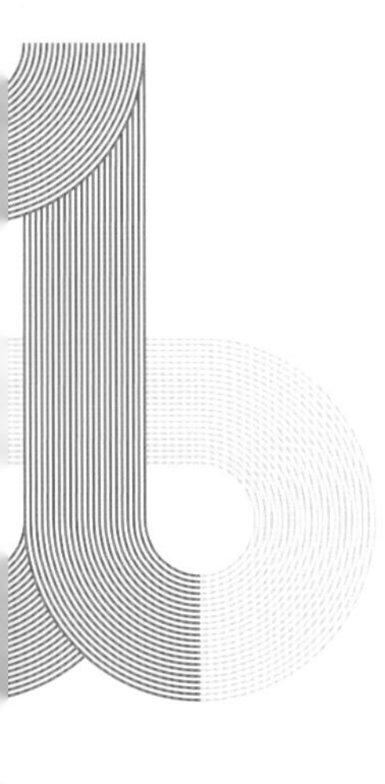

1등급 만들기 지구과학 I 634제

빠른답 체크
Speed Check

른답 체크 후 틀린 문제는
른답 • 알찬풀이에서
확인하세요.

01 판 구조론의 정립과 대륙 분포의 변화

001 ○ 002 × 003 × 004 해령
005 많아 006 대륙
007 A: 암석권(판), B: 연약권 008 판게아
009 ② 010 ② 011 ③ 012 ②
013 해설 참조 014 ②
015 A: 해구, B: 해령, C: 열곡, A, 7500 m
016 ③ 017 ③ 018 ②
019 해설 참조 020 ③ 021 ④
022 ⑤ 023 ② 024 ② 025 ②
026 (가) 로디니아, (나) 판게아, (가) → (나)
027 ③ 028 ② 029 ④ 030 ②
031 ② 032 ③ 033 해설 참조
034 해설 참조 035 해설 참조

02 판 이동의 원동력과 화성암

036 ○ 037 × 038 ×
039 ㉠ 느려, ㉡ 빨라 040 B 041 A
042 C 043 ㉠ 조립질, ㉡ 세립질 044 적다
045 많다 046 (1) A: 판을 밀어내는 힘, B: 판이 미끄러지는 힘, C: 판이 섭입하면서 잡아당기는 힘 (2) A, C 047 ① 048 ② 049 ②
050 ③ 051 ③ 052 해설 참조
053 ③ 054 ② 055 ⑤ 056 ②
057 ⑤ 058 해설 참조
059 A: ㉡, B: ㉢, C: ㉠ 060 ② 061 ④
062 해설 참조 063 ② 064 ③
065 ① 066 ④ 067 ③ 068 ②
069 ③ 070 ⑤ 071 섬록암 072 ②
073 ⑤ 074 ⑤ 075 ④ 076 ②
077 ③ 078 ③ 079 ①
080 해설 참조 081 해설 참조
082 해설 참조

실전 대비 I 단원 평가 문제

083 ② 084 ④ 085 ⑤ 086 ②
087 ③ 088 ③ 089 ③ 090 ②
091 ⑤ 092 ③ 093 ⑤ 094 ③
095 해설 참조 096 해설 참조
097 해설 참조 098 해설 참조
099 해설 참조 100 해설 참조

03 퇴적 구조와 지질 구조

101 속성 작용 102 사암 103 화학적
104 ○ 105 × 106 ○ 107 ×
108 절리 109 관입 110 습곡 111 단층
112 부정합 113 ① 114 ⑤
115 해설 참조 116 ③ 117 ④
118 ④ 119 ④ 120 ⑤ 121 ④
122 ③ 123 ⑤ 124 ② 125 ④
126 ③ 127 A: 배사, B: 향사 128 ①
129 ③ 130 A: 하반, B: 상반, C: 단층면
131 ② 132 ② 133 ④ 134 ⑤
135 경사 부정합 136 ① 137 ④
138 ① 139 ① 140 ④ 141 ②
142 ③ 143 ② 144 ② 145 ②
146 ② 147 ③ 148 해설 참조
149 해설 참조 150 해설 참조

04 지층의 생성과 나이, 지질 시대

151 먼저 152 진화 153 먼저
154 A → B → C → D 155 × 156 ○
157 × 158 ㉡ 159 ㉢ 160 ㉠
161 (가) 수평 퇴적의 법칙, (나) 동물군 천이의 법칙, (다) 지층 누중의 법칙 162 ⑤ 163 ④
164 관입의 법칙 165 ⑤ 166 ⑤
167 ③ 168 ③ 169 ⑤ 170 ③
171 해설 참조 172 ① 173 ②
174 ④ 175 ③ 176 ③ 177 ②
178 ④ 179 ④ 180 ② 181 ⑤
182 ② 183 해설 참조
184 (가) → (나) → (다) 185 ④ 186 ③
187 ② 188 ④ 189 ② 190 ①
191 ③ 192 ① 193 ③ 194 ②
195 해설 참조 196 해설 참조
197 해설 참조

실전 대비 II 단원 평가 문제

198 ⑤ 199 ④ 200 ③ 201 ④
202 ⑤ 203 ① 204 ③ 205 ①
206 ② 207 ③ 208 ② 209 ①
210 A: 북풍, B: 동풍 211 해설 참조
212 해설 참조 213 해설 참조
214 해설 참조 215 해설 참조

05 날씨의 변화

216 ○ 217 × 218 ×
219 ㉠ 후면, ㉡ 소나기
220 ㉠ 전면, ㉡ 지속적인 비 221 ×
222 ○ 223 × 224 ○ 225 뇌우
226 황사 227 ④ 228 해설 참조
229 ① 230 ① 231 ②
232 ㉠ 냉각, ㉡ 안정, ㉢ 층운형
233 (가) 한랭 전선, (나) 온난 전선 234 ②
235 ③ 236 ③
237 A: 시계 방향, E: 시계 반대 방향 238 ①
239 ④ 240 해설 참조 241 ③
242 ⑤ 243 ④ 244 ①
245 태풍의 눈 246 ① 247 ③
248 ② 249 ② 250 ⑤ 251 ①
252 ④ 253 ④ 254 (다) → (나) → (가)
255 ④ 256 ㄴ, ㄹ 257 ② 258 ②
259 ⑤ 260 ④ 261 ① 262 ②
263 해설 참조 264 해설 참조
265 해설 참조

기출 분석 문제집

1등급 만들기

❶ 핵심 개념 잡기
시험 출제 원리를 꿰뚫는 핵심 개념을 잡는다!

❷ 1등급 도전하기
선별한 고빈출 문제로 실전 감각을 키운다!

❸ 1등급 달성하기
응용 및 고난도 문제로 1등급 노하우를 터득한다!

1등급 만들기로, 실전에서 완벽한 1등급 달성!

- **국어** 문학, 독서
- **수학** 고등 수학(상), 고등 수학(하), 수학 Ⅰ, 수학 Ⅱ, 확률과 통계, 미적분, 기하
- **사회** 통합사회, 한국사, 한국지리, 세계지리, 생활과 윤리, 윤리와 사상, 사회·문화, 정치와 법, 경제, 세계사, 동아시아사
- **과학** 통합과학, 물리학 Ⅰ, 화학 Ⅰ, 생명과학 Ⅰ, 지구과학 Ⅰ, 물리학 Ⅱ, 화학 Ⅱ, 생명과학 Ⅱ, 지구과학 Ⅱ

고등 도서안내

개념서

비주얼 개념서

룩 LOOK

이미지 연상으로 필수 개념을 쉽게 익히는
비주얼 개념서

국어 문법
영어 분석독해

내신 필수 개념서

개념 학습과 유형 학습으로
내신 잡는 필수 개념서

사회 통합사회, 한국사, 한국지리, 사회·문화,
생활과 윤리, 윤리와 사상
과학 통합과학, 물리학Ⅰ, 화학Ⅰ,
생명과학Ⅰ, 지구과학Ⅰ

기본서

문학

손쉬운

작품 이해에서 문제 해결까지
손쉬운 비법을 담은 문학 입문서

현대 문학, 고전 문학

수학

수학중심

개념과 유형을 한 번에 잡는 강력한
개념 기본서

고등 수학(상), 고등 수학(하),
수학Ⅰ, 수학Ⅱ, 확률과 통계, 미적분, 기하

유형중심

체계적인 유형별 학습으로 실전에서 더욱 강력한
문제 기본서

고등 수학(상), 고등 수학(하),
수학Ⅰ, 수학Ⅱ, 확률과 통계, 미적분

1등급 만들기

지구과학 I 634제

바른답·알찬풀이

Mirae N 에듀

바른답·알찬풀이

STUDY POINT

문제 핵심 파악하기

자세한 해설 속에서 문제의 핵심을 정확히 찾을 수 있습니다.

관련 자료 분석하기

자료 분석하기, 개념 더하기로 문제 해결의 접근법을 알 수 있습니다.

서술형 완전 정복하기

STEP별 서술형 해결 전략으로 서술형을 완벽하게 정복할 수 있습니다.

1등급 만들기

지구과학 Ⅰ

634제

바른답·알찬풀이

Ⅰ 지권의 변동

01 판 구조론의 정립과 대륙 분포의 변화

개념 확인 문제 9쪽

001 ○ **002** × **003** × **004** 해령
005 많아 **006** 대륙 **007** A: 암석권(판), B: 연약권
008 판게아

001 답 ○

고생대 말의 빙하 분포를 근거로 대륙을 모아 보면 대륙이 남극 대륙을 중심으로 한 덩어리를 이루므로 고생대 말의 빙하 분포는 대륙 이동의 증거가 된다.

002 답 ×

맨틀 대류설은 대륙 이동의 원동력을 설명하고자 하였으나 당시의 탐사 기술로는 맨틀 대류를 확인할 수 없었으므로 널리 받아들여지지 않았다.

003 답 ×

판 구조론은 대륙 이동설 → 맨틀 대류설 → 해양저 확장설을 거쳐 정립되었다.

004 답 해령

해령에서 새로운 해양 지각이 생성되고, 해령을 축으로 해양 지각이 양쪽으로 멀어지므로 고지자기 줄무늬가 해령에 대해 대칭적으로 나타난다.

005 답 많아

해령에서는 새로운 해양 지각이 생성되므로 해령으로부터 멀어질수록 해양 지각의 나이가 많아진다.

006 답 대륙

해령에서 생성된 해양 지각은 해구에서 섭입되어 소멸되는데, 이때 섭입대를 따라 지진이 발생하므로 해양에서 대륙 쪽으로 갈수록 진원의 깊이가 깊어진다.

007 답 A: 암석권(판), B: 연약권

A는 암석권으로 지각과 상부 맨틀의 일부를 포함하며, 평균 두께가 약 100 km이다. 판은 이러한 암석권의 조각이다. B는 연약권으로 암석권 아래 깊이 약 100 km~400 km 구간이며, 맨틀 물질이 부분 용융 되어 맨틀 대류가 일어난다.

008 답 판게아

과거에도 현재와 마찬가지로 자북극은 하나만 존재하였지만 유럽과 북아메리카 대륙에서 측정한 자북극의 겉보기 이동 경로가 일치하지 않는 것은 고생대 말 초대륙 판게아가 분리되어 서로 다른 방향으로 이동하였기 때문이다.

기출 분석 문제 10~13쪽

009 ② **010** ② **011** ③ **012** ② **013** 해설 참조
014 ② **015** A: 해구, B: 해령, C: 열곡, A, 7500 m **016** ③
017 ③ **018** ② **019** 해설 참조 **020** ③ **021** ④
022 ⑤ **023** ② **024** ② **025** ②
026 (가) 로디니아, (나) 판게아, (가) → (나)

009 답 ②

ㄴ. 베게너는 고생대 말~중생대 초에 한 덩어리로 모여 있었던 초대륙을 판게아라고 하였다.

오답 피하기 ㄱ. 고지자기 북극의 이동 경로는 과학 기술이 발전하면서 측정이 가능해진 것으로, 베게너가 대륙 이동설을 주장할 당시에는 이를 증거로 제시하지 않았다.

ㄷ. 베게너는 대륙 이동의 원동력을 명확히 설명하지 못하였고, 맨틀 대류로 대륙 이동의 원동력을 설명한 과학자는 홈스이다.

010 답 ②

ㄷ. 글로소프테리스와 메소사우루스는 판게아가 형성된 시기에 번성한 생물로, 현재는 흩어진 여러 대륙에서 화석으로 산출된다.

오답 피하기 ㄱ. 메소사우루스는 연안 지대에 서식하던 파충류로 바다를 헤엄쳐 갈 정도의 힘은 없었다.

ㄴ. 글로소프테리스의 씨앗은 매우 커서 바람을 타고 멀리 떨어진 여러 대륙 사이를 이동하는 것은 불가능했다.

011 답 ③

ㄱ. 고생대 말의 빙하 흔적을 근거로 빙하의 분포를 모아 보면 여러 대륙들이 한 덩어리를 이루는데, 이를 판게아라고 한다.

ㄴ. 인도 대륙은 고생대 말에 현재의 남극 부근에 있었으므로 인도 대륙의 남부에 빙하의 흔적이 남아 있으며, 그 당시의 기후는 한랭하였다.

오답 피하기 ㄷ. 현재 적도 부근의 지역에서 빙하의 흔적이 나타나는 것은 고생대 말에 고위도에 있었던 대륙이 현재의 위치로 이동하였기 때문이다.

012 답 ②

ㄴ. A는 맨틀 대류의 하강부로, A 부근에서는 횡압력에 의해 두꺼운 산맥이 형성될 수 있다.

오답 피하기 ㄱ. 맨틀 대류설은 1929년 홈스가 주장하였다.

ㄷ. B는 맨틀 대류의 상승부로 마그마가 상승하면서 새로운 지각이 생성된다.

013

예시 답안 발표 당시에 대륙 이동설은 대륙 이동의 원동력을 설명하지 못하였고, 맨틀 대류설은 이를 확인할 수 있는 증거가 없었다.

채점 기준	배점(%)
2가지 까닭을 모두 옳게 설명한 경우	100
2가지 까닭 중 1가지만 옳게 설명한 경우	50

014

답 ②

ㄷ. 음파의 왕복 시간이 12초인 해저 지형의 수심은 $\frac{1}{2}\times1500$ m/s $\times12$ s$=9000$(m)이다. 이와 같이 깊은 수심은 해구에서 나타난다.

오답 피하기 ㄱ. 수심은 $\frac{1}{2}\times$(음파의 속도)$\times$(음파의 왕복 시간)이다.

ㄴ. A는 해저에서 수심이 가장 깊은 곳인 해구, B는 해저 산맥인 해령이고, C는 심해저 평원이다.

015

답 A: 해구, B: 해령, C: 열곡, A, 7500 m

A는 해저 골짜기인 해구이고, B는 해저 산맥인 해령이다. C는 해령 정상부에 V자 모양으로 형성된 열곡이다. 수심$=\frac{1}{2}\times$(음파의 속도) $\times$(음파의 왕복 시간)이므로 음파의 왕복 시간이 가장 긴 A의 수심이 가장 깊으며, A의 수심은 $\frac{1}{2}\times1500$ m/s$\times10$ s$=7500$(m)이다.

016

답 ③

ㄱ. 해양 지각은 해령에서 생성되어 해구 쪽으로 이동하므로 해령에서 멀어질수록 해양 지각의 연령이 증가한다. A와 B 사이에서 해령은 B의 왼쪽에 있으며, 해령으로부터의 거리는 A가 B보다 멀다.

ㄴ. 해령으로부터 멀어질수록 해저 퇴적물의 두께가 두꺼워진다. D에는 해령이 위치하므로 해저 퇴적물의 두께는 C가 D보다 두껍다.

오답 피하기 ㄷ. 변환 단층은 해령에 거의 수직인 방향으로 발달한다. D 부근에서는 해령이 남북 방향으로 나타나므로 변환 단층은 주로 동서 방향으로 발달한다.

017 필수 유형

답 ③

자료 분석하기 해령 부근의 고지자기 줄무늬

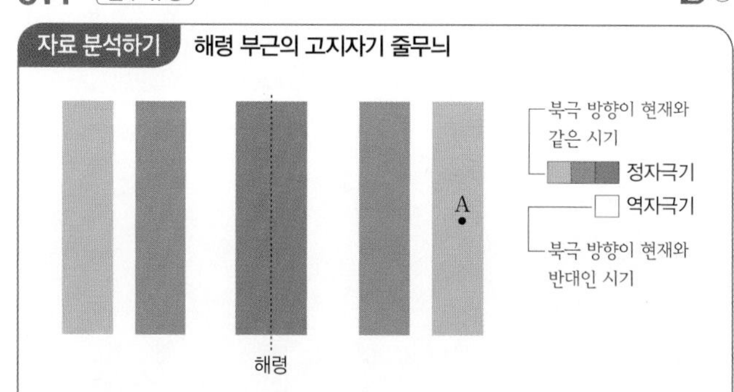

- 해령 축을 중심으로 고지자기 줄무늬가 대칭적으로 나타난다. ➡ 해령에서 해양 지각이 생성되어 양쪽으로 멀어진다.
- 정자극기와 역자극기가 바뀌는 시기는 지구 자기장의 남극과 북극이 바뀌는 시기이다. ➡ 해령 축에서 A 지점까지 자극의 방향이 4번 바뀌었으므로 A 지점의 암석이 생성된 후 지구 자기의 방향이 4회 역전되었다.

ㄱ. 고지자기 줄무늬는 해령에서 암석이 생성될 때 만들어지므로 해령에 대해 대칭적으로 나타난다.

ㄴ. 정자극기는 지구 자기장의 북극 방향이 현재와 같은 시기이고, 역자극기는 그 반대 방향인 시기이다. 지질 시대 동안 지구 자기장의 남극과 북극은 반복적으로 바뀌었다.

오답 피하기 ㄷ. 해령에서 암석이 굳은 후에는 지구 자기장의 방향이 변하더라도 암석에 기록된 잔류 자기의 방향은 변하지 않는다. 따라서 A 지점의 암석이 생성된 후 지구 자기의 방향은 4회 역전되었다.

018

답 ②

자료 분석하기 음향 측심법

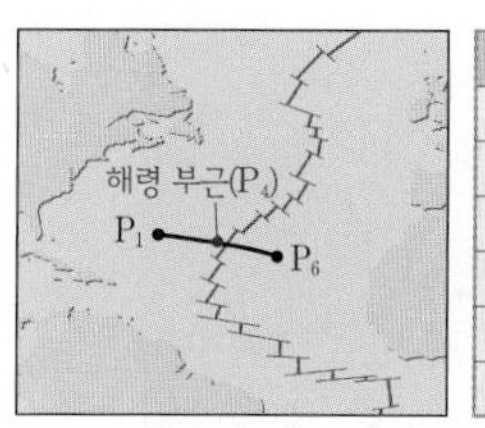

지점	P_1로부터의 거리(km)	시간(초)	수심(m)
P_1	0	7.70	5775
P_2	420	7.36	5520
P_3	840	6.14	4605
P_4	1260	3.95	2962.5
P_5	1680	6.55	4912.5
P_6	2100	6.97	5227.5

해령 부근

- 해령 중앙부의 열곡에서 멀어질수록 음파의 왕복 시간이 길어진다. ➡ 해령 중앙부의 열곡에서 멀어질수록 수심이 깊어진다.
- P_4에서 수심이 가장 얕다. ➡ P_4 부근에 해령이 위치한다.

ㄴ. P_4에서 수심이 가장 얕게 측정되었으므로 P_4 부근에는 해령이 존재한다. 해양 지각은 해령에서 생성되어 점차 해령으로부터 멀어지므로 P_1은 P_4보다 해령으로부터의 거리가 멀고, 해양 지각의 연령이 많다.

오답 피하기 ㄱ. 해수면에서 해저면으로 발사한 음파의 왕복 시간이 길수록 수심이 깊다. P_1에서 P_6으로 갈수록 음파의 왕복 시간이 짧아졌다가 길어지므로 수심은 얕아지다가 깊어진다.

ㄷ. P_4 부근에 해령이 위치하므로 P_3과 P_5는 해령 축에 대해 서로 반대 방향에 있다. 따라서 P_3과 P_5의 해양 지각은 서로 멀어지므로 반대 방향으로 이동한다.

019

A에서는 두 해양 지각이 서로 멀어지므로 A는 해령이고, B에서는 두 해양 지각이 서로 가까워지므로 B는 해구이다. 해령에서 생성된 해양 지각은 해구에서 맨틀 아래로 섭입되어 소멸하므로 해령에서 해구로 갈수록 해양 지각의 연령이 많아진다.

예시 답안 A는 해령, B는 해구이다. A에서 B로 갈수록 해양 지각의 연령이 많아진다.

채점 기준	배점(%)
A, B 해저 지형의 이름과 해양 지각의 연령 변화를 모두 옳게 설명한 경우	100
해양 지각의 연령 변화만 옳게 설명한 경우	60
A, B 해저 지형의 이름만 옳게 쓴 경우	30

020

답 ③

ㄱ. A는 해령과 해령 사이의 구간으로, 변환 단층이 발달한다.

ㄷ. 변환 단층은 판이 생성되거나 소멸되는 곳이 아니므로 화산 활동은 거의 일어나지 않는다. C는 해령이므로 화산 활동에 의해 새로운 해양 지각이 생성된다.

오답 피하기 ㄴ. A(변환 단층)에서는 지진이 자주 일어나지만 B는 판의 경계가 아니므로 지진이 거의 발생하지 않는다.

개념 더하기 변환 단층

- 변환 단층은 해령에 수직으로 발달하여 해령과 해령 사이에 있는 단층이다.
- 변환 단층에서는 해양 지각이 서로 반대 방향으로 어긋나게 이동한다.
- 변환 단층에서는 천발 지진이 발생하며, 화산 활동은 거의 일어나지 않는다.

021

답 ④

자료 분석하기 섭입대에서의 진앙 분포

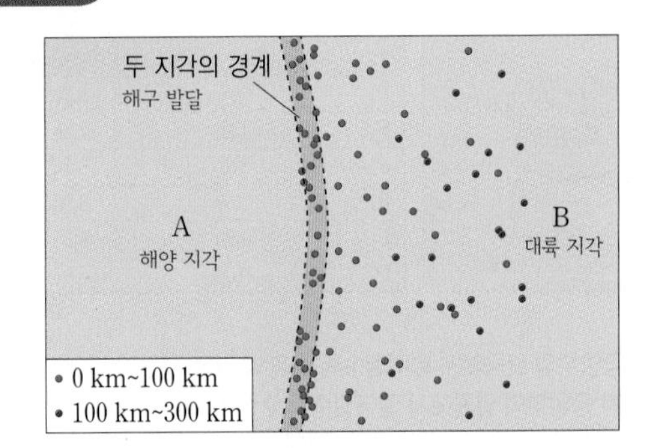

• 대륙 지각과 해양 지각의 수렴형 경계에서는 해구가 형성된다.
• 해구에서 대륙 쪽으로 갈수록 진원의 깊이가 깊어지는 섭입대가 형성된다.

ㄴ. 두 지각의 경계에서 오른쪽으로 가면서 진원 깊이가 깊어졌으므로 섭입대는 B 아래에서 발달하고, 화산 활동은 섭입대가 존재하는 B에서 활발하게 일어난다.

ㄷ. 섭입대가 나타나는 것은 해령에서 생성된 해양 지각이 해구 쪽으로 이동하면서 해저가 확장되고, 해구에서 해양 지각이 섭입하여 소멸하기 때문이다. 따라서 이 지역의 진앙 분포는 해양저 확장설의 증거가 된다.

오답 피하기 ㄱ. 해양 지각은 대륙 지각보다 밀도가 크다. 섭입대에서는 밀도가 큰 지각이 밀도가 작은 지각 아래로 섭입하므로 A는 해양 지각, B는 대륙 지각이다.

022

답 ⑤

ㄱ. A는 지각과 상부 맨틀의 일부를 포함하는 암석권이다. 암석권은 여러 조각의 판으로 이루어져 있다.

ㄴ. B는 연약권으로, 상하의 온도 차에 의해 맨틀 물질이 대류를 일으켜 상승부에는 해령이 생기고, 하강부에는 해구가 생긴다.

ㄷ. 연약권(B)에서 대류가 수평 방향으로 움직이면 판은 대류의 방향을 따라 움직이게 된다.

023

답 ②

ㄷ. (가)는 맨틀 대류설, (나)는 대륙 이동설, (다)는 해양저 확장설이다. 대륙 이동설은 고지자기 연구 방법이 개발된 후 지지를 받아 부활하였다.

오답 피하기 ㄱ. 이론이 등장한 순서는 (나) → (가) → (다)이다.

ㄴ. (가)는 대륙 이동의 원동력을 설명하였으나 맨틀 대류의 증거를 제시하지 못하여 (가)와 (나) 모두 당시에는 받아들여지지 않았다.

024

답 ②

ㄷ. 자극에서는 자침이 수평 방향에 대해 직각을 이루고, 자기 적도에서는 자침이 수평 방향과 나란하므로 자남극에서 자기 적도로 갈수록 자침의 N극 방향이 지표면과 이루는 각도는 작아진다.

오답 피하기 ㄱ. 북반구 중위도에서 자침의 N극은 지표면에 대해 아래로 향하므로 우리나라에서 자침의 N극 방향은 (다)와 같다.

ㄴ. 자북극에서 자침의 N극 방향은 수평 방향에 대해 수직으로 아래를 향한다.

025 필수 유형

답 ②

자료 분석하기 고지자기 복각을 이용한 대륙 이동의 복원

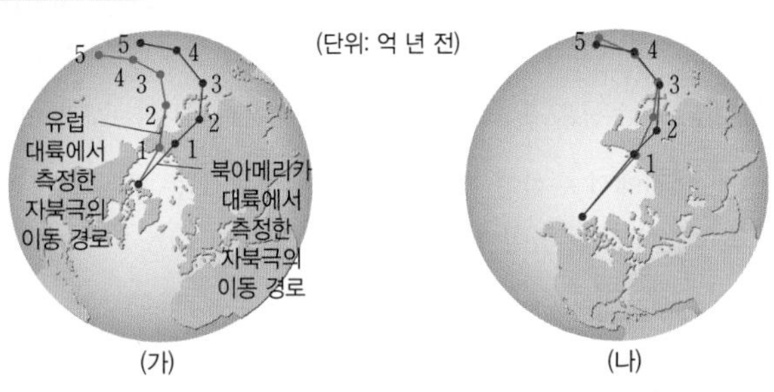

• 지질 시대 동안 자북극은 항상 1개였다. ➡ (가)에서 같은 시기에 자북극의 위치가 2개로 나타나는 까닭은 대륙이 서로 다른 방향으로 이동하였기 때문이다.
• (가)에서 같은 시기의 자북극 위치를 겹쳐 보면 (나)와 같이 대륙이 하나로 모인다. ➡ 과거에는 하나였던 대륙이 분리되고 이동하면서 현재와 같은 수륙 분포를 이루게 되었다.

ㄷ. 고지자기 연구를 통해 지질 시대에 따른 복각의 변화를 알아내면 (가)를 통해 (나)의 모습을 알아낼 수 있는 것과 같이 과거 대륙 이동의 모습을 알아낼 수 있다.

오답 피하기 ㄱ. 현재와 마찬가지로 과거에도 자북극은 항상 1개였다.

ㄴ. 자북극의 이동 경로가 일치하지 않는 것은 대륙이 이동하였기 때문이다.

026

답 (가) 로디니아, (나) 판게아, (가) → (나)

지질 시대 동안 여러 차례 초대륙이 만들어지고 분리되었다고 추정되는데, (가)는 약 11억 년 전의 초대륙인 로디니아이고, (나)는 약 2억 7천만 년 전의 초대륙인 판게아이다.

1등급 완성 문제

14~15쪽

027 ③ 028 ② 029 ④ 030 ② 031 ② 032 ③
033 해설 참조 034 해설 참조 035 해설 참조

027

답 ③

ㄱ. 고생대 말에는 하나의 대륙인 판게아를 이루고 있었으므로, 대서양이 존재하지 않았다.

ㄷ. 고생대 말에 남아메리카 대륙과 아프리카 대륙은 한 덩어리를 이루었으므로 현재 메소사우루스 화석이 두 대륙에서 산출된다.

오답 피하기 ㄴ. 베게너가 대륙 이동의 증거로 제시한 빙하 흔적 분포는 고생대 말에 판게아가 존재할 때의 빙하 흔적이다.

028 답 ②

ㄷ. C는 해저 산맥인 해령으로, 해저가 확장되는 중심이므로 장력이 우세하게 작용한다.

오답 피하기 ㄱ. A(해구)는 맨틀 대류의 하강부이다.

ㄴ. B(심해저 평원)를 이루는 암석의 연령은 해저의 확장에 의해 C(해령)에서 멀어질수록 많아진다.

029 답 ④

ㄴ. 해령으로부터 멀어질수록 해양 지각의 연령이 증가하고, 해저 퇴적물의 두께가 두꺼워진다. C는 B보다 해령 중심에서 멀리 떨어져 있으므로 해저 퇴적물의 두께는 C가 더 두껍다.

ㄷ. (가)와 (나) 해양 지각은 해령 축이 서로 어긋나 있는데, 해령과 해령 사이에는 두 지각이 서로 어긋나는 변환 단층이 존재한다. 변환 단층에서는 두 판의 이동 방향이 서로 반대이므로 지진이 자주 발생한다.

오답 피하기 ㄱ. 암석에 존재하는 잔류 자기는 암석이 생성될 당시의 지구 자기장 방향과 나란하게 생성되며, 이후 지구 자기장의 방향이 바뀌더라도 암석의 잔류 자기는 바뀌지 않는다. 따라서 A의 암석은 생성된 후 잔류 자기의 방향이 역전되지 않았다.

030 답 ②

ㄷ. 해양저 확장설에 따르면 해양 지각은 해령에서 해저 화산 활동에 의해 생성되고, 해령 축의 양쪽으로 이동하므로 해양 지각 연령의 대칭적 분포는 해양저 확장설의 증거이다.

오답 피하기 ㄱ. 판 구조론은 대륙 이동설 → 맨틀 대류설(나) → 해양저 확장설(다) → 판 구조론 순으로 이론이 정립되었다.

ㄴ. (나)의 맨틀 대류설은 대륙 이동의 원동력을 설명하였으나 발표 당시에는 맨틀 대류를 확인할 수 없었기 때문에 인정받지 못하였고, 대륙 이동설도 해양저 확장설이 등장할 때까지 인정받지 못하였다.

031 답 ②

자료 분석하기 **섭입대에서 발생하는 지진의 진원 깊이**

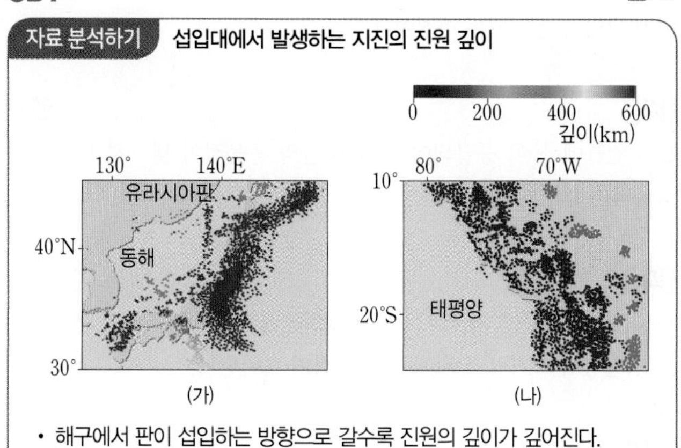

(가) (나)

- 해구에서 판이 섭입하는 방향으로 갈수록 진원의 깊이가 깊어진다.
- 해구에서 판이 섭입하는 방향 쪽에서 화산 활동이 일어난다. ➡ 섭입 당하는 판에 호상 열도 또는 습곡 산맥이 형성되며 천발~심발 지진이 발생한다.

ㄷ. (가)와 (나) 모두 판이 섭입하면서 발생한 마그마가 지표로 분출하므로 진앙 부근에서 화산 활동이 일어난다.

오답 피하기 ㄱ. (가)와 (나) 모두 섭입대가 나타나므로 해구가 발달한다.

ㄴ. 섭입대의 깊이가 깊어지는 방향으로 진원의 깊이도 깊어진다. 따라서 (가)의 섭입대는 대체로 서쪽으로 경사져 있고, (나)의 섭입대는 대체로 동쪽으로 경사져 있다.

032 답 ③

자료 분석하기 **복각 연구로 알 수 있는 인도 대륙의 이동**

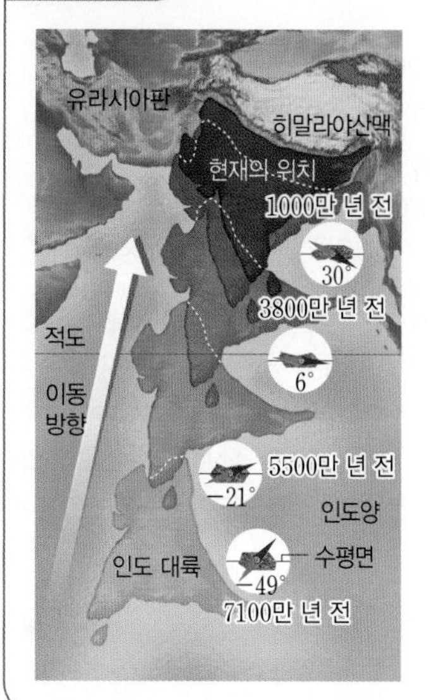

- 고지자기 연구를 통해 인도 대륙에서 지질 시대 동안 생성된 암석의 복각을 조사한다.
- 복각과 위도의 관계로부터 시기별로 인도 대륙이 위치하였던 위도를 알 수 있다.
- 인도 대륙은 약 7100만 년 전에 남반구에 있었다.
- 지질 시대 동안 북상하여 유라시아판과 충돌하였다. ➡ 히말라야산맥이 형성되었다.

ㄱ. 인도 대륙은 과거에 남반구에 있었고, 현재는 북반구에 있으므로 인도 대륙이 이동하여 적도 부근을 지날 때는 기후가 현재보다 온난하였다.

ㄷ. 복각은 자극에서 90°로 최대이고, 자기 적도에서 0°로 최소이다. 인도 대륙이 약 7100만 년 전 남반구에 있을 때 복각의 크기는 49°로 이 기간 중 최댓값으로 나타났다.

오답 피하기 ㄴ. 히말라야산맥은 인도 대륙이 유라시아판과 충돌한 후 형성되었으므로 7100만 년 전에 히말라야산맥은 아직 존재하지 않았다.

033

서술형 해결 전략

STEP 1 문제 포인트 파악

베게너의 대륙 이동설이 갖는 문제점과 해양저 확장설에서의 의문점이 무엇인지 설명할 수 있어야 한다.

STEP 2 관련 개념 모으기

❶ 베게너는 대륙 이동의 원동력을 어떻게 설명하였는가?
➡ 대륙이 이동하였다는 여러 증거들을 제시하였지만 거대한 대륙을 이동시킨 힘이 무엇인지 설명하지 못하였다.

❷ 해양저 확장설에서 설명하는 해저는 무한히 확장되는가?
➡ 해령에서 생성된 해양 지각은 해구에서 섭입하여 소멸되므로 해저가 무한히 확장되지는 않는다.

예시 답안 (가) 맨틀 대류에 의해 대륙이 이동한다. (나) 해령에서 생성된 해양 지각은 해구에서 섭입하여 소멸된다.

채점 기준	배점(%)
(가), (나) 모두 옳게 설명한 경우	100
(가), (나) 중 1가지만 옳게 설명한 경우	50

034

서술형 해결 전략

STEP 1 문제 포인트 파악

음향 측심법을 적용하여 해저의 수심을 측정하고 해저 지형의 특징을 설명할 수 있어야 한다.

STEP 2 관련 개념 모으기

❶ 수심은 어떤 원리로 측정하는가?

➡ 해수면에서 해저를 향해 발사한 음파가 반사되어 온 시간을 측정하면 수심$=\frac{1}{2}\times$(음파의 속도)$\times$(음파의 왕복 시간)이다.

❷ 해구의 특징을 설명할 수 있는가?

➡ 해구는 해저 지형 중에서 수심이 가장 깊은 곳으로, 평탄한 심해저 평원이 이어지다가 수심이 6000 m 이상으로 갑자기 깊어지는 곳이다.

❸ 탐사 지점 2의 수심은 몇 m인가?

➡ 음파의 왕복 시간이 길수록 수심이 깊으므로 수심은 지점 2에서 가장 깊다. 이곳에서 수심은 7050 m로 매우 깊으므로 해구가 형성되어 있다.

예시 답안 지점 2, 해구, 음파의 왕복 시간이 길수록 수심이 깊으므로 수심은 지점 2에서 가장 깊다. 이곳에서 수심은 7050 m로 해구가 형성되어 있을 것이다.

채점 기준	배점(%)
지점과 지형, 그렇게 생각한 까닭을 모두 옳게 설명한 경우	100
지점과 지형만 옳게 쓴 경우	50
지점과 지형 중 1가지만 옳게 쓴 경우	20

035

서술형 해결 전략

STEP 1 문제 포인트 파악

해양저 확장설을 통해 해령으로부터 거리에 따른 해양 지각의 연령을 비교할 수 있어야 한다.

STEP 2 관련 개념 모으기

❶ 대서양 중앙 해령에서 판의 움직임은?

➡ 해령에서 새로운 해양 지각이 형성되어 해령 축을 중심으로 해양 지각이 양쪽으로 멀어지고 있다.

❷ 해양 지각의 연령 분포는?

➡ 해양 지각은 해령에서 생성되어 양쪽으로 멀어지므로 해령 축에서 멀어질수록 해양 지각의 나이가 많아진다.

❸ 판게아 이후 대서양의 형성 과정은?

➡ 판게아 이후 대서양 중앙 해령을 중심으로 남아메리카 대륙과 아프리카 대륙이 분리되기 시작하면서 대서양이 형성되었다. 따라서 남아메리카 동쪽 해안선 부근과 아프리카 서쪽 해안선 부근 해양 지각의 연령은 거의 같다.

A와 C는 비슷한 곳에서 거의 같은 시기에 해령에서 형성되어 서로 멀어진 것이다. B는 해령 부근에 위치하므로 최근에 형성된 것이다.

예시 답안 A와 C, A와 C는 대서양이 형성되는 초기에 대서양 중앙 해령에서 거의 같은 시기에 만들어진 해양 지각이고, B는 최근에 생성된 해양 지각이다. 따라서 A와 C의 연령 차는 A와 B의 연령 차보다 작다.

채점 기준	배점(%)
암석의 연령 차가 작은 것을 옳게 쓰고, 그렇게 판단한 까닭을 옳게 설명한 경우	100
암석의 연령 차가 작은 것만 옳게 쓴 경우	30

02 판 이동의 원동력과 화성암

개념 확인 문제 17쪽

036 ○ **037** × **038** ×
039 ㉠ 느려, ㉡ 빨라 **040** B **041** A
042 C **043** ㉠ 조립질, ㉡ 세립질 **044** 적다
045 많다

036
답 ○

해령에서는 고온의 맨틀 물질이 상승하여 맨틀 대류의 상승부를 이루고, 해구에서는 맨틀 물질이 하강하여 맨틀 대류의 하강부를 이룬다.

037
답 ×

충돌형 경계에서는 두 판의 밀도가 비슷하여 섭입이 일어나지 않는다. 따라서 지진은 자주 발생하지만 화산 활동은 거의 일어나지 않는다.

038
답 ×

열점은 판의 내부에서 화산 활동이 일어나는 곳으로 뜨거운 플룸과 관련이 있다.

039
답 ㉠ 느려, ㉡ 빨라

플룸 상승류가 있는 곳은 주변의 맨틀보다 온도가 높아 지진파의 속도가 상대적으로 느리고, 플룸 하강류가 있는 곳은 주변의 맨틀보다 온도가 낮아 지진파의 속도가 상대적으로 빠르다.

040
답 B

B는 맨틀 물질이 상승하면서 압력 감소에 의해 암석의 용융점이 낮아져 마그마가 생성되는 과정이다.

041
답 A

A는 대륙 지각을 이루는 암석의 온도가 상승하면서 암석이 용융되어 마그마가 생성되는 과정이다.

042
답 C

C는 맨틀에 물이 공급되어 맨틀 물질의 용융점이 낮아져 마그마가 생성되는 과정이다.

043
답 ㉠ 조립질, ㉡ 세립질

심성암에서는 결정의 크기가 큰 조립질 조직이 나타나고, 화산암에서는 결정의 크기가 작은 세립질 조직이 나타난다.

044
답 적다

염기성암은 SiO_2 함량이 52 % 이하이고, 산성암은 SiO_2 함량이 63 % 이상이다.

045
답 많다

염기성암은 산성암보다 Fe과 Mg이 많이 포함되어 유색 광물의 함량이 많다.

기출 분석 문제 18~23쪽

046 (1) A: 판을 밀어내는 힘, B: 판이 미끄러지는 힘, C: 판이 섭입하면서 잡아당기는 힘 (2) A, C **047** ① **048** ② **049** ② **050** ③
051 ③ **052** 해설 참조 **053** ③ **054** ② **055** ⑤
056 ② **057** ⑤ **058** 해설 참조 **059** A: ㉡, B: ㉢, C: ㉠
060 ② **061** ④ **062** 해설 참조 **063** ② **064** ③
065 ① **066** ④ **067** ③ **068** ② **069** ③ **070** ⑤
071 섬록암 **072** ② **073** ⑤

046

답 (1) A: 판을 밀어내는 힘, B: 판이 미끄러지는 힘, C: 판이 섭입하면서 잡아당기는 힘 (2) A, C

A는 맨틀 대류의 상승부로, 맨틀 대류가 상승하여 새로운 지각이 생성되는 해령, C는 맨틀 대류의 하강부로, 맨틀 대류가 하강하여 해양 지각이 소멸하는 해구이다. A에서는 맨틀 대류가 상승하여 판을 들어 올리면서 양쪽으로 밀어내는 힘이 작용한다. B에서는 판이 맨틀 대류에 의해 미끄러지는 힘이 작용하고, C에서는 냉각에 의해 밀도가 커진 판이 중력에 의해 섭입하면서 판을 잡아당기는 힘이 작용한다.

047

답 ①

ㄱ. A는 대륙판과 대륙판이 수렴하는 충돌형 경계이고, B는 두 해양판이 수렴하여 밀도가 큰 해양판이 밀도가 작은 해양판 아래로 섭입하는 섭입형 경계이다.

오답 피하기 ㄴ. C는 해령의 중심부로, 판을 양쪽으로 밀어내는 힘이 작용하여 판이 해구 쪽으로 이동한다. 판을 아래로 잡아당기는 힘은 섭입형 경계인 B에서 우세하게 작용한다.

ㄷ. C는 해령이므로 화산 활동이 활발하게 일어난다. 반면, D는 변환 단층으로 천발 지진이 활발하게 일어나지만 화산 활동은 일어나지 않는다.

048

답 ②

자료 분석하기 충돌형 경계의 지형과 지각 변동

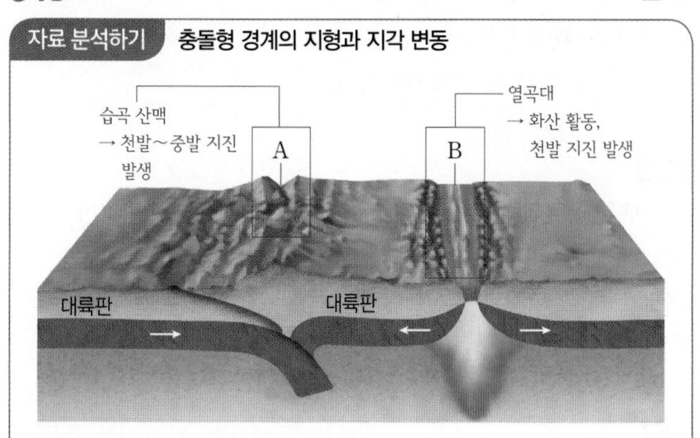

- A: 대륙판과 대륙판의 충돌대에서는 습곡 산맥이 형성되고, 지진이 자주 발생하지만 화산 활동은 거의 일어나지 않는다.
  예 히말라야산맥
- B: 대륙판과 대륙판이 갈라지는 곳에서는 열곡대가 형성되고, 지진이 자주 발생하며, 화산 활동이 일어난다.
  예 동아프리카 열곡대

ㄱ. A는 두 대륙판이 충돌하면서 지층에 횡압력이 작용하여 형성된 습곡 산맥이다.

ㄷ. B(열곡대)에서는 맨틀 대류가 상승하므로 화산 활동이 활발하게 일어난다. 두 판이 충돌하는 A(습곡 산맥)에서는 화산 활동이 거의 일어나지 않는다.

오답 피하기 ㄴ. 판을 당기는 힘은 밀도가 큰 판이 섭입하는 섭입대에서 작용하며, 열곡대인 B에서는 작용하지 않는다.

ㄹ. A(습곡 산맥)에서는 천발~중발 지진이 발생하고, B(열곡대)에서는 천발 지진이 발생하므로 진원의 평균 깊이는 A에서 깊다.

049

답 ②

ㄱ. A는 해령의 수직 방향으로 분포하고, 해령과 해령 사이 구간에 있으므로 변환 단층이다.

ㄹ. B(해령)에서는 해양 지각이 생성되고, C(해구)에서는 해양 지각이 소멸한다.

오답 피하기 ㄴ. B는 해령이므로 호상 열도가 형성되지 않는다.

ㄷ. C에서 판이 섭입하여 섭입대가 형성되므로 C에서 D(호상 열도)로 갈수록 진원의 깊이가 깊어진다.

050

답 ③

ㄱ. 열점은 뜨거운 플룸이 상승하여 지표면과 만나는 지점 아래에 마그마가 생성되는 곳으로 판의 내부에 분포하기 때문에 판 구조론이 아닌 플룸 구조론으로 설명된다.

ㄷ. 플룸 구조론은 뜨거운 플룸이 상승하고, 차가운 플룸이 하강하면서 지구 내부의 변동을 일으킨다는 이론이다.

오답 피하기 ㄴ. 판의 수평 방향의 움직임은 맨틀 대류에 의해 설명된다.

051

답 ③

ㄱ. ㉠은 수렴형 경계에서 섭입한 물질이 가라앉아 생성되는 플룸 하강류로, 섭입형 경계인 B 부근에 위치한다.

ㄴ. 차가운 플룸이 맨틀과 외핵의 경계에 도달하면 그 영향으로 일부 맨틀 물질이 상승하여 뜨거운 플룸이 형성된다. 따라서 뜨거운 플룸은 맨틀과 핵의 경계부에서 생성된다.

오답 피하기 ㄷ. 열점은 플룸 상승류에 의해 형성되므로 판의 경계와 관련이 없으며, 판의 내부에서도 형성된다.

052

차가운 플룸은 수렴형 경계에서 섭입한 물질이 상부 맨틀과 하부 맨틀의 경계에 쌓인 후 가라앉아 생성되고, 뜨거운 플룸은 맨틀과 외핵의 경계에 차가운 플룸이 도달하면 그 영향을 받아 일부 맨틀 물질이 상승하여 생성된다.

예시 답안 차가운 플룸은 상부 맨틀과 하부 맨틀의 경계에 쌓인 물질이 가라앉아 생성되고, 뜨거운 플룸은 맨틀과 외핵의 경계에 도달한 차가운 플룸의 영향으로 일부 맨틀 물질이 상승하여 생성된다.

채점 기준	배점(%)
3가지 단어를 모두 포함하여 차가운 플룸과 뜨거운 플룸의 생성 과정을 옳게 설명한 경우	100
3가지 단어 중 2가지만 포함하여 옳게 설명한 경우	50

053

답 ③

ㄱ, ㄷ. A는 동일한 깊이의 주위보다 지진파의 속도가 느리므로 주변의 맨틀보다 온도가 높으며, 플룸 상승류에 해당한다.

오답 피하기 ㄴ. 지진파의 속도는 온도가 낮을수록 빠르므로 속도가 느린 A의 플룸은 주변의 맨틀보다 온도가 높다.

054

답 ②

ㄷ. 열점은 플룸 상승류가 지표면과 만나는 지점 아래 마그마가 생성되는 곳이다. 열점은 현재 하와이섬의 지하에 있으므로 플룸 상승류는 A보다 하와이섬 부근에 위치한다.

오답 피하기 ㄱ. 열점은 지하에 고정되어 있으며, 이동하지 않는다. 하와이섬에서 북서 방향으로 갈수록 화산섬의 연령이 증가하는 것은 열점이 이동하였기 때문이 아니라 하와이섬이 속한 태평양판이 북서 방향으로 이동하였기 때문이다.

ㄴ. 하와이 열도에 존재하는 화산섬은 판의 내부에 위치하여 섭입대에 의한 화산 활동과는 관련이 없다. 이 지역의 화산섬은 열점에서 마그마가 지표면으로 분출하여 생성되었다.

055

답 ⑤

ㄱ. (가)에서 비커의 물보다 온도가 낮아 밀도가 높은 잉크는 비커의 바닥에 가라앉는데, 이는 섭입대에서 섭입한 판의 물질이 가라앉아 차가운 플룸이 하강하는 모습을 나타낸 것이다.

ㄴ. (나)에서 가열된 잉크는 위로 떠올라 수면에 도달하는데, 잉크가 수면에 도달하는 지점이 열점에서 화산 활동이 일어나는 곳에 해당한다. 따라서 (나)를 통해 열점이 형성되는 위치를 알 수 있다.

ㄷ. 차가운 플룸은 하강하여 맨틀과 핵의 경계에 도달하고, 이곳에서 뜨거운 플룸이 형성되므로 비커의 바닥은 맨틀과 핵의 경계에 해당한다.

056 필수 유형

답 ②

자료 분석하기 지하의 온도 분포와 마그마의 용융 곡선

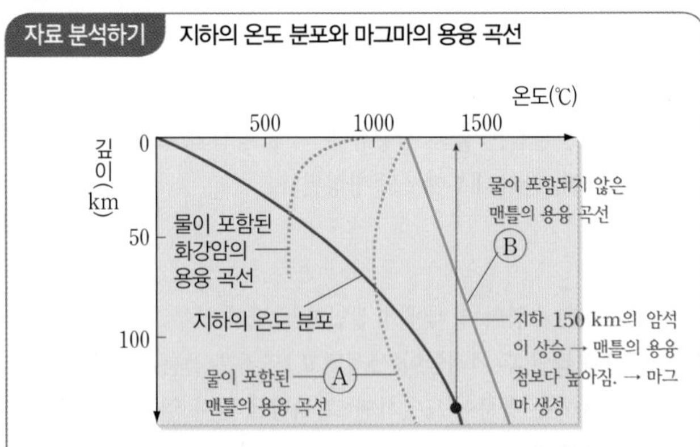

- 암석(맨틀)의 용융점 분포와 일반적 상태: 물이 포함되지 않은 맨틀의 용융점은 지하 깊은 곳일수록 높아지며 지하의 온도보다 높다. ➡ 맨틀은 일반적으로 고체 상태이다.
- 맨틀에 물이 공급되면 맨틀의 용융점이 지하의 온도보다 낮아지면서 맨틀 물질이 용융되어 마그마가 생성될 수 있다.

ㄷ. 지하 150 km 깊이의 맨틀 물질이 온도 변화 없이 빠르게 상승하여 깊이가 얕아지면 맨틀의 용융점보다 높아져 마그마가 생성될 수 있다.

오답 피하기 ㄱ. A와 B는 모두 맨틀의 용융 곡선이다. 맨틀 물질에 물이 포함되면 용융점이 낮아지므로 A는 물을 포함한 경우이고, B는 물을 포함하지 않은 경우이다.

ㄴ. 화강암은 물을 포함하므로 지하로 내려가면서 압력이 증가하면 용융점이 낮아진다.

057

답 ⑤

ㄱ. A는 해령으로, 고온의 맨틀 물질 상승에 의해 압력이 크게 낮아지면서 맨틀 물질이 용융되어 현무암질 마그마가 생성된다.

ㄴ. C는 섭입대로, 해양 지각에서 빠져나온 물에 의해 암석의 용융점이 낮아져 현무암질 마그마가 생성된다.

ㄷ. A와 B에서는 압력 감소에 의해 현무암질 마그마가 생성되고, C에서는 암석의 용융점이 낮아져 현무암질 마그마가 생성된다.

058

섭입대에서 지하 깊은 곳으로 내려간 해양 지각에서 방출된 물은 맨틀 물질의 용융점을 낮추어 현무암질 마그마가 생성되고, 현무암질 마그마가 상승하여 대륙 지각 하부를 가열하면 유문암질 마그마가 생성된다. 이때 생성된 유문암질 마그마와 현무암질 마그마가 혼합되어 안산암질 마그마가 된다.

예시 답안 섭입대에서 해양 지각이 섭입하면서 물의 공급으로 생성된 현무암질 마그마가 상승하면 대륙 지각 하부를 가열하여 유문암질 마그마가 생성된다. 이때 생성된 유문암질 마그마와 현무암질 마그마가 혼합되어 안산암질 마그마가 생성된다.

채점 기준	배점(%)
안산암질 마그마의 생성 과정을 포함하여 섭입대에서의 마그마 생성 과정을 옳게 설명한 경우	100
안산암질 마그마의 생성 과정을 언급하지 않고 섭입대에서의 마그마 생성 과정을 옳게 설명한 경우	40

059

답 A: ㉡, B: ㉢, C: ㉠

A는 해령에서 압력 감소에 의해 마그마가 생성되므로 ㉡, B는 섭입하는 해양판에서 물이 빠져나와 용융점이 낮아져 마그마가 생성되므로 ㉢, C는 B에서 생성된 마그마가 상승하여 대륙 지각을 용융시켜 마그마가 생성되므로 ㉠에 해당한다.

060

답 ②

A는 맨틀 물질의 부분 용융에 의해 생성되는 현무암질 마그마이다.

B는 대륙 지각의 가열에 의해 생성되는 유문암질 마그마이다.

C는 현무암질 마그마와 유문암질 마그마의 혼합에 의해 생성되는 안산암질 마그마이다.

061

답 ④

ㄴ. B는 A가 상승하면서 대륙 지각 하부를 가열하여 생성된다.

ㄷ. C는 A와 B의 혼합에 의해 생성된다. 따라서 C의 SiO_2 함량은 A보다 높고, B보다 낮다.

오답 피하기 ㄱ. (가)의 물은 해양 지각을 이루는 함수 광물에서 빠져나온 것으로, 맨틀의 용융점을 낮추어 부분 용융을 일으키는 역할을 한다.

개념 더하기 **맨틀의 부분 용융**

암석은 여러 종류의 광물로 이루어져 있다. 따라서 암석은 일반적으로 일정한 온도에서 모두 용융되지 않고 용융점이 낮은 광물부터 녹아서 마그마가 만들어지는데, 이처럼 어떤 온도 범위 내에서 암석을 구성하는 광물의 일부가 용융되는 것을 부분 용융이라고 한다. 부분 용융으로 만들어진 마그마는 주위 암석보다 밀도가 작기 때문에 위로 상승한다.

062

해령은 맨틀 대류의 상승부이므로 맨틀 물질이 상승하면서 압력이 낮아지는데, 이때 맨틀 물질의 온도가 용융점보다 높아지면 현무암질 마그마가 생성된다.

예시 답안 맨틀 물질의 상승에 의해 압력이 감소하여 현무암질 마그마가 생성된다.

채점 기준	배점(%)
마그마의 종류와 생성 과정을 모두 옳게 설명한 경우	100
마그마의 종류만 옳게 쓴 경우	30

063

답 ②

ㄴ. 화성암은 SiO_2 함량이 많을수록 밝은색을 띤다. 따라서 A는 C보다 SiO_2 함량이 적으므로 암석의 색이 어둡다.

오답 피하기 ㄱ. A는 SiO_2 함량이 52 % 이하이므로 염기성암이고, C는 SiO_2 함량이 63 % 이상이므로 산성암이다.

ㄷ. B는 SiO_2 함량이 52 %~63 %이므로 중성암이다. 중성암 중 조립질 조직이 관찰되는 심성암은 섬록암이다.

064

답 ③

ㄱ. 안산암은 지표나 지표 부근에서 생성된 화산암이므로 산출 상태는 A이다.

ㄴ. 반려암은 지하 깊은 곳에서 생성된 심성암이므로 산출 상태는 B이다.

오답 피하기 ㄷ. 밝은색을 띠는 화성암은 산성암이므로 심성암(B)이면서 산성암인 암석은 화강암이다.

065

답 ①

자료 분석하기 **화성암의 분류**

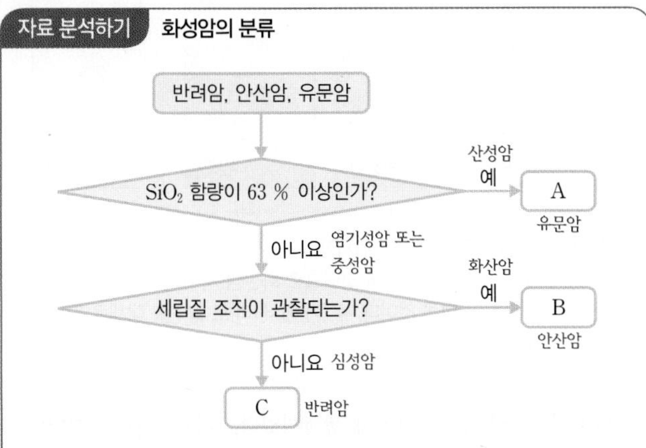

- 유문암은 산성암, 안산암은 중성암, 반려암은 염기성암이다. ➡ A는 유문암이다.
- 반려암은 심성암, 안산암은 화산암이다. ➡ B는 안산암, C는 반려암이다.

ㄱ. A는 SiO_2 함량이 63 % 이상이므로 산성암인 유문암이다. 유문암은 화산암으로 세립질 조직이 나타난다.

오답 피하기 ㄴ. B는 반려암과 안산암 중 세립질 조직이 관찰되는 화산암이므로 안산암이다.

ㄷ. C는 반려암으로, SiO_2 함량이 52 % 이하인 염기성암이다.

066

답 ④

ㄴ. B는 SiO_2 함량이 많고 입자의 크기가 큰 화강암이고, C는 암석의 색이 밝고, 마그마가 지하 깊은 곳에서 천천히 냉각되어 만들어진 화강암이다. 따라서 B와 C는 같은 암석에 해당한다.

ㄷ. C(화강암)는 마그마의 냉각 속도가 느리므로 광물 결정이 충분히 성장하여 조립질 조직이 나타나고, D(현무암)는 마그마의 냉각 속도가 빠르므로 광물 결정이 충분히 성장하지 못하여 세립질 조직이 나타난다.

오답 피하기 ㄱ. A는 SiO_2 함량이 적은 염기성암이고, 입자의 크기가 작은 세립질 조직이 나타나므로 현무암에 해당한다.

067 필수 유형

답 ③

자료 분석하기 **화성암의 분류**

세립질 조직

구분	염기성암	중성암	산성암
화산암	현무암	안산암	유문암
심성암	반려암	섬록암	화강암

주요 조암 광물의 부피비(%) 80 60 40 20

조립질 조직

석영 사장석 정장석 휘석 감람석 각섬석 흑운모

유색 광물이 많다. Fe, Ca, Mg이 많다. 어두운색을 띤다.

무색 광물이 많다. Na, K이 많다. 밝은색을 띤다.

- 염기성암 → 중성암 → 산성암으로 갈수록 SiO_2 함량이 증가한다. ➡ 염기성암은 어두운색 광물의 함량이 많고, 산성암은 밝은색 광물의 함량이 많다.
- 심성암과 화산암은 생성되는 깊이에 따라 마그마의 냉각 속도가 달라져 암석 조직에 차이가 생긴다. ➡ 심성암은 마그마가 지하 깊은 곳에서 천천히 식어 광물 결정의 크기가 크고, 화산암은 마그마가 지표나 지표 부근에서 빠르게 식어 광물 결정의 크기가 작다.

ㄱ. 섬록암은 심성암이므로 조립질 조직을 보인다.

ㄴ. 화강암은 산성암이므로 염기성암인 현무암보다 무색 광물의 함량이 높아 밝은색을 띤다.

오답 피하기 ㄷ. 현무암은 염기성암으로, 화학 조성은 산성암인 유문암보다 염기성암인 반려암과 비슷하다.

068

답 ②

(가), (나), (다)는 심성암이고, (가) → (나) → (다)로 갈수록 암석의 색이 밝아지므로 (가)는 염기성암인 반려암, (나)는 중성암인 섬록암, (다)는 산성암인 화강암이다.

ㄴ. (가)는 염기성암, (나)는 중성암, (다)는 산성암이므로 (가) → (나) → (다)로 갈수록 (Na+K)의 함량비가 증가한다.

오답 피하기 ㄱ, ㄷ. (가) → (나) → (다)로 갈수록 유색 광물의 함량비와 (Fe+Mg+Ca)의 함량비는 감소한다.

069
답 ③

(다)는 암석의 색이 밝고 조립질 조직이 나타나는 화강암이고, (라)는 암석의 색이 어둡고 세립질 조직이 나타나는 현무암이다.

ㄱ. (가)의 용두암은 현무암질 용암이 분출되어 형성된 화산 지형이므로 주요 구성 암석은 (라)의 현무암이다.

ㄴ. (나)의 울산바위는 화강암으로 이루어져 있다. 화강암은 심성암이므로 지하 깊은 곳에서 마그마가 천천히 식어 형성되었으며, 현재는 지표에 노출되어 있으므로 생성된 후 융기한 적이 있다.

오답 피하기 ㄷ. (다)는 설악산 울산바위의 화강암으로, 중생대에 생성되었다. (라)는 제주도 용두암의 현무암으로 신생대에 생성되었다.

070
답 ⑤

ㄱ. 북한산 인수봉은 화강암으로 이루어져 있으므로 밝은색을 띠는데, 이는 화강암의 주요 조암 광물인 석영과 장석 등이 밝은색을 띠기 때문이다.

ㄴ. 우리나라의 화강암은 대부분 중생대에 생성되었으며, 북한산도 중생대의 지각 변동으로 생성되었다.

ㄷ. 화강암은 대륙 지각의 하부가 가열되어 생성된 화강암질 마그마가 지하 깊은 곳에서 굳어 생성된다.

071
답 섬록암

주로 휘석, 각섬석, 사장석으로 이루어진 화성암은 중성암이고, 결정의 크기가 큰 조립질 조직을 보이는 것은 심성암이므로 이 암석은 섬록암이다.

072
답 ②

ㄷ. 제주도 서귀포의 암석은 어두운색을 띠고, 세로 방향의 각진 절리가 형성된 현무암이다. 현무암은 염기성암이므로 감람석, 휘석, 사장석 등이 조암 광물로 산출된다.

오답 피하기 ㄱ. 제주도 서귀포의 현무암은 신생대에 생성되었다.

ㄴ. 현무암은 화산암으로 지표로 분출한 용암이 굳어져 생성된 것이다.

073
답 ⑤

ㄱ. 우리나라의 화강암은 대부분 중생대에 마그마가 관입하여 생성되었다.

ㄴ. 울릉도, 독도, 제주도, 백두산 등지에서는 화산 활동으로 생성된 화산암 지형이 나타난다.

ㄷ. 화강암은 지하 깊은 곳에서 생성된 후 지표로 융기하는 과정에서 압력이 감소하면서 부피가 팽창하여 수평 방향의 절리가 발달한다.

1등급 완성 문제
24~25쪽

074 ⑤ 075 ④ 076 ② 077 ③ 078 ③ 079 ①
080 해설 참조 081 해설 참조 082 해설 참조

074
답 ⑤

자료 분석하기 판에 작용하는 힘

판이 섭입하면서 연결된 판을 잡아 당기는 힘
맨틀 대류에 의해 판이 미끄러지는 힘
지각이 생성되면서 판을 밀어내는 힘
해양판
연약권

- 섭입대에서는 판을 당기는 힘이 작용한다. ➡ A
- 해령에서는 판을 미는 힘이 작용한다. ➡ C
- 해령과 해구 사이에서는 판이 미끄러지는 힘이 작용한다. ➡ B

ㄱ. A는 냉각에 의해 밀도가 커진 판이 침강하면서 연결된 판을 당기는 힘으로, 침강하는 판의 밀도가 클수록 연결된 판을 잡아당기는 힘이 크게 작용한다.

ㄴ. B는 맨틀 대류에 의해 해령에서 해구로 판이 미끄러지는 힘이다.

ㄷ. C는 해령에서 판이 생성되면서 판을 양쪽으로 밀어내는 힘이다.

075
답 ④

P파의 속도가 주변보다 빠른 곳은 온도가 낮은 곳이다.

ㄴ. 이 지역에서 P파의 속도가 주변보다 빠른 영역이 비스듬하게 깊어지는데, 이는 해구에서 냉각된 해양판이 섭입하면서 섭입대를 이루기 때문이다. 따라서 B의 지하에는 플룸 하강류가 형성된다.

ㄷ. 섭입대에서는 판이 섭입하면서 점차 진원의 깊이가 깊어지므로 이 지역에서는 천발 지진과 심발 지진이 모두 발생한다.

오답 피하기 ㄱ. 열점은 뜨거운 플룸이 상승하는 곳에 형성되는데, 이 지역에는 플룸 상승류가 나타나지 않는다. A에서는 섭입대에서 생성된 마그마가 지표로 분출하여 화산 활동이 일어난다.

076
답 ②

자료 분석하기 열점에서의 화산 활동

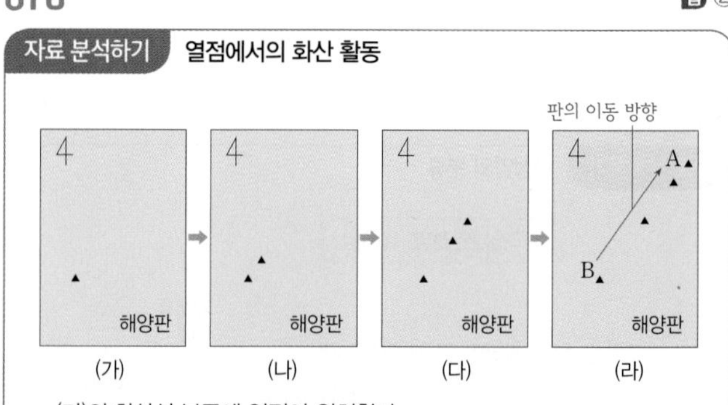

- (가)의 화산섬 부근에 열점이 위치한다.
- 동일한 시간 간격으로 나타낸 것이므로 화산섬 사이의 간격이 넓을수록 판의 이동 속도가 빠른 것이다. ➡ (가)에서 (라)로 갈수록 대체로 판의 이동 속도가 빨라졌다.

ㄴ. 화산섬은 모두 B 위치에서 생성되었다. (가)~(라)는 동일한 시간 간격이므로 B 위치의 화산섬과 인접한 화산섬 사이의 거리가 멀수록 판의 이동 속도가 빠르다. 따라서 (가)~(나) 시기보다 (다)~(라) 시기에 판의 이동 속도가 더 빠르다.

오답 피하기 ㄱ. 화산섬의 위치를 비교해 보면 (가) → (라)로 가면서 화산섬이 북동쪽으로 이동하는데, 이는 해양판이 북동쪽으로 이동하였기 때문이다.

ㄷ. (가)~(라)의 화산섬이 모두 B 위치에서 생성된 것은 B 부근의 지하에 열점이 있기 때문이다. 열점은 플룸 상승류가 지표면과 만나는 지점의 지하에 있으므로 이 지역에서 플룸 상승류는 B의 지하에 위치한다.

077

답 ③

자료 분석하기 판의 경계와 플룸

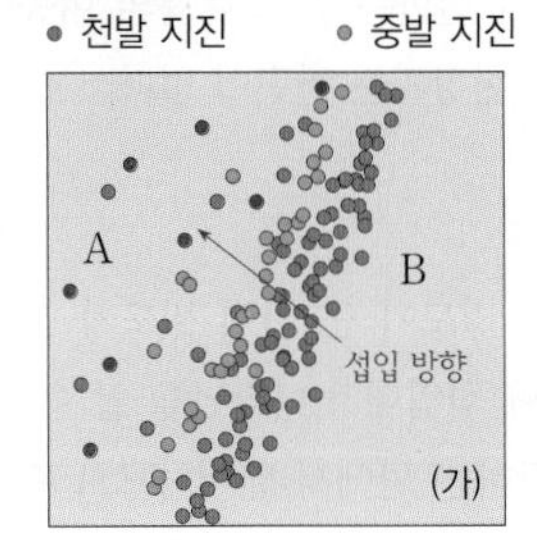

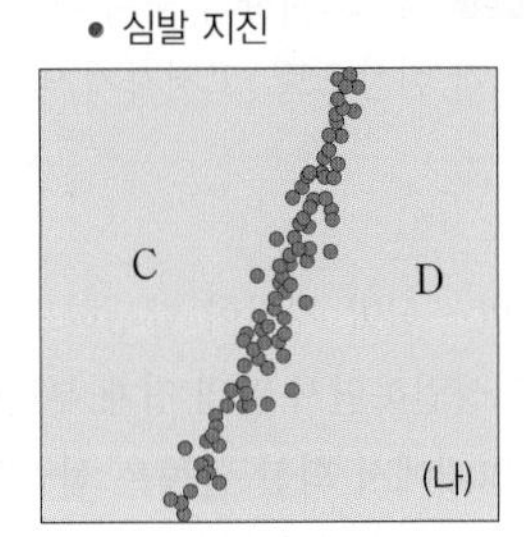

- (가)는 수렴형 경계로 판 B가 판 A 아래로 섭입하고 있다. 따라서 섭입 당하는 판 A에서 주로 지진(천발~심발 지진)과 화산 활동이 나타나고 있다.
- (나)는 발산형 경계인 해령으로 천발 지진이 나타난다.
- (가)는 수렴형 경계이므로 섭입된 물질이 가라앉아 차가운 플룸이 형성된다고 볼 수 있다.

ㄱ. (가)에서는 B가 A 아래로 섭입하므로 화산 활동은 주로 A에서 일어난다.

ㄴ. (나)는 해령이므로 새로운 해양 지각이 만들어지면서 판을 밀어내는 힘이 작용한다.

오답 피하기 ㄷ. (가)는 섭입대이고, (나)는 해령이므로 차가운 플룸은 주로 (나)보다 (가)에서 형성된다.

078

답 ③

ㄱ. ㉠은 물이 포함된 화강암의 용융 곡선이고, a → a′은 온도가 상승하여 맨틀 물질이 화강암의 용융점보다 높아지는 과정이므로 a → a′은 대륙 지각의 가열에 의해 마그마가 생성되는 과정이다.

ㄷ. A는 열점이 위치하는 하와이섬이다. 열점에서는 지하의 맨틀 물질이 상승하면서 압력이 낮아져 마그마가 생성되므로 A 지역에서는 주로 b → b′ 과정에 의해 마그마가 생성된다.

오답 피하기 ㄴ. ㉡은 물이 포함된 맨틀의 용융 곡선이고, ㉢은 물이 포함되지 않은 맨틀의 용융 곡선이다. 따라서 맨틀 물질에 물이 첨가되면 용융 곡선은 ㉢ → ㉡으로 변하여 용융점이 낮아진다.

079

답 ①

ㄱ. (가)는 밝은색을 띠므로 산성암이고, (나)는 어두운색을 띠므로 염기성암이다. 따라서 SiO_2 함량은 (가)가 (나)보다 많다.

오답 피하기 ㄴ. (가)는 세립질 조직을 보이고, (나)는 조립질 조직을 보이므로 (나)가 더 깊은 곳에서 생성되었다.

ㄷ. (가)는 산성암이고 화산암이므로 유문암이고, (나)는 염기성암이고 심성암이므로 반려암이다.

080

서술형 해결 전략

STEP 1 문제 포인트 파악

두 판 주변에 나타나는 해저 지형의 차이점이 무엇인지 설명할 수 있어야 한다.

STEP 2 자료 파악

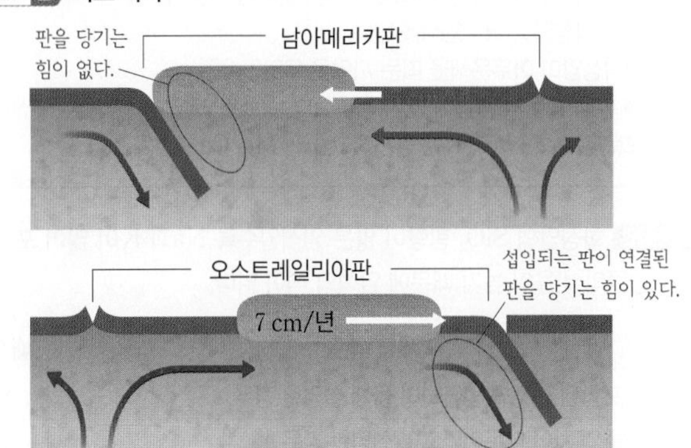

남아메리카판에는 맨틀 대류가 상승하는 발산형 경계가 있고, 오스트레일리아판에는 맨틀 대류의 상승부 및 하강부가 있다.

STEP 3 관련 개념 모으기

❶ 남아메리카판과 오스트레일리아판 중 섭입하는 판은 어느 것인가?
➡ 오스트레일리아판은 해령에서 생성되어 해구에서 섭입이 일어난다.

❷ 남아메리카판과 오스트레일리아판 중 판을 당기는 힘은 어느 판에서 작용하는가?
➡ 남아메리카판에는 판을 당기는 힘이 작용하지 않지만 오스트레일리아판은 판이 섭입되므로 섭입되는 판이 연결된 판을 당기는 힘이 작용한다.

예시 답안 오스트레일리아판은 해구에서 섭입하면서 소멸하므로 섭입할 때 연결된 판을 당기는 힘이 작용하여 이동 속도가 빠르다.

채점 기준	배점(%)
섭입대의 유무에 의한 판에 작용하는 힘의 차이로 이동 속도를 옳게 설명한 경우	100
판에 작용하는 힘의 차이만으로 이동 속도를 옳게 설명한 경우	80

081

서술형 해결 전략

STEP 1 문제 포인트 파악

안산암이 분포하는 지역의 경계선을 판 구조론의 관점에서 설명할 수 있어야 한다.

STEP 2 관련 개념 모으기

❶ 안산암의 경계선은 주로 어디에 나타나는가?
➡ 대륙과 해양의 경계 부근에 나타난다.

❷ 안산암이 분포하는 곳은 판의 경계와 어떤 관계가 있는가?
➡ 판의 섭입대를 따라 안산암이 분포한다.

예시 답안 대륙 쪽, 경계선은 해양판인 태평양판과 주변 대륙판과의 경계로 섭입대이다. 안산암은 판의 섭입대에서 생성되는 안산암질 마그마가 분출하여 굳어진 암석이므로 태평양판이 섭입하는 방향인 대륙 쪽에 분포한다.

채점 기준	배점(%)
분포 지역과 판단 근거를 모두 옳게 설명한 경우	100
판단 근거만 옳게 설명한 경우	70
분포 지역만 옳게 쓴 경우	30

082

서술형 해결 전략

STEP 1 문제 포인트 파악

화성암의 SiO_2 함량에 따라 많이 포함하는 원소를 설명할 수 있어야 한다.

STEP 2 관련 개념 모으기

❶ 염기성암과 산성암 중 어느 것이 어두운색을 띠는가?
→ 염기성암이 어두운색을 띤다.

❷ 염기성암이 어두운색을 띠는 까닭은 무엇인가?
→ 유색 광물의 함량이 많기 때문이다. 즉, 염기성암 → 중성암 → 산성암으로 갈수록 Na과 K은 증가하고, Fe, Mg, Ca은 감소한다.

예시 답안 화성암의 SiO_2 함량이 많은 암석일수록 Na과 K이 많이 포함된 밝은색 광물의 비율이 높기 때문에 암석의 색이 밝다.

채점 기준	배점(%)
광물에 포함된 원소를 언급하여 옳게 설명한 경우	100
조암 광물의 차이 때문이라고만 설명한 경우	30

실전 대비 평가 문제

26~29쪽

083 ② 084 ④ 085 ⑤ 086 ② 087 ③ 088 ③
089 ③ 090 ② 091 ⑤ 092 ③ 093 ⑤ 094 ③
095 해설 참조 096 해설 참조 097 해설 참조
098 해설 참조 099 해설 참조 100 해설 참조

083

답 ②

ㄷ. 고생대 말에는 북아메리카 대륙과 유럽이 하나로 모여 있었으므로 당시에 형성된 지질 구조가 연속성을 보인다.

오답 피하기 ㄱ. 고생대 말에는 초대륙이 형성되어 대서양이 존재하지 않았다.

ㄴ. 현재의 남극 대륙을 중심으로 초대륙이 위치하여 여러 대륙에서 빙하의 흔적이 나타난다.

084

답 ④

자료 분석하기 고지자기 북극의 겉보기 이동

- 6000만 년 전 이후 고지자기 북극의 위치가 북쪽으로 이동하였다. ➡ 실제 지리상 북극의 위치가 변하지 않았으므로 인도 대륙이 북쪽으로 이동하여 나타난 겉보기 현상이다.
- 6000만 년 전 고지자기 북극이 현재보다 약 45° 남쪽으로 떨어져 있다. ➡ 6000만 년 전 인도 대륙은 현재보다 약 45° 남쪽에 있었다.

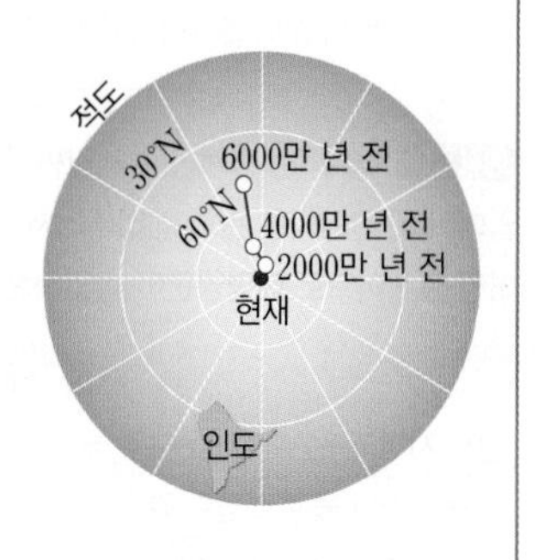

ㄱ. 6000만 년 전에 고지자기 북극이 현재 북극 위치에서 약 45° 떨어져 있는 것은 인도 대륙이 현재 위치에서 약 45° 남쪽에 있었기 때문이다. 따라서 현재 인도 대륙은 약 20°N에 있으므로 6000만 년 전에는 약 25°S에 위치하였다.

ㄷ. 실제 지리상 북극의 위치가 변하지 않았고 제시된 자료에서 인도 대륙의 위치를 고정하여 나타냈으므로 4000만 년 전~2000만 년 전 고지자기 북극이 현재의 북극 위치에 가까워진 까닭은 인도 대륙이 북쪽으로 이동하였기 때문에 나타난 겉보기 현상이다. 고위도로 갈수록 복각의 크기가 커지므로 인도 대륙에서 고지자기 복각은 4000만 년 전보다 2000만 년 전에 컸다.

오답 피하기 ㄴ. 고지자기 북극의 위치 변화는 인도 대륙의 이동에 의한 겉보기 현상으로, 고지자기 역전 현상과는 관련이 없다.

085

답 ⑤

ㄱ. 천발~심발 지진이 발생하므로 밀도가 큰 판이 밀도가 작은 판 아래로 섭입하면서 판의 경계 부근에 섭입대가 나타남을 알 수 있다.

ㄴ. 섭입대에서 화산 활동은 섭입당하는 판에서 일어나므로 판의 경계보다 경계의 서쪽에서 잘 일어난다.

ㄷ. 해구에서 대륙 쪽으로 갈수록 진원의 깊이가 깊어지는 까닭은 해양 지각이 대륙 지각 아래로 섭입하면서 지진이 발생하기 때문이다. 따라서 진원의 분포는 해양저 확장설에서 해양 지각의 소멸을 설명하는 증거가 된다.

086

답 ②

ㄷ. C는 해저 확장의 중심인 해령이므로 해양 지각의 연령은 C에 대해 대칭적으로 나타난다.

오답 피하기 ㄱ. B에서 A로 갈수록 해양 지각의 연령이 증가하므로 태평양판은 B에서 A로 이동한다.

ㄴ. A 부근에서 해양 지각의 연령이 최대이므로 이곳에서 해양 지각이 소멸된다.

087

답 ③

ㄱ. 섭입대에서는 두 판이 수렴하면서 밀도가 큰 판이 섭입하고, 섭입대를 따라 진원의 깊이가 점차 깊어진다. 따라서 판 A와 B의 경계는 천발 지진이 발생하는 ㉡에 가깝다.

ㄴ. 섭입대에서는 맨틀 물질의 부분 용융에 의해 현무암질 마그마가 생성되고, 현무암질 마그마가 상승하여 대륙 지각을 가열하면 유문암질 마그마가 생성된다. 이때, 현무암질 마그마와 유문암질 마그마가 혼합되면 안산암질 마그마가 되어 지표로 분출된다. 따라서 ㉠과 ㉡ 사이의 화산 활동은 주로 안산암질 마그마가 분출하여 일어난다.

오답 피하기 ㄷ. ㉢에서는 천발 지진만 발생하므로 해령이 존재한다. 해령은 맨틀 대류가 상승하는 곳에서 만들어지므로 ㉢ 부근의 지하에는 맨틀 대류의 상승부가 존재한다.

088

답 ③

ㄱ. A는 해령이다. 판이 서로 멀어지는 방향으로 이동하므로 판을 양쪽으로 밀어내는 힘이 작용하고, 해령 정상부에 갈라진 좁은 계곡인 열곡이 발달한다.

ㄷ. B는 마그마의 활동이 없어 화산 활동이 일어나지 않는 변환 단층이고, C는 판의 경계가 아니므로 화산 활동은 맨틀 대류가 상승하는 A에서만 일어난다.

오답 피하기 ㄴ. B는 보존형 경계(변환 단층)이고, C는 판의 경계가 아니므로 지진은 C보다 B에서 활발하게 일어난다.

089

답 ③

ㄱ. A는 차가운 플룸이므로 섭입대에서 하강한 물질에 의해 형성된다.
ㄷ. B는 고온의 물질이 상승하는 뜨거운 플룸이므로 열점은 B에 의해 형성된다.

오답 피하기 ㄴ. A는 주위보다 온도가 낮은 영역이므로 지진파의 속도가 빠르고, B는 주위보다 온도가 높은 영역이므로 지진파의 속도가 느리다.

090

답 ②

ㄷ. ㉠ 부근은 뜨거운 플룸이 상승하는 곳이므로 ㉡에서보다 지진파의 속력이 느리다.

오답 피하기 ㄱ. A의 지하에 열점이 있으므로 A는 현재 화산 활동이 일어나는 곳이고, 이곳에서 생성된 화산섬은 판의 이동 방향을 따라 열점에서 멀어진다. 따라서 A에서 B의 반대쪽으로 갈수록 오래된 화산섬이 분포한다.
ㄴ. 열점은 판의 경계와 관계없이 플룸 상승류에 의해 형성된다. A는 판의 내부에 있으므로 새로운 해양판이 생성되지 않는다.

091

답 ⑤

ㄱ. A 깊이의 맨틀 물질은 용융점보다 온도가 낮으므로 일반적으로 고체 상태이다.
ㄴ. 맨틀 물질에 물이 포함되면 용융점이 낮아진다. 따라서 A 깊이의 맨틀 물질 온도가 용융점보다 높아지므로 현무암질 마그마가 생성될 수 있다.
ㄷ. B 깊이의 화강암 물질이 가열되면 암석이 용융되어 유문암질 마그마가 생성될 수 있다.

092

답 ③

ㄱ. A는 화산암이므로 유문암이다. 유문암은 지표 부근에서 마그마가 빠르게 식어 굳은 화산암이므로 세립질 조직이 나타난다.
ㄷ. 마그마가 냉각되어 암석이 생성된 깊이는 심성암인 반려암(C)이 화산암인 유문암(A)보다 깊다.

오답 피하기 ㄴ. B는 화강암이고, C는 반려암이다. 산성암인 화강암은 염기성암인 반려암보다 (Na+K) 함량은 많고 (Fe+Ca+Mg) 함량은 적다. 따라서 $\frac{(Na+K)}{(Fe+Ca+Mg)}$ 값은 B(화강암)보다 C(반려암)가 작다.

093

답 ⑤

ㄱ. A는 감람석, 휘석 등의 어두운색 광물의 함량이 많은 염기성암, B는 어두운색 광물의 주성분이 휘석, 각섬석이고, 어두운색 광물의 함량이 절반 정도인 중성암, C는 사장석, 정장석, 석영 등의 밝은색 광물이 주성분인 산성암이다. 따라서 SiO_2 함량은 A가 가장 적다.
ㄴ. B는 중성암이고, 세립질 조직이 나타나는 화산암이므로 안산암이다.
ㄷ. C는 밝은색 광물의 함량이 많고, A는 어두운색 광물의 함량이 많으므로 암석의 색은 C가 A보다 밝다.

094

답 ③

ㄱ. 현무암으로 이루어진 ㉠의 지형들은 화산 활동에 의해 생성되었다.
ㄴ. 화강암은 지하 깊은 곳에서 생성된 심성암이고, ㉡의 지형들은 현재 지표에 노출되었으므로 지하에서 생성된 후 융기 과정을 거쳤다.

오답 피하기 ㄷ. ㉠은 신생대에 생성되었고, ㉡은 중생대에 생성되었다.

개념 더하기 우리나라의 화성암 지형

화산암 지형	• 신생대 화산 활동으로 마그마가 지표로 분출하여 형성된 현무암이 제주도, 한탄강 일대, 울릉도, 독도 등에서 산출된다. • 제주도의 마라도에서는 안산암을, 전라북도 변산반도에서는 유문암을 볼 수 있다.
심성암 지형	• 중생대 지각 변동으로 지하 깊은 곳에서 관입한 화강암이 북한산과 불암산, 계룡산, 월출산 등에서 산출된다. • 부산 황령산에서는 반려암을, 경주 양북면 해안에서는 섬록암을 볼 수 있다.

095

예시 답안 태평양에서는 해령과 해구가 모두 있지만 대서양에서는 해령만 존재하고 해구가 존재하지 않는다. 따라서 대서양에서는 섭입하는 판이 판 전체를 끌어당기는 힘이 작용하지 않으므로 해양판의 이동 속도는 태평양이 대서양보다 빠르다.

채점 기준	배점(%)
해양판의 이동 속도를 옳게 비교하고, 그 근거를 옳게 설명한 경우	100
해양판의 이동 속도만 옳게 비교한 경우	30

096

자료 분석하기 고지자기 줄무늬 해석

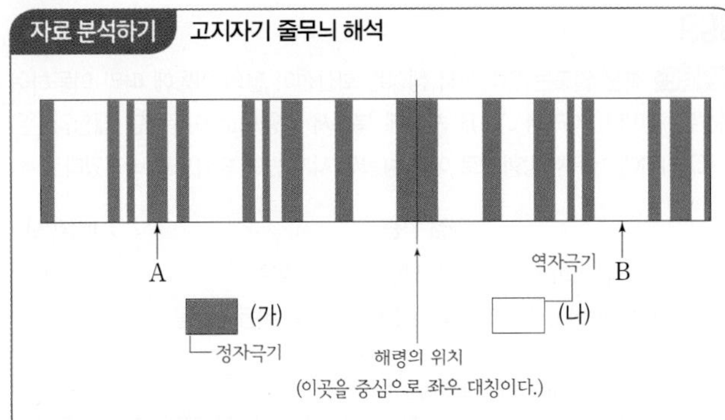

- 지구 자기장의 방향이 현재와 같은 시기를 정자극기, 현재와 반대인 시기를 역자극기라고 한다.
- 해령에서 새로운 해양 지각이 형성될 때 당시 지구 자기장의 방향으로 자화되었고, 해저가 양쪽으로 확장되면서 새로운 해양 지각이 계속 생성되었다. 지구 자기장의 방향은 지질 시대 동안 반복적으로 바뀌었으므로 해령을 중심으로 하여 고지자기의 자화 방향은 줄무늬의 대칭이 나타나게 된다.
- 해령의 위치 찾는 방법 ➡ 해령을 기준으로 고지자기는 대칭적으로 나타나므로 기준을 삼았을 때 양쪽으로 대칭이 나타나는 부분을 찾는다.

예시 답안 (가) 정자극기, (나) 역자극기, 해령을 중심으로 고지자기 줄무늬가 대칭적으로 나타나므로 그림에서 해령의 위치는 중앙에서 약간 오른쪽에 치우친 (가)의 줄무늬이다. 따라서 (가)는 고지자기의 방향이 현재와 같은 정자극기이고, (나)는 현재와 반대 방향인 역자극기이다.

채점 기준	배점(%)
정자극기와 역자극기를 구분하고, 그 까닭을 옳게 설명한 경우	100
정자극기와 역자극기만 옳게 구분한 경우	30

097

해령에서 생성된 해양 지각은 해저가 확장되면서 해령을 중심으로 양옆으로 이동해 간다. 따라서 해령에서 먼 곳에 있는 해양 지각의 나이가 더 많다.

예시 답안 A의 나이가 B의 나이보다 많다. 해양 지각의 나이는 해령으로부터의 거리가 먼 곳일수록 많기 때문이다.

채점 기준	배점(%)
A와 B의 나이를 옳게 비교하고, 그 까닭을 옳게 설명한 경우	100
A와 B의 나이만 옳게 비교한 경우	30

098

해령은 맨틀 대류의 상승부이고, 해구는 맨틀 대류의 하강부이므로 해령에서는 고온의 마그마가 상승하여 새로운 해양 지각이 생성된다. 해령에서 생성된 해양 지각은 해양저가 확장되면서 해구 쪽으로 이동하고 해구에서는 오래된 해양 지각이 섭입하여 소멸된다. 이때 오래된 지각일수록 퇴적물이 오래 쌓이므로 해저 퇴적물의 두께가 두껍다.

예시 답안 해양 지각의 나이가 증가하고, 해저 퇴적물의 두께가 두꺼워진다.

채점 기준	배점(%)
해양 지각의 나이와 해저 퇴적물의 두께를 옳게 설명한 경우	100
해양 지각의 나이와 해저 퇴적물의 두께 중 1가지만 옳게 설명한 경우	50

099

예시 답안 화산 열도는 열점에서 생성된 화산섬이 판의 이동에 따라 이동하여 생성된 것이다. 따라서 A-B 시기에 북북서 방향으로 이동하던 태평양판은 B-C 시기에 서북서 방향으로 이동 방향이 시계 반대 방향으로 바뀌었다.

채점 기준	배점(%)
판의 이동 방향 변화를 근거와 함께 옳게 설명한 경우	100
판의 이동 방향 변화의 근거를 옳게 설명하였으나 이동 방향을 잘못 쓴 경우	60
판의 이동 방향 변화만 옳게 쓴 경우	30

100

예시 답안 (가)는 (나)보다 무색 광물의 함량이 많아 밝은색을 띠며, 결정의 크기가 크고 고른 조립질 조직이 나타난다. 따라서 (가)는 화강암이다.

채점 기준	배점(%)
암석의 이름과 판단 근거를 모두 옳게 설명한 경우	100
암석의 이름만 옳게 쓴 경우	20

Ⅱ 지구의 역사

03 퇴적 구조와 지질 구조

개념 확인 문제 31쪽

101 속성 작용	102 사암	103 화학적	104 ○
105 ×	106 ○	107 ×	108 절리
109 관입	110 습곡	111 단층	112 부정합

101
답 속성 작용

퇴적물이 쌓인 후 물리적, 화학적, 생화학적 변화를 받아 퇴적암이 생성되기까지의 전체 과정을 속성 작용이라고 한다.

102
답 사암

암석이 풍화·침식을 받아 생성된 점토, 모래, 자갈 등의 퇴적물이 쌓여서 생성된 쇄설성 퇴적암은 입자의 크기에 따라 셰일, 사암, 역암 등으로 구분한다.

103
답 화학적

물에 녹아 있던 물질이 화학적으로 침전하거나 물이 증발하면서 물질이 침전하여 생성된 퇴적암을 화학적 퇴적암이라고 한다.

104
답 ○

사층리는 층리가 평행하지 않고 기울어져 있거나 엇갈린 모양의 퇴적 구조이다.

105
답 ×

건열은 수심이 얕은 물밑에 점토질 물질이 쌓인 후 대기에 노출되어 건조되면서 퇴적물의 표면이 갈라져 생긴 퇴적 구조이다.

106
답 ○

선상지, 하천, 호수, 사막 등의 육상 환경에서는 주로 쇄설성 퇴적물이 퇴적된다.

107
답 ×

삼각주와 석호는 육상 환경과 해양 환경 사이에서 형성되는 연안 환경에 속한다.

108
답 절리

암석 내에 생긴 틈이나 균열을 절리라고 한다.

109
답 관입

마그마가 기존 암석의 약한 틈을 뚫고 들어간 후 화성암으로 굳어지는 과정을 관입이라고 한다.

110
답 습곡

지층이 지하 깊은 곳에서 양쪽에서 미는 횡압력을 받아 휘어진 지질 구조를 습곡이라고 한다.

111
답 단층

지층이 힘을 받아 끊어진 후 양쪽의 암석이 상대적으로 이동하여 서로 어긋나 있는 지질 구조를 단층이라고 한다.

112
답 부정합

퇴적이 오랫동안 중단되어 시간적으로 불연속적인 상하 두 지층 사이의 관계를 부정합이라고 한다.

기출 분석 문제
32~37쪽

113 ①	114 ⑤	115 해설 참조	116 ③	117 ④
118 ④	119 ④	120 ⑤	121 ④	122 ③	123 ⑤
124 ②	125 ④	126 ③	127 A: 배사, B: 향사	128 ①
129 ③	130 A: 하반, B: 상반, C: 단층면	131 ②	132 ②
133 ④	134 ⑤	135 경사 부정합	136 ①	137 ④
138 ①	139 ①	140 ④	141 ②	

113
답 ①

① 퇴적물은 선상지나 사막과 같은 육상 환경에서도 퇴적되지만 대부분 대륙붕이나 심해저와 같은 해양 환경에서 퇴적되므로, 퇴적암은 대부분 해양 환경에서 만들어진다.

오답 피하기 ② 퇴적암에는 고생물의 유해나 활동 흔적이 지층 속에 남아 화석으로 보존되는 경우도 있다.

③ 퇴적암은 퇴적물이 쌓인 후 다져지고 굳어지는 속성 작용을 받아 생성된다.

④ 퇴적암에 나타나는 퇴적 구조나 산출되는 화석은 생물의 변천 과정이나 지구의 역사를 이해하는 데 중요한 자료가 된다.

⑤ 퇴적 환경과 퇴적물의 종류에 따라 입자의 크기, 색깔, 성분 등이 다른 퇴적물이 쌓이면 해수면과 나란한 줄무늬 구조인 층리가 형성되기도 한다.

114
답 ⑤

자료 분석하기 속성 작용

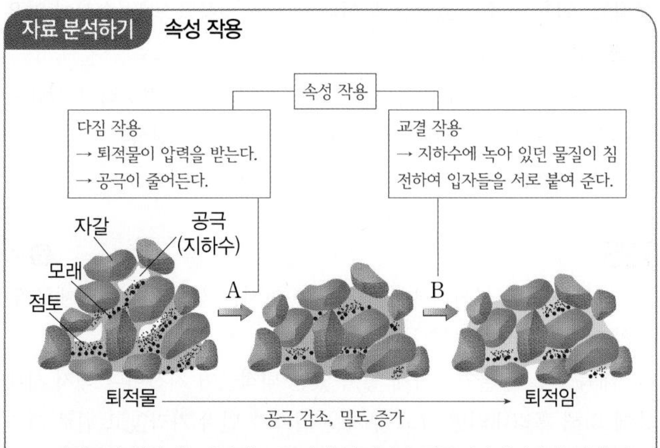

- 퇴적물이 쌓인 후 다져지고 굳어져 퇴적암이 만들어지기까지의 전체 과정을 속성 작용이라고 한다.
- 퇴적물이 속성 작용을 받으면 공극이 감소하고 밀도가 증가한다.

ㄱ. A는 다짐 작용을 나타낸 것이다. 다짐 작용은 퇴적물 사이에 있던 물이 빠져나가고 입자들 사이의 공극이 줄어들면서 치밀하고 단단해지는 과정으로 위에 쌓인 퇴적물의 압력에 의해 일어난다.

ㄴ. B는 교결 작용을 나타낸 것이다. 교결 작용은 퇴적물 속의 수분이나 지하수에 녹아 있던 탄산 칼슘, 규산염 물질, 철분 등이 침전되면서 입자 사이의 간격을 메우고 입자들을 서로 붙여 주는 과정이다.

ㄷ. 주로 자갈로 이루어진 퇴적물이 다짐 작용과 교결 작용을 받아 생성된 퇴적암을 역암이라고 한다.

115

퇴적물이 속성 작용을 거치면서 퇴적물 사이의 간격이 좁아지고 치밀해지며, 교결 물질에 의해 퇴적물이 서로 붙으므로 공극이 감소하고 밀도는 증가한다.

예시 답안 퇴적물이 다짐 작용과 교결 작용을 받으면 공극이 감소하고 밀도가 증가한다.

채점 기준	배점(%)
공극 변화와 밀도 변화를 모두 옳게 쓴 경우	100
공극 변화와 밀도 변화 중 1가지만 옳게 쓴 경우	50

116
답 ③

ㄱ. 응회암은 화산재가 쌓이고 굳어져 만들어진 퇴적암이므로 ㉠은 화산재이다.

ㄷ. 해수에 녹아 있던 물질이 증발하면서 남은 물질이 침전하여 생성된 암석은 화학적 퇴적암으로, 화학적 퇴적암에는 (나)의 석회암, 암염 등이 있다.

오답 피하기 ㄴ. ㉡은 해수에 녹아 있던 Ca^{2+}과 CO_3^{2-}이 화학적으로 결합하여 해저에 퇴적되거나 석회질 생물체가 퇴적되어 굳은 석회암이다.

117
답 ④

ㄴ. 퇴적물이 다짐 작용과 교결 작용을 받아 퇴적암이 만들어지기까지의 전체 과정을 속성 작용이라고 한다. 모든 퇴적암은 속성 작용을 거쳐 만들어지므로 (가)와 (나)는 속성 작용을 받아 생성되었다.

ㄷ. 층리는 입자의 크기, 색깔, 성분 등이 다른 퇴적물이 쌓여 만들어진 줄무늬 구조로, 셰일과 같은 쇄설성 퇴적암에서 뚜렷하게 나타나는 경우가 많다.

오답 피하기 ㄱ. (가)의 석고는 물속에 녹아 있던 물질이 화학적으로 침전하거나 물이 증발하면서 침전되어 생성된 화학적 퇴적암이고, (나)의 셰일은 퇴적물이 운반된 후 쌓여 생성된 쇄설성 퇴적암이다.

118
답 ④

ㄴ. 암염은 해수 중에 녹아 있는 여러 성분 중 NaCl 성분이 침전되어 만들어진다.

ㄷ. 사암은 기존의 암석이 풍화·침식을 받아 생성된 쇄설물이 쌓여서 생성된 쇄설성 퇴적암이고, 암염은 물에 녹아 있던 물질이 침전되어 생성된 화학적 퇴적암이다.

오답 피하기 ㄱ. 사암은 주로 모래가 쌓여서 만들어진 퇴적암이다. 주로 점토가 쌓여서 만들어진 퇴적암은 셰일이다.

119
답 ④

셰일은 주로 점토가 쌓여서 생성된 쇄설성 퇴적암이고, 응회암은 화산재가 쌓여서 생성된 쇄설성 퇴적암이다. 석탄은 식물체가 매몰되어 생성된 유기적 퇴적암이다. 따라서 A는 응회암, B는 석탄, C는 셰일이다.

120
답 ⑤

⑤ 주상 절리는 지표로 분출한 용암이 급격하게 식을 때 부피가 수축하여 생성된 지질 구조이다.

오답 피하기 ① 건열은 퇴적물이 쌓인 후 건조한 환경에 노출되어 표면이 쐐기 모양으로 갈라진 퇴적 구조이다.
② 연흔은 퇴적물의 표면에 물결 모양의 흔적이 남아 있는 퇴적 구조이다.
③ 사층리는 층리가 평행하지 않고 기울어져 있거나 엇갈린 모양의 퇴적 구조이다.
④ 점이 층리는 퇴적물이 쌓일 때 입자의 크기에 따라 분리되어 생성된 퇴적 구조이다.

121
답 ④

ㄴ. A는 사층리로 물이나 바람에 의해 운반된 퇴적물이 쌓여 형성된 층리면이 수평면에 나란하지 않고 기울어져 나타나는 퇴적 구조이다.
ㄷ. B는 수심이 얕은 물밑에서 퇴적물이 쌓일 때 물결의 흔적이 남아 있는 연흔으로, 층리면에서 관찰한 모습이다.

오답 피하기 ㄱ. 해수면이 상승하는 과정에서 퇴적물이 쌓이면 위로 갈수록 입자의 크기가 작아지므로 역암 → 사암 → 이암 순으로 지층이 형성된다.

개념 더하기 해수면 변화와 퇴적암의 종류

- 퇴적물 입자는 크기가 작을수록 해안으로부터 먼 거리까지 이동하여 쌓인다.
  ➡ 수심이 깊어질수록 대체로 입자의 크기가 작은 퇴적물이 쌓인다.
- 해수면이 하강하면 수심이 얕아지므로 이전보다 큰 퇴적물 입자가 쌓인다.
  ➡ 위로 갈수록 이암(셰일) → 사암 → 역암 순으로 지층이 형성된다.

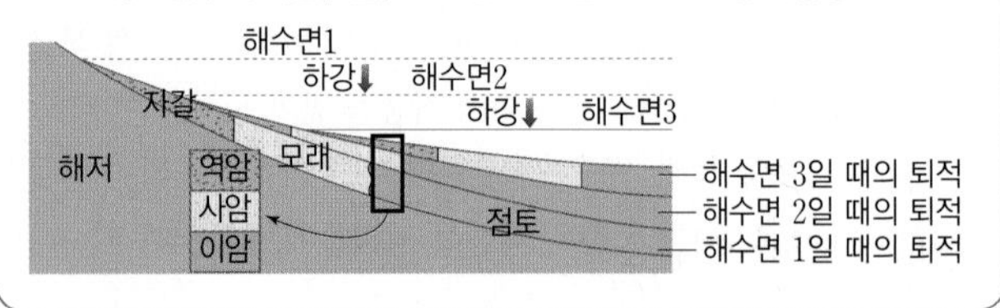

122
답 ③

A. 기존의 암석이 풍화 · 침식을 받아 생성된 쇄설물이 쌓여서 생성된 쇄설성 퇴적암은 주요 구성 입자의 크기에 따라 역암, 사암, 셰일 등으로 구분한다. 역암은 주로 자갈, 사암은 주로 모래, 셰일은 주로 점토가 쌓여서 생성된 것이다.
B. 퇴적 구조는 퇴적 환경에 따라 특징적인 형태를 띠므로 이를 이용하면 퇴적된 당시의 환경을 추정할 수 있고, 지층의 역전 여부를 판단할 수 있다.

오답 피하기 C. 연흔은 수심이 얕은 바다나 호수에서 퇴적물이 퇴적될 때 흐르는 물이나 파도의 자국이 퇴적물의 표면에 남아 있는 퇴적 구조이다.

123
답 ⑤

ㄱ. (가)는 퇴적물이 수심이 깊은 곳으로 한꺼번에 쓸려 내려간 후 입자가 큰 것부터 먼저 가라앉아 형성되는 점이 층리이고, (나)는 수심이 얕은 곳에 쌓인 퇴적물이 건조한 환경에 노출되면서 퇴적물 표면이 말라 갈라져 형성되는 건열이다. 따라서 (가)는 (나)보다 수심이 깊은 환경에서 형성된다.
ㄴ. (나)는 퇴적물 표면이 마르면서 갈라진 것이므로 주로 자갈로 이루어진 역암층보다 점토로 이루어진 이암층에서 잘 형성된다.
ㄷ. (나)는 갈라져 생긴 쐐기 모양이 위를 향하므로 역전된 지층이다. 따라서 상부의 지층이 하부의 지층보다 먼저 형성되었다.

124 필수 유형
답 ②

자료 분석하기 퇴적 구조

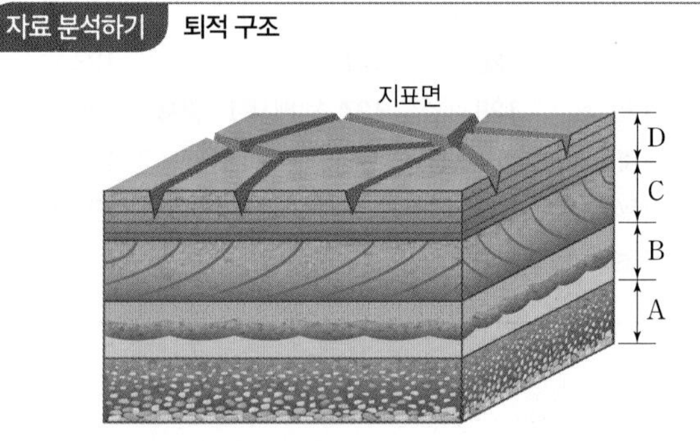

- A는 점이 층리, B는 연흔, C는 사층리, D는 건열이다.
- 지층이 역전되지 않았을 때, 점이 층리는 위로 갈수록 입자의 크기가 작아지고, 연흔은 물결 흔적의 뾰족한 부분이 위를 향한다. 또, 사층리는 위로 갈수록 수평면과 사층리가 이루는 각이 커지고, 건열은 위로 갈수록 쐐기 모양(V자 모양)의 틈이 넓어진다.
- 지층이 쌓인 모양으로 보아 점이 층리, 연흔, 사층리, 건열 모두 지층의 역전이 없었다. ➡ 아래에서 위로 갈수록 최근에 형성된 퇴적 구조이다.

ㄴ. 사층리는 위에서 아래로 갈수록 지층면이 수평면과 이루는 각이 작아지고, 건열은 쐐기 모양으로 갈라진 부분이 위에서 아래로 갈수록 좁아진다. 따라서 이 지역에 나타나는 사층리와 건열은 모두 역전되지 않은 지층이므로 아래에 있는 사층리가 위에 있는 건열보다 먼저 생성되었다.

오답 피하기 ㄱ. A는 점이 층리, B는 연흔, C는 사층리, D는 건열이다. 점이 층리는 주로 대륙대와 같이 비교적 수심이 깊은 곳에서 생성되고, 연흔은 주로 흐르는 물이나 파도의 영향을 받는 수심이 얕은 물밑에서 생성된다.
ㄷ. 이 지역의 지층에 나타나는 퇴적 구조는 모두 정상적인 상태이다. 따라서 이 지역에서는 A~D의 퇴적 구조가 생성된 후 지층이 역전되지 않았다.

125
답 ④

ㄴ. 경사가 급한 골짜기에서 평지로 이어지는 선상지에는 대체로 입자의 크기가 다양한 쇄설물이 퇴적된다.
ㄷ. 대륙붕 끝에 불안정하게 쌓여 있던 퇴적물이 지진이나 해저 사태 등에 의해 흘러내리면 크고 무거운 입자가 먼저 가라앉고 위로 가면서 점차 작고 가벼운 입자가 쌓여 점이 층리가 생성될 수 있다.

오답 피하기 ㄱ. A는 선상지, B는 삼각주, C는 대륙대이다. 선상지는 육상 환경, 삼각주는 연안 환경, 대륙대는 해양 환경에 속한다.

126
답 ③

ㄱ. (가)는 호수 밑바닥에서 생성되었으므로 육상 환경에서 퇴적된 것이다. (나)의 석회암은 화학적 퇴적암 또는 유기적 퇴적암이므로 해양 환경에서 퇴적된 것이다.
ㄴ. (가)에서 퇴적층이 차곡차곡 쌓여 있는 것으로 보이는 것은 층리가 뚜렷하게 발달했기 때문이다.
오답 피하기 ㄷ. 연흔과 건열은 수심이 얕은 환경에서 형성되는 퇴적 구조이다.

127
답 A: 배사, B: 향사

습곡 구조에서 위로 볼록하게 휘어진 부분을 배사, 아래로 오목하게 휘어진 부분을 향사라고 한다.

128
답 ①

ㄱ. 열곡대에서는 양쪽으로 잡아당기는 힘인 장력이 우세하게 작용하고, 충돌대에서는 양쪽에서 미는 힘인 횡압력이 우세하게 작용한다. 습곡은 횡압력이 작용하여 형성되므로 열곡대보다 충돌대에서 잘 형성된다.
오답 피하기 ㄴ. 횡와 습곡은 습곡축면이 수평면에 대해 거의 수평으로 누운 습곡이다. 그림의 습곡은 습곡축면이 수평면에 대하여 거의 수직인 정습곡이다.
ㄷ. 정단층은 장력에 의해 형성되고, 습곡과 역단층은 횡압력에 의해 형성된다. 따라서 습곡은 정단층을 형성하는 것과 다른 종류의 힘이 작용하였다.

129
답 ③

ㄱ. 습곡은 습곡축면과 날개의 기울기에 따라 정습곡(가), 경사 습곡(나), 횡와 습곡(다) 등으로 구분한다. 정습곡은 습곡축면이 수평면에 대해 거의 수직이고, 두 날개의 경사각이 같으며, 두 날개의 경사 방향이 서로 반대인 습곡이다.
ㄷ. 횡와 습곡은 습곡축면이 수평에 가깝게 기울어져 있는 습곡으로 지층이 휘어지면서 먼저 쌓인 지층의 일부가 나중에 쌓인 지층 위로 올라와 지층이 역전된 부분이 나타난다.
오답 피하기 ㄴ. 경사 습곡은 습곡축면이 수평면에 대하여 기울어져 있고, 두 날개의 경사 방향은 같으며, 두 날개의 경사각이 서로 다른 습곡이다.

130
답 A: 하반, B: 상반, C: 단층면

지층이 끊어진 면을 단층면, 단층면이 경사져 있을 때 단층면 위에 놓인 부분을 상반, 단층면 아래에 놓인 부분을 하반이라고 한다.

131
답 ②

ㄷ. (다)는 단층면을 따라 지층이 수평 방향으로 이동한 주향 이동 단층이다.
오답 피하기 ㄱ. (가)는 단층면 위에 놓인 상반이 단층면 아래에 놓인 하반에 대해 아래로 이동한 정단층이다.
ㄴ. (나)는 단층면 위에 놓인 상반이 단층면 아래에 놓인 하반에 대해 위로 이동한 역단층으로 횡압력이 작용하여 생성되었다.

132
답 ②

ㄷ. 정단층은 지층이 양쪽에서 잡아당기는 장력을 받아 형성되므로 주로 발산형 경계에서 형성된다. 수렴형 경계에서는 주로 지층에 횡압력이 작용하여 습곡이나 역단층이 형성된다.
오답 피하기 ㄱ, ㄴ. 이 지역에서 나타나는 단층은 모두 상반이 하반에 대해 아래로 이동한 정단층이다. 따라서 상반이 중력 방향으로 이동했다.

133
답 ④

ㄴ, ㄷ. A와 B는 부정합 관계이므로 B가 퇴적된 후 A가 퇴적되기 전까지 침식 작용을 받아 두 지층 사이에 시간적 공백이 크다는 것을 알 수 있다. 따라서 A와 B에서 산출되는 화석의 종류는 크게 다르다.
오답 피하기 ㄱ. A는 부정합면 위에 있으므로 침식 작용을 받은 적이 없이 물밑에서 연속적으로 퇴적이 일어났다.

134
답 ⑤

ㄱ. (가) → (나) 과정은 물밑에서 퇴적물이 쌓여 지층이 형성된 후 횡압력을 받아 습곡 작용이 일어나면서 융기하여 육지로 드러나는 과정이다.
ㄴ. (나) → (다) 과정은 육지로 드러난 지층의 일부가 풍화·침식 작용을 받아 깎여 나가는 과정이다.
ㄷ. (다) → (라) 과정은 육지로 드러났던 지층이 다시 물밑으로 침강하여 새로운 지층이 생성되는 과정이다. 이 과정에서 부정합면 위에 놓인 지층에는 자갈 등이 퇴적되어 기저 역암이 생성될 수 있다.

135
답 경사 부정합

부정합면을 경계로 아래에 쌓인 지층의 경사 방향과 위에 쌓인 지층의 경사 방향이 서로 다른 부정합을 경사 부정합이라고 한다. 경사 부정합은 퇴적물이 쌓인 후 조산 운동 등의 지각 변동을 받아 지층이 기울어진 후 침식 작용이 일어나고 그 위에 다시 퇴적물이 쌓여 생성된다.

136 필수 유형
답 ①

자료 분석하기 평행 부정합과 경사 부정합

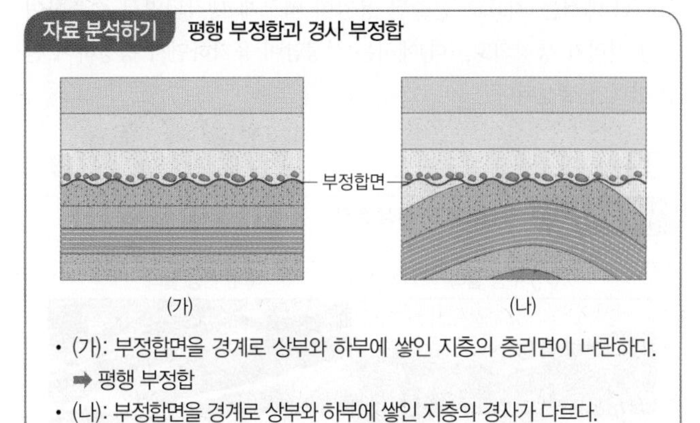

- (가): 부정합면을 경계로 상부와 하부에 쌓인 지층의 층리면이 나란하다.
  ➡ 평행 부정합
- (나): 부정합면을 경계로 상부와 하부에 쌓인 지층의 경사가 다르다.
  ➡ 경사 부정합

ㄱ. 부정합은 해수면 아래에서 퇴적된 지층이 융기하여 풍화·침식 작용을 받은 후 다시 해수면 아래로 침강하여 생성되므로 (가)에서 부정합면 아래의 지층은 해수면 위로 노출된 적이 있었다.

오답 피하기 ㄴ. (나)에서 부정합면 아래의 지층에만 습곡 구조가 나타나므로 습곡 작용은 부정합면이 생성되기 전에 일어났음을 알 수 있다.
ㄷ. 평행 부정합은 주로 넓은 범위에 걸쳐 지각이 서서히 융기하거나 침강하는 조륙 운동 과정에서 생성되고, 경사 부정합은 주로 거대한 습곡 산맥을 형성하는 지각 변동인 조산 운동 과정에서 생성된다.

개념 더하기 **평행 부정합과 경사 부정합**

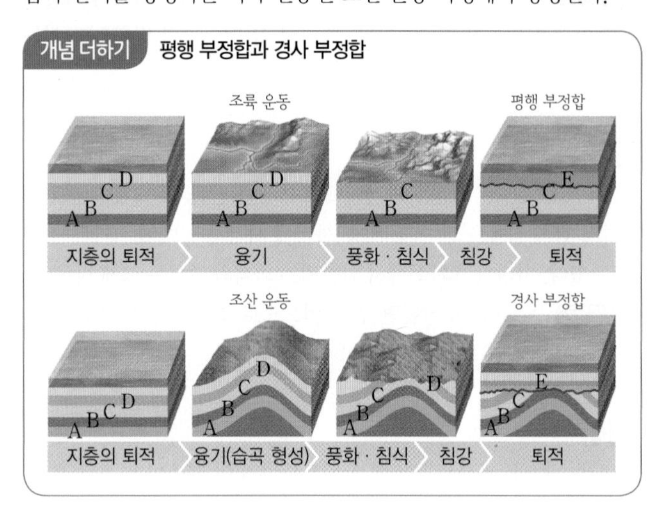

137

답 ④

ㄴ. 셰일층 아래에는 심성암인 화강암과 변성암인 규암이 분포하므로 셰일층과 규암층 사이에는 난정합이 나타난다.
ㄷ. 부정합이 1개 생성될 때마다 융기와 침강이 각각 1번씩 일어난다. 이 지역에는 2개의 부정합이 나타나고 현재 지표가 해수면 위로 융기한 상태이다. 따라서 이 지역에서는 현재까지 적어도 3번의 융기와 2번의 침강이 있었다.
오답 피하기 ㄱ. 석회암층 하부에 기저 역암이 나타나는 것으로 보아 석회암층과 셰일층은 부정합 관계이다.

138

답 ①

ㄱ. 마그마가 주변 암석을 뚫고 들어가는 것을 관입이라고 하고, 이 과정에서 마그마가 굳어져 생성된 화성암을 관입암이라고 한다.
오답 피하기 ㄴ. (나)에서 생기는 주상 절리는 오각형이나 육각형의 긴 기둥 모양이다.
ㄷ. (나)에서는 지표로 분출된 용암이 빠르게 냉각되면서 수축하여 주상 절리가 생성되고, (다)에서는 심성암이 융기하면서 팽창하여 판상 절리가 생성된다.

139

답 ①

자료 분석하기 **주상 절리와 판상 절리**

(가) 주상 절리	(나) 판상 절리

지표로 분출한 용암의 냉각과 수축에 의해 생성된다. → 오각형, 육각형 기둥 모양으로 갈라진다. → 주상 절리	암석이 융기할 때 압력 감소에 의한 부피 팽창으로 생성된다. → 판 모양으로 갈라진다. → 판상 절리

ㄱ. (가)는 단면이 오각형이나 육각형 모양의 긴 기둥을 이루고 있는 주상 절리, (나)는 얇은 판 모양으로 갈라져 있는 판상 절리를 나타낸 것이다.
오답 피하기 ㄴ, ㄷ. 주상 절리는 지표로 분출한 용암이 냉각되는 과정에서 부피가 수축하여 생성되고, 판상 절리는 지하 깊은 곳에 있던 암석이 융기하면서 압력 감소에 의해 부피가 팽창하여 생성된다. 따라서 주상 절리는 화산암, 판상 절리는 심성암에서 잘 나타난다.

140

답 ④

ㄴ. 마그마가 식어서 만들어진 화성암은 냉각 속도가 빠를수록 광물 결정의 크기가 작다. A는 중심부에서 가장자리로 갈수록 빠르게 냉각되어 생성되었으므로 결정의 크기가 작아진다.
ㄷ. 마그마는 주변의 암석에 비해 온도가 매우 높으므로 관입이 일어날 때는 마그마 주변의 암석이 열을 받아 변성 작용이 일어난다. 따라서 A와 B의 경계 부분에는 마그마가 관입할 때 B가 마그마의 높은 열에 의해 변성 작용을 받은 암석이 분포한다.
오답 피하기 ㄱ. 지하에서 마그마가 암석의 틈을 따라 들어가 화성암으로 굳어지는 과정을 관입이라고 한다. A는 B의 약한 틈을 뚫고 들어가 굳어진 관입암이므로 A는 B보다 나중에 생성되었다.

141

답 ②

ㄴ. (나)에서는 사암의 하부가 열에 의한 변성을 받지 않았고, 기저 역암이 발견되므로 화성암이 만들어지고 화성암이 침식된 후 사암이 퇴적된 것이다.
오답 피하기 ㄱ. (가)의 화성암은 상부에 사암이 열에 의해 변성되었으므로 마그마가 주변 암석을 뚫고 들어간 것이다. 따라서 (가)의 화성암은 관입암이다.
ㄷ. (가)의 화성암은 사암보다 나중에 생성되었으므로 마그마가 관입하면서 사암을 포획하여 포획암으로 나타날 수 있다. 반면, (나)의 화성암은 사암보다 먼저 생성되었으므로 사암이 포획암으로 나타날 수 없다.

1등급 완성 문제

38~39쪽

142 ③ 143 ② 144 ② 145 ② 146 ② 147 ③
148 해설 참조 149 해설 참조 150 해설 참조

142

답 ③

ㄱ. 지표에 노출된 암석은 물, 공기 등에 의해 풍화·침식 작용을 받으면 물에 용해되거나 암석의 부스러기인 쇄설물이 생성된다.
ㄴ. 화산 활동 과정에서 분출된 화산 쇄설물 중 화산재가 쌓여서 굳어지면 응회암이 된다.
오답 피하기 ㄷ. 물에 용해된 물질이 침전되어 생성된 퇴적암은 화학적 퇴적암, 쇄설물이 쌓여서 생성된 퇴적암은 쇄설성 퇴적암이다.

143

답 ②

자료 분석하기 퇴적암의 형성

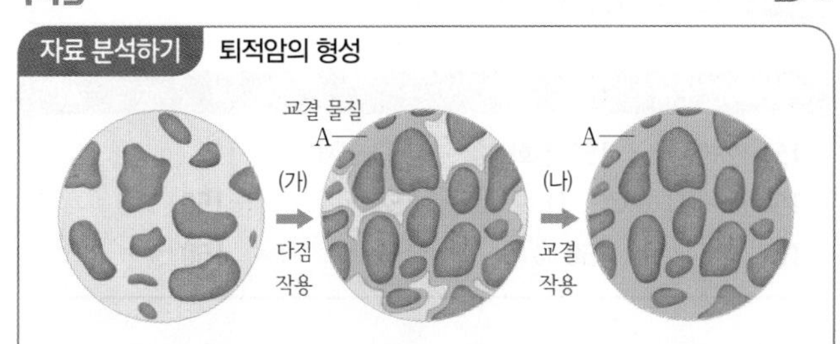

- (가)는 다짐 작용으로, 이 과정에서 퇴적물 사이의 공극이 감소한다.
- (나)는 교결 작용으로, 퇴적물이 굳어지는 과정이다.

ㄷ. A는 퇴적암이 만들어질 때 퇴적물 입자 사이의 간격을 메우고 서로 붙여 주는 역할을 하는 교결 물질이다. 교결 물질에는 퇴적물 속의 수분이나 지하수에 녹아 있던 탄산 칼슘, 규산염 광물, 철분 등이 있다.

오답 피하기 ㄱ. (가)에서는 다짐 작용을 받아 퇴적물 사이의 공극이 감소하고, (나)에서는 퇴적물 사이의 공극에 교결 물질이 채워지므로 (가) → (나)로 갈수록 퇴적물의 밀도는 증가한다.

ㄴ. 퇴적물이 퇴적암이 되기까지의 (가)와 (나) 전체 과정을 속성 작용이라고 하며, 모든 퇴적암은 속성 작용을 받아 생성된다.

144

답 ②

ㄷ. A의 점이 층리와 B와 C 사이의 층리면에 존재하는 연흔의 모양을 볼 때 이 지역의 지층은 A → B → C 순으로 형성되었다. 따라서 가장 나중에 형성된 지층은 C이다.

오답 피하기 ㄱ. A의 퇴적 구조는 지층의 아래에서 위로 갈수록 퇴적물 입자의 크기가 작아지므로 쇄설성 퇴적암에서 잘 나타난다.

ㄴ. B와 C 사이에서 관찰되는 퇴적 구조는 연흔이다. 연흔은 주로 수심이 얕은 물밑에서 형성된다.

145

답 ②

ㄷ. 판과 판이 서로 가까워지는 수렴형 경계에서는 횡압력이 작용하여 역단층과 습곡이 모두 생성될 수 있다.

오답 피하기 ㄱ. (가)는 역단층이다. 단층면이 경사져 있을 때 단층면 위에 놓인 부분을 상반, 단층면 아래에 놓인 부분을 하반이라고 한다. 역단층은 상반이 하반에 대해 위로 이동한 지질 구조이고, 상반이 하반에 대해 아래로 이동한 지질 구조는 정단층이다.

ㄴ. (나)는 습곡 구조이다. 온도가 낮은 지표 부근에서 횡압력을 받은 지층은 끊어져서 단층이 생성되고, 비교적 온도가 높은 지하 깊은 곳에서 횡압력을 받은 지층은 끊어지기보다 휘어지기가 쉬워 습곡이 생성된다.

개념 더하기 판의 경계와 지질 구조

판 경계	발산형 경계	수렴형 경계	보존형 경계
지질 구조	지층에 장력이 작용하여 정단층이 발달	지층에 횡압력이 작용하여 습곡이나 역단층이 발달	두 판이 서로 엇갈리면서 주향 이동 단층(변환 단층)이 발달
지형 예	동아프리카 열곡대	히말라야산맥, 알프스산맥	산안드레아스 단층

146

답 ②

ㄷ. (나)에서 부정합면 하부의 지층 중 사암은 셰일보다 나중에 생성되었으므로 부정합면을 경계로 서로 접해있는 두 지층 사이의 시간 간격은 A보다 B에서 크다.

오답 피하기 ㄱ. 부정합면 아래의 지층이 심성암이나 변성암으로 이루어진 부정합은 난정합이다. (가)는 부정합면 아래의 지층이 변성암인 편마암으로 이루어져 있으므로 난정합이다.

ㄴ. 부정합면을 경계로 상하 지층의 경사가 다른 부정합은 경사 부정합이다. (나)는 경사 부정합으로, 주로 조산 운동 과정에서 생성된다. 조륙 운동 과정에서는 주로 부정합면을 경계로 상하 지층이 나란한 평행 부정합이 생성된다.

147

답 ③

ㄱ. (가)는 지층이 양쪽에서 미는 힘인 횡압력을 받아 휘어진 구조인 습곡이다.

ㄴ. (나)는 지표로 분출한 용암이 빠르게 식는 과정에서 수축하여 만들어진 주상 절리로, 현무암에서 잘 형성된다. 화강암에서 잘 나타나는 절리는 판상 절리이다.

오답 피하기 ㄷ. (다)의 A는 마그마가 암석을 관입하는 과정에서 암석 조각이 마그마에 포획되어 남은 포획암이다.

148

서술형 해결 전략

STEP 1 문제 포인트 파악

판상 절리의 생성 과정을 파악할 수 있어야 한다.

STEP 2 자료 파악

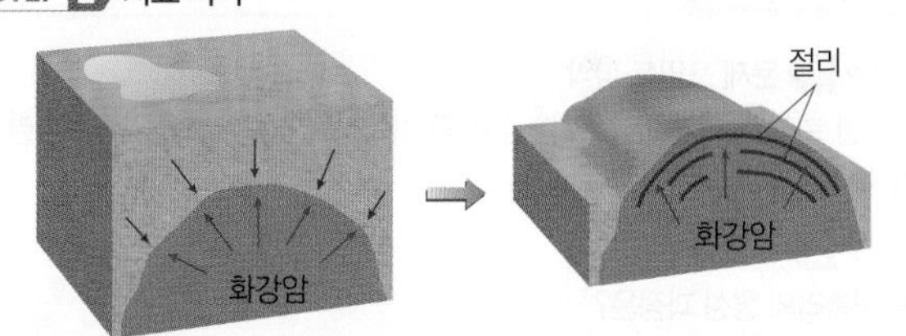

화강암 위에 있던 암석이 풍화·침식을 받으면 화강암이 융기하면서 화강암에 작용하는 압력이 감소하므로 부피가 팽창하게 된다.

STEP 3 관련 개념 모으기

❶ 판상 절리란?
➡ 얇은 판 모양으로 갈라져 있는 절리이다.

❷ 판상 절리의 생성 과정은?
➡ 지하 깊은 곳에 있던 화성암체가 지표의 침식 등으로 융기할 때 암석에 작용하는 압력이 감소하면서 부피가 팽창하여 생성된다.

❸ 판상 절리와 주상 절리의 생성 과정 차이는?
➡ 주상 절리는 지표에 분출된 용암이 식을 때 부피가 수축하여 생성되고, 판상 절리는 압력 감소에 의해 부피가 팽창하여 생성된다.

예시 답안 지하 깊은 곳에서 큰 압력을 받던 화강암이 서서히 융기하여 지표로 노출되면 외부에서 가해지는 압력이 감소하므로 부피가 팽창하면서 판 모양으로 갈라진 판상 절리가 생성된다.

채점 기준	배점(%)
암석의 부피 변화와 절리의 종류를 모두 옳게 설명한 경우	100
암석의 부피 변화를 옳게 설명했으나 절리의 종류를 틀린 경우	70
절리의 종류만 옳게 쓴 경우	20

149

서술형 해결 전략

STEP 1 문제 포인트 파악

퇴적 환경을 육상 환경, 연안 환경, 해양 환경으로 구분하고, 각 퇴적 환경에 속하는 지형의 예와 특징을 설명할 수 있어야 한다.

STEP 2 관련 개념 모으기

❶ 퇴적 환경은?
→ 퇴적 환경은 크게 육상 환경, 연안 환경, 해양 환경으로 구분한다.

❷ 육상 환경은?
→ 육지 내에 쇄설성 퇴적물이 퇴적되는 곳으로, 선상지, 하천, 호수, 사막 등이 이에 속한다.

❸ 연안 환경은?
→ 육상 환경과 해양 환경 사이에 퇴적물이 퇴적되는 곳으로 삼각주, 해빈, 사주, 석호 등이 이에 속한다.

❹ 해양 환경은?
→ 해저에서 퇴적물이 퇴적되는 곳으로 대륙붕, 대륙 사면, 대륙대, 심해저 등이 이에 속한다.

예시 답안 A는 해안가와 모래톱 사이에서 형성되는 석호로 연안 환경에 속한다. 이러한 환경에서는 담수와 해수가 섞이기 때문에 염분의 변화가 심하여 담수 생물과 해양 생물이 모두 살기 어려우므로 화석이 드물게 산출된다.

채점 기준	배점(%)
지형의 이름, 화석이 드물게 산출되는 까닭을 모두 옳게 설명한 경우	100
화석이 드물게 산출되는 까닭만 옳게 설명한 경우	70
지형의 이름만 옳게 쓴 경우	30

150

서술형 해결 전략

STEP 1 문제 포인트 파악

다양한 퇴적 구조가 만들어지는 과정을 이해하고, 이를 퇴적 환경과 관련지어 설명할 수 있어야 한다.

STEP 2 관련 개념 모으기

❶ 사층리의 형성 과정은?
→ 수심이 얕은 곳, 사막에서 물이 흐르거나 바람이 부는 방향으로 퇴적물이 운반되어 경사면을 따라 쌓여 비스듬하게 기울어진 층리가 생성된다.

❷ 건열의 형성 과정은?
→ 얕은 물밑에 점토질 물질이 쌓인 후 퇴적물 표면이 대기에 노출되어 건조해지면 퇴적물이 수축하여 갈라져 생성된다.

❸ 점이 층리의 형성 과정은?
→ 수심이 깊은 물밑에 다양한 크기의 퇴적물이 쌓일 때 크고 무거운 입자가 먼저 가라앉고, 작고 가벼운 입자는 천천히 가라앉아 생성된다.

❹ 연흔의 형성 과정은?
→ 수심이 얕은 물밑에서 퇴적물이 퇴적될 때 물결 모양의 흔적이 퇴적물의 표면에 남아 생성된다.

예시 답안 홍수가 발생하여 하천이 범람하면 제방을 넘어온 물에 의해 운반된 모래, 점토 등의 퇴적물이 범람원에 쌓여 사층리가 형성될 수 있고, 점토층이 대기에 노출되어 건조해지면서 퇴적물의 표면이 쐐기 모양으로 갈라져 건열이 생성될 수 있다.

채점 기준	배점(%)
하천이 범람했을 때 생성될 수 있는 퇴적 구조와 그 까닭을 모두 옳게 설명한 경우	100
하천이 범람했을 때 생성될 수 있는 퇴적 구조만 옳게 쓴 경우	40

04 지층의 생성과 나이, 지질 시대

개념 확인 문제 41쪽

151 먼저	152 진화	153 먼저	
154 A → B → C → D		155 ×	156 ○
157 ×	158 ㉡	159 ㉢	160 ㉠

151

답 먼저

마그마가 주변의 암석이나 지층의 틈을 따라 관입하여 화성암이 생성되었을 때, 마그마에 관입당한 암석은 관입한 화성암보다 먼저 생성된 것이다.

152

답 진화

지층이 연속적으로 쌓여 있을 때, 오래된 지층에서 새로운 지층으로 갈수록 더욱 진화된 생물의 화석군이 산출된다.

153

답 먼저

지층이 쌓일 때 새로운 지층은 그 이전에 쌓인 지층 위에 쌓이게 되므로, 지층이 역전되지 않았다면 아래에 있는 지층은 위에 있는 지층보다 먼저 생성된 것이다.

154

답 A → B → C → D

이 지역에서 지층의 역전은 없었으므로 아래에 있는 지층이 먼저 쌓인 것이다. 따라서 퇴적암 A, B, C는 A → B → C 순으로 생성되었으며, 화성암 D는 A, B, C를 관입하였으므로 가장 나중에 생성된 것이다.

155

답 ×

상대 연령은 지질학적 사건의 발생 순서나 지층과 암석의 생성 시기를 조사하여 상대적인 선후 관계를 나타낸 것이다. 지질학적 사건의 발생 시기를 수치로 나타낸 것은 절대 연령이다.

156

답 ○

절대 연령은 광물이나 암석 속에 들어 있는 방사성 동위 원소의 반감기를 이용하여 측정한다.

157

답 ×

붕괴하는 방사성 동위 원소를 모원소라고 하고, 모원소가 붕괴하여 생성되는 원소를 자원소라고 한다.

158

답 ㉡

삼엽충은 고생대 초기부터 후기까지 바다에서 살았던 생물이다.

159

답 ㉢

암모나이트는 중생대 초기부터 후기까지 바다에서 살았던 생물이다.

160

답 ㉠

화폐석은 신생대 팔레오기와 네오기에 바다에서 살았던 생물이다.

기출 분석 문제 42~47쪽

161 (가) 수평 퇴적의 법칙, (나) 동물군 천이의 법칙, (다) 지층 누중의 법칙

162 ⑤	163 ④	164 관입의 법칙		165 ⑤	166 ⑤
167 ③	168 ③	169 ⑤	170 ③	171 해설 참조	
172 ①	173 ②	174 ④	175 ③	176 ③	177 ②
178 ④	179 ④	180 ②	181 ⑤	182 ②	
183 해설 참조		184 (가) → (나) → (다)		185 ④	186 ③
187 ②	188 ④				

161 답 (가) 수평 퇴적의 법칙, (나) 동물군 천이의 법칙, (다) 지층 누중의 법칙

(가)는 수평 퇴적의 법칙으로, 지층은 수평면과 나란하게 쌓이므로 현재 지층이 기울어져 있으면 지각 변동이 있었음을 판단할 수 있다. (나)는 동물군 천이의 법칙으로, 화석의 종류와 진화 정도를 해석하여 지층의 선후 관계를 판단할 수 있다. (다)는 지층 누중의 법칙으로, 상하로 쌓여 있는 지층의 선후 관계를 판단할 수 있다.

162 답 ⑤

ㄱ, ㄷ. 물속에서 퇴적물이 퇴적될 때는 중력의 영향으로 수평면과 거의 나란하게 쌓여 지층이 형성되는데, 이러한 지사학의 법칙을 수평 퇴적의 법칙이라고 한다.

ㄴ. 사층리, 점이 층리, 연흔, 건열 등의 퇴적 구조나 지층에서 산출되는 표준 화석을 이용하면 지층의 역전 여부를 판단할 수 있다.

163 답 ④

이 지역에서는 지층의 역전이 없었으므로 지층 누중의 법칙에 의해 퇴적암 A, B, C 중 가장 먼저 생성된 것은 A이고, 가장 나중에 생성된 것은 C이다.

164 답 관입의 법칙

관입의 법칙에 의하면 관입당한 암석은 관입한 화성암보다 먼저 생성된 것이다. 이 지역에서는 퇴적암 A, B, C가 생성된 후 마그마가 관입하여 화성암 D가 생성되었다.

165 답 ⑤

자료 분석하기 지사학의 법칙

- 수평 퇴적의 법칙: 물속에서 퇴적물이 퇴적될 때는 중력의 영향으로 수평면과 거의 나란한 방향으로 지층이 형성된다. ➡ 지층이 기울어져 있으면 지각 변동을 받았다고 판단할 수 있다.
- 부정합의 법칙: 부정합면을 경계로 상부 지층과 하부 지층의 퇴적 시기 사이에 긴 시간 간격이 존재한다. ➡ 부정합면을 경계로 상하 지층의 암석 조성, 화석, 지질 구조가 크게 달라진다.

ㄱ. 수평 퇴적의 법칙에 의해 A는 생성 당시 수평면과 나란한 방향으로 생성되었다. 그러나 현재 A는 기울어져 있으므로 생성된 후 지각 변동을 받았음을 알 수 있다.

ㄴ. 부정합은 지층이 형성된 후 융기하고 침식 작용을 받은 후에 다시 침강하여 그 위에 새로운 지층이 퇴적되어 생성된다. A와 B 사이에 부정합면이 존재하므로 A는 생성된 후 해수면 위로 노출된 적이 있었다.

ㄷ. A와 B 사이에는 부정합면이 존재한다. 따라서 부정합면을 경계로 하부 지층인 A와 상부 지층인 B가 퇴적된 시기 사이에는 긴 시간적 공백이 존재함을 알 수 있다.

166 답 ⑤

ㄱ. 지층 ㉠에서 발견된 7종의 화석은 모두 D층에서도 산출되므로 지층 ㉠은 D층과 같은 시기에 퇴적되었음을 알 수 있다.

ㄴ. 지층 ㉡에서 발견된 5종의 화석은 모두 지층 B에서도 산출되므로 지층 ㉡은 B층과 같은 시기에 퇴적되었음을 알 수 있다.

ㄷ. 동물군 천이의 법칙에 의하면 오래된 지층에서 새로운 지층으로 갈수록 더욱 진화된 생물의 화석이 산출된다. 지층 ㉠은 D층에, 지층 ㉡은 B층에 대비되므로 지층 ㉠은 ㉡보다 나중에 퇴적되었다.

167 답 ③

ㄱ. A와 B는 화성암이므로 관입의 법칙을 적용하면 관입당한 A가 관입한 B보다 먼저 생성되었다는 것을 알 수 있다.

ㄷ. C는 경사층, D는 수평층이므로 두 지층의 지질 구조가 차이를 보이는데, 이는 D가 퇴적되기 전에 C가 지각 변동을 받았기 때문이다. 즉, C와 D의 지질 구조 차이는 두 지층이 부정합 관계이기 때문이다.

오답 피하기 ㄴ. 퇴적물은 수평면과 나란하게 쌓인다. 따라서 현재 지층이 기울어져 있다면 생성된 후 지각 변동을 받은 것이다.

168 답 ③

③ 멀리 떨어진 지역의 지층은 암석의 종류나 조직 등의 차이가 커서 암상에 의한 대비를 하기 어려우므로 같은 종류의 화석이 산출되는 지층을 연결하여 지층의 선후 관계를 판단한다.

오답 피하기 ① 암상에 의한 대비를 할 때 기준이 되는 층을 건층(열쇠층)이라고 한다.

② 화석에 의한 대비를 할 때는 비교적 진화 계통이 잘 알려진 표준 화석을 이용하는 것이 좋다.

④ 서로 떨어져 있는 여러 지층에서 같은 종류의 표준 화석이 산출된다면, 이 지층들은 모두 같은 시기에 쌓여 생성되었다고 할 수 있다.

⑤ 화석에 의한 대비는 가까운 거리뿐만 아니라 서로 멀리 떨어져 있는 지층의 대비에도 이용된다.

169 답 ⑤

ㄱ. (가)의 단층은 단층면에 대해 상반이 아래로 이동하였으므로 장력에 의해 생성된 정단층이다.

ㄴ. 지층 누중의 법칙을 적용하면 (가)에서는 셰일 → 사암 순으로 생성되었고, (나)에서는 사암 → 셰일 순으로 생성되었으므로 (가)의 셰일은 (나)의 셰일보다 먼저 생성되었다.

ㄷ. 사암을 건층으로 이용하여 지층 누중의 법칙과 관입의 법칙을 적용하면 (가)와 (나)에서 암석의 생성 순서는 석회암 → (가)의 셰일 → 사암 → (나)의 셰일 → 화강암 순이므로 가장 나중에 생성된 암석은 화강암이다.

170

답 ③

ㄱ. A, B, C의 선후 관계는 지층이 역전되지 않았을 때 아래에 있는 지층은 위에 있는 지층보다 먼저 생성되었다는 지층 누중의 법칙을 적용하여 정할 수 있다.

ㄷ. B는 D에 의해 관입 당했으므로 관입의 법칙에 의하면 B는 D보다 먼저 생성되었다. 따라서 B와 E 사이의 시간 간격은 D와 E 사이의 시간 간격보다 크다.

오답 피하기 ㄴ. D는 단층에 의해 잘리지 않았으므로 단층 작용이 일어난 후 D가 관입하였다.

171

예시 답안 A 퇴적 → B 퇴적 → C 퇴적 → 역단층 형성 → D 관입 → 부정합 형성 → E 퇴적 순으로 생성되었다.

채점 기준	배점(%)
암석과 지질 구조의 생성 순서를 모두 옳게 쓴 경우	100
암석의 생성 순서만 옳게 쓴 경우	50

172 필수 유형

답 ①

자료 분석하기 지층의 대비

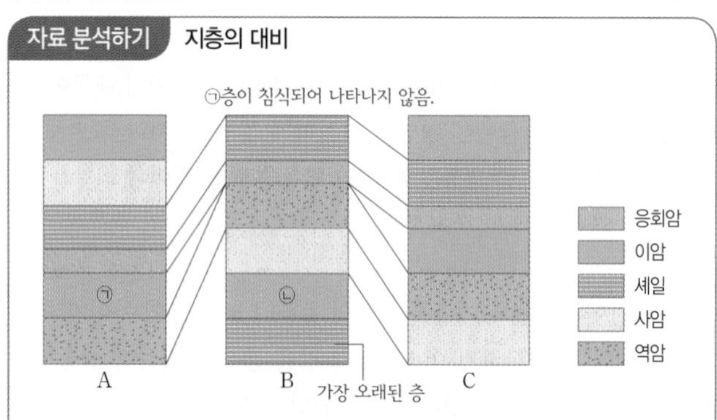

- 과거 화산 활동이 1회 있었으므로 A~C 지역의 응회암층은 같은 시기에 생성된 것이다. ➡ 응회암층은 건층으로 적합하다.
- 응회암층을 기준으로 지층 누중의 법칙을 적용하면 A~C 지역 지층의 선후 관계를 알아낼 수 있다.

ㄱ. A와 C 지역에서는 응회암층 바로 아래에 이암층(㉠) → 역암층 순으로 나타나지만 B 지역에서는 응회암층 바로 아래 이암층이 나타나지 않고 역암층이 나타나는 것으로 보아 이암층이 침식되어 사라진 것을 알 수 있다. 즉, ㉠은 ㉡보다 위에 있는 지층이므로 나중에 퇴적되었다.

오답 피하기 ㄴ. B 지역에서 퇴적 시기가 다른 두 셰일층이 나타나지만 응회암은 짧은 기간에 화산재가 A~C 지역으로 확산하여 거의 동일한 시기에 생성되었다. 따라서 셰일층보다 응회암층이 건층으로 이용하기 적합하다.

ㄷ. 응회암층을 기준으로 지층 누중의 법칙을 적용하면 세 지역 중 가장 오래된 지층은 B 지역의 최하부에 있는 셰일층이다.

173

답 ②

자료 분석하기 화석에 의한 대비

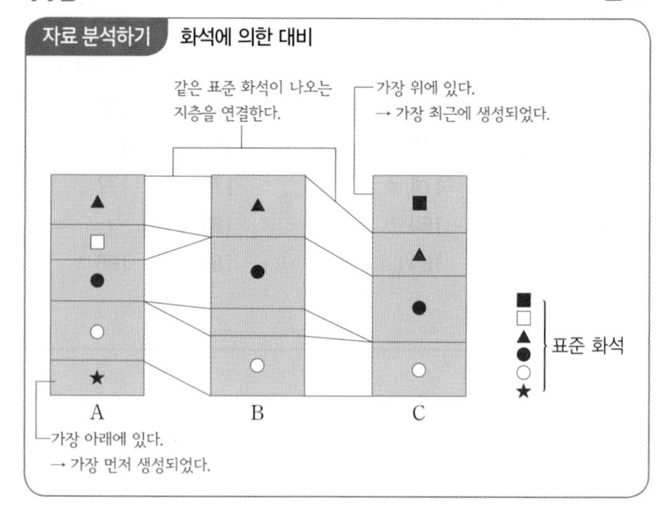

같은 종류의 화석이 나오는 층들을 연결하여 지층을 대비해 보면 가장 오래된 지층은 A 지역의 가장 아래에 있는 (★)이 산출되는 지층이고, 가장 최근의 지층은 C 지역의 가장 위에 있는 (■)이 산출되는 지층임을 알 수 있다.

174

답 ④

ㄴ. (가)와 (다) 지역에서 산출되는 표준 화석 중 (나) 지역에서는 산출되지 않는 표준 화석이 있으므로, (나) 지역에서는 오랜 시간 동안 퇴적이 중단되었던 시기가 존재한다. 따라서 (나) 지역에는 부정합이 나타난다.

ㄷ. (가), (나), (다) 지역의 최상부 지층에서는 같은 종류의 표준 화석이 산출된다. 따라서 이 지층들은 모두 같은 시기에 퇴적되었음을 알 수 있다.

오답 피하기 ㄱ. 같은 종류의 표준 화석이 산출되는 지층은 모두 같은 시기에 퇴적되었다. 그러나 같은 종류의 표준 화석이 산출되는 지층이라도 암석의 종류는 다를 수 있다.

175

답 ③

③ 반감기가 두 번 지나면 방사성 동위 원소의 양은 처음 양의 25 %가 남는다.

오답 피하기 ① 방사성 동위 원소의 반감기는 원소의 종류에 따라 서로 다르다.

② 방사성 동위 원소는 각각 다른 붕괴 방식을 가지고 있으며, 특유의 에너지를 가진 방사선을 방출한다.

④ 방사성 동위 원소가 붕괴하여 처음 양의 절반으로 줄어드는 데 걸리는 시간을 반감기라고 한다.

⑤ 방사성 동위 원소는 온도나 압력 등의 외부 환경에 관계없이 일정한 속도로 붕괴하므로 온도와 압력의 변화는 절대 연령 측정에 영향을 주지 않는다.

176

답 ③

ㄱ. (가)에서 초기에는 ● 원소만 있었으나 나중에는 ● 원소의 양은 감소하고, 감소한 양만큼 ○ 원소가 증가하였다. 따라서 ●는 모원소이고, ○는 자원소이다.

ㄷ. (가)의 방사성 원소는 반감기가 1억 년이므로 2억 년 후에는 2회의 반감기를 거치게 되어 $\frac{\text{자원소의 함량}}{\text{모원소의 함량}}=\frac{75\ \%}{25\ \%}=3$이다. 한편, (나)의 방사성 원소는 반감기가 2억 년이므로 2억 년 후에는 1회의 반감기를 거치게 되어 $\frac{\text{자원소의 함량}}{\text{모원소의 함량}}=\frac{50\ \%}{50\ \%}=1$이다. 따라서 $\frac{\text{자원소의 함량}}{\text{모원소의 함량}}$은 (가)가 (나)의 3배이다.

오답 피하기 ㄴ. (가)와 (나)에서 모두 화성암 속에 포함된 모원소의 양이 처음의 절반으로 감소하였으므로 반감기가 1회 지난 것이다. 따라서 방사성 원소의 반감기는 (가)가 1억 년, (나)가 2억 년이므로 (나)가 (가)의 2배이다.

177

답 ②

A는 B를 관입하므로 A는 B보다 나중에 생성된 것이다. 이때, A, B의 방사성 원소 붕괴 곡선이 각각 Y, X라면 암석의 연령이 A>B가 되어 문제의 조건과 맞지 않으므로, A, B의 방사성 원소 붕괴 곡선은 각각 X, Y에 해당한다.

ㄷ. B의 방사성 원소 붕괴 곡선은 Y이고, 방사성 원소의 양이 처음 양의 50 %이므로 B의 절대 연령은 2억 년이다. 이때, B와 C는 부정합 관계이므로 B가 생성된 후 C가 퇴적된 것이다. 따라서 C의 생성 시기는 2억 년 전 이후이다.

오답 피하기 ㄱ. A의 방사성 원소 붕괴 곡선은 X이고, 방사성 원소의 양이 처음 양의 20 %이므로 그래프에서 A의 절대 연령은 약 1.2억 년이다. 따라서 A의 절대 연령은 1억 년보다 크다.

ㄴ. B와 C가 관입 관계라면 B가 C보다 나중에 생성된 것이지만 부정합 관계이므로 B가 만들어지고 풍화·침식된 후 C가 퇴적된 것이다. 따라서 B는 C보다 먼저 생성되었다.

178 필수 유형

답 ④

자료 분석하기 모원소와 자원소

원소의 양(%)
100
75
50
25
0
2
4
6
8
시간(억 년)
A
B
시간이 지남에 따라 양이 증가한다. → 자원소
모원소와 자원소의 비율이 1 : 1이다. → 반감기는 2억 년이다.
시간이 지남에 따라 양이 감소한다. → 모원소

ㄴ. 방사성 동위 원소인 B의 양이 처음의 절반인 50 %가 되는 데 걸리는 시간이 2억 년이므로 반감기는 2억 년이다.

ㄷ. 시간이 지남에 따라 모원소가 붕괴하여 자원소로 변하므로 모원소가 붕괴하여 감소하는 양은 새로 생성된 자원소의 양과 같다.

오답 피하기 ㄱ. 시간이 지남에 따라 모원소(방사성 동위 원소)의 양은 지속적으로 감소하고 자원소의 양은 지속적으로 증가한다. 따라서 A는 방사성 동위 원소가 붕괴하여 생성된 자원소이고, B는 방사성 동위 원소인 모원소이다.

179

답 ④

④ 지구상에 생물이 처음 출현한 시기는 시생 누대이다. 원생 누대에도 생물은 있었지만 단단한 부분이 없고 개체 수가 적어 화석으로 남기 어려웠으며, 지층 속에 보존되어 있던 화석도 오랜 기간에 걸친 지각 변동으로 대부분 사라졌다.

오답 피하기 ① 지질 시대는 누대, 대, 기 등으로 구분하는데, 이 중에서 가장 긴 시간 단위는 누대이다.

② 지구가 탄생한 약 46억 년 전부터 현재까지의 시기를 지질 시대라고 한다.

③ 시생 누대와 원생 누대를 합하여 선캄브리아 시대라고도 한다.

⑤ 현생 누대는 생물계에 큰 변화가 일어났던 시기를 기준으로 고생대, 중생대, 신생대로 구분한다.

180

답 ②

ㄷ. A는 시상 화석, B는 표준 화석으로 적합하다. 서로 멀리 떨어져 있는 지역의 지층을 대비할 때에는 시상 화석보다 표준 화석이 적합하다.

오답 피하기 ㄱ. 생존 기간이 길고 분포 면적이 좁은 생물의 화석은 시상 화석으로 적합하다.

ㄴ. 생존 기간이 짧고, 분포 면적이 넓은 생물의 화석은 표준 화석으로 적합하며, 분포 면적이 좁고 환경 변화에 민감한 생물의 화석은 시상 화석으로 적합하다.

181

답 ⑤

ㄱ. 나무의 생장 조건은 그 해의 기온이나 강수량 등에 의해 결정되므로 나무의 나이테 간격을 분석하면 나무가 생존했을 당시의 기후 변화를 추정할 수 있다.

ㄴ. 퇴적물 속에서 발견되는 꽃가루 화석의 종류를 분석하면 지질 시대의 기후와 식물의 분포 등을 추정할 수 있다.

ㄷ. 해저 퇴적물에 묻혀 있는 미생물의 껍질이나 빙하 속에 들어 있는 산소 동위 원소의 비율($^{18}O/^{16}O$)을 분석하면 과거의 기온 변화를 추정할 수 있다.

개념 더하기 고기후 연구 방법

- 나무는 일반적으로 기후 조건이 좋을수록(기온이 높고 강수량이 많을수록) 잘 성장하여 폭이 넓은 나이테가 생기므로 오래된 나무의 나이테 간격을 분석하면 과거의 기후를 추정할 수 있다.
- 꽃가루는 부패를 막기 위해 단단하고 밀랍 같은 물질로 덮여 있어 지질 시대의 퇴적물 속에 잘 보존되어 있다. 기후는 식생의 분포에 큰 영향을 주므로 퇴적물 속에 보존되어 있는 꽃가루 화석을 분석하면 식물의 종류와 서식 환경을 추정할 수 있다.
- ^{18}O는 ^{16}O보다 무거우므로 ^{18}O를 포함하는 물 분자는 ^{16}O를 포함하는 물 분자보다 증발하기 어렵다. 따라서 빙하를 시추하여 물 분자의 산소 동위 원소 비율($^{18}O/^{16}O$)을 연구하면 빙하가 생성될 당시의 기후를 추정할 수 있다.

▲ 나무의 나이테

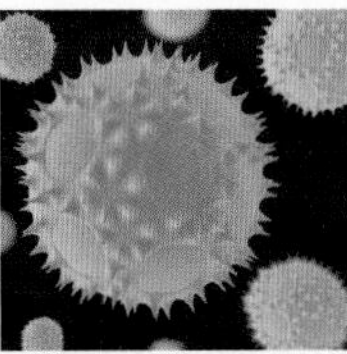
▲ 꽃가루 화석

▲ 빙하 시추물

182

답 ②

자료 분석하기 지질 시대의 구분

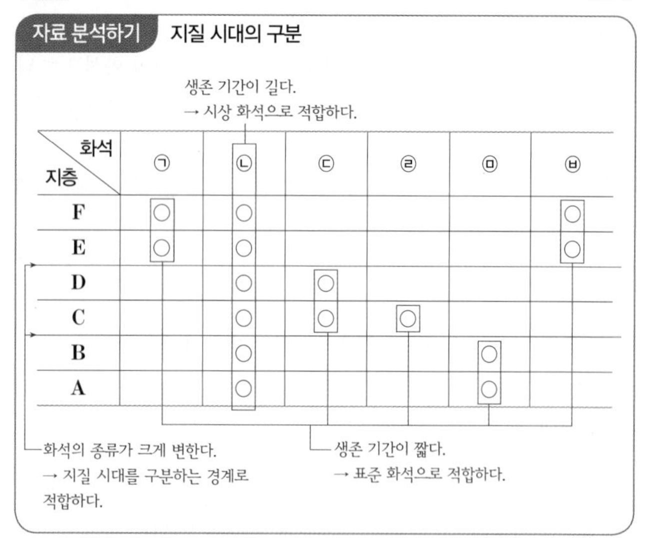

ㄴ. 지층 C에서는 ㉡, ㉢, ㉣의 세 화석이 산출되고, 지층 D에서는 ㉡과 ㉢의 두 화석이 산출되므로 지층 C는 D보다 많은 종류의 화석이 포함되어 있다.

오답 피하기 ㄱ. 표준 화석은 특정 시기에 출현하여 일정 기간 번성하다가 멸종한 생물의 화석으로, 생존 기간이 짧고, 분포 면적이 넓으며, 개체 수가 많은 생물의 화석이 적합하다. ㉡은 A에서 F까지 모든 지층에서 산출되므로 이 지역에서 산출되는 다른 화석들에 비하여 표준 화석으로 적합하지 않다.

ㄷ. 지질 시대의 환경을 추정하는 데 이용될 수 있는 시상 화석으로는 생존 기간이 길고, 특정 환경에 좁은 면적에서 제한적으로 분포하며, 환경 변화에 민감한 생물의 화석이 적합하다. ㉣은 C에서만 산출되므로 이 지역에서 산출되는 다른 화석들에 비하여 시상 화석으로 적합하지 않다.

183

예시 답안 B와 C 사이, D와 E 사이이다. 그 까닭은 지층 B와 C 사이, 지층 D와 E 사이에서 생물계의 변화가 크게 나타나기 때문이다. 지층 A~F가 쌓인 시기를 크게 세 시기로 구분하면, 지층 A와 B가 퇴적된 시기, C와 D가 퇴적된 시기, E와 F가 퇴적된 시기로 구분할 수 있다.

채점 기준	배점(%)
지질 시대의 경계와 판단 근거를 모두 옳게 설명한 경우	100
지질 시대의 경계만 옳게 쓴 경우	30

184

답 (가) → (나) → (다)

(가)는 삼엽충, (나)는 암모나이트, (다)는 화폐석 화석을 나타낸 것으로, 삼엽충은 고생대, 암모나이트는 중생대, 화폐석은 신생대에 번성하였다. 따라서 번성한 시기가 빠른 것부터 나열하면 (가) → (나) → (다) 순이다.

185

답 ④

ㄴ, ㄷ. (나)는 양서류가 번성하고, 육지에 양치식물이 삼림을 이룬 고생대의 환경이다. 공룡이 번성한 시기는 중생대이므로 (나)의 지질 시대보다 나중이다.

오답 피하기 ㄱ. (가)는 육상에 매머드 등 포유류가 번성하였던 신생대로, 바다에서는 화폐석이 번성하였다. 필석은 고생대 중기에 번성하였다.

186

답 ③

ㄱ. (가)는 삼엽충, (나)는 시조새 화석이다. 삼엽충은 고생대 초에 출현하였으며, 시조새는 중생대 쥐라기에 출현하였다.

ㄷ. 시조새가 번성한 중생대 쥐라기에 육지에는 공룡을 비롯한 파충류와 은행류, 소철류 등의 겉씨식물이 번성하였다.

오답 피하기 ㄴ. 초대륙 판게아는 고생대 말에 형성되었으며, 중생대 초부터 분리되기 시작했다.

187

답 ②

(가)는 고생대 말, (나)는 중생대 말의 수륙 분포이다.

ㄷ. 고생대 말에는 모든 대륙들이 하나로 모여 초대륙 판게아를 형성하였으며, 중생대 트라이아스기에 판게아가 분리되면서 대서양과 인도양이 형성되기 시작했다.

오답 피하기 ㄱ. 히말라야산맥은 인도 대륙이 북상하여 신생대에 유라시아 대륙과 충돌하면서 형성되었다.

ㄴ. 육지에 양치식물이 번성하여 전성기를 이룬 시기는 고생대이다.

188

답 ④

ㄴ. 최초의 척추동물인 어류는 고생대 중기(오르도비스기)에 출현하였으므로 A와 B 사이 시기에 출현하였다.

ㄷ. 멸종 비율 $=\dfrac{\text{감소한 동물 과의 수}}{\text{멸종 직전 동물 과의 수}}$로, C와 D 시기는 감소한 동물 과의 수가 비슷하지만 멸종 직전 동물 과의 수는 C가 D보다 작으므로 멸종 비율은 C 시기가 D 시기보다 크다.

오답 피하기 ㄱ. 판게아는 고생대 말(C)에 형성되었으므로 A 시기의 동물 과의 멸종에 영향을 주지 않았다.

1등급 완성 문제

48~49쪽

189 ② 190 ① 191 ③ 192 ① 193 ③ 194 ②
195 해설 참조 196 해설 참조 197 해설 참조

189

답 ②

ㄴ. 수평 퇴적의 법칙에 의하면 물속에서 퇴적물이 퇴적될 때 중력의 영향으로 수평면과 거의 나란하게 쌓인다. B와 C는 현재 기울어져 있으므로 생성된 후 지각 변동을 받았다.

오답 피하기 ㄱ. A는 단층에 의해 잘리지 않았으므로, 단층은 A가 관입하기 전에 형성되었다.

ㄷ. B와 C의 경계 부분에 건열이 역전된 형태로 나타나는 것으로 보아 B와 C는 역전되었으며, C가 B보다 먼저 생성되었다. 따라서 B와 D 사이의 시간 간격은 C와 D 사이의 시간 간격보다 작다.

190
답 ①

자료 분석하기 지층의 대비

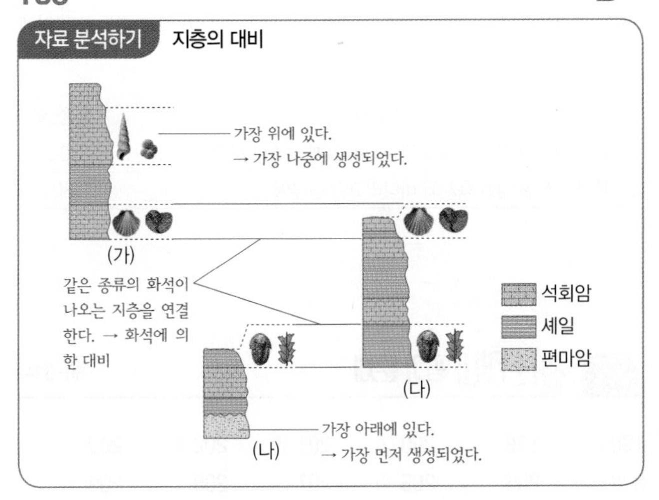

ㄱ. 세 지역에서 산출되는 화석을 이용하여 지층을 대비하면, (가) 지역의 가장 아래에 있는 지층은 (다) 지역의 가장 위에 있는 지층에 대비되고, (나) 지역의 가장 위에 있는 지층은 (다) 지역의 가장 아래에 있는 지층에 대비된다. 즉, 이 지역에서 지층의 역전이 없었으므로 (나) 지역의 가장 위에 있는 지층은 (가) 지역의 가장 아래에 있는 지층보다 먼저 생성된 것이다. 따라서 (가) 지역의 지층은 모두 (나) 지역의 지층보다 나중에 생성되었다.

오답 피하기 ㄴ. 가장 오래된 지층은 지층 대비를 했을 때 가장 아래에 있는 지층이다. 따라서 가장 오래된 지층은 (나) 지역의 가장 아래에 있는 층이다.

ㄷ. 건층(열쇠층)은 암상에 의한 대비를 할 때 기준이 되는 층이고, 화석에 의한 대비를 할 때는 건층을 이용하지 않는다. 이 지역은 화석을 이용하여 지층을 대비한다.

191
답 ③

ㄱ. 방사성 원소 X가 붕괴하여 Y가 생성되므로 오래된 암석일수록 $\frac{\text{Y의 함량}}{\text{X의 함량}}$이 크다. A, B, C는 관입 관계이므로 생성 순서는 A>C>B 순이고, $\frac{\text{Y의 함량}}{\text{X의 함량}}$도 A>C>B 순이다.

ㄴ. 화성암 C의 상부가 D와 E의 경계에서 절단된 것은 침식 작용을 받았기 때문이다. 따라서 D와 E는 부정합 관계이며, 부정합이 형성될 때 D가 침식 작용을 받은 적이 있다.

오답 피하기 ㄷ. 암석의 생성 순서는 D → A → C → (부정합) → E → 석회암 → B 순이다. B는 X와 Y의 함량이 같으므로 절대 연령은 1억 년이고, E는 1억 년 전 이전에 생성되었다. 따라서 화폐석은 신생대의 표준 화석이므로 E가 퇴적될 당시에는 출현하지 않았다.

192
답 ①

ㄱ. 반감기는 방사성 동위 원소가 붕괴하여 처음 양의 절반으로 줄어드는 데 걸리는 시간이다. ^{14}C는 5700년이 경과할 때마다 처음 양의 절반으로 줄어들므로 ^{14}C의 반감기는 5700년이다.

오답 피하기 ㄴ. 방사성 탄소 ^{14}C는 붕괴하여 ^{14}N가 되지만 우주로부터 날아온 고에너지의 입자와 반응하여 ^{14}N가 ^{14}C로 되는 과정이 반복되므로 대기 중의 ^{14}C 양은 거의 일정하게 유지된다.

ㄷ. 생물이 죽으면 물질 대사가 정지되므로 생물체 내의 ^{14}C가 붕괴하여 ^{14}N가 된다. ^{14}C의 반감기는 5700년이고 생물이 죽은 후 22800년이 지나면 반감기가 4번 지났으므로 ^{14}C의 양은 처음 양의 6.25 %가 남는다.

193
답 ③

ㄱ, ㄴ. 고생대는 전반적으로 온난하였지만 중기와 말기에는 빙하기가 있었으며, 중생대는 전 기간에 걸쳐 온난하였다.

오답 피하기 ㄷ. ^{18}O는 ^{16}O보다 무거우므로 ^{18}O를 포함하는 물 분자는 ^{16}O를 포함하는 물 분자보다 증발하기 어렵다. 기후가 온난한 시기에는 한랭한 시기에 비하여 ^{18}O의 증발이 상대적으로 활발하므로 빙하를 구성하는 물 분자의 산소 동위 원소 비율(^{18}O/^{16}O)이 높다. 신생대에는 전기가 말기보다 평균 기온이 높았으므로 빙하를 구성하는 물 분자의 산소 동위 원소 비율(^{18}O/^{16}O)은 전기가 말기보다 높다.

194
답 ②

ㄴ. 육상 식물은 생물 과의 수가 꾸준히 증가하지만 멸종과 출현의 특징은 뚜렷하게 보이지 않는다. 지질 시대는 생물계의 급격한 변화를 기준으로 구분하므로 현생 누대는 생물 과의 수 변화가 급격하게 나타나는 해양 무척추동물을 이용하여 구분하는 것이 좋다.

오답 피하기 ㄱ. 육상 식물은 고생대 중기에 출현하였으므로 고생대 초기에는 양치식물이 출현하기 이전이었다.

ㄷ. A 시기는 해양 무척추동물의 멸종이 가장 크게 나타나는데, 이는 여러 대륙이 한 덩어리로 합쳐져 판게아가 형성되면서 해양 환경과 대기 환경이 크게 변하였기 때문이다.

195

서술형 해결 전략

STEP 1 문제 포인트 파악

화석을 통해 지층이 생성된 시기를 파악할 수 있어야 한다.

STEP 2 관련 개념 모으기

❶ 표준 화석이란?
→ 표준 화석은 특정한 시기에만 살았던 생물의 화석으로, 번성했던 기간이 짧고 개체 수가 많으며, 넓은 지역에 분포했던 생물이 적합하다.

❷ 화석에 의한 지층 대비 방법은?
→ 서로 다른 지역의 지층에서 같은 종류의 표준 화석이 발견되었다면 그 지층은 같은 시기에 생성되었다고 볼 수 있다. 이를 이용하면 멀리 떨어진 지역의 지층도 대비할 수 있다.

❸ 대표적인 표준 화석은 어떤 것이 있는가?
→ 고생대의 표준 화석에는 필석, 삼엽충, 방추충 등이 있다. 또, 중생대의 표준 화석에는 공룡, 암모나이트 등이 있으며, 신생대의 표준 화석에는 매머드, 화폐석 등이 있다.

예시 답안 (나), (가)에서 공룡은 중생대, 방추충은 고생대 후기에 번성하였고, (나)에서 화폐석은 신생대, 필석은 고생대 초기에 번성한 생물이다. 따라서 상하 두 지층 사이의 시간 간격은 (가)보다 (나)가 크다.

채점 기준	배점(%)
상하 두 지층의 시간 간격이 더 큰 지역을 고르고, 근거를 옳게 설명한 경우	100
상하 두 지층의 시간 간격이 더 큰 지역만 옳게 고른 경우	20

196

서술형 해결 전략

STEP 1 문제 포인트 파악

방사성 동위 원소의 반감기를 이해하고, 암석 속에 들어 있는 모원소와 자원소 함량을 비교하여 암석의 절대 연령을 계산할 수 있어야 한다.

STEP 2 자료 파악

- 화성암에 들어 있는 자원소 Y의 함량: 8.0×10^{-5} g
- 모원소 X가 붕괴하여 생성된 Y의 양: 7.0×10^{-5} g($=8.0\times10^{-5}$ g-1.0×10^{-5} g)
- 모원소와 자원소의 비율: 1.0×10^{-5} g : 7.0×10^{-5} g$=1:7$

STEP 3 관련 개념 모으기

❶ 방사성 동위 원소란?
→ 시간이 지남에 따라 방사선을 방출하면서 일정한 속도로 붕괴하여 안정한 원소로 변한다. 붕괴하는 방사성 동위 원소를 모원소, 방사성 동위 원소가 붕괴하여 생성된 원소를 자원소라고 한다.

❷ 반감기란?
→ 방사성 동위 원소가 붕괴하여 처음 양의 절반으로 줄어드는 데 걸리는 시간으로, 온도나 압력 등의 외부 환경에 관계없이 일정한 속도로 붕괴한다.

❸ 절대 연령은?
→ 암석이나 광물에 포함되어 있는 방사성 동위 원소의 모원소와 자원소의 비율, 반감기를 알면 그 암석이나 광물이 생성된 정확한 시기를 알 수 있다. $t=nT$(t: 절대 연령, n: 반감기 횟수, T: 방사성 동위 원소의 반감기)

예시 답안 현재 화성암에 들어 있는 자원소 Y의 함량 8.0×10^{-5} g은 이 화성암이 생성될 당시부터 포함되어 있던 1.0×10^{-5} g과 암석이 생성된 후 모원소 X가 붕괴하여 생성된 양의 합이므로 이 암석이 생성된 후 모원소 X가 붕괴하여 생성된 Y의 양은 7.0×10^{-5} g($=8.0\times10^{-5}$ g-1.0×10^{-5} g)이다. 방사성 원소 X와 X가 붕괴하여 생성된 자원소 Y의 비율이 1.0×10^{-5} g : 7.0×10^{-5} g$=1:7$이므로 암석이 생성된 후 X의 반감기가 3번 지났다. 따라서 이 암석의 절대 연령은 3억 년($=$1억 년$\times3$)이다.

채점 기준	배점(%)
암석의 절대 연령과 풀이 과정을 모두 옳게 설명한 경우	100
풀이 과정이 옳았으나 계산이 틀린 경우	70

197

서술형 해결 전략

STEP 1 문제 포인트 파악

시상 화석의 개념을 이해하고, 지층에서 산출되는 화석을 통해 지층이 퇴적될 당시의 환경을 설명할 수 있어야 한다.

STEP 2 자료 파악

- 고사리 ➡ 따뜻하고 습한 육지 환경
- 산호 ➡ 따뜻하고 수심이 얕은 바다 환경

고사리 화석 ▶

◀ 산호 화석

STEP 3 관련 개념 모으기

❶ 시상 화석이란?
→ 생물이 살았던 당시의 환경을 추정하는 데 이용되는 화석이다.

❷ 시상 화석으로 적합한 화석은?
→ 생존 기간이 길고 특정한 환경에 제한적으로 분포하며, 환경 변화에 민감한 생물의 화석이 적합하다.

예시 답안 A는 고사리 화석이 산출되는 것으로 보아 온난 다습한 육지에서 퇴적되었고, B는 산호 화석이 산출되는 것으로 보아 수심이 얕고 따뜻한 바다에서 퇴적되었다.

채점 기준	배점(%)
A, B의 퇴적 환경을 화석과 관련지어 옳게 설명한 경우	100
A, B의 퇴적 환경을 육지와 바다라고만 쓴 경우	30

실전 대비 평가 문제

50~53쪽

198 ⑤ 199 ④ 200 ③ 201 ④ 202 ⑤ 203 ①
204 ③ 205 ① 206 ② 207 ③ 208 ② 209 ①
210 A: 북풍, B: 동풍 211 해설 참조 212 해설 참조
213 해설 참조 214 해설 참조 215 해설 참조

198

답 ⑤

(가)는 석탄, (나)는 석회암, (다)는 응회암이다.

ㄱ. 고생대 석탄기에 양치식물이 삼림을 이루었는데, 이들이 퇴적되면서 대규모로 석탄이 되어 두꺼운 석탄층이 만들어졌다.

ㄴ. (나)는 탄산 칼슘($CaCO_3$)이 쌓여 만들어지는 석회암으로, 화학적 퇴적암이다. 석회암은 산호나 조개류에 의해 유기적 퇴적암으로 생성되는 경우도 있다.

ㄷ. 화산재가 쌓이고 굳어진 암석은 응회암으로, 쇄설성 퇴적암에 해당한다.

199

답 ④

ㄴ. (나)는 건열이다. 건열은 가뭄이 들 때 논바닥이 갈라지는 것과 같이 갈라진 구조이다. 건열은 수심이 얕은 물밑에 점토질 물질이 쌓인 후 퇴적물의 표면이 대기에 노출되어 건조해지면서 쐐기 모양으로 갈라져 생성된다.

ㄷ. 연흔이나 건열 등의 특징적인 퇴적 구조를 이용하면 지층의 역전 여부를 판단할 수 있다.

오답 피하기 ㄱ. (가)는 연흔이다. 연흔은 수심이 얕은 바다나 호수의 환경에서 퇴적물이 퇴적될 때 흐르는 물이나 파도의 흔적이 퇴적물의 표면에 남아 생성된 것이다.

200

답 ③

ㄱ. 셰일과 사암의 경계부에서 연흔이 관찰되는데, 연흔의 모양이 뒤집혀 있으므로 지층이 역전되었다. 따라서 가장 먼저 생성된 지층은 셰일이다.

ㄷ. 이암층의 하부에서 기저 역암이 관찰되므로 셰일층과 이암층은 부정합 관계이며, 부정합이 생성되는 과정에서 지층이 융기하였다. 또, 현재 모든 지층이 육지로 드러났으므로 석회암층이 생성된 후 지층이 융기하였다. 따라서 이 지역은 최소한 2회 융기하였다.

오답 피하기 ㄴ. 이 지역의 지층 전체는 횡압력을 받아 습곡 구조와 역단층이 형성되었다.

201 답 ④

ㄴ. 마그마가 관입할 때는 주변 암석의 일부가 떨어져 나와 마그마 속으로 유입된 후 완전히 녹지 않고 화성암 속에 남아 있을 수 있는데, 이를 포획암이라고 한다. ㉡은 A와 B를 관입하였으므로 ㉡에는 A와 B의 조각이 포획암으로 들어 있을 수 있다.

ㄷ. 부정합면을 경계로 A와 B의 경사가 다르므로 이 지역에 나타나는 부정합은 경사 부정합이다. 경사 부정합은 주로 조산 운동 과정에서 생성된다. 따라서 이 지역에서는 A가 생성된 후 조산 운동이 일어났을 가능성이 크다.

오답 피하기 ㄱ. ㉠은 부정합면 위에 놓인 지층의 하부에 나타나는 기저 역암이고, ㉡은 마그마가 기존의 암석을 뚫고 들어가 굳어져 생성된 관입암이다.

202 답 ⑤

ㄱ. 동물군 천이의 법칙에 의하면 오래된 지층에서 새로운 지층으로 갈수록 더 복잡하고 진화된 생물의 화석이 산출된다. 두 지역에 지층의 역전이 없었고, A층은 B층보다 위에 있으므로 B층보다 새로운 지층이며, A층에서는 B층보다 진화된 생물의 화석이 산출된다.

ㄴ. 수평 퇴적의 법칙에 의해 퇴적물이 퇴적될 때는 중력의 영향으로 수평면과 나란한 방향으로 쌓인다. (나) 지역의 지층은 현재 기울어져 있으므로, 이 지역의 지층은 생성된 후 지각 변동을 받았음을 알 수 있다.

ㄷ. (가)와 (나) 지역에서 같은 종류의 화석이 산출되는 지층을 서로 연결하여 지층을 대비하면 (가) 지역의 최하부층은 (나) 지역의 최상부층에 대비된다.

203 답 ①

자료 분석하기 지층의 대비

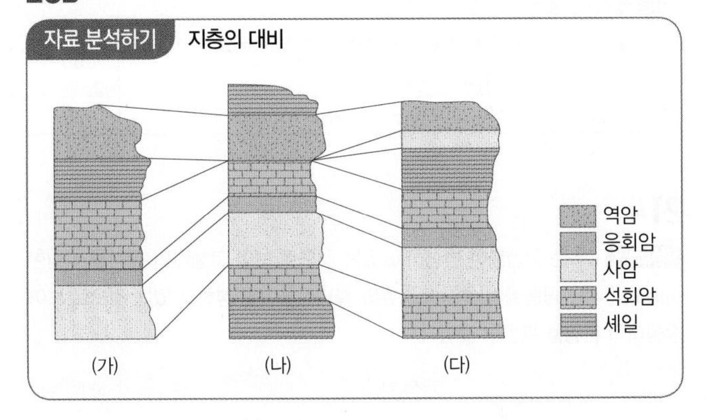

ㄱ. 응회암은 화산재가 쌓여서 생성된 쇄설성 퇴적암이다. 세 지역에서 응회암이 산출되는 것으로 보아 과거에 화산 활동이 있었다.

오답 피하기 ㄴ. 건층(열쇠층)은 암상에 의한 대비를 할 때 기준이 되는 층으로 비교적 짧은 시간 동안 넓은 지역에 걸쳐 분포하는 층이 적합하다. 응회암층은 화산 활동으로 분출된 화산재가 거의 같은 시기에 비교적 넓은 지역에 걸쳐 퇴적되며, (가)~(다) 지역에서 모두 나타나므로 건층으로 적합하다. 석회암층은 (가)~(다) 지역에서 모두 나타나지만 (나)와 (다)에서 서로 다른 시기에 퇴적된 층이 존재하므로 건층으로 적합하지 않다.

ㄷ. 응회암층을 건층으로 세 지역의 지층을 대비해 보면 (나)에서는 (가)와 (다)의 셰일층에 대비되는 지층이 나타나지 않는다.

204 답 ③

ㄱ. (가)와 (나)에서 모두 부정합이 나타나므로 두 지역에서 모두 퇴적이 중단된 시기가 있었다.

ㄴ. (가)의 사암층은 화강암보다 먼저 생성되었고, (나)의 사암층은 화강암보다 나중에 생성되었다. (가)와 (나)의 화강암은 절대 연령이 같으므로 (가)의 사암층이 (나)의 사암층보다 먼저 생성되었다.

오답 피하기 ㄷ. 퇴적암은 여러 시기의 퇴적물이 섞여 있기 때문에 방사성 동위 원소를 이용하여 암석의 절대 연령을 정확히 측정하기는 어렵다.

205 답 ①

자료 분석하기 암석의 연령

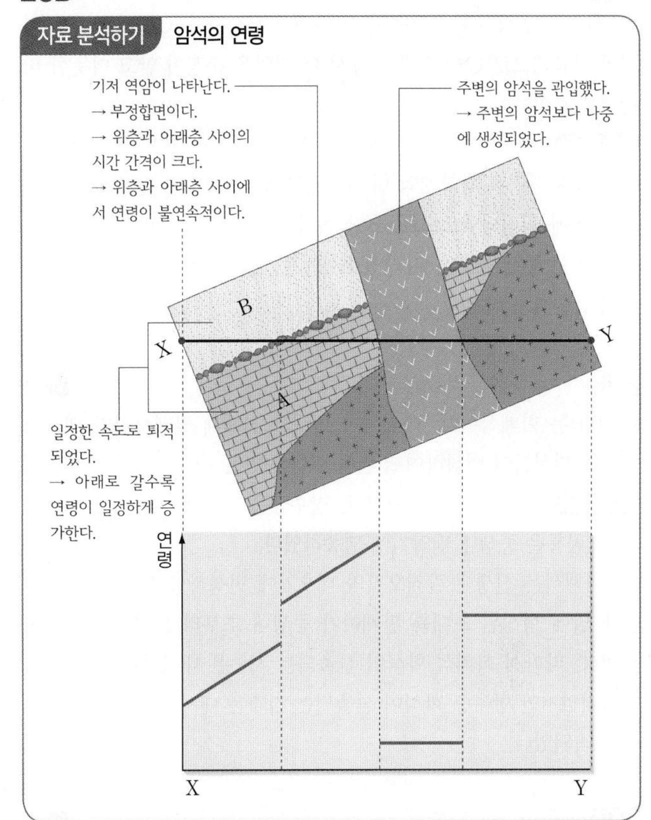

이 지역에서는 퇴적암 A가 생성된 후 화성암이 관입하였고, A와 화성암은 해수면 위로 융기하여 침식을 받고 다시 침강하였으며, 그 위에 B가 쌓여 부정합이 형성되었다. 이후 또 다른 화성암이 기존의 화성암과 퇴적암 A와 B를 관입하였다. 퇴적암 A와 B는 일정한 속도로 퇴적되었으므로 위에서 아래로 갈수록 연령이 일정하게 증가하는데, A와 B의 경계에는 부정합면이 나타나므로 이 부정합면을 경계로 연령이 불연속적으로 크게 증가한다. 한편, 관입한 화성암은 마그마가 굳어져서 생성되었으므로 하나의 암체 내에서는 연령이 같고, 주변의 관입당한 암석보다는 연령이 적다.

206 답 ②

ㄴ. A는 모원소(Y)와 자원소(X)의 비율이 1 : 1이므로 1회의 반감기를 거쳤고, 절대 연령은 1억 년이다. B는 모원소(Y)와 자원소(X)의 비율이 1 : 3이므로 2회의 반감기를 거쳤고, 절대 연령은 2억 년이다. 따라서 지층 C가 생성된 시기는 2억 년 전~1억 년 전 사이이므로 중생대이고, 이 시기 바다에서는 암모나이트가 번성하였다.

오답 피하기 ㄱ. 이 지역에서 암석은 B → C → A 순으로 생성되었으므로 화성암 A는 B보다 나중에 생성된 것이고, 오래된 지층일수록 모원소의 양이 감소하므로 Y는 모원소이고, X는 자원소이다.
ㄷ. 화성암 B가 관입한 후 부정합이 형성되었고, 이후 지층 C가 생성되었다. 따라서 화성암 B와 지층 C의 생성 순서는 부정합의 법칙을 적용하여 결정한다.

207

답 ③

ㄱ. 삼엽충은 고생대 전 기간에 걸쳐 번성하였고, 필석은 고생대 초기에 번성하였다. A의 하부와 상부 지층에서 각각 필석 화석과 삼엽충 화석이 산출되므로 A는 고생대에 퇴적되었다.
ㄷ. 산호는 수심이 얕고 따뜻한 바다에서 서식한다. C에서는 산호 화석이 산출되므로 C가 퇴적될 당시 이 지역은 수심이 얕고 따뜻한 바다였을 것이다.
오답 피하기 ㄴ. 매머드는 신생대 제4기에 번성하였다. 화성암 P와 Q의 절대 연령은 각각 2억 년, 1억 년이고, B는 P와 Q가 생성된 시기 사이에 퇴적되었으므로, B가 퇴적된 시기는 2억 년 전~1억 년 전 사이인 중생대이다. 따라서 B에서는 신생대에 살았던 매머드 화석이 산출될 수 없다.

208

답 ②

ㄴ. (나)는 화폐석이다. 화폐석이 번성한 신생대 팔레오기와 네오기에는 속씨식물이 번성하여 초원을 형성하였다.
오답 피하기 ㄱ. (가)는 방추충이다. 방추충은 고생대 석탄기에 출현하였고, 공룡은 중생대 백악기에 멸종하였다.
ㄷ. 화폐석은 신생대 팔레오기와 네오기에 번성하였고, 대서양은 고생대 말에 형성된 초대륙 판게아가 중생대 초부터 분리되면서 형성되었다. 따라서 화폐석 화석이 산출되는 지층은 대서양이 형성된 후 퇴적되었지만 방추충 화석이 산출되는 지층은 대서양이 형성되기 전에 퇴적되었다.

209

답 ①

ㄱ. 지질 시대의 구분에는 생존 기간이 긴 생물의 화석보다 생존 기간이 짧은 생물의 화석이 적합하다. A는 고생대부터 신생대까지 생존하였고, B는 고생대 중기의 특정 기간에만 생존하였으므로 지질 시대 구분에는 A보다 B가 적합하다.
오답 피하기 ㄴ. C는 양서류이다. 양서류는 고생대 말에 전성기를 이루었고, 히말라야산맥은 신생대에 인도 대륙이 유라시아 대륙과 충돌하여 형성되었다.
ㄷ. D는 속씨식물이다. 속씨식물이 번성한 시기는 신생대이고, 에디아카라 동물군 화석은 원생 누대의 지층에서 산출되는 다세포 동물의 화석군이다.

210

답 A: 북풍, B: 동풍

사층리는 흐르는 물이나 바람에 의해 퇴적물이 이동하여 형성되는데, 이때 퇴적물의 이동 방향은 기울기가 큰 쪽에서 작은 쪽 방향이다. 따라서 A가 퇴적될 때는 주로 북풍이 불었고, B가 퇴적될 때는 주로 동풍이 불었다.

211

예시 답안 A, B 지층에서 사층리의 아랫부분으로 갈수록 사층리의 경사가 완만해지므로 두 지층 모두 지층의 역전이 일어나지 않았다. 따라서 A가 B보다 먼저 퇴적되었다.

채점 기준	배점(%)
먼저 퇴적된 지층과 판단의 근거를 모두 옳게 설명한 경우	100
먼저 퇴적된 지층과 판단의 근거 중 1가지만 옳게 설명한 경우	50

212

예시 답안 (가)에는 주상 절리가, (나)에는 판상 절리가 나타난다. 주상 절리는 지표로 분출한 용암이 식으면서 부피가 수축하여 생성되고, 판상 절리는 지하 깊은 곳에 있는 암석이 융기할 때 암석에 가해지는 압력이 감소하면서 부피가 팽창하여 생성된다.

채점 기준	배점(%)
(가)와 (나) 지질 구조의 종류와 생성 원인을 모두 옳게 설명한 경우	100
(가)와 (나)의 지질 구조의 종류와 생성 원인 중 1가지만 옳게 설명한 경우	50
(가)와 (나)의 지질 구조 종류만 옳게 쓴 경우	30

213

예시 답안 A와 B는 반감기가 각각 2회, 1회 지났으므로 절대 연령은 각각 2억 년, 1억 년이고, 지층의 생성 순서는 A → C → B 순이므로 C의 절대 연령은 2억 년~1억 년이다. 이 시기는 중생대에 해당하므로 이 지층에서는 중생대에 바다에서 번성했던 암모나이트가 화석으로 산출될 수 있다.

채점 기준	배점(%)
암석의 절대 연령을 구하는 과정을 옳게 설명하고, 이 시기 표준 화석을 옳게 쓴 경우	100
암석의 절대 연령과 이 시기 표준 화석을 옳게 설명하였으나 암석의 절대 연령을 구하는 과정을 빠뜨린 경우	60
암석의 절대 연령이나 이 시기 표준 화석 중 1가지만 옳게 쓴 경우	30

214

예시 답안 (가)는 삼엽충이 번성하고 있는 것으로 보아 고생대의 환경을 복원한 것이고, (나)는 공룡을 비롯한 파충류와 겉씨식물이 번성하고 있는 것으로 보아 중생대의 환경을 복원한 것이다.

채점 기준	배점(%)
(가)와 (나)에 해당하는 지질 시대와 판단 근거를 모두 옳게 설명한 경우	100
(가)와 (나)에 해당하는 지질 시대만 옳게 쓴 경우	30

215

예시 답안 매머드는 신생대에 번성한 생물로, 신생대의 육지에서는 속씨식물이 번성하여 초원을 이루었다.

채점 기준	배점(%)
지질 시대를 옳게 쓰고, 육지 환경을 옳게 설명한 경우	100
육지 환경만 옳게 설명한 경우	60
지질 시대만 옳게 쓴 경우	20

Ⅲ 대기와 해양의 변화

05 날씨의 변화

개념 확인 문제 55쪽

216 ○　217 ×　218 ×
219 ㉠ 후면, ㉡ 소나기　220 ㉠ 전면, ㉡ 지속적인 비
221 ×　222 ○　223 ×　224 ○
225 뇌우　226 황사

216
답 ○

시베리아 고기압은 중심부가 거의 이동하지 않고 한곳에 머무르는 정체성 고기압이다.

217
답 ×

북태평양 고기압은 고온 다습한 성질을 지니며, 주로 여름철 우리나라에 영향을 준다.

218
답 ×

이동성 고기압은 편서풍의 영향으로 서쪽에서 동쪽으로 이동하는 고기압이다.

219
답 ㉠ 후면, ㉡ 소나기

한랭 전선에서는 찬 공기가 따뜻한 공기 아래로 파고들어 전선의 후면에 소나기가 내린다.

220
답 ㉠ 전면, ㉡ 지속적인 비

온난 전선에서는 따뜻한 공기가 찬 공기 위로 상승하여 전선의 전면에 지속적인 비가 내린다.

221
답 ×

적도 해상에서는 전향력이 작용하지 않으므로 공기의 소용돌이가 생기지 않아 태풍이 발생하기 어렵다.

222
답 ○

태풍 진로의 오른쪽 반원은 태풍 자체의 바람과 태풍의 이동 속력이 더해져 왼쪽 반원보다 바람이 강하다.

223
답 ×

태풍이 육지에 상륙하면 에너지원인 수증기의 공급이 차단되고 지면과의 마찰에 의해 세력이 약해지면서 소멸한다.

224
답 ○

태풍은 무역풍과 편서풍의 영향을 받아 포물선 궤도를 그리면서 북쪽으로 이동하며, 북태평양 고기압의 가장자리를 따라 이동한다.

225
답 뇌우

뇌우는 주로 여름철 강한 상승 기류에 의해 적란운이 발달하면서 천둥, 번개와 함께 소나기가 내리는 현상이다.

226
답 황사

황사는 주로 봄철에 중국 북부나 몽골의 사막 또는 건조한 황토 지대에서 강한 바람이 불어 상공으로 올라간 모래 먼지가 우리나라까지 운반된 후 서서히 하강하는 현상이다.

기출 분석 문제 56~61쪽

227 ④　228 해설 참조　229 ①　230 ①　231 ②
232 ㉠ 냉각, ㉡ 안정, ㉢ 층운형　233 (가) 한랭 전선, (나) 온난 전선
234 ②　235 ③　236 ③　237 A: 시계 방향, E: 시계 반대 방향
238 ①　239 ④　240 해설 참조　241 ③　242 ⑤
243 ④　244 ①　245 태풍의 눈　246 ①　247 ③
248 ②　249 ②　250 ⑤　251 ①　252 ④　253 ④
254 (다) → (나) → (가)　255 ④　256 ㄴ, ㄹ

227
답 ④

(가)의 A는 바람이 중심부를 향해 불어 들어가므로 저기압 중심부, (나)의 B는 바람이 중심부에서 불어 나오므로 고기압 중심부이다.
ㄴ. (나)의 B와 같은 고기압의 중심부에서는 하강 기류가 발달한다.
ㄷ. 저기압 중심부에서는 상승 기류가 발달하여 구름이 형성되고 흐리거나 강수 현상이 나타나며, 고기압 중심부에서는 하강 기류가 발달하여 날씨가 맑다.

오답 피하기 ㄱ. (가)의 A는 저기압 중심부로 주변보다 기압이 낮다.

개념 더하기 고기압과 저기압

구분	정의	기류, 바람(북반구)	날씨
고기압	주위보다 기압이 높은 곳	하강 기류 발달, 지면에서 바람이 시계 방향으로 불어 나간다.	맑음
저기압	주위보다 기압이 낮은 곳	상승 기류 발달, 지면에서 바람이 시계 반대 방향으로 불어 들어온다.	흐리거나 비

228

예시 답안 A는 겨울철에 발달하는 정체성 고기압인 시베리아 고기압이다. 찬 대륙에서 발달하므로 기단의 성질은 한랭 건조하다.

채점 기준	배점(%)
고기압의 종류와 기단의 성질을 모두 옳게 설명한 경우	100
고기압의 종류와 기단의 성질 중 1가지만 옳게 설명한 경우	50

229

답 ①

ㄱ. 북태평양 고기압은 중심부가 거의 이동하지 않는 정체성 고기압이다.

오답 피하기 ㄴ. 이동성 고기압은 고기압의 한 종류이므로 중심부의 기압이 주위보다 높다.

ㄷ. 우리나라 부근에서 이동성 고기압은 편서풍의 영향을 받으므로 서에서 동으로 이동한다.

230

답 ①

A는 시베리아 기단, B는 오호츠크해 기단, C는 양쯔강 기단, D는 북태평양 기단이다.

ㄱ. A와 B는 고위도에서 형성된 기단이므로 한랭하다.

오답 피하기 ㄴ. C는 대륙에서 형성된 기단이므로 건조한 대륙성 기단이고, D는 해양에서 형성된 기단이므로 다습한 해양성 기단이다.

ㄷ. D는 고온 다습한 성질을 지니며, 주로 여름에 우리나라에 영향을 준다.

231

답 ②

ㄴ. 기단의 기온과 습도가 증가하였으므로 기단이 이동하는 동안 해수로부터 열과 수증기를 공급받아 기단 하부가 불안정해졌다.

오답 피하기 ㄱ. 기단이 이동하는 동안 기온이 상승하였으므로 저위도로 이동하였다.

ㄷ. 기단 하부가 가열되면서 공기의 대류가 활발해져 적운형 구름의 발생이 증가하였다.

232

답 ㉠ 냉각, ㉡ 안정, ㉢ 층운형

기단이 고위도로 이동하면 기단 하부의 열을 빼앗기게 되므로 냉각에 의해 기단이 안정해지고, 층운형 구름이 생긴다.

233

답 (가) 한랭 전선, (나) 온난 전선

전선은 성질이 다른 공기 덩어리가 부딪힐 때 생기는 경계선이다. (가)는 찬 공기가 따뜻한 공기 아래로 파고들면서 따뜻한 공기를 밀어 올릴 때 형성되는 한랭 전선, (나)는 따뜻한 공기가 찬 공기 위로 타고 올라갈 때 형성되는 온난 전선이다.

234

답 ②

ㄷ. 한랭 전선에서는 적운형 구름이 생기고, 온난 전선에서는 층운형 구름이 생기므로 구름의 두께는 (가)보다 (나)가 얇다.

오답 피하기 ㄱ. 전선면의 기울기는 한랭 전선이 온난 전선보다 급하다.

ㄴ. 전선의 이동 속도는 한랭 전선이 온난 전선보다 빠르다.

235

답 ③

A. 온대 저기압은 중위도 온대 지방에서 찬 기단과 따뜻한 기단이 만나서 형성된다.

B. 온대 저기압은 저기압 중심의 남서쪽에 한랭 전선을, 남동쪽에 온난 전선을 동반한다.

오답 피하기 C. 온대 저기압은 편서풍의 영향을 받아 서쪽에서 동쪽으로 이동한다.

236 필수 유형

답 ③

자료 분석하기 온대 저기압에서의 날씨 변화

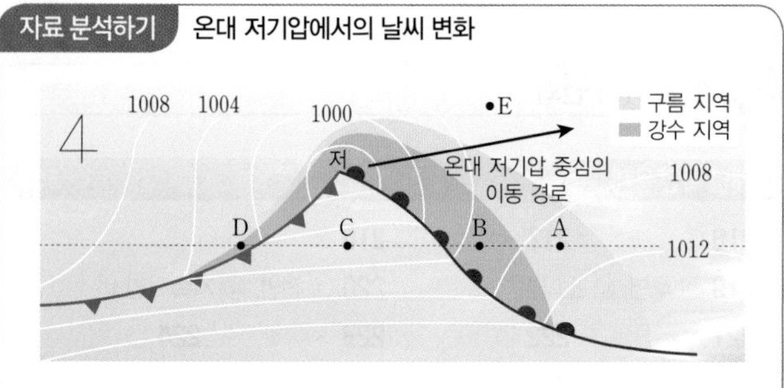

- B: 남동풍, 층운형 구름, 지속적인 비
- C: 남서풍, 구름이 없는 맑은 날씨
- D: 북서풍, 적운형 구름, 소나기성 강수
- A: 온대 저기압 중심의 남쪽에 위치 ➡ 온난 전선과 한랭 전선이 차례로 지나가면서 남동풍 → 남서풍 → 북서풍으로 풍향이 시계 방향으로 바뀐다.
- E: 온대 저기압 중심의 북쪽에 위치 ➡ 북동풍 → 북풍 → 북서풍으로 풍향이 시계 반대 방향으로 바뀐다.

ㄱ. 온난 전선의 전면에는 찬 공기가 분포하고, 후면에는 따뜻한 공기가 분포하므로 기온은 A보다 C에서 높다. C에서는 구름이 없고 날씨가 맑으며, 기온이 높다.

ㄴ. B는 온난 전선의 전면이므로 층운형 구름에서 지속적인 비가 내린다.

오답 피하기 ㄷ. B에서는 따뜻한 공기가 기울기가 완만한 전선면을 타고 상승하므로 층운형 구름이 생기고, D에서는 찬 공기가 따뜻한 공기 아래로 파고들어 따뜻한 공기가 급격하게 상승하므로 적운형 구름이 생긴다.

237

답 A: 시계 방향, E: 시계 반대 방향

A에서는 남동풍 → 남서풍 → 북서풍으로 변하여 시계 방향으로 변한다. E에서는 북동풍 → 북풍 → 북서풍으로 변하여 시계 반대 방향으로 변한다.

238

답 ①

ㄱ. A는 한랭 전선, B는 온난 전선이다. 한랭 전선(A)과 온난 전선(B)은 모두 편서풍에 의해 서에서 동으로 이동하면서 날씨 변화를 일으킨다.

오답 피하기 ㄴ. 한랭 전선은 온난 전선보다 이동 속도가 빠르므로 A와 B 사이의 거리는 시간이 지나면서 점차 가까워진다.

ㄷ. A의 후면과 B의 전면에 강수 구역이 형성되고, A와 B 사이에서는 날씨가 맑다.

239

답 ④

ㄴ. 온난 전선이 A의 동쪽에 있으므로 A에는 온난 전선이 통과한 상태이다. 따라서 온난 전선이 통과한 후에 비가 그치면서 날씨가 맑아졌다.

ㄷ. 앞으로 A에 한랭 전선이 통과하면 적운형 구름에서 소나기가 내릴 것이다.

오답 피하기 ㄱ. A는 온난 전선과 한랭 전선 사이에 있으므로 남서풍이 우세하게 분다.

240

예시 답안 (나) → (가), 한랭 전선이 온난 전선을 따라 잡으면 폐색 전선이 형성되기 때문이다.

채점 기준	배점(%)
순서와 판단의 근거를 모두 옳게 설명한 경우	100
판단의 근거만 옳게 설명한 경우	70
순서만 옳게 쓴 경우	30

241

답 ③

자료 분석하기 온대 저기압

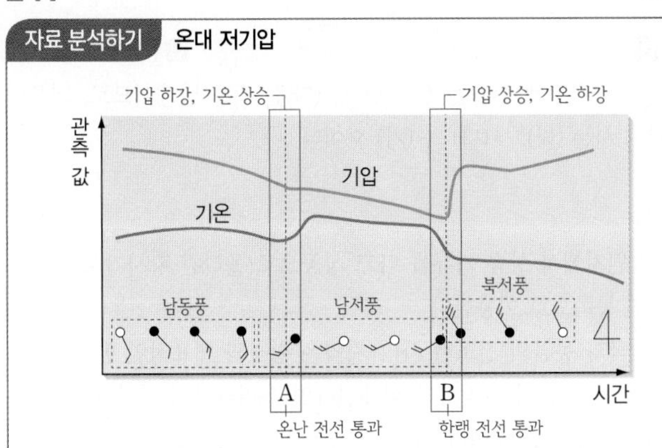

- 온난 전선 통과 후에 기압이 하강하고, 기온이 상승하였다. 풍향은 남동풍 → 남서풍으로 변한다.
- 한랭 전선 통과 후에 기압이 상승하고, 기온이 하강하였다. 풍향은 남서풍 → 북서풍으로 변한다.

ㄱ. A 시각에 기온이 상승하고, 풍향이 남동풍에서 남서풍으로 바뀌었으므로 온난 전선이 통과하였다.

ㄷ. B 시각에 기온이 크게 하강하고, 풍향이 남서풍에서 북서풍으로 바뀌었으며, 기압이 크게 상승하였으므로 한랭 전선이 통과하였다. 한랭 전선이 통과한 직후에는 적운형 구름이 생긴다.

오답 피하기 ㄴ. 일기 기호로 보아 A와 B 시각 사이에는 기온이 높고, 날씨가 맑았다. 소나기는 한랭 전선이 통과한 후 적운형 구름이 생기면서 내린다.

242

답 ⑤

ㄱ. 온대 저기압은 편서풍의 영향으로 서 → 동으로 이동한다.

ㄴ. 한랭 전선은 온난 전선보다 이동 속도가 빠르므로 온난 전선과 한랭 전선의 간격은 시간이 지나면서 좁아진다.

ㄷ. 온대 저기압의 중심이 우리나라 남부 지방 아래쪽으로 이동하였으므로 풍향은 북동풍 → 북풍 → 북서풍으로 시계 반대 방향으로 변하였다.

243

답 ④

ㄴ. (나) 시각에는 온난 전선과 한랭 전선 사이에 위치하여 남서풍이 불었다.

ㄷ. (다) 시각에는 한랭 전선이 통과한 후 소나기가 내렸으므로 적운형 구름이 발달하였다.

오답 피하기 ㄱ. 한랭 전선이 통과하면 풍향이 남서풍에서 북서풍으로 바뀌므로 한랭 전선이 통과한 때는 (나)와 (다) 시각 사이이다.

244

답 ①

ㄱ. 가시광선 영상은 낮에만 촬영할 수 있고, 적외선 영상은 낮과 밤에 모두 촬영할 수 있다. 따라서 위성 영상을 촬영한 때는 낮이다.

오답 피하기 ㄴ. A는 가시광선 영상에서 밝게 나타나므로 두꺼운 구름이 발달한다. 또, 적외선 영상에서 밝게 나타나므로 구름의 높이가 높다. 따라서 A는 적운형 구름이 분포하는 구역이다.

ㄷ. B는 가시광선 영상에서 어둡게 나타나므로 얇은 구름이 발달한다. 또, 적외선 영상에서 어둡게 나타나므로 구름의 높이가 낮다. 따라서 B에는 층운형 구름이 나타나며, 부근에 온난 전선이 분포한다.

245

답 태풍의 눈

태풍의 눈은 태풍의 중심에서 약 50 km 이내의 하강 기류가 나타나는 곳으로, 날씨가 맑고 바람이 약한 구간이다.

246

답 ①

ㄱ. 열대 저기압은 동태평양보다 서태평양에서 자주 발생하는데, 이는 무역풍의 영향으로 따뜻한 표층 해수가 서태평양으로 이동하여 서태평양이 동태평양보다 표층 수온이 높기 때문이다.

오답 피하기 ㄴ. 열대 저기압의 발생 지역은 주로 무역풍의 영향을 받는 저위도의 열대 해상이다.

ㄷ. 적도 해역은 열대 저기압의 발생에 필요한 수증기가 충분히 공급될 만큼 표층 수온이 높지만, 전향력이 약하여 공기의 소용돌이가 잘 생기지 않기 때문에 열대 저기압이 거의 발생하지 않는다.

247

답 ③

ㄱ, ㄴ. 태풍은 무역풍대에서 발생한 후 북서쪽으로 진행하고, 편서풍대에 진입하면 북동쪽으로 진행하여 포물선 궤도를 이룬다.

오답 피하기 ㄷ. 북태평양 고기압이 발달하면 태풍은 고기압의 가장자리를 따라 이동한다.

248 필수 유형

답 ②

자료 분석하기 위험 반원과 안전 반원

위험 반원	태풍의 회전 방향과 태풍의 진행 방향이 일치(태풍 진행 방향의 오른쪽) ➡ 풍속이 강하고 피해가 크다.
안전 반원	태풍의 회전 방향과 태풍의 진행 방향이 반대(태풍 진행 방향의 왼쪽) ➡ 풍속이 약하고 피해가 작다.

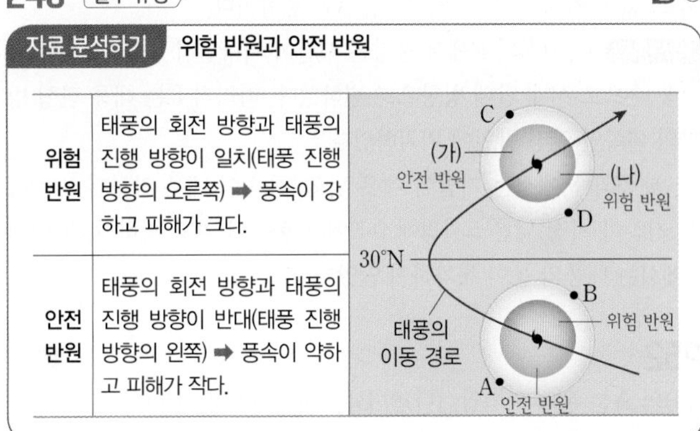

ㄷ. (가) 구역은 태풍 자체의 풍속이 태풍의 이동 속도에 의해 감소되어 풍속이 약한 안전 반원이고, (나) 구역은 태풍 자체의 풍속과 태풍의 이동 속도가 더해져 풍속이 강한 위험 반원이다.

오답 피하기 ㄱ, ㄴ. 태풍의 이동 경로에 대해 오른쪽 반원은 풍속이 강한 위험 반원이고, 왼쪽 반원은 풍속이 약한 안전 반원이다. 따라서 B 지점은 A 지점보다 풍속이 강하고, D 지점은 C 지점보다 풍속이 강하다.

249

답 ②

자료 분석하기 태풍의 풍속과 기압 변화

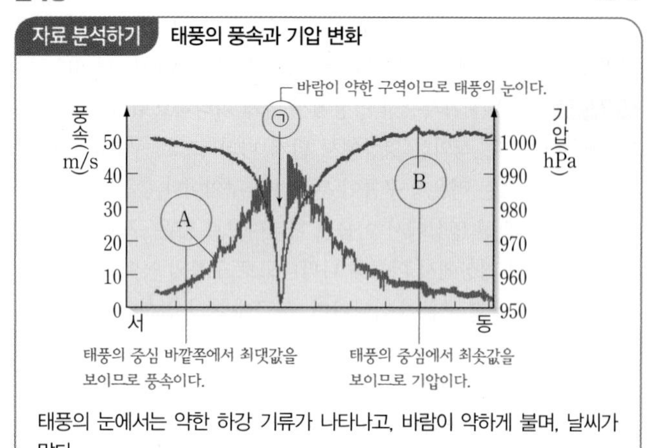

태풍의 눈에서는 약한 하강 기류가 나타나고, 바람이 약하게 불며, 날씨가 맑다.

ㄴ. ㉠은 기압이 가장 낮은 태풍의 중심으로, 풍속이 약하므로 태풍의 눈이다.

오답 피하기 ㄱ. A는 태풍의 눈(㉠) 바깥쪽에서 최댓값을 가지는 풍속이고, B는 태풍의 눈에서 최솟값을 가지는 기압이다.

ㄷ. 태풍의 눈에서는 약한 하강 기류가 존재하여 맑은 날씨가 나타난다. 적란운은 태풍의 눈 바깥의 눈벽에서 가장 두껍게 발달한다.

250

답 ⑤

ㄱ. 태풍은 중심으로 갈수록 기압이 급격하게 낮아진다. B는 태풍의 눈이므로 기압이 가장 낮다.

ㄴ. 풍속은 위험 반원에 속하는 C가 안전 반원에 속하는 A보다 빠르다.

ㄷ. C는 태풍이 이동하는 경로의 오른쪽에 위치하므로 풍향이 시계 방향으로 변한다.

251

답 ①

ㄱ. 태풍이 접근하는 지역에서는 기압이 낮아지고, 풍속이 증가한다. (가)에서 태풍이 접근하며 기압이 낮아지는 0시~4시 사이에 (나)에서 그 값이 커지는 B가 풍속이며, A는 풍향이다.

오답 피하기 ㄴ. (나)의 P에서 풍향은 시간이 지나면서 동풍 → 북풍 → 서풍 순으로 시계 반대 방향으로 변하였다. 따라서 P는 태풍 진행 방향의 왼쪽인 안전 반원에 위치하였다.

ㄷ. 태풍의 눈에서는 기압이 매우 낮고, 풍속이 매우 약하다. (가)에서 기압이 가장 낮은 5시경에 (나)에서 풍속이 가장 강하다. 따라서 P에서는 태풍의 눈이 통과하지 않았다.

252

답 ④

(가)의 A는 온대 저기압, (나)의 B는 열대 저기압(태풍)이다.

④ B의 열대 저기압에서 기압이 가장 낮은 곳은 태풍의 눈이다. 태풍의 눈에서는 약한 하강 기류가 형성된다.

오답 피하기 ①, ② A는 온대 저기압으로 성질이 서로 다른 두 기단이 만나서 형성되며, 온난 전선과 한랭 전선을 동반한다.

③ B의 열대 저기압은 수온이 27 ℃ 이상인 저위도 열대 해상에서 발생한다.

⑤ 태풍의 눈은 온대 저기압 중심보다 기압이 낮다. A에서 중심 기압은 약 1000 hPa이며, B의 중심 기압은 약 992 hPa이다.

253

답 ④

ㄱ. 우박과 뇌우는 모두 기층이 불안정하여 상승 기류가 강한 적란운에서 잘 형성되므로, 뇌우는 우박을 동반할 수 있다.

ㄴ. 상승 기류와 하강 기류가 공존하는 적란운 내부에서 작은 빙정이 상승과 하강을 반복하면서 크기가 커지면 우박이 되어 떨어진다.

오답 피하기 ㄷ. (나)에서 우리나라의 월별 평균 우박 발생 일수는 여름철보다 겨울철이 많다. 여름철에는 강한 상승 기류에 의해 적란운이 잘 형성되지만 우박이 내리는 과정에서 대부분 녹기 때문에 겨울철보다 우박이 내리는 경우가 적다.

254

답 (다) → (나) → (가)

(가)는 소멸 단계, (나)는 성숙 단계, (다)는 적운 단계이므로, 뇌우의 발달 순서는 (다) → (나) → (가) 순이다.

255

답 ④

ㄴ. 발원지에서 상승 기류를 타고 상공으로 올라간 황사가 편서풍을 만나면 동쪽으로 이동한다.

ㄷ. 중국과 몽골의 건조한 사막 지역은 황사의 대표적인 발원지이므로 중국과 몽골의 사막화가 심해진다면 우리나라의 황사 발생 일수는 대체로 증가할 것이다.

오답 피하기 ㄱ. 황사는 발원지가 얼어있던 겨울을 지나 지표가 가열되기 시작하는 봄철에 주로 발생한다.

256

답 ㄴ, ㄹ

ㄴ. 시베리아 기단이 황해를 지나면 기단 하부가 열과 수증기를 공급받아 적란운이 발달하면서 폭설이 내릴 수 있다.

ㄹ. 장마 전선이 발달하면 전선면을 따라 따뜻한 공기가 상승하는데, 이때 강한 상승 기류가 형성되면 집중 호우가 내릴 수 있다.

오답 피하기 ㄱ. 우박은 적란운 내에서 얼음 알갱이가 하강 기류에 의해 하강하고, 상승 기류에 의해 상승하는 과정이 반복되면서 성장한 것이다.

ㄷ. 열대야는 고온 다습한 북태평양 기단의 영향을 받을 때 생긴다.

1등급 완성 문제

62~63쪽

257 ② **258** ② **259** ⑤ **260** ④ **261** ① **262** ②
263 해설 참조 **264** 해설 참조 **265** 해설 참조

257

답 ②

ㄴ. B는 저기압 중심이므로 상승 기류가 발달하고, D는 고기압 중심이므로 하강 기류가 발달한다. 따라서 B 지역은 D 지역보다 구름의 양이 많다.

오답 피하기 ㄱ. 상승 기류가 발달하는 곳은 저기압 중심인 B와 C 지역이다.
ㄷ. 우리나라는 북쪽에 저기압, 남쪽에 고기압이 위치하여 남풍 계열의 바람이 분다.

258

답 ②

A는 한랭 건조한 시베리아 기단, B는 한랭 다습한 오호츠크해 기단, C는 온난 건조한 양쯔강 기단, D는 고온 다습한 북태평양 기단이다.
ㄷ. (나)에서 기단이 발원지로부터 멀어지면서 기온이 상승하고 수증기량이 증가하였다. 이와 같은 변화는 시베리아 기단과 같이 차고 건조한 기단이 우리나라에 접근할 때 잘 나타나며, 시베리아 기단의 영향을 받을 때 우리나라의 날씨는 한랭 건조하다.
오답 피하기 ㄱ. 우리나라 장마철 장마 전선 형성에 영향을 미치는 기단은 오호츠크해 기단(B)과 북태평양 기단(D)이다.
ㄴ. (나)에서 기단이 발원지로부터 멀어지면서 기단 하층부의 기온이 상승하므로 상승 기류가 발달하여 불안정해진다.

259

답 ⑤

ㄱ. (가)는 시베리아 고기압(A)이 발달하는 겨울철 일기도이고, (나)는 북태평양 고기압(B)이 발달하는 여름철 일기도이다.
ㄴ. 시베리아 고기압과 북태평양 고기압은 모두 중심부가 거의 이동하지 않는 정체성 고기압이다.
ㄷ. 바람은 고기압에서 저기압을 향해 불기 때문에 우리나라는 (나)의 계절에 남풍 계열의 바람이 우세하게 분다.

260

답 ④

ㄴ. 온대 저기압이 지나는 동안 온난 전선과 한랭 전선이 차례로 통과하는 지역에서는 풍향이 시계 방향으로 변한다.
ㄷ. 관측 기간 동안 A 지역에는 한랭 전선이 통과하였으므로, 비가 내렸다면 소나기일 가능성이 높다.
오답 피하기 ㄱ. 우리나라 부근에서 온대 저기압은 편서풍의 영향을 받아 서쪽에서 동쪽으로 이동하므로, (나)가 (가)의 12시간 후 일기도이다.

261

답 ①

자료 분석하기 위성 영상의 해석

시베리아 기단의 변질에 의해 적운형 구름이 생긴다.

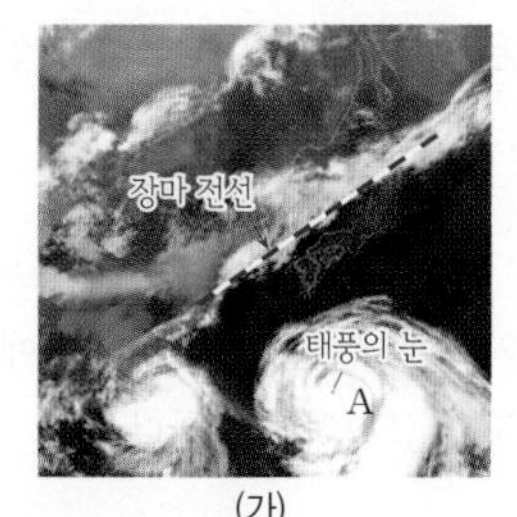

(가)

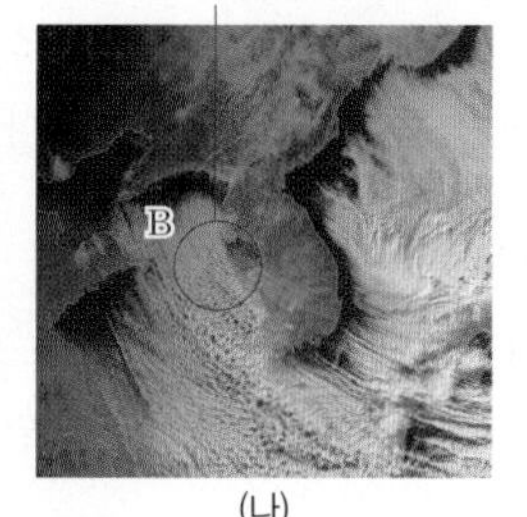

(나)

- (가)에서는 태풍과 장마 전선이 나타난다.
- (나)에서는 서해안에 적운형 구름이 나타난다.
- (가)는 장마 전선과 태풍이 보이므로 여름철, (나)는 겨울철 폭설의 위성 영상이다.

(가)는 여름철, (나)는 겨울철의 위성 영상이다.
ㄴ. B는 시베리아 기단이 따뜻한 황해를 지나는 동안 수증기와 열에너지를 공급받아 기단이 불안정해져서 생긴 적운형 구름이 발달해 있다.
오답 피하기 ㄱ. 풍속이 강한 태풍 진로의 오른쪽 반원을 위험 반원, 상대적으로 풍속이 약한 태풍 진로의 왼쪽 반원을 안전 반원이라고 한다. A는 태풍의 눈이 존재하는 태풍 중심의 오른쪽에 위치하므로 위험 반원에 속해 있다.
ㄷ. 우리나라는 여름철에 북태평양 기단의 영향을 받고, 겨울철에 시베리아 기단의 영향을 받으므로 우리나라 중부 지방은 (가) 계절이 (나) 계절보다 다습하다.

262

답 ②

ㄷ. 태풍은 저기압이므로 중심 기압이 낮을수록 세력이 강하고 중심 부근의 최대 풍속이 빠르다. 13일 06시보다 12일 21시에 태풍의 중심 기압이 더 낮았으므로 태풍의 최대 풍속이 더 빠르다.
오답 피하기 ㄱ. 태풍이 통과하는 동안 관측소의 풍향은 동풍 → 남동풍 → 남서풍으로 시계 방향으로 변하였다. 따라서 관측소는 태풍 이동 경로의 오른쪽인 ㉡에 위치한다.
ㄴ. 태풍이 이동하는 동안 대체로 바람은 태풍 주변에서 중심 쪽으로 분다. 따라서 12일 21시에는 동풍이 불었으므로 태풍은 관측소의 서쪽에 있었으며, 13일 06시에는 남서풍이 불었으므로 태풍은 북동쪽으로 이동하면서 관측소에서 멀어졌다.

263

서술형 해결 전략

STEP 1 문제 포인트 파악
온대 저기압의 이동에 따른 풍향 변화를 파악해야 한다.

STEP 2 관련 개념 모으기

❶ **풍향계에서 풍향은?**
→ 풍향계에서 화살표가 가리키는 방향이 바람이 불어오는 방향이다. 즉, 화살표가 가리키는 방향이 풍향이다.

❷ **온대 저기압에서의 풍향 변화는?**
→ 온대 저기압에서 온난 전선과 한랭 전선이 차례로 지나는 동안 풍향은 남동풍 → 남서풍 → 북서풍 순으로 시계 방향으로 변한다.

❸ **온대 저기압에서 기온과 기압 변화는?**
→ 온난 전선이 통과한 후 기압은 낮아지고 기온은 높아지며, 한랭 전선이 통과한 후 기압은 높아지고 기온은 낮아진다.

온대 저기압은 온난 전선 앞쪽 지역에서 남동풍, 온난 전선과 한랭 전선 사이 지역에서 남서풍, 한랭 전선 뒤쪽 지역에서 북서풍이 우세하게 분다. 또, 풍향은 바람이 불어오는 방향으로, 풍향계의 화살표가 향하는 방향이 바람이 불어오는 방향이다.

예시 답안 (나)는 북서풍이 부는 모습으로, 북서풍은 한랭 전선의 뒤쪽에서 우세하게 분다. 따라서 (나)는 A에서 관측한 모습니다.

채점 기준	배점(%)
(나)에서 풍향과 온대 저기압에서 부는 바람의 방향을 관련지어 관측 장소를 옳게 설명한 경우	100
관측 장소만 옳게 쓴 경우	30

264

서술형 해결 전략

STEP 1 문제 포인트 파악

가시광선 영상과 적외선 영상을 비교하여 구름의 두께와 구름 상층부의 높이를 설명할 수 있어야 한다.

STEP 2 자료 파악

- 가시광선 영상에서는 구름의 두께가 두꺼울수록 밝게 보이는데, (가)를 보면 A 해역이 더 밝게 보인다. ➡ 구름의 두께는 A가 B보다 두껍다.
- 적외선 영상에서는 상층의 구름일수록 밝게 보이는데, (나)를 보면 A 해역이 더 밝게 보인다. ➡ 구름 상층부의 높이는 A가 B보다 높다.

STEP 3 관련 개념 모으기

❶ 가시광선 영상의 특징은?
→ 낮에만 관측할 수 있다.
→ 구름의 반사도가 클수록 밝게 나타난다.
→ 두께가 두꺼운 적란운은 밝게 나타난다.
→ 두께가 얇은 층운형 구름은 어둡게 나타난다.

❷ 적외선 영상의 특징은?
→ 낮과 밤에 모두 관측할 수 있다.
→ 구름의 온도가 낮을수록(고도가 높을수록) 밝게 나타난다.
→ 온도가 낮은 상층운은 밝게 나타난다.
→ 온도가 높은 하층운은 어둡게 나타난다.

예시 답안 가시광선 영상을 보면 A 해역이 B 해역보다 더 밝으므로 구름의 두께는 A 해역이 더 두껍다. 적외선 영상을 보면 A 해역이 B 해역보다 더 밝으므로 상층부 구름의 높이는 A 해역이 더 높다.

채점 기준	배점(%)
구름의 두께와 상층부 높이를 옳게 비교하고, 근거를 옳게 제시한 경우	100
구름의 두께와 상층부 높이는 잘못 비교하였으나, 근거를 옳게 제시한 경우	70
구름의 두께와 상층부 높이만 옳게 비교한 경우	30

265

서술형 해결 전략

STEP 1 문제 포인트 파악

우박의 단면을 보고, 우박이 여러 겹으로 이루어진 까닭과 생성 과정을 설명할 수 있어야 한다.

STEP 2 관련 개념 모으기

- 우박을 비롯한 악기상은 주로 지표 부근에서 높은 곳까지 두껍게 형성되는 적란운에서 일어난다.
- 적란운 내에서 얼음 알갱이가 상승 기류와 하강 기류에 의해 상승과 하강을 반복하여 성장하면 여러 겹으로 이루어진 우박이 만들어진다.
- 우리나라에서 우박은 강한 상승 기류가 발달하는 초여름이나 가을에 주로 발생한다.

예시 답안 우박은 적란운 내에서 생성된 얼음 알갱이가 상승 기류와 하강 기류에 의해 상승과 하강을 반복하여 성장하였기 때문이다.

채점 기준	배점(%)
구름의 종류와 까닭을 모두 옳게 설명한 경우	100
구름의 종류는 잘못 제시하였으나 까닭을 옳게 설명한 경우	70
구름의 종류만 옳게 제시한 경우	30

06 해수의 성질

개념 확인 문제 65쪽

266 클	267 수온 약층	268 크다	269 ×
270 ○	271 ○	272 ○	273 이산화 탄소
274 밀도 약층	275 광합성		

266

답 클

염분에 가장 큰 영향을 주는 요인은 증발량과 강수량으로, 표층 염분은 대체로 (증발량−강수량)에 비례한다.

267

답 수온 약층

혼합층 아래에서 수심이 깊어짐에 따라 수온이 급격하게 낮아지는 층을 수온 약층이라고 한다.

268

답 크다

해수의 밀도에 영향을 주는 요인에는 수온, 염분, 수압 등이 있으며, 수온이 낮을수록, 염분이 높을수록, 수압이 클수록 밀도가 크다.

269

답 ×

적도 해역은 강수량이 증발량보다 많고 중위도 해역은 증발량이 강수량보다 많아 중위도 해역의 염분이 적도 해역보다 높다.

270

답 ○

해양에서 표층 수온은 저위도에서 고위도로 갈수록 대체로 낮아지고, 대양의 중앙부에서 등수온선은 대체로 위도와 나란한 분포를 보인다.

271

답 ○

수온과 염분이 다르고 밀도가 같은 해수를 혼합하면 혼합하기 전보다 밀도가 증가한다.

272

답 ○

해수의 밀도는 수온이 낮을수록 크므로 해수의 깊이에 따른 밀도의 연직 분포와 수온의 연직 분포는 대칭적인 분포를 보인다.

273

답 이산화 탄소

수심이 깊어질수록 광합성에 의한 이산화 탄소의 소비가 줄고, 수중 동물의 호흡과 극지방의 표층 해수의 침강 등에 의해 용존 이산화 탄소 농도가 증가하는 경향을 보인다.

274

답 밀도 약층

해수의 표층과 심층 사이의 밀도 약층에서는 깊이가 증가함에 따라 수온이 급격히 낮아지기 때문에 밀도가 급격히 증가한다.

275

답 광합성

대기와 접해 있는 해수의 표층은 대기 중의 산소가 녹아 들어오거나 해수 표층에 서식하는 해양 생물의 광합성을 통해 산소가 공급되므로 용존 산소량이 높게 나타난다.

기출 분석 문제

66~71쪽

276 ⑤	277 염화 나트륨, 30 psu			278 ①	279 ③
280 ④	281 ③	282 ②	283 ④	284 ⑤	285 ③
286 ③	287 ②	288 해설 참조		289 ⑤	290 ⑤
291 ①	292 ②	293 ②	294 ①	295 ②	296 ②
297 ①	298 해설 참조		299 ⑤	300 ①	301 ③
302 ①	303 해설 참조				

276

답 ⑤

ㄱ. 해수에는 다양한 물질이 녹아 있는데, 이러한 물질을 염류라고 한다. 염분은 해수 1 kg 속에 녹아 있는 염류의 총량을 g 수로 나타낸 것이다.

ㄴ. 전 세계 해양의 염분은 대체로 약 32 psu~37 psu의 분포를 보이며, 평균 염분은 약 35 psu이다.

ㄷ. 해수 중에 가장 많이 녹아 있는 성분은 염화 이온(Cl^-)이고, 그 다음으로 많이 녹아 있는 성분은 나트륨 이온(Na^+)으로, 이 두 성분이 전체의 약 85 %를 차지한다.

277

답 염화 나트륨, 30 psu

해수를 구성하는 염류 중 가장 많은 양을 차지하고 있는 A는 염화 나트륨이다. 해수의 염분은 염류의 총량을 g 수로 나타낸 것으로, 이 해역의 해수 속에 들어 있는 염류의 총합이 30 g이므로 이 해수의 염분은 30 psu이다.

278

답 ①

A. 해수의 염분은 증발량이 많을수록, 강수량이 적을수록, 해수의 결빙이 일어나는 경우에 높아진다. 따라서 다른 요인의 변화가 없다면 (증발량−강수량)과 염분은 대체로 비례한다.

오답 피하기 B. 극지방에서 해수의 결빙이 일어나면 순수한 물만 얼기 때문에 염분이 높아진다.

C. 염분과 관계없이 염류 사이의 구성 비율은 어느 해역에서나 일정한데, 이를 염분비 일정 법칙이라고 한다. 따라서 전체 염류 중에서 염화 나트륨이 차지하는 비율은 일정하다.

개념 더하기 표층 염분 변화의 요인

- 증발량과 강수량: 표층 염분 변화에 가장 큰 영향을 미치는 값으로, (증발량−강수량)이 클수록 표층 염분이 높으므로, 중위도 해역에서 표층 염분이 가장 높다.
- 하천수의 유입량: 강물의 유입량이 많을수록 표층 염분이 낮다. 따라서 대륙 주변부가 대양의 중앙부보다 표층 염분이 낮게 나타난다.
- 결빙과 해빙: 결빙이 일어나는 바다는 염분이 높아지고, 해빙이 일어나는 바다는 염분이 낮아진다.

279

답 ③

ㄱ. 해수 1 kg에서 염화 나트륨이 차지하는 양은 (나)가 (가)보다 적으므로 염분비 일정 법칙에 따라 ⓐ, ⓑ의 양도 각각 3.8 g, 2.3 g보다 적다. 따라서 (ⓐ+ⓑ)의 값은 6.1보다 작다.

ㄴ. (가) 해역에서 염류를 모두 더하면 35 g이므로 (가) 해역의 염분은 35 psu이다. (가)는 (나)보다 염화 나트륨의 양이 많으므로 염분비 일정 법칙에 따라 염분은 (가)가 (나)보다 높다. 따라서 (나) 해역의 염분은 35 psu보다 낮다.

오답 피하기 ㄷ. 두 해역은 강수량이 비슷하고 하천수의 유입이 없는 해역이므로 증발량이 많을수록 염분이 높다. 따라서 (나) 해역보다 염분이 높은 (가) 해역이 증발량도 많다.

280

답 ④

자료 분석하기 증발량과 강수량 분포

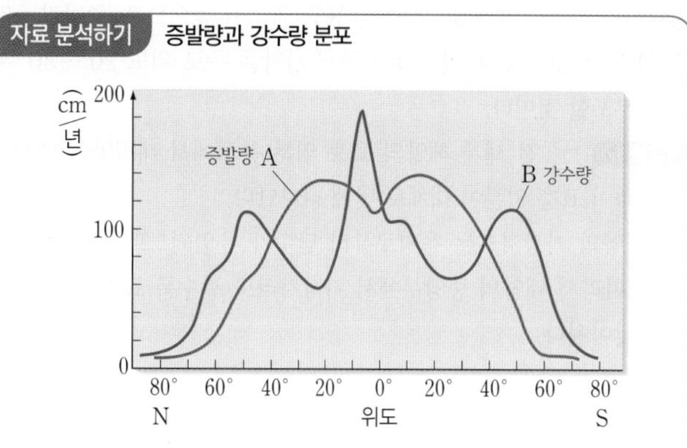

- 적도, 위도 60° 부근: 대기 대순환의 상승 기류가 발달하여 저압대가 형성된다. ➡ 증발량이 적고 강수량이 많다.
- 위도 30° 부근: 대기 대순환의 하강 기류가 발달하여 고압대가 형성된다. ➡ 강수량이 적고 증발량이 많다.
- 중위도 해역은 (증발량−강수량) 값이 가장 크다. ➡ 중위도 해역의 염분이 가장 높다.

ㄴ. 적도 부근에는 상승 기류가 발달하여 저압대가 형성되므로 증발량이 적고 강수량이 많으며, 위도 30° 부근에는 하강 기류가 발달하여 고압대가 형성되므로 증발량이 많고 강수량이 적게 나타난다.

ㄷ. 표층 염분은 증발량이 많을수록, 강수량이 적을수록 높다. 따라서 적도 지방보다 증발량이 많고 강수량이 적은 위도 20°~30° 부근에서 표층 염분이 높게 나타난다.

오답 피하기 ㄱ. A는 증발량, B는 강수량 분포를 나타낸 것이다.

281 필수 유형

답 ③

자료 분석하기 증발량과 강수량 분포

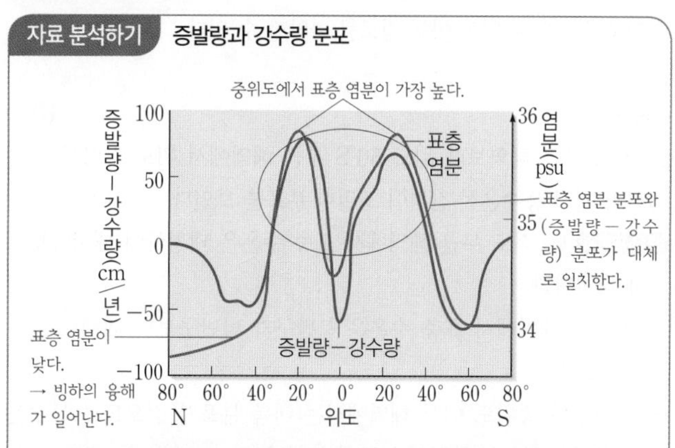

- 적도 해역: 강수량이 증발량보다 많은 지역으로 염분이 낮다.
- 중위도(위도 30° 부근) 해역: 증발량이 강수량보다 많아 염분이 높다.
- 극 해역: 증발량이 적고 해빙으로 염분이 낮다.
  ➡ 표층 염분 곡선과 (증발량−강수량)이 일치하지 않는다.

ㄱ, ㄷ. 저위도와 중위도 해역에서는 표층 염분이 대체로 (증발량−강수량)에 비례하는 분포를 보이며, 적도 해역에서는 강수량이 증발량보다 많아 표층 염분이 낮게 나타난다.

오답 피하기 ㄴ. 고위도 해역에서 염분이 낮은 것은 빙하의 융해가 일어나기 때문이다. 해수의 결빙이 일어나면 순수한 물만 얼기 때문에 표층 염분이 증가한다.

282

답 ②

ㄷ. 육지에서 사막은 주로 증발량이 강수량보다 많아 건조한 지역에 발달한다. 위도 20°~30° 부근은 표층 염분이 높으므로 (증발량−강수량)이 클 것이다. 따라서 육지에서 사막은 주로 위도 20°~30° 부근에 분포할 것이다.

오답 피하기 ㄱ. 전 세계 해양의 표층 염분 분포에서 태평양은 대서양에 비하여 표층 염분이 대체로 낮게 나타난다.

ㄴ. 대양의 가장자리는 육지로부터 담수가 유입되므로 염분이 낮아진다. 따라서 대양의 중앙부에서 가장자리로 갈수록 표층 염분이 대체로 낮아진다.

283

답 ④

ㄴ. 겨울철은 여름철보다 표층 염분이 높으므로 (증발량−강수량) 값은 겨울철이 여름철보다 크다.

ㄷ. 표층에서 염분은 겨울철에 높고 여름철에 낮게 나타나지만, 수심 400 m에서 염분은 겨울철과 여름철이 거의 같게 나타난다. 따라서 겨울철과 여름철의 염분 차는 표층이 수심 400 m보다 크다.

오답 피하기 ㄱ. 겨울철에는 표층이 심층보다 염분이 높은 것으로 보아 증발량이 강수량보다 많음을 알 수 있다.

284

답 ⑤

ㄱ. 우리나라는 여름철에 강수가 집중되어 있으므로 2월이 8월보다 강수량이 적고 육지에서 유입되는 담수의 양이 적어 표층 염분이 높게 나타난다.

ㄴ. 황해는 우리나라와 중국에서 유입되는 강물의 양이 많으므로 동해보다 표층 염분이 낮다.

ㄷ. 하천수는 해수에 비하여 염분이 낮으므로 표층 염분 분포를 분석하면 하천수의 유입과 이동 경로를 파악할 수 있다.

285

답 ③

③ 적도 부근 해역보다 위도 60°S 부근 해역에서 위도에 따른 수온 변화가 커서 등수온선 간격이 조밀한 분포를 보인다.

오답 피하기 ① 적도 부근 해역에서 표층 수온은 태평양이 대서양보다 높게 나타난다.

② 저위도 해역에서 표층 수온은 북반구가 남반구보다 대체로 높은 분포를 보인다.

④ 남반구의 중위도 이상 해역에서는 대륙 분포가 적으므로 등수온선이 대체로 위도와 나란한 분포를 보인다.

⑤ 표층 수온에 가장 큰 영향을 미치는 요인은 태양 복사 에너지이다. 저위도에서 고위도로 갈수록 해수면에 입사하는 태양 복사 에너지의 양이 대체로 감소하므로 표층 수온이 낮아진다.

286

답 ③

자료 분석하기 해수의 층상 구조

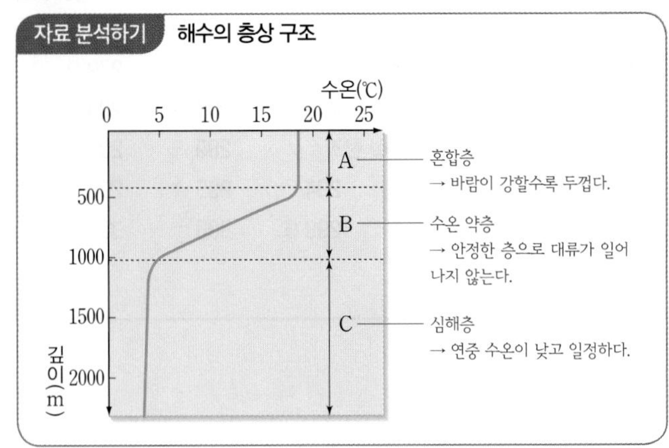

ㄱ. 혼합층(A)은 태양 복사 에너지에 의해 가열되고 바람에 의해 혼합되어 수온이 높고, 깊이에 따른 수온 변화가 거의 없는 층으로 풍속이 강한 해역일수록 두껍게 발달한다.

ㄷ. 심해층(C)은 태양 복사 에너지의 영향을 받지 않아 계절이나 깊이에 관계없이 연중 수온이 낮고 일정하다.

오답 피하기 ㄴ. 수온 약층(B)은 수심이 깊어질수록 수온이 급격히 낮아지는 층으로 위에는 따뜻하고 가벼운 해수가 있고, 아래에는 차고 무거운 해수가 있으므로 매우 안정하여 대류가 일어나지 않는다.

287 필수 유형

답 ②

자료 분석하기 위도별 해수의 층상 구조

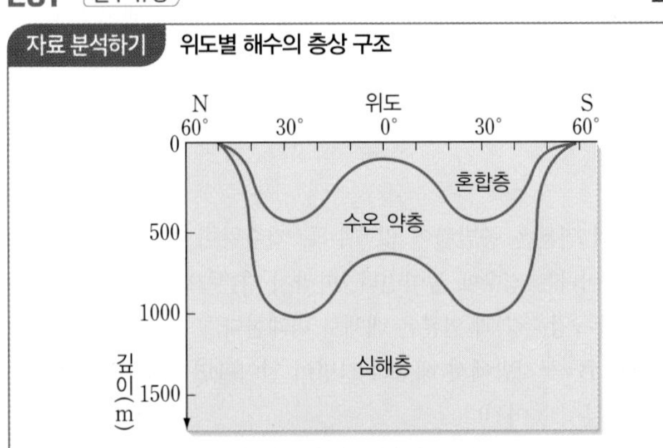

- 적도 해역보다 중위도 해역에서 혼합층의 두께가 두껍다.
  ➡ 적도 지방보다 중위도 지방에서 바람이 강하게 분다.
- 적도 해역이 중위도 해역보다 혼합층의 수온이 높다.
  ➡ 심해층의 수온은 거의 일정하므로 수온 약층의 수온 변화는 적도 해역이 중위도 해역보다 크다.
- 고위도 해역은 표층 수온이 낮아 해수의 층상 구조가 나타나지 않는다.

ㄴ. 혼합층은 태양 복사 에너지의 영향을 받으므로 저위도에서 고위도로 갈수록 대체로 수온이 낮아지지만 심해층은 위도에 관계없이 수온이 일정하다. 따라서 위도에 따른 수온 변화는 혼합층이 심해층보다 크다.

오답 피하기 ㄱ. 혼합층은 계절에 따른 수온 변화가 크지만 심해층은 계절에 관계없이 수온이 일정하므로 수온의 연교차는 혼합층이 심해층보다 크다.

ㄷ. 혼합층의 수온은 적도 해역이 위도 30° 해역보다 높고, 심해층의 수온은 적도 해역과 위도 30° 해역이 거의 같으므로 혼합층과 심해층의 수온 차는 위도 30° 해역보다 적도 해역에서 크게 나타난다.

288

고위도 해역은 태양의 남중 고도가 낮아 해수면에 입사하는 태양 복사 에너지의 양이 적다. 따라서 표층의 해수가 태양 복사 에너지를 적게 흡수하므로 표층과 심층의 수온 차가 거의 생기지 않아 층상 구조가 뚜렷하게 나타나지 않는다.

예시 답안 고위도 해역은 태양의 남중 고도가 낮아 표층 해수가 태양 복사 에너지에 의해 거의 가열되지 않으므로 표층과 심층의 수온 차가 거의 생기지 않아 층상 구조가 뚜렷하게 나타나지 않는다.

채점 기준	배점(%)
태양의 남중 고도가 낮으므로 표층과 심층의 수온 차가 생기지 않는다고 설명한 경우	100
표층 수온이 낮기 때문이라고만 설명한 경우	50

289

답 ⑤

ㄱ. 중위도보다 적도 부근에서 표층 수온이 높으며, 혼합층 상부의 표층 수온은 (가)가 (나)보다 높으므로 (가)는 적도 부근 해역, (나)는 중위도 해역이다. 따라서 위도는 (나)가 (가)보다 높다.

ㄴ. (나)의 중위도 해역은 (가)의 적도 부근 해역보다 바람이 강하게 불기 때문에 혼합층이 두껍게 형성되어 수온 약층이 더 깊은 곳에 위치한다.

ㄷ. 심해층의 수온은 위도에 관계없이 거의 일정하므로 ㉠과 ㉢의 값은 거의 같다. 또, 수온 약층 상부의 수온은 (가)에서 약 28 ℃, (나)에서 약 19 ℃로, (가)가 (나)보다 높으므로 (㉡−㉠)의 값은 (㉣−㉢)의 값보다 크다.

290

답 ⑤

ㄱ. 적외선 가열 장치를 켜면 물의 표면에서부터 적외선을 흡수하여 가열되므로 깊이가 얕을수록 수온이 높다.

ㄴ. 부채질을 강하게 할수록 수면으로부터 깊은 곳에 있는 물까지 혼합되므로 표층의 수온이 낮아진다.

ㄷ. 적외선 가열 장치로 수조의 소금물을 가열하는 것은 태양 복사 에너지에 의해 해수가 가열되는 현상에 해당하고, 부채질을 하여 수면 부근의 물을 혼합하는 것은 바람에 의해 해수가 혼합되는 현상에 해당하므로, 이 실험으로 해양에서 혼합층과 수온 약층이 형성되는 원리를 설명할 수 있다.

291

답 ①

A는 B보다 표층 수온이 낮으므로 A는 겨울철, B는 여름철의 연직 수온 분포를 나타낸 것이다.

ㄱ. 바람이 강하게 불수록 혼합층의 두께가 두꺼워진다. 이 해역에서 혼합층의 두께는 겨울철(A)이 여름철(B)보다 두껍게 나타나므로 여름철보다 겨울철에 바람이 더 강하게 분다.

오답 피하기 ㄴ. 수온 약층은 혼합층과 심해층의 수온 차가 클수록 뚜렷하게 나타난다. 혼합층과 심해층의 수온 차는 여름철(B)이 겨울철(A)보다 크게 나타나므로 수온 약층은 겨울철보다 여름철에 뚜렷하게 형성된다.

ㄷ. 표층에 도달하는 태양 복사 에너지의 양은 여름철(B)이 겨울철(A)보다 많다.

292

답 ②

자료 분석하기 수심에 따른 해수의 온도 변화

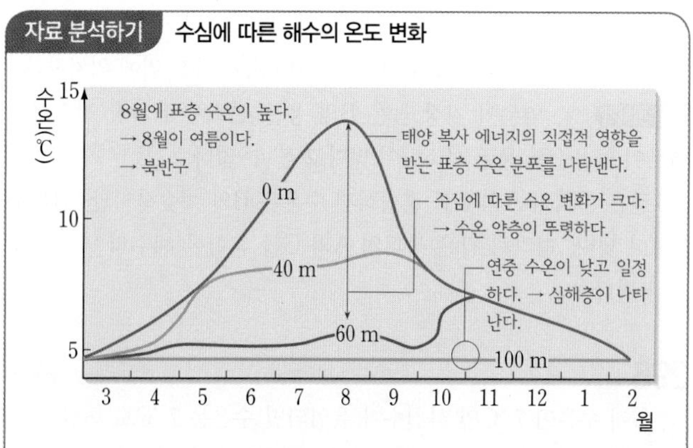

- 이 해역의 대략적 위치: 깊이 0 m(표층 해수)의 수온이 8월에 가장 높은 것으로 보아 북반구 지역에 속한다. 남반구 지역은 2월에 표층 수온이 가장 높을 것이다.
- 겨울철(2월): 표층 해수와 100 m 깊이의 해수 온도가 같다.
- 여름철(8월): 표층 해수의 온도가 약 13 ℃ 정도인데 40 m 깊이 해수의 온도는 약 8 ℃이다.
- 표층 수온이 높은 8월에 수온 약층이 뚜렷하게 나타난다.

ㄴ. 수심에 따른 수온 변화는 2월보다 8월에 크게 나타나므로 수온 약층은 2월보다 8월에 뚜렷하게 나타난다.

오답 피하기 ㄱ. 표층 수온이 8월에 가장 높고 2월에 가장 낮은 것으로 보아 이 해역은 북반구에 위치해 있다. 남반구의 경우 8월에 표층 수온이 낮고, 2월에 높게 나타난다.

ㄷ. 표층 수온은 계절에 따라 약 4 ℃~13 ℃의 범위 내에서 변하는데, 수심 약 100 m 깊이에서 수온은 계절에 관계없이 4 ℃ 정도로 거의 일정하다. 따라서 계절에 따른 수온 변화는 표층이 수심 100 m 깊이보다 더 크게 나타난다. 수심 100 m에서는 연중 수온이 일정하므로 계절에 따른 수온 변화가 나타나지 않는다.

293

답 ②

ㄷ. 황해에서 8월에는 먼 바다에서 육지에 가까워질수록 육지의 영향을 많이 받아 등수온선이 해안선과 나란해지는 경향을 보인다.

오답 피하기 ㄱ. 황해는 동해보다 면적이 좁고 수심이 얕아 해수의 양이 적으므로 육지의 영향을 크게 받는다. 동해에서 2월과 8월의 수온 차는 약 14 ℃~18 ℃이고, 황해에서 2월과 8월의 수온 차는 약 19 ℃~21 ℃이다. 따라서 수온의 연교차는 황해가 동해보다 크다.

ㄴ. 동해에서 2월에 남북 간의 수온 차는 약 10 ℃이고, 8월에 남북 간의 수온 차는 약 6 ℃이다. 따라서 동해에서 남북 간의 수온 차는 2월이 8월보다 크다.

294

답 ①

A는 수온, B는 염분, C는 밀도 분포를 나타낸 것이다.

ㄱ. 표층 수온은 태양 복사 에너지의 영향을 받아 적도에서 극으로 갈수록 대체로 낮아진다.

오답 피하기 ㄴ. 염분은 증발량이 많고, 강수량이 적을수록 높으므로 대체로 (증발량−강수량)에 비례한다.

ㄷ. 밀도가 위도 60°N 이상의 고위도에서 낮아지는 까닭은 해빙으로 인해 해수에 물이 섞이게 되어 염분이 낮아지기 때문이다.

295

답 ②

ㄴ. 해수 A, B, C 중 A의 수온이 가장 높고, 염분이 가장 낮으므로 밀도가 가장 작다. 따라서 A, B, C가 만나면 A가 가장 위에 위치한다.

오답 피하기 ㄱ. 염분이 가장 높은 B의 용존 산소량이 가장 적으므로 염분이 높을수록 용존 산소량이 많다고 볼 수 없다.

ㄷ. 같은 부피의 A와 C를 혼합하면 수온은 B와 비슷하지만, 염분은 B보다 낮다. 따라서 같은 부피의 A와 C를 혼합한 해수의 밀도는 B보다 작다.

296

답 ②

ㄷ. C에 수온이 7 ℃인 하천수가 유입되면 수온은 7 ℃로 변함이 없지만 염분이 35.5 psu보다 낮아지므로 밀도는 1.028 g/cm^{3}보다 작아진다.

오답 피하기 ㄱ. A와 C의 염분은 35.5 psu로 같은데, 밀도는 A가 C보다 작으므로 A의 수온은 C의 수온인 7 ℃보다 높다.

ㄴ. B와 C의 수온은 7 ℃로 같은데, 염분은 B가 C보다 낮으므로 B의 밀도는 C의 밀도 1.028 g/cm^{3}보다 작다.

297 필수 유형

답 ①

자료 분석하기 수온 염분도(T-S도)

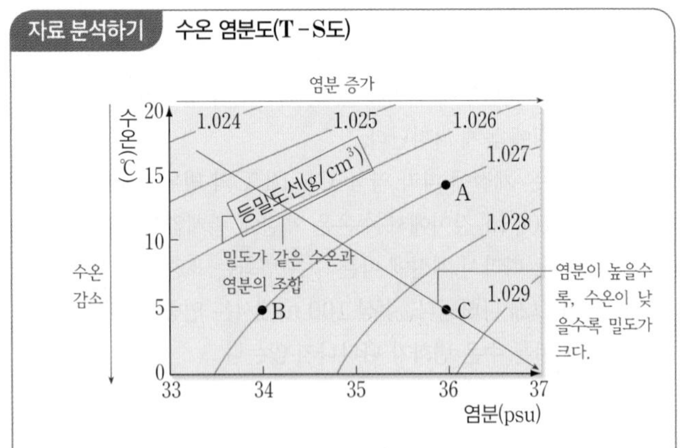

- 왼쪽 상단으로 갈수록 수온이 높고, 염분이 낮은 해수이다.
  ➡ 밀도가 작은 해수
- 오른쪽 하단으로 갈수록 수온이 낮고, 염분이 높은 해수이다.
  ➡ 밀도가 큰 해수
- 해수 A와 B는 등밀도선상에 있다.
  ➡ 해수 A와 B는 수온과 염분은 다르지만 밀도가 같다.

ㄱ. 해수 A와 B는 모두 1.027 g/cm^{3}인 등밀도선상에 있으므로 밀도가 같다.

오답 피하기 ㄴ. B의 밀도는 1.027 g/cm^{3}이고, C의 밀도는 약 1.0285 g/cm^{3}이므로 B는 C보다 밀도가 작다. 따라서 B와 C가 만나면 밀도가 큰 C가 밀도가 작은 B의 아래쪽에 위치한다.

ㄷ. B의 수온을 현재와 같은 약 5 ℃로 유지한 상태에서 증발이 일어나면 염분이 높아지므로 현재보다 밀도가 커진다.

298

A의 수온은 약 13 ℃, 염분은 약 36 psu이고, B의 수온은 약 5 ℃, 염분은 약 34 psu인 해수지만 밀도가 1.027 g/cm^{3}로 같은 해수이다.

예시 답안 수온은 약 9 ℃, 염분은 약 35 psu가 되고 밀도는 1.027 g/cm^{3}보다 커진다.

채점 기준	배점(%)
혼합한 해수의 수온, 염분, 밀도 변화를 모두 옳게 설명한 경우	100
혼합한 해수의 수온, 염분, 밀도 변화 중 2가지만 옳게 설명한 경우	60
혼합한 해수의 수온, 염분, 밀도 변화 중 1가지만 옳게 설명한 경우	30

299

답 ⑤

자료 분석하기 한 지점에서 깊이에 따라 나타낸 수온 염분도의 해석

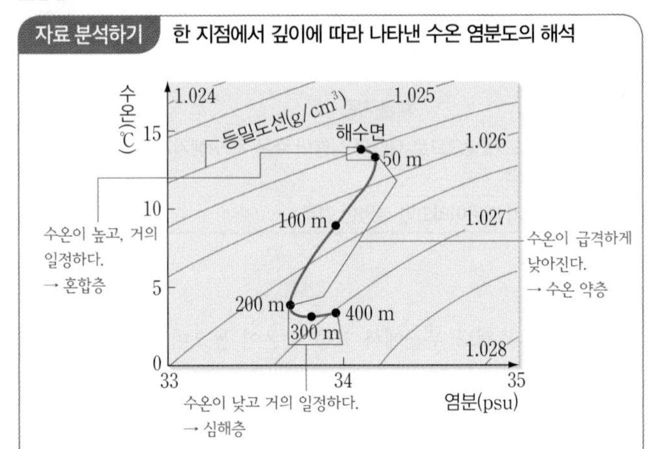

- 어느 한 지점에서 깊이에 따라 수온, 염분을 측정하여 수온 염분도에 나타내면 밀도 변화 및 해수의 층상 구조를 알 수 있다.
  ➡ 수온이 높고 거의 일정하게 나타나면 혼합층, 수온이 급격하게 낮아지면 수온 약층, 수온이 낮고 거의 일정하면 심해층이다.
- 수온 염분도로부터 수온 약층에서 밀도가 급격히 증가함을 알 수 있다.

ㄱ. 수온 염분도에서 오른쪽 아래로 갈수록 등밀도선의 밀도가 커진다. 이 해역에서 측정한 해수의 밀도는 수심이 깊어짐에 따라 지속적으로 증가하고 있다.

ㄴ. 해수면~100 m 구간에서 밀도는 약 0.00075 g/cm^3 증가했고, 100 m~200 m 구간에서 밀도는 약 0.0005 g/cm^3 증가했다. 따라서 해수면~100 m 구간은 100 m~200 m 구간보다 수심에 따른 밀도 변화가 크다.

ㄷ. 수심이 300 m보다 깊은 곳에서는 수온이 거의 일정하고 염분이 높아짐에 따라 밀도가 증가한다. 따라서 수심이 300 m보다 깊은 곳에서 해수의 밀도는 수온보다 염분의 영향을 크게 받는다.

300

답 ①

ㄱ. 수온이 25 ℃ 이상 되는 경우가 많이 관찰된 (가)는 여름철 자료이고, 최고 수온이 20 ℃를 넘지 않는 (나)는 겨울철 자료이다.

오답 피하기 ㄴ. 밀도가 큰 지점은 대체로 심해층에서 관측한 자료로 계절에 관계없이 수온이 거의 일정하여 연교차가 작다.

ㄷ. (가) 시기는 (나) 시기보다 표층 수온이 높아 표층과 심층의 밀도 차가 크므로 해수의 연직 순환이 일어나기 더 어렵다.

301

답 ③

ㄱ. 기체의 용해도는 수온이 낮을수록 높다.

ㄴ. 지구 온난화가 심화되면 해수의 온도가 상승하므로 산소의 용해도가 감소하여 용존 산소량이 감소한다.

오답 피하기 ㄷ. 해양 생물의 광합성이 활발해지면 해수에 녹아 있는 이산화 탄소의 소비량이 증가하므로 용존 이산화 탄소량이 감소하고, 용존 산소량은 증가한다.

302

답 ①

자료 분석하기 해수의 용존 기체

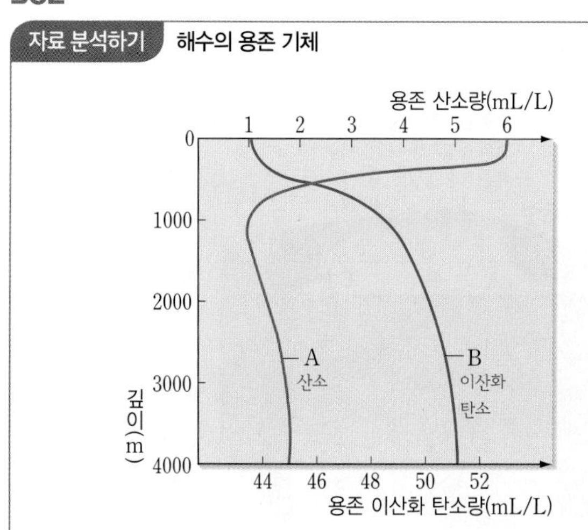

A(용존 산소)	B(용존 이산화 탄소)
• 공급: 대기 중의 산소가 해수 표층으로 녹아 들어오거나 해양 생물의 광합성으로 공급된다. • 표층에서 가장 높다. ➡ 대기와 접해 있고, 해양 생물이 광합성을 하기 때문이다. • 수심 약 1000 m까지 ➡ 수중 생물의 호흡으로 산소를 소비하여 크게 감소한다. • 1000 m보다 깊은 곳 ➡ 산소를 소비하는 생물의 수가 감소하고, 극지방의 표층에서 침강한 차가운 해수가 유입되어 증가한다.	• 공급: 물에 잘 녹는 기체로 대기에서 해수 표층으로 녹아든다. • 표층에서 가장 낮다. ➡ 해양 생물의 광합성에 의해 소비되기 때문이다. • 수심이 깊어질수록 증가한다. ➡ 광합성에 의한 이산화 탄소의 소비가 줄어들고, 수온 감소와 수압 증가로 기체의 용해도가 커지기 때문이다.

ㄱ. A는 표층에서 가장 높고, 표층에서 깊이가 깊어질수록 급격히 낮아지다가 1000 m 부근부터 다시 증가하는 것으로 보아 산소의 농도를 나타낸 것이다. B는 표층에서 낮고, 이후 수심이 깊어질수록 증가하는 것으로 보아 이산화 탄소의 농도를 나타낸 것이다.

오답 피하기 ㄴ. 이산화 탄소는 산소보다 물에 잘 용해되므로, 깊이에 관계없이 용존 이산화 탄소량은 용존 산소량보다 많다.

ㄷ. 해수면~깊이 약 1000 m 부근까지 산소의 농도가 감소하는 주요 원인은 수중 생물의 호흡과 사체의 분해 과정에서 산소가 소모되기 때문이다.

303

수심이 1000 m보다 깊은 곳에서는 수심이 깊어짐에 따라 산소를 소비하는 동물의 수가 감소하고, 광합성에 의한 이산화 탄소의 소비가 줄어들며, 극지방의 수온이 낮은 표층 해수가 침강하여 유입된다.

예시 답안 수심 1000 m 이상의 깊이에서 용존 산소량은 산소를 소비하는 동물의 수가 감소하고, 극지방의 차가운 해수 유입 등으로 농도가 점점 증가한다. 용존 이산화 탄소량은 광합성에 이용되는 이산화 탄소 소비 감소, 수중 생물의 호흡, 극지방의 차가운 해수 유입, 수압의 증가로 인한 용해도 증가 등으로 농도가 점점 증가한다.

채점 기준	배점(%)
산소와 이산화 탄소의 농도가 증가하는 까닭을 모두 옳게 설명한 경우	100
산소와 이산화 탄소의 농도가 증가하는 까닭 중 1가지만 옳게 설명한 경우	50

1등급 완성 문제

72~73쪽

304 ② **305** ③ **306** ⑤ **307** ③ **308** ① **309** ③
310 해설 참조 **311** 해설 참조 **312** 해설 참조

304

답 ②

자료 분석하기 표층 염분

단위: cm/년

(증발량－강수량)>0
→ 증발량>강수량
→ 표층 염분↑

(증발량－강수량)<0
→ 증발량<강수량
→ 표층 염분↓

• 표층 염분은 대양의 중앙부보다 대륙이 인접한 곳에서 낮게 나타난다.
➡ 대륙으로부터 흘러드는 담수의 영향을 받아 염분이 낮아지기 때문이다.
• 표층 염분은 증발량보다 강수량이 많은 적도 지역보다 증발량이 높은 중위도 지역(위도 20°~30°)에서 높게 나타난다.

ㄴ. 위도 20°N~30°N 해역에서는 (증발량－강수량)이 0보다 크므로 대체로 증발량이 강수량보다 많다.

오답 피하기 ㄱ. 표층 염분은 (증발량－강수량)에 비례하므로 위도 20°N~30°N 해역에서 가장 높고 적도 부근에서 낮다.

ㄷ. 위도 30°N 해역은 위도 60°N 해역보다 염분이 높지만 염분비 일정 법칙에 의해 염류 사이의 상대적인 비율은 일정하므로 전체 염류에서 염화 나트륨이 차지하는 비율은 같다.

305

답 ③

ㄱ. 염분비 일정 법칙에 의해 ㉠ : 12.0=1.5 : 1.8의 관계가 성립하므로 ㉠=10이다.

ㄴ. A의 해수 1 kg 속에 녹아 있는 염류의 총합(염분)은 17.2+10(㉠)+3.0+1.5+0.7=32.4이고, 염분비 일정 법칙에 의해 1.5 : 1.8=32.4 : ㉡의 관계가 성립하므로 B의 해수 1 kg 속에 녹아 있는 염류의 총합(염분) ㉡=38.88이다.

오답 피하기 ㄷ. A의 염분은 32.4 psu, B의 염분은 38.88 psu로 A는 B보다 염분이 낮다. 따라서 A와 B의 해수를 같은 양으로 혼합한 해수의 염분은 B의 염분보다 낮다.

306

답 ⑤

ㄱ. 혼합층은 표층의 해수가 바람에 의해 혼합된 층으로 풍속이 강할수록 두껍게 발달한다. 적도 해역의 혼합층의 두께가 중위도 해역보다 얇은 것으로 보아 중위도 해역의 풍속이 적도 해역보다 강하다는 것을 알 수 있다.

ㄴ. 혼합층의 수온은 적도에서 고위도로 갈수록 낮아지는데, 심해층의 수온은 위도에 관계없이 거의 일정하다. 따라서 위도에 따른 수온 변화는 혼합층이 심해층보다 크다.

ㄷ. 수온 약층은 표층과 심층의 수온 차가 클수록 뚜렷하게 발달한다. 중위도 해역에서는 혼합층이 뚜렷하게 발달하지만 고위도 해역에서는 표층 수온이 낮고 깊이에 따른 수온 변화가 거의 없어 층상 구조가 발달하지 않는다.

307

답 ③

ㄱ. B는 C보다 위도가 높으므로 표층 수온이 낮다. 따라서 수온과 염분 분포는 B가 ㉢, C는 ㉠에 해당하며, 해수의 밀도는 B가 C보다 크다.

ㄴ. A와 C는 수온 분포 범위가 서로 비슷하지만 염분은 C가 A보다 높게 나타난다. 따라서 A와 C의 밀도 차이는 수온보다 염분의 영향이 크다.

오답 피하기 ㄷ. C의 평균 수온은 약 15 ℃이고, 수온이 2 ℃ 상승하면 수온 염분도에서 밀도는 1.023 g/cm^{3}보다 크게 나타난다. C와 같은 염분 분포에서 밀도가 1.023 g/cm^{3}보다 작으려면 평균 수온이 최소한 22 ℃보다 높아야 한다.

308

답 ①

자료 분석하기 수온 염분도 해석

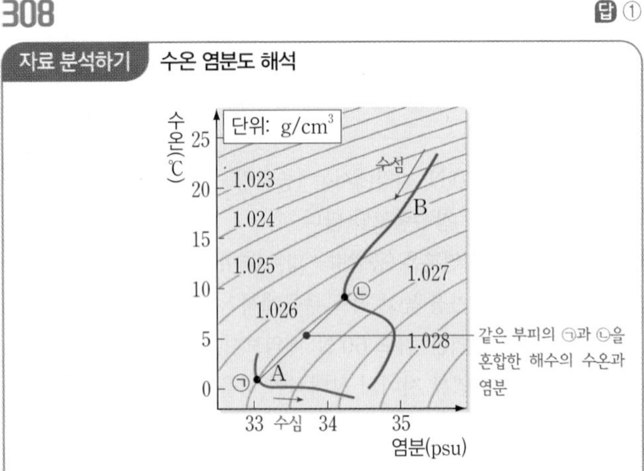

- A는 B보다 표층 수온이 낮다. ➡ A는 고위도 해역, B는 저위도 해역을 나타낸 것이다. ➡ A는 B보다 위도가 높다.
- ㉠과 ㉡은 수온과 염분이 서로 다르지만 같은 등밀도선상에 위치하므로 밀도가 같다.
- 같은 부피의 ㉠과 ㉡을 혼합하면, 혼합한 해수의 밀도는 ㉠과 ㉡을 연결한 직선의 중심에 해당하는 값이다. ➡ 혼합 전보다 밀도가 커진다.
- 수온 염분도에서 위로 갈수록 등밀도선의 간격이 좁아진다. ➡ 수온이 높아질수록 수온 변화에 따른 밀도 변화가 커진다.

ㄱ. 표층 수온은 B가 A보다 높으므로 A는 B보다 고위도 해역에 위치한다. 따라서 A는 고위도 해역, B는 저위도 해역이므로 A는 B보다 위도가 높은 해역이다.

오답 피하기 ㄴ. 수온과 염분이 다르고 밀도가 같은 두 해수를 같은 부피로 혼합하면 혼합한 해수의 밀도는 혼합 전보다 커진다. ㉠과 ㉡은 해수의 밀도가 1.0265 g/cm^{3}로 서로 같고, 수온과 염분이 다르므로 두 해수를 혼합하면 밀도는 1.0265 g/cm^{3}보다 커진다.

ㄷ. 염분이 일정할 때 수온이 높아질수록 등밀도선의 간격이 좁아지므로 수온 변화에 따른 밀도 변화가 커진다.

309

답 ③

자료 분석하기 해수의 밀도

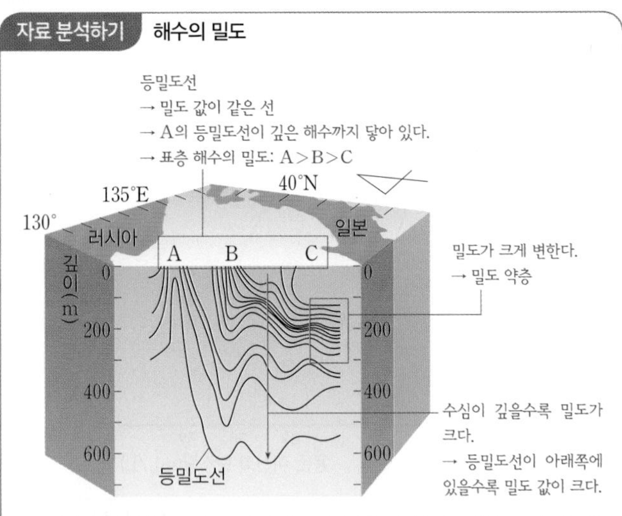

- 등밀도선은 밀도가 같게 나타나는 곳을 연결한 선으로 해수의 깊이에 따라 수압이 높아지므로 수심이 깊은 곳일수록 밀도가 크게 나타난다.
- 밀도 약층 파악: 밀도가 크게 변하는 밀도 약층은 등밀도선이 조밀하게 나타나는 것으로 알 수 있다. ➡ 밀도 약층은 수온이 급격히 낮아지는 수온 약층이기도 하다.

ㄱ. 수심이 깊을수록 등밀도선의 밀도 값이 크므로 표층 해수의 밀도는 A 해역이 B 해역보다 크다.

ㄷ. C 해역의 수심 100~300 m 사이에서는 깊이가 증가함에 따라 밀도가 급격히 커지므로 이 구간에는 밀도 약층이 형성되어 있다.

오답 피하기 ㄴ. 표층에서 밀도는 B 해역이 C 해역보다 크고, 수심 600 m에서 밀도는 B 해역이 C 해역보다 작으므로 표층과 수심 600 m의 밀도 차는 B 해역보다 C 해역이 크다.

310

서술형 해결 전략

STEP 1 문제 포인트 파악

염분의 개념을 알고, 염분에 영향을 주는 요인 중 담수의 유입(증류수)이 미치는 영향을 설명할 수 있어야 한다.

STEP 2 관련 개념 모으기

❶ 염분이란?
➡ 해수에는 여러 가지 염류가 녹아 있는데, 해수 1 kg에 녹아 있는 염류의 양을 g 수로 나타낸 것을 염분이라고 한다.

❷ 담수의 유입이 염분에 미치는 영향은?
➡ 담수는 해수에 비해 염분이 낮으므로 하천수와 같은 담수가 해수에 유입되면 염분이 낮아진다.

❸ 해수에 증류수를 혼합했을 때 해수의 염분에 미치는 영향은?
➡ 증류수는 순수한 물이므로 해수와 혼합하면 해수에 담수(하천수)가 흘러들어 왔을 때와 같이 염분이 낮아진다.

예시 답안 24 psu, 염분이 36 psu인 해수 1 kg에는 36 g의 염류가 녹아 있으므로 이 해수 2 kg 중에는 72 g의 염류가 녹아 있다. 이 해수 2 kg과 증류수 1 kg을 혼합하면 3 kg의 물에 72 g의 염류가 녹아 있으므로 염분은 24 psu가 된다.

채점 기준	배점(%)
혼합한 물의 염분과 풀이 과정을 모두 옳게 쓴 경우	100
혼합한 물의 염분만 옳게 쓴 경우	40

311

서술형 해결 전략

STEP 1 문제 포인트 파악

바람의 세기가 혼합층의 수온과 두께에 미치는 영향을 설명할 수 있어야 한다.

STEP 2 자료 파악

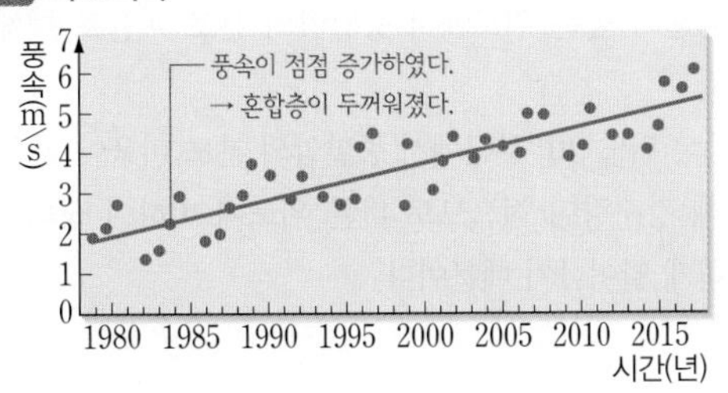

STEP 3 관련 개념 모으기

❶ 혼합층의 형성 과정은?
→ 해수면 위에서 부는 바람의 영향으로 표층의 해수가 혼합되어 수온이 거의 일정한 혼합층이 형성된다.

❷ 바람이 해수의 혼합에 미치는 영향은?
→ 풍속이 강할수록 해수면으로부터 더 깊은 곳의 해수까지 혼합된다.

예시 답안 관측 기간 동안 풍속이 대체로 증가하였으므로, 해수의 연직 혼합이 활발해져 혼합층의 두께는 두꺼워지고 표층 수온이 낮아졌을 것이다.

채점 기준	배점(%)
혼합층의 두께와 표층 수온 변화를 풍속 변화와 관련지어 옳게 설명한 경우	100
혼합층의 두께와 표층 수온 변화만 옳게 설명한 경우	50

312

서술형 해결 전략

STEP 1 문제 포인트 파악

난류와 한류가 흐르는 해역의 수온과 염분 변화를 알아야 한다.

STEP 2 자료 파악

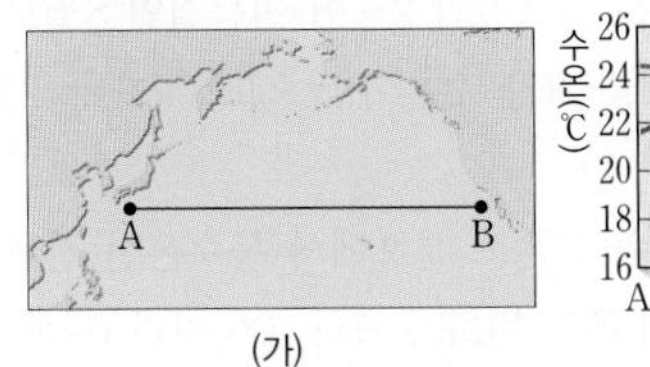

(가)

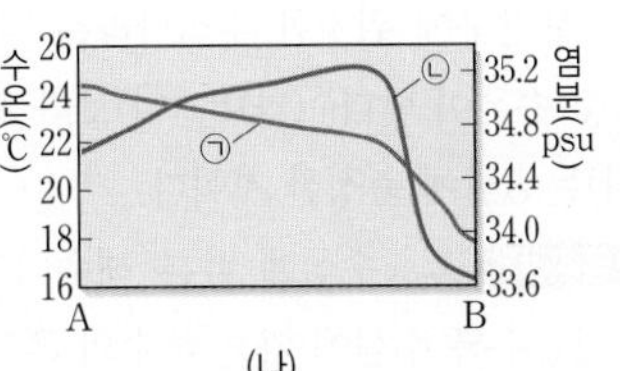

(나)

- 난류가 흐르는 A 해역은 한류가 흐르는 B 해역보다 수온과 염분이 높으므로 값이 꾸준히 낮아지다가 B 해역에서 값이 급격이 낮아지는 ㉠은 수온 분포에 해당한다.
- 하천수의 유입으로 연안에서 값이 작고, 해양의 중심부에서 값이 커지는 ㉡은 염분에 해당한다.

STEP 3 관련 개념 모으기

❶ 난류가 한류보다 수온이 높은 이유는?
→ 난류는 저위도에서 고위도로 이동하므로, 고위도에서 저위도로 이동하는 한류에 비해 상대적으로 수온이 높다.

❷ 해양의 염분 변화에 영향을 주는 요인은?
→ 증발량이 많고, 강수량이 적을수록, 담수의 유입량이 적을수록 염분이 높다.

❸ 대양에서 나타나는 표층 염분 분포의 특징은?
→ 한류가 흐르는 해역보다 난류가 흐르는 해역에서, 육지에서 하천수와 같은 담수가 유입되는 연안보다 육지의 영향이 없는 대양의 중앙부에서 표층 염분이 높다.

예시 답안 대양의 중앙부에서 값이 크고, A, B 해역처럼 하천수가 유입되는 연안에서 상대적으로 값이 작은 ㉡이 염분 분포에 해당한다.

채점 기준	배점(%)
㉠과 ㉡ 중 염분에 해당하는 것을 옳게 제시하고, 판단 근거를 옳게 설명한 경우	100
㉠과 ㉡ 중 염분에 해당하는 것만 옳게 제시한 경우	30

실전 대비 평가 문제

74~77쪽

313 ③ **314** ② **315** ③ **316** ① **317** ⑤ **318** ④
319 ③ **320** ③ **321** ① **322** ④ **323** ② **324** ⑤
325 해설 참조 **326** 해설 참조 **327** 해설 참조
328 A, B **329** (가) 염분, (나) 수온 **330** 해설 참조

313

답 ③

ㄱ. 한랭 건조한 시베리아 기단이 따뜻한 황해를 지나는 동안 기단 하부가 가열되어 불안정해졌고, 적란운이 발달하면서 서해안에 폭설이 내렸다.

ㄴ. 우리나라 북서쪽에 시베리아 고기압이 발달해 있으므로 우리나라는 북서풍이 우세하게 불었다.

오답 피하기 ㄷ. 전선은 성질이 다른 두 기단이 만나 생기며, 기단의 변질에 의해 생기지 않는다. 일기도를 보면 황해에 한랭 전선이 형성되지 않았다.

314

답 ②

ㄴ. 온대 저기압에 수반된 전선 부근에는 구름이 발달한다. (가)에는 한랭 전선이 발달하고, (나)에는 온난 전선이 발달하므로 구름의 두께는 (가) 부근보다 (나) 부근에서 얇다.

오답 피하기 ㄱ. A는 저기압 중심이고, B는 고기압 가장자리이므로 상승 기류는 A에서 강하게 나타난다.

ㄷ. 다음 날 우리나라는 온대 저기압이 동쪽으로 이동하고, 고기압이 다가오므로 날씨가 맑아질 것이다.

315

답 ③

ㄱ. A 지역은 (가)에서 온난 전선과 한랭 전선 사이에 있으므로 남서풍이 불고, (나)에서 한랭 전선이 막 통과하였으므로 북서풍이 분다. 따라서 풍향은 시계 방향으로 변하였다.

ㄴ. 한랭 전선의 전면에는 따뜻한 공기가 분포하고, 후면에는 찬 공기가 분포하므로 한랭 전선의 후면에 있는 (나) 시각에 기온이 더 낮았다.

오답 피하기 ㄷ. (나)에서 A는 한랭 전선 후면에 있으므로 적운형 구름이 발달하였다.

316 답 ①

ㄱ. 온대 저기압에서 한랭 전선은 온난 전선보다 서쪽에 위치하므로 (가)는 한랭 전선, (나)는 온난 전선이다. 따라서 A, B, C의 관측값은 각각 ㉢, ㉡, ㉠이다.

오답 피하기 ㄴ. 전선면의 기울기는 한랭 전선인 (가)가 온난 전선인 (나)보다 급하게 나타난다.

ㄷ. 온난 전선 부근의 기온은 전선의 전면보다 후면에서 높으므로 ㉡을 관측한 시각에 기온이 더 높았다.

317 답 ⑤

ㄱ. 태풍이 지나는 동안 풍향은 북동풍 → 남동풍 → 남서풍으로 시계 방향으로 변하였으므로 관측소는 태풍 진행 방향의 오른쪽인 위험 반원에 위치한다.

ㄴ. 25일부터 28일까지 하루 간격으로 표시한 태풍 중심 사이의 거리가 점차 증가하므로 태풍의 이동 속도는 점차 빨라졌다.

ㄷ. 27일 15시보다 28일 03시에 관측된 풍속이 더 크므로 이때 관측소와 태풍 중심 사이의 거리가 더 가깝다.

318 답 ④

ㄴ. 뇌우는 대기가 불안정하여 강한 상승 기류에 의해 적란운이 발달하면서 발생한다.

ㄷ. (나)의 성숙 단계에서는 소나기가 내리므로 집중 호우의 피해가 발생할 수 있다.

오답 피하기 ㄱ. (가)와 (나)는 모두 대기가 불안정하여 강한 상승 기류가 발달할 때 생기는 악기상이다.

개념 더하기 집중 호우와 뇌우

- 집중 호우: 짧은 시간 동안에 좁은 지역에 많은 비가 집중적으로 내리는 현상
- 뇌우: 강한 상승 기류에 의해 적란운이 발달하면서 천둥과 번개를 동반한 강한 소나기가 내리는 현상

적운 단계	• 강한 상승 기류로 적운이 성장한다. • 강수 현상은 미약하다.
성숙 단계	• 상승 기류와 하강 기류가 공존한다. • 천둥과 번개를 동반한 강한 비가 내린다.
소멸 단계	• 하강 기류가 우세하다. • 약한 강수와 함께 구름이 소멸한다.

319 답 ③

(가)는 서고동저 형태의 기압 배치가 나타나는 겨울철 일기도이며, (나)는 남고북저 형태의 기압 배치가 나타나는 여름철 일기도이다. 여름철 일기도에 비해 겨울철 일기도의 등압선 간격이 더 좁은 것으로 보아 풍속은 여름철보다 겨울철에 강하다.

ㄱ. 혼합층은 여름철보다 바람이 강하게 부는 겨울철에 더 두껍게 형성된다.

ㄷ. 심해층은 계절에 관계없이 수온이 거의 일정하다.

오답 피하기 ㄴ. 여름철에는 표층 수온이 겨울철보다 높고 심해층의 수온은 계절에 관계없이 거의 일정하다. 따라서 수온 약층의 상부와 하부의 수온 차이는 여름철이 겨울철보다 크게 나타난다.

320 답 ③

ㄱ. 표층 염분은 증발량이 많을수록, 강수량이 적을수록, 즉 (증발량−강수량)이 클수록 높다. 표층 염분이 적도보다 위도 30°에서 높은 것으로 보아 (증발량−강수량)은 적도보다 위도 30°가 크다는 것을 알 수 있다.

ㄴ. 표층 염분이 높은 위도에서 증발암의 분포 비율도 대체로 높게 나타난다.

오답 피하기 ㄷ. 위도 30° 부근에서 증발암의 분포 비율이 높은 것은 증발량에 비해 강수량이 적으므로 다른 위도에 비하여 상대적으로 증발이 활발하게 일어나기 때문이다.

321 답 ①

자료 분석하기 계절별 연직 수온 분포

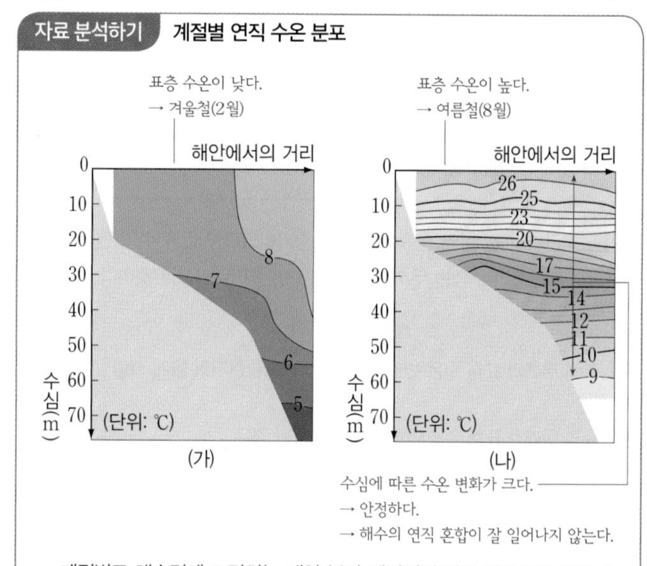

- 계절별로 해수면에 도달하는 태양 복사 에너지의 양이 다르므로 표층 수온으로 계절을 알 수 있다.
- 수심에 따른 수온 변화가 큰 층 ➡ 해수의 연직 혼합이 잘 일어나지 않는 수온 약층으로, 이 층에서는 밀도 변화 또한 크게 나타난다.

ㄱ. 북반구에 위치한 우리나라는 겨울철인 2월이 여름철인 8월보다 표층 수온이 낮다. (가)는 (나)보다 표층 수온이 낮으므로 (가)는 2월, (나)는 8월에 측정한 것이다.

오답 피하기 ㄴ. 수심에 따른 해수의 온도 분포에서 등수온선 간격이 조밀할수록 수심에 따른 해수의 온도 변화가 크다. (가)보다 (나)에서 등수온선 간격이 조밀하므로 수심에 따른 해수의 온도 변화는 (가)보다 (나)가 크다.

ㄷ. 수심에 따른 수온 변화가 클수록 안정하여 해수의 연직 혼합이 잘 일어나지 않는다. 8월은 2월보다 수심에 따른 수온 변화가 커서 상대적으로 안정하므로 해수의 연직 혼합이 일어나기 더 어렵다.

322 답 ④

ㄴ. B 해역의 해수는 C 해역의 해수와 염분은 같고 수온이 높으므로 B와 C 해역의 해수를 혼합한 해수는 B 해역의 해수보다 밀도가 크다.

ㄷ. 하천수는 해수보다 염분이 낮으므로 하천수의 유입이 일어나면 해수의 염분이 낮아진다. 따라서 C 해역에 수온이 같은 하천수가 유입되면 염분이 현재보다 낮아지므로 밀도가 현재보다 작아진다.

오답 피하기 ㄱ. A, B, C 해역에 분포하는 표층 해수의 밀도는 각각 $1.023\ g/cm^3$, $1.024\ g/cm^3$, $1.027\ g/cm^3$이다. 따라서 밀도는 A 해역의 해수보다 B 해역의 해수가 크다.

323

답 ②

자료 분석하기 수온과 염분의 연간 변화

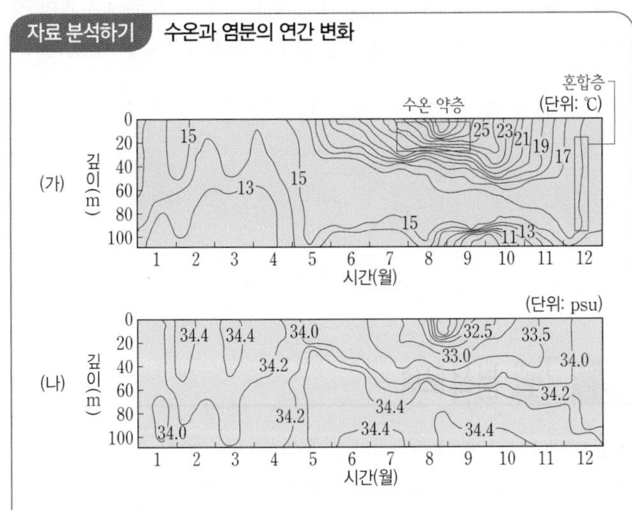

- 8월보다 12월에 혼합층이 두껍게 형성된다. ➡ 8월보다 12월에 바람이 강하게 불어 깊은 곳까지 해수가 섞인다.
- 8월~9월 무렵에는 다른 시기에 비해 표층과 깊이 100 m 지점의 수온 차이가 커서 수온 약층이 뚜렷하게 나타난다.

ㄷ. 표층 염분은 8월~9월에 가장 낮게 관측되며, 이 시기에는 표층과 깊이 100 m 지점의 수온 차가 크게 나타나므로 다른 시기에 비해 수온 약층이 뚜렷하게 발달한다.

오답 피하기 ㄱ. 8월보다 12월에 수온이 일정하게 나타나는 깊이가 깊게 나타난다. 이는 12월이 8월보다 바람이 강하게 불어 해수가 깊은 곳까지 섞이면서 혼합층이 두껍게 형성되기 때문이다.

ㄴ. 2월은 8월보다 표층과 깊이 100 m 지점의 수온 차와 염분 차가 작게 나타나므로 밀도 차도 작다.

324

답 ⑤

ㄱ. 표층 해수의 용존 산소량은 수온이 낮을수록 많다. 표층 해수의 용존 산소량은 (가)일 때가 (나)일 때보다 많으므로 표층 수온은 (가)보다 (나)일 때가 높다.

ㄴ, ㄷ. 겨울철은 여름철보다 표층 수온이 낮으므로 (가)는 겨울철, (나)는 여름철의 용존 산소량 분포를 나타낸 것이다. 겨울철에 황해의 용존 산소량은 6.0 mL/L~7.3 mL/L, 동해의 용존 산소량은 6.0 mL/L~6.7 mL/L이고, 여름철에 황해의 용존 산소량은 4.9 mL/L~5.3 mL/L, 동해의 용존 산소량은 5.0 mL/L~5.4 mL/L이다. 따라서 겨울철에 황해는 동해보다 대체로 용존 산소량이 많고, 용존 산소량의 연교차는 황해가 동해보다 크다.

개념 더하기 계절별 해수의 용존 산소량 분포

- 겨울철: 해수면에 도달하는 태양 복사 에너지양이 적기 때문에 수온이 낮다. ➡ 겨울철에는 해수의 용존 산소량이 많다.
- 여름철: 해수면에 도달하는 태양 복사 에너지양이 많기 때문에 수온이 높다. ➡ 여름철에는 해수의 용존 산소량이 적다.

325

예시 답안 B와 C, B에서는 전향력이 약하고, C에서는 표층 수온이 낮으므로 열대 저기압이 발생하기 어렵다.

채점 기준	배점(%)
B, C를 옳게 고르고, 그 까닭을 옳게 설명한 경우	100
B, C를 옳게 고르고, 까닭 중 1가지만 옳게 설명한 경우	50
B, C만 옳게 고른 경우	30

326

예시 답안 A 지역의 풍향은 대체로 시계 방향으로 변하였으므로 온대 저기압 중심의 남쪽에 위치하며, B 지역의 풍향은 대체로 시계 반대 방향으로 변하였으므로 온대 저기압 중심의 북쪽에 위치한다. 따라서 A는 B보다 위도가 낮다.

채점 기준	배점(%)
A와 B 지역의 풍향 변화와 관련지어 두 지역의 위도를 옳게 설명한 경우	100
A, B 지역의 위도만 옳게 비교한 경우	30

327

발원지인 A 지역에서 저기압이 형성되어 상승 기류를 타고 모래 먼지가 상층으로 이동하고, 우리나라 부근인 B 지역에서 고기압이 형성되어 하강 기류가 발생하면 상층에서 이동하던 모래 먼지가 지표면으로 내려와 황사 피해가 크게 발생할 수 있다.

예시 답안 A 지역에서는 저기압이 형성되어 상승 기류가 활발하고, B 지역에서는 고기압이 형성되어 하강 기류가 활발해야 한다.

채점 기준	배점(%)
A와 B 지역의 기압 배치와 공기의 연직 운동을 관련지어 옳게 설명한 경우	100
A와 B 지역의 기압 배치와 연직 운동 중 1가지만 옳게 설명한 경우	50

328

답 A, B

A 해역은 B 해역보다 저위도에 위치하고, 풍속이 약하므로 표층 수온은 A 해역이 B 해역보다 높다. 혼합층의 두께는 풍속이 강할수록 두껍고, 풍속은 A 해역보다 B 해역에서 강하므로 혼합층의 두께는 A 해역보다 B 해역에서 두껍게 나타난다.

329

답 (가) 염분, (나) 수온

계절에 관계없이 수심이 깊어질수록 대체로 값이 작아지는 (나)가 수온 분포이며, (가)는 염분 분포이다.

330

예시 답안 (나)에서 표층 수온이 높은 점선이 8월이며, 실선은 2월이다. 따라서 표층 해수는 2월이 8월보다 염분이 높고 수온이 낮으므로 밀도가 더 크다.

채점 기준	배점(%)
표층 해수의 수온과 염분 변화를 통해 표층 해수의 밀도를 옳게 설명한 경우	100
표층 해수의 밀도가 높은 시기만 옳게 쓴 경우	30

Ⅳ 대기와 해양의 상호 작용

07 해수의 순환

개념 확인 문제			79쪽
331 38°	**332** 페렐	**333** 무역풍	**334** 편서풍
335 쿠로시오	**336** 조경 수역	**337** ×	**338** ○
339 ×	**340** ○	**341** ○	**342** ×

331 답 38°

위도별 에너지 수송량이 가장 많은 곳은 에너지 과잉량과 에너지 부족량이 같은 위도 38° 부근이다.

332 답 페렐

위도 0°～30°에서 일어나는 순환 세포는 해들리 순환, 위도 30°～60°에서 일어나는 순환 세포는 페렐 순환, 위도 60°～90°에서 일어나는 순환 세포는 극순환이다.

333 답 무역풍

북적도 해류는 동쪽에서 서쪽으로 흐르는 해류로, 무역풍의 영향을 받아 발생한 해류이다.

334 답 편서풍

북태평양 해류는 서쪽에서 동쪽으로 흐르는 해류로, 편서풍의 영향을 받아 발생한 해류이다.

335 답 쿠로시오

쿠로시오 해류는 북적도 해류가 북상해서 형성되는 해류로, 우리나라 동한 난류와 황해 난류의 근원이 된다.

336 답 조경 수역

조경 수역에는 영양염류와 플랑크톤이 풍부하여 좋은 어장이 형성되고, 난류와 한류가 만나 난류성 어종과 한류성 어종이 모두 분포한다.

337 답 ×

해수의 수온이 높을수록 해수의 부피가 커지므로 밀도는 작다.

338 답 ○

밀도가 큰 해수일수록 같은 부피일 때 무게가 무거우므로 심층에 위치한다.

339 답 ×

심층 순환의 이동 속도는 표층 순환의 이동 속도보다 매우 느리다.

340 답 ○

남극 저층수는 북대서양 심층수보다 밀도가 크므로 더 깊은 곳에서 흐른다.

341 답 ○

그린란드 근해와 웨델해에서는 표층 해수의 냉각으로 밀도가 커지고 그에 따른 침강이 일어나 심층 해수가 형성된다.

342 답 ×

수괴는 해수의 성질이 다를 경우 잘 혼합되지 않기 때문에 수괴의 성질을 조사하여 수괴의 기원과 이동 경로를 간접적으로 알 수 있다.

기출 분석 문제 80~83쪽

343 A: 태양 복사 에너지의 흡수량, B: 지구 복사 에너지의 방출량

344 ③	**345** ③	**346** ②	**347** ④	**348** ③	**349** ④
350 ⑤	**351** ③	**352** ⑤	**353** 해설 참조		**354** ④
355 ②	**356** ③	**357** ②	**358** ⑤	**359** ⑤	**360** ⑤

343 답 A: 태양 복사 에너지의 흡수량, B: 지구 복사 에너지의 방출량

지구가 둥글기 때문에 지구 표면으로 입사하는 태양 복사 에너지양이 위도별로 차이가 나며, 저위도에서 많고 고위도에서 적게 나타난다. 지구 복사 에너지는 지구에서 방출하는 열로, 저위도에서 방출하는 양이 고위도보다 많지만 태양 복사 에너지에 비해 위도별로 방출하는 양의 차가 작다.

344 답 ③

자료 분석하기 지구의 위도별 에너지 불균형

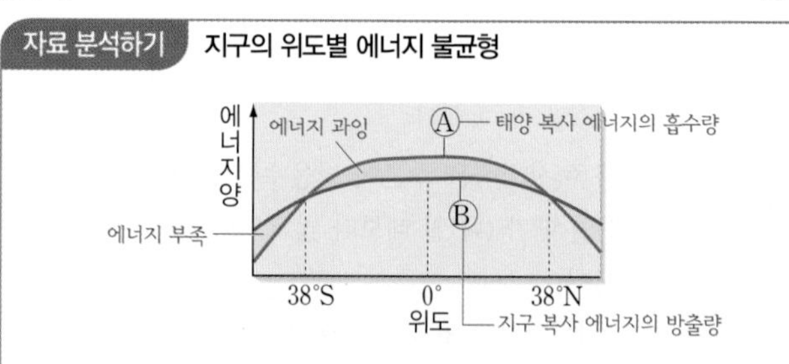

- 적도～위도 38°: 태양 복사 에너지의 흡수량 > 지구 복사 에너지의 방출량 ➡ 에너지 과잉
- 위도 38°～극: 태양 복사 에너지의 흡수량 < 지구 복사 에너지의 방출량 ➡ 에너지 부족
- 에너지의 이동: 대기와 해수에 의해 저위도의 남는 에너지가 고위도로 이동한다. ➡ 지구의 연평균 기온이 일정하게 유지된다.

ㄱ. 적도에서는 태양 복사 에너지의 흡수량이 지구 복사 에너지의 방출량보다 많다.

ㄷ. 대기 대순환과 해류에 의해 저위도의 과잉 에너지가 고위도로 수송되어 위도별 에너지 불균형이 해소된다.

오답 피하기 ㄴ. 위도 38° 부근에서는 저위도에서 고위도로 전달되는 에너지 수송량이 최대이다.

345 필수 유형 답 ③

자료 분석하기 대기 대순환 모형

대기 대순환은 표층 해수의 순환을 일으키는 원인이 되며, 3개의 대기 순환 세포로 구분한다.

해들리 순환 (적도~위도 30°)	적도 부근에서는 가열된 공기가 상승하고, 위도 30° 부근에서는 냉각된 공기가 하강하여 공기 중 일부가 저위도로 이동 ➡ 무역풍 형성
페렐 순환 (위도 30°~60°)	위도 30° 부근에서 하강한 공기 중 일부가 고위도로 이동 ➡ 편서풍 형성
극순환 (위도 60°~극지방)	극지방에서는 냉각된 공기가 하강하면서 저위도로 이동 ➡ 극동풍 형성

ㄱ. 적도의 지표면에서는 공기가 수렴하므로 저기압이 발달한다.

ㄷ. 대기 대순환과 해류의 순환은 저위도의 과잉 에너지를 고위도로 수송하는 역할을 하여 위도별 에너지 불균형을 해소하는 역할을 한다.

오답 피하기 ㄴ. 위도 30°~60°의 지상에는 편서풍이 분다. 무역풍은 적도~위도 30°의 지상에서 부는 바람이다.

346 답 ②

자료 분석하기 대기 대순환과 기후대의 형성

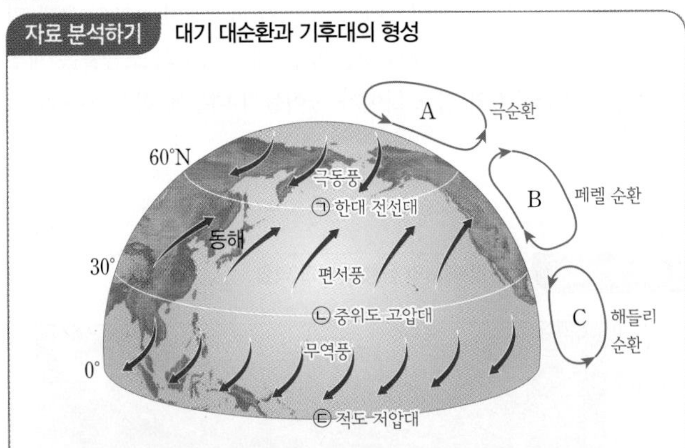

- A는 직접 순환인 극순환, B는 간접 순환인 페렐 순환, C는 직접 순환인 해들리 순환이다.
- ㉠: 한대 전선대 ➡ 극동풍과 편서풍이 만나 한대 전선대를 형성하고, 강수량이 많은 지역이다.
- ㉡: 중위도 고압대 ➡ 아열대 고압대로 하강 기류가 형성되며, 강수량이 적은 지역이다.
- ㉢: 적도 저압대 ➡ 적도로 공기가 수렴하여 상승 기류가 형성되고, 강수량이 많은 지역이다.

ㄴ. ㉠(한대 전선대)의 지상에는 극지방의 찬 공기와 중위도 지방에서 올라오는 더운 공기가 만나서 한대 전선대가 형성된다.

오답 피하기 ㄱ. A(극순환)와 C(해들리 순환)는 열대류에 의한 직접 순환이고, B(페렐 순환)는 극순환과 해들리 순환 사이에서 형성되는 간접 순환이다.

ㄷ. ㉡은 중위도 고압대로 적도 저압대인 ㉢보다 강수량이 적다.

347 답 ④

A는 극순환, B는 페렐 순환, C는 해들리 순환이다.

ㄱ. 적도 부근에서 따뜻한 공기의 상승으로 형성되는 해들리 순환은 극지방에서 차가운 공기의 하강으로 형성되는 극순환보다 연직 규모가 크다. 대체로 저위도에서 고위도로 갈수록 대기 순환이 일어나는 연직 규모가 작다.

ㄴ. 극순환(A)과 페렐 순환(B)의 경계 지역은 상승 기류에 의한 저압대가 형성되며, 페렐 순환(B)과 해들리 순환(C)의 경계 지역은 하강 기류에 의한 고압대가 형성된다.

오답 피하기 ㄷ. A와 C는 상승 기류가 형성되는 곳이 하강 기류가 형성되는 곳보다 위도가 낮고, 평균 기온이 높다. 반면, B는 상승 기류가 형성되는 곳이 하강 기류가 형성되는 곳보다 위도가 높고, 평균 기온이 낮다.

348 답 ③

ㄱ. A 해역에는 편서풍의 영향을 받아 서쪽에서 동쪽으로 북태평양 해류가 흐르고 있다.

ㄷ. 용존 산소량은 수온이 낮을수록 많으므로 고위도에서 흐르는 A 해역의 해류가 저위도에서 흐르는 B 해역의 해류보다 수온이 낮아 용존 산소량이 많다.

오답 피하기 ㄴ. B 해역에는 무역풍의 영향을 받아 동쪽에서 서쪽으로 북적도 해류가 흐르고 있다.

349 답 ④

ㄴ. C(남극 순환 해류)는 편서풍의 영향으로 서쪽에서 동쪽으로 남극 대륙 주위를 순환하는 해류이다.

ㄷ. 북태평양의 아열대 표층 순환은 시계 방향으로, 남태평양의 아열대 표층 순환은 시계 반대 방향으로 순환하고 있으며 서로 대칭적인 모습을 보인다.

오답 피하기 ㄱ. A(쿠로시오 해류)는 저위도에서 고위도로 흐르는 난류이고, B(페루 해류)는 고위도에서 저위도로 흐르는 한류이다.

350 답 ⑤

자료 분석하기 태평양의 표층 수온 분포

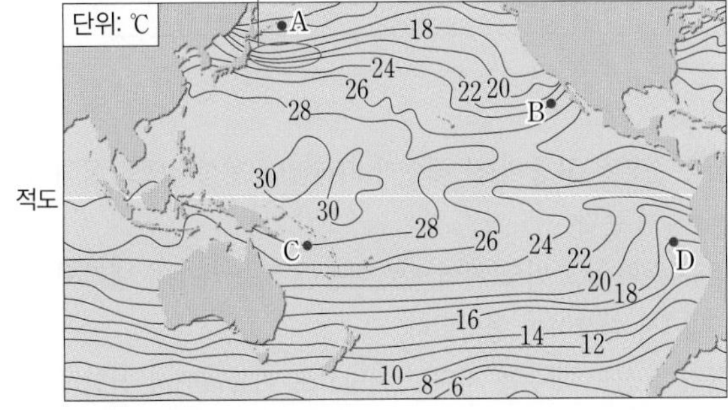

- A 해역의 남쪽에서 등수온선 간격이 조밀하다. ➡ A 해역을 지나 남쪽으로 이동하는 한류와 북쪽으로 이동하는 난류(쿠로시오 해류)가 만나 조경 수역이 형성된다.
- 북반구와 남반구의 아열대 표층 순환은 적도를 기준으로 대칭적으로 나타난다.

ㄱ. A는 아한대 순환에서 차가운 해류가 남쪽으로 흐르는 해역이며, B는 아열대 순환을 이루는 캘리포니아 해류가 남쪽으로 흐르는 해역이다. 따라서 A와 B 해역의 표층 해류는 모두 저위도 방향인 남쪽으로 흐른다.
ㄴ. 용존 산소량은 한류가 흐르는 D 해역이 난류가 흐르는 C 해역보다 많다.
ㄷ. 남반구의 아열대 순환은 남적도 해류 → 동오스트레일리아 해류(C 해역) → 남극 순환 해류 → 페루 해류(D 해역) 방향으로 형성된다. 따라서 C와 D 사이의 아열대 순환은 시계 반대 방향으로 형성된다.

351
답 ③

ㄱ. A에는 쿠로시오 해류, B에는 동한 난류가 흐르고 있으며, 쿠로시오 해류는 동한 난류의 근원이 되는 해류이다.
ㄴ. 평균 유속은 자료에서 쿠로시오 해류(A)가 동한 난류(B)보다 빠르게 나타난다.
오답 피하기 ㄷ. 겨울이 되면 쿠로시오 해류가 여름보다 약화되고 그 영향으로 동한 난류도 약화된다. 따라서 동한 난류는 여름보다 더 남하할 것이다.

개념 더하기 우리나라 주변의 해류

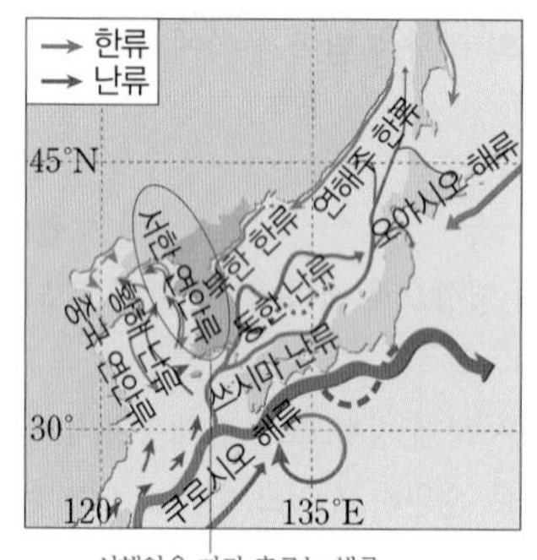

• 서해안을 따라 흐르는 해류
• 여름에는 난류, 겨울에는 한류가 흐른다.

- 우리나라 주변의 해류는 크게 난류와 한류로 구분한다.
- 동한 난류, 황해 난류, 쓰시마 난류는 모두 쿠로시오 해류의 지류로 수온이 높고, 염분이 높으나, 용존 산소량과 영양염류가 적다.
- 북한 한류는 연해주 한류의 지류로 수온과 염분이 낮고, 용존 산소량이 높으며, 영양염류가 풍부하다.

난류	쿠로시오 해류	우리나라 주변 난류의 근원
	황해 난류	쿠로시오 해류의 일부가 황해로 북상
	쓰시마 난류	쿠로시오 해류의 일부가 남해안을 지나 동해로 흘러가는 해류
	동한 난류	쓰시마 난류의 일부가 동해안으로 북상
한류	연해주 한류	연해주를 따라 남하하는 한류
	북한 한류	연해주 한류의 일부가 동해안을 따라 남하

352
답 ⑤

ㄱ. 심층 순환은 표층의 찬 해수가 가라앉아 형성되므로 심해에 산소를 공급하여 준다.
ㄴ. 심층 순환은 고위도 지역으로 이동한 표층 해수가 냉각되어 밀도가 커지면서 침강하여 형성된다.
ㄷ. 침강한 심층 해수는 저위도 지방으로 이동하면서 천천히 상승하여 수온 약층을 유지하여 준다.

353

예시 답안 수온 약층 아래에서 표층 순환보다 매우 느린 속도로 전 지구적으로 순환하고 있다.

채점 기준	배점(%)
심층 순환을 이동 속도, 순환 깊이, 순환 규모와 관련지어 옳게 설명한 경우	100
심층 순환을 이동 속도, 순환 깊이, 순환 규모 중 2가지만 관련지어 옳게 설명한 경우	60
심층 순환이 전 지구적으로 순환한다고만 설명한 경우	20

354
답 ④

ㄱ. 고위도 해역에서 수온이 낮고 염분이 높아 밀도가 큰 표층 해수가 침강하여 심층 순환이 형성된다. 따라서 심층 순환은 수온과 염분의 변화에 의해 형성된다.
ㄷ. 심층 순환은 표층 순환을 이루는 해류와 연결되어 해수 전체의 순환을 일으키며, 이를 통해 지구 전체적인 열에너지의 균형을 맞추는 데 중요한 역할을 한다.
오답 피하기 ㄴ. 심층 순환은 밀도가 큰 표층 해수가 침강하여 형성되며, 표층 해수의 침강은 수온이 낮은 고위도 해역에서 발생한다.

355
답 ②

착색된 종이컵의 소금물이 더 빠르게 침강하기 위해서는 종이컵의 소금물과 수조에 있는 물의 밀도 차가 더 커져야 한다.
ㄷ. (나)에서 종이컵에 더 차가운 소금물을 부으면 수조에 있는 물과 종이컵에 있는 물의 밀도 차가 커져 침강 속도가 커진다.
오답 피하기 ㄱ. (가)에서 수조에 상온의 물 대신에 찬물을 채우면 밀도가 커져서 종이컵의 소금물과의 밀도 차가 작아지므로 소금물의 침강 속도가 느려진다.
ㄴ. 착색된 상온의 소금물이 수조로 빠르게 퍼지려면 수조의 물과 밀도 차가 커야 하는데, (가)에서 상온의 물 대신 상온의 소금물을 채우면 종이컵 소금물과의 밀도 차이가 줄어들기 때문에 침강 속도가 느려진다.

356
답 ③

자료 분석하기 대서양에서의 심층 순환과 역할

수심(km) 0 2 4 / 표층수 / A / B / C / 60°N 40° 20° 0° 20° 40° 70°S / 위도

- 대서양 수괴의 밀도 비교: 남극 저층수(C) > 북대서양 심층수(B) > 남극 중층수(A) ➡ 밀도가 가장 큰 해수인 남극 저층수가 가장 심해에서 흐르고 있으며, 성질이 다른 수괴는 서로 잘 혼합되지 않는다.
- 심층 순환의 발생 과정: 극 해역 해수의 냉각 또는 결빙에 의한 염분 상승 → 해수의 밀도 증가 → 해수의 침강 → 심층 순환 발생
- 역할: 심층 순환은 표층 순환과 서로 연결되어 있어 전체 해양에서 큰 순환을 이루고 있으며, 심층 순환은 지구 전체적인 열수지의 균형을 맞추는 데 중요한 역할을 한다.

ㄱ. 심층 순환은 수온과 염분으로 결정되는 밀도 차이에 의해 발생한다.
ㄴ. 밀도는 A < B < C 순으로, 밀도가 큰 해수가 아래쪽에서 흐른다.
오답 피하기 ㄷ. B 해수와 C 해수는 밀도가 서로 다른 수괴이므로 혼합되지 않고 밀도가 큰 C 해수가 밀도가 작은 B 해수의 아래로 흐른다.

357 필수 유형 답 ②

자료 분석하기 수온 염분도

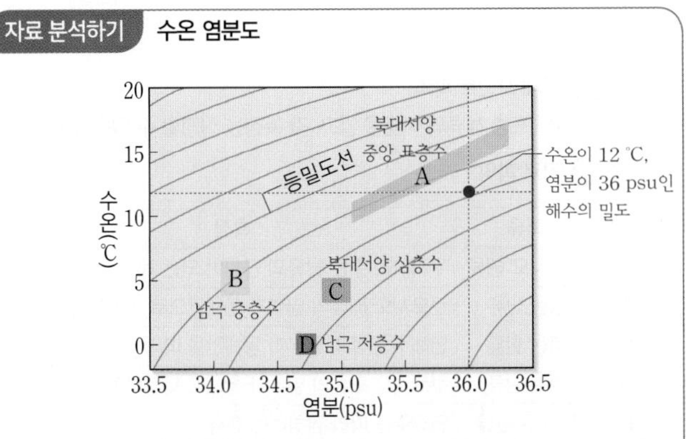

- 표층 해수는 강수량, 태양 복사 에너지의 양 등의 변화에 따라 수온과 염분 변화가 크게 나타난다. ➡ 염분과 수온의 분포 범위가 가장 넓게 나타나는 A는 북대서양 중앙 표층수이다.
- 심층 순환에서 해수의 밀도는 남극 중층수 < 북대서양 심층수 < 남극 저층수 순이다. ➡ B는 남극 중층수, C는 북대서양 심층수, D는 남극 저층수이다.

ㄴ. B는 남극 중층수, D는 남극 저층수이므로 모두 남반구의 해역에서 침강하여 심층 순환을 형성한다.

오답 피하기 ㄱ. A(북대서양 중앙 표층수)는 심층 순환을 이루는 수괴가 아니므로 심층 해수에 산소를 공급하는 역할과 직접적인 관련이 없다.

ㄷ. 수온이 12 ℃이고, 염분이 36.0 psu인 해수의 밀도는 B보다 크고 C, D보다 작다. 따라서 이 해수는 남극 중층수(B)와 북대서양 심층수(C) 사이에 위치한다.

358 답 ⑤

자료 분석하기 수온 염분도의 해석

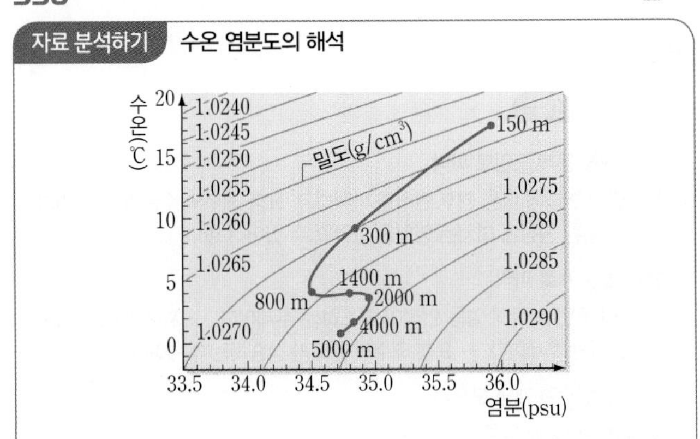

- 해수의 밀도는 수온와 염분에 따라 변한다. ➡ 수온이 낮을수록, 염분이 높을수록 밀도가 크다.
- 수심 150 m～800 m에서 염분이 낮아졌지만 수온이 크게 감소하여 밀도가 커졌다.
- 수심 800 m～2000 m에서는 수온이 거의 변하지 않고 염분이 증가하여 밀도가 커졌다.
- 수심 2000 m～5000 m까지는 수온이 낮아질 때 염분도 낮아졌다. ➡ 밀도는 거의 일정하다.

ㄱ. 염분이 같을 때 수온이 낮은 쪽에서 밀도가 크게 나타난다.

ㄴ. 수온이 일정하면 염분이 커질 때 밀도가 증가한다.

ㄷ. 2000 m～5000 m에서는 수온이 감소할 때 염분도 감소하여 밀도가 거의 일정하다.

359 답 ⑤

ㄱ. 해수 표층에서 염분은 A 해역이 약 34 psu, B와 C는 약 32 psu로 A 해역이 가장 높다.

ㄴ. 수심 50 m에서 수온은 C 해역이 약 13 ℃로 가장 높다.

ㄷ. 밀도는 수온이 낮을수록, 염분이 높을수록 커진다. 즉, 그래프의 좌측 상단에서 우측 하단으로 갈수록 밀도가 커진다. 따라서 해수 밀도는 해역 A, B, C 모두 표층보다 수심 50 m에서 더 크다.

360 답 ⑤

ㄱ. 심층 순환의 속도는 표층 순환보다 매우 느리다.

ㄴ. A 해역에서는 차가워진 표층 해수의 밀도가 커지고 침강하여 심층수가 형성되며, B 해역에서는 심층수가 용승하여 표층 순환과 연결된다.

ㄷ. 해수의 표층 순환과 심층 순환은 서로 연결되어 있어 저위도에서 고위도로 열에너지를 전달하고 해류가 흐르는 해역의 주변 지역 기후에 영향을 준다.

1등급 완성 문제 84~85쪽

361 ① 362 ① 363 ④ 364 ② 365 ③ 366 ③
367 해설 참조 368 해설 참조

361 답 ①

자료 분석하기 대기 대순환

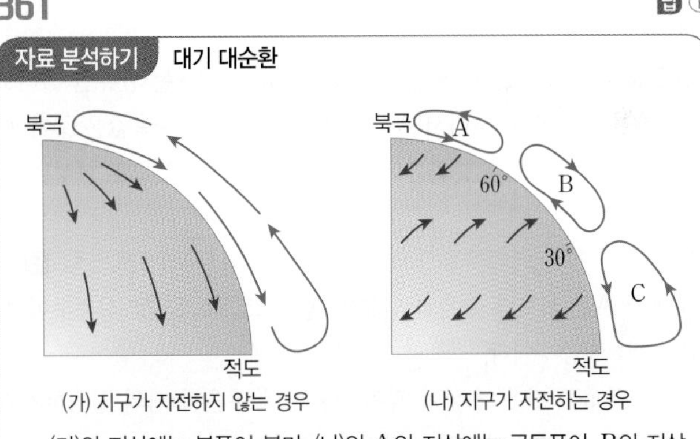

- (가)의 지상에는 북풍이 불며, (나)의 A의 지상에는 극동풍이, B의 지상에는 편서풍이, C의 지상에는 무역풍이 분다.
- (나)에서 위도 30° 부근에는 하강 기류에 의해 중위도 고압대가 형성되어 강수량이 적고, 위도 60° 부근에는 상승 기류에 의해 한대 전선대가 형성되어 강수량이 많다.

ㄱ. 지구가 자전하지 않는 경우에는 (가)와 같이 하나의 대기 순환이 나타난다.

ㄴ. (가)의 지상에는 극지방에서 하강한 공기가 지표를 따라 적도 지방으로 내려오므로 북풍이 불며, (나)의 극순환의 지표에는 북동풍인 극동풍이 분다.

오답 피하기 ㄷ. A(극순환)와 C(해들리 순환)는 열대류에 의한 직접 순환이며, B(페렐 순환)는 간접 순환이다.

ㄹ. 30°N 지역에는 하강 기류로 중위도 고압대가 형성되어 강수량이 적다. 반면, 60°N 지역에는 한대 전선대가 형성되어 강수량이 많다.

362

답 ①

ㄱ. 편서풍의 풍속은 북반구보다 남반구에서 크게 나타난다. 편서풍이 부는 영역에서 남반구는 북반구보다 해양이 많이 분포하여 지표면의 마찰과 같은 영향이 적기 때문에 편서풍이 더 강하게 분다.

오답 피하기 ㄴ. A는 위도 60°S 부근의 한대 전선대에 해당하며, 상승 기류가 나타난다. 반면, C는 위도 30°N 부근의 중위도 고압대에 해당하며, 하강 기류가 나타난다.

ㄷ. B와 C 사이의 해역에서는 북동 무역풍의 영향을 받아 동쪽에서 서쪽으로 북적도 해류가 흐른다.

363

답 ④

ㄴ. B 지역은 남극 대륙의 중심부로 지표면의 온도가 매우 낮기 때문에 차가워진 지표 부근의 공기가 하강하면서 고기압이 형성되는 극고압대이다.

ㄷ. 90°S에서 냉각되어 하강한 공기는 위도 60°S 지역으로 이동하며, 위도 60°S 부근에서 따뜻한 공기와 만나 상승 기류가 형성된다. 따라서 위도가 60°S보다 높은 지역에서는 직접 순환에 해당하는 극순환이 형성된다.

오답 피하기 ㄱ. A 해역은 위도가 60°S보다 낮으므로 편서풍의 영향을 받아 남극 순환 해류가 서쪽에서 동쪽으로 흐른다. 따라서 A 해역에서 해류는 ㉡ 방향으로 흐른다.

364

답 ②

ㄴ. C의 적도 부근 해역은 한류가 흐르는 B 해역보다 강수량이 많아 염분이 낮고, 수온이 높다. 따라서 표층 해수의 밀도는 C가 B보다 작다.

오답 피하기 ㄱ. A에는 난류인 쿠로시오 해류가, B에는 한류인 캘리포니아 해류가 흐른다. 따라서 A의 관측값은 ㉡, B의 관측값은 ㉠이다.

ㄷ. 북반구에서 아열대 순환은 시계 방향(B → C → A)으로 형성된다.

365

답 ③

(나)에서 A는 B보다 수온과 염분이 높으므로 북대서양 심층수이고, B는 남극 저층수이다.

ㄷ. (나)의 a 구간은 수심이 깊어짐에 따라 수온이 거의 일정하지만 염분이 증가하면서 밀도가 커지는 구간이다.

오답 피하기 ㄱ. A의 북대서양 심층수는 그린란드 주변 해역에서 침강하며, B의 남극 저층수는 남극 주변의 웨델해에서 침강한다.

ㄴ. (가)에서 남극 저층수는 북대서양 심층수보다 염분이 낮게 나타난다.

366

답 ③

ㄱ, ㄴ. 심층 순환은 해수의 밀도 차이에 의해 일어나며 표층 순환과 연결되어 있다. 고위도 해역인 A 해역에서 침강이 약화되면 저위도인 B에서 고위도인 A로의 열수송이 약해지고 (나)에서와 같이 북반구 지역의 기온이 하강한다.

오답 피하기 ㄷ. 고위도인 A 해역에서 침강이 약화되면 저위도 해역으로부터 북상하는 따뜻한 해류가 약화된다. 그 결과 고위도 해역의 수온이 하강하고, 저위도 해역의 수온이 높아져 A 해역과 B 해역 사이의 기온 차는 증가한다.

367

서술형 해결 전략

STEP 1 문제 포인트 파악

우리나라 주변 표층 해류의 이름을 알고, 각 특징을 설명할 수 있어야 한다.

STEP 2 자료 파악

구분	해류	특징
A	쿠로시오 해류	우리나라 주변 난류의 근원이 되는 해류
B	동한 난류	쿠로시오 해류의 일부가 동해안으로 북상하여 형성
C	북한 한류	연해주 한류의 일부가 동해안을 따라 남하하여 형성
D	황해 난류	쿠로시오 해류의 일부가 황해로 북상하여 형성
E	연해주 한류	연해주를 따라 남하하는 한류

STEP 3 관련 개념 모으기

❶ 우리나라 주변 해류의 특징은?

→ 쿠로시오 해류의 지류인 황해 난류와 동한 난류가 각각 황해와 동해로 유입된다. 이 세 해류는 모두 난류이다. 반면, 북한 한류는 동해안으로 남하하는 한류이다.

❷ 좋은 어장의 형성 조건은?

→ 난류와 한류가 만나는 해역을 조경 수역이라고 한다. 조경 수역은 난류와 한류가 만나 수온이 적당하고, 용존 산소량이 많으며, 영양염류가 풍부하여 좋은 어장을 형성한다.

예시 답안 B－동한 난류, C－북한 한류, 난류와 한류가 만나 난류성 어종과 한류성 어종이 모두 분포하며, 용존 산소량이 많고, 한류에 풍부한 영양염류가 많아 물고기의 좋은 먹이가 많기 때문이다.

채점 기준	배점(%)
조경 수역을 이루는 해류의 기호와 이름 및 조경 수역을 형성하는 까닭을 옳게 설명한 경우	100
조경 수역을 이루는 해류의 기호와 이름만 옳게 쓴 경우	30

368

서술형 해결 전략

STEP 1 문제 포인트 파악

빙하 면적 변화에 따른 기후 변화를 파악하고, 표층 해수의 수온과 밀도 변화가 심층 순환 형성에 미치는 영향을 파악할 수 있어야 한다.

STEP 2 자료 파악

약 50년 동안 북극해 얼음 면적이 감소하는 추세이다. → 지구의 평균 기온이 상승하는 추세이다. → 표층 해수의 온도가 상승하는 추세이다.

STEP 3 관련 개념 모으기

❶ 지구 온난화에 따른 환경 변화는?

→ 지구의 평균 기온이 상승하면 북극해에 존재하는 얼음이 녹는다. 또, 해수의 온도가 상승하고 염분은 감소한다.

❷ 해수의 밀도에 영향을 미치는 요인은?

→ 해수의 밀도는 수온과 염분의 영향을 받는다. 수온이 낮을수록, 염분이 높을수록 해수의 밀도가 크다.

예시 답안 지구 온난화로 고위도의 빙하가 녹고 수온이 높아지면 표층 해수의 밀도가 작아져 침강 속도가 느려지게 되므로 심층 순환이 약해진다.

채점 기준	배점(%)
표층 해수의 밀도가 작아지면서 침강 속도가 느려져 심층 순환이 약해진다는 것을 옳게 설명한 경우	100
심층 순환이 약해진다고만 설명한 경우	30

08 대기와 해양의 상호 작용

개념 확인 문제 87쪽

369 ㉠ 용승, ㉡ 침강 **370** 적도 용승 **371** A
372 × **373** ○ **374** ○
375 엘니뇨 시기

369
답 ㉠ 용승, ㉡ 침강

바다에서 일정하게 부는 바람에 의해 해수가 이동하면 빈자리를 채우기 위해 심층의 찬 해수가 올라오는 현상을 용승이라고 하고, 바람에 의해 이동한 해수가 쌓여 표층 해수가 심층으로 가라앉는 현상을 침강이라고 한다.

370
답 적도 용승

적도 용승은 적도 해역에서 무역풍에 의해 해수가 양극 쪽으로 이동하고, 이를 채우기 위해 심층의 차가운 해수가 상승하는 현상이다.

371
답 A

북반구 해역의 서쪽 연안에서 지속적으로 북풍이 불면 해수는 외해로 이동하므로, A 방향으로 이동한다.

372
답 ×

엘니뇨 시기에는 평상시보다 무역풍이 약화되어 동태평양의 표층 해수가 서쪽으로 이동하지 못하므로 연안 용승이 약화된다.

373
답 ○

엘니뇨 시기에는 평상시 서태평양에 위치하던 저기압의 중심이 중앙 태평양 쪽으로 이동한다. 따라서 서태평양 지역의 강수량이 감소하여 산불과 가뭄 발생 횟수가 증가한다.

374
답 ○

라니냐 시기에는 평상시보다 무역풍이 강화되어 따뜻한 표층 해수가 서쪽으로 더 이동하므로 서태평양의 해수면이 평소보다 높아진다.

375
답 엘니뇨 시기

엘니뇨 시기에는 평소보다 무역풍이 약화되어 저기압이 발달하는 곳이 평상시보다 동쪽으로 이동한다.

기출 분석 문제 87~90쪽

376 C **377** ⑤ **378** ③ **379** ① **380** ⑤
381 (가) 평상시, (나) 엘니뇨 시기 **382** ⑤ **383** ① **384** ④
385 ② **386** ① **387** ① **388** ③ **389** ② **390** ③
391 해설 참조

376
답 C

북반구에서 표층 해수는 지구 자전의 영향으로 바람이 부는 방향의 오른쪽 직각 방향으로 흐른다. 따라서 그림과 같이 북반구 어느 해안가에 남풍이 불면 동쪽(C)으로 표층 해수가 이동하고 이를 보충하기 위하여 심층 해수가 솟아오르는 용승 현상이 생긴다.

개념 더하기 해수의 이동

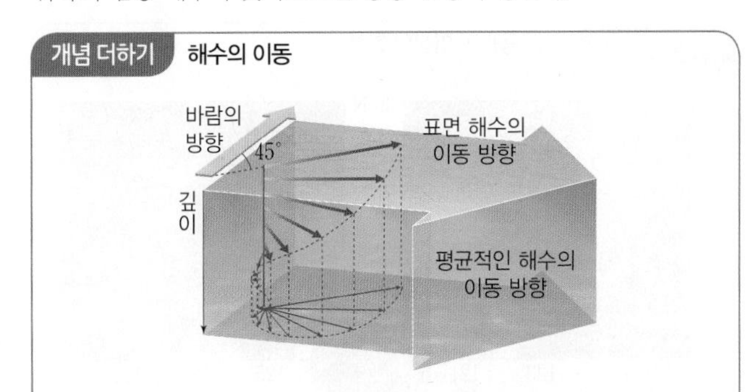

- 해수가 지구 자전의 영향을 받아(전향력) 북반구에서는 바람 방향의 오른쪽 직각 방향, 남반구에서는 왼쪽 직각 방향으로 이동한다. 그에 따라 연안 지역에서 외해로 해수가 이동해 나가면 이를 채우기 위해 용승이 일어나거나 연안 쪽에 해수가 쌓이면 침강이 일어난다.
- 북반구에서 표면 해수는 풍향의 오른쪽 45° 방향으로 이동한다.

377
답 ⑤

ㄱ. 북반구에서 해수는 바람이 부는 방향의 오른쪽 직각 방향으로 이동하므로 표층 해수는 연안에서 먼 바다 쪽으로 이동한다. 따라서 연안에서는 빠져나간 물을 보충하기 위해 심층의 찬 해수가 용승한다.
ㄴ. 용승이 일어나는 지역에서는 찬 해수가 올라와 표층 위의 공기를 냉각시키므로 안개가 자주 발생한다.
ㄷ. 연안에서 찬 해수가 용승하므로 연안에서는 표층 수온이 낮고, 연안에서 멀어지는 C 방향으로 갈수록 용승 해역에서 멀어지면서 표층 수온이 대체로 높아진다.

378
답 ③

(가). 저기압성 바람이 부는 북반구의 해역이므로 저기압의 중심부에서 주변부로 표층 해수의 발산이 일어난다. 따라서 저기압의 중심부에서는 용승이 일어난다.
(다). 적도 부근에서 무역풍이 부는 해역으로, 북반구에서는 무역풍에 의해 표층 해수가 적도에서 북쪽으로 이동하며, 남반구에서는 무역풍에 의해 표층 해수가 적도에서 남쪽으로 이동한다. 따라서 표층 해수가 발산하는 적도 해역에서는 용승이 일어난다.
오답 피하기 (나). 북반구의 서쪽 연안에서 남풍이 지속적으로 부는 경우로, 표층 해수는 바람이 부는 방향의 오른쪽인 동쪽으로 이동한다. 따라서 연안에서는 표층 해수가 수렴하여 심층으로 이동하는 침강이 일어난다.

379
답 ①

A 해역은 수온이 주변보다 낮으므로 차가운 심층 해수가 올라오는 용승이 일어나는 지역이다.
ㄱ. 용승이 일어나면 주변보다 기온이 낮아지므로 안개가 발생한다.
오답 피하기 ㄴ. 적조는 수온이 높은 해역에서 용존 산소량이 부족해질 때 발생한다.

ㄷ. 북반구에서 해수는 바람이 부는 방향의 오른쪽으로 이동하므로 A 해역의 용승은 남풍 계열의 바람이 지속적으로 불 때 A 해역의 표층 해수가 연안에서 외해 쪽으로 이동하여 발생한다.

380

답 ⑤

자료 분석하기 연안 용승과 어장의 형성

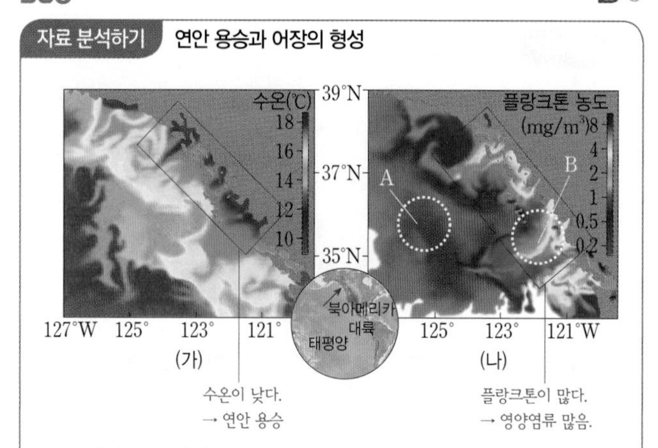

- 근해(B)가 외해(A)보다 수온이 낮고 플랑크톤의 농도가 높게 나타난다. ➡ B에 영양염류가 많다.
- 수온과 플랑크톤 농도로부터 근해에 연안 용승이 일어나 심해의 차가운 해수가 표층에 공급되었다는 것을 알 수 있다.
- 연안 용승이 일어났다는 것으로부터 이 지역에 북풍 계열의 바람이 지속적으로 불고 있음을 알 수 있다.

ㄱ. (가)에서 표층 수온이 낮게 나타나는 해역은 (나)에서 식물성 플랑크톤의 농도가 높게 나타난다.
ㄴ. 용승이 일어나는 해역에서는 심해에서 영양염류가 풍부하게 공급되므로 영양염류는 A 해역보다 용승이 일어나는 B 해역에 많다.
ㄷ. 북반구에서 해수는 바람이 부는 방향의 오른쪽 직각 방향으로 이동하므로 이 해역에서는 북풍 계열의 바람이 지속적으로 불고 있다.

381

답 (가) 평상시, (나) 엘니뇨 시기

(가)의 적도 해역 수온 분포를 살펴보면 서태평양의 수온이 높고 동태평양의 수온이 낮게 나타나는데, 이것은 평상시의 수온 분포이다. (나)의 수온 분포에서는 서태평양의 따뜻한 해수가 동태평양 쪽으로 이동한 것을 알 수 있으므로 엘니뇨 시기라는 것을 알 수 있다.

382

답 ⑤

ㄱ, ㄴ. (가)는 평상시, (나)는 엘니뇨 시기이다. 엘니뇨 시기에는 평상시보다 무역풍이 약해지므로 동태평양 페루 연안의 용승이 약화된다.
ㄷ. 평상시에 서태평양에 발달하는 저기압의 중심이 엘니뇨 시기에는 중앙 태평양으로 이동하므로 서태평양 해역의 강수량은 평상시보다 감소한다.

383

답 ①

엘니뇨 시기에 동태평양에서는 수온이 평상시보다 상승하여 저기압이 발달하며, 서태평양에서는 평상시보다 수온이 하강하여 고기압이 발달한다. 라니냐 시기에 동태평양에서는 수온이 평상시보다 하강하여 고기압이 발달하며, 서태평양에서는 수온이 평상시보다 상승하여 저기압의 세력이 더 커진다.

개념 더하기 엘니뇨와 라니냐 시기의 대기 순환

구분	엘니뇨 발생 시	라니냐 발생 시
모습	무역풍 약화, 고, 저, 서태평양, 동태평양, 차가운 해수	무역풍 강화, 저, 고, 서태평양, 동태평양, 차가운 해수
바람	평소보다 약한 무역풍	평소보다 강한 무역풍
동태평양	• 용승 약화 ➡ 표층 수온 상승 • 저기압 발달 • 강수량 증가 ➡ 홍수, 폭우 증가	• 용승 강화 ➡ 표층 수온 하강 • 강한 고기압 발달 • 강수량 감소 ➡ 산불, 가뭄 증가
서태평양	• 수온 하강 • 고기압 발달 • 강수량 감소 ➡ 산불, 가뭄 증가	• 수온 상승 • 강한 저기압 발달 • 강수량 증가 ➡ 홍수, 폭우 증가

엘니뇨 남방 진동: 엘니뇨와 라니냐 현상의 발생과 함께 나타나는 열대 태평양의 기압 분포 변화를 말한다. ➡ 해수면 온도 변화인 엘니뇨(라니냐)와 기압 변동인 남방 진동이 대기와 해양의 상호 작용으로 함께 일어나므로 엘니뇨 남방 진동 또는 엔소(ENSO)라고 한다.

384

답 ④

자료 분석하기 동태평양 적도 해역의 표층 수온 편차

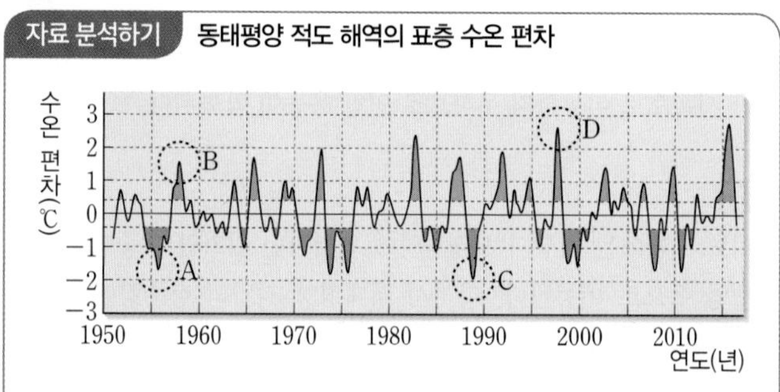

- 표층 수온 편차: 각 지점에서 관측한 표층 수온에서 일정 기간 동안의 수온을 평균한 표층 수온을 뺀 값이다.
  ➡ (수온 편차)=(관측한 수온)−(평균 수온)
- 수온 편차(+): B와 D 시기에는 동태평양 적도 해역에서 관측한 표층 수온이 평균 수온보다 높다. ➡ 엘니뇨 시기
- 수온 편차(−): A와 C 시기에는 동태평양 적도 해역에서 관측한 표층 수온이 평균 수온보다 낮다. ➡ 라니냐 시기

ㄴ. A는 라니냐 시기, B는 엘니뇨 시기이다. 라니냐가 발생한 A 시기에는 엘니뇨가 발생한 B 시기보다 동태평양의 용승이 활발하게 일어났다.
ㄷ. 서태평양에서는 엘니뇨가 발생하면 수온이 하강하고, 하강 기류로 고기압이 발달하면서 강수량이 감소한다. 반면, 라니냐가 발생하면 수온이 상승하고, 강한 상승 기류가 발달하여 저기압이 발달하므로 강수량이 증가한다. 라니냐가 발생했던 C 시기에는 평상시보다 서태평양의 수온이 상승하고, 강한 상승 기류가 발달하여 강수량이 증가하였다.

오답 피하기 ㄱ. 평상시와 비교하여 수온 편차가 (+)의 값이 나타나는 시기인 B와 D는 엘니뇨 시기, (−)의 값이 나타나는 A와 C는 라니냐 시기이다.

385

답 ②

적도 부근 태평양 해역에서 무역풍이 약하게 불고, 동태평양 연안의 수온이 높은 (나)가 엘니뇨 발생 시기이며, 동태평양 연안의 수온이 낮은 (가)는 평상시이다.

ㄷ. (가)와 같은 평상시에 표층 수온이 높은 서태평양 해역에서는 상승 기류가, 표층 수온이 낮은 동태평양 해역에서는 하강 기류가 형성된다. 하지만 (나)와 같이 엘니뇨가 발생한 시기에는 서태평양의 따뜻한 해수가 동쪽으로 이동하여 표층 수온이 높아지는 중앙 태평양 해역(㉡)에서 상승 기류가 형성되고, 평상시보다 표층 수온이 낮아지는 서태평양 해역(㉠)에서는 하강 기류가 형성된다.

오답 피하기 ㄱ. 엘니뇨 발생 시기에는 용승이 약해지는 동태평양 해역의 표층 수온이 상승하므로 (가)의 평상시보다 (나)의 엘니뇨 발생 시 동-서 해역의 표층 수온 차가 작다.

ㄴ. (가)의 평상시보다 (나)의 엘니뇨 발생 시 적도 부근 동태평양 해역에서 용승이 약해지므로 심층에서 공급되는 영양염류의 양도 감소한다.

386 필수 유형

답 ①

자료 분석하기 엘니뇨 발생 시 대기 대순환의 변화

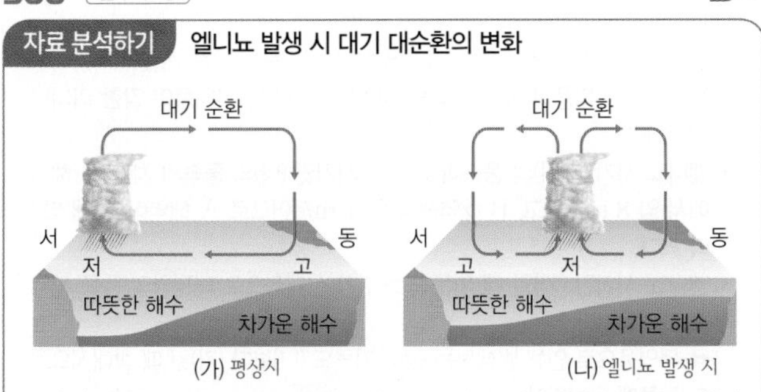

(가) 평상시 (나) 엘니뇨 발생 시

- (가): 동태평양 적도 부근 해역에서는 고기압이, 서태평양 적도 부근 해역에서는 저기압이 분포한다. ➡ 평상시
- (나): 평상시보다 저기압 중심이 중앙 태평양 쪽으로 이동하여 서태평양 적도 부근 해역에 고기압이 분포하며, 수온 약층의 경사가 완만하다. ➡ 엘니뇨 시기

(가)는 평상시, (나)는 엘니뇨 발생 시의 대기와 해수의 순환 모형이다.

ㄱ. 평상시의 동태평양에는 고기압이, 서태평양에는 저기압이 발달한다.

오답 피하기 ㄴ. 엘니뇨 시기에는 무역풍이 약화되어 동태평양의 따뜻한 해수가 평상시만큼 서태평양으로 이동하지 못하여 저기압 중심이 태평양 중앙으로 이동한 모습의 대기 순환이 나타난다.

ㄷ. 동태평양의 혼합층 두께는 표층 수온이 높은 (나) 시기가 (가) 시기보다 두껍다.

387

답 ①

ㄱ. 엘니뇨가 발생하면 무역풍이 약화되어 서태평양의 따뜻한 표층 해수가 중앙 태평양이나 동태평양 쪽으로 밀려온다. 따라서 이 시기는 엘니뇨 시기의 대기 순환 모습이다.

오답 피하기 ㄴ. 동태평양 해역에는 무역풍의 약화로 따뜻한 표층 해수가 밀려와 용승 현상이 약화된다.

ㄷ. 서태평양 해역에는 고기압이 발달하여 평소보다 강수량이 감소하고 가뭄 피해가 자주 발생한다.

388

답 ③

ㄱ. 적도 부근 동태평양 해역의 표층 수온이 높은 (가)는 엘니뇨 시기이며, 표층 수온이 낮은 (나)는 라니냐 시기이다.

ㄴ. 무역풍은 엘니뇨 시기에 평상시보다 약해지고, 라니냐 시기에 평상시보다 강해진다. 따라서 무역풍은 (가)의 엘니뇨 시기보다 (나)의 라니냐 시기에 더 강하게 분다.

오답 피하기 ㄷ. 수온 약층은 혼합층 아래 수심이 깊어지면서 수온이 급격하게 낮아지는 구간으로, 등수온선이 조밀하게 분포한다. 동태평양 해역에서는 (가)의 엘니뇨 시기보다 (나)의 라니냐 시기에 수온 약층이 해수면과 가까운 얕은 곳에서 형성된다.

389

답 ②

(가)는 엘니뇨 시기이고, (나)는 라니냐 시기이다.

② 엘니뇨는 무역풍의 약화로 적도 부근 동태평양 해역의 수온이 평상시보다 높아지는 현상이고, 라니냐는 무역풍의 강화로 적도 부근 동태평양 해역의 수온이 평상시보다 낮아지는 현상이다. 따라서 남적도 해류는 무역풍이 강하게 부는 라니냐 시기일 때 더 강하다.

오답 피하기 ①, ③ A 해역의 강수량은 엘니뇨 시기보다 강한 상승 기류가 형성되는 라니냐 시기일 때 더 많다.

④ B 해역의 따뜻한 해수층은 용승이 강해지는 라니냐 시기보다 용승이 약해지는 엘니뇨 시기 때 더 두껍다.

⑤ 무역풍이 강하게 부는 라니냐 시기일 때 따뜻한 해수가 A 해역으로 더 많이 이동한다. 따라서 A와 B 해역의 해수면 높이 차이는 라니냐 시기인 (나)일 때 더 크다.

개념 더하기 엘니뇨와 라니냐 발생 시 나타나는 이상 기후와 피해

▲ 엘니뇨 발생 시

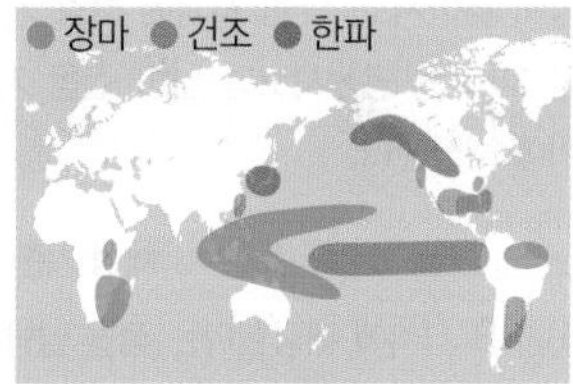

▲ 라니냐 발생 시

- 해수의 표층 수온이 변화하여 기압 배치가 평상시와 달라지면서 지구 곳곳에 이상 기후가 발생한다. ➡ 대기와 해양의 상호 작용이 평상시와는 다르게 일어나기 때문이다.
- 홍수, 가뭄, 한파 등이 발생하여 경제적, 사회적 피해가 발생한다.
- 우리나라의 경우 엘니뇨가 발생하면 태풍과 집중 호우가 자주 나타나고, 라니냐가 발생하면 한파 발생이 증가한다.

390

답 ③

ㄱ. (가)에는 무역풍의 약화로 동태평양의 표층 수온이 평상시보다 높아져 수온 편차가 (+)값을 가지며, (나)에는 무역풍의 강화로 동태평양의 표층 수온이 평상시보다 낮아져 수온 편차가 (−)값을 가진다. 따라서 (가)는 엘니뇨 시기, (나)는 라니냐 시기이다.

ㄷ. B 해역은 평상시 용승이 일어나는 해역이다. 라니냐 시기에는 용승 현상이 강화되어 평소보다 수온이 낮아지는 반면, 엘니뇨 시기에는 용승 현상이 약화되어 평소보다 수온이 높아진다. 용존 산소량은 수온이 낮을수록 많으므로 B 해역에서 표층 해수의 용존 산소량은 라니냐 시기가 엘니뇨 시기보다 많다.

오답 피하기 ㄴ. 서태평양 해역(A)에서는 엘니뇨 시기에 고기압이 형성되고, 라니냐 시기에 강한 저기압이 형성되므로 라니냐 시기가 엘니뇨 시기보다 강수량이 많다.

391

자료 분석하기 남방 진동 지수

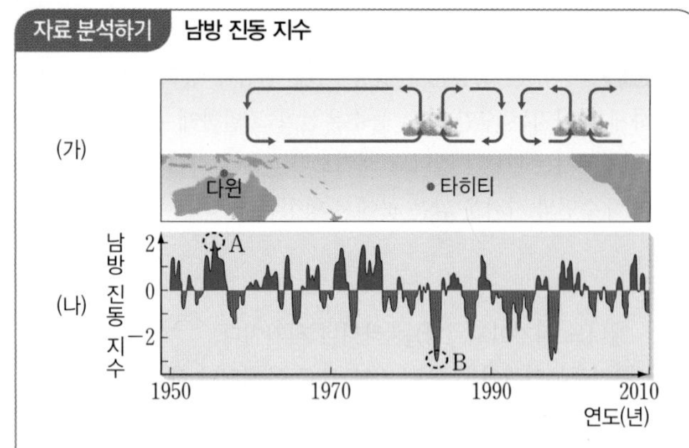

- (가): 적도 부근 태평양에서 평상시보다 상승 기류가 형성되는 곳이 동쪽으로 이동하였다. ➡ 엘니뇨 발생 시기
- 평상시에는 다윈 지역에 상승 기류가 형성되어 타히티 지역보다 해면 기압이 낮다. ➡ 남방 진동 지수가 (+)값이다.
- 엘니뇨 발생 시에는 다윈 지역에 하강 기류, 타히티 지역에 상승 기류가 형성된다. ➡ 평상시보다 다윈 지역의 해면 기압은 높아지고, 타히티 지역의 해면 기압은 낮아진다. ➡ 남방 진동 지수가 (−)값이다. ➡ B 시기
- 라니냐 발생 시에는 다윈 지역에 상승 기류가 평상시보다 발달하여 해면 기압이 더욱 낮아진다. ➡ 남방 진동 지수가 평상시보다 큰 (+)값이다. ➡ A 시기

예시 답안 (가)는 상승 기류가 중앙 태평양 부근에 존재하므로 엘니뇨 발생 시기이다. 엘니뇨 발생 시에는 타히티 지역에 상승 기류가 형성되어 평상시보다 기압이 낮아지고, 다윈 지역에 하강 기류가 형성되어 평상시보다 기압이 높아진다. 따라서 평상시보다 남방 진동 지수가 작아지므로 (가) 시기는 (나)의 B 시기에 해당한다.

채점 기준	배점(%)
(가)가 B 시기에 해당한다는 점을 남방 진동 지수 변화와 관련지어 옳게 설명한 경우	100
엘니뇨와 라니냐 시기의 남방 진동 지수 변화만 옳게 설명한 경우	60
(가)가 B 시기에 해당한다는 점만 쓴 경우	30

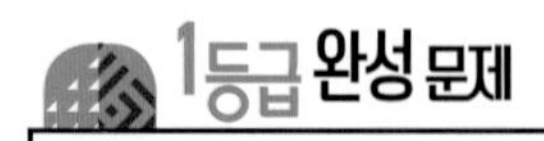

1등급 완성 문제

91쪽

392 ② **393** ⑤ **394** ⑤ **395** 해설 참조

392

답 ②

ㄷ. 태평양의 수온 편차(관측 수온−평균 수온)가 (+)일 때인 A가 엘니뇨 시기, (−)일 때인 B가 라니냐 시기이다. 무역풍의 세기는 라니냐 시기(B)가 엘니뇨 시기(A)보다 더 강하므로 동태평양 적도 부근 해역의 용승은 라니냐 시기가 엘니뇨 시기보다 더 활발하게 일어난다.

오답 피하기 ㄱ. A는 동태평양에서 평상시보다 수온이 높아진 엘니뇨 시기이다.

ㄴ. 서태평양 해역에서는 엘니뇨 시기에 저기압의 중심이 중앙 태평양으로 이동하므로 강수량이 줄어들지만, 라니냐 시기에는 저기압이 평소보다 더 강하게 발달하여 강수량이 많아진다. 따라서 서태평양의 강수량은 엘니뇨 시기(A)가 라니냐 시기(B)보다 적었다.

393

답 ⑤

자료 분석하기 엘니뇨와 라니냐 시기의 태평양 적도 해역의 풍속

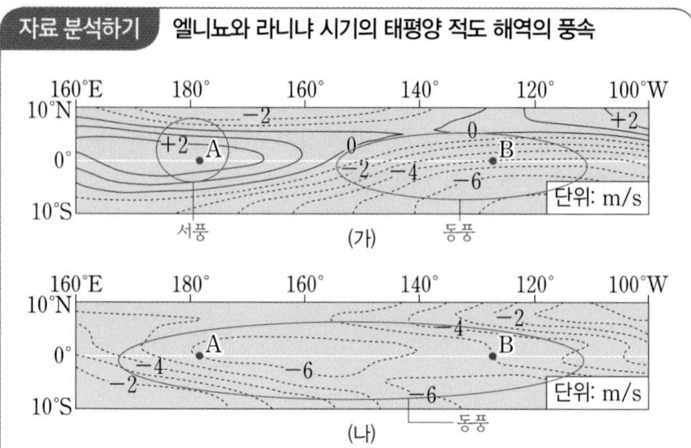

- (가)는 (나)에 비해 동풍의 세기가 약하다. 무역풍은 동풍 계열의 바람이므로 (가)는 무역풍이 약한 엘니뇨 시기이고, (나)는 무역풍이 강한 라니냐 시기이다.
- 엘니뇨 시기인 (가)의 풍속과 라니냐 시기인 (나)의 풍속의 차는 A 해역에서 약 8 m/s이고, B 해역에서 약 1 m/s이므로 A 해역이 B 해역보다 크다.
- 엘니뇨 시기인 (가)일 때 따뜻한 해수가 상대적으로 태평양의 동쪽 해역으로 이동한다.
  ➡ 무역풍으로 인해 발생하는 상승 기류도 (나)보다 (가)일 때 상대적으로 더 동쪽에 위치한다.

ㄱ. (가)는 (나)에 비해 동풍이 약하다. 무역풍은 동풍 계열의 바람이므로 (가)는 무역풍이 약한 엘니뇨 시기, (나)는 무역풍이 강한 라니냐 시기에 해당한다. 이때, (가)의 풍속과 (나)의 풍속의 차는 A 해역에서 약 8 m/s, B 해역에서 약 1 m/s이므로 A 해역이 B 해역보다 크다.

ㄴ. 적도 부근 해역에서 동태평양과 서태평양의 표층 수온 차는 라니냐 시기가 엘니뇨 시기보다 크다. 따라서 A와 B의 표층 수온 차는 (가)보다 (나)일 때 크다.

ㄷ. 엘니뇨 시기인 (가)일 때 따뜻한 해수가 상대적으로 태평양의 동쪽 해역으로 이동하므로, 무역풍으로 인해 발생하는 상승 기류도 (나)보다 (가)일 때 상대적으로 더 동쪽에 위치한다.

394

답 ⑤

적도 부근 서태평양 해역은 강수량 편차가 (+)로 나타나므로 평상시보다 상승 기류가 강하다. 따라서 이 시기는 라니냐 시기이다.

ㄱ. 라니냐 시기에는 평상시보다 무역풍의 세기가 강해지므로 적도 부근 동태평양 연안의 용승이 평상시보다 강해진다.

ㄴ. 라니냐 시기에는 서태평양의 해수면이 평상시보다 높아지고, 동태평양의 해수면은 평상시보다 낮아진다. 따라서 동−서 방향의 해수면 경사가 평상시보다 급하다.

ㄷ. 적도 부근에서 강수량 편차가 (+)로 나타나는 해역은 주로 서태평양에 위치한다. 이는 무역풍이 강하게 부는 라니냐 시기에 서태평양으로 이동하는 따뜻한 표층 해수가 증가하여 서태평양 해역의 표층 수온이 높아지면서 상승 기류가 강하게 형성되기 때문이다.

395

서술형 해결 전략

STEP 1 문제 포인트 파악

엘니뇨 시기와 라니냐 시기 적도 부근 태평양의 표층 수온이 평상시와 어떻게 다른지 파악하고 이를 통해 적도 부근 태평양의 서쪽과 동쪽에서 나타나는 기압 분포를 설명할 수 있어야 한다.

STEP 2 자료 파악

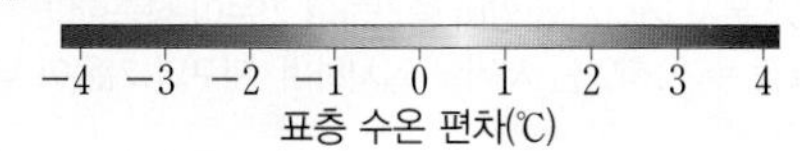

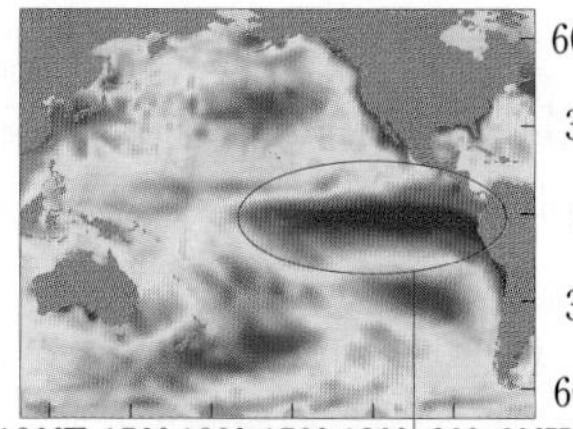
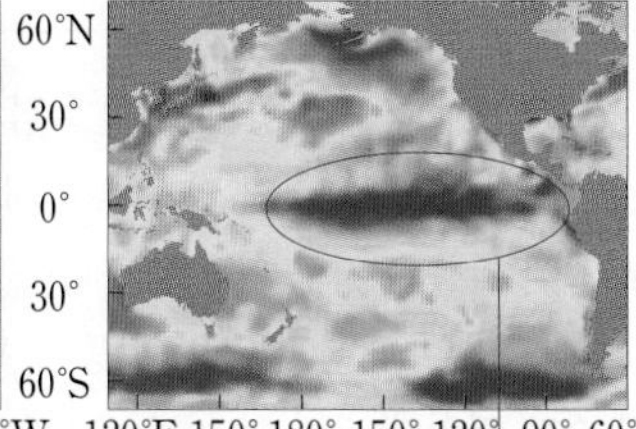

(가) 엘니뇨 시기
- 수온 편차 → (+)값
- 평상시보다 따뜻한 해수 온도 → 서태평양으로 동태평양 해수가 평소보다 적게 이동 → 용승 약화

(나) 라니냐 시기
- 수온 편차 → (−)값
- 평상시보다 차가운 해수 온도 → 서태평양으로 동태평양 해수가 평소보다 많이 이동 → 용승 강화

STEP 3 관련 개념 모으기

❶ (가)에서 열대 태평양의 수온 편차는?
→ 동태평양의 수온 편차가 (+)값을 가지므로 동태평양의 표층 수온이 평상시보다 높다.
→ 무역풍의 약화로 따뜻한 표층 해수가 동쪽으로 이동해 오고 용승 현상도 약화된 것을 나타낸다.

❷ (가) 시기의 서태평양과 동태평양의 기압 분포는?
→ 동태평양 해역은 저기압이 발달하며, 서태평양 해역은 고기압이 발달한다.

❸ (나)에서 열대 태평양의 수온 편차는?
→ 동태평양의 수온 편차가 (−)값을 가지므로 동태평양의 표층 수온이 평상시보다 낮다.
→ 무역풍의 강화로 동태평양에 강한 용승 현상을 일으켜 동태평양 해역의 표층 수온이 평상시보다 낮아졌다는 것을 나타낸다.

❹ (나) 시기의 서태평양과 동태평양의 기압 분포는?
→ 동태평양 해역은 고기압이 발달하며, 서태평양 해역은 저기압이 발달한다.

예시 답안 (가) 시기에는 동태평양의 수온 편차가 (+)값이므로 수온이 평상시보다 높아졌음을 알 수 있다. 따라서 동태평양에는 저기압이, 서태평양에는 고기압이 발달한다. (나) 시기에는 동태평양의 수온 편차가 (−)값이므로 수온이 평상시보다 낮아졌음을 알 수 있다. 따라서 동태평양에는 고기압이, 서태평양에는 저기압이 발달한다.

채점 기준	배점(%)
(가)와 (나) 시기의 기압 분포를 수온 편차를 참고하여 모두 옳게 설명한 경우	100
(가)와 (나) 시기의 기압 분포 중 1가지만 옳게 설명한 경우	50

09 기후 변화

개념 확인 문제 93쪽

396 커진다 **397** 커진다 **398** 커지면 **399** A, D
400 ○ **401** × **402** ○
403 ㉠ 감소, ㉡ 상승

396
답 커진다

지구 자전축의 경사각이 커지면 북반구의 여름은 더 더워지고 겨울은 더 추워져 연교차는 커진다.

397
답 커진다

13000년 후 지구 자전축의 경사가 현재와 반대가 되면 북반구는 원일점에서 겨울이 되고 근일점에서 여름이 된다. 따라서 겨울은 더욱 추워지고 여름은 더욱 더워져 북반구의 연교차는 커진다.

398
답 커지면

지구 공전 궤도 이심률이 커지면 원일점은 태양에서 더 멀어지고, 근일점은 태양에서 더 가까워진다.

399
답 A, D

태양의 남중 고도는 여름일 때 높고, 겨울일 때 낮다. 따라서 북반구에서 현재 여름인 위치는 태양의 남중 고도가 높은 A와 D이다.

400
답 ○

현재 지구에 흡수되는 태양 복사 에너지양과 우주로 방출되는 지구 복사 에너지양이 같아 지구는 복사 평형 상태이다.

401
답 ×

지구 대기는 태양으로부터 흡수되는 에너지양이 지표면으로부터 흡수되는 지구 복사 에너지양보다 적다.

402
답 ○

지구 온난화의 주요 원인은 화석 연료 사용으로 인한 이산화 탄소 등 온실 기체의 대기 중 농도가 증가하기 때문이다.

403
답 ㉠ 감소, ㉡ 상승

지구 온난화 현상이 지속되면 지구의 평균 기온이 계속 상승하여 빙하가 녹으면서 빙하 면적이 감소하고, 녹은 빙하가 바다에 유입되면서 평균 해수면이 상승하게 된다.

기출 분석 문제
93~96쪽

404 ④ **405** ③ **406** ⑤ **407** ⑤ **408** ③
409 해설 참조 **410** ③ **411** ⑤ **412** ③ **413** ③
414 ③ **415** ③ **416** ⑤ **417** 해설 참조

404 필수 유형

답 ④

자료 분석하기 지구 자전축 경사 방향이 정반대일 때 기후 변화

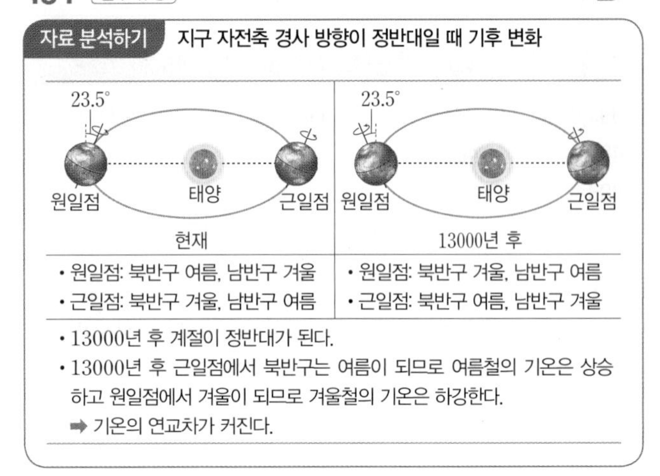

현재	13000년 후
• 원일점: 북반구 여름, 남반구 겨울 • 근일점: 북반구 겨울, 남반구 여름	• 원일점: 북반구 겨울, 남반구 여름 • 근일점: 북반구 여름, 남반구 겨울

• 13000년 후 계절이 정반대가 된다.
• 13000년 후 근일점에서 북반구는 여름이 되므로 여름철의 기온은 상승하고 원일점에서 겨울이 되므로 겨울철의 기온은 하강한다.
➡ 기온의 연교차가 커진다.

ㄴ. 13000년 전에는 자전축의 방향이 반대였기 때문에 북반구와 남반구의 계절이 현재와 정반대였다.
ㄷ. 13000년 후 북반구는 원일점일 때 겨울, 근일점일 때 여름이므로 연교차가 커진다.
오답 피하기 ㄱ. 자전축이 현재 원일점에서 태양 쪽으로 기울어져 있으므로 북반구의 계절은 여름이고, 남반구의 계절은 겨울이다.

405

답 ③

자료 분석하기 지구 공전 궤도 이심률의 변화

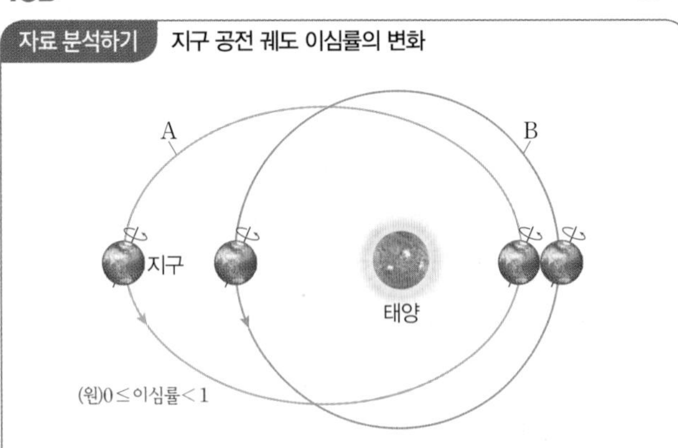

• 지구 공전 궤도의 이심률은 약 10만 년을 주기로 변한다.
• 이심률이 커질수록 원일점은 태양에서 더 멀어지고, 근일점은 태양에 더 가까워진다.
➡ 북반구 기준으로 여름철(원일점)의 기온은 하강하고, 겨울철(근일점)의 기온은 상승하여 연교차가 작아진다.
➡ 남반구 기준으로 겨울철(원일점)의 기온은 하강하고, 여름철(근일점)의 기온은 상승하여 연교차가 커진다.

ㄱ, ㄴ. 지구 공전 궤도가 B에서 A로 변할 때 지구 공전 궤도 이심률이 커지며, 북반구가 겨울일 때 지구는 근일점에 위치한다. 따라서 지구는 겨울에 태양에 더 가까워지므로 따뜻해진다.
오답 피하기 ㄷ. 지구 공전 궤도가 B에서 A로 변하면 남반구의 여름은 기온이 상승하고, 겨울은 기온이 하강하여 남반구의 연교차는 커진다.

406

답 ⑤

ㄱ. 세차 운동은 약 26000년을 주기로 지구 자전축의 방향이 변하는 현상이다.
ㄴ. 현재의 지구 자전축은 북극성을 가리키고 있으나 13000년 전에는 직녀성을 가리키고 있어 현재와 정반대였다.
ㄷ. 13000년 후 자전축 방향이 정반대가 되므로 북반구와 남반구에서의 계절이 현재와 반대로 나타난다.

407

답 ⑤

자료 분석하기 태양의 활동과 기후 변화

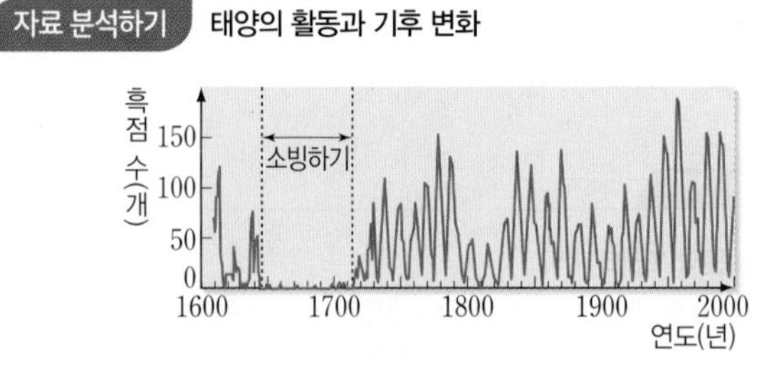

• 태양의 활동은 지구 기후에 영향을 준다.
• 태양의 흑점이 많아질 때 태양 복사 에너지의 양이 증가한다. ➡ 지구에 도달하는 태양 복사 에너지의 양이 증가하여 기온이 상승한다.
• 소빙하기: 흑점 수가 적었던 시기와 일치하며, 지구의 기온이 낮았던 시기이다.

ㄱ, ㄷ. 태양의 활동이 활발할 때 흑점의 수가 많아지고, 지구에 도달하는 태양 복사 에너지의 양도 많아져 지구의 평균 기온이 상승하는 등 태양의 활동은 지구 기후에 영향을 미친다.
ㄴ. 소빙하기일 때는 태양의 활동이 평소보다 활발하지 못하였으며 흑점 수도 적었다.

408

답 ③

현재 지구의 북반구는 근일점에서 겨울이다. 근일점에서 북반구가 여름이 되려면 지구 자전축의 경사 방향이 현재와 정반대가 되어야 한다. 또, 여름철 태양의 남중 고도가 높아지므로 지구 자전축의 경사가 현재보다 커져야 한다.

409

예시 답안 지구 자전축의 경사각이 작아지면 여름에 태양 남중 고도가 낮아지므로 여름철 일사량은 감소하며, 겨울에는 태양 남중 고도가 높아지므로 겨울철 일사량은 증가한다. 따라서 기온의 연교차가 작아진다.

채점 기준	배점(%)
우리나라에서 일어나는 기후 변화를 여름과 겨울의 기온 변화를 포함하여 기온의 연교차 관점에서 옳게 설명한 경우	100
기온의 연교차 변화만 옳게 설명한 경우	30

개념 더하기 지구 자전축 경사각이 작아질 때 기후 변화

지구 위치	지역	계절	남중 고도	기온
원일점	북반구	여름	낮아진다.	하강한다.
	남반구	겨울	높아진다.	상승한다.
근일점	북반구	겨울	높아진다.	상승한다.
	남반구	여름	낮아진다.	하강한다.

➡ 북반구와 남반구 모두 기온의 연교차가 작아진다.

410

답 ③

ㄱ. (가)의 주기는 약 41000년, (나)의 주기는 약 10만 년으로 지구 자전축 경사각 변화의 주기가 지구 공전 궤도 이심률의 주기보다 짧다.

ㄴ. 지구 자전축 경사각이 현재보다 작아지면 현재보다 여름철 기온은 낮아지고, 겨울철 기온은 높아지므로 연교차가 작아진다. 또, 지구 공전 궤도의 이심률이 현재보다 커지면 원일점 거리가 멀어지고, 근일점 거리가 가까워지므로 북반구는 현재보다 여름철 기온이 낮아지고, 겨울철 기온이 높아져 연교차가 작아진다. 따라서 60만 년 전 우리나라는 현재보다 자전축 경사각이 작고, 공전 궤도 이심률이 컸으므로 현재보다 기온의 연교차가 작았을 것이다.

오답 피하기 ㄷ. 5만 년 전에는 현재보다 공전 궤도 이심률이 작았으므로 현재보다 근일점은 멀었고 원일점은 가까웠다. 따라서 근일점 거리와 원일점 거리의 차가 작았을 것이다.

411

답 ⑤

철수. 이심률이 커질수록 지구 공전 궤도가 납작한 타원이 되어 근일점 거리는 감소하고, 원일점 거리는 증가한다. 따라서 지구 공전 궤도 이심률이 0.01에서 0.02로 커지면 지구가 근일점에 위치할 때 태양까지의 거리가 가까워진다.

영희. 빙하는 반사율이 다른 지표 물질보다 크므로 빙하 면적이 감소하면 지표면의 반사율이 작아져 지표면에 흡수되는 태양 복사 에너지양이 많아진다.

지영. 판의 운동으로 수륙 분포가 바뀌면 대기와 해수의 순환에 변화가 생기면서 기후 변화가 일어날 수 있다.

개념 더하기 지구 기후 변화의 내적 요인

- 화산 활동: 대규모 화산 폭발 시 분출된 화산재가 성층권에 도달하여 태양 복사 에너지를 차단한다. ➡ 지구의 평균 기온이 하강한다.
- 지표면의 상태 변화: 지표면의 빙하 면적이 감소하면 지표면의 반사율이 감소하여 지구의 기온이 상승하고, 반대로 빙하 면적이 증가하면 반사율이 높아져 지구의 기온이 하강한다.
- 대륙과 해양의 분포 변화: 판의 운동으로 수륙 분포가 변하면 육지와 해양의 비열과 반사율 차이 및 해류의 이동 방향 변화로 기후가 변한다.

412 필수 유형

답 ③

자료 분석하기 온실 기체 증가와 지구 온난화

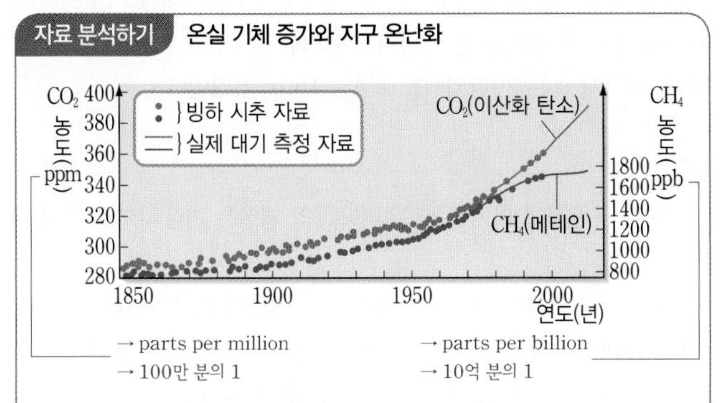

- 1850년부터 2012년까지 온실 기체 농도는 증가하는 경향을 보인다.
- 온실 기체(이산화 탄소, 메테인 등)의 대기 중의 농도 증가는 지구의 기온 상승과 관계가 있다.
  ➡ 지구 온난화의 주된 원인은 자연적 기후 변동보다는 석유, 석탄 등 화석 연료의 사용량 증가에 따른 온실 기체 농도의 증가이다.
- 이산화 탄소: 대부분 인간 활동으로 방출량이 증가하는 기체이다.
  ➡ 산업 혁명으로 화석 연료의 사용이 증가하고 공업화될수록 대기 중의 이산화 탄소 농도가 급증하고 있다.
- 메테인: 쓰레기가 분해될 때 발생하거나 가축을 키울 때 발생한다. 메테인도 산업 혁명 이후 대기 중의 농도가 급증하였다.

ㄱ. 지구 기온이 상승하면 대륙 빙하가 녹기 때문에 대륙 빙하의 면적은 감소하였을 것이다.

ㄴ. 이 기간 동안 온실 기체인 이산화 탄소와 메테인의 양이 증가하였으므로 그에 따라 온실 효과가 증가하여 전 세계의 기온은 대체로 상승하였을 것이다.

오답 피하기 ㄷ. 이산화 탄소의 농도 단위인 ppm은 100만 분의 1 단위이며, 메테인의 농도 단위인 ppb는 10억 분의 1 단위이므로, 대기 중 이산화 탄소의 농도가 메테인의 농도보다 크다.

개념 더하기 지구의 기온 변화와 온실 기체 농도 변화

- 1900년대~2000년대까지 지구 기온은 대체로 상승하는 경향을 보인다.
- 1900년대~2000년대까지 온실 기체 농도는 증가하는 경향을 보인다.
  ➡ 이산화 탄소, 메테인, 산화 이질소 등 온실 기체의 증가는 지구의 기온 상승과 관계가 있다.

413

답 ③

ㄱ. 자료에서 1901년~2012년 동안 기온 편차가 대부분 (+)값을 가지므로 이 기간 동안 전 지구의 기온은 대체로 상승하였다.

ㄷ. 이 기간 동안 지구 기온 상승의 원인은 대기 중 이산화 탄소, 메테인, 산화 이질소 등의 온실 기체 농도 증가로 온실 효과가 증대되었기 때문이다.

오답 피하기 ㄴ. 지구 온난화로 지구의 기온이 상승하면 극지방 빙하의 융해와 해수의 열팽창이 일어나 해수면의 높이는 상승한다.

414

답 ③

자료 분석하기 지구의 복사 평형

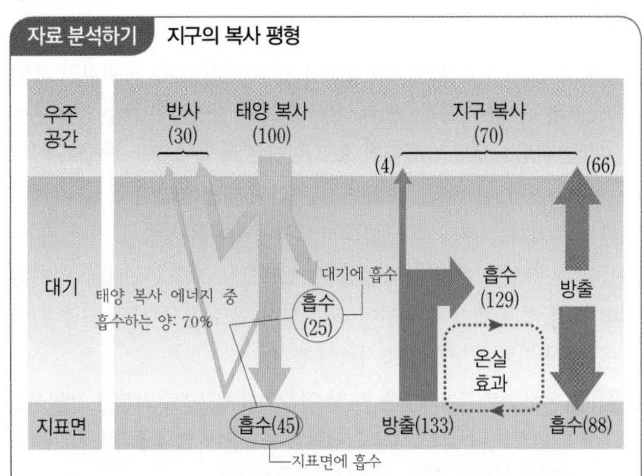

지구 전체적으로 흡수하는 태양 복사 에너지양과 방출되는 지구 복사 에너지양이 서로 같은 복사 평형 상태이며 대기와 지표면에서도 각각 복사 평형이 이루어진다.

지구 전체	흡수량(70)	지표면 흡수(45)+대기 흡수(25)
	방출량(70)	지표면에서 방출(4)+대기 방출(66)
대기	흡수량(154)	지표면 복사(129)+태양 복사(25)
	방출량(154)	지표로 재복사(88)+우주로 방출(66)
지표면	흡수량(133)	태양 복사(45)+대기의 재복사(88)
	방출량(133)	지표면 방출(133)

ㄱ. 태양 복사 에너지 중 30이 반사되고 지구로 70이 흡수된다.(대기 25+지표면 45)

ㄷ. 지표면은 태양으로부터 45, 대기로부터 88을 흡수하여 태양보다 대기로부터 더 많은 복사 에너지를 흡수한다.

오답 피하기 ㄴ. 태양 복사 에너지는 주로 가시광선 영역에서 지구에 흡수되며, 지구 복사 에너지는 주로 적외선 영역에서 지구에 흡수된다.

415

답 ③

ㄱ. 빙하는 빛을 잘 반사하므로 지구 온난화로 빙하 면적이 감소하면 지표면의 반사율이 감소하고 지구 온난화가 가속화된다.

ㄷ. 인간 활동에 의한 온실 기체의 방출량 중 가장 많은 양을 차지하는 것은 이산화 탄소이다.

오답 피하기 ㄴ. 북극권에서 식생 증가로 인한 반사율의 감소와 메테인의 방출은 온실 효과를 증대시켜 북극권의 온난화를 가속화한다.

416

답 ⑤

ㄱ. (가)에서 지구 온난화의 영향으로 점차 여름이 길어지고 겨울이 짧아지고 있다. 따라서 아열대 기후가 나타나는 지역이 넓어질 것이고, 아열대 작물의 재배 가능 지역도 점차 북쪽으로 확장될 것이다.

ㄷ. 서해안보다 동해안에서 표층 수온 증가량이 더 크게 나타난 것으로 보아 수온 변화에 의한 해수면 상승도 서해안보다 동해안이 클 것이다.

오답 피하기 ㄴ. 우리나라 주변 해역에서 한류의 영향을 받는 동해의 북쪽 해역보다 난류의 영향을 받는 황해와 남해에서 표층 수온 증가량이 작다. 따라서 난류의 영향이 큰 해역일수록 표층 수온 증가량이 큰 것은 아니다.

417

(가)에 제시된 기후 변화 요인에는 온실 기체와 같은 인위적인 요인과 태양 활동, 화산 활동, 오존, 황산염 등의 자연적인 요인으로 구분할 수 있다. (가)에서 자연적인 요인은 기온 상승에 주는 영향이 비교적 일정하거나 감소하는 추세이지만 인위적인 요인인 온실 기체는 영향이 증가하는 추세이다. 따라서 (나)에서 기온 상승에 가장 큰 영향을 주는 요인은 온실 기체로 볼 수 있으므로 지구 온난화를 억제하려면 온실 기체 발생의 원인이 되는 화석 연료 등의 사용을 줄여 대기 중 온실 기체의 양을 감소시켜야 한다.

예시 답안 온실 기체 증가와 같은 인위적인 요인이 최근 지구의 평균 기온 상승에 가장 큰 영향을 미치고 있으므로, 대기 중 온실 기체 농도 증가의 원인이 되는 화석 연료의 사용량 감축과 같은 대책이 필요하다.

채점 기준	배점(%)
지구 온난화의 원인과 대책을 모두 옳게 설명한 경우	100
지구 온난화의 원인과 대책 중 1가지만 옳게 설명한 경우	50

개념 더하기 온실 기체와 온실 효과

- 온실 기체: 지구 복사 에너지를 흡수하여 재복사하는 기체로 온실 효과를 일으킨다. 예 수증기, 이산화 탄소, 메테인, 산화 이질소 등
- 온실 효과: 온실 기체가 태양 복사 에너지는 대부분 통과시키고, 지구 복사 에너지를 흡수하였다가 지표로 재복사함으로써 지구의 기온을 높이는 효과이다. ➡ 자연적인 온실 효과는 지구의 온도를 적당하게 유지시켜 생명체가 존재할 수 있게 해 준다. 지구 온난화는 온실 효과가 증대되어 지구의 평균 기온이 상승하는 현상이다.

1등급 완성 문제

97쪽

418 ② **419** ② **420** ③ **421** 해설 참조 **422** 해설 참조

418

답 ②

ㄴ. (나)에서 북반구가 여름일 때 태양까지의 거리는 (가)에서 북반구가 여름일 때보다 가깝다. 또, 지구 자전축의 경사각이 (가)보다 증가하여 극지방에서 여름철 태양의 남중 고도가 더 높아진다. 따라서 (나)에서 북반구의 여름철 기온이 상승하여 대륙 빙하의 면적은 (가)에 비해 더 작아진다.

오답 피하기 ㄱ. (나)는 (가)보다 북반구 여름철 태양까지의 거리가 더 가깝고, 지구 자전축 기울기가 더 기울어져 있어 남중 고도가 더 높다. 따라서 (나)에서 북반구의 여름철 기온이 (가)보다 더 높아지고, 겨울철 기온은 더 낮아져 기온의 연교차가 (가)보다 커진다.

ㄷ. (나)에서 지구는 근일점과 원일점 거리가 1 AU로 같으므로 7월과 1월에 지구로 입사하는 태양 복사 에너지양은 동일하다.

419

답 ②

ㄷ. 대기가 적외선 영역에서 방출하는 에너지는 154(=88+66)이다. 대기가 흡수하는 에너지는 총 154로 지표로부터 100(적외선 영역)+29(A에 해당, 대류, 전도, 숨은열)+25(태양으로부터 자외선, 가시광선, 적외선 영역 등에서 흡수)이다. 따라서 대기가 흡수하는 에너지 중 적외선 영역이 아닌 부분을 제외하면 적외선 영역에서 대기가 방출하는 에너지양(154)은 적외선 영역에서 흡수하는 에너지양보다 많다.

오답 피하기 ㄱ. (가)에서 지표면은 100단위, (나)에서 지표면은 133단위의 에너지를 방출한다. 지표면의 평균 온도는 에너지 방출량이 많을수록 높으므로 (나)가 (가)보다 높다.

ㄴ. (나)에서 지표면이 흡수하는 총 에너지가 133단위(45+88)이므로 지표면이 방출하는 총 에너지도 133단위(=A+100+4)이어야 한다. 따라서 A는 29단위이므로 A+100 < 133이다.

420

답 ③

ㄱ. 현재 근일점에 위치할 때 우리나라의 계절은 겨울이므로 낮보다 밤이 길다.

ㄷ. 현재 우리나라의 계절은 근일점에서 겨울이고, 원일점에서 여름이다. 13000년 후에는 세차 운동에 의해 지구 자전축이 현재와 반대 방향으로 기울어지므로 우리나라의 계절은 근일점에서 여름이고, 원일점에서 겨울이 된다. 따라서 13000년 후에는 우리나라에서 여름철일 때 태양과 더 가까워지고 겨울철일 때 태양과 더 멀어져 현재보다 여름철 평균 기온이 높아지고 겨울철 평균 기온은 낮아지므로 기온의 연교차가 커진다.

오답 피하기 ㄴ. 6500년 후에는 지구 자전축이 현재 위치에서 시계 방향으로 90° 회전한다. 따라서 지구가 A 부근에 위치할 때 북반구는 태양의 반대쪽을 향하는 방향으로 기울어져 있으므로 우리나라는 겨울이다.

421

서술형 해결 전략

STEP 1 문제 포인트 파악

화산 활동이 지구 평균 기온 변화에 미치는 영향을 설명할 수 있어야 한다.

STEP 2 자료 파악

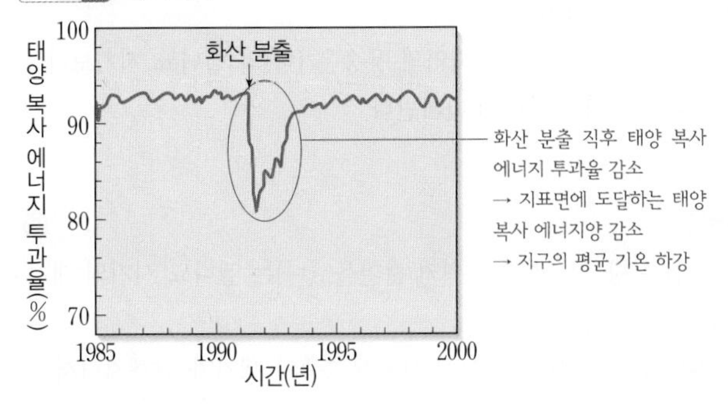

STEP 3 관련 개념 모으기

❶ 화산 분출 후 대기의 태양 복사 에너지 투과율이 감소하는 까닭은?
➡ 화산 폭발 시 대기 중으로 방출되는 화산재는 대기 중에 머무르면서 햇빛을 반사하거나 산란시키기 때문이다.

❷ 화산재가 대량으로 분출된 이후 지구 평균 기온의 변화는?
➡ 대기의 태양 복사 에너지 투과율이 감소하면서 지표면에 도달하는 태양 복사 에너지양이 감소하므로 지구의 평균 기온이 일시적으로 하강한다.

❸ 화산 활동이 지구 평균 기온 변화에 미치는 영향은?
➡ 화산재가 대량으로 방출되는 경우에는 지구 평균 기온이 일시적으로 내려가지만, 화산 가스가 대량으로 방출되는 경우에는 지구 평균 기온이 올라갈 수도 있다. 이는 화산 가스의 주성분이 온실 효과를 일으키는 수증기와 이산화 탄소이기 때문이다.

화산 폭발 시 대기 중으로 분출되는 대규모의 화산재는 햇빛을 반사하거나 산란시키므로, 지표면에 도달하는 태양 복사 에너지양이 일시적으로 감소한다. 따라서 대기의 태양 복사 에너지 투과율이 감소하고 일시적으로 지구의 평균 기온이 내려간다.

예시 답안 화산 분출 후에 대기를 통과하여 지표면에 도달하는 태양 복사 에너지의 양이 한동안 감소하므로 지구의 평균 기온은 내려갈 것이다.

채점 기준	배점(%)
지표면에 도달하는 태양 복사 에너지양 변화와 관련지어 지구의 평균 기온이 낮아진다고 옳게 설명한 경우	100
지구의 평균 기온이 낮아진다고만 설명한 경우	30

422

서술형 해결 전략

STEP 1 문제 포인트 파악

지구 기후 변화를 해결하기 위한 과학적 노력으로 온실 기체에 대한 여러 가지 대책을 설명할 수 있어야 한다.

STEP 2 관련 개념 모으기

❶ 온실 기체의 배출을 줄이기 위한 방법은?
➡ 태양광 이용, 풍력 에너지 이용, 수소 에너지 등 신재생 에너지 개발을 통해 이산화 탄소 발생을 줄일 수 있다.

❷ 온실 기체를 흡수할 수 있는 기술은?
➡ 대규모 산림 조성, 이산화 탄소 포집 및 저장 기술 개발, 식물성 플랑크톤의 양을 늘리는 해양 비옥화 등의 방법을 개발하여 배출된 대기 중 이산화 탄소의 농도를 줄인다.

예시 답안 (가) 온실 기체의 배출을 줄이는 방법으로는 태양광, 풍력, 수소 에너지 등의 신재생 에너지의 사용을 확대하거나 에너지 효율을 높이는 기술 개발 등이 있다.
(나) 대기 중의 온실 기체를 흡수하는 방법으로는 대규모 삼림 조성이나 식물성 플랑크톤의 양을 늘리는 해양 비옥화, 이산화 탄소를 분리하거나 포집하여 암석층이나 심해저에 저장하는 기술 등이 있다.

채점 기준	배점(%)
(가)와 (나)에 해당하는 내용을 모두 옳게 설명한 경우	100
(가)와 (나) 중 1가지 내용만 옳게 설명한 경우	50

실전 대비 평가 문제

98~101쪽

423 ② **424** ③ **425** ④ **426** ⑤ **427** ④ **428** ①
429 ⑤ **430** ③ **431** ① **432** ③ **433** ⑤ **434** ⑤
435 해설 참조 **436** 해설 참조 **437** 해설 참조
438 해설 참조

423

답 ②

저위도에서는 B>A이고, 고위도에서는 A>B이므로, A는 지구 복사 에너지, B는 태양 복사 에너지이다.

ㄷ. 간접 순환은 위도 30°~60° 지역에서 형성되며, 이 지역은 해양보다 대기에 의한 에너지 수송량이 많다.

오답 피하기 ㄱ. 주로 가시광선으로 이루어진 B는 주로 적외선으로 이루어진 A보다 지구 대기 투과율이 크다.

ㄴ. 저위도의 남는 에너지가 대기와 해수의 순환을 통해 고위도로 운반되므로 A와 B가 균형을 이루는 위도 38° 부근에서 에너지 수송량이 가장 많다.

424

답 ③

ㄱ. A 해역은 편서풍의 영향을 받아 형성되는 북태평양 해류가 흐르며, B 해역은 무역풍의 영향을 받아 형성되는 북적도 해류가 흐른다.

ㄴ. C 해역은 난류인 멕시코 만류가 흐르고, D 해역은 한류인 카나리아 해류가 흐른다. 따라서 수온과 염분은 난류가 흐르는 C 해역이 한류가 흐르는 D 해역보다 높다.

오답 피하기 ㄷ. 북반구의 태평양과 대서양에서 아열대 순환은 모두 시계 방향으로 형성된다. 시계 반대 방향의 아열대 순환은 남반구에서 나타난다.

425

답 ④

ㄴ. 남반구에서 표층 해수의 이동은 바람이 부는 방향의 왼쪽으로 일어나므로, A 해역에서 표층 해수는 저위도 쪽으로 이동한다.

ㄷ. B 해역 양쪽의 해류에 의하여 표층 해수가 서로 반대 방향으로 이동하므로 용승이 일어난다.

오답 피하기 ㄱ. A의 해류는 서쪽에서 동쪽으로 남극 대륙 주변을 순환하는 남극 순환 해류로, 위도 30°~60° 사이에서 부는 편서풍의 영향으로 형성된다.

426
답 ⑤

ㄱ. (가)의 A(5 ℃, 35 psu), B(15 ℃, 34 psu) 소금물을 (나)의 수온 염분도에 표시해 보면 A가 B보다 밀도가 큰 소금물이다.

ㄴ. 밸브를 열면 밀도가 큰 A쪽에서 밀도가 작은 B쪽으로의 흐름이 투명관의 아랫부분에서 나타난다.

ㄷ. 심층 순환은 해수의 밀도 차에 의해 일어난다. (가)의 실험에서 밀도가 큰 A에서 밀도가 작은 B로의 흐름이 투명관 아랫부분에서 나타나는 것으로부터 심층 해류의 발생 원리를 설명할 수 있다.

427
답 ④

㉠은 그린란드 주변 해역으로 북대서양 심층수가 형성되는 곳이며, ㉡은 남극 주변의 웨델해로 남극 저층수가 형성되는 곳이다.

ㄴ, ㄷ. A 시기는 B 시기보다 북대서양 심층 순환의 세기가 강하게 나타난다. 따라서 B 시기보다 침강이 활발하게 일어나므로 ㉠에서 표층 해수의 밀도가 크고, 북대서양에서 고위도로 이동하는 표층수의 흐름도 강하다.

오답 피하기 ㄱ. ㉡에서 형성된 남극 저층수는 ㉠에서 형성된 북대서양 심층수보다 아래에 위치하므로 밀도가 크다.

428
답 ①

ㄱ. 용승한 해수의 온도는 주변 해역보다 낮으므로 영양염류가 주변 해역보다 풍부하다.

오답 피하기 ㄴ, ㄷ. A 해역에서는 북풍이 지속적 불어 표층 해수가 먼 바다(B 해역)로 이동하며, 이를 보충하기 위해 A 해역의 심층 해수가 솟아오르는 용승이 발생한다.

429
답 ⑤

자료 분석하기 엘니뇨와 라니냐 발생 시의 표층 수온 편차

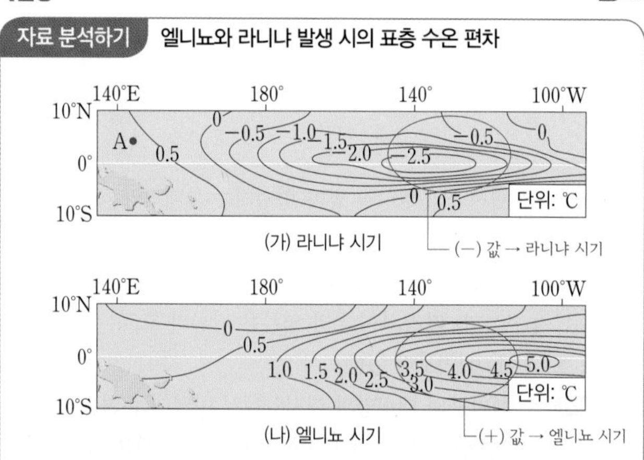

- 적도 부근 동태평양 해역의 수온이 평년보다 낮아져 편차가 (−) 값을 보이는 (가) 시기가 라니냐 시기이고, 수온이 평년보다 높아져 편차가 (+) 값을 보이는 (나) 시기가 엘니뇨 시기이다.
- 라니냐 시기에 서태평양 해역은 강한 상승 기류가 발달하여 강수량이 많아진다.
- 동태평양의 해수면 높이는 엘니뇨 시기에 평소보다 높아진다.
  ➡ 약해진 무역풍에 의해 따뜻한 표층 해수가 동쪽으로 밀려오기 때문이다.

(가)는 적도 부근 동태평양 해역의 수온이 평상시보다 낮은 라니냐 시기이고, (나)는 적도 부근 동태평양 해역의 수온이 평상시보다 높은 엘니뇨 시기이다.

ㄱ. (가)의 라니냐 시기에는 서태평양 적도 부근 해역의 강수량이 평상시보다 많아지므로 (가) 시기에 서태평양 해역인 A 해역의 강수량 편차는 (+)값이다.

ㄴ. (나)의 엘니뇨 시기에는 해수가 동태평양 쪽으로 이동하여 동태평양 적도 부근 해수면의 높이가 평상시보다 높아지므로 해수면 높이 편차는 (+)값이다.

ㄷ. 동태평양 적도 부근 해역의 용승은 (나)의 엘니뇨 시기보다 (가)의 라니냐 시기에 강하게 나타난다.

430
답 ③

ㄱ. (가)는 평상시 대기의 워커 순환을, (나)는 엘니뇨 시기의 대기 순환을 나타낸 것이다.

ㄴ. 엘니뇨 시기에는 평상시보다 무역풍의 세기가 약해지면서 상승 기류가 형성되는 곳이 동쪽으로 이동한다.

오답 피하기 ㄷ. 평상시 서태평양에 위치한 저기압 중심이 엘니뇨 시기에는 중앙 태평양 쪽으로 이동하면서 서태평양 인도네시아 해역에 하강 기류가 발달하므로 강수량이 평상시보다 적어진다.

431
답 ①

자료 분석하기 엘니뇨와 라니냐 발생 시 태양 복사 에너지 편차

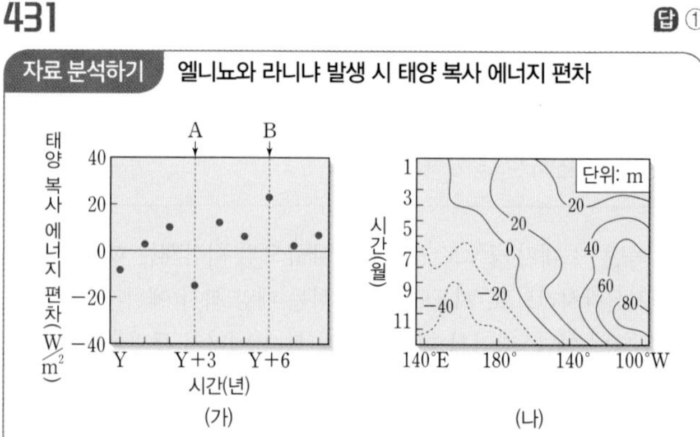

- A 시기: 평상시보다 서태평양 적도 해역 표층에 도달하는 태양 복사 에너지양이 적다. ➡ 평상시보다 구름이 많다. ➡ 평상시보다 상승 기류 발달 ➡ 라니냐 발생 시기
- B 시기: 평상시보다 서태평양 적도 해역 표층에 도달하는 태양 복사 에너지양이 많다. ➡ 평상시보다 구름이 적다. ➡ 평상시보다 하강 기류 발달 ➡ 엘니뇨 발생 시기
- (나): 동태평양 해역에서 20 ℃ 등수온선이 평상시보다 더 깊은 곳에 위치한다. ➡ 평상시보다 용승이 약하다. ➡ 엘니뇨 발생 시기

ㄱ. 서태평양 적도 해역 표층에서 A는 평상시보다 표층에 도달하는 태양 복사 에너지양이 적으므로 평상시보다 구름이 많이 발생한 라니냐 시기이고, B는 평상시보다 표층에 도달하는 태양 복사 에너지양이 많으므로 평상시보다 구름이 적게 발생한 엘니뇨 시기이다. 따라서 서태평양의 해면 기압은 라니냐 시기인 A보다 엘니뇨 시기인 B일 때 높다.

오답 피하기 ㄴ. (나)에서 동태평양 해역은 20 ℃ 등수온선이 평상시보다 깊은 곳에서 나타났다. 즉, 평상시보다 용승이 약한 엘니뇨 시기(B)이다.

ㄷ. (나)의 11월은 엘니뇨 시기이므로, 서태평양 적도 부근 해역에서는 하강 기류가, 동태평양 적도 부근 해역에서는 상승 기류가 형성된다.

432

답 ③

ㄱ. A일 때는 현재보다 공전 궤도 이심률이 크므로 근일점과 원일점에서의 태양으로부터의 거리 차이가 컸고 공전 속도 차이 또한 컸다.

ㄷ. 26000년 후 자전축의 경사 방향은 현재와 같고, 궤도 이심률은 현재보다 작아져 원일점 거리가 가까워진다. 따라서 26000년 후 북반구는 원일점일 때 여름이며, 기온은 현재보다 높아진다.

오답 피하기 ㄴ. 13000년 전에 남반구는 원일점에서 여름이었고 근일점에서 겨울이었으며, 현재보다 궤도 이심률이 컸으므로 원일점 거리가 더 멀었고 근일점 거리가 더 가까웠다. 따라서 13000년 전에 남반구의 여름은 현재보다 기온이 낮았고 겨울은 현재보다 기온이 높았으므로 기온의 연교차는 현재보다 작았다.

433

답 ⑤

ㄱ. 대기 중 이산화 탄소의 농도가 현재보다 2배 증가하면 남반구보다 북반구에서 기온 상승이 대체로 더 크게 나타난다.

ㄴ. 북극해 주변은 평균 기온이 상승하여 빙하 면적이 감소하므로 지표면의 태양 복사 에너지 반사율이 감소할 것이다.

ㄷ. 극순환과 페렐 순환이 만나는 위도 60° 지역은 북반구와 남반구 모두 겨울이 여름보다 기온 상승폭이 크게 나타나므로 기온의 연교차는 현재보다 작아진다.

434

답 ⑤

ㄱ. 지구 기온이 상승하면 해빙과 해수의 열팽창으로 해수면이 상승하여 저지대가 침수된다.

ㄴ. 대기 중의 이산화 탄소 농도 증가는 온실 효과를 증대시켜 지구의 기온이 상승하는 원인이 된다.

ㄷ. 1960년 이후(B 시기) 이산화 탄소의 농도는 그 이전보다 가파르게 증가하고 있으므로 시간에 따른 이산화 탄소 농도의 평균적인 변화율은 B 기간이 A 기간보다 크다.

435

예시 답안 B, C, 위도 30° 부근에는 페렐 순환(B)과 해들리 순환(C)에 의해 하강 기류가 형성되어 강수량이 적게 나타난다.

채점 기준	배점(%)
중위도 고압대를 형성하는 대기 대순환의 기호를 옳게 쓰고, 강수량이 적은 까닭을 옳게 설명한 경우	100
중위도 고압대를 형성하는 대기 대순환의 기호만 옳게 쓴 경우	30

436

예시 답안 실험 Ⅰ보다 Ⅱ에서 소금물의 염분이 낮아 밀도가 작으므로 가라앉는 속도가 느려져 ㉠은 실험 Ⅰ보다 Ⅱ에서 더 오래 걸릴 것이다. 따라서 극지방의 빙하가 녹을 경우 염분이 낮아지므로 표층 해수의 침강에 의한 심층 순환의 형성이 약해질 것이다.

채점 기준	배점(%)
소금물의 침강 속도 변화를 옳게 설명하고 이와 관련지어 극지방의 심층 순환 변화를 옳게 설명한 경우	100
소금물의 침강 속도 변화와 극지방의 심층 순환 변화 중 1가지만 옳게 설명한 경우	50

437

자료 분석하기 엘니뇨 발생 시 적도 부근 태평양의 해수면 높이 변화

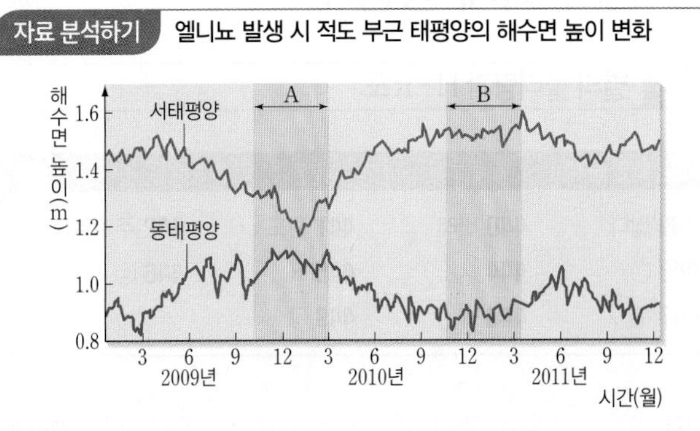

- A 시기: 적도 부근 동태평양과 서태평양의 해수면 높이 차가 평상시보다 작다. ➡ 무역풍 약화로 평상시보다 서태평양으로 이동하는 표층 해수의 양이 적다. ➡ 엘니뇨 시기
- B 시기: 적도 부근 동태평양과 서태평양의 해수면 높이 차가 평상시보다 크다. ➡ 무역풍 강화로 평상시보다 서태평양으로 이동하는 표층 해수의 양이 많다. ➡ 라니냐 시기

예시 답안 엘니뇨 시기는 라니냐 시기보다 동태평양과 서태평양의 해수면 높이 차가 작으므로 A 시기에 해당한다. 엘니뇨 시기에는 동태평양 페루 연안에서 차가운 심층 해수의 용승이 약해지므로 평상시보다 표층 수온이 높고, 심층에서 공급되는 플랑크톤의 양이 감소한다.

채점 기준	배점(%)
엘니뇨 시기를 옳게 고르고, 엘니뇨 발생 시 페루 연안 해역에서 나타나는 수온과 플랑크톤 양의 변화를 용승과 관련지어 옳게 설명한 경우	100
엘니뇨 시기를 옳게 고르고, 엘니뇨 발생 시 페루 연안 해역에서 나타나는 수온과 플랑크톤 양의 변화 중 1가지만 옳게 설명한 경우	60
엘니뇨 시기만 옳게 고르거나 엘니뇨 발생 시 페루 연안 해역에서 나타나는 수온과 플랑크톤 양의 변화 중 1가지만 옳게 설명한 경우	30

438

자료 분석하기 지구 자전축 경사각의 변화

- 지구 자전축 경사각은 약 41000년을 주기로 21.5°~24.5° 사이에서 변한다.
- 지구 자전축의 경사각이 변하면 지표에 입사하는 태양 복사 에너지양이 달라진다.
- 지구 자전축의 경사각이 커진다.
  ➡ 계절별 태양의 남중 고도 차이가 증가한다.
  ➡ 기온의 연교차가 증가한다.
  ➡ 계절 변화가 뚜렷해진다.

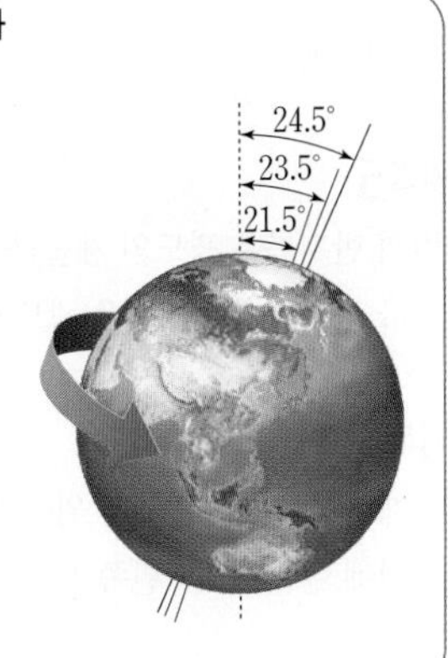

예시 답안 지구 자전축 경사각이 증가할 경우 여름철 태양의 남중 고도가 높아지므로 현재보다 기온이 상승하며, 겨울철 태양의 남중 고도는 낮아지므로 현재보다 기온이 하강한다. 따라서 자전축 경사각이 커질 경우 우리나라 기온의 연교차는 커진다.

채점 기준	배점(%)
기온의 변화를 태양의 남중 고도 변화와 관련지어 옳게 설명한 경우	100
기온의 변화만 옳게 설명한 경우	30

Ⅴ 별과 외계 행성계

10 별의 물리량과 H-R도

개념 확인 문제 103쪽

439 짧다	440 비례	441 광도	442 주계열성
443 ○	444 ×	445 ×	446 ㉢
447 ㉣	448 ㉠	449 ㉡	

439 답 짧다

별은 표면 온도가 높을수록 최대 에너지를 방출하는 파장이 짧다.

440 답 비례

흑체가 단위 시간 동안 단위 면적에서 방출하는 복사 에너지양은 표면 온도의 네제곱에 비례하는데, 이를 슈테판·볼츠만 법칙이라고 한다.

441 답 광도

H-R도에서 가로축 물리량은 표면 온도 또는 분광형이고, 세로축 물리량은 광도 또는 절대 등급이다.

442 답 주계열성

별은 일생의 대부분을 주계열성으로 보내므로, H-R도에서 대부분의 별이 속해 있는 집단은 주계열성이다.

443 답 ○

분광형을 표면 온도가 높은 것부터 순서대로 나열하면 O, B, A, F, G, K, M형이다.

444 답 ×

별의 광도가 같더라도 표면 온도에 따라 스펙트럼의 특징이 다르게 나타난다.

445 답 ×

별의 반지름은 광도의 제곱근에 비례하고, 표면 온도의 제곱에 반비례한다. 즉, 별의 반지름은 광도가 클수록, 표면 온도가 낮을수록 크다.

446 답 ㉢

주계열성은 H-R도의 왼쪽 위에서 오른쪽 아래로 이어지는 좁은 띠 영역에 분포하며, 왼쪽 위로 갈수록 절대 등급이 작고, 표면 온도가 높다.

447 답 ㉣

적색 거성은 H-R도에서 주계열의 오른쪽 위에 분포하는 별로, 표면 온도는 낮지만 광도가 크다.

448 답 ㉠

초거성은 H-R도에서 적색 거성보다 위쪽에 분포하는 별로, 광도와 반지름이 적색 거성보다 크다.

449 답 ㉡

백색 왜성은 H-R도에서 주계열의 왼쪽 아래에 분포하는 별로, 표면 온도가 높아 흰색으로 보이지만 반지름이 매우 작아 광도가 매우 작다.

기출 분석 문제 104~107쪽

450 ④	451 ④	452 ④	453 ⑤	454 ③	455 ④
456 ③	457 $100^{\frac{1}{5}(m_2-m_1)}$		458 ③	459 ②	460 ④
461 해설 참조		462 ④	463 ②	464 ④	465 ②
466 ③	467 ④				

450 답 ④

ㄴ. 별의 분광형을 분류하는 경우에는 별의 대기층에서 형성되는 흡수 스펙트럼이 이용된다.

ㄷ. 기체의 성분이 같을 경우 스펙트럼에 나타나는 방출선과 흡수선의 파장이 같다.

오답 피하기 ㄱ. (가)에서는 고온의 기체가 방출하는 방출 스펙트럼이 관측되고, (나)에서는 연속 스펙트럼을 배경으로 저온의 기체에 의해 형성된 흡수 스펙트럼이 관측된다.

개념 더하기 스펙트럼

구분	특징	모습
연속 스펙트럼	백열등처럼 모든 파장 영역에서 빛이 연속적인 띠로 나타나는 스펙트럼	
방출 스펙트럼	고온, 저밀도의 기체가 방출하는 선 스펙트럼	
흡수 스펙트럼	연속 스펙트럼이 나타나는 빛을 저온, 저밀도의 기체에 통과시킬 때 나타나는 선 스펙트럼	

451 답 ④

ㄴ. 표면 온도는 분광형이 B0인 (가)가 가장 높다.

ㄷ. M형 별은 G형 별보다 표면 온도가 낮아 붉게 보이므로, (나)는 (다)보다 붉게 보인다.

오답 피하기 ㄱ. 분광형을 구분하는 기준은 스펙트럼에 나타난 흡수선의 종류이다.

452 답 ④

ㄴ. 흰색 별의 분광형은 A형으로, A형 별에서는 HⅠ 흡수선이 CaⅡ 흡수선보다 강하게 나타난다.

ㄷ. 태양보다 질량이 작은 주계열성은 태양보다 표면 온도가 낮은 별로, 분광형이 G2인 태양보다 FeⅠ 흡수선이 강하게 나타난다.

오답 피하기 ㄱ. 헬륨 흡수선(HeⅠ, HeⅡ)은 붉은색 별인 M형 별보다 파란색 별인 O형 별에서 뚜렷하게 나타난다.

개념 더하기 별의 분광형과 표면 온도

분광형	스펙트럼
O	
B	
A	
F	
G	
K	
M	

(표면 온도: 위쪽 높다 ↔ 아래쪽 낮다)

453 필수 유형 답 ⑤

자료 분석하기 별의 분광형과 절대 등급

별	분광형	절대 등급
(가)	B3	-5.0
(나)	G2	0.0
(다)	A0	$+5.0$

- 별의 분광형에서 표면 온도는 B3 > A0 > G2 순이므로 별의 표면 온도는 (가) > (다) > (나) 순이다.
- (가)는 (나)보다 5등급 작으므로 (나)보다 100배 밝고, (나)는 (다)보다 5등급 작으므로 (다)보다 100배 밝다. ➡ 별의 밝기는 (가) > (나) > (다) 순이다.
- 별의 반지름은 광도가 클수록, 표면 온도가 낮을수록 크다. ➡ (다)는 (나)보다 광도가 작고 표면 온도가 높으므로 (나)보다 반지름이 작다.

ㄱ. 별의 절대 등급이 작을수록 광도가 크므로 별의 광도는 (가) > (나) > (다) 순이다. 따라서 별이 단위 시간 동안 방출하는 에너지양은 광도이므로 (가)가 가장 많다.
ㄴ. (나)는 (다)보다 절대 등급이 5등급 작으므로 밝기는 100배 밝다.
ㄷ. 별의 반지름은 광도가 클수록, 표면 온도가 낮을수록 크므로 별의 반지름은 광도가 작고 표면 온도가 높은 (다)가 (나)보다 작다.

454 답 ③

ㄱ. 색지수가 클수록 표면 온도가 낮은 별이므로 붉게 보인다.
ㄷ. ㉡은 색지수($B-V$)가 0.0이므로, B 등급과 V 등급이 같다는 것을 알 수 있다.
오답 피하기 ㄴ. ㉠은 표면 온도가 가장 낮으므로, 최대 에너지 세기를 갖는 파장이 가장 길다.

455 답 ④

ㄴ. 태양의 경우 표면 온도와 광도 계급을 모두 고려하면 G2Ⅴ형 별에 속한다.
ㄷ. 별의 표면 온도가 같더라도 광도가 다르면 별의 크기가 다르기 때문에 별의 대기층에서 만들어지는 흡수선의 폭이 달라진다.
오답 피하기 ㄱ. 별은 분광형(표면 온도)과 절대 등급(광도)에 따라 6개(백색 왜성을 포함하면 7개) 광도 계급으로 분류하는데, 표면 온도가 같을 때 계급 Ⅰ에서 Ⅵ으로 갈수록 광도는 작아진다.

456 답 ③

자료 분석하기 파장에 따른 복사 에너지 세기

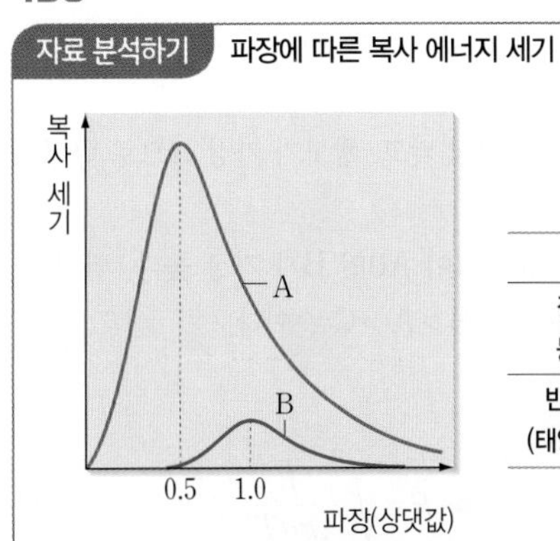

별	A	B
절대 등급	2.0	2.0
반지름 (태양=1)	(1.0)	4.0

- 최대 복사 세기를 갖는 파장(λ_{max})은 표면 온도(T)에 반비례한다. ➡ $T \propto \frac{1}{\lambda_{max}}$
- 별의 광도(L)는 반지름의 제곱에 비례하고, 표면 온도(T)의 네제곱에 비례한다. ➡ $L \propto R^2T^4$

ㄱ. 최대 복사 세기를 갖는 파장(λ_{max})은 B가 A의 2배이다. 따라서 표면 온도는 A가 B의 2배이다.
ㄷ. 별의 반지름은 광도의 제곱근에 비례하고, 표면 온도의 제곱에 반비례한다. A와 B의 광도가 같고, 표면 온도는 A가 B의 2배이므로 반지름은 A가 B의 $\frac{1}{4}$배이다. 따라서 B의 반지름이 태양의 4배이므로 A의 반지름은 태양과 같다.
오답 피하기 ㄴ. A와 B의 절대 등급이 같으므로 두 별의 광도가 같다. 따라서 별이 단위 시간 동안 방출하는 에너지양은 A와 B가 같다.

457 답 $100^{\frac{1}{5}(m_2-m_1)}$

별의 밝기는 등급으로 나타내는데, 1등급인 별이 6등급인 별보다 100배 밝다. 즉, 1등급 차이는 $100^{\frac{1}{5}}$배(약 2.5배)의 밝기 차이가 난다. 1등급 차이가 나는 두 별의 밝기 비는 $100^{\frac{1}{5}}$이므로, 절대 등급이 각각 m_1, m_2인 두 별의 밝기 비는 $100^{\frac{1}{5}(m_2-m_1)}$이다.

458 답 ③

③ 광도는 (나)가 (가)보다 크므로, 절대 등급은 (나)가 (가)보다 작다.
오답 피하기 ① (가)는 10 pc 거리에 있으므로, 겉보기 등급과 절대 등급이 같다. 따라서 (가)의 절대 등급은 6등급이다.
② (가)는 분광형이 G0이므로 분광형이 K0인 (나)보다 표면 온도가 높다.
④ (나)는 (가)보다 2배 멀리 있지만 겉보기 등급이 같으므로, 실제 밝기는 (나)가 (가)보다 4배 밝다는 것을 알 수 있다. 따라서 광도는 (나)가 (가)의 4배이다.
⑤ (나)는 (가)보다 표면 온도가 낮고 광도가 크므로, 반지름이 크다.

459 답 ②

ㄱ, ㄷ. ㉠은 ㉡보다 표면 온도가 낮고, 최대 에너지 세기를 갖는 파장이 길다. 주계열성은 질량이 클수록 표면 온도가 높고, 광도와 반지름이 크므로 ㉡은 ㉠보다 질량과 반지름이 크다.
오답 피하기 ㄴ, ㄹ. ㉡은 ㉠보다 광도가 크기 때문에 절대 등급이 작고, 표면 온도가 높기 때문에 색지수($B-V$)가 작다.

460

답 ④

ㄴ. 태양은 광도 계급이 Ⅴ이다. B는 광도 계급이 Ⅱ이므로 태양보다 광도가 크다는 것을 알 수 있다.

ㄷ. C는 세 별 중 표면 온도가 가장 낮고, 광도가 가장 크므로 반지름이 가장 크다.

오답 피하기 ㄱ. 표면 온도는 분광형이 A0인 B가 가장 높다. 별의 분광형으로 보아 별의 표면 온도는 B>A>C 순이다.

461

별의 반지름은 $L=4\pi R^2\cdot\sigma T^4 \Rightarrow R=\sqrt{\frac{L}{4\pi\sigma T^4}}$ 이므로, 별의 반지름을 구하기 위해서는 표면 온도(T)와 광도(L)를 알아야 한다. 광도는 절대 등급으로부터 알 수 있으므로, 절대 등급과 표면 온도를 알면 별의 반지름을 구할 수 있다.

예시 답안 절대 등급을 알고 있으므로 광도를 구할 수 있으며, 표면 온도를 알고 있으므로 슈테판·볼츠만 법칙($L=4\pi R^2\cdot\sigma T^4$)을 이용하여 반지름을 구할 수 있다.

채점 기준	배점(%)
절대 등급과 광도의 관계, 슈테판·볼츠만 법칙에 대해 모두 옳게 설명한 경우	100
절대 등급과 광도의 관계를 설명하지 않고, 슈테판·볼츠만 법칙을 이용하여 구할 수 있다고만 설명한 경우	50

462

답 ④

자료 분석하기 H-R도와 별의 종류

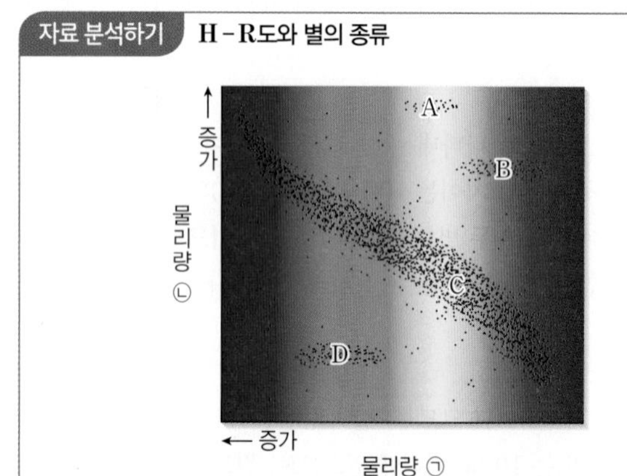

• 가로축: 별의 표면 온도 또는 분광형으로 나타내며, 왼쪽으로 갈수록 표면 온도가 높아진다.
• 세로축: 별의 절대 등급 또는 광도로 나타내며, 위로 갈수록 밝은 별이다.
• H-R도에서 오른쪽 위로 갈수록 별의 반지름이 커지고, 평균 밀도는 작아진다.

H-R도에서 가로축 물리량은 표면 온도, 색지수, 분광형으로 나타내고, 세로축 물리량은 절대 등급, 광도로 나타낸다. 물리량 ㉠은 왼쪽으로 갈수록 증가하므로 표면 온도이고, 물리량 ㉡은 위로 갈수록 증가하므로 광도이다. 절대 등급은 위로 갈수록 물리량이 감소한다.

463

답 ②

A는 초거성, B는 적색 거성, C는 주계열성, D는 백색 왜성이다.

② H-R도에서 위쪽에 있는 별일수록 광도가 크므로, B(적색 거성)는 A(초거성)에 비해 광도가 작다.

오답 피하기 ① 별의 평균 밀도는 백색 왜성>주계열성>적색 거성>초거성 순이므로, A(초거성)가 가장 작다.

③ H-R도에서 왼쪽에 있는 별일수록 표면 온도가 높으므로, B(적색 거성)는 D(백색 왜성)보다 표면 온도가 낮다.

④ C(주계열성)는 광도가 클수록 질량이 크다.

⑤ C는 대부분의 별들이 속해 있는 주계열성이다.

464

답 ④

자료 분석하기 H-R도와 별의 물리량

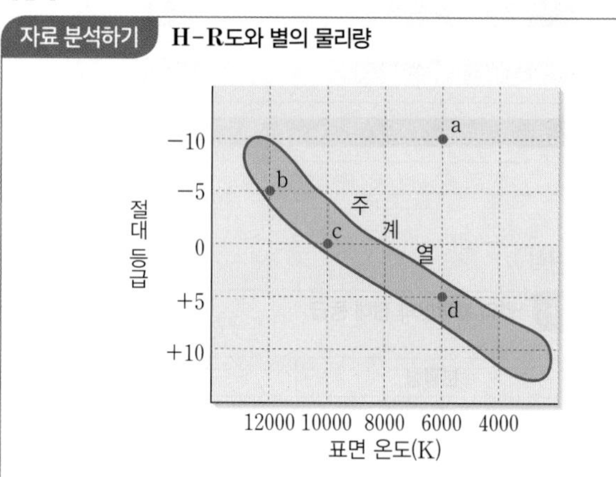

• 별이 단위 시간 동안 단위 면적에서 방출하는 복사 에너지양(E)은 표면 온도(T)의 네제곱에 비례한다. ➡ $E=\sigma T^4$(σ는 상수) ➡ 단위 시간 동안 단위 면적에서 방출하는 복사 에너지양은 b가 가장 크다.
• 질량이 큰 주계열성일수록 H-R도에서 주계열의 왼쪽 상단에 위치한다. ➡ 별의 질량은 b>c>d 순이다.
• a와 d의 표면 온도가 같고 광도는 a가 d보다 10^6배 크다. ➡ 별의 반지름은 a가 d의 1000배이다.

ㄴ. 절대 등급은 a가 d보다 15등급 작으므로 광도는 a가 d보다 10^6배 크다. 표면 온도가 같을 때 반지름은 광도의 제곱근에 비례하므로 반지름은 a가 d의 1000배이다.

ㄷ. 주계열성은 표면 온도가 높을수록 질량이 크다. 따라서 별의 질량은 b>c>d 순이다.

오답 피하기 ㄱ. 표면 온도가 가장 높은 b가 단위 면적에서 단위 시간 동안 방출하는 에너지양이 가장 많다.

465 필수 유형

답 ②

자료 분석하기 주계열성의 특징

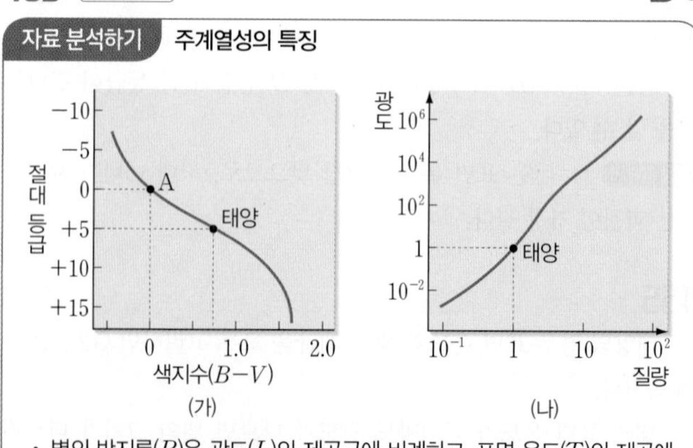

• 별의 반지름(R)은 광도(L)의 제곱근에 비례하고, 표면 온도(T)의 제곱에 반비례한다. ➡ $R\propto\frac{\sqrt{L}}{T^2}$
• (가)에서 절대 등급이 작을수록 색지수가 작고, (나)에서 광도가 클수록 질량이 크다. ➡ 주계열성은 질량이 클수록 절대 등급이 작아 색지수가 작다.

ㄷ. 주계열성은 질량이 클수록 광도가 커서 절대 등급이 작고 방출하는 에너지양이 많다.

오답 피하기 ㄱ. A는 태양보다 절대 등급이 5등급 작으므로 100배 밝다. (나)에서 태양보다 100배 밝은 별의 질량은 태양 질량의 10배보다 작다는 것을 알 수 있다.

ㄴ. 표면 온도가 낮을수록 색지수가 크며, 주계열성은 표면 온도가 낮을수록 질량과 반지름이 작다. 따라서 주계열성은 색지수가 클수록 반지름이 작다.

466

답 ③

별의 광도(L)는 반지름(R)의 제곱에 비례하고, 표면 온도(T)의 네제곱에 비례한다.

ㄱ. 광도와 반지름의 크기로 보아 A는 주계열성이고, B와 C는 거성 단계의 별이다. 주계열성의 중심부에서는 수소 핵융합 반응이 일어난다.

ㄷ. A는 C보다 광도가 크고 반지름이 작으므로 표면 온도가 높다. 최대 복사 세기를 갖는 파장은 표면 온도에 반비례하므로 A가 C보다 짧다.

오답 피하기 ㄴ. A와 B는 절대 등급이 같으므로 광도가 같다. 따라서 A는 B보다 반지름이 작으므로 B보다 표면 온도가 높다.

467

답 ④

A와 C는 주계열성이고, B는 거성 단계의 별이며, D는 백색 왜성이다.

ㄴ. C는 주계열성, D는 백색 왜성이므로 평균 밀도는 C가 D보다 작다.

ㄷ. A는 D보다 광도가 크므로, 거리가 같은 경우 A가 D보다 밝게 보인다.

오답 피하기 ㄱ. A와 C는 주계열성이므로 광도 계급은 Ⅴ이다. 한편, B는 거성이므로 광도 계급은 Ⅰ~Ⅲ에 속한다.

1등급 완성 문제

108~109쪽

468 ④　469 ②　470 ⑤　471 ⑤　472 ④　473 ③
474 해설 참조　475 (1) 표면 온도: (가)>(나), 광도: (가)<(나)
(2) 해설 참조　476 해설 참조

468

답 ④

ㄱ. A는 표면 온도가 가장 낮으므로 H-R도에서 가장 오른쪽에 위치한다.

ㄴ. B는 C보다 광도가 작으므로 절대 등급이 크다.

오답 피하기 ㄷ. 반지름은 광도가 크고 표면 온도가 가장 낮은 A가 가장 크다.

469

답 ②

ㄴ. (가)는 U 필터를 투과한 빛이 B 필터를 투과한 빛보다 많다. 따라서 U 필터로 측정한 U 등급이 B 필터로 측정한 B 등급보다 작다.

오답 피하기 ㄱ. 별의 단위 면적에서 방출하는 에너지양은 표면 온도의 네제곱에 비례한다. (가)는 (나)보다 표면 온도가 3배 높으므로, 별의 단위 면적에서 방출하는 에너지양은 (가)가 (나)의 $3^4=81$배이다.

ㄷ. (나)는 B(파란색) 필터보다 V(노란색) 필터로 관측할 때 더 밝게 보인다.

470

답 ⑤

ㄴ. A의 광도는 C의 10000배이고, A와 C의 표면 온도는 같으므로 반지름은 A가 C의 100배이다.

ㄷ. B는 C보다 광도가 100배 크다. 따라서 절대 등급은 B가 C보다 5등급 작다.

오답 피하기 ㄱ. 별의 반지름은 광도의 제곱근에 비례하고 표면 온도의 제곱에 반비례한다. D는 C보다 광도가 100배 크고, 표면 온도는 $\frac{1}{2}$배이므로 C보다 반지름이 40배 큰 별이다. 이때, C는 태양과 물리량이 비슷한 주계열성이므로 D는 적색 거성에 해당한다.

471

답 ⑤

태양의 왼쪽 위에 있는 Y는 주계열성이고, 태양의 오른쪽 위에 위치한 X는 거성, 태양의 왼쪽 아래에 위치한 Z는 백색 왜성이다.

ㄴ. X는 거성이고, Z는 백색 왜성이다. 따라서 반지름은 X가 Z보다 매우 크다.

ㄷ. Y와 Z는 모두 분광형이 A로, A형 별은 수소 흡수선이 뚜렷하게 나타난다.

오답 피하기 ㄱ. 광도 계급이 Ⅴ인 별은 주계열성이다. 따라서 X는 거성이므로 광도 계급이 Ⅴ가 아니다.

472

답 ④

자료 분석하기 H-R도와 별의 특성

별	표면 온도 (K)	광도 (태양=1)
A	(약 15000)	(약 10^5)
B	3500	10^5
C	20000	10^4
D	(약 20000)	(약 10^{-2})

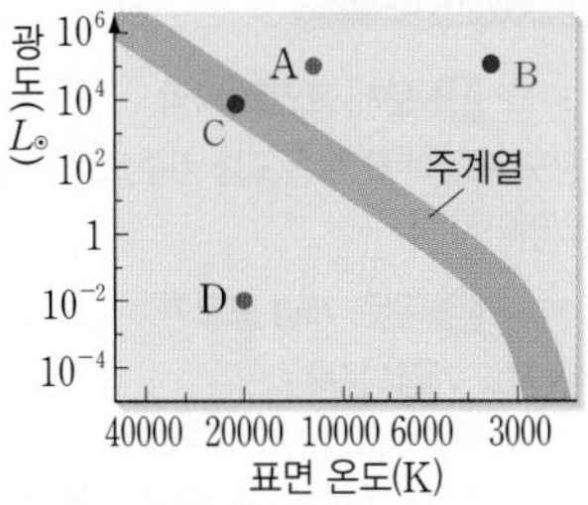

광도($L_{\odot}$)
10^6
10^4
10^2
1
10^{-2}
10^{-4}
A
B
C
D
주계열
40000 20000 10000 6000 3000
표면 온도(K)

- A와 B는 주계열의 오른쪽 위에 위치한다. ➡ 거성 단계의 별
- C는 주계열에서 왼쪽 위에 위치한다. ➡ 태양보다 표면 온도가 높고 광도가 큰 주계열성
- D는 주계열의 왼쪽 아래에 위치한다. ➡ 백색 왜성

ㄴ. H-R도에서 별의 반지름은 오른쪽 위로 갈수록 커지므로 B가 가장 크다.

ㄷ. C는 태양보다 표면 온도가 높고, 광도가 크므로 태양보다 질량이 큰 주계열성이다.

오답 피하기 ㄱ. 별의 밀도는 백색 왜성인 D가 거성인 A보다 크다.

473

답 ③

ㄱ. 그림에서 밝게 보이는 별들은 태양보다 광도가 큰 주계열성이거나 거성 단계에 있는 별이므로 태양보다 반지름이 크다.

ㄷ. 태양에 가까운 별들은 대부분 태양보다 절대 등급과 색지수가 크므로 태양보다 표면 온도가 낮은 별들이 많다.

오답 피하기 ㄴ. 별의 평균 밀도는 H-R도의 오른쪽 위로 갈수록 작아진다. 따라서 태양에 가까운 별들보다 밝게 보이는 별들의 평균 밀도가 대체로 더 작다.

474

서술형 해결 전략

STEP 1 문제 포인트 파악

별의 스펙트럼에서 흡수선이 형성되는 원리를 설명할 수 있어야 한다.

STEP 2 관련 개념 모으기

❶ 흡수선이란?

→ 연속 스펙트럼이 나타나는 빛을 온도가 낮은 저밀도의 기체에 통과시킬 때 관측되는 스펙트럼이다. 흡수 스펙트럼은 연속 스펙트럼을 배경으로 검은색의 선으로 나타난다.

❷ 흡수선이 형성되는 과정은?

→ 별의 표면에서 방출된 빛이 온도가 낮은 별의 대기층을 통과하는 동안 흡수 스펙트럼이 만들어진다. 이때 별을 구성하는 원소의 종류는 거의 같지만, 온도에 따라 각 원소들이 이온화되는 정도가 달라지므로 흡수하는 빛의 파장이 달라진다. 이로 인해 별의 표면 온도에 따라 고유한 흡수선이 나타난다.

예시 답안 별의 표면 온도에 따라 대기층에서 이온화되는 원소의 종류가 다르다. 이로 인해 구성 성분이 비슷하더라도 표면 온도에 따라 다양한 흡수선이 형성된다.

채점 기준	배점(%)
별의 표면 온도에 따라 별의 대기층에서 다양한 흡수선이 형성된다고 설명한 경우	100
별의 표면 온도에 따라 다양한 흡수선이 형성된다고만 설명한 경우	70

475

서술형 해결 전략

STEP 1 문제 포인트 파악

광도 계급과 표면 온도를 기준으로 한 분광 분류가 필요한 까닭을 설명할 수 있어야 한다.

STEP 2 관련 개념 모으기

❶ 광도 계급이란?

→ 별을 광도가 큰 것부터 작은 순으로 Ⅰ~Ⅶ까지 6개(백색 왜성을 포함할 경우 7개)의 계급으로 구분하는 것을 광도 계급이라고 한다.

❷ M-K 분류법이란?

→ 모건과 키넌은 별의 표면 온도와 광도를 모두 고려하여 별을 분류하였는데, 이 분류법을 M-K 분류법이라고 한다.

❸ M-K 분류법이 필요한 까닭은?

→ 별의 광도가 다른 경우 별의 표면 온도를 기준으로 한 분광 분류만으로는 별의 특성을 정확하게 파악하기 어렵다. M-K 분류법에서는 별의 광도를 6개의 계급으로 구분한 후, 표면 온도에 따라 고온의 0에서 저온의 9까지 10단계로 세분한다.

❹ M-K 분류법의 해석은?

→ 광도 계급의 숫자가 작을수록 반지름이 크고, 같은 분광형일 때 광도가 크다.

(1) 분광형은 (가)가 A0, (나)가 G2이므로 표면 온도는 (가)가 (나)보다 높다. 광도 계급은 (가)가 Ⅴ, (나)가 Ⅱ이므로, 광도는 (나)가 (가)보다 크다.

(2) 별의 반지름은 광도가 크고, 표면 온도가 낮을수록 크다. (나)는 (가)보다 광도가 크고 표면 온도가 낮으므로, 반지름은 (나)가 (가)보다 크다.

예시 답안 별의 반지름을 R, 표면 온도를 T, 광도를 L이라고 할 때 별의 광도는 $L=4\pi R^2 \cdot \sigma T^4$이므로, 별의 반지름은 광도가 크고 표면 온도가 낮을수록 크다. 따라서 (나)는 (가)보다 반지름이 크다.

채점 기준	배점(%)
별의 광도, 반지름, 표면 온도와의 관계를 통해 두 별의 반지름을 옳게 비교하여 설명한 경우	100
두 별의 반지름만 옳게 비교한 경우	30

476

서술형 해결 전략

STEP 1 문제 포인트 파악

별의 절대 등급과 반지름을 통해 표면 온도를 구하고, 이를 통해 별의 분광형을 파악할 수 있어야 한다.

STEP 2 자료 파악

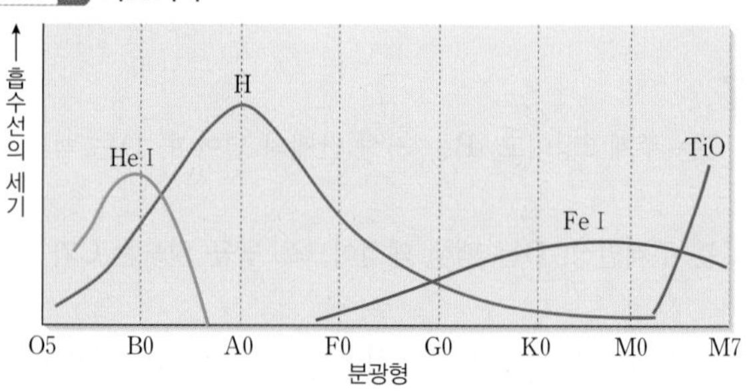

- 별의 분광형에 따라 흡수선이 다양하게 나타난다.
- 온도가 높은 별에서는 수소와 헬륨 흡수선이 강하게 나타나고, 온도가 낮은 M형 별에서는 TiO 등의 분자 흡수선이 강하게 나타난다.

STEP 3 관련 개념 모으기

❶ 별의 스펙트럼은 어떻게 형성되는가?

→ 별빛이 별의 대기층을 통과할 때 특정한 파장의 빛을 흡수하여 형성된다.

❷ 별의 스펙트럼이 다양하게 나타나는 까닭은?

→ 별의 화학 조성은 거의 같지만 스펙트럼은 다양하게 나타난다. 이는 별의 표면 온도에 따라 흡수하는 파장이 다르기 때문이다.

❸ 별의 스펙트럼으로 알 수 있는 것은?

→ 별의 스펙트럼을 분석하면 별의 표면 온도를 알 수 있으며, 별의 절대 등급과 함께 이용하면 별의 반지름을 알아낼 수 있다.

예시 답안 A는 태양과 반지름, 절대 등급이 거의 비슷하므로 주계열성이다. B는 A보다 광도와 반지름이 매우 큰 적색 거성, C는 A보다 광도와 반지름이 매우 작은 백색 왜성이다. 분자 흡수선은 표면 온도가 낮은 별에서 강하게 나타나므로 분자 흡수선이 가장 강하게 나타나는 별은 B이다.

채점 기준	배점(%)
A~C 별의 종류를 옳게 쓰고, 분자 흡수선이 가장 강하게 나타나는 별을 까닭과 함께 옳게 설명한 경우	100
A~C 별의 종류를 옳게 쓰고, 분자 흡수선이 가장 강하게 나타나는 별을 옳게 골랐으나 까닭을 설명하지 못한 경우	60
A~C 별의 종류만 옳게 쓴 경우	30

11 별의 진화와 별의 내부 구조

개념 확인 문제 111쪽

477 ㉠ 낮고, ㉡ 높은, ㉢ 수소 **478** 질량 **479** 커, 낮아
480 백색 왜성 **481** 초신성 **482** 복사층
483 중력=내부 압력 **484** (가)

477
답 ㉠ 낮고, ㉡ 높은, ㉢ 수소

원시별은 성운 내부에서 온도가 낮고, 밀도가 높은 영역에서 성간 물질이 모여 탄생한다. 원시별은 중력 수축 에너지에 의해 수축하다가 중심부 온도가 약 1000만 K에 도달하면 중심부에서 수소 핵융합 반응이 일어나 내부 압력과 중력이 같아지면서 별의 크기가 일정하게 유지되는 주계열성이 된다.

478
답 질량

주계열성의 질량이 클수록 에너지를 빨리 소모하기 때문에 진화 속도가 빠르고 수명이 짧다.

479
답 커, 낮아

적색 거성으로 진화할 때 광도는 커지고 표면 온도는 낮아지므로, H-R도상에서 오른쪽 위로 이동한다.

480
답 백색 왜성

질량이 태양 정도인 별은 최종 단계에서 행성상 성운과 백색 왜성으로 진화한다.

481
답 초신성

태양보다 질량이 훨씬 큰 별은 최종 단계에서 초신성 폭발을 일으키고 초신성 폭발 이후 남은 중심부의 질량에 따라 중성자별 또는 블랙홀로 진화한다.

482
답 복사층

질량이 태양 질량의 2배 이상인 주계열성의 내부 구조는 대류가 일어나는 대류핵과 복사에 의해 에너지가 전달되는 복사층으로 이루어져 있다.

483
답 중력=내부 압력

주계열성은 안쪽으로 작용하는 중력과 바깥쪽으로 작용하는 기체의 내부 압력이 같아 별의 크기가 일정하게 유지되는 정역학 평형 상태이다.

484
답 (가)

태양 질량의 2배 이하인 주계열성은 중심부의 복사층과 그 바깥의 대류층으로 이루어져 있고, 태양 질량의 2배 이상인 주계열성은 대류핵과 그 바깥의 복사층으로 이루어져 있다. 따라서 (가)는 태양 질량의 2배 이하인 주계열성의 내부 구조를, (나)는 태양 질량의 2배 이상인 주계열성의 내부 구조를 나타낸 것이므로, (나)보다 (가)가 태양과 질량이 비슷하다.

기출 분석 문제
111~114쪽

485 ③	**486** ④	**487** ①	**488** ⑤	**489** ②	**490** ④
491 ②	**492** ①	**493** ②	**494** ③	**495** ④	**496** ②
497 ③	**498** ④				

485
답 ③

A와 B는 주계열성으로 진화하기 전의 원시별이다. 질량이 큰 원시별일수록 주계열성이 되었을 때 주계열성의 왼쪽 상단에 위치하므로 A는 B보다 질량이 크며, 주계열에 도달하는 데 걸리는 시간이 짧다.
ㄷ. 질량이 큰 원시별일수록 진화 속도가 빨라 주계열에 도달하는 데 걸리는 시간이 짧으며, 주계열성이 되었을 때 표면 온도가 높고 광도가 크다. 따라서 A가 B보다 질량이 크므로 주계열에 도달하는 데 걸리는 시간은 A가 B보다 짧다.

오답 피하기 ㄱ. A, B와 같은 원시별의 주요 에너지원은 중력 수축 에너지이다.
ㄴ. 원시별은 내부 압력보다 중력이 크므로 진화하는 동안 중력 수축이 일어나 반지름이 작아진다.

486
답 ④

④ (나) 단계에서는 중심부에서 수소 핵융합 반응이 일어나지만 (가) 단계에서는 중심부의 온도가 낮아 수소 핵융합 반응이 일어날 수 없다. 따라서 중심부의 온도는 (가)보다 (나) 단계에서 높다.

오답 피하기 ① 질량이 작은 별일수록 진화 속도가 느리므로 별의 수명이 길다.
② (나) 단계는 정역학 평형 상태이므로 별의 크기가 일정하게 유지된다. 중력 수축이 일어나는 단계는 (가)이다.
③ 질량이 태양 정도인 B의 수명은 약 100억 년이다. 따라서 태양보다 질량이 훨씬 큰 초거성의 수명은 100억 년 이하일 것이다.
⑤ 별은 일생의 대부분을 주계열 단계인 (나)에서 머문다.

487
답 ①

자료 분석하기 성단의 H-R도

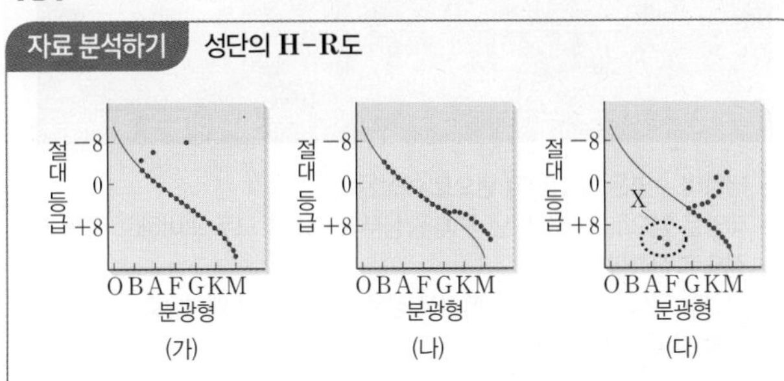

- (가): 대부분의 별이 주계열성이고, 일부 질량이 큰 별이 거성으로 진화 중이다.
- (나): 질량이 큰 별들도 주계열 단계에 있으며, 질량이 작은 별은 아직 주계열 단계에 도달하지 못하였다.
- (다): 질량이 태양보다 큰 별은 대부분 거성으로 진화하였으며, 백색 왜성이 존재한다.
- 성단이 생성된 직후 성단에 속한 별은 모두 주계열성이지만 시간이 지나면서 점차 질량이 큰 별부터 주계열 단계를 벗어나 적색 거성이 된다.
  ➡ 성단이 진화할수록 주계열성의 비율이 작아진다.
  ➡ 성단의 진화 순서는 (나) → (가) → (다)이다.

ㄱ. 성단이 생성된 초기에는 질량이 매우 큰 별들만 주계열을 벗어나지만 성단이 진화하면서 질량이 작은 별들도 점차 주계열을 벗어나게 된다. 따라서 성단이 진화할수록 주계열을 벗어나는 별들이 많아지므로 성단의 진화 순서는 (나) → (가) → (다)이다.

오답 피하기 ㄴ. (가)는 대부분의 별들이 주계열성이고, (다)는 질량이 비교적 작은 별들만 주계열로 남아 있다. 따라서 성단을 이루는 별들 중 주계열성의 비율은 (가)가 (다)보다 많다.

ㄷ. X 영역에 있는 별들은 백색 왜성으로, 질량이 태양과 비슷한 별들이 진화하여 만들어진 것이다. 분광형이 O형과 B형인 별들은 태양보다 질량이 매우 크므로 중성자별이나 블랙홀로 진화한다.

488

답 ⑤

ㄱ. B에서 수소 핵융합 반응이 일어날 때 별의 최외곽층 A가 팽창하여 별의 크기가 커지고, 별의 표면이 중심부로부터 멀어지면서 표면 온도는 주계열성에 비해 낮아진다.

ㄴ, ㄷ. 중심부에서 수소 핵융합 반응이 끝나면 중심부 C에서 헬륨핵이 수축하기 시작한다. 이때 열에너지가 발생하면서 B의 온도가 상승하여 B에서 수소 핵융합 반응이 일어난다.

489

답 ②

A는 주계열성, B는 적색 거성, C는 행성상 성운, D는 백색 왜성 단계이다.

ㄷ. 백색 왜성(D)은 적색 거성의 중심부를 이루고 있던 탄소핵이 수축하여 형성된다. 따라서 백색 왜성일 때 평균 밀도는 현재의 태양(주계열성)보다 훨씬 크다.

오답 피하기 ㄱ. 주계열성 A에서 적색 거성 B로 진화할 때 표면 온도는 낮아지지만 별의 광도는 급격하게 커진다.

ㄴ. 태양은 C에서 행성상 성운을 형성한다.

개념 더하기 태양의 진화

- 태양의 수명은 약 100억 년으로 예상된다.
- 태양은 앞으로 약 50억 년 후에 중심부의 수소를 모두 소비하고 적색 거성으로 진화할 것이다.
- 태양이 적색 거성이 된 후 행성상 성운을 거쳐 백색 왜성으로 일생을 마감할 것으로 예상된다.

490

답 ④

ㄱ. (가)는 행성상 성운으로, 중심부에 백색 왜성이 존재한다.

ㄷ. (가)와 (나)의 성간 물질은 점차 우주 공간으로 흩어져 성간 물질로 되돌아간다.

오답 피하기 ㄴ. (나)는 질량이 매우 큰 별이 초신성 폭발을 일으켜 생성된 초신성 잔해이다. 따라서 (나)는 (가)보다 질량이 큰 별에서 진화하였다.

491 필수 유형

답 ②

자료 분석하기 질량에 따른 별의 진화

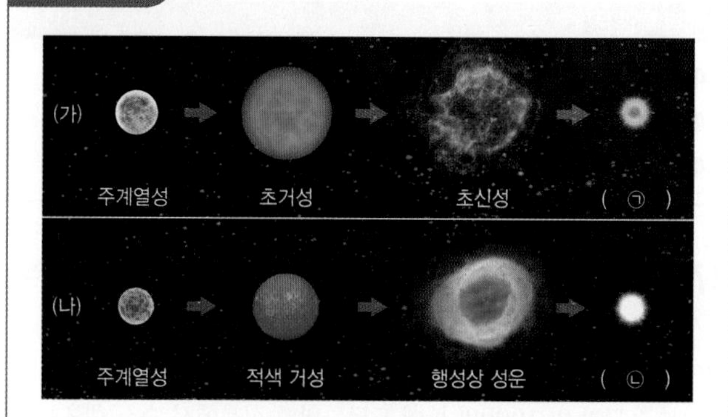

- (가): 초거성 이후 초신성 폭발이 일어나는 것으로 보아 태양보다 질량이 매우 큰 별의 진화 과정이다. ➡ ㉠은 중성자별 또는 블랙홀이다.
- (나): 적색 거성 이후 행성상 성운이 형성되는 것으로 보아 태양과 질량이 비슷한 별의 진화 과정이다. ➡ ㉡은 백색 왜성이다.

ㄴ. (가)는 태양보다 질량이 훨씬 큰 별의 진화 경로이므로 주계열성 단계에서 중심부 온도가 태양보다 매우 높아 CNO 순환 반응이 p－p 반응보다 우세하게 일어난다.

오답 피하기 ㄱ. ㉠은 중성자별 또는 블랙홀이고, ㉡은 백색 왜성이다. 따라서 반지름은 ㉠이 ㉡보다 작고, 밀도는 ㉠이 ㉡보다 크다.

ㄷ. 별의 질량은 (가)가 (나)보다 크므로 주계열에 머무르는 기간은 (가)가 (나)보다 짧다.

492 필수 유형

답 ①

자료 분석하기 태양과 질량이 비슷한 별의 진화 경로

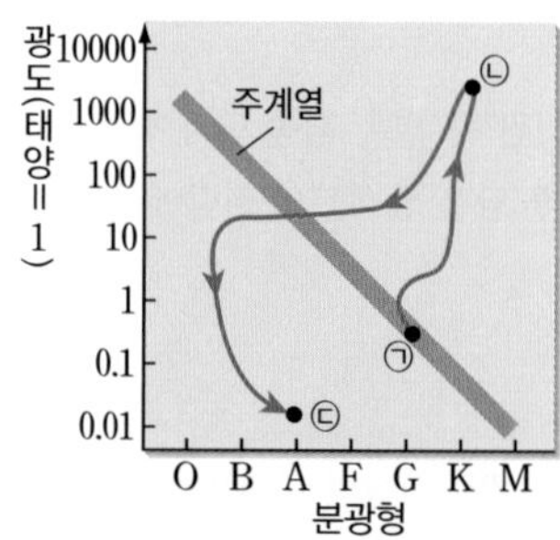

- ㉠ 주계열 단계: 중심부에서 수소 핵융합 반응이 안정적으로 일어난다. 이 단계에서는 정역학 평형을 이루어 별의 크기가 일정하게 유지되며, 일생의 90 % 이상을 이 단계에서 보낸다.
- ㉠ → ㉡ 단계: 주계열 단계 이후 중심부의 수소 핵융합 반응이 끝나고 별이 팽창하여 광도가 커지고, 표면 온도가 낮아져 적색 거성이 된다.
- ㉡ → ㉢ 단계: 적색 거성이 불안정해져서 수축과 팽창을 반복하면서 별의 외곽층 물질이 우주 공간으로 방출되어 행성상 성운이 형성된다. 탄소로 이루어진 핵은 계속 수축하여 밀도가 매우 큰 백색 왜성이 된다.

ㄱ. 진화 속도가 빨라서 가장 짧게 머무는 진화 단계는 적색 거성 단계인 ㉡이다.

ㄹ. 단위 면적에서 방출하는 에너지양은 표면 온도의 네제곱에 비례한다. 따라서 H－R도상에서 가장 왼쪽에 위치한 ㉢이 단위 면적에서 방출하는 에너지양이 가장 많다.

오답 피하기 ㄴ, ㄷ. ㉠ → ㉡ 시기에 별의 중심부는 수축하며, 행성상 성운은 ㉡ → ㉢ 시기에 형성된다.

493

답 ②

자료 분석하기 수소 핵융합 반응

수소 원자핵 4개 헬륨 원자핵 1개

에너지 발생 $E=\Delta mc^2$

질량 합: 4.0312 u ($c=3\times10^8$ m/s) 질량: 4.0026 u

수소 원자핵 4개가 융합하여 헬륨 원자핵 1개를 생성한다. 이때 질량 감소량만큼 에너지가 발생한다. ➡ $E=\Delta mc^2$(c: 빛의 속도)

ㄴ. 이 반응은 별의 내부에서 온도가 1000만 K 이상인 영역에서 일어나는 수소 핵융합 반응이다.

오답 피하기 ㄱ. 수소 핵융합 반응이 일어나는 동안 질량이 감소하고, 감소한 질량이 에너지로 바뀐다.

ㄷ. 수소 핵융합 반응은 주계열성의 중심부뿐만 아니라 거성 단계에 있는 별의 외곽 수소층에서도 일어날 수 있다.

494

답 ③

③ 기체 압력 차이에 의해 바깥쪽으로 작용하는 힘 A가 별의 중심부 쪽으로 작용하는 중력 B보다 크면 별은 팽창한다.

오답 피하기 ① 이 별은 크기가 일정하게 유지되므로 주계열성이다.

②, ④ A는 내부 압력이고, B는 중력이다. 주계열 단계에서는 A와 B가 평형을 이루기 때문에 별의 크기가 일정하게 유지된다.

⑤ 주계열성의 중심부에서는 수소 핵융합 반응이 일어난다.

495

답 ④

㉠과 ㉢은 주계열성이고, ㉡은 백색 왜성, ㉣은 적색 거성이다.

ㄱ. ㉠은 ㉢보다 주계열의 왼쪽 상단에 위치하므로 질량이 크고, 이후 초거성으로 진화하여 중성자별 또는 블랙홀이 되므로 ㉡, ㉣보다 질량이 크다. 따라서 질량은 ㉠이 가장 크다.

ㄷ. 중심부 온도는 적색 거성인 ㉣이 주계열성인 ㉢보다 높다.

오답 피하기 ㄴ. (나)는 태양과 질량이 비슷한 주계열성의 내부 구조이므로 ㉢의 내부 구조에 해당한다.

496

답 ②

자료 분석하기 거성의 내부 구조

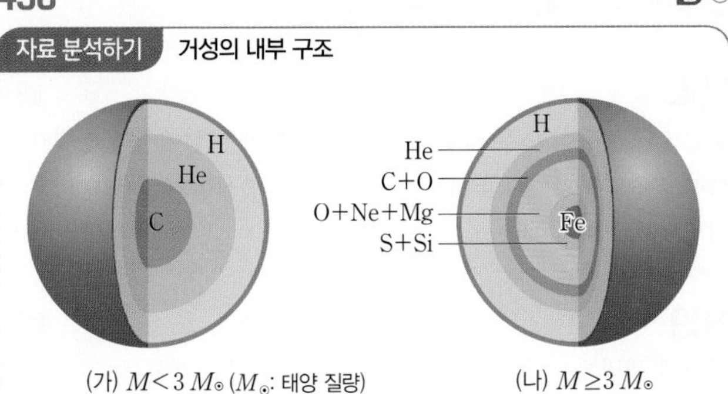

(가) $M<3\,M_\odot$ ($M_\odot$: 태양 질량) (나) $M\geq3\,M_\odot$

- (가): 중심부에서 헬륨 핵융합 반응이 일어나는 영역과 핵융합 반응으로 생성된 탄소핵이 존재한다. 중심부의 온도가 충분히 높지 않기 때문에 탄소 핵융합 반응이 일어나지 않는다.
- (나): 질량이 매우 큰 별은 중심부의 온도가 충분히 높기 때문에 계속적인 핵융합 반응이 일어나 최종적으로 중심부에 철로 된 핵이 만들어진다.

ㄷ. (나)의 중심부에서는 핵융합 반응에 의해 최종적으로 가장 안정한 원자핵을 가진 철이 만들어진다. 철은 온도가 높아지더라도 더 이상 핵융합 반응이 일어나지 않는다.

오답 피하기 ㄱ. 중심부의 온도가 높을수록 무거운 원소의 핵융합 반응이 일어날 수 있다. 따라서 중심부의 온도는 (나)가 (가)보다 높다.

ㄴ. (가)에서는 중심부로 갈수록 H, He, C가 분포하므로 점점 무거운 원소로 이루어져 있다.

497

답 ③

ㄱ. 주계열성의 중심부에서는 수소 핵융합 반응만 일어날 수 있다. 헬륨보다 무거운 원소의 핵융합 반응은 거성 단계에서 일어난다.

ㄷ. 별의 내부에서 핵융합 반응이 일어나면 더 무거운 원자핵이 생성되면서 전체 질량은 감소하며, 감소한 질량만큼 에너지로 전환된다. 따라서 (가), (나), (다)의 핵융합 반응에서는 모두 질량이 감소한다.

오답 피하기 ㄴ. 온도가 높아질수록 더 무거운 원소의 핵융합 반응이 일어날 수 있다. 따라서 탄소 핵융합 반응의 온도보다 규소와 황의 핵융합 반응의 온도가 더 높다.

498

답 ④

ㄴ, ㄷ. 이 반응은 태양의 중심핵에서 활발하게 일어나고 있는 양성자·양성자 반응(p-p반응)이다. 이 반응에서는 6개의 수소 원자핵이 반응에 참여하여 최종적으로 헬륨 원자핵 1개와 수소 원자핵 2개가 만들어진다.

오답 피하기 ㄱ. 수소 핵융합 반응이 일어나기 이전인 수소 원자핵 4개의 질량은 반응 후 생성된 헬륨 원자핵 1개의 질량보다 크다. 따라서 ㉠의 질량보다 ㉡의 질량이 작다.

1등급 완성 문제

115쪽

499 ④ 500 ④ 501 ②

502 (1) 절대 등급, 색지수 (2) 해설 참조

499

답 ④

ㄱ. A는 블랙홀, B는 중성자별, C는 백색 왜성이다. 따라서 A와 B는 초신성 폭발 단계를 거쳐 형성되었다.

ㄷ. 별의 크기는 백색 왜성인 C가 가장 크므로 광도도 C가 가장 크다.

오답 피하기 ㄴ. B는 별 전체가 중성자로 이루어진 중성자별이다. 초신성 폭발이 일어나기 직전에 철 원자핵이 수축하면서 온도가 충분히 높아지면 철 원자핵이 분해되면서 중성자로 전환되고, 이후 초신성 폭발로 중심부가 수축되어 중성자별이 만들어진다.

500

답 ④

ㄴ. 태양과 질량이 비슷한 주계열성의 내부 구조는 핵, 복사층, 대류층으로 이루어져 있다. 따라서 ㉠에서는 주로 복사, ㉡에서는 주로 대류에 의해 에너지가 전달된다.

ㄷ. (가)에서 이 별의 중심부 온도는 약 1500만 K이고, (나)에서 중심부 온도가 약 1500만 K일 때는 CNO 순환 반응보다 p-p반응이 우세하게 일어난다.

오답 피하기 ㄱ. 수소 핵융합 반응은 핵에서만 일어나므로 헬륨 함량은 핵에서 높게 나타나며, 복사층(㉠)과 대류층(㉡)에서는 헬륨 함량 비율이 거의 같다.

501

답 ②

ㄷ. (가)는 양성자·양성자 반응(p-p반응)이고, (나)는 탄소·질소·산소 순환 반응(CNO 순환 반응)이다. CNO 순환 반응은 온도가 높아짐에 따라 반응 속도가 급격하게 빨라진다.

오답 피하기 ㄱ. (가)와 (나)의 반응 모두 수소 핵융합 반응이다. 따라서 반응 결과 생성되는 원자핵은 헬륨 원자핵으로 동일하다.

ㄴ. (가)의 p-p반응이 우세한 주계열성은 태양과 질량이 비슷한 별이다. 따라서 중심부에는 복사로 에너지가 전달되는 핵이 존재한다. 대류핵은 중심부의 온도가 높은 별(질량이 태양 질량의 2배 이상인 별)의 중심부에 존재한다.

502

서술형 해결 전략

STEP 1 문제 포인트 파악

질량에 따라 주계열성의 내부 구조는 어떤 차이가 있는지 설명할 수 있어야 한다.

STEP 2 관련 개념 모으기

❶ 별 내부에서 에너지가 전달되는 방식은?

→ 주계열성의 중심부에서 생성된 에너지는 크게 복사와 대류 형태로 전달된다. 전도에 의한 에너지 전달도 가능하지만 복사와 대류에 비해 비율이 극히 작다. 복사는 전자기파(빛, 광자) 형태로 에너지가 직접 이동하는 것이고, 대류는 별의 구성 입자(원자핵과 전자 등)가 온도 차에 의해 상승 또는 하강하는 과정에서 에너지도 함께 이동하는 것이다.

❷ 질량에 따라 주계열성의 내부 구조가 다른 까닭은?

→ 별의 내부에서 깊이에 따른 온도 변화율이 다르고, 불투명도(빛이 진행할 수 있는 거리가 짧을수록 불투명도가 높다.)가 다르기 때문이다.

❸ 질량에 따른 주계열성의 내부 구조 모습은?

→ 질량이 태양 질량의 2배 이하인 별의 내부는 중심핵(복사핵), 복사층, 대류층으로, 질량이 태양 질량의 2배 이상인 별은 대류핵과 복사층으로 이루어져 있다.

(1) (가)는 중심핵(복사핵), 복사층, 대류층으로 이루어져 있고, (나)는 대류핵과 복사층으로 이루어져 있다. 따라서 (가)는 (나)보다 질량이 작아서 광도가 작고, 표면 온도가 낮다. 즉, (가)는 (나)보다 절대 등급과 색지수가 크다.

(2) (가)는 질량이 태양과 비슷하므로 적색 거성으로 진화할 것이고, (나)는 질량이 태양보다 매우 크므로 초거성으로 진화할 것이다.

예시 답안 (가)는 적색 거성으로 진화하여 수소 핵융합 반응과 헬륨 핵융합 반응이 일어나 중심부에 탄소핵까지 생성된다. (나)는 초거성으로 진화하여 중심부로 갈수록 점점 무거운 원자핵으로 이루어진 양파껍질 같은 내부 구조를 가지며, 가장 안쪽에 철핵이 생성된다.

채점 기준	배점(%)
적색 거성과 초거성의 내부 구조 차이를 모두 옳게 설명한 경우	100
(가)와 (나)가 각각 적색 거성과 초거성으로 진화한다고만 설명한 경우	30

12 외계 행성계와 생명체 탐사

개념 확인 문제 117쪽

503 시선 504 식 505 미세 중력 렌즈 506 ㉠ 감소, ㉡ 반지름 507 (나) 508 × 509 ○ 510 ×

503

답 시선

외계 행성의 공전 궤도면과 관측자의 시선 방향이 거의 나란할 때, 별빛 스펙트럼의 파장 변화로부터 중심별의 시선 속도 변화를 측정하면 행성의 존재 여부를 확인할 수 있다.

504

답 식

외계 행성의 공전 궤도면과 관측자의 시선 방향이 거의 나란할 때, 행성에 의해 중심별의 일부가 가려지는 식 현상을 관측하면 행성의 존재 여부를 확인할 수 있다.

505

답 미세 중력 렌즈

멀리 있는 배경별의 빛이 앞쪽 별이나 행성의 중력에 의해 굴절되는 현상을 미세 중력 렌즈 현상이라고 한다. 미세 중력 렌즈 현상을 이용한 행성 탐사 방법은 외계 행성의 공전 궤도면이 관측자의 시선 방향과 나란하지 않아도 된다.

506

답 ㉠ 감소, ㉡ 반지름

행성이 중심별의 앞면을 통과할 때 별의 일부가 가려지면 중심별의 밝기가 감소하므로 별의 밝기 감소를 관측하면 행성의 존재를 확인할 수 있다. 이때, 행성의 반지름이 클수록 별을 가리는 면적이 넓어지므로 중심별의 밝기 감소가 더 크게 나타나 행성의 존재를 확인하기 쉽다.

507

답 (나)

미세 중력 렌즈 현상은 거리가 다른 두 별이 같은 시선 방향에 있을 때 배경별의 별빛이 앞쪽 별의 중력에 의해 굴절되는 현상이다. 이때, 앞쪽 별에 행성이 있다면 추가적인 밝기 변화가 나타나므로 이를 통해 행성의 존재를 확인할 수 있다.

508

답 ×

중심별의 질량이 매우 크면 별의 수명이 짧아 행성에서 생명체가 탄생하고 진화하기까지의 시간이 부족하므로 중심별의 질량이 너무 크지 않아야 한다.

509

답 ○

행성에 생명체가 존재하려면 액체 상태의 물이 존재할 수 있는 생명 가능 지대에 위치해야 한다.

510

답 ×

행성의 자기장은 우주의 고에너지 입자가 행성 표면에 입사되는 것을 막아 주는 역할을 한다.

기출 분석 문제

117~120쪽

511 ②	512 ⑤	513 ⑤	514 ②	515 ①	516 ④
517 ③	518 해설 참조		519 액체 상태의 물		520 ②
521 ⑤	522 ②	523 ②	524 ②	525 ⑤	

511

답 ②

② 별과 행성이 공통 질량 중심을 회전하면 별의 시선 속도 변화에 의해 별빛의 도플러 효과가 나타난다. 이를 이용하여 외계 행성을 탐사할 수 있다.

오답 피하기 행성의 질량이 매우 작을 경우에는 중심별의 시선 속도 변화가 작게 나타나기 때문에 외계 행성의 존재 여부를 판단하기 어려워진다.

개념 더하기 공통 질량 중심 회전

- 별과 행성의 시선 속도 방향은 항상 반대이다. 행성이 지구에 접근할 때 별빛 스펙트럼에서는 적색 편이가 나타난다.
- 별과 행성이 공통 질량 중심을 회전하는 주기는 같다.
- 행성의 질량이 클수록 공통 질량 중심이 별로부터 멀어진다. ➡ 별의 시선 속도 변화가 커지므로 행성의 존재를 확인하기 쉽다.

512

답 ⑤

ㄱ. 중심별과 행성은 공통 질량 중심을 같은 방향으로 회전하고, 공통 질량 중심에서 서로 반대쪽에 위치한다. 따라서 T_1에서 중심별이 지구에 접근하고 있으므로 행성은 지구로부터 멀어진다.

ㄴ. 별의 시선 속도 변화가 나타나는 주기는 행성의 공전 주기와 같다. 따라서 행성의 공전 주기는 (T_5-T_1)이다.

ㄷ. T_2일 때 중심별의 시선 속도는 0이고 시선 속도 값이 커지고 있으므로 중심별이 지구로부터 가장 가까운 위치에 있으며, T_4일 때 중심별의 시선 속도는 0이고, 시선 속도 값이 작아지고 있으므로 중심별이 지구로부터 가장 먼 위치에 있다. 따라서 T_4일 때 행성이 별의 일부를 가리므로 중심별의 겉보기 밝기는 T_2일 때가 T_4일 때보다 밝다.

513

답 ⑤

ㄱ. 중심별의 밝기가 감소하는 까닭은 행성이 중심별의 일부를 가리는 식 현상 때문이다.

ㄴ. 행성의 공전 궤도면이 관측자의 시선 방향과 거의 나란해야 행성에 의한 중심별의 식 현상이 나타날 수 있다.

ㄷ. 행성의 반지름이 클수록 중심별의 밝기 감소가 커서 행성의 존재를 확인하기 쉽다.

514 필수 유형

답 ②

자료 분석하기 식 현상에 의한 중심별의 밝기 변화

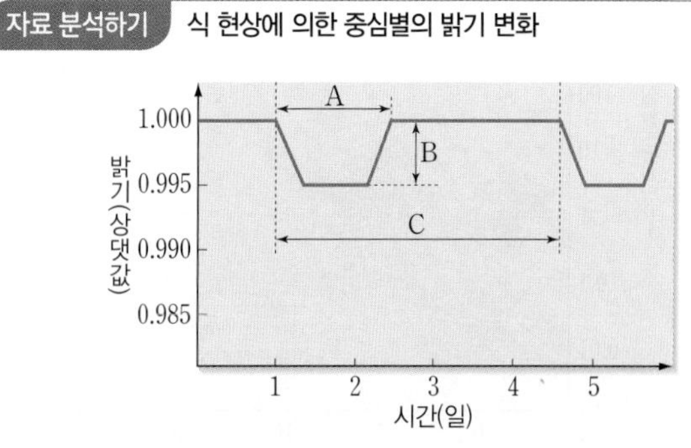

- A: 외계 행성이 별의 앞면을 통과하는 데 걸리는 시간
- B: 외계 행성에 의한 식 현상으로 나타난 중심별의 밝기 감소율
  ➡ $\frac{\text{행성의 크기}}{\text{중심별의 크기}}$가 클수록 B가 크다.
  ➡ 밝기 감소율은 외계 행성의 반지름의 제곱에 비례한다.
- C: 외계 행성에 의해 식 현상이 반복되는 주기
  ➡ 외계 행성의 공전 주기와 같다.

ㄷ. C는 외계 행성에 의해 식 현상이 반복되는 주기이다. 따라서 C는 외계 행성의 공전 주기에 해당한다.

오답 피하기 ㄱ. A는 외계 행성이 중심별의 앞면을 통과하는 데 걸리는 시간이며, A의 길이와 외계 행성의 관측 난이도는 직접적인 관련이 없다.

ㄴ. 외계 행성의 반지름이 클수록 중심별이 가려지는 면적이 증가하므로 B가 크게 나타난다. 즉, B가 클수록 외계 행성의 존재 여부를 확인하기 쉽다.

515

답 ①

ㄱ. 외계 행성계에 의해 미세 중력 렌즈 현상이 일어났으므로 외계 행성계는 관측자와 별 S 사이에 위치한다. 따라서 별 S까지의 거리는 외계 행성계까지의 거리보다 멀다.

오답 피하기 ㄴ. 별 S의 겉보기 밝기가 최대일 때 관측자, 외계 행성계의 중심별과 별 S의 중심이 일직선상에 위치한다.

ㄷ. 미세 중력 렌즈 현상에 의해 별 S의 밝기는 원래 밝기보다 최대 약 3배 밝아졌다. 별의 등급이 1등급 달라질 때 밝기 변화는 약 2.5배이므로 미세 중력 렌즈 현상에 의한 별 S의 겉보기 등급 변화량은 1등급보다 크다.

개념 더하기 미세 중력 렌즈 현상

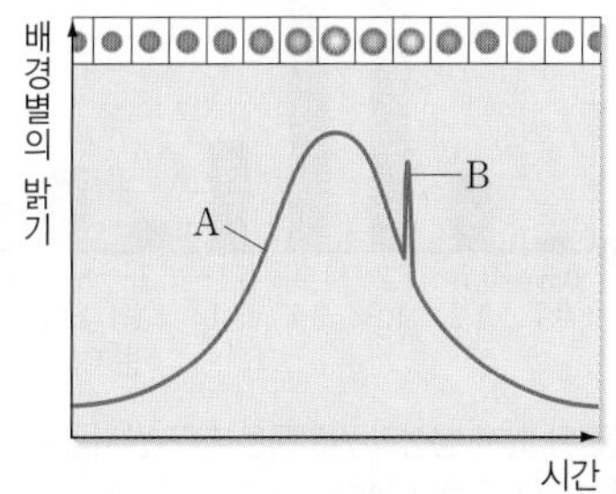

- A: 앞쪽 별의 중력에 의해 뒤쪽 별의 밝기가 증가한 것이다.
- B: 앞쪽 별을 공전하는 행성의 중력에 의해 뒤쪽 별의 추가적인 밝기 변화가 나타난 것이다.

516
답 ④

자료 분석하기 외계 행성 탐사 결과

- 지금까지 발견된 외계 행성들을 태양계의 행성들과 비교해 보면, 지구 크기의 행성보다 목성 크기의 행성이 훨씬 많다. 이는 탐사 방법의 한계에 의한 결과이며, 실제로 목성 크기의 행성이 많다고 할 수는 없다.
- 시선 속도 변화(도플러 효과)를 이용하여 발견된 행성의 수가 가장 많다.
- 식 현상을 이용한 탐사는 공전 궤도 반지름이 작은 행성을 발견하는 데 유리하며, 미세 중력 렌즈 현상을 이용한 탐사는 상대적으로 공전 궤도 반지름이 큰 행성을 발견하는 데 유리하다.

ㄴ. 자료에서 시선 속도 변화를 측정하여 발견된 행성이 가장 많으므로, 도플러 효과에 의한 파장 변화를 측정하여 발견된 행성이 가장 많다.

ㄷ. 미세 중력 렌즈 현상을 이용하여 발견된 행성들은 공전 궤도 반지름이 대체로 큰 편이다.

오답 피하기 ㄱ. 발견된 행성들의 크기는 대체로 목성 규모이며, 지구 규모의 외계 행성은 발견된 수가 상대적으로 적다.

517
답 ③

ㄱ. 생명 가능 지대는 중심별의 주변에서 액체 상태의 물이 존재할 수 있는 영역이다.

ㄷ. 2014년까지 발견된 외계 행성의 수와 행성의 질량은 대체로 비례하는 경향이 나타난다.

오답 피하기 ㄴ. 케플러 망원경은 식 현상을 이용하여 행성을 탐사한다. 도플러 효과를 이용하여 외계 행성을 탐사할 경우에는 별의 시선 속도 변화를 측정한다.

개념 더하기 외계 행성의 크기에 따라 발견된 개수

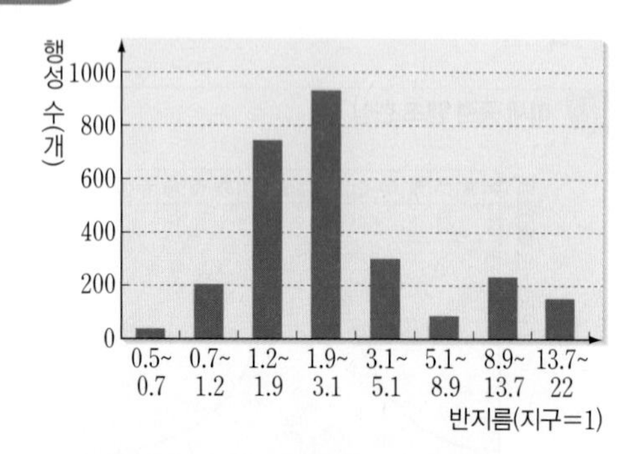

- 가장 많이 발견된 외계 행성의 반지름은 지구 반지름의 1.2~3.1배 정도이다. ➡ 대부분 지구보다 크다.
- 탐사 초기에는 기술이 정밀하지 않아 대부분 질량이 큰 행성이 발견되었으나, 시간이 지날수록 정밀한 관측이 가능해져 질량이 작은 행성들도 발견되고 있다.

518

최근까지 발견된 외계 행성들은 대부분 중심별에서 가까운 거리에 있고 지구보다 크기가 큰 행성이었다. 이는 외계 행성을 탐사하는 방법들이 행성의 반지름이 크고 중심별과 거리가 가까운 행성들을 발견하기 쉬운 방식을 사용하기 때문에 나타나는 관측적 한계이다. 실제로 관측 자료가 누적되면서 점차 중심별에서 먼 궤도를 돌고 있는 행성이나 크기가 작은 행성들도 발견되고 있는 추세이다.

예시 답안 최근까지 발견된 외계 행성들의 대부분이 지구보다 크고 무거운 행성이었던 까닭은 외계 행성을 탐사하는 데 이용되는 방법들이 주로 행성의 반지름과 질량이 클수록 행성을 발견하기 쉬운 방식이기 때문이다.

채점 기준	배점(%)
탐사 방법의 원리와 관련지어 관측적 한계를 옳게 설명한 경우	100
크기가 큰 행성을 발견하기 쉽다는 사실만 언급한 경우	50

519
답 액체 상태의 물

행성에서 생명체가 탄생하는 데 필요한 조건에는 액체 상태의 물, 적절한 대기압, 행성의 자기장, 중심별의 적절한 질량 등이 있으며, 이 중에서 가장 중요한 조건은 액체 상태의 물의 존재이다.

520 필수 유형
답 ②

자료 분석하기 생명 가능 지대

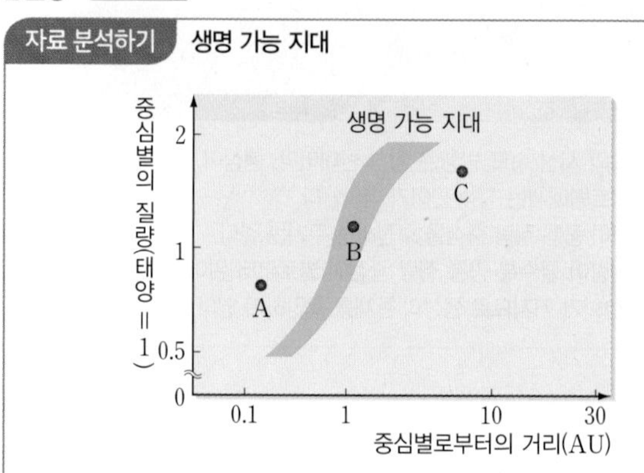

- 중심별의 질량이 클수록 생명 가능 지대의 거리는 중심별에서 멀어지고 폭이 넓어진다.
- 행성의 표면 온도는 A>B>C이다.
- 행성 표면에 액체 상태의 물이 존재할 가능성은 B에서 가장 크다.

ㄴ. 액체 상태의 물이 존재할 가능성은 생명 가능 지대에 위치한 B가 가장 크다.

오답 피하기 ㄱ. 별의 수명은 질량이 작은 A의 중심별보다 질량이 큰 B의 중심별이 짧다.

ㄷ. 행성의 단위 면적에 입사하는 에너지양은 생명 가능 지대보다 중심별에 가까운 곳에 위치한 A가 가장 많다.

521
답 ⑤

ㄱ. 중심별에 가까울수록 S의 값이 크므로 행성의 공전 궤도 반지름은 a가 b보다 크다.

ㄴ. 행성 c에 입사하는 중심별의 복사 에너지양이 지구와 같으므로 행성 c는 지구처럼 생명 가능 지대에 위치한다.

ㄷ. 이 행성계의 중심별은 태양보다 질량이 작으므로 액체 상태의 물이 존재할 수 있는 범위가 태양계보다 좁다.

522
답 ②

ㄷ. 행성 케플러-186f는 생명 가능 지대에 위치하므로, 생명 가능 지대보다 바깥쪽에 위치하는 화성보다 표면 온도가 높을 것이다.

오답 피하기 ㄱ. 생명 가능 지대에 위치한 행성 케플러-186f의 공전 궤도 반지름이 지구보다 작으므로, 케플러-186 행성계는 태양계보다 중심별에서 생명 가능 지대까지의 거리가 가깝고 폭이 좁다.

ㄴ. 케플러-186 행성계는 태양계보다 중심별에서 생명 가능 지대까지의 거리가 가까우므로, 케플러-186은 태양보다 광도가 작다.

523
답 ②

㉠의 중심별은 백색 왜성, ㉡과 ㉣의 중심별은 주계열성, ㉢의 중심별은 초거성이다. 따라서 중심별의 광도는 ㉢>㉣>㉡>㉠이다.

ㄴ. 중심별에서 생명 가능 지대까지의 거리는 백색 왜성인 ㉠보다 주계열성인 ㉣이 멀다.

오답 피하기 ㄱ. 생명 가능 지대의 폭은 주계열성인 ㉡보다 초거성인 ㉢이 넓다.

ㄷ. 주계열성인 ㉡ 주변의 행성은 초거성인 ㉢ 주변의 행성보다 생명체가 진화하기에 충분한 시간을 확보할 수 있다.

524
답 ②

ㄴ. 프로키온은 태양보다 질량이 커서 진화 속도가 빠르므로 행성이 생명 가능 지대에 머물 수 있는 기간이 태양보다 짧다.

오답 피하기 ㄱ. 주계열성의 질량이 작을수록 수명이 길고, 생명 가능 지대의 폭이 좁다.

ㄷ. 스피카는 태양보다 광도가 훨씬 크므로, 태양으로부터 지구까지의 거리에 해당하는 1 AU 거리의 행성에는 액체 상태의 물이 존재하기 어렵다.

525
답 ⑤

ㄱ. 외계 행성의 공전 주기는 대부분 100일 미만이므로 지구의 공전 주기보다 짧다.

ㄴ. C는 중심별의 질량이 태양과 같고, 공전 주기가 지구와 비슷하므로 생명 가능 지대에 위치할 가능성이 크다. 따라서 C에는 액체 상태의 물이 존재할 가능성이 크다. 반면, A는 중심별의 질량이 태양보다 크고, 중심별에 매우 가까운 곳에 위치하므로 생명 가능 지대보다 안쪽에 위치하여 액체 상태의 물이 존재할 가능성이 작다.

ㄷ. A는 B보다 중심별에 가까우므로 중심별에 미치는 중력 효과가 B보다 크다.

1등급 완성 문제
121쪽

526 ③　527 ③　528 ④　529 해설 참조

526
답 ③

자료 분석하기 외계 행성계의 시선 속도 변화

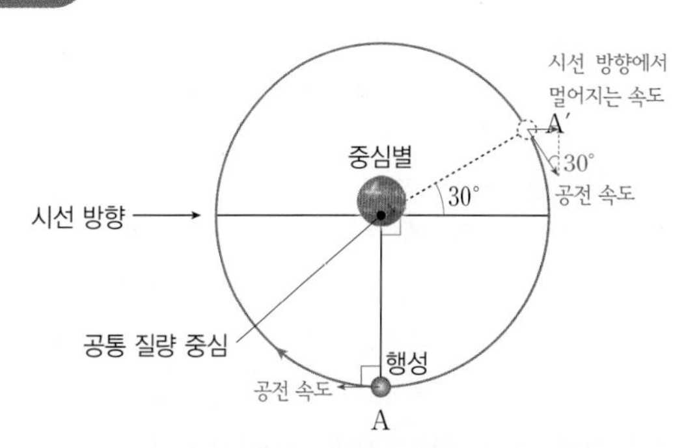

- 중심별과 행성은 공통 질량 중심을 중심으로 서로 반대쪽에서 같은 속도로 공전한다.
- 행성이 A에 위치할 때 시선 방향에 대해 가까워지는 속도는 공전 속도와 같고 A′에 위치할 때 시선 방향에 대해 멀어지는 속도는 공전 속도의 $\frac{1}{2}$(=sin30°)배이다. ➡ 행성이 A에 위치할 때 중심별이 지구에서 멀어지는 속도는 행성이 A′에 위치할 때 중심별이 지구에 가까워지는 속도의 2배이다. ➡ 중심별의 스펙트럼 편이량은 행성이 A에 위치할 때가 A′에 위치할 때의 2배이다.

ㄱ. 행성이 A를 지날 때 중심별은 지구로부터 멀어지므로 적색 편이가 나타난다.

ㄴ. 행성이 A′을 지날 때 중심별이 지구에 다가오는 속도는 행성이 A를 지날 때 중심별이 지구에서 멀어지는 속도의 $\frac{1}{2}$(=sin30°)배이다. 따라서 중심별의 스펙트럼 편이량은 행성이 A에 위치할 때가 A′에 위치할 때의 2배이다.

오답 피하기 ㄷ. 행성이 중심별을 1회 공전할 때마다 행성의 식 현상에 의한 중심별의 밝기 감소 현상은 1번씩 나타난다.

527
답 ③

ㄱ. 행성의 공전 주기는 식 현상이 반복되는 주기와 같다. 따라서 식 현상의 주기가 가장 짧은 A가 공전 주기도 가장 짧다.

ㄷ. 행성이 중심별의 앞면을 통과하는 데 걸리는 시간은 식 현상이 지속되는 시간과 같으며, 공전 주기가 길수록 공전 속도가 느려 식 현상이 지속되는 시간이 길다. 따라서 행성이 중심별의 앞면을 통과하는 데 걸리는 시간은 공전 주기가 가장 긴 C가 가장 길다.

오답 피하기 ㄴ. 식 현상에 의한 중심별의 밝기 감소 비율은 행성의 단면적에 비례하므로 행성의 반지름의 제곱에 비례한다. 식 현상에 의한 밝기 감소 비율은 B가 A의 약 3배이므로 행성의 반지름은 B가 A의 약 $\sqrt{3}$ 배이다.

528
답 ④

ㄴ. 행성 b의 단위 면적에 입사하는 에너지양이 지구와 거의 같으므로 b는 생명 가능 지대에 위치한다. 따라서 b는 화성보다 표면 온도가 높다.

ㄷ. 중심별이 모두 주계열성이므로 표면 온도가 높을수록 광도가 크다. 따라서 중심별의 광도는 태양>a의 중심별>b의 중심별이다.

오답 피하기 ㄱ. a는 단위 면적에 입사하는 에너지양이 금성과 거의 같으므로 생명 가능 지대보다 안쪽에 위치한다.

529

서술형 해결 전략

STEP 1 문제 포인트 파악

별의 질량과 수명에 따라 행성에 생명체가 존재할 수 있는 가능성과의 관계를 설명할 수 있어야 한다.

STEP 2 관련 개념 모으기

❶ 별의 질량과 수명의 관계는?

→ 별의 수명을 t, 별의 질량을 M, 별의 광도를 L이라고 하면, $t\propto\frac{M}{L}$이 성립한다. 주계열성의 광도 L은 질량 M의 세제곱에 비례하므로 $t\propto\frac{M}{L}\propto\frac{1}{M^2}$이다. 즉, 질량이 클수록 수명이 짧다.

❷ 행성에서 생명체의 탄생과 진화에 필요한 시간은?

→ 지구가 탄생하여 척추동물이 등장하기까지 약 40억 년이 걸렸다. 따라서 생명체가 탄생하여 진화하려면 충분히 긴 시간 동안 행성의 환경이 안정적으로 유지되어야 한다.

예시 답안 (가)와 (나)로부터 별의 수명은 $t\propto\frac{M}{L}\propto\frac{1}{M^2}$이다. 지구에 척추동물이 출현하기까지 약 40억 년이 걸렸는데, 태양의 질량이 현재의 2배라면 예상 수명은 약 25억 년이므로 지구에 척추동물이 출현하기 어려웠을 것이다.

채점 기준	배점(%)
별의 질량과 수명의 관계식을 이용하여 질량이 태양 질량의 2배인 별의 수명이 40억 년보다 짧다는 것을 옳게 설명한 경우	100
별의 수명과 질량 관계를 수식으로 옳게 제시하였으나, 척추동물의 출현과 관련지어 설명하지 못한 경우	70
별의 질량과 수명의 관계만 옳게 설명한 경우	50

실전 대비 평가 문제 122~125쪽

530 ②	531 ④	532 ⑤	533 ③	534 ④	535 ②
536 ②	537 ①	538 ③	539 ④	540 ②	541 ④
542 해설 참조		543 해설 참조		544 해설 참조	
545 해설 참조		546 해설 참조		547 해설 참조	

530 답 ②

ㄴ. ㉡은 광도 계급이 Ⅴ이므로 주계열성이고, ㉢은 광도 계급이 Ⅲ이므로 거성이다. 따라서 별의 반지름은 거성인 ㉢이 주계열성인 ㉡보다 크다.

오답 피하기 ㄱ. 별의 표면 온도는 분광형이 F2인 ㉡이 분광형이 K2인 ㉠보다 높다.

ㄷ. ㉠과 ㉢은 분광형이 K2로 같지만, 광도 계급이 다르다. 스펙트럼의 특징은 표면 온도와 광도에 따라 다르므로 ㉠과 ㉢은 스펙트럼의 특징이 서로 다르다.

531 답 ④

ㄴ, ㄷ. A는 B보다 최대 에너지 세기를 갖는 파장이 더 짧다. 따라서 흑체의 표면 온도는 A가 B보다 높고, 단위 면적에서 방출하는 에너지양도 A가 B보다 많다.

오답 피하기 ㄱ. 색지수는 표면 온도가 높을수록 작으므로 A가 B보다 작다.

개념 더하기 플랑크 곡선과 빈의 변위 법칙

- 플랑크 곡선: 흑체가 방출하는 복사 에너지의 파장에 따른 분포 곡선이다.
- 빈의 변위 법칙: 흑체는 표면 온도(T)가 높을수록 최대 에너지를 방출하는 파장(λ_{max})이 짧아진다.

$$\lambda_{max}=\frac{a}{T}\ (a=2.898\times10^3\ \mu m\cdot K)$$

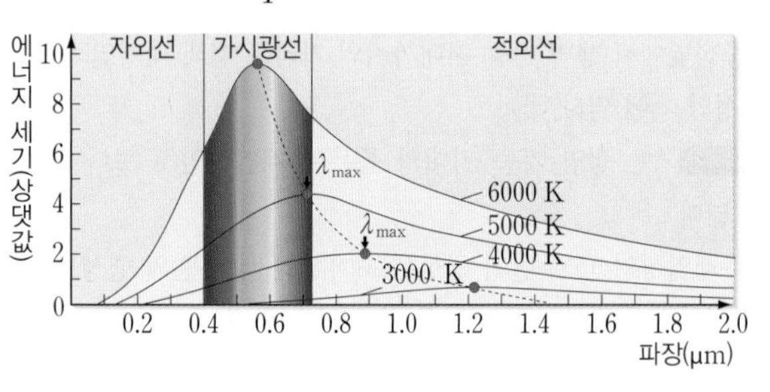

532 답 ⑤

자료 분석하기 별의 물리량 비교

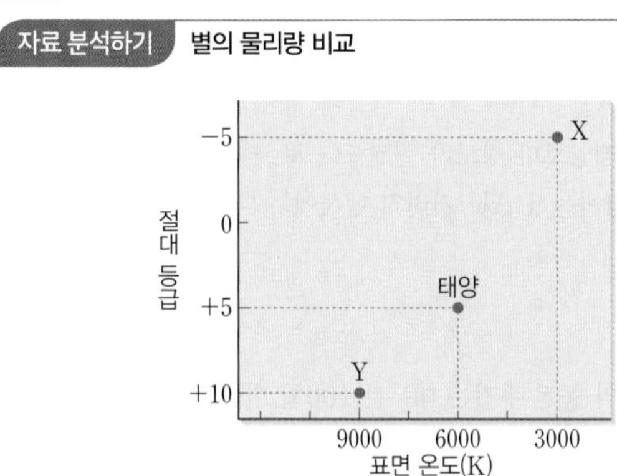

- 절대 등급이 5등급 차이가 나면 밝기(광도)는 100배 차이가 난다. 따라서 X는 태양보다 100^2배 밝고, 태양은 Y보다 100배 밝다.
- 별의 반지름 $R\propto\frac{\sqrt{L}}{T^2}$이다. 따라서 반지름은 X > 태양 > Y이다.
- 색지수는 표면 온도가 높을수록 작다. 따라서 색지수는 X > 태양 > Y이다.

ㄱ. Y는 태양보다 절대 등급이 5등급 크다. 따라서 광도는 태양이 Y의 100배이다.

ㄴ. 별의 광도를 L, 표면 온도를 T, 반지름을 R라고 하면, 슈테판·볼츠만 법칙으로부터 다음과 같이 나타낼 수 있다.

$$L=4\pi R^2\cdot\sigma T^4 \Rightarrow R=\frac{\sqrt{L}}{\sqrt{4\pi\sigma}\cdot T^2}$$

X는 태양보다 절대 등급이 10등급 작으므로 광도는 태양의 10000배이고, 표면 온도는 3000 K으로 태양의 $\frac{1}{2}$배이다. 따라서 반지름은 X가 태양의 400배이다.

$$\frac{R_X}{R_{태양}}=\left(\frac{L_X}{L_{태양}}\right)^{\frac{1}{2}}\times\left(\frac{T_{태양}}{T_X}\right)^2=100\times4=400$$

ㄷ. 최대 에너지 세기를 갖는 파장은 표면 온도에 반비례한다. 표면 온도는 X가 태양의 $\frac{1}{2}$배이므로 최대 에너지 세기를 갖는 파장은 X가 태양의 2배이다.

533

답 ③

A는 초거성, B는 적색 거성, C는 주계열성, D는 백색 왜성이다.

③ C는 주계열성이며, 주계열성은 질량이 클수록 표면 온도가 높다.

오답 피하기 ① 초거성은 내부가 불안정하여 정역학 평형 상태를 유지하지 못한다. 정역학 평형 상태를 유지하는 별은 주계열성인 C이다.

② 별의 크기는 초거성인 A가 가장 크다.

④ 백색 왜성은 탄소핵이 수축하여 만들어진 별이며, 별의 내부 온도가 탄소 핵융합 반응이 일어날 정도로 높지 않다.

⑤ A~D 중 광도가 가장 큰 별은 초거성인 A이다.

534

답 ④

A는 태양 크기의 수십 배 정도인 적색 거성이고, B는 태양 크기의 수백 배 정도인 초거성이다. C는 지구 크기와 비슷한 백색 왜성이다.

ㄴ. 초거성 B는 백색 왜성 C보다 광도가 크다.

ㄷ. 별의 평균 밀도는 백색 왜성 > 적색 거성 > 초거성 순이다.

오답 피하기 ㄱ. A는 적색 거성이다.

535

답 ②

자료 분석하기 별의 진화

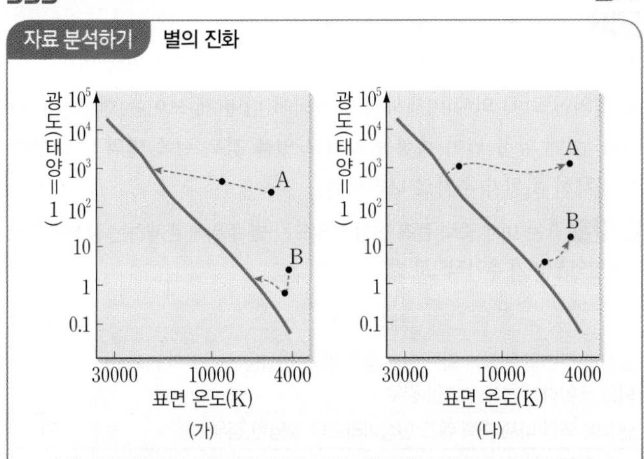

- (가) 원시별에서 주계열성으로의 진화: 원시별의 질량이 클수록 중력 수축이 빠르게 일어나 주계열에 빨리 도달하며, 주계열의 왼쪽 상단에 위치한다. 태양과 질량이 비슷한 원시별의 경우 주계열성으로 진화하는 데 약 백만 년이 걸린다.
- (나) 주계열성에서 거성으로의 진화: 별의 중심핵에서 수소 연료가 모두 소모되면, 중력과 평형을 이루던 내부 기체의 압력이 낮아져 중심부는 수축하고, 수축할 때 열에너지가 발생하여 중심부 바로 바깥에 있는 층에서 수소 핵융합 반응이 시작된다. 이로 인해 별 외곽 부분이 팽창하면서 별의 크기가 커지는 거성 단계로 진화한다.

ㄴ. (나)에서 A와 B는 모두 주계열성에서 거성으로 진화하는 과정에 있으므로 반지름이 증가한다.

오답 피하기 ㄱ. (가)에서 원시별이 주계열성으로 진화하는 속도는 질량이 클수록 빠르다. 따라서 A가 B보다 주계열에 빨리 도달한다.

ㄷ. 질량이 작은 주계열성일수록 중심부에서 수소 핵융합 반응이 천천히 일어나기 때문에 수명이 길다. 따라서 A보다 질량이 작은 B가 주계열에 오래 머문다.

536

답 ②

ㄴ. 초거성은 주계열성보다 중심부 온도가 높아 더 무거운 원소의 핵융합 반응이 일어난다. 따라서 별의 중심부 온도는 (나)보다 (다)에서 높다.

오답 피하기 ㄱ. A 과정에서 중력 수축이 일어나 별의 크기가 작아지므로, 별의 크기는 (가)보다 (나)에서 작다.

ㄷ. 초신성 폭발로 중성자별 또는 블랙홀이 생성된다. 따라서 초신성 폭발은 C 과정에서 일어난다.

537

답 ①

① ㉠은 주계열성으로, 중심부에서 수소 핵융합 반응이 일어난다.

오답 피하기 ② 태양의 현재 위치는 주계열성인 ㉠ 부근에 해당한다.

③ H-R도의 왼쪽에 위치할수록 표면 온도가 높다. 따라서 ㉡보다 ㉢일 때 표면 온도가 높다.

④ ㉢은 백색 왜성이다. 백색 왜성의 중심부에서는 핵융합 반응이 일어나지 않는다.

⑤ 행성상 성운은 ㉡에서 ㉢으로 진화하는 과정에서 형성된다.

538

답 ③

(가)는 CNO 순환 반응으로 별의 중심부 온도가 약 2000만 K 이상일 때 우세하게 일어나며, (나)는 p-p반응으로 별의 중심부 온도가 약 2000만 K 이하일 때 우세하게 일어난다.

ㄱ. (가)와 (나)는 모두 수소 핵융합 반응으로, 최종 생성물이 헬륨으로 동일하다.

ㄴ. (가)와 (나)의 반응 모두 수소 원자핵 4개가 핵융합 반응하여 헬륨 원자핵 1개가 생성되는 과정에서 질량이 감소하며, 감소한 질량이 에너지로 전환된다.

오답 피하기 ㄷ. 주계열성의 중심부 온도가 높을수록 (가)의 CNO 순환 반응이 (나)의 p-p반응보다 우세하게 일어난다.

539

답 ④

④ (나)는 시선 속도 변화를 이용한 탐사 방법으로, 행성의 질량이 클수록 중심별의 시선 속도 변화가 커지므로 행성을 발견하기 쉽다.

오답 피하기 ① (가)는 식 현상을 이용한 탐사 방법이다.

② (나)는 시선 속도 변화를 이용한 탐사 방법이다.

③ (가)는 행성의 크기가 클수록 존재 여부를 확인하기 쉽다.

⑤ (가)와 (나)는 행성의 공전 궤도면이 시선 방향에 거의 나란해야 행성을 발견할 수 있다.

540

답 ②

ㄷ. P와 Q가 일직선상에 위치할 때 P에 의한 미세 중력 렌즈 효과가 최대가 되어 Q의 밝기가 가장 밝게 나타난다.

오답 피하기 ㄱ. 이 탐사 방법은 외계 행성계에 의한 미세 중력 렌즈 현상으로 나타나는 밝기 변화를 이용하여 외계 행성의 존재를 탐사하는 방법이다.

ㄴ. 미세 중력 렌즈 현상을 이용한 탐사 방법은 행성의 공전 궤도면이 관측자의 시선 방향에 나란하지 않은 경우에도 이용할 수 있는 방법이다.

541

답 ④

중심별의 질량이 클수록 생명 가능 지대는 별로부터 멀어지고, 그 폭도 넓어진다.

ㄴ. B와 C는 생명 가능 지대에 위치하므로 액체 상태의 물이 존재할 수 있다.

ㄷ. 중심별의 광도가 커지면 생명 가능 지대까지의 거리가 중심별에서 멀어지므로, D는 생명 가능 지대에 위치할 수 있다.

오답 피하기 ㄱ. A는 생명 가능 지대보다 중심별에 가까운 곳에 위치하므로 생명 가능 지대에 위치한 C보다 표면 온도가 높다.

542

슈테판·볼츠만 법칙 $L=4\pi R^2\cdot\sigma T^4$에서 $R\propto\frac{\sqrt{L}}{T^2}$이므로 별의 반지름($R$)은 광도($L$)의 제곱근에 비례하고, 별의 표면 온도($T$)의 제곱에 반비례한다.

예시 답안 별의 반지름은 광도의 제곱근에 비례하고 별의 표면 온도의 제곱에 반비례한다. 별 A는 별 B보다 절대 등급이 5등급 작으므로 광도는 100배 크고, 표면 온도는 2배 높으므로 별의 반지름은 A가 B의 $\frac{\sqrt{100}}{2^2}=2.5$배이다.

채점 기준	배점(%)
A의 반지름은 B의 몇 배인지 구하는 과정과 함께 옳게 설명한 경우	100
A의 반지름이 B의 몇 배인지 구하는 과정을 옳게 설명하였으나 계산이 틀린 경우	70

543

질량이 큰 별일수록 별이 빠르게 진화하며, 질량이 같은 별이라면 나이가 많은 별일수록 진화가 많이 진행된다. 성단을 이루는 별들은 거의 동일한 시기에 생성되었으므로 질량이 큰 별은 질량이 작은 별보다 먼저 주계열을 벗어나며, 성단의 나이가 오래될수록 점차 질량이 작은 별들이 주계열을 벗어나 거성으로 진화한다. 따라서 오래된 성단일수록 질량이 작은 별만 주계열로 남아 있으며, 주계열에 남아 있는 별의 비율이 낮다.

예시 답안 (가)는 질량이 큰 별도 주계열 단계에 있지만 (나)는 질량이 큰 별이 거성으로 진화하였다. 성단의 나이가 많을수록 주계열을 벗어나 거성으로 진화하는 별들이 많아지므로 성단의 나이는 (나)가 (가)보다 많다.

채점 기준	배점(%)
두 성단의 나이를 별의 진화와 관련지어 옳게 비교하여 설명한 경우	100
두 성단의 나이만 옳게 비교한 경우	30

544

A는 바깥쪽으로 작용하는 내부 압력이고, B는 중심 쪽으로 작용하는 중력이다. 주계열성은 기체의 압력 차에 의한 내부 압력(A)과 별의 중심부를 향해 작용하는 중력(B)의 크기가 같아 별의 크기가 일정하게 유지된다. 주계열성이 거성으로 진화할 때 별의 표면에서 내부 압력이 중력보다 커지므로 별의 크기가 커진다.

예시 답안 A는 기체 압력 차로 발생한 내부 압력이고, B는 중력이다. 주계열성에서는 A와 B의 크기가 같지만 주계열성이 거성으로 진화할 때 별의 표면에서 A가 B보다 크므로 별의 크기가 커진다.

채점 기준	배점(%)
A와 B의 종류를 옳게 쓰고, 거성으로 진화할 때 별의 크기 변화를 두 힘의 상대적인 크기 변화와 관련지어 옳게 설명한 경우	100
A와 B의 종류를 옳게 썼으나 두 힘의 상대적인 크기 변화를 언급하지 않고 별의 크기가 커진다고만 설명한 경우	60
A와 B의 종류만 옳게 쓴 경우	30

545

(가)는 대류핵과 복사층으로 이루어진 주계열성이고, (나)는 중심핵, 복사층, 대류층으로 이루어진 주계열성이다. (가)는 태양 질량의 2배 이상이고, (나)는 태양 질량의 2배 이하인 별이다. 따라서 (가)의 핵에서는 CNO 순환 반응이 p−p반응보다 우세하게 일어나고, (나)의 핵에서는 p−p반응이 CNO 순환 반응보다 우세하게 일어난다.

예시 답안 (가)는 대류핵이 존재하고, (나)는 핵 바로 바깥층에 복사층이 존재하는 것으로 보아 별의 질량은 (가)가 (나)보다 크다. (가)의 중심핵에서는 CNO 순환 반응이 우세하게 일어나고, (나)의 중심핵에서는 p−p반응이 우세하게 일어난다.

채점 기준	배점(%)
(가)와 (나)의 질량을 옳게 비교하고, 두 별의 중심핵에서 우세하게 일어나는 수소 핵융합 반응의 종류를 옳게 설명한 경우	100
(가)와 (나)의 질량 비교와 두 별의 중심핵에서 우세하게 일어나는 수소 핵융합 반응의 종류 중 1가지만 옳게 설명한 경우	50

546

거리가 다른 2개의 별이 같은 방향에 있을 경우 뒤쪽 별의 별빛이 앞쪽 별의 중력에 의해 미세하게 굴절되어 더 밝게 보이는 현상이 나타난다. 이때 앞쪽 별이 행성을 가지고 있을 경우 뒤쪽 별의 밝기 변화에 미세한 차이가 추가로 나타난다.

예시 답안 A는 미세 중력 렌즈 현상을 일으킨 별 주위에 존재하는 행성에 의해 배경별의 밝기가 추가적으로 밝아진 것이다.

채점 기준	배점(%)
중심별 주변의 행성에 의한 미세 중력 렌즈 현상을 배경별의 밝기 변화를 포함하여 옳게 설명한 경우	100
행성에 의한 미세 중력 렌즈 현상이라고만 설명한 경우	70

547

(가)의 중심별 분광형은 A0, (나)의 중심별의 분광형은 B0, (다)의 중심별 분광형은 G2이므로 (가)와 (나)의 중심별의 표면 온도는 (다)보다 매우 높다. 따라서 (가)와 (나)의 중심별은 (다)의 중심별보다 질량이 매우 커서 수명이 매우 짧으므로 (가)와 (나)는 생명 가능 지대에 머무를 수 있는 시간이 짧아 생명체가 탄생하여 진화하는 데 필요한 시간을 확보하기 힘들다.

예시 답안 표면 온도가 높은 별일수록 별의 질량이 크고 수명이 짧다. 따라서 중심별의 수명은 (다)가 가장 길므로 생명체가 탄생하여 진화하는 데 필요한 시간을 확보하기 가장 적합하다.

채점 기준	배점(%)
생명체가 탄생하여 진화하기 가장 적합한 행성을 고르고, 그 까닭을 옳게 설명한 경우	100
생명체가 탄생하여 진화하기 가장 적합한 행성만 고른 경우	30

Ⅵ 외부 은하와 우주 팽창

13 외부 은하와 허블 법칙

개념 확인 문제 127쪽

548 (다)	**549** (나)	**550** (가)	**551** (라)
552 ㉡	**553** ㉠	**554** ㉢	**555** 적색
556 비례	**557** 허블		

548 답 (다)

(다)는 구 또는 타원 모양의 타원 은하로, 납작한 정도(편평도)에 따라 E0~E7로 세분한다.

549 답 (나)

(나)는 모양이 일정하지 않고 규칙적인 모양이 없는 불규칙 은하이다.

550 답 (가)

나선 은하는 나선팔이 은하의 중심부에서 뻗어 나온 구조로, 중심부가 공 모양인 정상 나선 은하(가)와 막대 모양인 막대 나선 은하(라)가 있다.

551 답 (라)

우리은하는 막대 모양의 중심부의 양 끝에서 나선팔이 휘어져 나온 구조로, (라)와 같은 막대 나선 은하에 속한다.

552 답 ㉡

퀘이사는 우주 초기에 형성된 은하로 매우 먼 거리에 있기 때문에 적색 편이도 매우 크다.

553 답 ㉠

전파 은하는 전파 영역에서 강한 복사를 방출하는 은하로 로브, 제트, 핵의 구조를 갖고 있다.

554 답 ㉢

세이퍼트은하는 보통의 은하들에 비하여 밝은 핵과 폭이 넓은 방출선 스펙트럼이 관측된다.

555 답 적색

대부분의 외부 은하는 우주 팽창에 의해 멀어지고 있으므로 스펙트럼에서 적색 편이가 관측된다.

556 답 비례

멀리 있는 은하일수록 더 빨리 멀어진다. 즉, 외부 은하까지의 거리와 후퇴 속도는 비례한다.

557 답 허블

허블 상수는 현재의 우주가 팽창하는 정도를 나타내는 값이다.

기출 분석 문제 128~131쪽

558 은하의 형태	**559** ②	**560** ⑤	**561** ③	**562** ②
563 ㉠ 세이퍼트은하, ㉡ 블랙홀, ㉢ 퀘이사, ㉣ 적색 편이				**564** ②
565 ②	**566** ④	**567** ③	**568** ②	**569** 해설 참조
570 ①	**571** ②	**572** ②	**573** ⑤	**574** 팽창 **575** ①
576 ①				

558 필수 유형 답 은하의 형태

자료 분석하기 허블의 외부 은하 분류

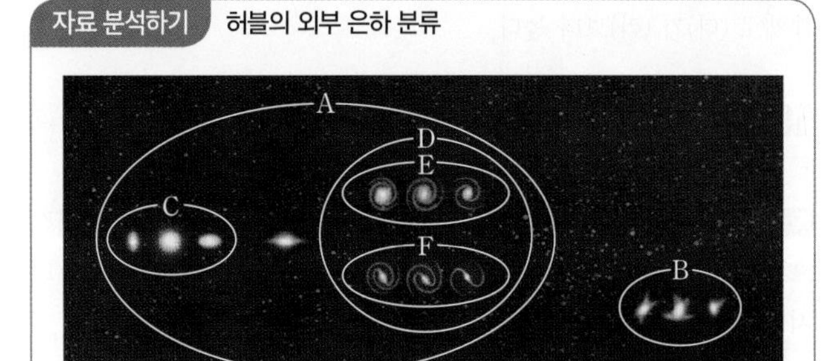

- A와 B의 구분: A는 일정한 모양이 있는 은하, B는 일정한 모양이 없는 불규칙 은하
- C와 D의 구분: C는 모양이 타원 형태인 은하, D는 중심핵과 나선팔이 있는 형태의 은하
- E와 F의 구분: E는 중심부에 막대 구조가 없는 형태의 은하, F는 중심부에 막대 구조가 있는 형태의 은하

허블은 외부 은하를 가시광선 영역에서 관측되는 형태에 따라 타원 은하, 나선 은하, 불규칙 은하로 분류하였다.

559 답 ②

ㄷ. B는 불규칙 은하, C는 타원 은하, D는 나선 은하, E는 정상 나선 은하, F는 막대 나선 은하이다. 우리은하는 막대 나선 은하인 F 집단에 속한다.

오답 피하기 ㄱ. 허블의 은하 분류에서 은하 집단 사이에 진화의 방향성은 존재하지 않는다. 은하의 모양은 시간에 따른 진화와는 관계가 없다.

ㄴ. C는 별이 탄생할 수 있는 성간 물질이 거의 없어서 새로운 별이 탄생하기 어렵다.

560 답 ⑤

⑤ 그림의 은하는 타원 은하의 모습으로, 중심부에서 바깥쪽으로 갈수록 별의 개수가 줄어들기 때문에 은하의 밝기가 감소한다.

오답 피하기 ① 타원 은하에는 은하 원반이 존재하지 않는다.

② 타원 은하에는 젊은 별들보다 나이가 많은 별의 비율이 높다. 새로운 별의 탄생은 불규칙 은하 또는 나선 은하의 나선팔에서 활발하게 일어난다.

③ 타원 은하에는 우리은하에 비해 상대적으로 나이가 많은 붉은색 별의 비율이 높다.

④ 타원 은하에는 나선팔이 존재하지 않는다. 나선팔이 감긴 정도에 따라 세분하는 은하는 나선 은하이다.

561

답 ③

(가)는 규칙적인 구조와 나선팔이 있고 중심부에 막대 구조가 있으므로 막대 나선 은하이고, (나)는 규칙적인 구조와 나선팔이 있으나 중심부에 막대 구조가 없으므로 정상 나선 은하이다. (다)는 규칙적인 구조가 없으므로 불규칙 은하이며, (라)는 규칙적인 구조가 있지만 나선팔이 없으므로 타원 은하이다.

ㄱ. 우리은하는 (가)의 막대 나선 은하에 해당한다.

ㄴ. 은하 A는 정상 나선 은하이므로 (나)에 해당한다.

오답 피하기 ㄷ. 대체로 불규칙 은하는 성간 물질이 풍부하게 존재하며, 타원 은하는 성간 물질이 매우 적다. 따라서 성간 물질의 비율은 대체로 (다)가 (라)보다 높다.

562

답 ②

ㄷ. 질량이 큰 거대 규모의 은하는 주로 타원 은하이다.

오답 피하기 ㄱ. 불규칙 은하는 타원 은하나 나선 은하에 비해 상대적으로 크기가 작고 어두운 편이다. 따라서 거리가 멀어지면 잘 관측되지 않는다.

ㄴ. 타원 은하는 성간 물질이 다른 은하에 비해 적기 때문에 새로 형성되는 젊은 별이 거의 없다.

563

답 ㉠ 세이퍼트은하, ㉡ 블랙홀, ㉢ 퀘이사, ㉣ 적색 편이

세이퍼트은하는 보통의 은하들에 비하여 밝은 은하핵과 넓은 방출 스펙트럼을 보이는 특이 은하이다. 스펙트럼의 방출선 폭이 넓은 까닭은 에너지 방출원인 성간 물질이 매우 빠른 속도로 움직이고 있음을 의미하며, 이로부터 중심부에 블랙홀이 있을 것으로 추정되고 있다. 퀘이사는 매우 멀리 떨어져 있어 하나의 별처럼 보이며, 적색 편이가 매우 크게 나타난다.

564

답 ②

ㄴ. 이 은하는 중심부에 강한 제트 분출과 양쪽에 로브가 관측되는 전파 은하이다.

오답 피하기 ㄱ. (가)는 가시광선 영상, (나)는 전파 영상이다.

ㄷ. (나)의 전파 영상에는 로브와 제트의 분출 모습이 잘 나타나 있다.

개념 더하기 전파 은하

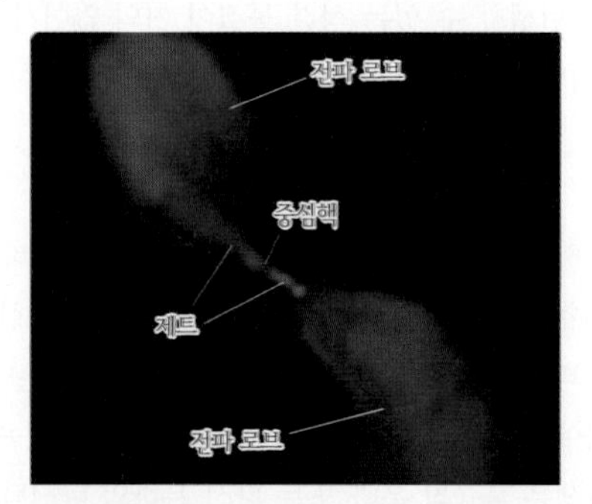

- 전파 은하는 대부분 가시광선 영역에서 관측할 때보다 전파 영역에서 관측할 때 크게 보인다.
- 중심에 핵이 있고, 양쪽에 로브라고 불리는 거대한 돌출부가 있으며, 로브와 핵이 제트로 연결되어 있다. 로브의 크기는 은하의 수 배에 이른다.
- 전파 은하에서는 중심부를 기준으로 강력한 물질의 흐름인 제트가 대칭적으로 관측되는데, 이는 은하 중심부의 블랙홀과 관련이 있다.

565

답 ②

ㄷ. 충돌 은하가 형성될 때 은하의 충돌 과정에서 은하 안에 성간 물질이 충돌과 압축 과정을 거치면서 새로운 별들이 활발하게 탄생하기도 한다.

오답 피하기 ㄱ. 충돌 은하는 충돌 후 특정한 형태로 진화하지는 않는다.

ㄴ. 은하의 충돌은 비교적 가까이 있는 은하 사이에 작용하는 중력에 의해 발생한다.

566

답 ④

(가)는 전파 은하, (나)는 세이퍼트은하이다.

ㄴ. (나)의 세이퍼트은하는 중심핵 부근에 있는 뜨거운 성운이 빠른 속도로 회전하여 방출선의 선폭이 매우 넓게 나타난다.

ㄷ. (가)와 (나)는 모두 특이 은하로 중심부에 블랙홀이 존재할 것으로 추정된다.

오답 피하기 ㄱ. (가)는 전파 영역에서 제트와 로브가 보이는 전파 은하이다.

개념 더하기 특이 은하

- 허블의 분류 체계로 분류하기 어려운 은하들을 특이 은하라고 하는데 전파 은하, 퀘이사, 세이퍼트은하, 충돌 은하 등이 있다.
- 전파 은하, 퀘이사, 세이퍼트은하는 일반적인 은하에 비해 전파나 X선 영역에서 매우 강한 에너지를 방출하며, 광도가 매우 크다.
- 전파 은하, 퀘이사, 세이퍼트은하는 활동적인 은하핵을 갖고 있는데, 이는 중심부에 거대 질량의 블랙홀을 갖고 있기 때문인 것으로 추정된다.

567

답 ③

ㄱ. 허블 법칙에 따르면 거리가 먼 은하일수록 빠른 속도로 멀어진다.

ㄴ. 외부 은하의 후퇴 속도는 스펙트럼에 나타난 적색 편이량으로부터 알 수 있으며, 거리가 먼 은하일수록 적색 편이량이 크게 나타나고, 이로부터 후퇴 속도가 크다는 것을 알 수 있다.

오답 피하기 ㄷ. 우주 팽창에서 특별한 중심 위치가 존재하지 않으므로 우주 팽창 속도는 우주 공간의 모든 위치에 관계없이 일정하다.

568

답 ②

ㄴ. 가장 멀리 있는 은하는 후퇴 속도가 가장 크게 나타나는 은하 B이다.

오답 피하기 ㄱ. 거리가 먼 은하일수록 후퇴 속도가 커서 적색 편이량이 크게 나타난다. 따라서 적색 편이량이 가장 크게 나타나는 은하는 후퇴 속도가 가장 큰 은하 B이다.

ㄷ. 우주 팽창으로 은하들은 서로 멀어지고 있으므로 은하 A에서 은하 C를 관측하면 적색 편이가 나타난다.

569

예시 답안 70 km/s/Mpc, 허블 법칙 $v=H\cdot r$에 의해 허블 상수

$H=\dfrac{840\ \text{km/s}}{12\ \text{Mpc}}=\dfrac{1400\ \text{km/s}}{20\ \text{Mpc}}=70\ \text{km/s/Mpc}$으로 구할 수 있다.

채점 기준	배점(%)
허블 상수의 값을 옳게 구하고 그 과정을 옳게 설명한 경우	100
허블 상수 값 또는 과정 중 1가지만 옳게 쓴 경우	50

570

답 ①

자료 분석하기 외부 은하의 스펙트럼 관측

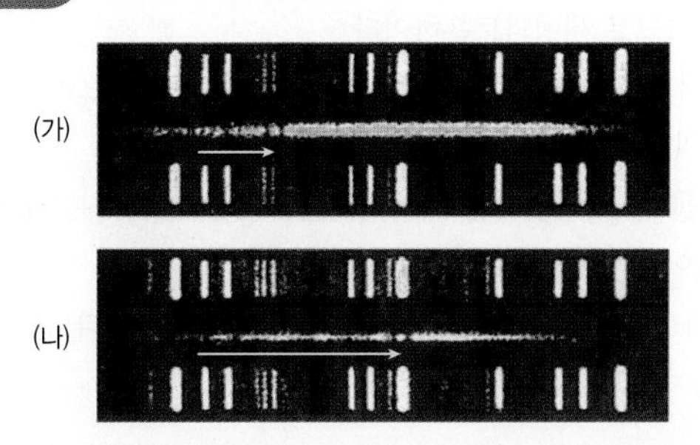

- 스펙트럼에 보이는 흡수선(노란색 화살표의 끝부분)의 위치가 원래의 위치보다 이동되어 관측된다. ➡ 적색 편이(붉은색 파장 쪽으로 이동됨.)
- 거리가 먼 외부 은하의 스펙트럼에서 흡수선의 이동(적색 편이량, 화살표 길이)이 크게 나타난다. ➡ (가)<(나)
- 흡수선의 이동이 크게 나타나는 은하일수록 멀리 떨어진 은하이며, 빠르게 멀어지고 있다는 의미이다. ➡ (가)<(나)

ㄱ. 흡수선의 파장 변화량은 (가)보다 (나)에서 크다. 따라서 적색 편이량은 (나)가 (가)보다 크다.

오답 피하기 ㄴ. (가)의 적색 편이량이 (나)보다 작으므로 (가)가 (나)보다 느리게 멀어지고 있다.

ㄷ. 적색 편이량이 클수록 우리은하로부터 빠르게 멀어지고 있으며, 거리도 더 멀다. 따라서 (가)보다 (나)가 더 멀다.

571 필수 유형

답 ②

자료 분석하기 허블 상수

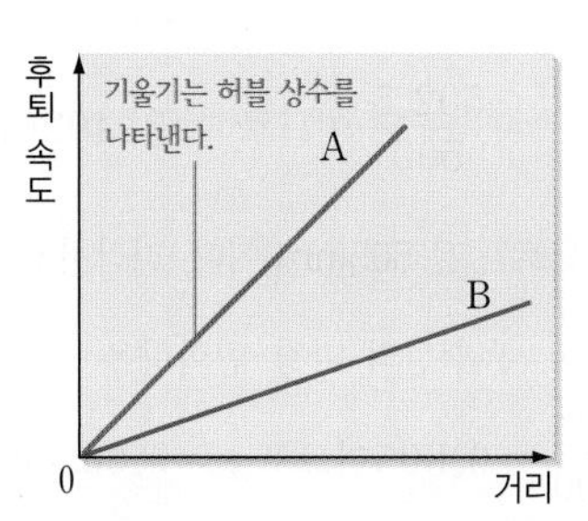

- 허블 법칙 $v=H\cdot r$에서 $H=\frac{v}{r}$이므로 그래프의 기울기는 허블 상수에 해당한다. ➡ 측정된 허블 상수는 A>B이다.
- 우주의 팽창 속도가 일정하다고 가정할 때 허블 법칙으로부터 우주의 나이(t)는 허블 상수의 역수이다.

  ➡ $t=\frac{r}{v}=\frac{r}{H\cdot r}=\frac{1}{H}$ ➡ 측정된 우주의 나이는 A<B이다.
- 관측 가능한 우주의 크기는 광속(c)으로 멀어지는 은하까지의 거리에 해당한다. ➡ $c=H\cdot r$ $\therefore r=\frac{c}{H}$ ➡ 측정된 우주의 크기는 A<B이다.

그래프의 기울기는 허블 상수에 해당한다. 따라서 허블 상수는 A>B이고, 허블 상수의 역수에 해당하는 우주의 나이는 A<B이다. 또, 허블 상수는 우주의 팽창 속도를 나타내는 값이므로 우주의 팽창 속도는 A>B이다.

572

답 ②

허블 상수를 측정하려면 은하까지의 거리와 후퇴 속도를 알아야 하며, 은하의 후퇴 속도는 스펙트럼에 나타난 적색 편이를 관측하여 구할 수 있다.

573

답 ⑤

외부 은하의 후퇴 속도(v)와 흡수선의 파장 변화량($\Delta\lambda$) 사이에는 다음과 같은 관계가 성립한다.

$$v=c\times\frac{\Delta\lambda}{\lambda}(c\text{: 빛의 속도})$$

ㄱ. 은하의 후퇴 속도를 v, 거리를 r라고 하면 $v=H\cdot r$(H: 허블 상수)로 나타낼 수 있다. 따라서 우리은하에서 관측한 A의 후퇴 속도는 $v=H\cdot r=70$ km/s/Mpc × 40 Mpc = 2800 km/s이다.

ㄴ. B에서 관측할 때, 우리은하는 1400 km/s의 속도로 멀어지므로 허블 법칙에 의해 우리은하에서 B까지의 거리는 $\frac{1400\text{ km/s}}{70\text{ km/s/Mpc}}$에서 20 Mpc이다. 이때, B에서 관측할 때 A는 우리은하보다 더 빨리 멀어지고 있으므로 우리은하는 A와 B 사이에 위치한다. 따라서 우리은하와 A까지의 거리가 40 Mpc이므로 A와 B 사이의 거리는 60 Mpc이다.

ㄷ. 우리은하에서 관측한 A와 B의 후퇴 속도가 각각 2800 km/s, 1400 km/s이고, A와 B는 우리은하를 기준으로 서로 반대 방향에 위치하므로 A에서 관측한 B의 후퇴 속도는 4200 km/s이다. 따라서 파장 변화량은 4200 km/s=300000 km/s × $\frac{\Delta\lambda}{500\text{ nm}}$에서 $\Delta\lambda$는 7 nm이므로 편이된 파장 ㉠의 값은 507(nm)이다.

574

답 팽창

은하의 후퇴 속도는 실제로 은하들이 멀어지는 속도가 아니라 우주가 팽창하기 때문에 은하들이 멀어지는 것처럼 보이는 겉보기 속도이다. 즉, 우주가 팽창(공간 팽창)하기 때문에 은하들이 멀어지는 것처럼 보인다.

575

답 ①

거리 r인 은하의 후퇴 속도를 v라고 하면, 허블 법칙에 의해 $v=H\cdot r$이고, $v=c\times\frac{\lambda-\lambda_0}{\lambda_0}=c\times\frac{\Delta\lambda}{\lambda_0}=cz$로부터 $H\cdot r=cz$이다. $\frac{1}{H}$이 우주의 나이이므로 $\frac{1}{H}=\frac{r}{cz}$이다.

576 필수 유형

답 ①

자료 분석하기 우주 팽창 모형실험

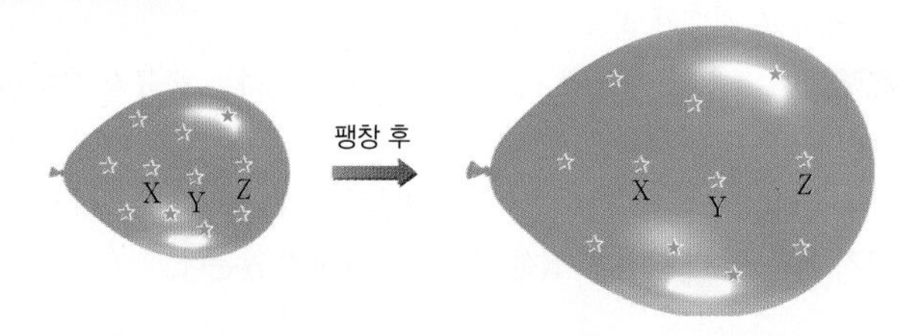

- 고무풍선의 표면은 우주, 고무풍선 표면의 점들은 은하에 해당한다.
- 풍선이 팽창하면서 점들 사이의 거리는 멀어진다. ➡ 우주가 팽창하면서 은하 사이의 거리가 멀어진다.
- 점 사이의 거리가 멀수록 풍선이 팽창할 때 더 많이 멀어진다. ➡ 멀리 있는 은하일수록 더 빨리 멀어진다.
- 풍선 위의 어떤 점에서 관측하더라도 다른 점들이 멀어진다. ➡ 팽창하는 우주에서 특별한 중심은 없다.

ㄱ. 풍선 모형실험을 통해 허블 법칙을 확인할 수 있다. 즉, 풍선이 팽창하면서 풍선 표면의 점들은 모두 서로 멀어지며, 멀리 떨어져 있는 점일수록 더 빨리 멀어진다.

오답 피하기 ㄴ. 풍선 표면에 어떤 점을 기준으로 하더라도 풍선이 팽창할 때 나머지 점들이 멀어진다. 즉, 풍선 표면에서 특별한 팽창의 중심은 존재하지 않는다.

ㄷ. 풍선이 일정하게 팽창할 때 X와 Z 사이의 거리는 점점 크게 멀어지고, 그에 따라 멀어지는 속도도 커진다.

1등급 완성 문제

132~133쪽

577 ② 578 ② 579 ③ 580 ③ 581 ⑤ 582 ③
583 해설 참조 584 해설 참조 585 해설 참조

577

답 ②

은하의 색지수는 타원 은하>나선 은하>불규칙 은하 순이므로 은하에 포함된 별의 평균 표면 온도는 불규칙 은하>나선 은하>타원 은하 순이다.

ㄴ. 색지수가 클수록 표면 온도가 낮다. 따라서 별의 평균 표면 온도는 색지수가 큰 타원 은하가 나선 은하보다 낮다.

오답 피하기 ㄱ. Sa형 은하는 Sc형 은하보다 색지수가 크므로 붉은색으로 보인다.

ㄷ. 은하에 포함된 별의 개수가 동일하다면 대체로 표면 온도가 높은 별들로 이루어진 불규칙 은하의 절대 등급이 타원 은하보다 작다.

578

답 ②

(가)는 타원 은하, (나)는 막대 나선 은하, (다)는 불규칙 은하이다.

ㄷ. 타원 은하는 상대적으로 온도가 낮은 붉은색 별의 비율이 높으므로 별의 평균 광도가 작다. 따라서 막대 나선 은하와 절대 등급이 같다면 별의 총 개수가 많을 것이다.

오답 피하기 ㄱ. 성간 물질의 비율이 가장 높은 은하는 불규칙 은하인 (다)이다.

ㄴ. 막대 나선 은하인 (나)에는 은하 원반과 막대 구조가 존재하지만, 불규칙 은하인 (다)에는 특별한 구조가 존재하지 않는다.

579

답 ③

ㄱ, ㄴ. 이 은하는 전파 은하의 모습이다. A는 중심핵이고 B는 로브이며, 중심핵과 로브는 제트로 연결되어 있다. 중심핵에는 블랙홀이 있을 것으로 추정된다.

오답 피하기 ㄷ. 우주 초기의 은하로 매우 먼 거리에 있어 큰 적색 편이가 나타나는 은하는 퀘이사이다.

580

답 ③

이 은하는 가시광선 영상에서 나선 은하로 관측되고, 폭넓은 방출선이 나타나므로 세이퍼트은하이다.

ㄷ. 세이퍼트은하의 스펙트럼에서는 보통 은하의 스펙트럼에 비해 방출선의 폭이 매우 넓다.

오답 피하기 ㄱ. 이 은하는 세이퍼트은하이다. 퀘이사는 매우 멀리 떨어져 있어 가시광선에서 별처럼 관측된다.

ㄴ. 전파 영역에서 관측하면 제트와 로브 구조가 나타나는 은하는 전파 은하이다.

581

답 ⑤

자료 분석하기 허블 법칙

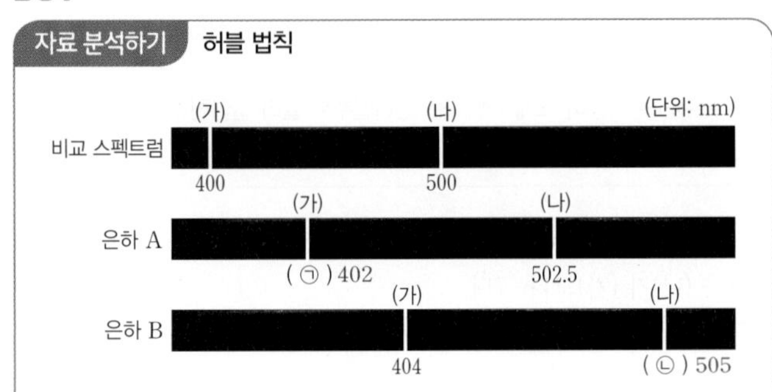

- 은하의 적색 편이(z)는 후퇴 속도(v)에 비례한다.

$$z=\frac{v}{c}=\frac{\Delta\lambda}{\lambda}$$ (c : 빛의 속도, $\Delta\lambda$: 흡수선의 파장 변화량)

- 은하 A에서 $z=0.005$이므로 후퇴 속도는 광속의 0.5 %이다.
- 은하 B의 적색 편이는 은하 A의 적색 편이의 2배이므로 B까지의 거리는 A까지의 거리보다 2배 멀다.

ㄱ. A에서 $\frac{㉠}{400}=\frac{502.5}{500}$이므로 ㉠은 402(nm)이고, B에서 $\frac{404}{400}=\frac{㉡}{500}$이므로 ㉡은 505(nm)이다. 따라서 (㉡−㉠)은 103이다.

ㄴ. 빛의 속도를 c, 흡수선의 파장 변화량을 $\Delta\lambda$라고 하면, A에서 $\frac{v}{c}=\frac{\Delta\lambda}{\lambda}=\frac{2.5}{500}=0.005$이므로 $v=0.005c$이다. 따라서 A의 후퇴 속도는 광속의 0.5 %에 해당한다.

ㄷ. 우리은하에서 B까지의 거리는 A까지의 거리의 2배이므로 A에서 관측한 B의 적색 편이량은 우리은하에서 관측한 A의 적색 편이량과 같다. 따라서 A에서 B를 관측하면 (가)의 파장은 402 nm로 관측된다.

582

답 ③

ㄱ. A의 후퇴 속도는 B의 2배이므로 우리은하로부터의 거리는 A가 B의 2배이다.

ㄷ. 후퇴 속도는 거리에 비례하므로, B에서 우리은하를 관측하면 후퇴 속도가 10000 km/s이고, B에서 A를 관측하면 $\sqrt{5}\times10000$ km/s이다. 적색 편이량은 후퇴 속도에 비례하므로 A가 우리은하의 $\sqrt{5}$배로 나타난다.

오답 피하기 ㄴ. 후퇴 속도는 허블 법칙에 따라 거리에 비례하여 나타난다. 우리은하에서 A까지의 거리를 2, B까지의 거리를 1이라고 하면, 피타고라스 정리에 의해 A에서 B까지의 거리는 $\sqrt{5}$이다. 따라서 A에서 B를 관측하면 후퇴 속도가 $\sqrt{5}\times10000$ km/s가 된다.

583

서술형 해결 전략

STEP 1 문제 포인트 파악

허블 상수와 허블 법칙을 통해 우주의 크기와 나이를 파악할 수 있어야 한다.

STEP 2 자료 파악

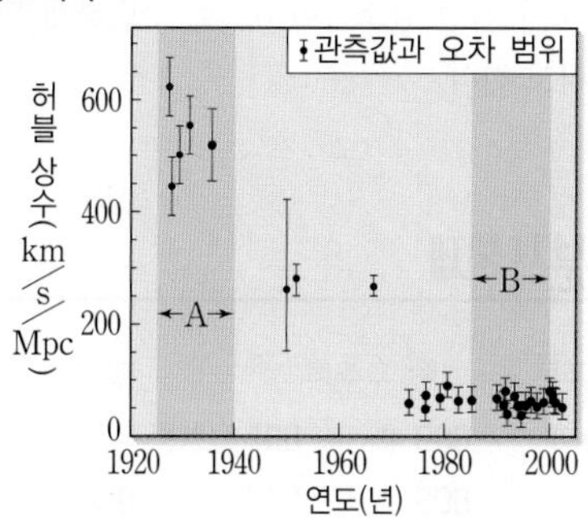

허블 상수의 크기는 A 시기가 B 시기보다 크게 측정된다.

STEP 3 관련 개념 모으기

❶ 허블 상수란?

➡ 허블 상수는 거리에 따른 은하의 후퇴 속도를 나타낸 값이다.

❷ 허블 상수로 우주의 나이를 구하는 방법은?

➡ 우주가 일정하게 팽창했다면 우주의 나이는 $\frac{r}{v}=\frac{r}{H\cdot r}=\frac{1}{H}$이므로 우주의 나이는 허블 상수의 역수와 같다.

❸ 허블 상수로 우주의 크기를 구하는 방법은?

➡ 관측 가능한 최대 후퇴 속도는 광속(c)이므로 관측 가능한 우주의 크기는 $\frac{v}{H}=\frac{c}{H}$가 된다. 따라서 우주의 크기는 허블 상수의 역수에 비례한다.

예시 답안 허블 상수는 A 시기가 B 시기보다 크게 측정된다. 우주의 크기와 나이는 허블 상수의 역수에 비례하므로 우주의 크기와 나이는 A 시기보다 B 시기에 크게 측정된다.

채점 기준	배점(%)
허블 상수와 관련지어 우주의 크기와 나이를 옳게 비교하여 설명한 경우	100
우주의 크기와 나이를 옳게 비교했으나 허블 상수를 언급하지 않고 설명한 경우	60
우주의 크기와 나이 중 1가지만 옳게 비교한 경우	30

584

서술형 해결 전략

STEP 1 문제 포인트 파악

은하의 종류에 따른 특징을 설명할 수 있어야 한다.

STEP 2 자료 파악

(가) 타원 은하
➡ 주로 나이가 많은 별들로 구성

(나) 불규칙 은하
➡ 주로 젊은 별들로 구성

STEP 3 관련 개념 모으기

❶ 허블의 은하 분류는?

➡ 허블은 외부 은하를 가시광선 영역에서 관측되는 형태에 따라 타원 은하(E), 정상 나선 은하(S), 막대 나선 은하(SB), 불규칙 은하(Irr)로 분류하였다.

❷ 은하를 구성하는 별의 특징은?

➡ 타원 은하는 성간 물질이 거의 없기 때문에 새로 탄생하는 젊은 별이 거의 없으며, 주로 나이가 많은 별들로 이루어져 있다. 나선 은하는 젊은 별과 나이 많은 별을 모두 포함하고 있으며 나선팔에서 새로운 별들이 활발하게 생성되고 있다. 불규칙 은하는 상대적으로 젊은 별의 비율이 높다.

❸ 은하의 구성 별과 색지수의 관계는?

➡ 색지수($B-V$)는 표면 온도가 낮은 붉은색 별일수록 크게 나타나고, 표면 온도가 높은 파란색 별일수록 작게 나타난다. 타원 은하를 구성하는 별은 주로 온도가 낮은 붉은색 별이므로 타원 은하의 색지수가 크고, 불규칙 은하를 구성하는 별은 주로 온도가 높은 파란색 별이므로 불규칙 은하의 색지수가 작다.

예시 답안 (가)는 주로 나이가 많고 표면 온도가 낮은 붉은색의 별로 이루어져 있는 타원 은하이고, (나)는 나이가 적고 표면 온도가 높은 파란색 별이 상대적으로 많은 불규칙 은하이다. 따라서 표면 온도가 낮고 붉은색 별이 많은 은하인 (가)의 색지수가 (나)보다 크게 나타난다.

채점 기준	배점(%)
(가)와 (나) 은하를 구성하는 별과 관련지어 색지수를 옳게 비교하여 설명한 경우	100
(가)와 (나) 은하의 색지수만 옳게 비교하여 설명한 경우	30

585

서술형 해결 전략

STEP 1 문제 포인트 파악

은하의 스펙트럼에 나타나는 파장 변화량의 의미를 파악하고 허블 법칙을 이용하여 은하의 거리를 구할 수 있어야 한다.

STEP 2 관련 개념 모으기

❶ 허블 법칙이란?

➡ 외부 은하까지의 거리(r)와 후퇴 속도(v)는 비례하며, 다음과 같이 나타낼 수 있다.

$$v=H\cdot r\ (H\text{: 허블 상수})$$

❷ 후퇴 속도와 적색 편이량의 관계는?

➡ 관측된 파장을 λ, 원래의 고유 파장을 λ_0라고 하면 외부 은하의 적색 편이량 $z=\frac{\lambda-\lambda_0}{\lambda_0}=\frac{\Delta\lambda}{\lambda_0}$이고, 빛의 속도를 c라고 하면, 후퇴 속도(v)$=c\times\frac{\Delta\lambda}{\lambda_0}=cz$이다.

➡ 후퇴 속도(v)는 적색 편이량(z)에 비례한다.

❸ 적색 편이량(z)으로부터 은하의 거리(r)를 구하는 방법은?

➡ $v=H\cdot r$ ➡ $r=\frac{v}{H}=\frac{1}{H}\times c\times\frac{\Delta\lambda}{\lambda_0}=\frac{cz}{H}$

➡ 적색 편이량과 허블 상수를 이용하여 거리를 구한다.

❹ 적색 편이량과 은하까지 거리의 관계는?

➡ 스펙트럼에 나타나는 적색 편이량과 은하까지의 거리는 비례한다.

예시 답안 파장 변화량은 A가 20 nm, B가 40 nm이다. 따라서 후퇴 속도는 A가 B의 $\frac{1}{2}$배이고, 허블 법칙으로부터 은하 A까지의 거리는 B의 $\frac{1}{2}$배이다.

채점 기준	배점(%)
파장 변화량으로부터 후퇴 속도와 거리를 옳게 비교하여 설명한 경우	100
파장 변화량만 옳게 비교한 경우	20

14 빅뱅 우주론과 암흑 에너지

개념 확인 문제 135쪽

586 ×	**587** ○	**588** ○	**589** ㉡
590 ㉢	**591** ㉠	**592** ×	**593** ×
594 ○	**595** 암흑 물질	**596** 암흑 에너지	
597 임계 밀도			

586 답 ×

빅뱅 우주론에서는 우주가 어느 시점에서 시작되었으며, 우주의 크기와 나이가 유한하다고 설명한다.

587 답 ○

빅뱅 우주론에 따르면 빅뱅 이후 우주가 팽창함에 따라 우주의 온도와 밀도는 계속 감소한다.

588 답 ○

빅뱅 우주론의 가장 강력한 증거는 우주 배경 복사와 가벼운 원소의 비율이다.

589 답 ㉡

관측에 의하면 우주는 거의 완벽하게 평탄한데, 빅뱅 우주론에서는 그 까닭을 설명하기 어렵다. 이를 우주의 평탄성 문제라고 한다.

590 답 ㉢

빅뱅 우주론에서는 상호 작용이 불가능할 정도로 먼 우주의 정반대 방향에서 오는 우주 배경 복사가 균일하다는 것을 설명하기 어려운데, 이를 우주의 지평선 문제라고 한다.

591 답 ㉠

빅뱅 우주론에서 예측한 초기 우주에서 형성된 자기 홀극이 현재까지 발견되지 않고 있는데, 이를 자기 홀극 문제라고 한다.

592 답 ×

우주의 급팽창은 빅뱅 직후에 일어났으며, 우주 배경 복사가 형성된 것은 빅뱅 후 약 38만 년이 지났을 때이다.

593 답 ×

우주가 가속 팽창을 하는 원인은 암흑 에너지 때문인 것으로 추정되고 있다.

594 답 ○

Ia형 초신성을 관측하여 우주의 팽창 속도를 측정한 결과 우주의 가속 팽창을 확인할 수 있었다.

595 답 암흑 물질

암흑 물질은 전자기파와 상호 작용을 하지 않지만, 중력을 통해 그 존재를 확인할 수 있다.

596 답 암흑 에너지

현재 우주의 구성 성분 중 가장 많은 비율을 차지하는 것은 암흑 에너지(약 68.3 %)이다.

597 답 임계 밀도

우주의 팽창 속도가 점점 감소하여 0으로 수렴하게 되는 우주의 밀도를 임계 밀도라고 한다.

기출 분석 문제

136~139쪽

598 (가) 정상 우주론, (나) 빅뱅 우주론			**599** ④	**600** ②
601 ④	**602** ③	**603** ②	**604** 급팽창 우주론	
605 해설 참조		**606** ①	**607** ②	**608** ①
609 ③				
610 ⑤	**611** (가) 암흑 에너지, (나) 암흑 물질, (다) 보통 물질			
612 ③	**613** ④	**614** ③	**615** A: (다), B: (나), C: (가)	
616 ②				

598 답 (가) 정상 우주론, (나) 빅뱅 우주론

(가)는 우주가 팽창하더라도 우주의 밀도가 일정하게 유지되는 정상 우주론이고, (나)는 우주의 팽창으로 우주의 밀도가 점점 감소하는 빅뱅 우주론이다.

599 답 ④

자료 분석하기 정상 우주론과 빅뱅 우주론

정상 우주론과 빅뱅 우주론은 허블 법칙을 통해 확인된 팽창 우주론에 바탕을 둔 우주론으로 각각 다음과 같이 주장하였다.

정상 우주론	빅뱅 우주론
• 우주는 영원하다. • 우주의 크기는 무한하다. • 새로운 물질이 계속 생성되어 우주의 온도와 밀도가 일정하게 유지된다.	• 우주는 어느 시점에서 시작되었다. • 우주의 크기는 유한하다. • 우주가 팽창함에 따라 우주의 온도와 밀도가 계속 감소한다.

➡ 이후 우주 배경 복사의 발견과 스펙트럼 관측을 통해 수소와 헬륨의 질량비를 확인하였고 빅뱅 우주론이 확립되었다.

④ (가)는 정상 우주론, (나)는 빅뱅 우주론 모형이다. 우주 배경 복사는 정상 우주론으로는 설명할 수 없으며, 빅뱅 우주론으로 설명할 수 있다. 우주 배경 복사는 빅뱅 우주론의 강력한 증거가 된다.

오답 피하기 ①, ② 빅뱅 우주론에서 우주는 과거의 어느 시점에서 탄생하였고, 우주의 팽창으로 우주의 온도와 밀도가 계속 감소한다고 설명한다.

③ (가)의 정상 우주론과 (나)의 빅뱅 우주론 모두 팽창 우주론에 바탕을 둔 이론으로 허블 법칙이 성립한다.

⑤ (가)의 정상 우주론에서는 우주가 무한하다고 주장하고, (나)의 빅뱅 우주론에서는 우주가 유한하다고 주장한다.

600

답 ②

ㄷ. 우주의 모든 방향에서 약 2.7 K의 흑체 복사 에너지가 검출되는데 이를 우주 배경 복사라고 한다. 우주 배경 복사는 빅뱅 우주론의 가장 강력한 증거이다.

오답 피하기 ㄱ. 멀리 있는 은하일수록 더 빨리 멀어진다는 것을 허블이 발견하였으며, 이로부터 우주가 팽창한다는 것을 알 수 있었다.

ㄴ. 적색 편이로 예상한 Ia형 초신성의 밝기가 예상보다 더 어둡다는 사실로부터 우주가 가속 팽창 하고 있다는 것을 알아내었다.

601

답 ④

ㄴ, ㄷ. 빅뱅 후 초기 우주의 핵융합 반응으로 생성된 수소 원자핵과 헬륨 원자핵의 개수비는 12 : 1이었고, 질량비는 약 3 : 1이었다. 이 값은 현재 우주에서 관측되는 수소와 헬륨의 비율과 거의 일치한다.

오답 피하기 ㄱ. (가)는 중성자와 양성자가 존재하는 시기이므로 우주의 급팽창 이후 시기이다. 급팽창 시기에는 물질이 존재하지 않았다.

602 필수 유형

자료 분석하기 우주 배경 복사

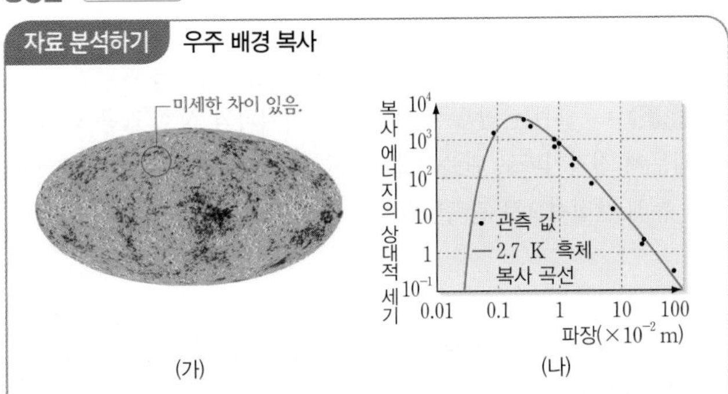

- (가)에서 우주 배경 복사는 거의 균일하게 분포한다. ➡ 우주는 방향과 관계없이 전체적으로 거의 균일하다.
- (가)에서 미세한 불균일이 존재한다. ➡ 초기 우주에 미세한 밀도 차이가 있었으며, 상대적으로 밀도가 높은 곳에서 별과 은하가 생성되었다.
- (나)에서 우주 배경 복사는 약 2.7 K 흑체 복사와 일치한다. ➡ 우주의 온도가 약 3000 K일 때 방출된 빛이 우주의 온도가 낮아지면서 파장이 길어진 것이다.

③ 우주 배경 복사는 거의 균일하지만 방향에 따라 미세한 온도 편차가 관측된다.

오답 피하기 ① 우주 배경 복사는 우주 전역에서 관측된다.

② 우주의 가속 팽창은 Ia형 초신성을 관측하여 알아내었다.

④ 우주 배경 복사는 우주의 온도가 약 3000 K일 때 방출되었고, 우주 팽창에 의해 파장이 길어져 현재 약 2.7 K의 흑체 복사로 관측된다.

⑤ 우주 배경 복사는 원자가 생성된 빅뱅 후 약 38만 년이 되었을 때 방출되었다. 최초의 별은 빅뱅 후 약 4억 년에 탄생하였다.

603

답 ②

(가)는 현재 상호 작용이 불가능할 정도로 멀리 떨어진 우주 전역에서 우주 배경 복사가 균질하게 관측되는 우주의 지평선 문제이고, (나)는 빅뱅 후 우주 초기에 생성되었을 것으로 예상되는 자기 홀극이 검출되지 않는다는 자기 홀극 문제이다. (다)는 현재의 우주가 관측에 의하면 평탄한 우주에 가깝다는 사실로부터 우주의 임계 밀도가 특별한 값을 가져야만 한다는 우주의 평탄성 문제이다.

604

답 급팽창 우주론

급팽창 우주론은 빅뱅 직후 우주가 극히 짧은 시간 동안 급격히 팽창했다는 우주론으로, 빅뱅 우주론이 해결하지 못한 중요한 문제들을 해결해 주었다.

개념 더하기 급팽창(인플레이션) 우주론

- 빅뱅 직후 매우 짧은 시간 동안 우주가 급격히 팽창했다는 이론으로, 1979년 미국의 앨런 구스가 제안하였다.
- 우주의 크기가 급팽창 이전에는 우주의 지평선보다 작았고, 급팽창 이후에는 우주의 지평선보다 커졌다고 설명한다. 이는 기존 빅뱅 우주론의 문제점을 해결할 수 있는 이론이었다.

빅뱅 우주론의 문제점	급팽창 이론의 해결 방법
지평선 문제 ➡ 우주 지평선의 반대쪽 양 끝 지역은 상호 작용 할 수 없는 위치에 있는데, 우주 배경 복사가 균일한 까닭을 설명하기 어렵다.	급팽창 이전에는 우주의 크기가 작아서 상호 작용을 할 수 있었으므로 균일해 질 수 있었다.
평탄성 문제 ➡ 관측에 의하면 우주는 거의 완벽하게 평탄하다. 이를 위해서는 초기 우주의 밀도가 특정한 값을 가져야 하는데 그 까닭을 설명하기 어렵다.	우주가 평탄하지 않더라도 급팽창으로 인해 현재 관측 가능한 우주는 평탄하다.
자기 홀극 문제 ➡ 우주에는 초기 우주에서 형성된 자기 홀극이 많이 존재해야 하는데 지금까지 자기 홀극이 발견되지 않았다.	우주가 급격히 팽창하였으므로 자기 홀극의 밀도가 크게 감소하여 현재는 발견하기 어렵다.

605

급팽창 우주론에 따르면 현재 지평선에 있는 지역도 급팽창 전에는 현재보다 훨씬 가까이 있었기 때문에 서로 정보 교환이 가능하여 우주가 균일할 수 있었다.

예시 답안 급팽창 우주론에 따르면, 급팽창이 일어나기 전까지는 우주의 크기가 매우 작아 정보를 충분히 교환할 수 있어서 우주 내부가 전체적으로 균일해질 수 있었다. 이후 급팽창이 일어나 우주의 크기가 우주 지평선보다 커졌으므로 현재 관측되는 우주 배경 복사가 방향에 상관없이 거의 같은 온도로 나타날 수 있다.

채점 기준	배점(%)
급팽창 우주론으로 지평선 문제를 해결한 내용을 옳게 설명한 경우	100
급팽창 우주론으로 우주가 매우 크게 팽창했다고만 설명한 경우	50

606

답 ①

허블 법칙이 발견되면서 우주의 팽창이 확인되었고, 우주 배경 복사의 발견으로 빅뱅 우주론이 확립되었다. 최근에는 Ia형 초신성 관측을 통해 우주의 가속 팽창이 확인되어 암흑 에너지를 포함한 표준 우주 모형이 등장하였다.

607

답 ②

ㄴ. 현재 암흑 에너지 효과에 의해 우주가 가속 팽창 한다고 추정된다.

오답 피하기 ㄱ. 먼 미래에는 암흑 에너지 효과가 더 커질 것으로 예상되므로 우주의 팽창 속도는 더욱 빨라질 것이다.

ㄷ. 멀리 있는 은하일수록 후퇴 속도가 크다는 것은 허블의 관측으로 확인되었으며, 우주 팽창의 근거가 된다.

608 답 ①

자료 분석하기 은하의 회전 속도 곡선

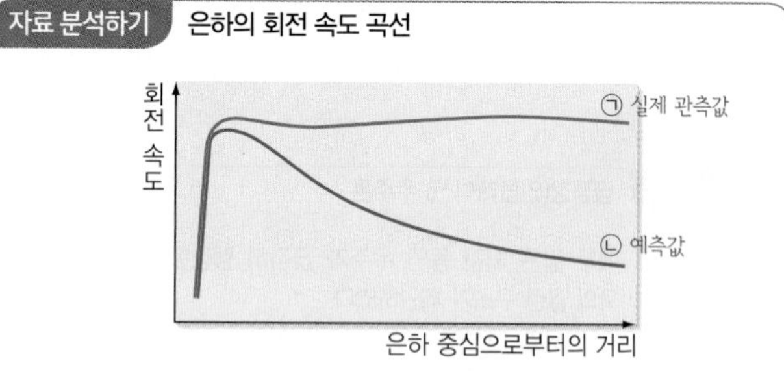

- 별(보통 물질)의 개수는 은하 중심에서 멀어질수록 줄어든다. 따라서 은하 중심을 도는 별의 회전 속도가 중심에서 멀어질수록 느릴 것이라고 예상하였다.
- 관측 결과 은하 중심에서 멀어져도 회전 속도가 거의 일정하게 나타난다. ➡ 은하의 외곽에 보이지 않는 많은 양의 암흑 물질이 존재함을 의미한다.

ㄱ. ㉠은 실제 관측된 회전 속도이고, ㉡은 보통 물질의 양으로 추정한 회전 속도 예측값이다.

오답 피하기 ㄴ. 회전 속도 예측값은 보통 물질만 고려한 것이며, 실제 관측값과의 차이로 암흑 물질의 존재가 밝혀졌다.

ㄷ. 실제 우리은하의 회전 속도가 은하 외곽 지역에서도 크게 감소하지 않은 까닭은 우리은하의 외곽 지역에 많은 양의 암흑 물질이 존재하기 때문이다. 따라서 은하 중심에서 멀어질수록 물질의 양이 많아지면 회전 속도 곡선은 보통 물질만 고려한 ㉡보다 실제 회전 속도인 ㉠에 가까울 것이다.

609 필수 유형 답 ③

자료 분석하기 Ia형 초신성

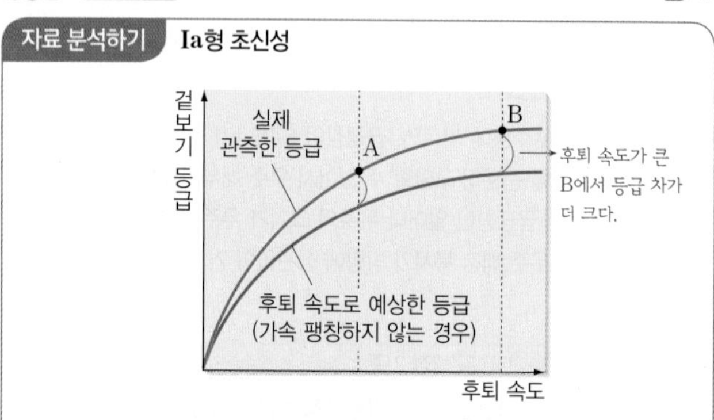

- Ia형 초신성은 일정 질량에 도달했을 때 폭발이 일어나므로 가장 밝을 때의 등급이 일정하다. ➡ 겉보기 밝기를 측정하면 거리를 알 수 있고, 초신성의 겉보기 등급이 클수록 거리가 멀다는 것을 알 수 있다.
- Ia형 초신성의 스펙트럼을 분석하여 후퇴 속도를 확인한 결과, 후퇴 속도가 클수록 Ia형 초신성의 거리가 예상보다 멀었다.(겉보기 등급이 크다.) 이때 밝기 차는 가까운 거리의 초신성보다 먼 거리의 초신성에서 더 크게 나타났다. ➡ 우주의 가속 팽창 확인

ㄱ. A와 B는 모두 Ia형 초신성이므로 최대로 밝아졌을 때 밝기가 일정하다. 따라서 A와 B의 절대 등급이 같다.

ㄷ. A와 B는 모두 후퇴 속도로 예상한 겉보기 등급보다 실제 관측된 겉보기 등급이 더 크다. 즉, 예상보다 더 어둡게 관측되었으므로 예상보다 더 멀리 위치한다는 것을 알 수 있다.

오답 피하기 ㄴ. Ia형 초신성은 항상 최대 밝기가 일정하여 거리 측정에 이용된다. 겉보기 등급이 클수록 어두우므로 B가 A보다 더 멀리 위치한다.

610 답 ⑤

ㄱ, ㄷ. 1929년 허블은 외부 은하의 거리와 후퇴 속도와의 관계를 알아냈고, 1964년 펜지어스와 윌슨은 약 2.7 K 흑체 복사에 해당하는 우주 배경 복사를 발견하였다. 또, 1999년 Ia형 초신성 연구로부터 현재 우주가 가속 팽창 하고 있음이 확인되었다. 따라서 관측된 순서는 (가) → (다) → (나)이다.

ㄴ. 허블 법칙에 따르면 은하까지의 거리와 은하의 후퇴 속도는 비례한다. 후퇴 속도가 빠를수록 스펙트럼에서 적색 편이가 크게 나타나므로 적색 편이량은 ㉠에 들어갈 물리량으로 적절하다.

611 답 (가) 암흑 에너지, (나) 암흑 물질, (다) 보통 물질

초신성 관측이나 우주 배경 복사의 관측 결과를 근거로 과학자들은 우주에 약 4.9 %의 보통 물질과 약 26.8 %의 암흑 물질, 그리고 약 68.3 %의 암흑 에너지가 존재한다고 추정하고 있다.

612 답 ③

ㄱ. (가)의 암흑 에너지는 중력과 반대 방향으로 밀어내는 척력으로 작용한다.

ㄷ. 별과 은하는 보통 물질인 (다)에 해당한다.

오답 피하기 ㄴ. (나)는 암흑 물질이며, 전자기파와 상호 작용 하지 않기 때문에 전자기파로 관측이 불가능하다. 암흑 물질은 중력의 작용 등을 통해 간접적으로 관측한다.

613 답 ④

ㄴ. 암흑 에너지 효과는 우주의 크기가 커질수록 증가하므로 A 시기보다 B 시기에 크다.

ㄷ. 우주가 팽창함에 따라 우주의 온도가 계속 낮아지므로 우주 배경 복사의 파장도 계속 길어진다. 따라서 우주 배경 복사의 파장은 B 시기가 현재보다 짧다.

오답 피하기 ㄱ. A 시기에는 우주의 팽창 속도가 점점 줄어드는 감속 팽창을 하였다.

614 답 ③

자료 분석하기 우주 모형

모형	$\frac{\rho_m}{\rho_c}$	$\frac{\rho_\Lambda}{\rho_c}$
A	0.3	0.7
B	0.3	0.0
C	1.0	0.0

- A: 보통 물질과 암흑 에너지의 밀도 비율이 약 3 : 7인 가속 팽창 우주 모형이다. ➡ 현재 관측 결과와 가장 잘 맞는 우주 모형이다.
- B: 암흑 에너지가 없고, 우주의 밀도가 임계 밀도보다 작은 열린 우주 모형이다. ➡ 우주의 팽창 속도가 느려지지만 영원히 팽창한다.
- C: 암흑 에너지가 없고, 우주의 밀도가 임계 밀도와 같은 평탄 우주이다. ➡ 우주의 팽창 속도가 점차 0으로 수렴한다.

ㄱ. A는 암흑 에너지에 의해 가속 팽창 하는 우주 모형이다.
ㄷ. 우주의 나이는 우주의 크기가 0일 때부터 현재 크기까지 되는 데 걸린 시간이다. 따라서 세 우주 모형에서 우주의 나이는 A>B>C이다.

오답 피하기 ㄴ. B는 암흑 에너지가 없고 물질 밀도가 임계 밀도보다 작은 열린 우주 모형이다.

개념 더하기 우주의 밀도에 따른 우주 모형

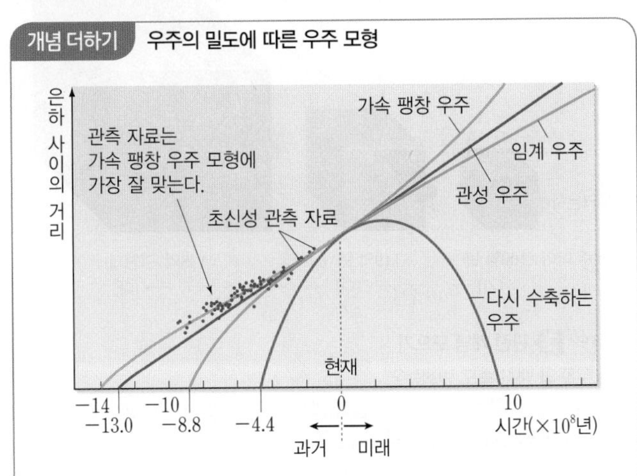

- 가속 팽창 우주: 암흑 에너지가 우주 밀도의 약 68.3 %일 때의 모형으로, 현재의 관측 결과와 가장 잘 부합한다.
- 관성 우주(열린 우주): 우주에 중력을 미칠 수 있는 물질이나 에너지가 전혀 없는 우주($\Omega<1$)이다.$\left(\Omega=\frac{\text{우주 밀도}}{\text{임계 밀도}}\right)$ 열린 우주에서 우주 팽창은 항상 일정한 속도로 나타난다.
- 임계 우주(평탄 우주): 우주의 밀도가 임계 밀도와 같고($\Omega=1$), 암흑 에너지가 없는 경우이다. 평탄 우주에서는 팽창 속도가 계속 느려지면서 점차 0으로 수렴한다.
- 다시 수축하는 우주(닫힌 우주): 우주의 밀도가 임계 밀도보다 크고($\Omega>1$), 암흑 에너지가 없는 경우로 닫힌 우주에 해당한다.

615

답 A: (다), B: (나), C: (가)

A는 우주의 밀도와 임계 밀도가 같은 평탄 우주인 (다)이고, B는 음의 곡률을 갖는 열린 우주이므로 (나)이다. C는 양의 곡률을 갖는 닫힌 우주이므로 (가)이다.

616

답 ②

ㄴ. 우주가 팽창함에 따라 우주의 물질 밀도는 감소하였고, 암흑 에너지의 비율은 증가하였다.

오답 피하기 ㄱ. 우주는 암흑 에너지의 비율이 증가하고 있으므로 암흑 에너지 효과에 의해 우주는 가속 팽창 할 것이다.
ㄷ. 암흑 물질과 암흑 에너지는 전자기파로 검출이 불가능하다. 암흑 물질과 암흑 에너지가 전체 물질에서 차지하는 비율이 매우 높고 전자기파와 상호 작용 하는 물질인 보통 물질은 전체 물질의 5 % 미만이다.

개념 더하기 암흑 에너지와 우주의 팽창

- 암흑 에너지의 밀도는 일정하므로 우주가 팽창하면서 물질(보통 물질+암흑 물질)의 영향력은 작아지고 암흑 에너지의 영향력은 커진다.
- 빅뱅 이후 초기에는 물질의 영향력이 커서 우주가 감속 팽창 하였으나 점차 암흑 에너지의 영향력이 커지면서 현재 우주는 가속 팽창 하고 있다.

1등급 완성 문제

140~141쪽

617 ②	618 ④	619 ①	620 ③	621 ①	622 ②
623 해설 참조		624 해설 참조		625 해설 참조	

617

답 ②

ㄴ. 빅뱅 우주론만으로는 우주의 모든 방향에서 우주 배경 복사가 거의 균일하게 관측되는 현상을 설명할 수 없는데, 이를 우주의 지평선 문제라고 한다. 급팽창 우주론에서는 우주의 지평선 문제를 ㉠ 시기 급팽창 이전에 우주의 크기가 매우 작아 서로 정보를 교환할 수 있었기 때문이라고 설명한다.

오답 피하기 ㄱ. (가)는 정상 우주론, (나)는 급팽창을 고려한 빅뱅 우주론에 해당한다.
ㄷ. (가)에서 우주의 밀도는 항상 일정하고, (나)에서 우주의 밀도는 시간에 따라 점점 감소한다.

개념 더하기 급팽창 우주론

- 급팽창 우주론은 빅뱅 우주론에서 제시된 문제점을 우주의 기하급수적인 팽창으로 설명하는 이론이다. 이 팽창은 암흑 에너지에 의하여 진행되었으며, 빅뱅 후 약 10^{-36}~10^{-34}초 사이에 우주의 크기가 약 10^{78}배 커졌다고 여겨진다.
- 급팽창 우주론을 포함한 우주 표준 모형에서는 우주가 기하학적으로 평탄할 것으로 예측한다. WMAP의 정밀한 우주 배경 복사 관측을 통해 이 예측이 옳은 것으로 확인되었다.

618

답 ④

자료 분석하기 빅뱅 후 급팽창과 입자의 형성

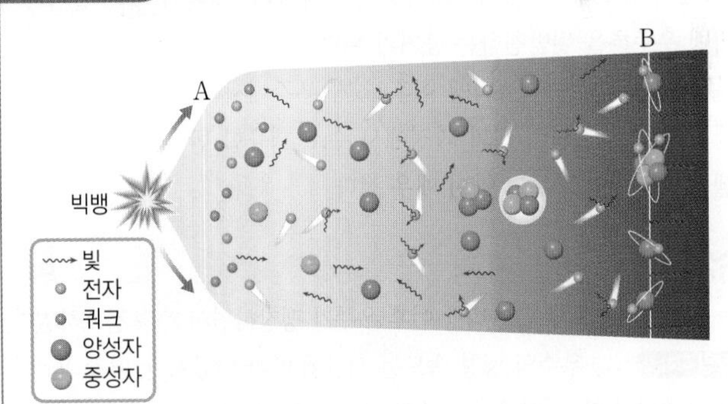

- 빅뱅: 시간과 공간의 시작
- 빅뱅~A 시기: 급팽창 시기 ➡ 우주 공간이 급격하게 늘어난 시기, 물질이 생성되기 전
- A~B 시기: 물질이 생겨나고 우주 초기의 핵융합 반응으로 수소 원자핵과 헬륨 원자핵이 생성 ➡ 이때 우주의 수소와 헬륨의 개수비가 약 12 : 1, 질량비가 약 3 : 1로 결정, 현재 관측 결과와 거의 같음.
- B 시기: 원자핵과 전자가 결합하여 원자를 생성하면서 우주 배경 복사가 우주 전역으로 방출

ㄱ. 급팽창은 물질이 존재하는 A 시기 이전에 일어났다.
ㄷ. B 시기에 우주에 존재하는 수소와 헬륨의 개수비는 약 12 : 1, 질량비는 약 3 : 1이었다.

오답 피하기 ㄴ. 우주 배경 복사는 원자가 형성된 B 시기 이후에 형성되었다.

619

답 ①

ㄱ. (가)의 A는 약 2.7 K의 흑체 복사 곡선에 해당한다.

오답 피하기 ㄴ. 관측 방향에 따라 우주 배경 복사의 미세한 온도 편차가 존재하므로 곡선 A의 최대 에너지 세기를 갖는 파장은 관측 방향에 따라 미세하게 차이가 나타난다.

ㄷ. 우주 배경 복사의 온도 편차는 빅뱅 후 약 38만 년이 지났을 때의 온도 편차를 나타내므로 시간이 흘러도 같은 값을 나타낸다.

개념 더하기 우주 배경 복사의 관측

- 우주 배경 복사는 우주 나이 약 38만 년에 방출된 빛이다. 방출 당시의 우주 온도는 약 3000 K이었으나 우주가 팽창하면서 온도가 낮아져 현재는 약 2.7 K에 해당하는 파장으로 우주 전역에서 관측된다.
- 우주 배경 복사는 전체적으로 거의 균일하지만 방향에 따라 미세한 차이가 나타나며, 이 불균일함은 초기 우주의 밀도가 불균일한 모습이다.

620

답 ③

ㄱ. ㉠은 성간 기체에서 가장 풍부한 수소이고, ㉡은 두 번째로 풍부한 헬륨이다.

ㄷ. 빅뱅 우주론에서는 우주에 존재하는 수소와 헬륨의 질량비가 약 3 : 1이라고 예측하였다. 이 예측은 실제 관측 결과와 거의 일치하여 빅뱅 우주론을 뒷받침하는 증거가 된다.

오답 피하기 ㄴ. 헬륨은 빅뱅 이후 초기 우주에서 빅뱅 핵합성에 의해 생성되었으며, 별의 진화 과정에서 수소 핵융합 반응을 거쳐 생성된 헬륨은 상대적으로 그 양이 매우 적다.

621

답 ①

ㄱ. 우주의 평균 밀도는 빅뱅 이후 우주가 팽창하면서 계속 감소하였다.

오답 피하기 ㄴ. 우주의 팽창 속도는 시간에 따라 달랐지만, 우주의 팽창은 계속되어 왔다. 따라서 우주의 크기는 A 시기보다 B 시기에 컸다.

ㄷ. 암흑 에너지의 밀도는 변하지 않지만 물질의 밀도가 감소하므로 암흑 에너지가 차지하는 비율은 증가한다. 따라서 A 시기보다 B 시기에 암흑 에너지가 차지하는 비율이 크다.

622

답 ②

ㄴ. A는 암흑 에너지로, 척력으로 작용하여 우주를 가속 팽창시키는 역할을 한다.

오답 피하기 ㄱ. 우주 배경 복사는 빅뱅 후 약 38만 년에 원자가 생성되면서 우주 전역으로 방출된 빛이다. ㉠ 시기는 빅뱅에 의해 우주가 시작된 시기이다.

ㄷ. B는 암흑 물질, C는 보통 물질이다. 은하를 구성하는 별은 보통 물질로 이루어져 있다.

623

서술형 해결 전략

STEP 1 문제 포인트 파악

우주의 팽창 속도와 적색 편이량과의 관계를 설명할 수 있어야 한다.

STEP 2 자료 파악

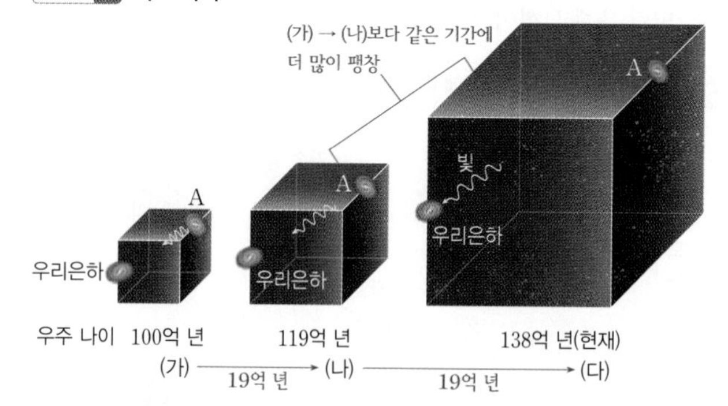

STEP 3 관련 개념 모으기

❶ 우주의 팽창 속도 변화는?

➡ 우주는 빅뱅 → 급팽창 → 감속 팽창 → 가속 팽창 하고 있다.

❷ 우주의 팽창과 적색 편이의 관계는?

➡ 우주의 팽창으로 공간이 늘어나고, 그에 따라 공간상의 빛의 파장도 길어져 적색 편이가 나타난다. 예를 들어 우주의 크기가 2배로 커지면 빛의 파장은 2배로 길어지고, 적색 편이량도 2배가 된다.

예시 답안 적색 편이량은 우주의 팽창 정도에 비례한다. 따라서 더 많이 팽창한 (나)~(다) 시기에 적색 편이량이 더 크게 나타난다.

채점 기준	배점(%)
시기를 옳게 쓰고, 적색 편이량과 우주의 팽창 속도와의 관계를 옳게 설명한 경우	100
시기만 옳게 쓴 경우	30

624

서술형 해결 전략

STEP 1 문제 포인트 파악

정상 우주론과 빅뱅 우주론에서 주장하는 내용을 알고, 빅뱅 우주론의 증거를 설명할 수 있어야 한다.

STEP 2 관련 개념 모으기

❶ 정상 우주론이란?

➡ 우주는 항상 일정한 온도, 밀도를 유지하며, 팽창으로 새로 생겨난 공간에 새로운 물질(별과 은하 등)이 생겨난다. 따라서 우주의 크기는 무한하고, 시작도 끝도 없다.

❷ 빅뱅 우주론이란?

➡ 우주는 모든 물질과 에너지가 모인 뜨거운 한 점에서 대폭발(빅뱅)로 시작되었으며, 팽창과 진화를 거쳐 현재의 우주가 되었다.

❸ 빅뱅 우주론의 근거는?

➡ ① 우주 배경 복사: 우주 전체에서 고르게 관측되는 약 2.7 K의 흑체 복사이다. 방출 당시 약 3000 K에 해당하는 복사였지만 우주 팽창에 따라 우주 온도가 낮아진 복사로 관측되고 있다.

② 수소와 헬륨의 질량비: 우주 전체에 존재하는 물질은 거의 대부분 가벼운 물질이며, 이 중 초기 우주의 핵융합 반응으로 생성된 수소가 약 75 %, 헬륨이 약 25 %이다. 우주가 영원하다면 별에서 끊임없이 수소가 헬륨으로 바뀌었을 것이고, 헬륨보다 무거운 원소들도 계속 증가했을 것이다.

예시 답안 우주 전역에서 관측되는 우주 배경 복사는 과거 우주의 온도가 현재와 달리 매우 높았음을 의미한다. 또, 현재 우주에 존재하는 수소와 헬륨을 관측한 결과 질량비가 약 3 : 1이다. 제시된 이론에 따르면 수소와 헬륨의 질량비가 약 3 : 1로 유지되도록 계속 생성되어야 하는데 그 이론적 근거가 부족하다.

채점 기준	배점(%)
근거 2가지를 모두 옳게 설명한 경우	100
근거 2가지 중 1가지만 옳게 설명한 경우	50

625

서술형 해결 전략

STEP 1 **문제 포인트 파악**

급팽창 우주론으로 빅뱅 우주론의 문제점을 어떻게 해결했는지 파악해야 한다.

STEP 2 **관련 개념 모으기**

❶ 빅뱅 우주론에서 설명하지 못했던 문제점은?
→ 기존 빅뱅 우주론으로는 우주 배경 복사가 우주 전역에서 거의 고르게 나타나는 우주의 지평선 문제, 우주가 거의 완벽하게 평탄하게 관측되는 우주의 평탄성 문제, 존재가 예측된 자기 홀극이 발견되지 않는 자기 홀극 문제가 있다.

❷ 급팽창 우주론이란?
→ 우주 탄생 직후 매우 짧은 시간 동안 우주가 급격하게 팽창했다는 이론이다.

❸ 급팽창 우주론으로 빅뱅 우주론의 문제점을 설명한 방법은?
→ 급팽창 이전에는 우주의 크기가 매우 작아 상호 작용이 가능하므로 우주의 지평선 문제가 해결되며, 우주가 급팽창하면서 우주가 평탄해지고, 자기 홀극의 개수 밀도가 감소하여 현재 발견이 어렵다고 설명한다.

예시 답안 급팽창 우주론에 의해 해결되었다. 급팽창 우주론은 빅뱅 직후 극히 짧은 시간 동안 우주가 급격히 팽창했다는 이론으로, 이에 따르면 우주가 평탄하지 않더라도 급팽창으로 인해 현재 관측 가능한 우주는 평탄한 것으로 설명한다.

채점 기준	배점(%)
문제점을 해결한 이론을 쓰고, 그 이론에서 문제점을 해결한 방법을 옳게 설명한 경우	100
문제점을 해결한 이론만 옳게 쓴 경우	30

실전 대비 평가 문제

142~143쪽

626 ⑤ 627 ③ 628 ① 629 ④ 630 ⑤ 631 ②
632 해설 참조 633 해설 참조 634 ㉠ A, ㉡ 가속

626

답 ⑤

(가)는 불규칙 은하, (나)는 타원 은하, (다)는 막대 나선 은하이다.

ㄱ, ㄴ. (나)의 타원 은하는 나이가 많은 붉은색 별의 비율이 높으므로 (가)~(다) 중 색지수가 가장 크고, 별의 평균 나이도 가장 많다.

ㄷ. 중앙 팽대부와 원반 구조를 갖고 있는 은하는 막대 나선 은하인 (다)이다.

개념 더하기 은하의 종류

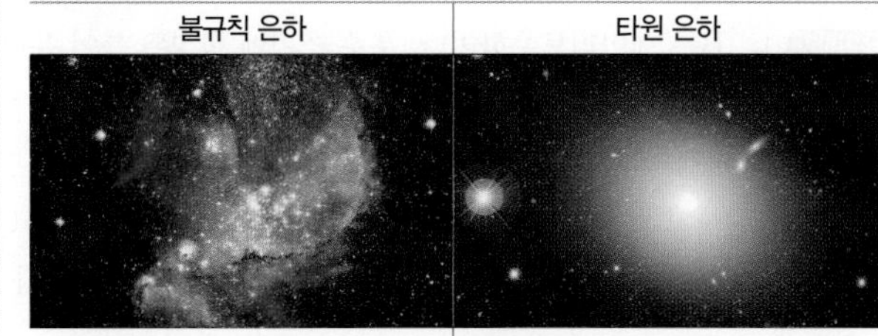

불규칙 은하	타원 은하
• 모양이 일정하지 않고 규칙적인 구조가 없는 은하이다. • 보통 규모가 작고, 성간 물질이 풍부하며 젊은 별을 많이 포함한다. • 주로 표면 온도가 높은 별로 이루어져 있어 색지수($B-V$)가 작다.	• 나선팔이 없는 타원 모양의 은하이다. • 성간 물질이 거의 없으며, 비교적 나이가 많고 붉은색의 별들로 이루어져 있다. • 주로 표면 온도가 낮은 별로 이루어져 있어 색지수($B-V$)가 크다.

나선 은하

• 납작한 원반 형태이며, 은하핵과 나선팔이 존재한다.
• 중심부에는 주로 나이가 많은 붉은색의 별과 구상 성단이 분포하며, 나선팔에는 성간 물질이 많아 주로 나이가 적은 파란색의 별이 분포한다.
• 정상 나선 은하와 막대 나선 은하는 은하핵을 가로지르는 막대 구조의 유무로 구분한다.

627

답 ③

ㄱ. 이 은하는 전파의 영역에서 제트와 로브가 나타나는 전파 은하이다.

ㄷ. 제트와 로브의 구조는 (나)의 가시광선 영상보다 (다)의 전파 영상에서 잘 나타난다.

오답 피하기 ㄴ. 고에너지 현상은 가시광선보다 파장이 짧은 X선으로 관측할 때 잘 관측된다.

628

답 ①

자료 분석하기 퀘이사와 세이퍼트은하

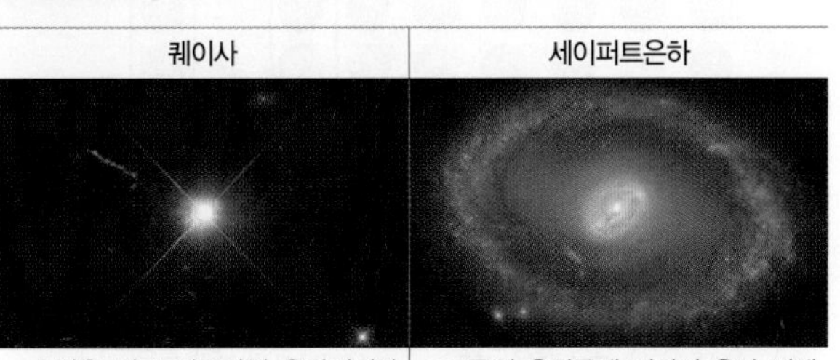

퀘이사	세이퍼트은하
• 수많은 별로 이루어진 은하이지만 너무 멀리 있어서 하나의 별처럼 보인다. • 적색 편이가 매우 크게 나타난다. ➡ 매우 먼 거리에 있는 천체로, 우주 탄생 초기의 천체이다. • 방출하는 에너지양이 우리은하의 수백 배에 이른다. • 중심부에 질량이 매우 큰 블랙홀이 있을 것으로 추정된다.	• 보통의 은하들에 비하여 은하 전체의 광도에 대한 중심부의 광도가 비정상적으로 높게 관측되는 은하이다. • 중심핵이 유난히 밝으며, 스펙트럼에서 넓은 방출선을 보인다. • 대부분 나선 은하 형태로 관측된다. • 중심부에 거대한 블랙홀이 있을 것으로 추정되며, 폭넓은 방출선으로 보아 중심부의 성운이 빠른 속도로 회전함을 알 수 있다.

ㄱ. A는 별처럼 보이는 퀘이사로 에너지 방출량이 우리은하의 수백 배에 이른다.

오답 피하기 ㄴ. B는 세이퍼트은하이다. 우주 초기에 형성된 특이 은하는 퀘이사이다.

ㄷ. 흡수선의 파장 변화량은 후퇴 속도에 비례하고, 허블 법칙으로부터 후퇴 속도는 거리에 비례한다. A의 파장 변화량은 50 nm이고, B의 파장 변화량은 10 nm이므로 A는 B보다 5배 멀리 떨어져 있다.

629

답 ④

ㄴ. 빅뱅 우주론에서는 우주의 총 질량이 일정하므로 우주가 팽창함에 따라 우주의 평균 밀도는 계속 감소한다.

ㄷ. 우주 배경 복사는 우주 초기에 방출된 빛의 흔적으로 빅뱅 우주론의 가장 강력한 증거 중 하나이다.

오답 피하기 ㄱ. 빅뱅 우주론에 따르면 우주가 팽창함에 따라 은하 사이의 평균 거리는 계속 증가한다.

개념 더하기 빅뱅 우주론의 증거

- 우주 배경 복사: 빅뱅 직후 우주의 온도가 약 3000 K일 때 우주 공간으로 처음 퍼져 나간 빛이 현재는 약 3 K에 해당하는 복사 에너지 파장으로 관측될 것이라고 빅뱅 우주론에서 예측하였다. 실제로 우주 배경 복사는 약 2.7 K의 흑체 복사 곡선과 잘 일치하는 파장으로 관측되었으므로 우주 배경 복사는 빅뱅 우주론의 증거가 된다.

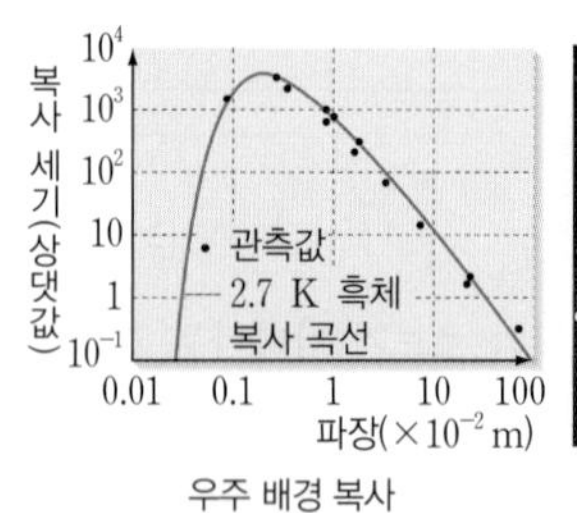

우주 배경 복사

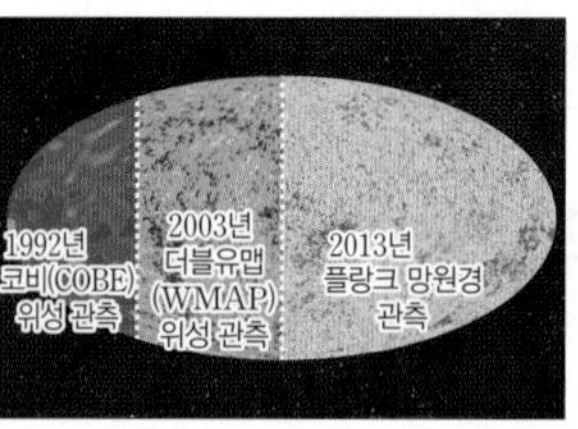

우주 배경 복사 관측

- 우주에 분포하는 수소와 헬륨의 질량비: 빅뱅 우주론에서는 우주에 분포하는 대부분의 수소와 헬륨이 빅뱅 직후 초기 우주에서 형성되었으며, 빅뱅 이후 3분 무렵에 형성된 수소 원자핵과 헬륨 원자핵의 질량비는 3 : 1 정도라고 예측하였다. 별빛 스펙트럼 분석을 통해 이 예측과 잘 일치하는 관측 결과를 얻었으므로 빅뱅 우주론의 증거가 된다.

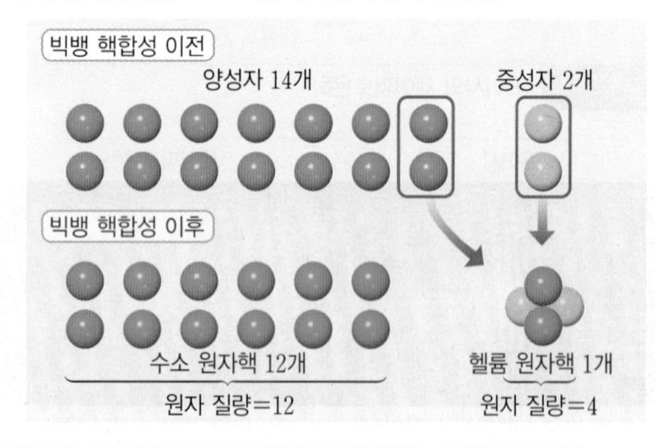

630

답 ⑤

ㄱ. (가) 시기는 급팽창 이후이므로 우주는 매우 균일했다.

ㄴ. 우주 배경 복사는 원자가 생성될 때 방출되었으므로 (나) 시기에 형성되었다.

ㄷ. 초기 우주에는 대체로 수소와 헬륨만 존재했으므로 최초의 별에는 헬륨보다 무거운 원소가 거의 없었다.

631

답 ②

ㄴ. A 시기는 우주의 급팽창이 일어난 시기로, A 시기에 갑자기 우주의 크기가 커지면서 A 시기 이후 우주의 곡률이 거의 평탄해졌다.

오답 피하기 ㄱ. 우주 배경 복사는 급팽창 이후 원자가 생성될 때 형성되었다.

ㄷ. A 시기 이전에는 우주의 크기가 작았으므로 거리가 가까워 정보를 잘 교환할 수 있었다.

632

타원 은하는 불규칙 은하보다 성간 물질의 비율이 적게 포함되어 있다. 따라서 타원 은하는 불규칙 은하보다 새로운 별이 적게 탄생하며, 주로 별의 평균 연령이 많은 붉은색 별들로 이루어져 있다.

예시 답안 불규칙 은하는 타원 은하보다 성간 물질의 비율이 높고, 별의 평균 연령은 적다. 따라서 A는 타원 은하, B는 불규칙 은하이고, 별의 평균 연령이 증가하는 방향은 ㉠이다.

채점 기준	배점(%)
A와 B에 해당하는 은하를 각각 쓰고, 별의 평균 연령이 증가하는 방향을 두 은하의 특징과 관련지어 옳게 설명한 경우	100
A와 B에 해당하는 은하를 각각 쓰고, 별의 평균 연령이 증가하는 방향을 옳게 썼으나 두 은하의 특징을 설명하지 못한 경우	60
A와 B에 해당하는 은하와 별의 평균 연령이 증가하는 방향 중 1가지만 옳게 설명한 경우	30

633

현재 우주 배경 복사는 약 2.7 K 흑체 복사와 일치한다. 흑체 복사에서 온도가 낮을수록 최대 복사 에너지 세기를 갖는 파장은 길어진다. 따라서 시간이 지날수록 우주 배경 복사의 온도가 낮아지므로 복사 에너지가 최대일 때의 파장은 길어진다.

예시 답안 우주가 팽창함에 따라 우주 배경 복사의 온도가 낮아지므로 복사 에너지의 세기가 최대일 때의 파장 ㉠은 길어진다.

채점 기준	배점(%)
㉠의 변화를 우주 배경 복사의 온도 감소와 관련지어 옳게 설명한 경우	100
㉠의 변화만 옳게 설명한 경우	30

634

답 ㉠ A, ㉡ 가속

Ia형 초신성의 관측 결과와 가장 잘 일치하는 A는 암흑 에너지와 물질을 고려한 모델로 가속 팽창 하는 우주이다. B와 C는 암흑 에너지 없이 물질만 고려한 모델로 Ia형 초신성의 관측 결과와 잘 일치하지 않는다.

개념 더하기 Ia형 초신성과 가속 팽창 우주

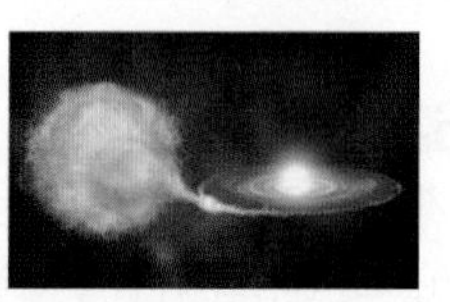

- Ia형 초신성은 쌍성계를 이루는 백색 왜성이 동반성의 물질을 끌어들여 태양 질량의 약 1.4배를 넘어설 때 중력으로 붕괴하면서 생기는 초신성으로 최대 밝기(M)가 늘 일정하다. 따라서 이들의 겉보기 밝기(m)를 관측하면 거리를 알 수 있다. ➡ 거리 지수($m-M$) 이용
- Ia형 초신성 연구를 통해 매우 먼 우주의 팽창 속도를 측정한 결과 우주가 현재 가속 팽창 한다고 밝혀졌다.

memo

memo

www.mirae-n.com

학습하다가 이해되지 않는 부분이나 정오표 등의 궁금한 사항이 있나요?
미래엔 홈페이지에서 해결해 드립니다.

교재 내용 문의
나의 교재 문의 | 수학 과외쌤 | 자주하는 질문 | 기타 문의

교재 정답 및 정오표
정답과 해설 | 정오표

교재 학습 자료
MP3

실전서

기출 분석 문제집

1등급 만들기

완벽한 기출 문제 분석으로 시험에 대비하는 1등급 문제집

- **국어** 문학, 독서
- **수학** 고등 수학(상), 고등 수학(하), 수학 Ⅰ, 수학 Ⅱ, 확률과 통계, 미적분, 기하
- **사회** 통합사회, 한국사, 한국지리, 세계지리, 생활과 윤리, 윤리와 사상, 사회·문화, 정치와 법, 경제, 세계사, 동아시아사
- **과학** 통합과학, 물리학 Ⅰ, 화학 Ⅰ, 생명과학 Ⅰ, 지구과학 Ⅰ, 물리학 Ⅱ, 화학 Ⅱ, 생명과학 Ⅱ, 지구과학 Ⅱ

실력 상승 실전서

파사쥬

대표 유형과 실전 문제로 내신과 수능을 동시에 대비하는 실력 상승 실전서

- **국어** 국어, 문학, 독서
- **영어** 기본영어, 유형구문, 유형독해, 25회 듣기 기본 모의고사, 20회 듣기 모의고사
- **수학** 고등 수학(상), 고등 수학(하), 수학 Ⅰ, 수학 Ⅱ, 확률과 통계, 미적분

수능 완성 실전서

수능 주도권

핵심 전략으로 수능의 기선을 제압하는 수능 완성 실전서

- **국어영역** 문학, 독서, 화법과 작문, 언어와 매체
- **영어영역** 독해편, 듣기편
- **수학영역** 수학 Ⅰ, 수학 Ⅱ, 확률과 통계, 미적분

수능 기출서

수능 기출 문제집

N기출

수능N 기출이 답이다!

- **국어영역** 공통과목_문학, 공통과목_독서, 공통과목_화법과 작문, 공통과목_언어와 매체
- **영어영역** 고난도 독해 LEVEL 1, 고난도 독해 LEVEL 2, 고난도 독해 LEVEL 3
- **수학영역** 공통과목_수학 Ⅰ+수학 Ⅱ 3점 집중, 공통과목_수학 Ⅰ+수학 Ⅱ 4점 집중, 선택과목_확률과 통계 3점/4점 집중, 선택과목_미적분 3점/4점 집중, 선택과목_기하 3점/4점 집중

N기출 모의고사

수능의 답을 찾는 우수 문항 기출 모의고사

- **수학영역** 공통과목_수학 Ⅰ+수학 Ⅱ, 선택과목_확률과 통계, 선택과목_미적분

미래엔 교과서 연계

자습서

미래엔 교과서 자습서

교과서 예습 복습과 학교 시험 대비까지 한 권으로 완성하는 자율 학습서

- **국어** 고등 국어(상), 고등 국어(하), 문학, 독서, 언어와 매체, 화법과 작문, 실용 국어
- **수학** 고등 수학, 수학 Ⅰ, 수학 Ⅱ, 확률과 통계, 미적분, 기하
- **사회** 통합사회, 한국사
- **과학** 통합과학(과학탐구실험)
- **일본어Ⅰ, 중국어Ⅰ, 한문Ⅰ**

평가 문제집

미래엔 교과서 평가 문제집

학교 시험에서 자신 있게 1등급의 문을 여는 실전 유형서

- **국어** 고등 국어(상), 고등 국어(하), 문학, 독서, 언어와 매체
- **사회** 통합사회, 한국사
- **과학** 통합과학

개념부터 유형까지 공략하는 개념서

NEW 올리드 Allead 로 완벽한 실력 충전!

● 개념 학습과 시험 대비를 한 권에!
● 교과서보다 더 알차고 체계적인 설명!
● 최신 기출 및 신경향 문제로 높은 적중률!

필수 개념과 유형으로
내신을 효과적으로 공략한다!

구성보기 한국지리 물리학 I

사회 통합사회, 한국사, 한국지리, 사회·문화, 생활과 윤리, 윤리와 사상
과학 통합과학, 물리학 I, 화학 I, 생명과학 I, 지구과학 I